第三版

粉体工程与设备

陶珍东　郑少华　主编

POWDER TECHNOLOGY AND EQUIPMENT

化学工业出版社

·北京·

本书以颗粒学和粉体学的基本知识为基础，分别介绍了粉体的几何性质、粉体的堆积和填充及分级、分离、混合、造粒、输送、储存等相关的单元操作，并较详细地介绍了相应设备的构造、工作原理、性能和应用特点等。本书综合了近年来粉体工程学科的最新理论和技术成果，并力求理论的系统性和完整性，在工程应用方面强调通俗和实用。

本书第三版在第二版基础上，进行了大量补充与调整，主要内容有：增加粉体工程发展、粉体的特性等；增加粉体颗粒粒径的表征；增加粉体堆积与填充的应用；增加粉体在液体介质中的分散与调控、粉体润湿的应用等内容；删除粉体的附着力内容。另外，本书还增加新的粉磨工艺与技术，补充、完善除尘设备的技术发展，进一步充实带式输送机、斗式提升机等内容。

本书既可以作为粉体工程相关行业工程技术人员和研究人员的参考书，也可以作为相关专业在校师生的教材或教学参考书。

图书在版编目（CIP）数据

粉体工程与设备/陶珍东，郑少华主编. —3 版. 北京：化学工业出版社，2014.11（2024.10重印）
ISBN 978-7-122-21671-7

Ⅰ.①粉…　Ⅱ.①陶…②郑…　Ⅲ.①粉末法②粉体-设备　Ⅳ.①TB44

中国版本图书馆 CIP 数据核字（2014）第 198416 号

责任编辑：朱　彤　　　文字编辑：张绪瑞
责任校对：宋　夏　　　装帧设计：刘丽华

出版发行：化学工业出版社（北京市东城区青年湖南街 13 号　邮政编码 100011）
印　　装：北京科印技术咨询服务有限公司数码印刷分部
787mm×1092mm　1/16　印张 24½　字数 689 千字　2024 年 10月北京第 3 版第 13次印刷

购书咨询：010-64518888　　售后服务：010-64518899
网　　址：http://www.cip.com.cn
凡购买本书，如有缺损质量问题，本社销售中心负责调换。

定　　价：75.00 元

版权所有　违者必究

第三版前言

近年来，粉体加工制备工艺技术不断发展，国家在环境保护和治理、节能减排等相关法规中也对工业企业粉尘和有害气体排放浓度及噪声控制等制定了更严格的技术标准。为了适应新形势，本书第三版在第二版的基础上，进行了有关内容的补充和结构的调整，主要内容有：第1章增加了粉体工程发展、粉体的特性等；第2章增加了粉体颗粒粒径的表征；第3章增加了粉体堆积与填充的应用；第4章增加了粉体在液体介质中的分散与调控、粉体润湿的应用等内容；第5章删除了粉体的附着力内容；第6章增加了新的粉磨工艺与技术；第7章精简了一些相关内容。另外，本书将第二版第9章的内容合并至第12章；将第二版第10章拆分为第9章"分级及设备"和第10章"分离及设备"，并补充、增加了除尘设备的技术发展等内容；第12章还进一步充实了带式输送机、斗式提升机等有关内容。

本书作为山东省教育厅"山东省高等教育面向21世纪教学内容和课程体系改革计划"的规划教材，于2003年8月由化学工业出版社正式出版，2010年2月修订出版了本书第二版；本书还于2008年被评为山东省优秀教材。2010年，以本书作为主要教材的作者所在单位将《粉体工程与设备》课程评为省级精品课程。本书自出版以来，被许多高校用于主要参考教材；同时也作为相关工程技术人员的参考书，得到了广大读者的肯定。

本书由陶珍东、郑少华教授主编。其中，第1、12、13章由张学旭教授编写；第2、3、5章由郑少华教授编写；第4章由王介强教授编写；第6～10章由陶珍东教授编写；第11章由赵义副教授编写；第14章由盛晋生编写。陶珍东教授负责全书统审。

本书在编写过程中参考了大量的文献资料，在此，谨向这些文献的作者们表示衷心的感谢。

由于编者水平有限，此书难免有不当之处。殷切希望广大读者批评指正。

编　者

2014年6月

第二版前言

粉体工程作为一门跨行业、跨学科的综合性学科，与材料科学与工程的发展密切相关；了解和掌握粉体工程的基本理论及粉体工程相关机械设备的构造、工作原理与性能，对于材料科学与工程专业的学生以及从事粉体工程生产实践的技术人员来说是非常重要的。

本书第一版作为山东省教育厅“山东省高等教育面向21世纪教学内容和课程体系改革计划”规划教材2003年8月曾由化学工业出版社正式出版。本书第一版出版以来，承蒙广大读者厚爱，多次重印。同时，不少读者也为本书提出了许多中肯意见和建议，作者在此深致谢意。

本书第二版以粉体基本性质为基础，以粉体工程单元操作为主线，比较详细地介绍了相应机械设备的构造、工作原理、性能和应用特点等，主要内容有：粉体的基本形态，粉体的表征与测量，粉体的堆积与填充，粉体的流变学，粉体的粉碎、分级、分离、混合、造粒、输送、储存、给料及计量，粉尘的危害及防护等。根据读者的建议及粉体工程领域的技术发展，对部分章节内容进行了补充和删减，增加了近年来粉体工程学科的最新理论和技术成果，力求理论的系统性和完整性，在工程应用方面力求通俗、实用。因此，本书也可作为相关工程技术人员的参考用书。

本书由陶珍东、郑少华教授主编。其中，第1章、12章、13章由张学旭编写；第2～5章由郑少华编写；第6～10章由陶珍东编写；第11章由赵义编写；第14章由盛晋生编写。陶珍东负责全书统稿和审稿。

由于编者水平有限，书中难免有不当之处，殷切希望广大读者批评指正。

编　者

2010年1月

第一版前言

粉体工程作为一门跨行业、跨学科的综合性学科，与材料科学与工程的发展密切相关。掌握粉体工程的基本理论及粉体工程相关机械设备的构造、工作原理与性能，对于材料工程专业的学生及从事粉体工程技术的相关人员来说是非常重要的。

根据国家教委高等教育面向 21 世纪的改革精神，高等学校应培养专业面宽、知识面广、综合素质高的现代化建设人才。按照山东省教育厅下达的“山东省高等教育面向 21 世纪教学内容和课程体系改革计划”课题，作者编写了这本教材。

本书是无机材料工程专业本科学生的专业教材。编写中综合了近年来粉体工程学科的最新理论和技术成果以及编者十几年的“粉体工程”教学经验和体会，力求理论的系统性和完整性，在工程应用方面力求通俗、实用。因此，本书也可作为相关工程技术人员的参考用书。

本书以粉体工程基本理论为基础，以粉体工程单元操作为主线，比较详细地介绍了相应机械设备的构造、工作原理、性能和应用特点等。包括的主要内容有：粉体的基本形态，粉体的表征与测量，粉体的堆积与填充，粉体流变学，粉体的粉碎、分级、分离、混合、造粒、输送、储存等。

本书由陶珍东、郑少华主编。具体编写分工是：第 1～5 章，郑少华；第 6～9 章，陶珍东；第 10 章，赵义；第 11、12 章，张学旭。潘孝良教授对全书进行了详细的审阅和校对。

在编写过程中，潘孝良教授提出了很多建设性的意见；李景冠、温建平等在插图制作中做了大量的工作。在本书付印之际，谨向他们表示衷心的感谢。

在编写过程中，本书参考了大量的资料文献，在此也向这些文献的作者们表示谢意。

由于编者水平所限，此书难免有不当之处，殷切希望师生及读者批评指正。

编　者

2003 年 3 月于济南大学

目录

第 5 章 粉体的流变学

第 6 章 粉碎（磨）过程及设备

第 7 章 粉碎机械力化学

第1章 概述

1.1 粉体工程的发展

1948年美国J. M. Dallavlle的专著《Micromeritics》的出版，标志着粉体工程的问世。1957年，日本成立了日本粉体工学会，并于1971年成立了日本粉体工业技术协会。1962年，英国Bradford大学设立了粉体技术学院，至20世纪70年代，美国先后成立了粉体研究所（PSRI）和国际细颗粒研究所（IFPRI）。1986年在德国纽纶堡召开了第一届粉体技术世界会议。我国于1986年成立了中国颗粒学会。

粉体一词最早出现于20世纪50年代初期。但对于粉体的应用早在新石器时代就开始了。史前，人类已经懂得将植物的种子制成粉末以供食用。古代仕女用的化妆品也不乏脂粉一类的粉制品。所以，粉体从古至今一直与人类的生产和生活有着十分密切的关系，陶器——第一种人造材料早在新石器时代就问世了，而它的生产，除与火有着必然的联系外，与粉末也是分不开的。随着生产的发展，人们对细粉末状态的物质有了逐步的认识。明代宋应星所著的《天工开物》一书就对一些原始的粉体工艺加工过程进行了详细的总结和描述，只是由于各种限制，没能提出粉体的概念。

后来，各行业不断总结粉体加工和处理的经验，形成了各自的技术体系。就加工处理操作性质而言，各行业所处理的粉料都可归并于粉体范畴，具有共同之处。因此，可以以粉体为纲，将这些相对独立的技术体系统集合为一综合的技术体系，即粉体技术体系，从而诞生了一门新的科学与工程学，即粉体科学与工程。

1.2 粉体工程的基本概念

1.2.1 粉体的定义

什么是粉体？生活中的食品：面粉、豆浆、奶粉、咖啡、大米、小麦、大豆、食盐；自然界的河沙、土壤、尘埃、沙尘暴；工业产品：火药、水泥、颜料、药品、化肥等。按照本学科的分类，上述物质都是粉体，其共同特征是：具有许多不连续的面，比表面积较大，由许多小颗粒状物质所组成。换言之，它们是许许多多小颗粒状物质的集合体。

粉体是由无数相对较小的颗粒状物质构成的集合体，有时具有固体的性质，在某些情况下又具有液体或气体的性质，有时还表现出一些奇异的特性。如果构成粉体的所有颗粒的大小和形状均相同，则称这种粉体为单分散粉体。在自然界中，单分散粉体尤其是超微单分散粉体极为罕见；目前只有用化学合成方法可以制备出近似的单分散粉体，尚无利用机械方法制备单分散粉体的报道。大多数粉体都是由大小不同、形状各异的颗粒所组成，这种粉体称为多分散粉体。

1.2.2 粉体的尺度

关于粉体的尺度，有人认为：小于 1000μm 的颗粒物为粉体，也有人以 100μm 为界，但迄今为止并未达成共识。按照 Allen 和 Heywood 等人的观点：粉体没有确切的上限尺寸，但其尺寸相对于周围的空间而言应足够小。粉体是一个由多尺寸颗粒组成的集合体，只要这个集合体具备了粉体所具有的性质，其尺寸界限并不那么重要。所以，尽管没有确切的上限尺寸，但并不影响人们对其性质的研究。

1.2.3 粉体的形态

就粉体的形态而言，一般可以说它既具有固体的性质，也具有液体的性质；有时也具有气体的性质。说它是固体颗粒，这最容易理解，因为无论颗粒多么小，毕竟具有一定的体积和形状。说它具有液体的性质，需要具备一定的条件，即粉体和某种流体形成一个两相体系，此时的两相流具有液体的性质，也即此两相流虽具有一定的体积，但其形状却取决于容器或管道的形状。譬如自然界中的泥石流。如果两相流中的流体是气体，且其中的粉体体积分数相对较小、颗粒尺寸也比较小，即粉体弥散于气体介质中，此时粉体就具有气体的性质：既无确定的体积，也无确定的形状。沙尘暴就是非常典型的一例。因此，有人认为，粉体是有别于气、液、固物质形态的第四种物质形态。

1.2.4 粉体的某些奇异特性

由于粉体形态的特殊性，使之表现出一些与常规认识不同的奇异特性。如粮仓效应、巴西豆效应、加压膨胀特性、崩塌现象、振动产生规则斑图现象、小尺寸效应等。

1.2.5 粉体工程与颗粒学

细心的读者可能会看到：本章开始所介绍的专著《Micromeritics》实际上是微粒学或颗粒学。那么，粉体工程与颗粒学究竟是什么关系？前者是从集合体或整体的角度去研究对象，而后者是从个体的角度去研究对象，而这个对象是同一个物质。两者的不同在于：粉体工程所研究的颗粒物质一般是固体颗粒，而颗粒学所研究的颗粒既有固体颗粒，也有液体颗粒和气体颗粒，如汽车发动机汽缸内的液滴大小和分布、混凝土中气孔的大小和分布等。

1.3 粉体工程的研究内容

粉体工程的研究内容主要包括粉体科学（powder science）和粉体技术（powder technology）两大部分。其主要研究内容见表 1-1。

表 1-1 粉体工程研究内容

项目		主要内容
粉体科学	粉体几何形态	粒径、粒度、粒度分布、颗粒形状、颗粒的堆积特性
	粉体力学	内部应力、破坏强度、压力分布、内摩擦特性、流动特性、流化特性
	粉体化学	吸附、凝聚、溶解、析晶、沉淀、升华、表面化学性质
	气溶胶	发生、物化性质、动力学、测定
	粉体的润湿	粉体层中液体的种类、润湿的判断、液体架桥、抽吸势
	粉体测定	取样法、分散、测量
	其他特性	电特性、磁特性、振动特性、热特性

续表

项目	主要内容	
粉体技术	粉体分离	收尘、分级、过滤
	粉体均化	混合、捏合、搅拌
	粉体制造	粉碎、造粒、粉末冶金
	粉体储存	料仓设计、喂料
	粉体输送	机械输送、流体输送

目前，粉体工程学已经发展成为一门跨学科、跨行业的综合性极强的技术科学，它的应用遍及材料、冶金、化学工程、矿业、机械、建筑、食品、医药、能源、电子及环境工程等诸多领域。

1.4 粉体颗粒的种类

世界上存在着成千上万种粉体物料。它们有的是人工合成的，有的是天然形成的。各种粉体的颗粒又是千差万别的。但是，从颗粒的构成来看，这些形态各异的颗粒可以分成四大类型：原级颗粒型、聚集体颗粒型、凝聚体颗粒型和絮凝体颗粒型。

1.4.1 原级颗粒

最先形成粉体物料的颗粒，称为原级颗粒。因为它是第一次以固态存在的颗粒，故又称一次颗粒或基本颗粒。从宏观角度看，它是构成粉体的最小单元。根据粉体材料种类的不同，这些原级颗粒的形状，有立方体状的，有针形状的，有球形状的，还有不规则晶体状的，如图1-1所示。图中各晶体内的虚线表示微晶连接的晶格层。

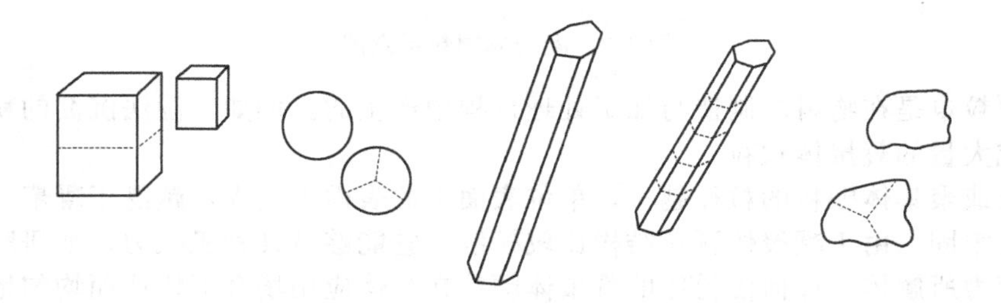

图 1-1 原级颗粒示意图

粉体物料的许多性能都与它的分散状态，即与它的单独存在的颗粒大小和形状有关。真正能反映出粉体物料的固有性能的，就是它的原级颗粒。

1.4.2 聚集体颗粒

聚集体颗粒是由许多原级颗粒靠某种化学力以其表面相连而堆积起来。相对于原级颗粒而言，它是第二次形成的颗粒，故又称为“二次颗粒”。由于构成聚集体颗粒的各原级颗粒之间均以表面相互重叠，因此，聚集体颗粒的表面积小于构成它的各原级颗粒的表面积总和，如图1-2所示。聚集体颗粒主要是在粉体物料的加工和制造过程中形成的。例如，化学沉淀物料在高温脱水或晶型转化过程中，便要发生原级颗粒的彼此粘连，形成聚集体颗粒。此外，晶体生长、熔融等过程，也会促进聚集体颗粒的形成。

由于聚集体颗粒中各原级颗粒之间有很强烈的结合力，彼此结合得十分牢固，并且聚集体颗粒本身就很小，很难将它们分散成为原级颗粒，必须再用粉碎的方法才能使之解体。

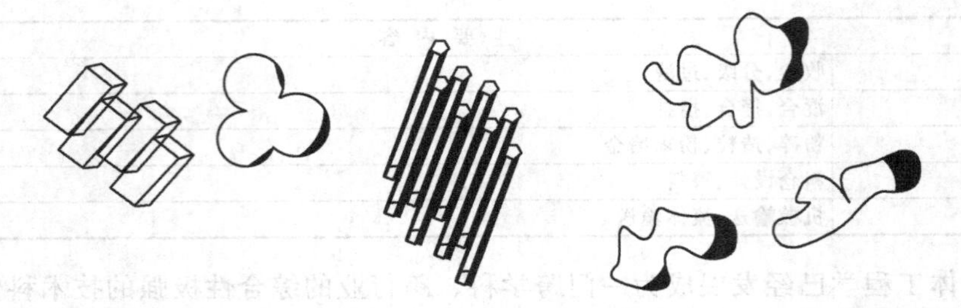

图 1-2 聚集体颗粒示意图

1.4.3 凝聚体颗粒

凝聚体颗粒是在聚集体颗粒之后形成的，故又称为“三次颗粒”。它是由原级颗粒或聚集体颗粒或两者的混合物，通过比较弱的附着力结合在一起的疏松的颗粒群，而其中各组成颗粒之间，是以棱或角结合的，如图 1-3 所示。正因为是棱或角接触的，所以凝聚体颗粒的表面，与各个组成颗粒的表面之和大体相等，凝聚体颗粒比聚集体颗粒要大得多。

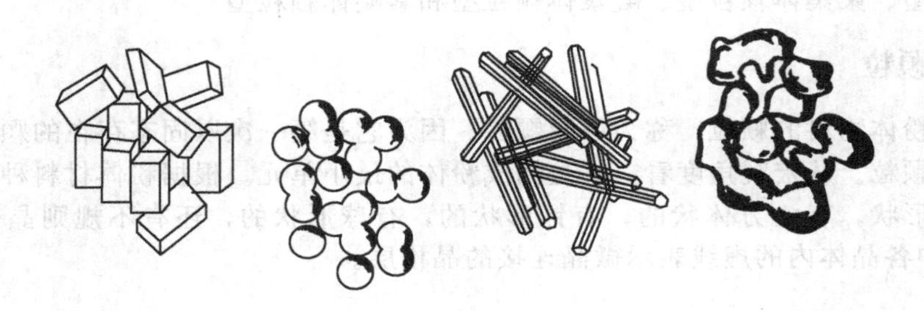

图 1-3 凝聚体颗粒示意图

凝聚体颗粒也是在物料的制造与加工处理过程中产生的。例如，湿法沉淀的粉体，在干燥过程中便形成大量的凝聚体颗粒。

原级颗粒或聚集体颗粒的粒径越小，单位表面上的表面力越大，越易于凝聚，而且形成的凝聚体颗粒越牢固。由于凝聚体颗粒结构比较松散，它能够被某种机械力，如研磨分散力或高速搅拌的剪切力所解体。如何使粉体的凝聚体颗粒在具体应用场合下快速而均匀地分散开，是现代粉体工程学中的一个重要研究课题。

1.4.4 絮凝体颗粒

在粉体的许多实际应用中，都要与液相介质构成一定的分散体系。在这种液-固分散体系中，由于颗粒之间的各种物理力的作用，使颗粒松散地结合在一起，所形成的粒子群，称为絮凝体颗粒。它很容易被微弱的剪切力所解絮，也容易在表面活性剂（分散剂）的作用下自行分散开来。长期储存的粉体，可以看成是与大气水分构成的体系，故也有絮凝体产生，形成结构松散的絮团。

1.5 与粉体有关的产业

1.5.1 以粉体为主体的相关产业

（1）无机非金属材料工业　水泥、陶瓷、玻璃和窑业原料的粉碎、烧成和烧结、水硬性、研磨性，玻璃和陶瓷的特性、电极、反应容器等碳素制品的特性。

（2）冶金和金属工艺学　粉末冶金、硬质合金、金属陶瓷、淬火和调质合金，选矿（包括浮选）的各种问题，团矿的各种问题，流动焙烧，自熔冶炼，高炉焦炭的强度和反应性，铸造的型砂、金属的塑性加工和组织结构，金属的表面处理，金属的腐蚀等问题。

（3）颜料和感光剂工业　颜料的色调和涂附层的特性，照相乳剂，电子照相感光层、感压纸材料，感热材料，粉末系荧光体和涂层的特性、磁性录音、录像带等。

（4）电化学和部分无机化学工业　电池类的活性物质，碳素电极，拜耳法氧化铝的结晶特性，煅烧问题，固体肥料的固结问题等。

1.5.2 生产工艺的重要部分与粉体相关的产业

（1）原子能和能源工业　原子炉的陶瓷燃烧，石墨，氧化铍等高密度烧结材料，反射材料，由泥浆燃料的热引起周期性变形，固体燃料的着火性，粉尘的爆炸，固体炸药的特性，烧结、涡轮叶片等。

（2）石油化学、高分子化学、有机精密化学工业　各种固体催化剂的活性，流动催化剂层，乳剂，悬浮剂的分散聚合，橡胶或塑料的填充材料和配合剂，塑料的球晶化、纤维化，医药、农药的粉末性和造粒。

（3）电子学　集成电路的制造和分子加工，缺陷控制技术，磁芯，铁素体，烧结电阻体、钛磁器、碳精电极、电视机显像管的微粒子光电面等。

（4）宇宙科学　超轻量耐热材料，高强度材料，火箭用固体燃料的成型性和燃烧性等。

第2章 粉体粒度分析及测量

2.1 单颗粒尺寸的表示方法

球形颗粒的大小可用直径表示。正立方体颗粒可用其边长来表示，对于其他形状规则的颗粒可用适当的尺寸来表示。有些形状规则的颗粒可能需要一个以上的尺寸来表示其大小，如锥体需要用直径和高度，长方体需用长、宽、高来表示。

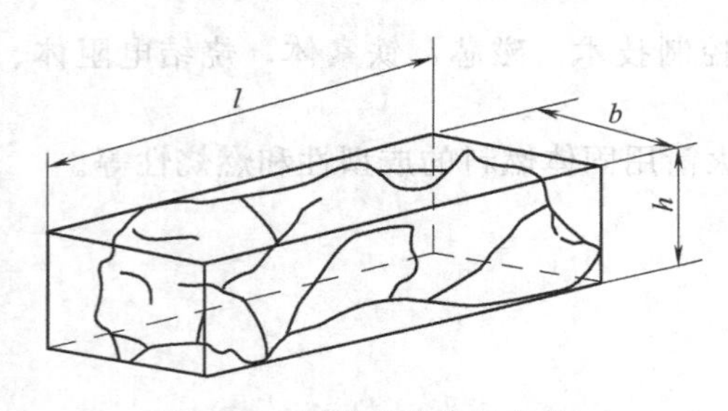

图 2-1 颗粒的外接长方体

真正由规则球形颗粒构成的粉体颗粒并不多。对于不规则的非球形颗粒，是利用测定某些与颗粒大小有关的性质推导而来，并使之与线性量纲有关。常用如下方式来定义它们的大小和粒径。

2.1.1 三轴径

设一个颗粒以最大稳定度（重心最低）置于一个水平面上，此时颗粒的投影如图 2-1 所示。以颗粒的长度 l、宽度 b、高度 h 定义的粒度平均值称为三轴径，计算式及物理意义列于表 2-1。

表 2-1 三轴径的平均值计算公式

序号	计算式	名称	意义
1	$\frac{l+b}{2}$	二轴平均径	显微镜下出现的颗粒基本大小的投影
2	$\frac{l+b+h}{3}$	三轴平均径	算术平均
3	$\frac{3}{\frac{1}{l}+\frac{1}{b}+\frac{1}{h}}$	三轴调和平均径	与颗粒的比表面积相关联
4	$\sqrt{lb}$	二轴几何平均径	接近于颗粒投影面积的度量
5	$\sqrt[3]{lbh}$	三轴几何平均径	假想的等体积的正方体的边长
6	$\sqrt{\frac{2(lb+lh+bh)}{6}}$		假想的等表面积的正方体的边长

2.1.2 定向径

在显微镜下用测量标尺（如游丝测微标尺）测得的二维颗粒的尺寸称为颗粒的定向径。

显微镜的测量标尺将颗粒的投影面积二等分时，此分界线在颗粒投影轮廓上截取的长度称为“马丁径”d_m。沿一定方向测量颗粒投影轮廓的两端相切的切线间的垂直距离，在一个固定方向上的投影长度，称为“弗雷特径” d_f，如图 2-2 所示。

显然，在显微镜下，一个不规则的颗粒的粒径 d_m 和 d_f 的大小均与颗粒取向有关。然而，当测量的颗粒数目很多时，因取向所引起的偏差大部分可以互相抵消，故所得到的统计平均粒径的平均值，还是能够比较准确地反映出颗粒的真实大小。

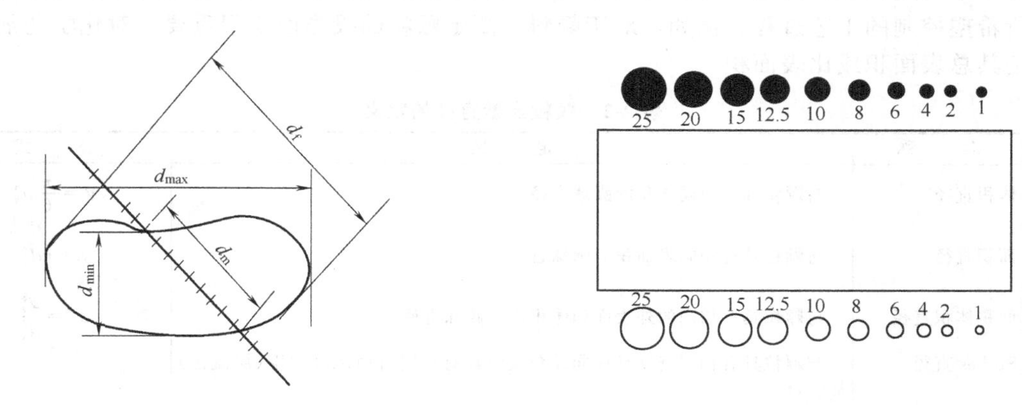

图 2-2 马丁径和弗雷特径　　图 2-3 帕特森量板示意图

另一种颗粒统计平均粒径的表示方式是用一个与颗粒投影面积大致相等的圆的直径来表示的，一般称为投影直径 d_p。为了测定颗粒直径，在显微镜目镜下的聚焦平面上，放置一块用玻璃板制成的量板，以取代线性目镜测微标尺。这种量板称为“帕特森量板”，如图 2-3 所示。量板上刻有直径由小到大排列的 10 个暗的和 10 个明的圆圈，其上的数字表示各圆圈的相对直径。利用显微镜物镜测微标尺，可以确定最小的那个圆圈所代表的直径大小，从而可以计算出其余各圆圈所代表的颗粒尺寸。量板上的长方形括出了一部分待测的颗粒，将各个颗粒的投影面积与相应的圆圈相比较，就得出各个颗粒的投影直径 d_p。这种方式简单、快速，但准确性较差。

2.1.3 当量直径

“当量直径”是通过测定某些与颗粒大小有关的性质推导而得，并使之与线性量纲有关。

(1) 球当量径　与球的某一几何性质相同的颗粒粒径。

① 等体积球当量径 d_v：与颗粒体积相等的球的直径称为颗粒的等体积球当量径。

设颗粒的体积为 V，则有

$$d_v=\sqrt[3]{6V/\pi} \tag{2-1}$$

例如，棱长为 1 的立方体，其体积等于直径为 1.24 的圆球体积，因此，1.24 就是该颗粒的等体积球当量径。

② 等表面积球当量径 d_s：与颗粒表面积相等的球的直径称为颗粒的等表面积球当量径。

设颗粒的表面积为 S，则有

$$d_s=\sqrt{S/\pi} \tag{2-2}$$

(2) 圆当量径　与圆的某一几何性质相同的颗粒粒径。对于薄片状的二维颗粒，常用与圆形颗粒相类比获得的圆当量径来表示颗粒的大小。

① 投影圆当量径 d_H：与颗粒投影面积相等的圆的直径称为投影圆当量径。

令颗粒的投影面积为 A，则有

$$d_H=\sqrt{4A/\pi} \tag{2-3}$$

② 等周长圆当量径 d_L：与颗粒投影轮廓周长相等的圆的直径称为等周长圆当量径。

令颗粒的投影周长为 L，则有

$$d_L=\sqrt{L/\pi} \tag{2-4}$$

(3) 筛分粒径　用筛分方法确定颗粒粒度时，筛孔尺寸定义为颗粒的筛分粒径。

表 2-2 中列出了一些"当量直径"的意义。

对于不规则颗粒，被测定的颗粒大小通常取决于测定的方法，因此选用的方法应尽可能反映出所希望控制的工艺过程。例如，对于颜料，测定颗粒的投影面积很重要；对化学药剂，则应测定其总表面积或比表面积。

表 2-2　颗粒当量直径的定义

序号	名　称	定　义	公　式
d_v	体积直径	与颗粒具有相同体积的圆球直径	$V=\frac{\pi}{6}d_v^3$
d_s	面积直径	与颗粒具有相同表面积的圆球直径	$S=\pi d_s^2$
d_{sv}	面积体积直径	与颗粒具有相同的外表面和体积比的圆球直径	$d_{sv}=\frac{d_v^3}{d_s^2}$
d_{st}	Stokes 直径	与颗粒具有相同密度且在同样介质中具有相同自由沉降速度(层流区)的直径	
d_a	投影面直径	与置于稳定的颗粒的投影面积相同的圆的直径	$A=\frac{\pi}{4}d_a^2$
d_L	周长直径	与颗粒的投影外形周长相等的圆的直径	$L=\pi d_L$
d_A	筛分直径	颗粒可以通过的最小方筛孔的宽度	

2.2 颗粒形状因数

绝大多数粉体颗粒都不是球形对称的，颗粒的形状影响粉体的流动性、包装性能、颗粒与流体相互作用以及涂料的覆盖能力等性能。所以严格地说，所测得的粒径，只是一种定性的表示。如果除了粒径大小外，还能给出颗粒形状的某一指标，那么就能较全面地反映出颗粒的真实形象。常用各种形状因数来表示颗粒的形状特征。

2.2.1 颗粒的扁平度和伸长度

一个不规则的颗粒放在一平面上（例如放在显微镜的载玻片上），一般的情形是颗粒的最大投影面（也就是最稳定的平面）与支承平面相黏合。此时，颗粒具有最大的稳定度。如图 2-1 所示。

$$\text{扁平度}\ m=\frac{\text{短径}}{\text{厚度}}=\frac{b}{h} \tag{2-5}$$

$$\text{伸长度}\ n=\frac{\text{长径}}{\text{短径}}=\frac{l}{b} \tag{2-6}$$

2.2.2 表面积形状因数和体积形状因数

不管颗粒形状如何，只要它是没有孔隙的，它的表面积就一定正比于颗粒的某一特征尺寸的平方，而它的体积就正比于这一尺寸的立方。若用 d 代表这一特征尺寸，则有

$$S=\pi d_s^2=\varphi_s d^2 \tag{2-7}$$

$$V=\frac{\pi}{6}d_v^3=\varphi_v d^3 \tag{2-8}$$

故

$$\varphi_s=S/d^2=\pi d_s^2/d^2 \tag{2-9}$$

$$\varphi_v=V/d^3=\pi d_v^3/d^3 \tag{2-10}$$

φ_s 和 φ_v 分别称为颗粒的表面积形状因数和体积形状因数。显然，对于球形对称颗粒 $\varphi_s=\pi$、$\varphi_v=\frac{\pi}{6}$。各种不规则形状的颗粒，其 φ_s 和 φ_v 值如表 2-3 所示。

表 2-3 各种形状颗粒的 φ_s 和 φ_v 值

各种形状的颗粒	φ_s	φ_v
球形颗粒	π	π/6
圆形颗粒(水冲蚀的砂子、熔凝的烟道灰和雾化的金属粉末颗粒)	2.7～3.4	0.32～0.41
带棱的颗粒(粉碎的煤粉、石灰石和砂子等粉体物料)	2.5～3.2	0.20～0.28
薄片状颗粒(滑石、石膏等)	2.0～2.8	0.10～0.12
极薄的片状颗粒(如云母、石墨等)	1.6～1.7	0.01～0.03

2.2.3 球形度 ϕ_c（Carmann 形状因数）

球形度 ϕ_c是一个应用较广泛的形状因数，其定义是：一个与待测的颗粒体积相等的球形颗粒的表面积与该颗粒的表面积之比。若已知颗粒的当量表面积直径为 d_s，当量体积直径为 d_v，则其表达式为

$$\phi_c=\frac{\pi d_v^2}{\pi d_s^2}=\left(\frac{d_v}{d_s}\right)^2 \tag{2-11}$$

若用 φ_s 和 φ_v 表示之，则有

$$\phi_c=\frac{\pi\ (6\varphi_v/\pi)^{2/3}d^2}{\varphi_s d^2}=4.836\ \frac{\varphi_v^{2/3}}{\varphi_s} \tag{2-12}$$

表 2-4 为理论计算的一部分形状规则的颗粒的球形度值和少数几种物料的实测球形度值。

表 2-4 各种颗粒的球形度

颗粒形状或物料名称	球形度 ϕ_c	颗粒形状或物料名称	球形度 ϕ_c
球形颗粒	1.000	圆盘体$h=r$	0.827
八面体	0.847	$h=r/3$	0.594
正方体	0.806	$h=r/10$	0.323
长方体$L\times L\times 2L$(L 为单边长)	0.767	天然煤粉	0.650
$L\times 2L\times 2L$	0.761	粉碎煤粉	0.730
$L\times 2L\times 3L$	0.725	粉碎玻璃	0.650
圆柱体(h 为高度,r 为半径)		参差不齐的燧石砂	0.650
$h=3r$	0.860	参差不齐的片状燧石砂	0.430
$h=10r$	0.691	接近于球体的渥太华砂	0.95
$h=20r$	0.580		

2.3 粉体的粒度分布

本节介绍如何用粒度分布的概念，来表征一堆多分散体的粉体物料的粒度。实践证明，千奇百态的多分散体，其颗粒大小服从统计学规律，具有明显的统计效果。如果将这种物料的粒径看成是连续的随机变量，那么，从一堆粉体中按一定方式取出一个分析样品，只要这个样品的量足够大，完全能够用数理统计的方法，通过研究样本的各种粒径大小的分布情况，来推断出总体的粒度分布。有了粒度分布数据，便不难求出这种粉体的某些特征值，例如平均粒径、粒径的分布宽窄程度和粒度分布的标准偏差等，从而可以对成品粒度进行评价。

2.3.1 频率分布

在粉体样品中，某一粒度大小（用 D_p表示）或某一粒度大小范围内（用 ΔD_p表示）的颗

粒（与之相对应的颗粒个数为 n_p）在样品中出现的百分含量（%），即为频率，用 $f(D_p)$ 或 $f(\Delta D_p)$ 表示。样品中的颗粒总数用 N 表示，则有如下关系

$$f(D_p)=\frac{n_p}{N}\times 100\% \tag{2-13}$$

$$或\quad f(\Delta D_p)=\frac{n_p}{N}\times 100\% \tag{2-14}$$

这种频率与颗粒大小的关系，称为频率分布。

现用一实例说明这种分布的构成。设用显微镜观察 300 个颗粒的粉体样品。经测定，最小颗粒的直径为 1.5μm，最大颗粒为 12.2μm。将被测定出来的颗粒按由小到大的顺序以适当的区间加以分组，组数用 h 来表示，一般多取 10～25 组。小于 10 组，数据的准确性大大降低；大于 25 组，数据处理的过程又过于冗长。取 $h=12$。区间的范围称为组距，用 ΔD_p 表示。设 $\Delta D_p=1\mu m$。每一个区间的中点，称为组中值，用 d_i 表示。落在每一区间的颗粒数除以 N，便是 $f(\Delta D_p)$。将测量的数据加以整理，结果见表 2-5。

表 2-5 颗粒大小的分布数据

h	$\Delta D_p/\mu m$	n_p	$d_i/\mu m$	$f(\Delta D_p)$ /%
1	1.0～2.0	5	1.5	1.67
2	2.0～3.0	9	2.5	3.00
3	3.0～4.0	11	3.5	3.67
4	4.0～5.0	28	4.5	9.33
5	5.0～6.0	58	5.5	19.33
6	6.0～7.0	60	6.5	20.00
7	7.0～8.0	54	7.5	18
8	8.0～9.0	36	8.5	12.00
9	9.0～10.0	17	9.5	5.67
10	10.0～11.0	12	10.5	4.00
11	11.0～12.0	6	11.5	2.00
12	12.0～13.0	4	12.5	1.33
总　和		300		100

这种频率分布数据，可用一种图形形象地表示出来。这种图形称为直方图。根据表 2-5 的数据绘制的直方图如图 2-4 所示。每一个直方图的底边长，就是组距 ΔD_p；高度即为频率；底边的中点即为组中值 d_i。

如果将各直方图回归成一条光滑的曲线，便形成频率分布曲线（见图 2-4）。工程上往往采用分布曲线的形式来表示粒度分布。

如果进而能用某种数学解析式来表示这种频率分布曲线，则可以得到相应的分布函数式，记为 $f(D_p)$。频率分布曲线与横坐标轴围成的面积，为

$$\int_{d_{min}}^{d_{max}} f(D_p)\mathrm{d}D_p = 100\% \tag{2-15}$$

应当指出，粒度的频率分布的纵坐标，不限于用颗粒个数表示（当然，对于显微镜观测，因为可以数出颗粒个数，故用颗粒的个数表示很方便），也可以使用颗粒质量表示。这时所得到的分布，称为质量粒径分布。

此外，粒径分组的组距，不一定非为等组距不可，完全可以采用不等组距。这样，粒度的直方图分布，又可以分为等组距和不等组距两种。

2.3.2 累积分布

将颗粒大小的频率分布按一定方式累积，便得到相应的累积分布。它可以用累积直方图的形式表示，但更多是用累积曲线表示。一般有两种累积方式：一是按粒径从小到大进行累积，

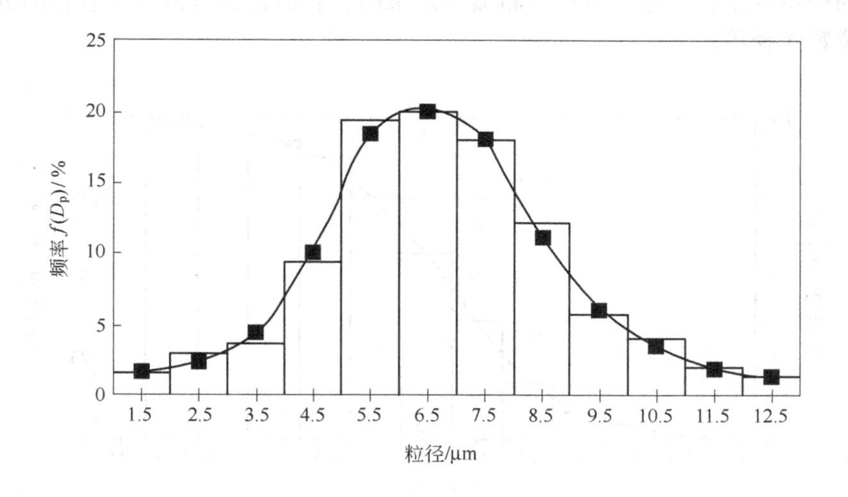

图 2-4　颗粒频率分布的等组距直方图及分布曲线图

称为筛下累积（用“－”号表示）；另一种是从大到小进行累积，称为筛上累积（用“＋”号表示）。前者所得到的累积分布表示小于某一粒径的颗粒数（或颗粒质量）的百分数，而后者则表示大于某一粒径的颗粒数（或颗粒质量）的百分数。筛下累积分布常用 $D(D_p)$ 表示；筛上累积分布常用 $R(D_p)$ 表示。

将表 2-5 的数据进行累积处理后，便得到表 2-6。图 2-5 便是根据表 2-6 绘制的累积直方图和两种累积曲线。

由表 2-6 中筛上和筛下分布中的数据和图 2-5 中的筛上和筛下两条分布曲线可以看出有这样一些关系

$$D(D_p)+R(D_p)=100\% \tag{2-16}$$

$$\left.\begin{aligned} D(D_{min})&=0 \\ D(D_{max})&=100\% \\ R(D_{min})&=100\% \\ R(D_{max})&=0 \end{aligned}\right\} \tag{2-17}$$

表 2-6　颗粒的累积频率

组距/μm	组中值 d_i/μm	频率分布 $f(D_p)$/%	累积分布/%	
			筛下累积	筛上累积
0～1.0	0.5	0.00	0.00	100.00
1.0～2.0	1.5	1.67	1.67	98.33
2.0～3.0	2.5	3.00	4.67	95.33
3.0～4.0	3.5	3.67	8.34	91.66
4.0～5.0	4.5	9.33	17.67	82.33
5.0～6.0	5.5	19.33	37.00	63.00
6.0～7.0	6.5	20.00	57.00	43.00
7.0～8.0	7.5	18	75.00	25.00
8.0～9.0	8.5	12.00	87.00	13.00
9.0～10.0	9.5	5.67	92.67	7.33
10.0～11.0	10.5	4.00	96.67	3.33
11.0～12.0	11.5	2.00	98.67	1.33
12.0～13.0	12.5	1.33	100.00	0.00

较之频率分布，累积分布更有用。许多粒度测定技术，如筛析法、重力沉降法、离心沉降

法等，所得的分析数据，都是以累积分布显示出来的。它的优点是消除了直径的分组，特别适用于确定中位数粒径等。

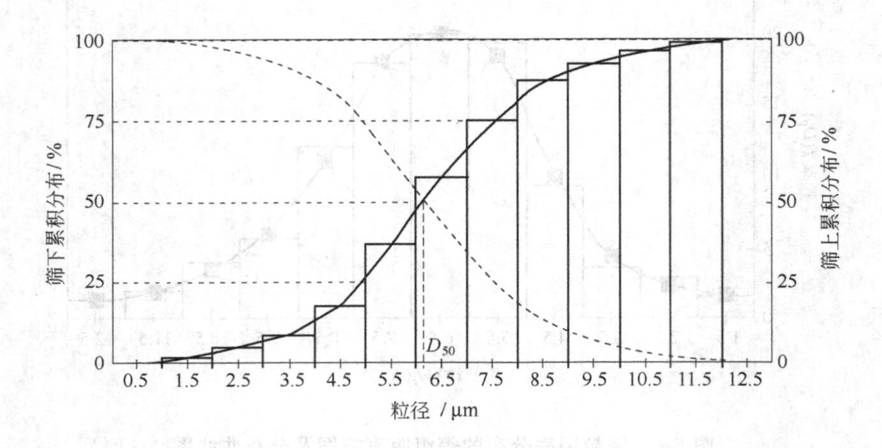

图 2-5　筛上和筛下累积分布直方图与曲线图

2.3.3　频率分布和累积分布的关系

频率分布 $f(D_p)$ 和累积分布 $D(D_p)$ 或 $R(D_p)$ 之间的关系，是微分和积分的关系

$$\left.\begin{aligned} D(D_p) &= \int_{D_{min}}^{D_p} f(D_p)\mathrm{d}D_p \\ R(D_p) &= \int_{D_{max}}^{D_p} f(D_p)\mathrm{d}D_p \\ f(D_p) &= \frac{\mathrm{d}D(D_p)}{\mathrm{d}D_p} \\ f(D_p) &= -\frac{\mathrm{d}R(D_p)}{\mathrm{d}D_p} \end{aligned}\right\} \tag{2-18}$$

因此，$f(D_p)$ 又称颗粒粒度分布微分函数，而 $D(D_p)$ 或 $R(D_p)$ 又称为颗粒粒度分布积分函数。

2.3.4　平均粒径

在粉体粒度的测定中，采用各式各样的平均粒径，来定量地表达颗粒群（多分散体）的粒度大小。本节简单介绍一些在工程技术上经常采用的平均粒径。设：

颗粒群粒径分别为　d_1，d_2，d_3，d_4，…，d_i，…d_n；

相对应的颗粒个数为　n_1，n_2，n_3，n_4，…，n_i，…n_n，总个数 $N=\sum n_i$；

相对应的颗粒质量为　w_1，w_2，w_3，w_4，…，w_i，…w_n，总质量 $W=\sum w_i$。

以颗粒个数为基准和质量为基准的平均粒径计算公式归纳于表 2-7 中。

表 2-7　平均粒径计算公式

序号	平均粒径名称	记　号	个数基准平均径	质量基准平均径
1	个数长度平均径	D_{nL}	$D_{nL}=\frac{\sum(nd)}{\sum n}$	$D_{nL}=\frac{\sum(w/d^2)}{\sum(w/d^3)}$
2	长度表面积平均径	D_{Ls}	$D_{Ls}=\frac{\sum(nd^2)}{\sum(nd)}$	$D_{Ls}=\frac{\sum(w/d)}{\sum(w/d^2)}$
3	表面积体积平均径	D_{sv}	$D_{sv}=\frac{\sum(nd^3)}{\sum(nd^2)}$	$D_{sv}=\frac{\sum w}{\sum(w/d)}$

续表

序号	平均粒径名称	记 号	个数基准平均径	质量基准平均径
4	体积四次矩平均径	D_{vm}	$D_{vm}=\frac{\sum(nd^4)}{\sum(nd^3)}$	$D_{vm}=\frac{\sum(w/d)}{\sum w}$
5	个数表面积平均径	D_{ns}	$D_{ns}=\sqrt{\frac{\sum(nd^2)}{\sum n}}$	$D_{ns}=\sqrt{\frac{\sum(w/d)}{\sum(w/d^3)}}$
6	个数体积平均径	D_{nv}	$D_{nv}=\sqrt[3]{\frac{\sum(nd^3)}{\sum n}}$	$D_{nv}=\sqrt[3]{\frac{\sum(w)}{\sum(w/d^3)}}$
7	长度体积平均径	D_{Lv}	$D_{Lv}=\sqrt{\frac{\sum(nd^3)}{\sum(nd)}}$	$D_{Lv}=\sqrt{\frac{\sum w}{\sum(w/d^2)}}$
8	调和平均径	D_h	$D_h=\frac{\sum n}{\sum(n/d)}$	$D_h=\frac{\sum(w/d^3)}{\sum(w/d^4)}$
9	几何平均径	D_g	$D_g=(\prod_{i=1}^{n}d_i^{n_i})^{\frac{1}{N}}=\prod_{i=1}^{n}d_i^{f_i}$	

注：式中 $\prod_{i=1}^{n}$ 代表 n 个 $d_i^{f_i}$（或 $d_i^{n_i}$）的连乘。

平均粒径表达式的通式归纳如下：

以个数为基准
$$D=\left(\frac{\sum nd^{\alpha}}{\sum nd^{\beta}}\right)^{\frac{1}{\alpha-\beta}}=\left(\frac{\sum f_n d^{\alpha}}{\sum f_n d^{\beta}}\right)^{\frac{1}{\alpha-\beta}} \tag{2-19}$$

以质量为基准
$$D=\left(\frac{\sum wd^{\alpha-3}}{\sum wd^{\beta-3}}\right)^{\frac{1}{\alpha-\beta}}=\left(\frac{\sum f_w d^{\alpha-3}}{\sum f_w d^{\beta-3}}\right)^{\frac{1}{\alpha-\beta}} \tag{2-20}$$

式中，f_n、f_w分别为个数基准与质量基准的频率分布。

在工程技术上，最常用的平均粒径是 D_{nL} 和 D_{sv}，前者主要用光学显微镜和电子显微镜测得，后者则主要用比表面积测定仪测得。同一种粉体物料，各种平均粒径的大小，有时相差很大。所以，在工程技术上，一般要指明所标出的平均粒径是哪一种平均粒径。当几个粉体样品的粒径进行比较时，一定要用同一平均粒径，否则容易造成误会，得出错误的结论。

2.3.5 表征粒度分布的特征参数

(1) 中位粒径 D_{50}　所谓中位粒径 D_{50}，是在粉体物料的样品中，将样品的个数（或质量）分成相等两部分的颗粒粒径。如图 2-5 所示，根据式(2-13) 有：$D(D_{50})=R(D_{50})=50\%$。这样，若已知粒度的累积频率分布，很容易求出该分布的中位粒径。

(2) 最频粒径　最频粒径以 D_{mo}表示。在频率分布坐标图上，纵坐标最大值所对应的粒径，便是最频粒径，即在颗粒群中个数或质量出现概率最大的颗粒粒径。如果某颗粒群的频率分布式 $f(D_p)$ 已知，则令 $f(D_p)$ 的一阶导数为零，便可求出 D_{mo}；同样，若 $D(D_p)$ 或$R(D_p)$ 为已知，则令其二阶导数等于零，也可求出 D_{mo}。

(3) 标准偏差　标准偏差以 σ 表示，几何标准偏差以 σ_g表示。它是最常采用的表示粒度频率分布的离散程度的参数，其值越小，说明分布越集中。对于频率分布，σ 与σ_g的计算公式如下

$$\sigma=\sqrt{\frac{\sum n_i\ (d_i-D_{nL})^2}{N}} \tag{2-21}$$

$$\sigma_g=\sqrt{\frac{\sum n_i\ (\log d_i-\log D_g)^2}{N}} \tag{2-22}$$

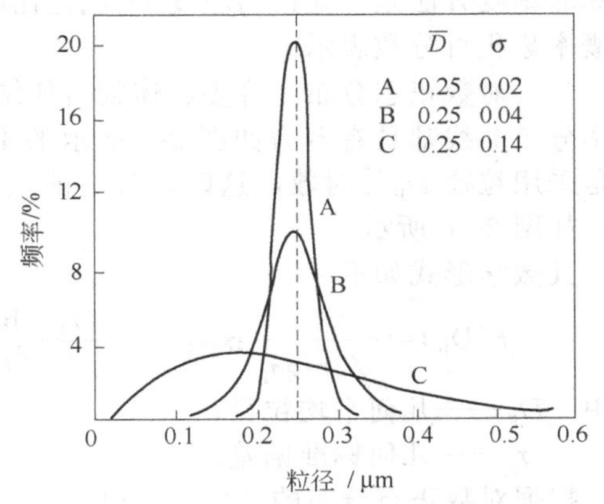

图 2-6　平均粒径完全相同的三条不同粒度分布曲线

如图 2-6 所示，虽然个数平均粒径 $D_{nL(A)}=$

$D_{nL(B)}=D_{nL(C)}$，但因$\sigma_A<\sigma_B<\sigma_C$，故曲线A的分布最窄，C分布最宽。

2.3.6 粒度分布函数

（1）正态分布　正态分布是数理统计学中最重要的分布定律之一，但是在粉体粒度的研究中，却很少应用，因为真正服从正态分布的粉体并不多。正态分布的分布函数$f(D_p)$可用下述数学式表示

$$f(D_p)=\frac{1}{\sqrt{2\pi}\sigma}\exp\left(-\frac{(D_p-\overline{D}_p)^2}{2\sigma^2}\right)=\frac{1}{\sqrt{2\pi}\sigma}\exp\left(-\frac{(D_p-D_{50})^2}{2\sigma^2}\right) \tag{2-23}$$

式中　$\overline{D}_p=D_{50}$——平均粒径；

σ——分布的标准偏差，$\sigma=\sqrt{\sum_{i=1}^{n}f_i(D_p-\overline{D}_p)^2}=\sqrt{\sum_{i=1}^{n}f_i(D_p-D_{50})^2}$。

它反映分布对于$\overline{D}_p=D_{50}$的分散程度。正态分布的频率分布曲线如图2-7所示。由正态分布的性质可得

$$\begin{cases}\sigma=D_{84.13}-D_{50}\\ \sigma=D_{50}-D_{15.87}\end{cases} \tag{2-24}$$

式中，$D_{84.13}$和$D_{15.87}$表示累积筛下分别为84.13%和15.87%时所对应的粒径。

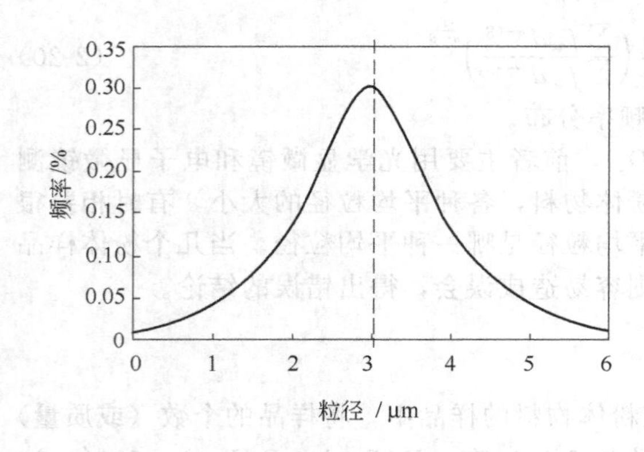

图2-7　正态分布的频率分布曲线

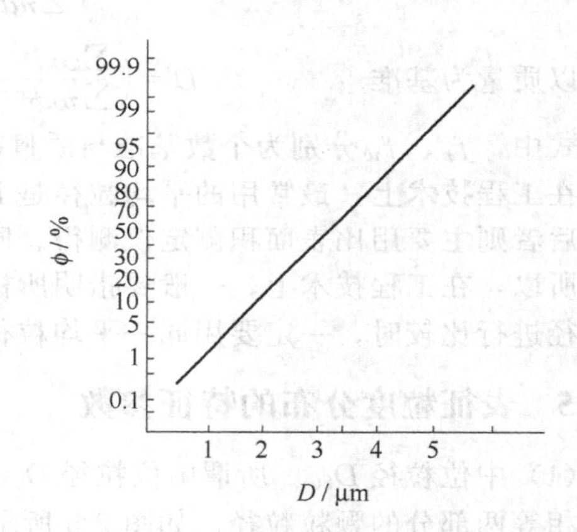

图2-8　正态概率纸上的累积分布曲线

符合累积正态分布的粉体在如图2-8的正态概率纸上呈一直线。正态概率纸上累积百分数坐标的刻度方法是：先按与粒度D_p成正比的值对坐标均匀刻度，再用式(2-23)积分所得的正态概率累积百分数表示。

（2）对数正态分布　许多粉体物料如结晶产品、沉淀物料和微粉碎或超微粉碎产品的粒度频率分布曲线都具有多为如图2-9所示的不对称形状。如果在横坐标轴上不是采用粒径D_p，而是采用粒径D_p的对数，这时，分布曲线$f(D_p)$便具有对称性，这种分布称为对数正态分布，如图2-10所示。

其数学形式如下

$$f(D_p)=\frac{1}{\sqrt{2\pi}\lg\sigma_g}\exp\left(-\frac{(\lg D_p-\lg D_g)^2}{2\lg^2\sigma_g}\right)=\frac{1}{\sqrt{2\pi}\lg\sigma_g}\exp\left(-\frac{(\lg D_p-\lg D_{50})^2}{2\lg^2\sigma_g}\right) \tag{2-25}$$

式中　D_g——几何平均粒径；

σ_g——几何标准偏差。

根据对数正态分布的性质，可得

$$\lg\sigma_g=\lg D_{84.13}-\lg D_{50}\Rightarrow\sigma_g=\frac{D_{84.13}}{D_{50}}=\frac{D_{50}}{D_{15.87}} \tag{2-26}$$

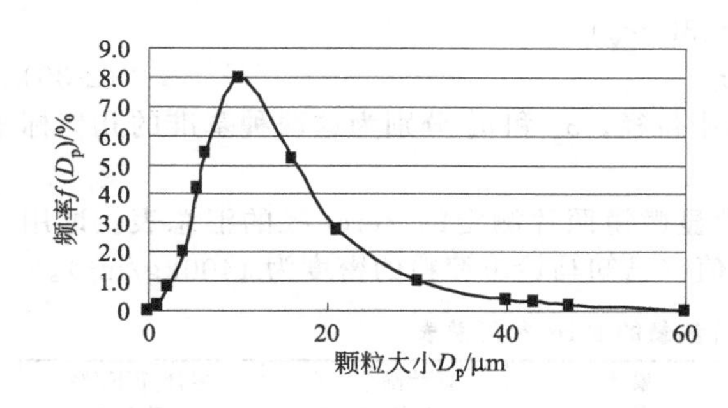

图 2-9　粉体颗粒的右歪斜频率分布曲线

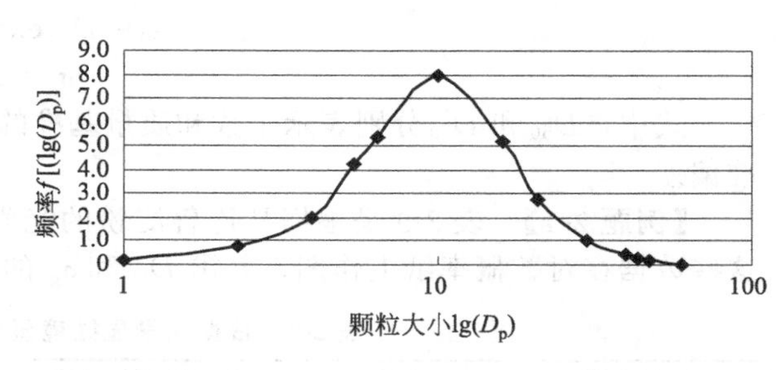

图 2-10　横坐标取对数后变为对数正态分布曲线

累积分布符合对数正态分布的粉体，在对数正态概率纸（如图 2-11 所示）上为一直线。

① 平均粒径的计算　用对数正态分布，可求各平均粒径的计算式。以个数长度平均径为例计算如下

$$D_{nL}=\frac{\sum(nd)}{\sum n}=\frac{1}{\ln\sigma_g\sqrt{2\pi}}\int_{-\infty}^{+\infty}D_p\exp\left[-\left(\frac{(\ln D_p-\ln D_{50})^2}{2\ln^2\sigma_g}\right)\right]d(\ln D_p)$$
$$=D_{50}\exp(0.5\ln^2\sigma_g) \tag{2-27}$$

同理可求得其他平均粒径计算式，汇总于表 2-8。

表 2-8　平均粒径计算公式

序号	名　称	记　号	个数基准平均径	计算式	备　注
1	个数长度平均径	D_{nL}	$D_{nL}=\frac{\sum(nd)}{\sum n}$	$D_{50}\exp(0.5\ln^2\sigma_g)$	
2	长度表面积平均径	D_{Ls}	$D_{Ls}=\frac{\sum(nd^2)}{\sum(nd)}$	$D_{50}\exp(1.5\ln^2\sigma_g)$	
3	表面积体积平均径	D_{sv}	$D_{sv}=\frac{\sum(nd^3)}{\sum(nd^2)}$	$D_{50}\exp(2.5\ln^2\sigma_g)$	$S_w=\frac{\phi}{\rho_p D_{sv}}$
4	体积四次矩平均径	D_{vm}	$D_{vm}=\frac{\sum(nd^4)}{\sum(nd^3)}$	$D_{50}\exp(3.5\ln^2\sigma_g)$	
5	个数表面积平均径	D_{ns}	$D_{ns}=\sqrt{\frac{\sum(nd^2)}{\sum n}}$	$D_{50}\exp(\ln^2\sigma_g)$	平均颗粒表面积 $\phi_s D_{ns}^2$
6	个数体积平均径	D_{nv}	$D_{nv}=\sqrt[3]{\frac{\sum(nd^3)}{\sum n}}$	$D_{50}\exp(1.5\ln^2\sigma_g)$	平均颗粒体积 $\phi_v D_{nv}^3$ 单位质量个数$\frac{1}{\rho_p\phi_v D_{nv}^3}$
7	长度体积平均径	D_{Lv}	$D_{Lv}=\sqrt{\frac{\sum(nd^3)}{\sum(nd)}}$	$D_{50}\exp(2.0\ln^2\sigma_g)$	
8	质量矩平均径	D_w	$D_w=\sqrt[4]{\frac{\sum(nd^4)}{\sum(nd)}}$	$D_{50}\exp(2.0\ln^2\sigma_g)$	
9	调和平均径	D_h	$D_h=\frac{\sum n}{\sum(n/d)}$	$D_{50}\exp(-0.5\ln^2\sigma_g)$	

② 比表面积计算　比表面积可用比表面积体积平均径 D_{sv} 计算

$$S_w=\frac{\phi_{sv}}{\rho_p D_{sv}} \tag{2-28}$$

式中　ϕ_{sv}——比表面积形状系数。

单位质量颗粒个数可由下式计算

$$n=\frac{1}{\rho_p\phi_v D_{nv}^3} \tag{2-29}$$

个数与质量两种基准分布的相互变换：当粒径分布为对数正态分布时，下式成立

$$D'_{50}=D_{50}\exp(3\ln^2\sigma_g)$$
$$\sigma'_g=\sigma_g \tag{2-30}$$

式中，D_{50}和D'_{50}分别表示个数和质量基准的中位径；σ_g 和 σ'_g 分别为这两种基准的几何标准偏差。

【例题 2-1】 表 2-9 是根据马铃薯淀粉的光学显微镜照片测定的 Feret 径的汇总表。试用这些数据在对数概率纸上作图，并求 D_{50}和 σ_g 的值（已知马铃薯淀粉的密度为 1400kg/m³）。

表 2-9 根据光学显微镜照片测量的 Feret 径汇总表

粒径范围 D_p/μm	$\lg D_p$ 下限粒径	测量的颗粒个数 n	累计 Σn	累计筛余/%（个数基准）	累计筛下/%（个数基准）
>60	1.778	44	44	1.6	98.6
60～50	1.700	59	103	3.8	96.2
50～40	1.602	156	259	9.4	90.6
40～30	1.477	335	594	21.6	78.4
30～20	1.301	888	1482	54.0	46.0
20～15	1.176	558	2024	74.2	25.8
15～10	1.000	425	2465	89.7	10.3
10<		282	2747	100.0	—

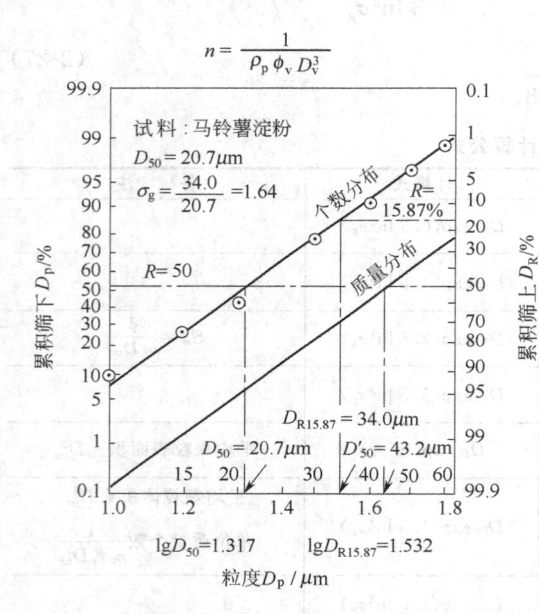

图 2-11 对数正态概率纸的应用

解： 如图 2-11 所示作图，从图中可查出 D_{50}、$D_{15.87}$，即可计算出 σ_g 和 $\ln^2\sigma_g$，由 D_{50} 计算出 D'_{50}将以个数为基准的直线平移到 D'_{50}处即得以质量为基准的累计分布直线。同时还可计算出上述的 9 个平均粒径和每千克样品中含有的颗粒个数 n 和比表面积 S_w（设颗粒为球形）。

图 2-12 为对数正态概率纸，在此概率纸上作出某粉体的累计分布直线后，平移到此直线过 P 极，在图上可查出 $\lg\sigma_g$ 和 S_vD_p 的值。

③ 罗辛-拉姆勒（Rosin-Rammler）分布：通过对煤粉、水泥等物料粉碎试验的概率和统计理论的研究，归纳出用指数函数表示粒度分布的关系，即

$$R(D_p)=100\exp[-(D_p/D_e)^n] \tag{2-31}$$

式中 $R(D_p)$——累计筛余百分数；

D_e——特征粒径，表示体积筛余为 36.8%时的粒径；

n——均匀性系数，表示粒度分布范围的宽窄程度。n 值越小，粒度分布范围越广。

它的频率分布式为

$$f(D_p)=-\frac{dR(D_p)}{dD_p}=nD_e^{-n}D_p^{n-1}\exp[-(D_p/D_e)^n] \tag{2-32}$$

将式(2-26) 的倒数取两次对数得

$$\lg\left[\lg\left(\frac{1}{R(D_p)}\right)\right]=n\lg\left(\frac{D_p}{D_e}\right)+\lg(\lg e)$$
$$=n\lg D_p+\lg(\lg e)-n\lg D_e=n\lg D_p+C \tag{2-33}$$

在 $\lg D_p$与 $\lg[\lg 1/R(D_p)]$ 坐标系中，式(2-32) 作图呈一直线。图 2-13 为 Rosin-Rammler 图。在此图上作某一粉体的累计分布时，如果数据点呈一直线，则说明这一粉体符

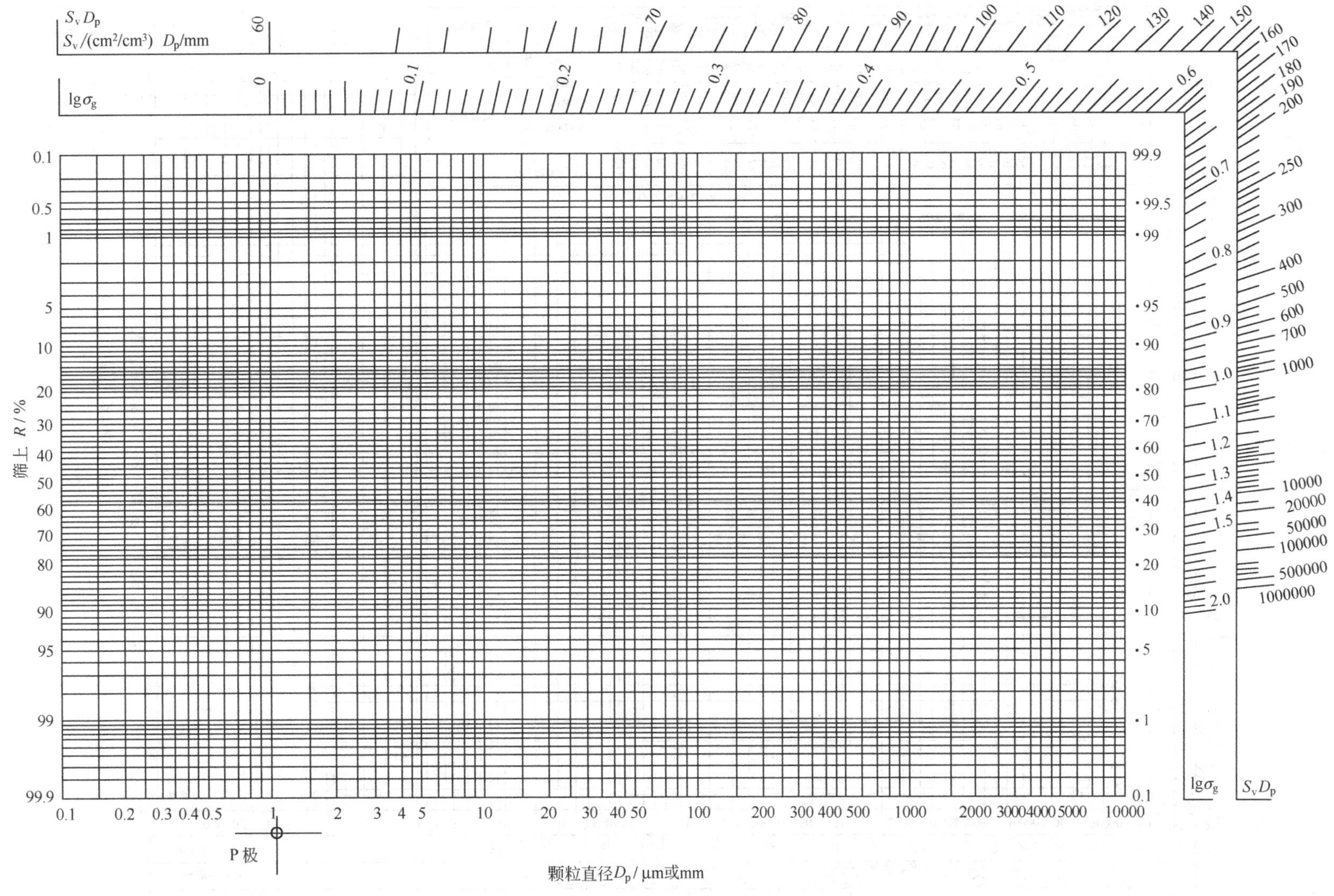

图 2-12 对数概率纸

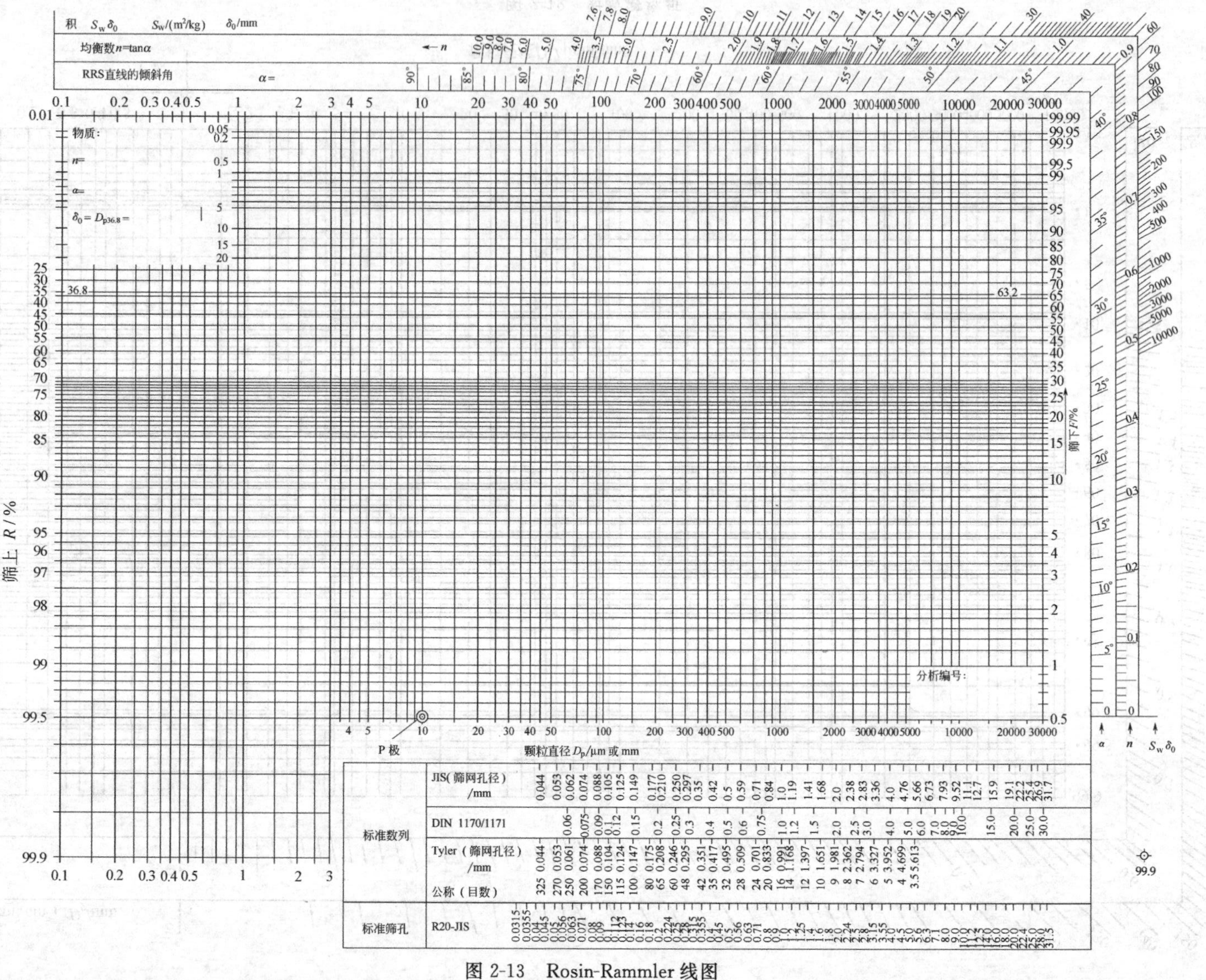

图 2-13 Rosin-Rammler 线图

合 R-R 分布，将这一直线平移过 P 极，可在图上查出 n 与 S_vD_e的值。

【例题 2-2】 用冲击磨粉碎啤酒瓶，试料全部通过 3.36mm 的标准筛，用标准筛测定粒度的结果如表 2-10 所示。用这些数值在 R-R 图上作图，并求 D_e、n 值，写出 R-R 分布式。如取啤酒瓶的密度 $\rho=2600\text{kg/m}^3$，计算其比表面积 S_w。

表 2-10 粒度测定结果

筛孔尺寸/μm	3360	2830	2000	1410	1000	710	500	350
累计筛余/%	0.6	11.14	31.2	47.9	61.4	72.5	79.2	85
筛孔尺寸/μm	250	177	149	125	88	62	小于 62	累计
累计筛余/%	89.8	92.8	93.7	95	96.5	98	2.0	100

解： 取 mm 作为粒径单位，由表 2-10 中的数据在 R-R 图上作图，如图 2-14 所示，由图中查得 $D_e=1.9\text{mm}$，$n=1.1$，$S_vD_e=28.17$。

由此得分布式为

$$R(D_p)=\exp\left[-\left(\frac{D_p}{1.9}\right)^{1.1}\right]$$

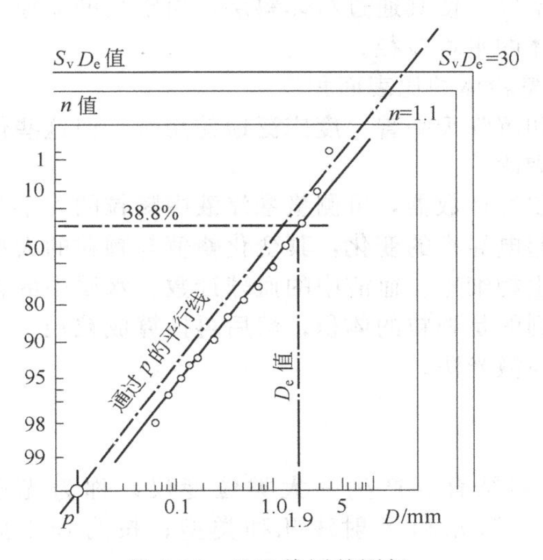

图 2-14 R-R 线图的图解

质量比表面积为

$$S_w=\frac{S_vD_e}{\rho_pD_e}=\frac{28.17}{1.9\times10^{-3}\times2600}$$
$$=5.7(\text{m}^2/\text{kg})$$

2.4 粉体粒度测量技术

粉体的粒度、形状与比表面积等几何参数对其产品的性质与用途影响很大，因此，粉体粒度、形状与比表面积的测量非常重要。例如，水泥的强度与其细度有关，磨料的粒度和粒度分布决定其质量等级，粉碎和分级也需要对其粒度进行测量。随着纳米级材料的发展，人们对粒度等特性参数的测量提出了更高要求。

表 2-11 列出了粉体粒度测量的主要方法。

筛分法用于粒度分布的测量已有很长历史，制造筛网的技术也不断提高，国外可制造小到 5μm 的筛网。筛分分析适用于粒径约 20μm～100mm 之间的粒度分布测量。

筛孔大小尺寸用"目"来表示，即1in[1]长度的筛网上的筛孔数。标准筛的规格见本书后的附录。

表 2-11 粒度测量的方法

测量方法		测量装置	测量结果
直接观察法		放大投影器，图像分析仪（与光学显微镜或电子显微镜相连），能谱仪（与电子显微镜相连）	粒度分布、形状参数
筛分法		电磁振动式，音波振动式	粒度分布直方图
沉降法	重力	比重计、比重天平、沉降天平 光透过式、X射线透过式	粒度分布
	离心力	光透过式、X射线透过式	粒度分布
激光法	光衍射	激光粒度仪	粒度分布
	光子相干	光子相干粒度仪	粒度分布
小孔透过法		库尔特粒度仪	粒度分布、个数计量
流体透过法		气体透过粒度仪	比表面积、平均粒度
吸附法		BET吸附仪	比表面积、平均粒度

流体通过法一般采用空气，使其通过粉体料层，由空气的流速、压力差等参数计算粉体的比表面积，然后计算出粉体的平均粒径。

BET吸附法也用来测量粉体的比表面积。

比重计法、比重天平和沉降天平曾一度广泛地使用过。但这些仪器测量时间太长，不适合细颗粒的测量，将逐渐被淘汰。

库尔特粒度仪也称库尔特计数器，可测量悬浮液中颗粒的大小和个数。当悬浮于电解质中的颗粒通过小孔时，可引起电导率的变化，其变化峰值与颗粒的大小有关。此法主要用于需要对颗粒计数的场合，例如生物细胞、血液中的血球计数、水质中的颗粒计数以及磨料的质量检测等。库尔特计数器测量到的是颗粒的体积，然后再换算成粒径。

下面重点介绍沉降法与激光法。

2.4.1 沉降法

光透过原理与沉降法相结合，产生一大类粒度仪，称为光透过沉降粒度仪。根据光源不同，可细分为可见光、激光和X射线几种类型；按力场不同又细分为重力场和离心力场两类。

当光束通过装有悬浮液的测量容器时，一部分光被反射或吸收，一部分光到达光电传感器，将光强转变成电信号。透过光强与悬浮液浓度和颗粒投影面积有关。颗粒在力场中沉降，可用斯托克斯定律计算其粒径大小，从而得到累积粒度分布。

（1）重力场光透过沉降法　其测量范围为0.1～1000μm。光源为可见光、激光和X射线。颗粒的沉降速度与颗粒和悬浮液的密度有关，当密度差大时沉降速度快，反之沉降速度慢。

为了提高测量速度，节省测量时间，中国科学院化工冶金所马兴华等人发明了图像沉降法，装置简图如图2-15所示。该装置采用一线性图像传感器，将沉降过程可视化，可明显节省测量时间。例如，对平均粒度为5μm的SiC样品测量的结果表明，本仪器仅需5min即可测量完毕，而国外同类仪器则需28min。

（2）离心力场光透过沉降法　在离心力场中，颗粒的沉降速度明显提高，本法适合测量纳米级颗粒。可测量0.007～30μm的颗粒，若与重力场沉降相结合，则可将测量上限提高到1000μm。

[1] 1in＝0.0254m。

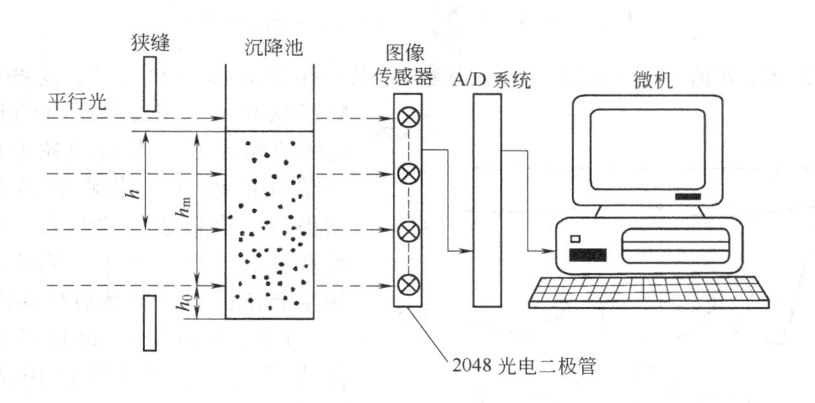

图 2-15　图像沉降粒度仪 1000 的原理

2.4.2　激光法

激光法是近 20 年发展的颗粒测量方法，常见的有激光衍射法和光子相干法。激光粒度仪的优点是，重复性好，测量速度快。其缺点是对几微米的试样，该仪器的误差较大。激光粒度仪的测量范围一般为 0.5～1000μm。

20 世纪 80 年代中期，王乃宁等人提出综合应用米氏散射和夫朗禾费衍射的理论模型，即在小粒径范围内采用米氏理论，在大粒径范围内仍采用夫朗禾费衍射理论，从而改善小粒径范围内测量的精度。一般而言，激光法的分辨率不如沉降法。

2.4.3　颗粒形状的测定

测量颗粒形状有两种方法。一为图像分析仪，它由光学显微镜、图像板、摄像机和微机组成。其测量范围为 1～100μm，若采用体视显微镜，则可以对大颗粒进行测量。电子显微镜配图像分析仪，其测量范围为 0.001～10μm。二为能谱仪，它由电子显微镜与能谱仪、微机组成。其测量范围为 0.0001～100μm。

上述两种方法，可测量颗粒的面积、周长及各形状参数，由面积、周长可得到相应的粒径，进而可得到粒度分布。其优点是具有可视性，可信程度高。但由于测量的颗粒数目有限，特别是在粒度分布很宽的场合，其应用受到一定限制。

20 世纪 70 年代以来，随着计算机技术的飞速发展和图像分析技术的问世，使过去只能根据几何外形对颗粒形状进行大致分类，发展到可在数值化的基础上严格定义颗粒形状及描述颗粒表面的粗糙度，使颗粒形状的表征方法发生了飞跃。这种表征方法是通过数值化处理对颗粒表面形貌进行分形表征。这里主要介绍 Fourier 级数表征法和分数维表征法。

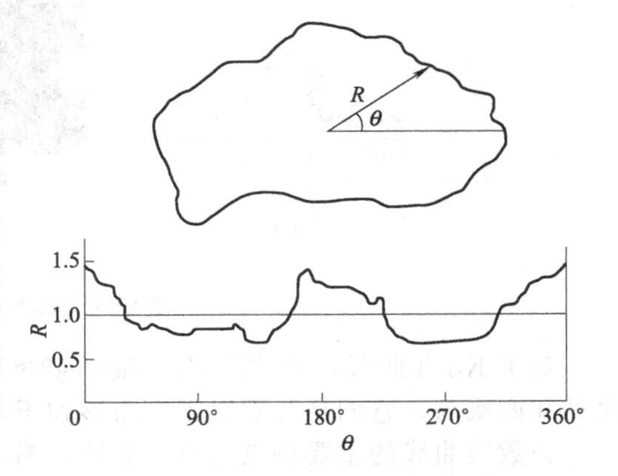

图 2-16　颗粒投影图的极坐标图

(1) Fourier 级数表征法　如图 2-16 所示，用扫描装置对颗粒投影像边缘上的若干个点进行位置测量。通过信号的模数转换获得每个点的 (x，y) 坐标，求出重心作为原点，转换为 (R，θ) 极坐标，这些点的 R，θ 值即可基本反映图像形状和尺寸的全部信息。

显然，R 随 θ 的变化以 2π 为周期，因此，可表达为 Fourier 级数

$$R(\theta)=A_0+\sum_{n=1}^{\infty}(a_n\cos n\theta+b_n\sin n\theta) \quad (2\text{-}34)$$

由这些点的 R、θ 值即可确定 Fourier 系数 A_0 及一组系数 $\{a_n\}$ 和 $\{b_n\}$。这些数值含有与颗粒形状和尺寸相关的所有信息。若各 a_n 和 b_n 的值均为零，则该颗粒为球形，其半径为零阶系数 A_0。若将各阶系数除以 A_0，则得归一化系数。这些归一化系数可以反映颗粒的形状，其中，低阶系数反映图形的主要特征，高阶系数反映图形的细节。

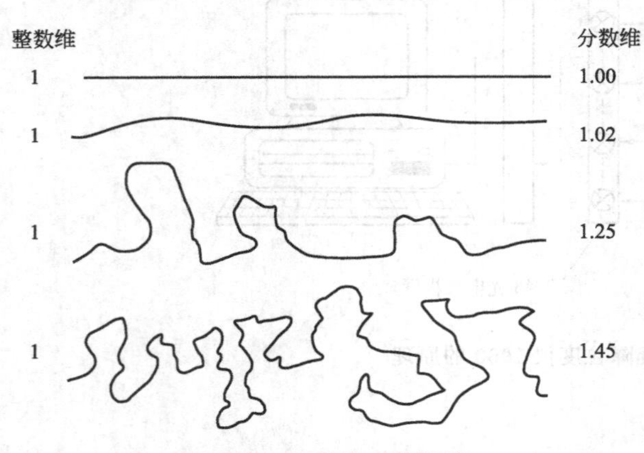

图 2-17 整数维和分数维

用这些 Fourier 系数可再现颗粒投影像的形状，并可计算出任何规定的形状因子。

(2) 分数维表征法 分数维方法是一种用于描述颗粒表面结构及粗糙度的新的数学方法。

图 2-17 表示了四条曲线的分数维情况。四条曲线的整数维均为 1，但分数维的判别较大。可以看出，曲线形状越复杂，分数维数值越大；反之亦然。

图 2-18 所示为 Koch 曲线。其画法是将长度为 1 的线段分为三份，从中间 1/3 长度的线段画一正三角形的两边，去掉底边，得四条长度为 1/3 的线段。再以长度为 1/3 的线段重复上述过程；继续以长度为 $(1/3)^n$ 的线段重复上述过程，即可得 Koch 曲线。其线段总长度 L 为

$$L=nr=r^{1-d_F} \quad (2\text{-}35)$$

式中 n——线段条数；
r——每条线段的长度；
d_F——分数维的维数。

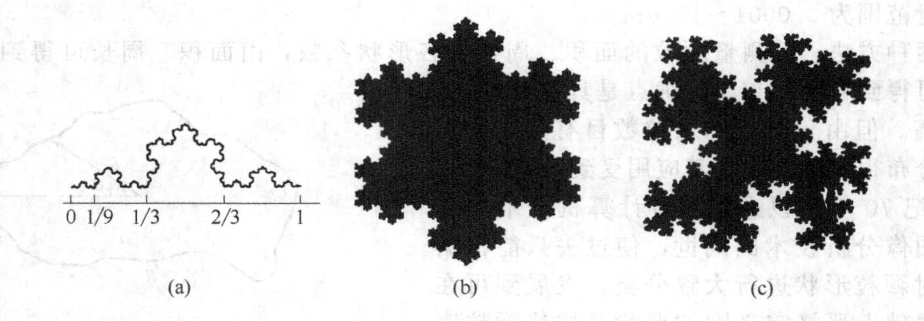

图 2-18 典型的分数维曲线及图形

对于 Koch 曲线，分数维 $d_F=\lg4/\lg3\approx1.2618$。图 2-18(b)、(c) 分别表示出了 Koch 三次岛和四次岛，它们是分别以正三角形和正方形为基础画出的。

分数维曲线的重要特点是自相似性。图 2-18(a) 中，区间 (0,1/3) 的曲线与区间 (0,1) 的区线相似；即使继续缩小区间范围，仍然存在这种相似性。

利用分数维的自相似原理，可以表征许多不规则非球形颗粒的形状。

图像分析法的优点是：具有可视性，可信程度高。但由于测量的颗粒数目有限，特别是在粒度分布很宽的场合，其应用受到一定的限制。

第3章 粉体填充与堆积特性

粉体层中颗粒的填充与堆积特性与粉体层的力学、电学、传热以及流体透过等性质密切相关。为了定量地表征粉体层的这些性质，必须研究构成粉体层的颗粒排列状态。填充与堆积结构随颗粒粒度大小与分布、颗粒形状、颗粒间相互作用力大小以及填充条件而变化。一般而言，粉体层的排列状态是不均匀的，存在局部的填充结构变化，这对粉体操作有很大影响。工程上已注意到填充状态的两个极端，即最疏与最密填充状态。例如，为避免料仓结拱造成料流阻塞，要求粉体层处于最疏填充状态，而陶瓷造粒往往要求最密填充状态。

3.1 粉体的填充指标

在讨论粉体填充与堆积特性时经常要用到如下参数。

(1) 容积密度 ρ_B　在一定填充状态下，单位填充体积的粉体质量，亦称表观密度，单位为 kg/m^3。

$$\rho_B=\frac{填充粉体的质量}{粉体填充体积}=\frac{V_B(1-\varepsilon)\rho_p}{V_B}=(1-\varepsilon)\rho_p \tag{3-1}$$

式中　V_B——粉体填充体积，m^3；

ρ_p——颗粒的密度，kg/m^3；

ε——空隙率。

(2) 填充率 ψ　在一定填充状态下，颗粒体积占粉体体积的比率。

$$\psi=\frac{粉体填充体的颗粒体积}{粉体填充体积}=\frac{M/\rho_p}{M/\rho_B}=\frac{\rho_B}{\rho_p} \tag{3-2}$$

式中　M——填充粉体的质量。

(3) 空隙率 ε　空隙体积占粉体填充体积的比率。

$$\varepsilon=1-\psi=1-\frac{\rho_B}{\rho_p} \tag{3-3}$$

3.2 粉体颗粒的填充与堆积

3.2.1 等径球体颗粒的规则填充

(1) 规则填充　若把互相接触的球体作为基本单元，按它的排列进行研究是很方便的。它们可以组合成彼此平行的和相互接触的排列，并构成变化无限不同的规则的二维球层。约束的形式有两种：正方形，如图 3-1(a) 所示，90°角是其特征；等边三角形（菱形、六边形），如图 3-1(d) 所示，60°角是其特征。球层总是按水平面来排列。仅仅考虑重力作用时有三种稳定的构成方式。一层叠在另一层的上面，形成二层正方的和二层三角形的球层。如图 3-1 所示，(a)、(b)、(c) 为正方形排列，(d)、(e)、(f) 为三角形排列。(a) 和 (d) 是在下层球的正上面排列着上层球，(b) 和 (e) 是在下层球和球的切点上排列着上层球，(d) 和 (f) 是在下层球间隙的中心上排列着上层球。

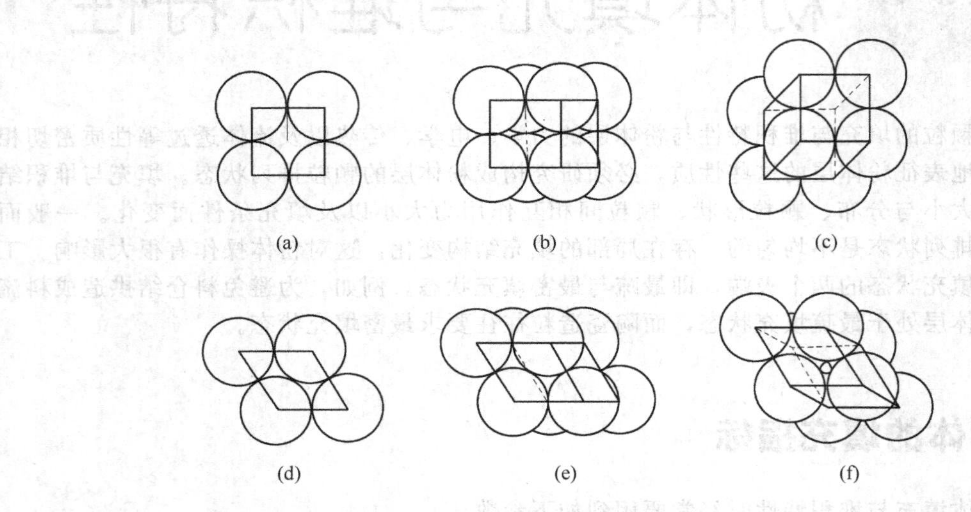

图 3-1　等径球形颗粒的规则排列

图 3-2 即为图 3-1 各图对应的球形颗图。取相邻接的八个球并连接其球心得一块平行六面体，称之为单元体。表 3-1 列出了这种模型的参数，并给出了其相应的空隙率。

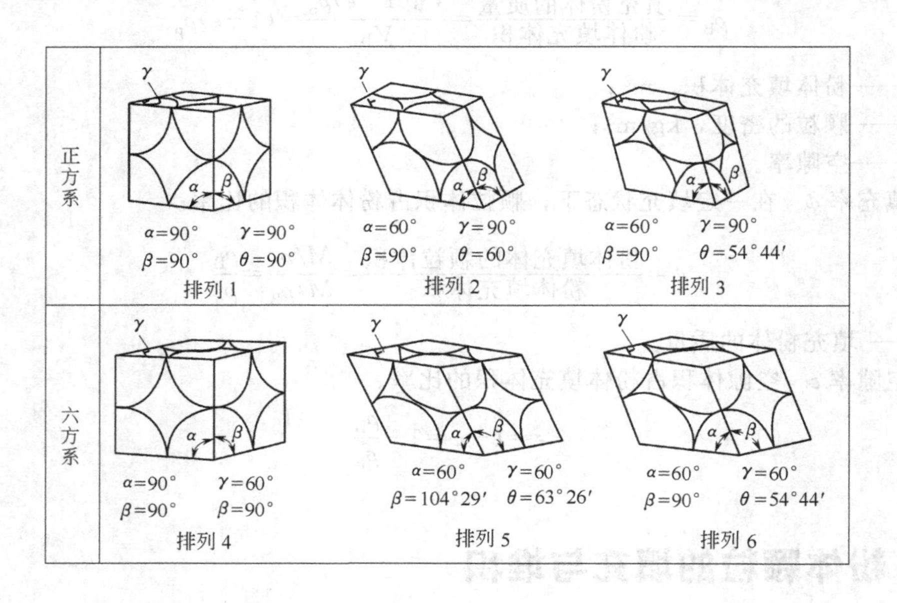

图 3-2　单元体

(2) 随机或不规则填充　随机填充可分成下列四种类型。

① 随机密填充　把球倒入一个容器中，当容器振动时或强烈摇晃时得到的这类填充类型。

此时可得到 0.359～0.375 的平均空隙率，该值大大超过了对应的六方密填充时的平均值 0.26。

表 3-1 等径球规则填充的结构特性

排列	名称	顺序	单元体		空隙率	接触点的数量	填充组
			体积	空隙体积			
(a)	立方体填充，立方最密填充	1	1	0.4764	0.4764	6	正方系
(b)	正斜方体填充	2	0.866	0.343	0.3954	8	
(c)	菱面体填充或面心立方体填充	3	0.707	0.1834	0.2594	12	
(d)	正斜方体填充	4	0.866	0.3424	0.3954	8	六方系
(e)	楔形四面体填充	5	0.750	0.2264	0.3019	10	
(f)	菱面体填充或六方最密填充	6	0.707	0.1834	0.2595	12	

② 随机倾倒填充　把球倒入一个容器内，相当于工业上常见的卸出粉料和散袋物料的操作，可得到 0.375～0.391 的平均空隙率。

③ 随机疏填充　把一堆松散的球放入到一个容器内，或用手一个个地随机把球填充进去，或让这些球一个个地滚入到如此填充的球的上方，这样可得到 0.4～0.41 的平均空隙率。

④ 随机极疏填充　最低流态化时流化床具有平均空隙率为 0.46～0.47。把流化床内流体的速度缓慢地降到零，或通过球的沉降就可得到 0.44 的平均空隙率。

(3) 壁效应　随机填充时存在着一种所谓的壁效应，因为在接近固体表面的地方会使随机填充中存在局部有序。这样，紧挨着固体表面的颗粒常常会形成一层与表面形状相同的料层。这种所谓的基本层是正方形和三角形单元聚合的混合体。随机性随与基本层距离的增加而增加，还随这特殊层的最终消失而增加。

壁效应的另一重要方面是紧挨着壁的位置存在着相对高的空隙率区域，这是由于壁和颗粒的曲率半径之间的差异而引起的。若加入一些 3～4 种直径的颗粒到填充物中，会测得局部的空隙率将随容器圆柱壁的距离而作周期性变化，见图 3-3。壁效应已经被作为颗粒直径与容器直径之比 D_p/D_T 的函数来研究。有许多经验公式用来修正这种效应。

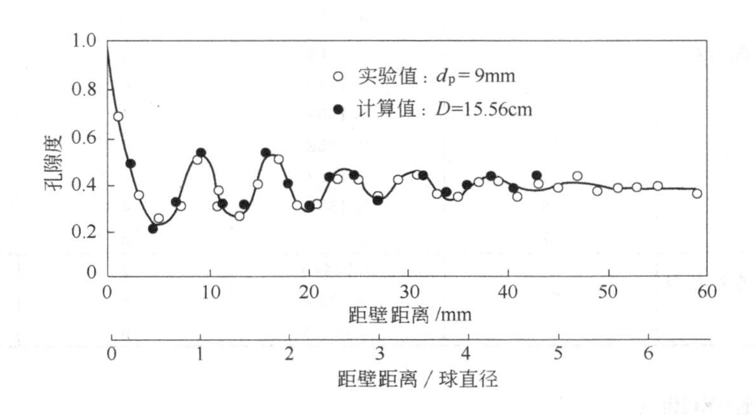

图 3-3 局部空隙率随离容器圆柱表面距离而变化

3.2.2 不同尺寸球形颗粒的填充

在规则填充的基础上，等尺寸球之间的空隙在理论上能够由更小的球填充，得到更高密度的集合体。

当每一个空隙只有一个小球填充时，这个填充球的直径是填充空隙空间的最大球径，其堆积特性如表 3-2 所示。

表 3-2 每个空隙内具有一个最大球的混合物的堆积性质

排列	空隙率	小球直径	混合物空隙率	小球的体积比	排列	空隙率	小球直径	混合物空隙率	小球的体积比
立方体填充	0.4764	0.723D_p	0.271	0.391	菱面体填充或六方最密填充	0.2595	0.225D_p	0.190	0.019
正斜方体填充	0.3954	0.528D_p	0.307	0.147			0.414D_p		0.070

在六方最密排列中，在六个等尺寸球之间围成的四方孔洞由次大的一个球填充后，最初由四个等尺寸球之间围成的三角孔洞由第三大的球所占据，进而第四大和第五大的球分别填进由最初大球与次大球间的空隙及第三大的球与最初大球之间的空隙中。在六方最密堆积中，所有剩余孔隙最终被相当小的等尺寸的球所填满，如表 3-3 所示。这种最小空隙率为 0.039 作为排列征的排列又称为 Horsfield 最紧密堆积。

表 3-3 Horsfield 堆积性质

球	尺寸比	球数目	混合物空隙率	球	尺寸比	球数目	混合物空隙率
最初	1.0	—	0.260	第四大	0.175	8	0.158
第二大	0.414	1	0.207	第五大	0.117	8	0.149
第三大	0.225	2	0.190	填充物	细粒	很多	0.039

当一种以上的等尺寸球被填充到最紧密的六方排列的空隙中时，空隙率是随着较小球与最初大球的尺寸比值而变化的，如表 3-4 所示，空隙率随着四方孔隙中较小球的数目的增加而减小。实际上并不总是这样的，因为在三角形孔隙中，球的数目是不连续的。当三角形空隙中球的尺寸比为 0.1716 时，最小空隙率为 0.1130，这样的排列称为 Hudson 堆积。

表 3-4 Hudson 堆积性质

填充状态	装入四角孔的球数	二次球径/最初球径	装入三角孔的球数	总密度增量
由四方间隙直径支配的对称堆积	1	0.4142	0	007106
	2	0.2753	0	0.04170
	4	0.2583	0	0.06896
	6	0.1716	4	0.07066
	8	0.2288	0	0.09590
	9	0.2166	1	0.11184
	14	0.1716	4	0.11116
	16	0.1693	4	0.11647
	17	0.1652	4	0.11265
	21	0.1782	1	0.13025
	26	0.1547	4	0.12588
	27	0.13807	5	0.09740
由三角形间隙直径支配的对称堆积	8	0.22475	1	0.11354
	21	0.1716	4	0.14653
	26	0.14208	5	0.10325

3.2.3 实际颗粒的堆积

颗粒并不总是球形的，也不都是规则堆积或完全随机堆积的。因此，了解下面所描述的堆积特征在实际中是很有用的。

当仅有重力作用时，容器里实际颗粒的松装密度随容器直径的减小和颗粒层的高度的增加而减小。对于粗颗粒，较高的填充速度导致松密度较小。但是，对于像面粉那样的有黏聚力的细粉末，减慢供料速度可得到松散的堆积。

一般地说空隙率随球形度的降低而增加，如图 3-4 所示。在松散堆积时，有棱角的颗粒空隙率较大，与紧密堆积的情况正好相反。表面粗糙度越高的颗粒，空隙率越大，如图 3-5

所示。

颗粒越小，由于颗粒间的黏聚作用，使空隙率越高，这与理想状态下颗粒尺寸与空隙率无关的说法相矛盾。因此，潮湿粉末的表观体积随水含量的增加而变得更大。

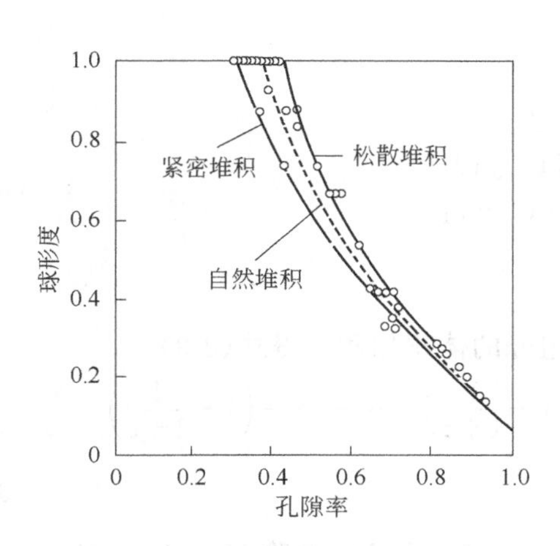

图 3-4 空隙率与球形度之间的关系

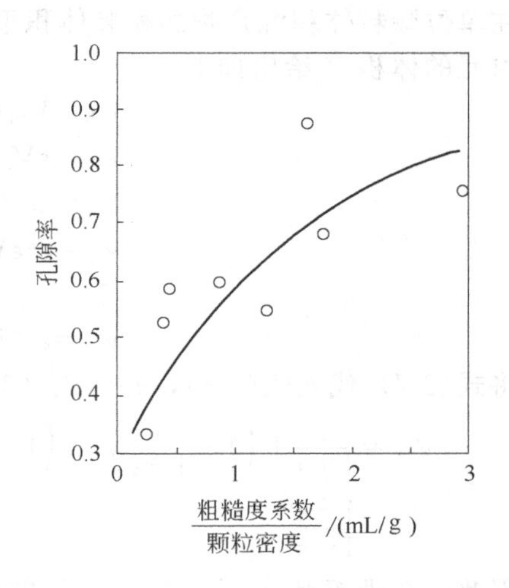

图 3-5 颗粒表面粗糙度对空隙率的影响

3.2.4 不同尺寸颗粒的最紧密堆积

在二组元的颗粒体系中，大颗粒间的间隙由小颗粒填充，以得到最紧密的堆积，混合物的单位体积内大小颗粒质量分别写成以下两式

$$W_1=1\times(1-\varepsilon_1)\rho_{p1} \tag{3-4}$$

$$W_2=1\times\varepsilon_1(1-\varepsilon_2)\rho_{p2} \tag{3-5}$$

式中，ε_1、ε_2、ρ_{p1}、ρ_{p2}分别为大颗粒和小颗粒的空隙率和密度。

设大颗粒所占质量分数用 f_1 来表示，则

$$f_1=\frac{W_1}{W_1+W_2}=\frac{(1-\varepsilon_1)\rho_{p1}}{(1-\varepsilon_1)\rho_{p1}+\varepsilon_1(1-\varepsilon_2)\rho_{p2}} \tag{3-6}$$

对于同一种固体物料，由于单一组分的空隙率相同，即 $\rho_{p1}=\rho_{p2}=\rho$ 和 $\varepsilon_1=\varepsilon_2=\varepsilon$，因此大颗粒的质量分数为

$$f_1=\frac{1}{1+\varepsilon} \tag{3-7}$$

式中，小颗粒完全被包含在大颗粒的母体中，此时尺寸比小于 0.2。

图 3-6 所示为被破碎的同种物质粉末的固体二组元系中，当单一组分空隙率为 0.5 时，空隙率与尺寸组成之间的关系。空隙率最小时粗颗粒的质量分数为 0.67。由图可知，空隙率随大小颗粒混合比而变化，小颗粒粒度越小，空隙率越小。

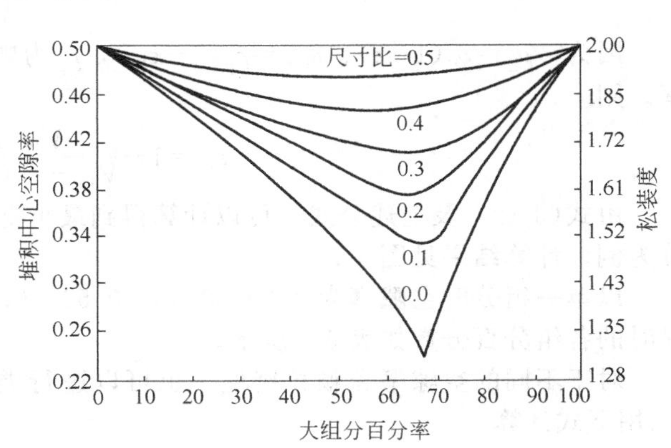

图 3-6 单一组分空隙率为 0.5 时，二组元颗粒的堆积特性

在同一固体物料所组成的多组元 n 级颗粒填充体系中，设最初一级大颗粒之间的空隙由二级次大的小颗粒填充，二级小颗粒之间的空隙又被三级小颗粒填充，依

此类推。由此可知填充后单位体积粉体的总松装体积为

$$V_{\mathrm{m}}=\frac{\text{填充颗粒的体积(1)}}{\text{填充率}(\psi)}=\frac{1}{1-\varepsilon^{n}}$$

在单位颗粒体积混合物的松装体积里，为计算方便，设一级和二级颗粒体积之和为 1，则每一组元的体积 V 给出如下

$$\begin{aligned}
&V_1=V_{\mathrm{m}}(1-\varepsilon)=f_1\\
&V_2=\varepsilon V_{\mathrm{m}}(1-\varepsilon)=1-f_1\\
&V_3=\varepsilon\varepsilon V_{\mathrm{m}}(1-\varepsilon)=\varepsilon(1-f_1)\\
&V_4=\varepsilon^2\varepsilon V_{\mathrm{m}}(1-\varepsilon)=\varepsilon^2(1-f_1)\\
&\vdots\\
&V_n=\varepsilon^{n-2}(1-f_1)
\end{aligned}\tag{3-8}$$

将式(3-7) 代入式(3-8)，并将式 (3-8) 中所有组分的体积加和，得式(3-9)

$$\begin{aligned}
V_{\mathrm{ts}}&=\frac{1}{1+\varepsilon}+\left(1-\frac{1}{1+\varepsilon}\right)+\varepsilon\left(1-\frac{1}{1+\varepsilon}\right)+\varepsilon^2\left(1-\frac{1}{1+\varepsilon}\right)+\cdots+\varepsilon^{n-2}\left(1-\frac{1}{1+\varepsilon}\right)\\
&=\frac{1-\varepsilon^n}{1-\varepsilon^2}
\end{aligned}\tag{3-9}$$

因此，在理想状态下，每一组元的体积分数用式(3-9) 的 V_{ts} 去除 V_1，V_2，V_3，$\cdots V_n$ 即得。

在实际情况下，几种不同组元均匀混合后的总体积 V_{tm} 比这些组元各自单独堆积时的体积加和稍小，即

$$V_{\mathrm{tm}}=[V_{\mathrm{ts}}-f_{\mathrm{y}}(V_{\mathrm{ts}}-f_1)]\frac{\rho_{\mathrm{p}}}{\rho_{\mathrm{B}}}\tag{3-10}$$

式中，$f_{\mathrm{y}}(V_{\mathrm{ts}}-f_1)\frac{\rho_{\mathrm{p}}}{\rho_{\mathrm{B}}}$ 表示随填充混合引起的体积的减小；ρ_{B} 为理想填充时混合物的体积密度；f_{y} 为实际填充时二级以下颗粒体积之和与理想填充时二级以下颗粒体积之和的比值，它的数值在 0～1.0 之间，理想填充时 $f_{\mathrm{y}}=1$。

其实验关系式为

$$f_{\mathrm{y}}=1.0-2.62K_{\mathrm{s}}^{1/(n-1)}+1.62K_{\mathrm{s}}^{2/(n-1)}$$

式中，n 为填充颗粒的级别数；K_{s} 为最小粒径与最大粒径之比。

因此，混合体系的松装体积密度为

$$\rho_{\mathrm{bm}}=\frac{\rho_{\mathrm{B}}}{1-\dfrac{f_{\mathrm{y}}(V_{\mathrm{ts}}-f_1)}{V_{\mathrm{st}}}}\tag{3-11}$$

因为，$\rho_{\mathrm{B}}=\rho_{\mathrm{p}}(1-\varepsilon)$、$\rho_{\mathrm{Bm}}=\rho_{\mathrm{p}}(1-\varepsilon_{\mathrm{m}})$，$\rho_{\mathrm{p}}$ 为颗粒的真密度，ε_{m} 为各级物料填充后的孔隙率。则

$$\varepsilon_{\mathrm{m}}=1-\frac{V_{\mathrm{ts}}(1-\varepsilon)}{V_{\mathrm{ts}}-f_{\mathrm{y}}(V_{\mathrm{ts}}-f_1)}\tag{3-12}$$

由式(3-12) 及上述公式，可以计算得到最小空隙率，以单组元空隙率 0.4、0.6，2～5 组分为例，计算结果见图 3-7。

以单一组分时空隙率为 0.30、0.40、0.50、0.60，2～4 组分为例，堆积时达到最小空隙率时的各组分百分数如表 3-5 所示。

对于不同的空隙率和颗粒密度，也可以进行类似的处理。其理想状态下混合物的总体积 V_{ts} 用下式计算

$$V_{\mathrm{ts}}=f_1+(1-f_1)+(1-f_1)\left(\frac{1-f_2}{f_2}\right)+(1-f_1)\left(\frac{1-f_2}{f_2}\right)\left(\frac{1-f_3}{f_3}\right)+\cdots\tag{3-13}$$

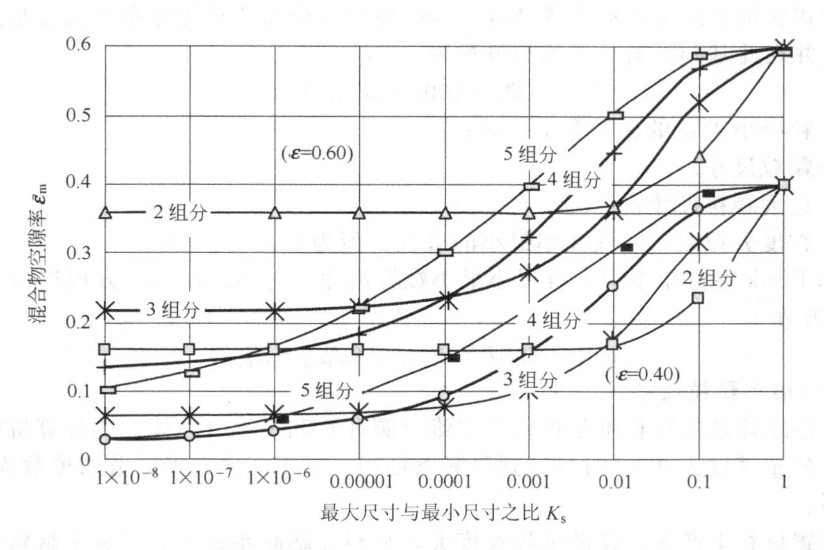

图 3-7 原始空隙率为 0.40 和 0.60 的 2～5 组分颗粒堆积时的空隙率

表 3-5 堆积组元达到最小空隙率时每一组分的体积分数

单一组元的原始空隙率	组元数	每一组分的体积百分数				单一组元的原始空隙率	组元数	每一组分的体积百分数			
		D_{p1}	D_{p2}	D_{p3}	D_{p4}			D_{p1}	D_{p2}	D_{p3}	D_{p4}
	2	77.0	23.0	—	—		2	66.7	33.3	—	—
0.30	3	72.0	21.5	6.5	—	0.50	3	57.2	28.5	14.3	—
	4	70.7	21.1	6.3	1.9		4	53.3	26.7	13.3	6.7
	2	71.5	28.5	—	—		2	62.5	37.5	—	—
0.40	3	64.2	25.6	10.2	—	0.60	3	51.0	30.6	18.4	—
	4	61.7	24.6	9.8	3.9		4	46	27.6	16.5	9.9

3.3 粉体堆积与填充的应用

3.3.1 在水泥混凝土生产中的应用

混凝土的骨料级配对混凝土的和易性、力学性能和耐久性能都具有重要影响。确定骨料级配的目的是既保证砂浆的流动性能，又保证混凝土具有较高的密实度，同时尽量减少胶凝材料用量。如果骨料级配不合理，不仅会导致混凝土致密度降低从而降低力学强度和耐久性，还会影响砂浆的和易性及流动性，有时甚至会发生严重的分层离析。为了增大混凝土堆积密度，减小孔隙率，需要增大粗骨料尺寸及配合比例以减小其表面积进而减少润湿骨料的用水量；为了达到混凝土易性要求，又需要一定比例的细骨料。因此，骨料的合理优化级配是提高混凝土和易性和力学性能的关键。

3.3.2 在耐火材料生产中的应用

在不定形耐火材料生产中，通过合理的粒度级配优化微结构设计和控制，实现小孔径、低气孔率是制备结构致密、抗熔渣渗透性能好的耐火材料的关键。实践表明，只有选取可以使坯料达到紧密堆积的级配，才有可能生产出性能优良的产品。

West-man 和 Hugill 以不连续尺寸颗粒的堆积理论为基础，计算出多尺寸颗粒的最大堆积因子，并给出了用于 4 种或 4 种以上尺寸颗粒的计算规则和方法。

经典连续颗粒堆积理论的倡导者 Andreasen 将颗粒分布描述为分布形式总是具有“统计类似”的特点，并在此基础上给出的模型方程为

$$\Phi_p = 100(d/d_{max})^n \tag{3-14}$$

式中 Φ_p——粒径小于 d 的颗粒含量，%；

d——颗粒尺寸；

d_{max}——最大颗粒尺寸；

n——粒度分布数，使气孔率最小的最佳 n 值为 0.33～0.55。

Dinger 和 Funk 在分布中引入有限小最小颗粒尺寸，对 Andreasen 方程进行了修正，得到 Dinger-Funk 方程

$$\varphi_p = 100(d^n - d_{min}^n)/(d_{max}^n - d_{min}^n) \tag{3-15}$$

式中 d_{min}——最小颗粒尺寸。

他们还对连续体系的颗粒堆积进行了二维（圆环）和三维（球体）的计算机模拟，提出在三维情况下，分布模数为 0.37 时可达到最紧密堆积；对于二维情形，分布模数为 0.56 时可实现最紧密排列。

在低碳镁碳材料生产中，镁砂临界粒度大，材料热膨胀系数大，不利于材料抗热震性的提高；镁砂临界颗粒小，可在材料中形成取向复杂的微气孔，使得材料的抗氧化性得到增强。适当降低镁砂细粉比率，增加镁砂大颗粒比率，可减少材料成型阻力，提高材料的体积密度、常温耐压强度，降低显气孔率；同时可使较少的石墨具备与高碳材料相似的结构特征，提高材料的抗侵蚀性。

3.3.3 在多孔材料生产中的应用

多孔陶瓷材料的主要性能要求是轻质、小孔径、高比表面积、高强度和高孔隙率。在生产制备过程中，除了注重有机泡沫体的预处理及陶瓷浆料的配方研究外，颗粒级配、孔筋堆积密度或陶瓷颗粒在海绵骨架上的堆积状态等对产品性能也具有重要影响。

在轻质多孔保温材料生产中，采用粒度较小且均齐的颗粒级配方案可获得孔隙率较高、孔尺寸均匀、保温性能优良的产品。

应该指出，无论致密材料还是多孔材料，在确定物料配方时，除需考虑颗粒级配因素外，还应考虑颗粒形状的影响。

粉体的湿润与表面改性

粉体的湿润及其表面改性对粉体在液体中的分散性、混合性以及液体对多孔物质的渗透性等物理化学问题等起着重要的作用。

4.1 粉体表面的湿润性

粉体表面的润湿性可用杨氏方程来表示。如图 4-1 所示，当固液表面相接触时，在界面处形成一个夹角，即接触角。用它来衡量液体（如水）对固体（如无机材料）表面润湿的程度，各种表面张力的作用关系可用杨氏方程表示为

$$\gamma_{SG}=\gamma_{SL}+\gamma_{LG}\cos\theta \tag{4-1}$$

式中 γ_{SG}——固体、气体之间的表面张力；

γ_{SL}——固体、液体之间的表面张力；

γ_{LG}——液体、气体之间的表面张力；

θ——液、固之间的湿润接触角。

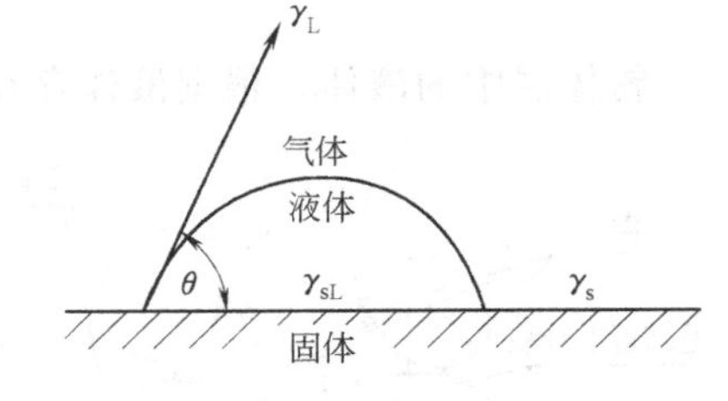

图 4-1 粉体层的湿润

接触角小则液体容易润湿固体表面，而接触角大则不易润湿，即接触角可作为润湿性的直观判断。$\theta=0$ 为扩展润湿；$\theta\leqslant 90°$为浸渍润湿；$\theta\leqslant 180°$为黏附润湿。

如图 4-2 所示，将固体单位表面上的液滴去掉时所要做的功为

$$W_{LS}=\gamma_L+\gamma_S-\gamma_{LS} \tag{4-2}$$

此时，固液、液气、固气的接触面积相等。功 W_{LS}被称为黏附功，这种湿润称为黏附润湿。如图 4-2 所示，把液滴置于光滑的固体面上，当液滴为平衡状态时，将式(4-1) 代入式(4-2)，即得到

图 4-2 附着润湿功（S 为固体，L 为液体）

$$W_{LS}=\gamma_{LG}(1+\cos\theta) \tag{4-3}$$

为了使液滴能黏附在固体表面上，则应使 $W_{LS}>0$。因 $\gamma_{LG}>0$，所以 $\cos\theta>-1$ 才行。W_{LS}越大，液滴越容易黏附在固体表面上。反之，W_{LS}为负值时，固体表面则排斥液滴。

为使黏附于固体表面上的液滴在固体表面广泛分布，则应满足下式

$$\gamma_{SG}>\gamma_{LS}+\gamma_{LG}\cos\theta \tag{4-4}$$

如图 4-3 所示，将在固体表面上的液滴薄膜还原单位面积需要的功为

$$S_{LS}=\gamma_{SG}-(\gamma_{LG}+\gamma_{LS}) \tag{4-5}$$

图 4-3 扩展润湿的功　　　　图 4-4 浸渍润湿

为使液体在固体表面上扩展，则应有 $S_{LS}>0$。将 S_{LS}称为扩展系数，这种润湿称为扩展润湿。

如图 4-4 所示，将浸渍在固体毛细管中的液体还原单位面积，使暴露出新的固体表面所需要的功 A_{LS}为

$$A_{LS}=\gamma_{SG}-\gamma_{LS} \tag{4-6}$$

将式(4-1) 代入式(4-6)，有

$$A_{LS}=\gamma_{LG}\cos\theta \tag{4-7}$$

将 A_{LS}称为黏附张力，这种润湿称为浸渍润湿。

粉体分散在液体中的现象相当于浸渍润湿，且液体浸透到粉体层中时，与毛细管中液体浸渍情况相同。此时，由于液体和气体的界面未发生变化，也同样作为浸渍润湿情况处理，由式(4-7) 可见，A_{LS}由接触角和液体的表面张力所决定。

4.2 粉体层中的液体

粉体层中的液体，根据液体存在的位置，如图 4-5 所示，一部分黏附在颗粒的表面上，一部分滞留在颗粒表面的凹穴中或沟槽内，即在颗粒之间的切点乃至接近切点处形成鼓状的自由表面而存在的液体，还有一部分保留在颗粒之间的间隙中，一部分颗粒浸没在液体中。这四种液体分别称为黏附液、楔形液、毛细管上升液和浸没液。

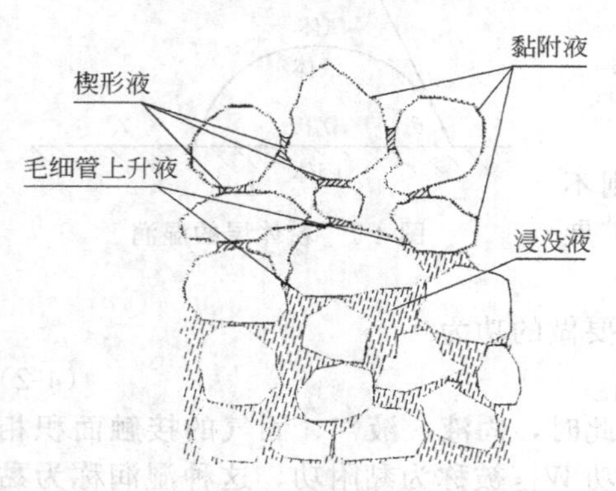

图 4-5 粉体层中的液体

粉体与固体或粉体颗粒之间的间隙部分存在液体时，称为液桥。液桥除了可在过滤、离心分离、造粒及其他的单元操作过程中形成外，当空气的相对湿度超过 65%时，水蒸气开始在颗粒表面及颗粒间凝集而形成液桥从而大大增强黏结力。液桥的几何形状如图 4-6 所示。

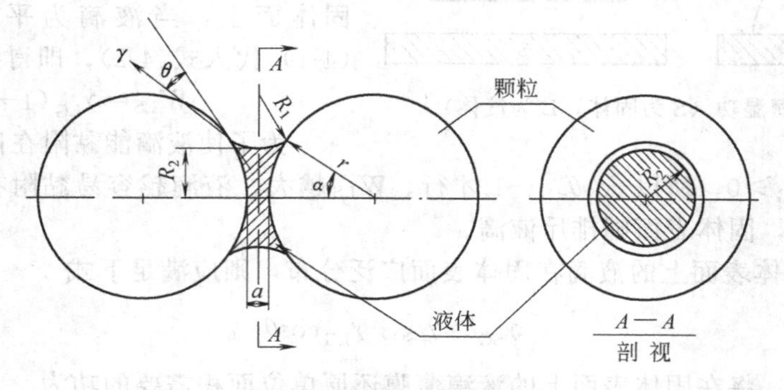

图 4-6 颗粒间液桥模型图

由图 4-6 中的几何关系可知，当 $a\neq0$，$\theta\neq0$，$\alpha\neq0$ 时

$$\begin{cases} R_1 = \dfrac{r(1-\cos\alpha)+(a/2)}{\cos(\alpha+\theta)} \\ R_2 = r\sin\alpha + [\sin(\alpha+\theta)-1] \end{cases} \tag{4-8}$$

根据 Laplace 公式，把界面的毛细管压力 P 与液体的表面张力 γ 和界面的主要曲率半径 R_1 及 R_2 相联系起来，则液体的压力为

$$P=\gamma\left(\frac{1}{R_1}+\frac{1}{R_2}\right) \tag{4-9}$$

式中，液体表面呈凹面的 R 取为正值，呈凸面的 R 取为负值；γ 为液体的表面张力。

设毛细管压力作用在液面和球的接触部分的断面 $\pi(r\sin\alpha)^2$ 上，而表面张力平行于两颗粒连线的分量 $\gamma\sin(\alpha+\theta)$ 作用在圆周 $2\pi(r\sin\alpha)$ 上，则液桥附着力由下式表示

$$F_k = 2\pi r\gamma\sin\alpha\left\{\sin(\alpha+\theta)+\frac{r}{2}\sin\alpha\left(\frac{1}{R_1}-\frac{1}{R_2}\right)\right\} \tag{4-10}$$

如颗粒表面亲水，则 $\theta \Rightarrow 0$；当颗粒与颗粒相接触（$a=0$），且 $\alpha=10°\sim40°$时，则

$F_k=(1.4\sim1.8)\pi\gamma r$　（颗粒-颗粒）

$F_k=4\pi\gamma r$　（颗粒-平板）

液桥的黏结力比分子作用力约大 1～2 个数量级。因此，在湿空气中颗粒的黏结力主要源于液桥力。

4.3　液体在粉体层毛细管中的上升高度

如图 4-7 所示，A 点和 B 点在同一水平面上，设 A 点的压力为 p_A、B 点为大气压 p_a，液面为半径为 R 的球面，根据 Laplace 公式，毛细管压力为 $2\gamma/R$，因而在 A 点处毛细管内液体的压力平衡式为

$$p_A = p_a - \frac{2\gamma}{R} + \rho g h$$

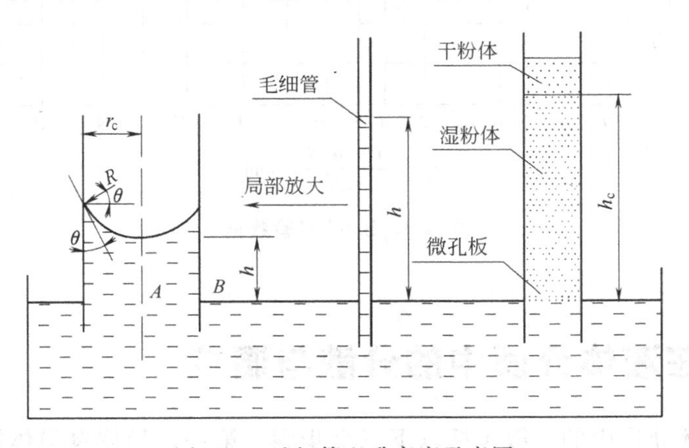

图 4-7　毛细管上升高度示意图

因 $p_A=p_a$，所以 $\rho gh=2\gamma/R$，液体与毛细管壁面间的接触角为 θ，毛细管半径为 $r_c=R\cos\theta$，因此

$$h=\frac{4\gamma\cos\theta}{\rho g}\times\frac{1}{2r_c} \tag{4-11}$$

式(4-11) 称为 Jurin 式。移项可得毛细管常数为

$$\frac{\rho g(2r_c)h}{\gamma\cos\theta}=4 \tag{4-12}$$

对于粉体层来说，用颗粒粒径 D_p 来代替毛细管管径 $2r_c$，用 h_c 代替 h，则粉体层毛细管常数为

$$K_c=\frac{\rho g D_p h_c}{\gamma\cos\theta} \tag{4-13}$$

求得毛细管常数值，即可计算毛细管上升高度。对于一定的填充方式而言，单位质量粉体的孔隙数 n_p 和颗粒数成正比，即 $n_p \propto S_w/D_p^2$。设孔隙的平均体积为 V_p，单位质量粉体孔隙的总体积为 V_z，则

$$V_p=\frac{V_z}{n_p}\propto\frac{V_z D_p^2}{S_w} \tag{4-14}$$

同时，由于单位容积的孔隙体积为 ε，质量为 $(1-\varepsilon)\rho_p$，因此

$$V_z=\frac{\varepsilon}{(1-\varepsilon)\rho_p} \tag{4-15}$$

即

$$V_p\propto\frac{\varepsilon}{(1-\varepsilon)\rho_p}\times\frac{D_p^2}{S_w}$$

以上式的立方根作为孔隙径的代表值，替代式(4-12) 中的 $2r_c$，可得

$$K_c=\frac{\rho g h_c}{\gamma\cos\theta}\left(\frac{\varepsilon D_p^2}{(1-\varepsilon)\rho_p S_w}\right)^{\frac{1}{3}} \tag{4-16}$$

图 4-8 为用于验证上式的 Batel 实验数据，图中数据是几个测定值的平均值，由图可得到一条斜率为 1/3 的直线。

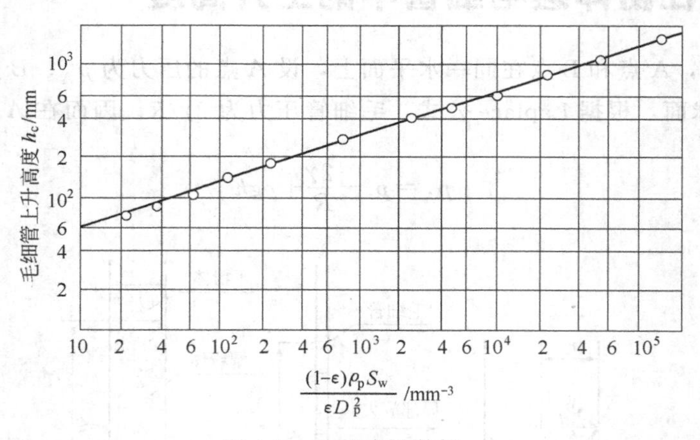

图 4-8 Batel 实验数据

4.4 粉体在液体介质中的分散与调控

无机粉体在液体介质中的分散包括以下三个步骤：第一，粉体聚集体被液体润湿；第二，聚集体在机械力作用下被打开成独立的原生粒子或较小聚集体；第三，将原生粒子或较小聚集体稳定，阻止其再聚集。因此，粉体表面的润湿性及粉体的表面改性对粉体在液体介质中的分散性和稳定性有决定性影响，提高粉体在液相中的分散性与稳定性大致有介质调控、分散剂调控、机械搅拌和超声调控四种途径。

4.4.1 介质调控

根据颗粒表面的性质选择适当的分散介质，可以获得充分分散的悬浮液。分散介质的选择应遵

循极性相同原则，即非极性颗粒易于在非极性液体中分散，极性颗粒易于在极性液体中分散。

颗粒的分散行为除了受颗粒间相互作用之外，还受分散介质对颗粒表面润湿性的影响。介质不同，颗粒的分散行为有着明显的差异。颗粒表面亲液性越强，则分散性越好，反之，分散性越差。亲水性颗粒在水、有机极性介质及有机非极性介质中的分散行为截然不同，在水和有机极性介质中均具有较好的分散性，但在有机非极性介质中它们几乎不能分散。表 4-1 为几种粉体在液相介质中的分散性能比较。

表 4-1 粉体在液相介质中的分散性能比较

粉体	水	苯	苯/水	乙醇/水	水/四氯化碳
硅胶	⊕	⊕	⊗/⊕	⊗/⊕	⊕/⊗
Fe_3O_4	⊕	⊕	∇/⊕	∇/⊕	∅/⊕
ZnO	⊕	⊕	⊕/⊗	⊗/∅	⊗/∇
氧化铝	⊕	⊕	∅/∅	∅/∅	⊗/⊕
$BaO \cdot 6Fe_2O_3$	⊕	⊕	⊗/⊕	⊗/⊕	⊕/⊗
γ-氧化铁	⊕	⊕	⊗/⊕	⊗/⊕	⊕/⊗

注：⊕—分散性好；⊗—分散性差；∇—分散性较好；∅—分散性一般。

4.4.2 分散剂调控

在液相中颗粒的表面力分散调控原则主要是通过添加适当的分散剂来实现。它的添加显著增强了颗粒间的相互排斥作用，为颗粒的良好分散营造出所需要的物理化学条件。增强排斥作用主要通过以下三种方式来实现：一是增大颗粒表面电位的绝对值，以提高颗粒间的静电排斥作用；二是通过高分子分散剂在颗粒表面形成的吸附层之间的位阻效应，使颗粒间产生很强的位阻排斥力；三是调控颗粒表面极性，增强分散介质对它的润湿性，在满足润湿原则的同时，增强表面溶剂化膜，提高颗粒的表面结构化程度，使结构化排斥力大为增强。

常用的分散剂分为无极电解质、高分子分散剂和表面活性剂三大类。表 4-2 为部分粉体在水介质中分散时适宜的分散剂选择。

表 4-2 粉体在水介质中分散时适宜的分散剂选择

粉 体 名 称	分 散 介 质	分 散 剂
Al_2O_3 刚玉磨料 锌粉 $BaSO_4$ 磷酸钙	水	非离子表面活性剂"Span 20" 乙醇 六偏磷酸钠 0.1% 六偏磷酸钠 0.1% 乙醇
$BaTiO_3$		非离子表面活性剂"Tween 20"
金刚石		六偏磷酸钠
水泥		异辛烷、非离子表面活性剂"Span 20"
粉煤灰		甘油、乙醇
铜粉		Teepol
$Cu(OH)_2$		六偏磷酸钠
石墨粉		非离子表面活性剂"Tween 20"
氧化铁		六偏磷酸钠
氧化镁		六偏磷酸钠
碳酸锰		六偏磷酸钠、非离子表面活性剂"Span 20"
石英		Teepol
碳酸钙		六偏磷酸钠
碳化钨		Teepol
二氧化钛		六偏磷酸钠
石膏		乙二醇、柠檬酸

4.4.3 机械搅拌分散

机械搅拌分散是指通过强烈的机械搅拌方式引起液流强湍流运动而使颗粒团聚碎解悬浮。这种分散方法几乎在所有工业生产过程均有广泛应用。机械分散的必要条件是机械力大于颗粒间的黏结力。机械分散离开搅拌作用，外部环境复原，颗粒又可能重新团聚，因此，采用机械搅拌与分散介质或分散剂调控相结合的复合分散手段通常可获得更好的分散效果。

4.4.4 超声分散

频率大于 20kHz 的声波，因超出了人耳听觉的上限而被称为超声波。超声波因波长短而具有束射性强和易于提高聚焦集中能力的特点，因而可形成很大的强度，产生剧烈的振动，并导致许多特殊作用，如液相中的空化作用等。超声波分散就是利用超声的能量作用于粉体，改变粉体的团聚状态。

超声波空化作用是指存在于液体中的微气核空化泡在声波的作用下振动，当声压达到一定值时发生的生长和崩溃的动力学过程。空化作用一般包括三个阶段：空化泡的形成、长大和剧烈的崩溃。当盛满液体的容器通入超声波后，由于液体振动而产生数以万计的微小气泡，即空化泡。这些气泡在超声波纵向传播形成的负压区生长，而在正压区迅速闭合，从而在交替正负压强下受到压缩和拉伸。在气泡被压缩直至崩溃的一瞬间，会产生高达几十兆帕至上百兆帕的巨大瞬时压力。该瞬时压力可使悬浮在液体中的固体表面受到急剧破坏。通常将超声波空化分为稳态空化和瞬间空化两种类型：稳态空化是指在声强较低（＜10W/cm ）时产生的空化泡，其大小在其平衡尺寸附近振荡，生成周期达数个循环。当扩大至使其自身共振频率与声波频率相等时，发生声场与气泡的最大能量耦合，产生明显的空化作用。瞬态空化则是指在较大的声强（＞10W/cm ）作用下产生的生存周期较短的空化泡（大都发生在 1 个声波周期内）。

超声波分散是分散方法中较为有效的方法之一。实验证明，对悬浮体的分散存在着最适宜的超声频率，超声频率决定于悬浮体颗粒的粒度。例如，平均粒度为 100nm 的硫酸钡水悬浮液在超声分散时，适宜的超声频率为 960～1600kHz，粒度增加，其频率相应降低。超声波对降低纳米颗粒团聚更为有效，利用超声空化时产生的局部高温、高压或强冲击波和微射流等，可较大幅度地弱化纳米颗粒间的作用能，有效地防止纳米颗粒团聚而使之充分分散，但应避免使用过热超声搅拌，因为随着热能和机械能的增加，颗粒碰撞的概率也增加，反而导致进一步团聚。

4.5 粉体润湿的应用

固体表面的润湿性由其化学组成和微观结构决定。固体表面自由能越大，越容易被液体润湿，反之亦然。因而，寻求和制备高表面自由能或低表面自由能的固体表面成为制备超亲水和超疏水表面的前提条件。金属或金属氧化物等高能表面常用于制备超亲水表面，而制备超疏水表面常通过在表面覆盖氟碳链或碳烷链降低表面能。

粉体的润湿性对复合材料界面结合强度具有重要的影响。通常通过以下措施来改善粉体的润湿性。

(1) 表面涂覆或包覆　用硬脂酸钠改性 MgO 粉体，在吸附层中硬脂酸根离子的亲水基朝向水相，接触角减小，使粉体对水的润湿性增大。

采用机械力化学法用钛酸酯偶联剂对 α-Al_2O_3 表面改性，结果表明 α-Al_2O_3 表面粉体由亲水性表面变为亲油性表面，提高在有机基体中的分散性和相容性。

金属包覆陶瓷粒子表面改性，在陶瓷粒子表面上包覆金属有两方面的作用：一是能增加固体粒子的总体表面能；二是通过改变接触界面（使界面变成金属-陶瓷粒子）来改善润湿性。

表面改性处理可改善陶瓷表面状态和结构以增大固相表面能，如通过新的涂覆物质取代金属与陶瓷的直接接触，可提高体系的润湿性。通过在 SiC 表面化学镀 Ni 能大大提高复合材料性能。用 Ni 改性 Al 基复合材料，Ni 与 Al 发生反应生成金属间化合物 $NiAl_3$、Ni_2Al_3 等，从而获得较好的润湿效果。

Ag 在 Al 基复合材料上形成的涂层与 Al 有优良的润湿性，且无脆性相生成。

（2）热处理　对陶瓷颗粒进行热处理以提高金属对陶瓷的润湿性已广泛用于金属/陶瓷复合材料的制备技术。通过热处理可排除吸附在陶瓷表面的氧，以免金属氧化而在界面处形成氧化物阻止金属与陶瓷元素的相互扩散，阻碍界面反应的进行，从而降低金属对陶瓷的润湿性。对陶瓷颗粒进行预热处理，可减少或消除颗粒表面吸附的杂质和气体，提高其与液态金属的润湿性。

金属/陶瓷润湿性是材料科学中普遍存在的现象，人们很早就开始了这方面的研究，在热力学、动力学、量子化学等领域建立了许多润湿性模型，但至今为止尚无一种模型能定量预测金属/陶瓷润湿性。进一步研究金属/陶瓷润湿机理，从而为改善体系润湿性提供指导是研究金属/陶瓷润湿性的目标。随着科学技术的不断发展，对金属/陶瓷复合材料性能提出了更高要求，研究金属对陶瓷的润湿性对开发新型金属/陶瓷体系，探寻和发展材料的制备技术都有十分重要的意义。

第5章 粉体的流变学

5.1 粉体的摩擦角

粉体流动即颗粒群从运动状态变为静止状态，所形成的角是表征粉体流动状况的重要参数。这种由于颗粒间的摩擦力和内聚力而形成的角统称为摩擦角。因此，颗粒处于运动状态时，其运动状态与摩擦状态有关。

5.1.1 内摩擦角

在粉体层中，压应力和剪应力之间有一个引起破坏的极限。即在粉体层的任意面上加一定的垂直应力σ，若沿这一面的剪应力τ逐渐增加，当剪应力达到某一值时，粉体沿此面产生滑移，而小于这一值的剪应力却不产生这种现象。求极限剪应力和垂直应力的关系时，用所谓的破坏包络线法。

5.1.1.1 莫尔圆

用二元应力系分析粉体层中某一点的应力状态，根据莫尔理论，在粉体层内任意一点上的压应力σ、剪应力τ，可用最大主应力σ_1、最小主应力σ_3，以及σ、τ的作用面和σ_1的作用面之间的夹角θ来表示，如图 5-1 所示。它们之间的数学关系式如下

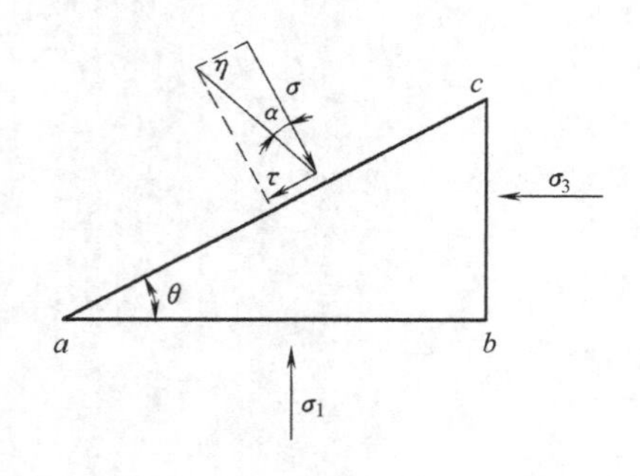

图 5-1　粉体层上任意一点的应力关系

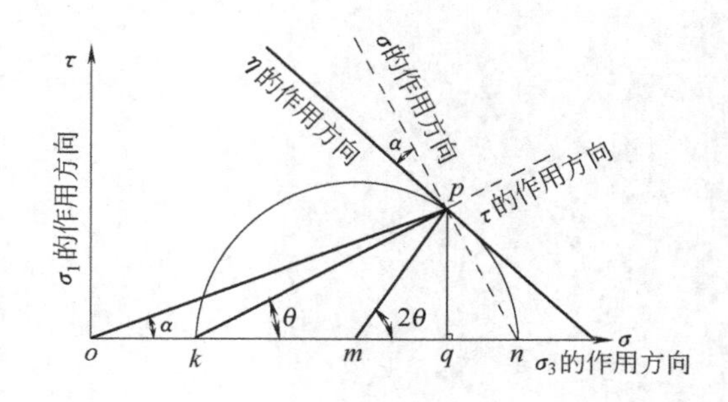

图 5-2　粉体层相对应力的莫尔圆

$$\sigma=\frac{\sigma_1+\sigma_3}{2}+\frac{\sigma_1-\sigma_3}{2}\cos 2\theta \tag{5-1}$$

$$\tau=\frac{\sigma_1-\sigma_3}{2}\sin 2\theta \tag{5-2}$$

按式(5-1) 可知，当取$\cos 2\theta=1$，$\theta=0$时的σ为最大值σ_1；而取$\theta=90°(\cos 2\theta=-1)$时的$\sigma$为最小值$\sigma_3$。另外，当$\theta=45^0(\sin 2\theta=-1)$时，$\tau=(\sigma_1-\sigma_3)/2$为最大值；当$\theta=0$或$90°$

时，$\tau=0$。因此，以 σ_1、σ_3 的方向为坐标，画出如图 5-2 所示的粉体层对应的任意点处的受力的莫尔圆，其画法是：取 $on=\sigma_1$，$ok=\sigma_3$，以 $om=(\sigma_1+\sigma_3)/2$ 为圆心、$km=(\sigma_1-\sigma_3)/2$ 为半径作圆即成。与 σ_1 的作用面成 θ 角面上的应力 σ 的大小为 oq，其方向为 pn。τ 的大小为 pq，方向为 pk，合力 η 的大小为 op，其方向和 σ 的作用方向成 α 角（$\angle pok$）。粉体层的破坏是当 α 角为最大时发生。如图 5-3 所示的 p 点，在 op 为圆的切线时的 σ、τ 作用下，粉体层发生破坏。

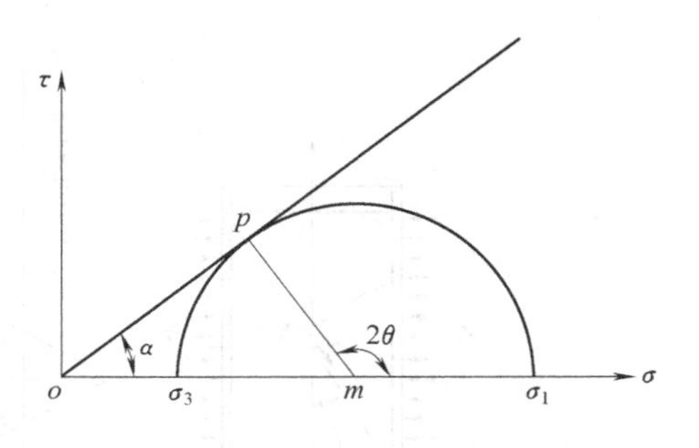

图 5-3　莫尔圆上倾角 α 为最大的状态

5.1.1.2　内摩擦角的确定

（1）三轴压缩试验　如图 5-4 所示将粉体试料填充在圆筒状橡胶薄膜内，然后用流体侧向压制。用一个活塞单向压缩该圆柱体直到破坏，在垂直方向获得最大主应力 σ_1，同时在水平方向获得最小主应力 σ_3，这些应力对组成了莫尔圆。以砂为例的测定值见表 5-1。

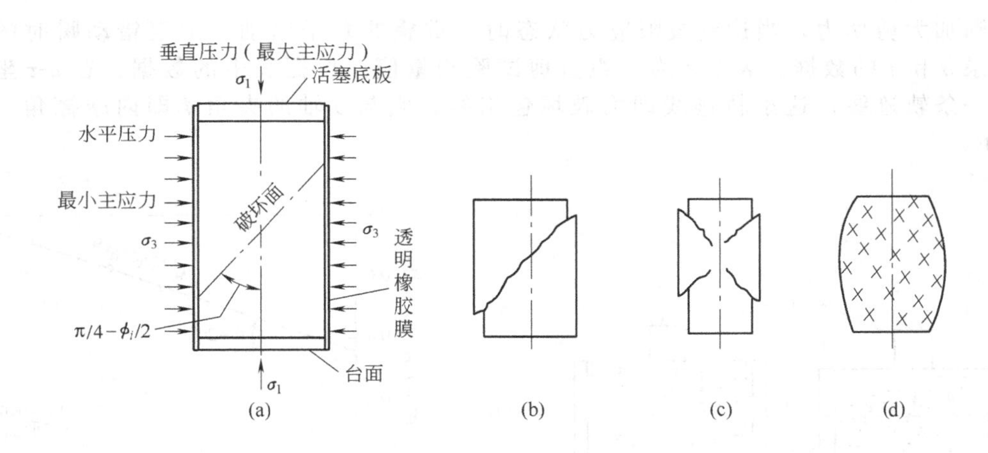

图 5-4　三轴压缩试验原理和试料的破坏形式

表 5-1　三轴压缩试验测定的例子

水平压力 σ_3/Pa	13.7	27.5	41.2
垂直压力 σ_1/Pa	63.7	129	192

以表 5-1 中的数据做出这三个莫尔圆如图 5-5 所示，这三个圆称为极限破坏圆。这些圆的共切线称为该粉体的破坏包络线。这条破坏包络线与 σ 轴的夹角 ϕ_i 即为该粉体的内摩擦角。试料的破坏面有各种形式，图 5-4 中的（b）～（d）是其代表的图形。如最大主应力方向取作 x 轴，最小主应力方向取作 y 轴，画出与图 5-4(a) 对应的莫尔圆如图 5-6 所示，破坏面与最小主应力作用方向的夹角为 θ，它与破坏角互为余角，由莫尔圆中的几何关系可知，即极点 p 到 σ_1 连线与 σ 轴的夹角为（$\pi/4-\phi_i/2$），该角是破坏面与铅垂方向的夹角。

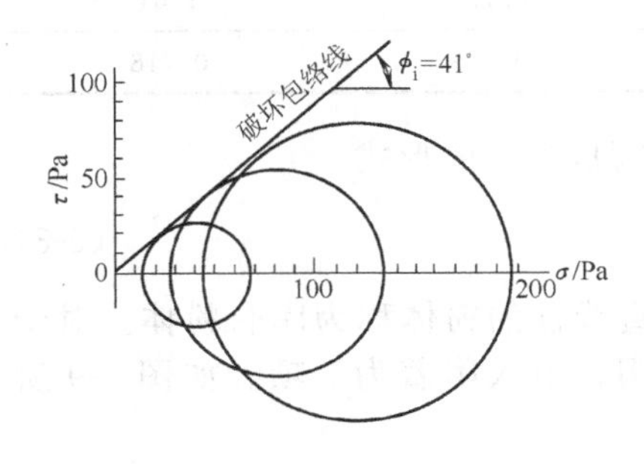

图 5-5　由三轴压缩试验结果绘出的莫尔圆

（2）直剪试验　把圆形盒或方形盒重叠起来，将粉体填充其中，在铅垂压力 σ 的作用下，再由一盒［如图 5-7(a) 所示］或中盒［如图 5-7(b) 所示］施加剪切

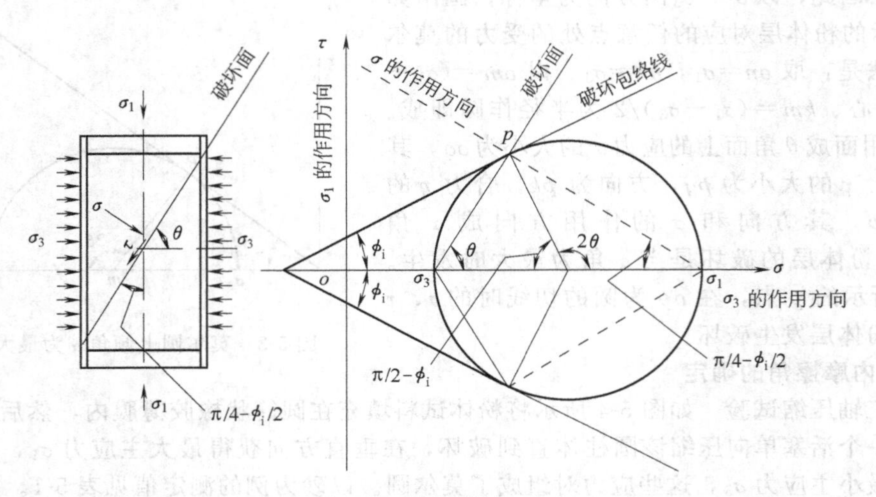

图 5-6 三轴压缩试验粉体层破坏面的角度

力，逐渐加大剪切力，当达到极限应力状态时，重叠的盒子错动。测定错动瞬时的剪切力，记录 σ 和 τ 的数据。表 5-2 为一组直剪试验测量值。根据表中的数据，在 σ-τ 坐标系中作出一条轨迹线，这条轨迹线即为破坏包络线，它与 σ 轴的夹角 ϕ_i 即内摩擦角，如图 5-8 所示。

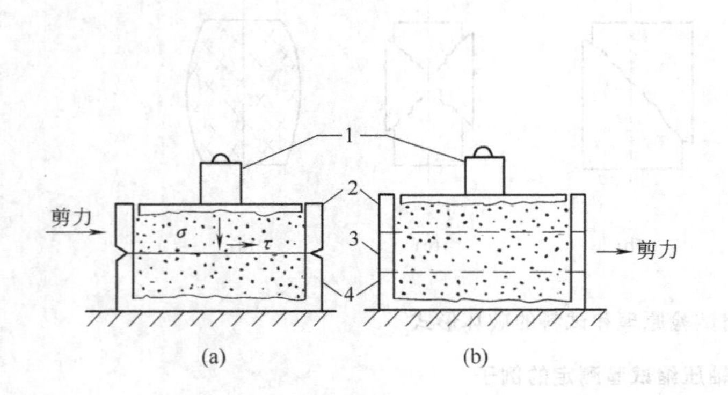

图 5-7 直剪试验

1—砝码；2—上盒；3—中盒；4—下盒

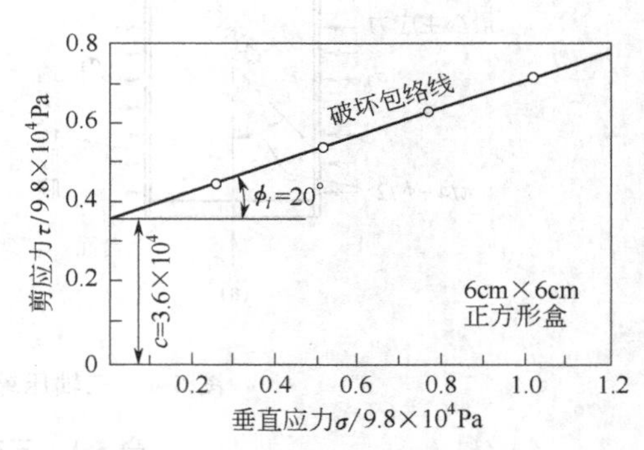

图 5-8 剪切试验结果

表 5-2 直剪试验的例子

垂直应力 σ/9.8×10⁴Pa	0.253	0.505	0.755	1.01
剪切应力 τ/9.8×10⁴Pa	0.450	0.537	0.629	0.718

(3) 破坏包络线方程式 用直线表示破坏包络线时，可写成如下的形式

$$\tau=\sigma\tan\varphi_i+c=\mu_i\sigma+c \tag{5-3}$$

此式称为 Coulomb 公式，式中内摩擦系数为 $\mu_i=\tan\varphi_i$，呈直线性的粉体称为库仑粉体。对于无附着性粉体，$c=0$；对于附着性粉体，由于内聚力的作用，引入附着力 c 项。如图 5-9 所示，将 σ_a 看成表观扩张强度，则可写成

$$\tau=(\sigma+\sigma_a)\tan\phi_i \tag{5-4}$$

有的粉体在试验时得到的破坏包络线，在 σ 值小的区域不再保持直线，而呈下弯曲线。如

图 5-10 所示。因此破坏包络线方程的一般形式写成

$$\frac{\sigma-\sigma_a}{\sigma_a}=\left(\frac{\tau}{c}\right)^n \tag{5-5}$$

式中，n 为常数，与粉体的流动性有关。

由于 μ_i 为 σ 的函数，所以，将其切线对 σ 轴的斜率作为内摩擦系数

$$\mu_i=\frac{d\tau}{d\sigma} \tag{5-6}$$

对于库仑粉体（见图 5-9），当 $\sigma_a=0$ 时，有如下关系式

$$\frac{\sigma_1+\sigma_3}{2}\sin\phi_i=\frac{\sigma_1-\sigma_3}{2} \tag{5-7}$$

变形后得下式

$$\frac{\sigma_3}{\sigma_1}=\frac{1-\sin\phi_i}{1+\sin\phi_i} \tag{5-8}$$

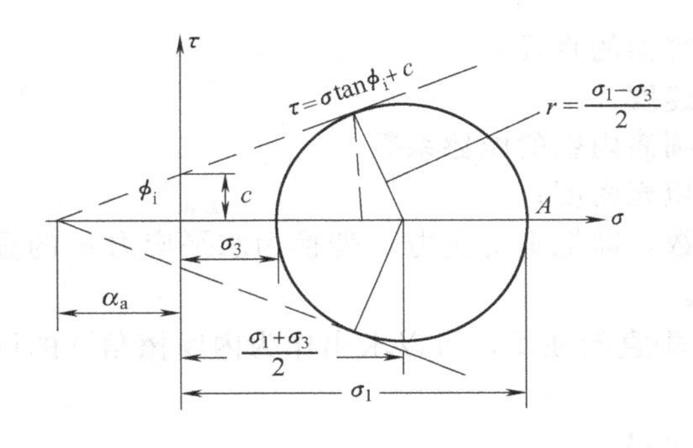

图 5-9 库仑粉体

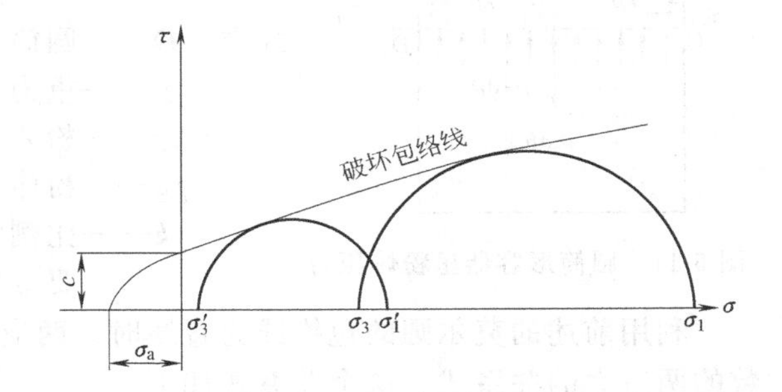

图 5-10 破坏包络线

当 $\sigma_a\neq0$ 时

$$\frac{\sigma_3-\sigma_a}{\sigma_1-\sigma_a}=\frac{1-\sin\phi_i}{1+\sin\phi_i} \tag{5-9}$$

5.1.2 安息角

安息角是粉体粒度较粗状态下由自重运动所形成的角。安息角的测量方法有排出角法、注入角法、滑动角法以及剪切法等多种。排出角法是去掉堆积粉体的方箱的某一侧壁，则残留在箱内的粉体斜面的倾角即为安息角。对于无附着性的粉体而言，安息与内摩擦角虽然在数值上几乎相等，但实质上却是不同的，内摩擦角是粉体在外力作用下达到规定的密实状态，在此状态下受强制剪切时所形成的角。

应该指出，用不同方法测得的安息角数值有明显差异，即使是同一方法也可能得到不同值。这是粉体颗粒的不均匀性以及试验条件限制所致。

5.1.3 壁摩擦角和滑动摩擦角

壁摩擦角是粉体与壁面之间的摩擦角，具有重要的实用特性。它的测量方法和剪切试验完全一样。剪切箱体的下箱用壁面材料代替，再拉它上面装满了粉体的上箱，测量拉力即可求得。滑动角是在某材料的斜面上放上粉体，再慢慢地使其倾斜，当粉体滑动时，板面和水平面

所形成的夹角。

5.2 粉体压力计算

5.2.1 筒仓内部的粉体压力分布

液体容器中，压力与液体的深度成正比，同一水平面上的压力相等，而且，帕斯卡原理和连通管原理成立。但是，对于粉体容器却完全不同。为此作如下假定：①容器内的粉体层处于极限应力状态；②同一水平面的铅垂压力相等；③粉体的物性和填充状态均一。因此，内摩擦系数为常数。

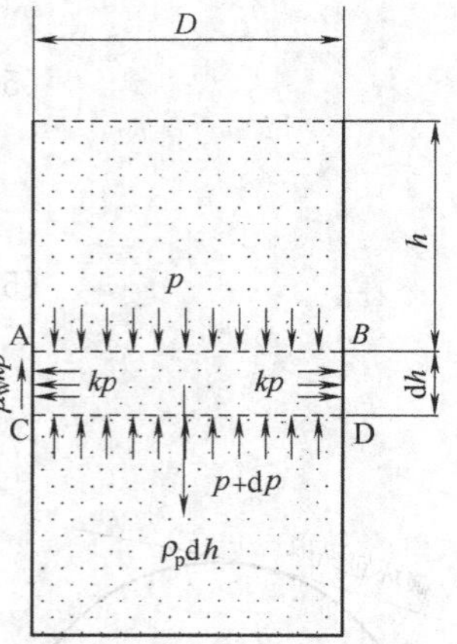

图 5-11 圆筒形容器里粉体压力

对于图 5-11 所示的圆筒形容器里的粉体，取很薄的一层 $ABCD$ 来进行研究，当作用于这个圆片上的力处于平衡时，有

$$\frac{\pi}{4}D^2 p+\frac{\pi}{4}D^2\rho_B g\mathrm{d}h=\frac{\pi}{4}D^2(p+\mathrm{d}p)+\pi D\mu_w kp\mathrm{d}h \tag{5-10}$$

式中 D——圆筒形容器的直径；

g——重力加速度；

μ_w——粉体和圆筒内壁的摩擦系数；

ρ_B——粉体的填充密度；

k——比例常数，即把垂直应力 σ_v 变换为水平应力 σ_h 的重要常数。

利用前述的莫尔圆的包络线为直线时，两应力垂直的性质，可以求出作为内摩擦角 ϕ_i 的函数的两应力的关系式。这个关系式如下

$$k=\frac{\sigma_h}{\sigma_v}=\frac{1-\sin\phi_i}{1+\sin\phi_i} \tag{5-11}$$

将式(5-10) 整理后得

$$(D\rho_B g-4\mu_w kp)\mathrm{d}h=D\mathrm{d}p$$

积分之

$$\int_o^h \mathrm{d}h=\int_0^p\frac{\mathrm{d}p}{\rho_B g-\frac{4\mu_w k}{D}p}$$

得

$$h=-\frac{D}{4\mu_w k}\ln\left(\rho_B g-\frac{4\mu_w k}{D}p\right)+C$$

根据边界条件可知，当 $h=0$ 时，$p=0$，故得积分常数 $C=(D/4\mu_w k)\ln\rho_B g$。因此得在深度为 h 时，粉体的铅垂压力 p 与 h 的关系为

$$h=\frac{D}{4\mu_w k}\ln\left(\frac{\rho_B g}{\rho_B-\frac{4\mu_w k}{D}p}\right) \tag{5-12}$$

由式(5-12) 可得铅垂压力 p 的表达式为

$$p=\frac{\rho_B gD}{4\mu_w k}\left[1-\exp\left(-\frac{4\mu_w k}{D}h\right)\right] \tag{5-13}$$

式(5-13) 称为 Janssen 公式。对于棱柱形容器，设横截面积为 F，周长为 U，可以 F/U 置换上式中的 $D/4$。

由式(5-13) 可知 p 按指数曲线变化，如图 5-12 所示。当 $h\to\infty$ 时，$p\to p_\infty=\rho_B gD/4\mu_w k$，

即当粉体填充高度达到一定值后。p 趋于常数值，这一现象称为粉体压力饱和现象。例如，一般 $4\mu_w k=0.35\sim0.90$。若 $4\mu_w=0.5$，$h/D=6$，则 $\frac{p}{p_\infty}=1-e^{-3}=0.9502$。也就是说，当 $h=6D$ 时，粉体层的压力已达到最大压力 p_∞ 的95%。

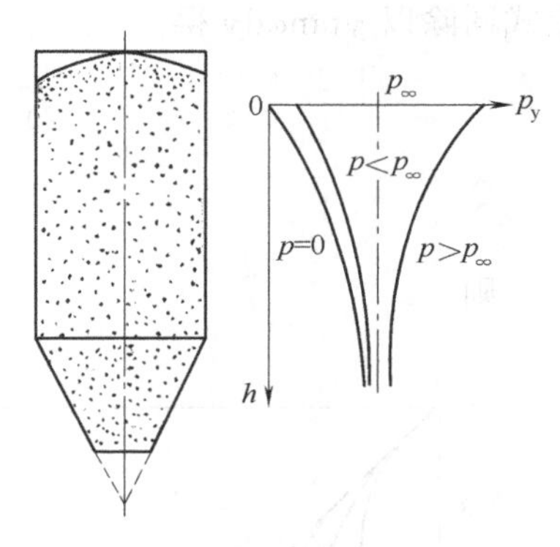

图 5-12 筒仓内粉体压力分布

测定表明，大型筒仓的静压同 Janssen 理论大致相同，但卸料时的压力有显著脉动，离筒仓下部约1/3高度处，壁面受到冲击、反复荷载的作用，其最大压力可达静压的3～4倍。这一动态超压现象，将使大型筒仓产生变形或破坏，设计时必须加以考虑。

如粉体层的上表面作用有外载荷 p_0，即当 $h=0$，$p=p_0$ 时，式(5-13)变成

$$p=p_\infty+(p_0-p_\infty)\exp\left(-\frac{4\mu_w k}{D}h\right) \tag{5-14}$$

5.2.2 料斗内部的粉体压力分布

倒锥形料斗的粉体压力可参照 Janssen 法进行推导。如图 5-13(a) 所示，以圆锥顶点为起点，取单元体部分粉体沿铅垂方向力平衡。图 5-13(b) 为水平压力 kp 和铅垂压力 p 沿圆锥壁垂直方向的分解图。

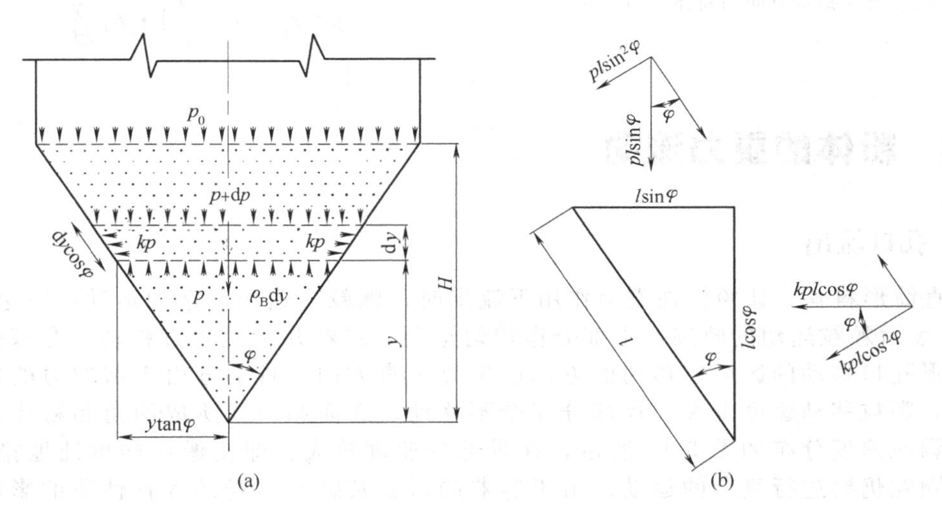

图 5-13 料斗内粉体压力分析

与壁面垂直方向单位面积上的压力为

$$kp\cos^2\varphi+p\sin^2\varphi=p(k\cos^2\varphi+\sin^2\varphi)$$

沿壁面单位长度上的摩擦力为

$$p(k\cos^2\varphi+\sin^2\varphi)\mu_w(dy/\cos\varphi)$$

因此，单元体部分粉体沿铅垂方向的力平衡为

$$\pi(y\tan\varphi)^2[(p+dp)+\rho_B g dy]=\pi(y\tan\varphi)^2 p+2\pi y\tan\varphi\left(\frac{dy}{\cos\varphi}\right)\mu_w(k\cos^2\varphi+\sin^2\varphi)p\cos\varphi$$

变形后为

$$y\tan\varphi dp+y\tan\varphi\rho_B g dy=2\mu_w(k\cos^2\varphi+\sin^2\varphi)dy p\frac{dp}{dy}$$

上式同除以 $y\tan\varphi dy$ 得

$$\frac{dp}{dy}+\rho_B g=\frac{p}{y}\times\frac{2\mu_w}{\tan\varphi}(k\cos^2\varphi+\sin^2\varphi)$$

令

$$\alpha=\frac{2\mu_w}{\tan\varphi}(k\cos^2\varphi+\sin^2\varphi)$$

则

$$\frac{dp}{dy}=-\rho_B g+\alpha\left(\frac{p}{y}\right) \tag{5-15}$$

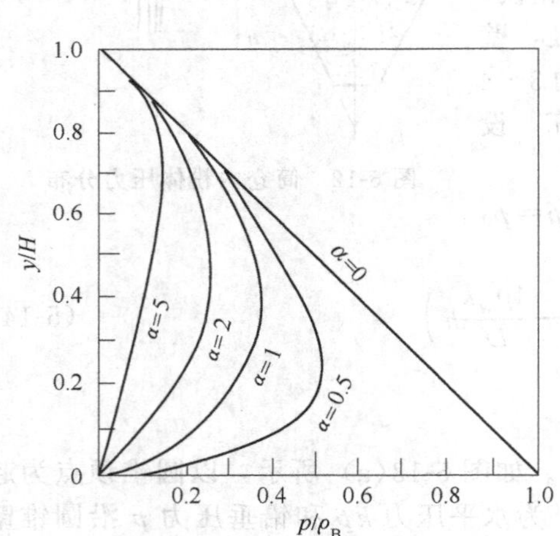

图 5-14 料斗铅垂方向的粉体压力分布

当 $y=H$ 时，$p=0$，$\alpha\neq1$，解此微分方程式得

$$p=\frac{\rho_B g y}{\alpha-1}\left[1-\left(\frac{y}{H}\right)^{\alpha-1}\right] \tag{5-16}$$

若 $\alpha=1$，则

$$p=\rho_B g y\ln\left(\frac{H}{y}\right) \tag{5-17}$$

图 5-14 为 $H=1$，$\alpha=0.5$、1、2、5 时按式(5-17) 计算所得到的料斗压力分布图。

当 $y=H$，$p=p_0$（上方有料层时，按 Janssen 公式求得），$\alpha\neq1$ 时，则

$$p=\frac{\rho_B g y}{\alpha-1}\left[1-\left(\frac{y}{H}\right)^{\alpha-1}\right]+p_0\left(\frac{y}{H}\right)^{\alpha-1} \tag{5-18}$$

若 $\alpha=1$，则

$$p=\rho_B g y\ln\left(\frac{H}{y}\right)+p_0\frac{y}{H} \tag{5-19}$$

5.3 粉体的重力流动

5.3.1 孔口流出

对直筒形料仓，让粉体在重力作用下流出时，颗粒一边作复杂的运动，一边落下来。图 5-15 表示颗粒运动的轨迹，Ⅰ部分作均匀运动，颗粒几乎是垂直移动。Ⅱ部分是颗粒向圆筒形孔口移动的区域，移动的方向已偏离垂直方向。Ⅲ部分由于剪切力的作用而激烈运动，颗粒移动速度也大。Ⅳ部分完全不移动，底面和斜面所成的角和粉体的安息角相等。颗粒速度分布如图 5-16 所示，在Ⅲ部分速度较大。即使像这样单纯地排出颗粒，内部的颗粒仍要进行复杂的运动。由于容器的形状及颗粒本身的各种性质的影响，流动的情况更复杂。所以妨碍找出一般的运动方程式。对于从孔口排出粉体的流量，现已在实验的基础上提出了许多公式。

即使附着性小的粉体颗粒一般也产生堵塞现象。流出孔孔径 D_b 和颗粒直径 D_p 的比 D_b/D_p 约在 5 以下时粉体不流出，而且即使 $D_b/D_p>10$，流量也是不均匀的，为不连续流。

了解料仓中物料呈现的流动模式是理解掌握作用于物料或料仓上各种力的基础。仓壁压力不仅取决于颗粒料沿仓壁滑动引起的摩擦力，而且还取决于加料和卸料过程中形成的流动模式。

5.3.2 粉体在料仓中的流动模式

5.3.2.1 漏斗流

这种流动有时还称为“核心流动”。它发生在平底的料仓中或带料斗的料仓中，但由于这种料斗的斜度太小或斗壁太粗糙以致颗粒料难以沿着斗壁滑动，颗粒料是通过不流动料堆中的

通道到出口的，这种通道常常是圆锥形的，下部的直径近似等于出口有效面积的最大直径。当通道从出口处向上伸展时，它的直径逐渐增加，如图 5-17 所示。如果颗粒料在料位差压力下固结时，物料密实且表现出很差的流动特性，那么，有效的流动通道卸空物料后，就会形成穿孔或管道，如图 5-18 所示。情况严重时，物料可以在卸料口上方形成料桥或料拱，如图 5-19 所示。

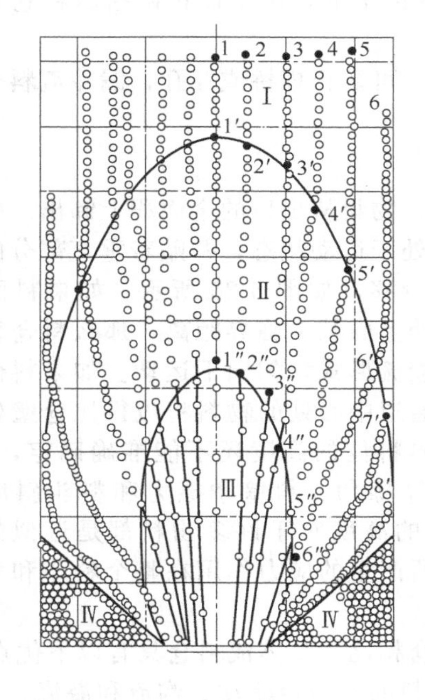

图 5-15　颗粒的移动状态

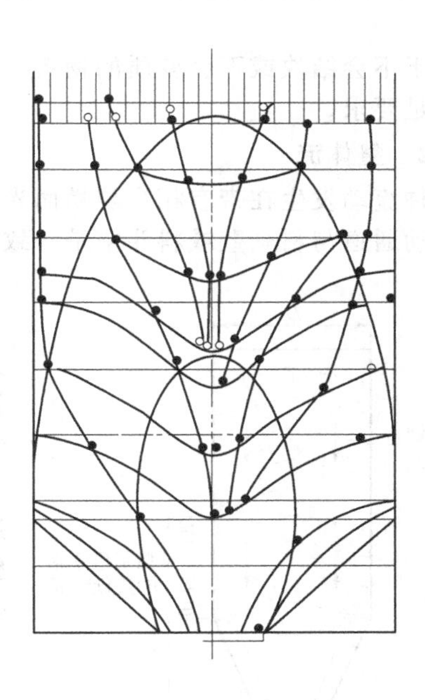

图 5-16　颗粒的速度分布

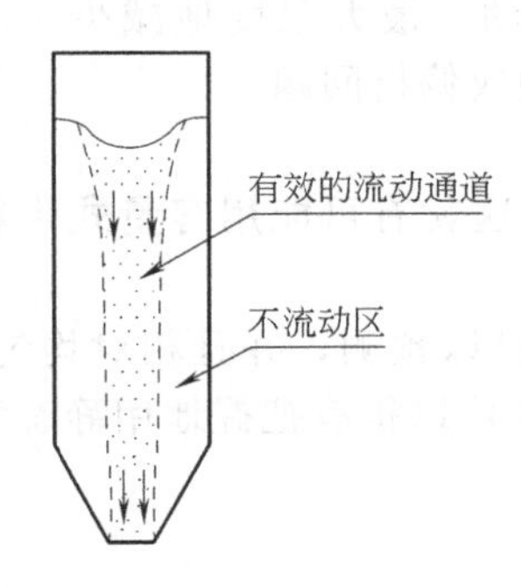

图 5-17　贯穿整个料仓的漏斗流

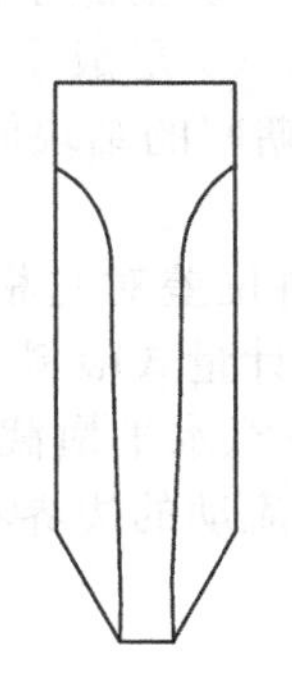

图 5-18　有效的流动通道卸空物料后形成的穿孔和管道

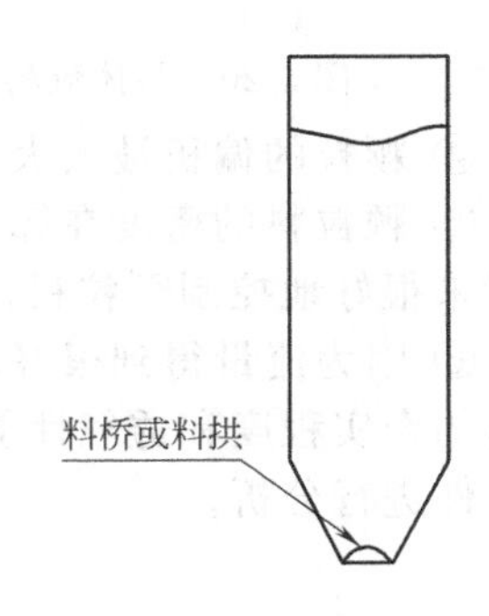

图 5-19　横跨流动通道形成的料拱或料桥

这种流动通道周围的物料可能是不稳定的，在这种情况下，物料将产生一停一开式的流动、脉冲式流动或不平稳的流动。然而在卸料频率高时，这些脉冲可以导致结构的损坏。颗粒料连续地从顶表面滑坍下来进入通道，那么料仓就出空了（假定物料没有密实到形成一个稳定的穿孔）。如果颗粒料从顶部加入，同时又从底部卸出，那么进入的颗粒料将立即经过通道出口。

漏斗流料仓存在以下缺点。

① 因为料拱时而形成，时而碎裂，以致流动通道变得不稳定，故出料口的流速可能不稳定。由于流动通道内的应力变化，卸料时粉料的密度变化很大，还可能使安装在卸料口的容积

式给料器失效。

② 料拱或穿孔崩坍时，细粉料可能被充气，并无法控制地倾泻出来。存在这些情况时，须使用正压密封卸料装置或给料器。

③ 在密实应力下，不流动区滞留的颗粒料会变质或结块。如果该区的物料强度足够大，则流动通道泄空物料后，可能形成一个稳定的穿孔或通道。

④ 若沿料仓壁长度安装的料位指示器置于不流动区的下面，则难以正确指示料仓下部的料位。

对于不会结块或不会变质的物料，且卸料口足够大，可防止搭桥或穿孔，漏斗流料仓完全可以满足要求。

5.3.2.2 整体流

这种流动发生在带有相当陡峭而光滑的料斗筒仓内，物料从出口的全面积上卸出。整体流中，流动通道与料仓壁或料斗壁是一致的，全部物料都处于运动状态，并贴着垂直部分的仓壁和收缩的料斗壁滑移，如图 5-20 所示。如果料面高于料斗与圆筒转折处上面某个临界距离，那么料仓垂直部分的物料就可以栓流形式均匀向下运动。如果料位降到该处以下，那么通道中心处的物料将流得比仓壁处的物料为快。这个临界料位的高度还不能准确确定，但是，它显然是物料内摩擦角、料壁摩擦力和料斗斜度的函数。图 5-20 所示的高度对于许多物料都是近似的。在整体流中，流动所产生的应力作用在整个料斗和垂直部分的仓壁表面上。

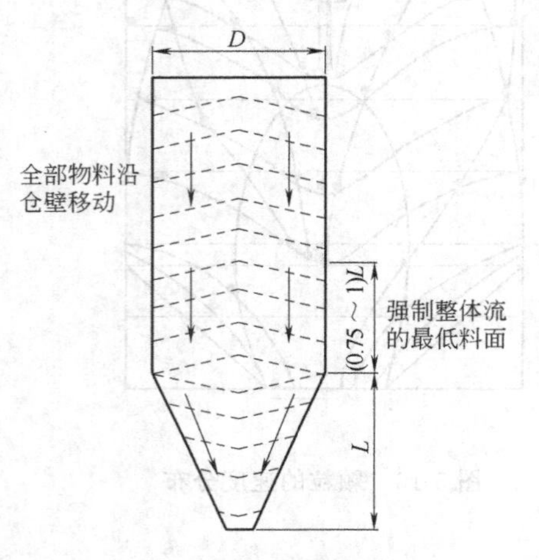

图 5-20 整体流料仓

与漏斗流料仓相比，整体流料仓具有以下优点。

① 避免了粉料的不稳定流动、沟流和溢流。

② 消除了筒仓内的不流动区。

③ 形成了先进先出的流动，最大限度地减少了存储期间的结块问题、变质问题或偏析问题。

④ 颗粒的偏析被大大地减少或杜绝。

⑤ 颗粒料的密度在卸料时是常数，料位差对它根本没有影响。这就有可能用容量式供料装置来很好地控制颗粒料，而且还改善了计量式喂料装置的性能。

⑥ 因为流量得到很好的控制，因此任意水平横截面上的压力将可以预测，并且相对均匀，物料的密实程度和透气性能将是均匀的，流动的边界将可预测，因此可以很有把握地用静态流动条件进行分析。

5.4 料仓内粉体的流动分析

5.4.1 流动特性参数

5.4.1.1 粉体的屈服轨迹 *YL*

由前述的内容已知，库仓粉体的破坏包络线为一直线。经过许多实验测定后，Jenike 发现低压下真正松散颗粒的破坏包络线与直线偏离相当大，如图 5-21 所示。该轨迹也不随 σ 值的增加而无限增加，却终止在某个点 E；该轨迹的位置是物料密实程度的函数。在流动阶段，颗粒塑性范围内的应力可以由点 E 连续确定。

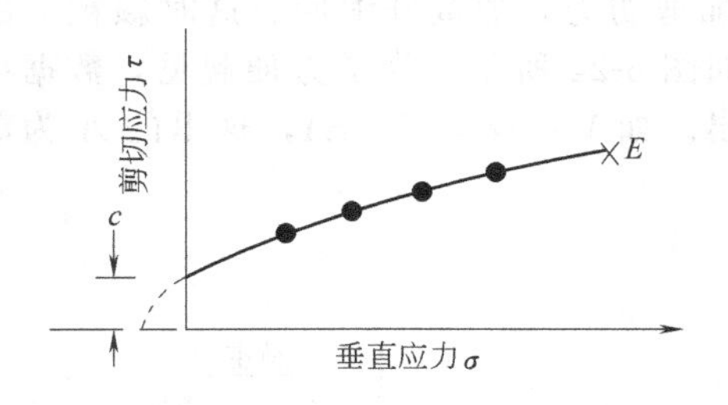

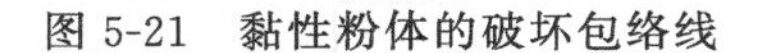

图 5-21　黏性粉体的破坏包络线

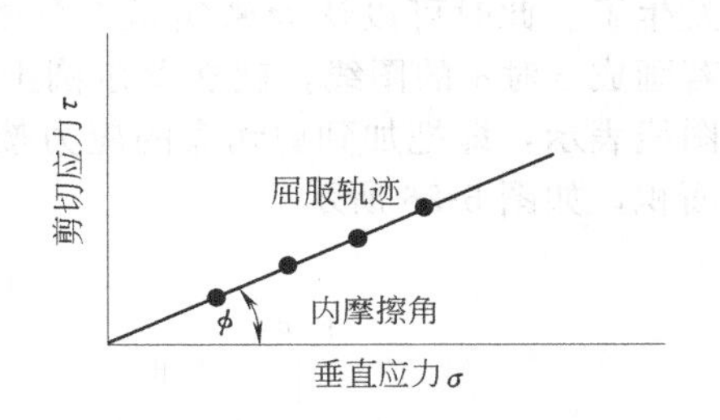

图 5-22　自由流动的干砂子的破坏包络线

对于一种自由流动的物料，如干砂子，破坏包络线如图 5-22 所示。

从流动通道中取一个料流单元体，它上面的密实主应力 σ_1 和密实最小主应力 σ_3 是变化的，如图 5-23 所示，当单元体在另一个单元体上滑动或在料仓壁上滑动时就出现连续的剪切变形，产生滑移面。流动时，强度（抗剪切破坏的能力）和密度是最后一组应力的函数，而流动停止时，假定这些应力保持不变，由于物料在这些应力下保持静止，它的强度可以增加，而当料仓的出口再次打开时，它使流动受阻。

屈服轨迹是由如下的粉体剪切试验确定的。一组粉体样品在同样的垂直应力条件下密实，然后在不同的垂直压力下，对每一个粉体样品进行剪切破坏试验。在这种特殊的密实状态中，得到的粉体的破坏包络线，称为该粉体的屈服轨迹，如图 5-24 所示。E 代表初始状态下密实状态的垂直应力和剪切应力（σ，τ），E 点称为该屈服轨迹的终点。在小于终点的应力下，所对应的三组破坏点上的应力数值分别为：（σ_1'，τ_1'）、（σ_2'，τ_2'）和（σ_3'，τ_3'）。

松散粉体内任意平面上的应力状态都可以用莫尔圆来表示。对于任何与屈服轨迹相切的莫尔圆所代表的应力状态来讲，松散粉体都处于屈服状态。并且这种状态下的密实最大主应力和密实最小主应力都由半圆与 σ 轴的交点来确定。点 E 描述了密实期间的状态，屈服轨迹终止在与通过 E 点的莫尔圆相切的切点上。若这个圆与 σ 轴相交在最大主应力 σ_1 点和最小主应力 σ_3 点，那么粉体样品就在这种应力条件下密实。

为了模拟稳定流动时出现的应力状态，对粉体样品先进行密实处理，然后才是对粉体样品的剪切处理。

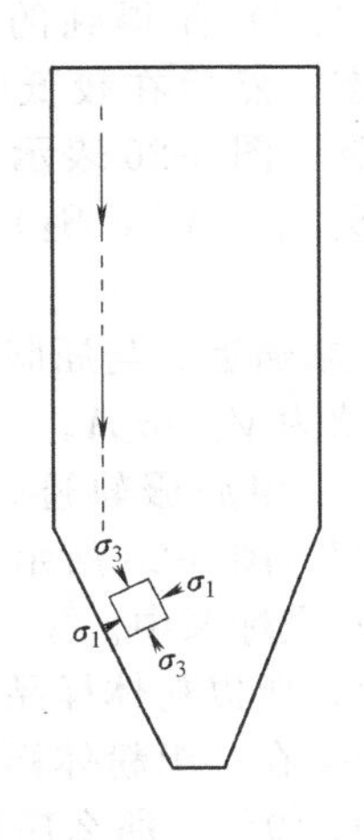

图 5-23　料仓内沿流动通道流动的单元体应力

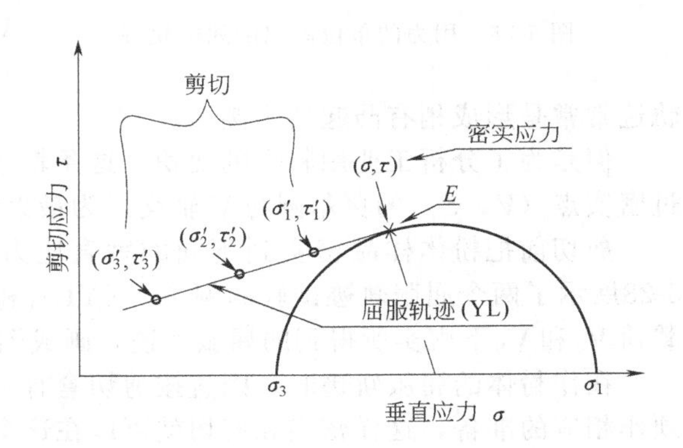

图 5-24　屈服轨迹的建立

密实如图 5-25(a) 所示。它再现了稳态条件下（点 E），具有给定应力的流动现象。首先在底座与剪切环中填充满粉体试样，把顶盖放到粉料上方，通过加载杆施加密实载荷 V 和剪切力 S。剪切一直延续到剪切力达到稳定值为止，该稳定值表明塑性流动已经在整个粉体样品层内发生了。此时可以认为密实是充分的，不再施加剪切力，加载杆缩回。这时颗粒上的应力，若画成τ对σ的图线，就在莫尔圆上的E点，如图 5-24 所示。为了方便起见，数据可以画成图线表示，即把加到剪切盒的应力按力坐标画出。如$V=\sigma A$，$S=\tau A$，这里的A为剪切盒的面积，如图 5-26 所示。

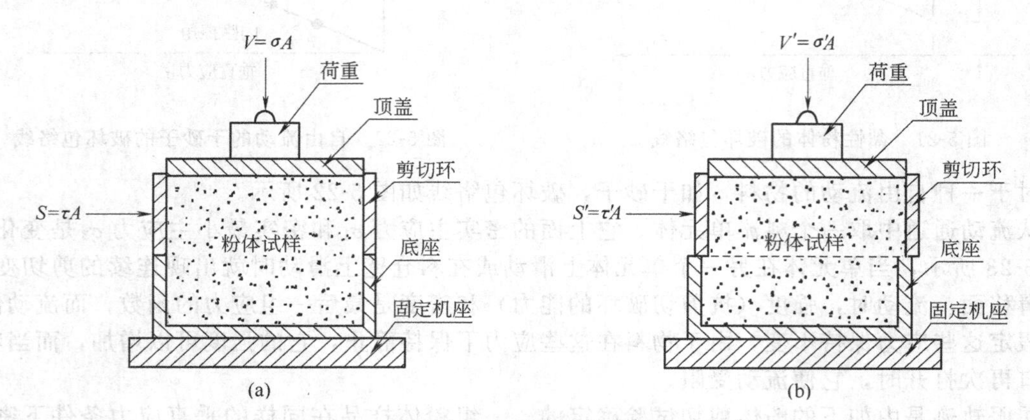

图 5-25　在密实应力条件下的剪切试验顺序

剪切如图 5-25(b) 所示。剪切环、粉体试样和顶盖留在原处。垂直载荷用一个较小的载荷来代替，记作V'。剪切力再次加上去，直到应力和应变曲线出现峰值而又降下来为止，这表明开裂面形式以及说明屈服轨迹上的一个点（V',S'）（如图 5-26 所示）或（σ',τ'）。开裂后，检查粉体试样，要求开裂面与剪切盒的剪切面差不多吻合，如不吻合，试验应重做。

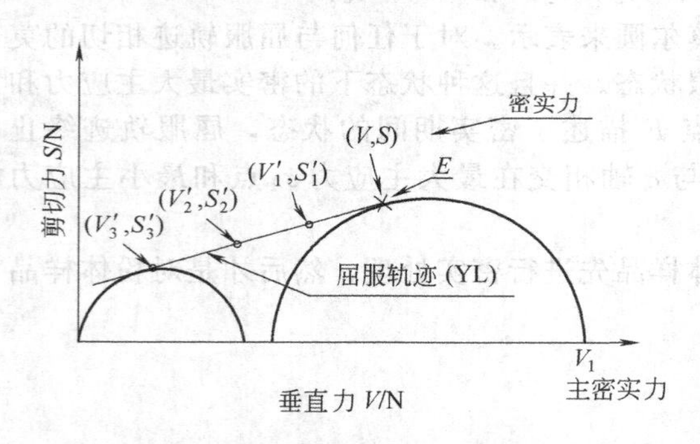

图 5-26　用力的单位画出的屈服轨迹

还需要其他几个点以构成屈服轨迹线。中间值V'通过数据检查或判断来选择，以便保证沿着屈服轨迹至少有三个间隔距离很好的点。选定的最低的V'值应该不小于最大密实载荷V的 1/3。屈服轨迹上的每一个点都是首先把粉体样品密实到点（V,S）而得到的，点（V，S）代表稳态流动状态，然后在较低的V'值（V'_2，V'_3）等下剪切开裂。图 5-26 表示了可取值的范围。通过（V'_1，S'_1）、（V'_2，S'_2）、…点的屈服轨迹常常是形成稍有凸起的半圆形。

但是为了分析工业用料仓的面积，这条轨迹常常用一条直线来逼近。与屈服轨迹相切并通过密实点（V，S）的莫尔圆与V轴交点为最大密实主应力，其值为$V_t=\sigma_t A$。

剪切前把粉体样品密实到不同的垂直应力等级，就可确定一组屈服轨迹。图 5-27 和图 5-28展示了两个屈服轨迹试验的例子。（YL）$_a$和（YL）$_b$如图 5-27、图 5-28 所示，分别代表在载荷V_a和V_b下密实所得到的屈服轨迹，画成图线表示在（σ，τ）坐标系中。

在作粉体的屈服轨迹时，因直按剪切盒有一个水平移动极限，所以粉体样品在密实阶段必须作相应的准备，这样密实和剪切就可以在这个极限内完成。如果在一组粉体样品内，发现长稳态密实时所得出的一组S值，其值的波动超过了它的中间值的 10%，那么应该把粉体样品重新做试验。

5.4.1.2　有效屈服轨迹 EYL

如图 5-27、图 5-28 所示，通过坐标原点作一条直线与密实应力圆相切，称这条直线为该粉体的有效屈服轨迹 EYL。

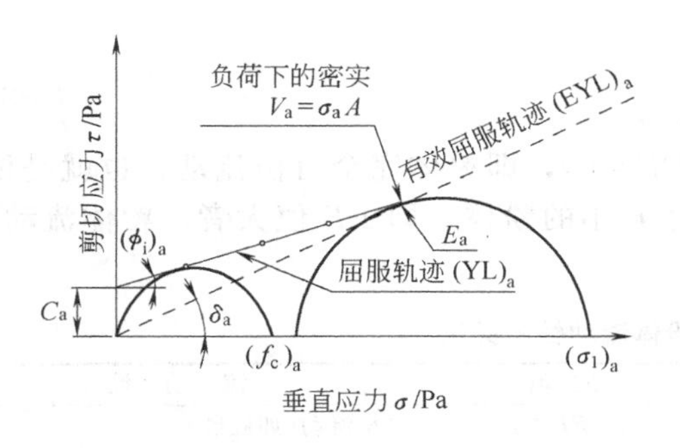

图 5-27 在密实应力 σ_a 下的屈服轨迹

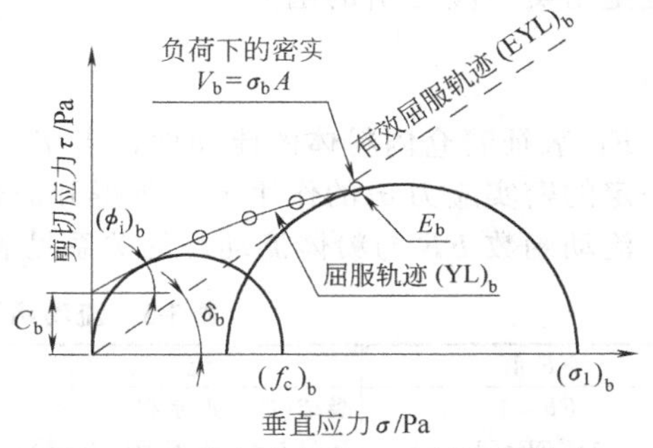

图 5-28 在密实应力 σ_b 下的屈服轨迹

5.4.1.3 有效内摩擦角 δ

如图 5-27 和图 5-28 所示，横坐标与有效屈服轨迹之间的夹角称为有效内摩擦角 δ。它与粉体物料的内摩擦角有关，是粉体物料处于流动状态时衡量流动阻力的一个参数。δ 增加时，颗粒的流动性降低。对于给定的粉体物料，这个值常常随密实应力的降低而增大，当密实应力很低时，甚至可达到 90°。对于大多数试验物料，δ 值的范围为 25°到 70°之间。

在粉体物料流动中，这些都是衡量工况的参数。流动时，最大主应力和最小主应力之比可以用有效屈服轨迹函数来表示

$$\frac{\sigma_1}{\sigma_3}=\frac{1+\sin\delta}{1-\sin\delta} \tag{5-20}$$

EYL 可以用下面的方程来定义

$$\sin\delta=\frac{\sigma_1-\sigma_3}{\sigma_1+\sigma_3} \tag{5-21}$$

5.4.1.4 开放屈服强度 f_c

如图 5-29(a) 所示，在一个筒壁无摩擦的、理想的圆柱形圆筒内，使粉体在一定的密实最大主应力 σ_1 作用下压实。然后，取去圆筒，在不加任何侧向支承的情况下，如果被密实的粉体试样不倒塌，如图 5-29(b) 所示，则说明其具有一定的密实强度，这一密实强度就是开放屈服强度 f_c。倘若粉体试样倒塌了，如图 5-29(c) 所示，则说明这种粉体的开放屈服强度 $f_c=0$。显然，开放屈服强度 f_c 值小的粉体，流动性好，不易结拱。

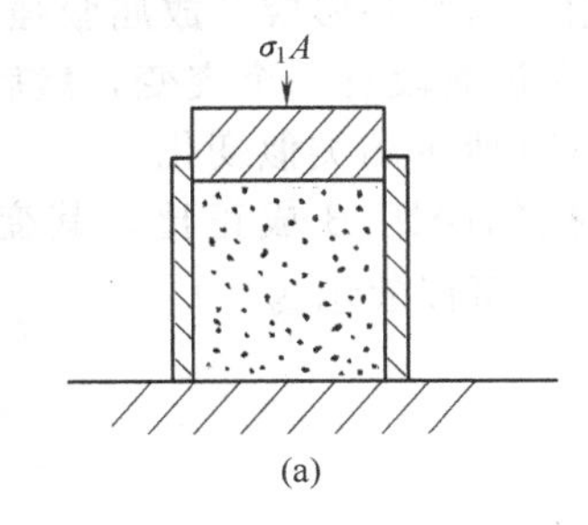

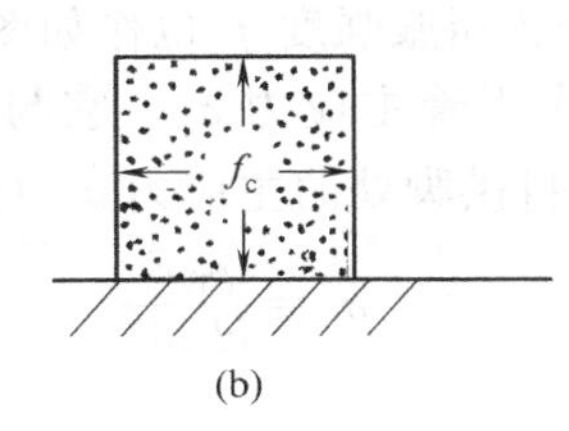

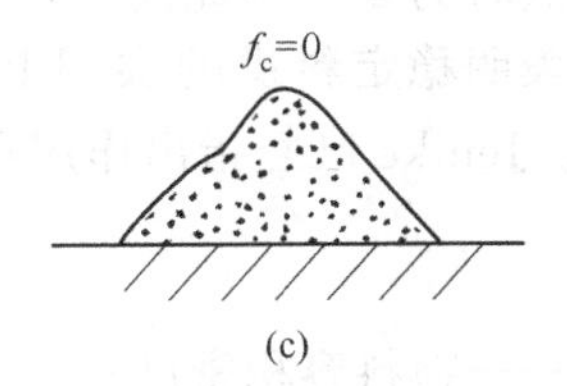

图 5-29 开放屈服强度

通过原点并与屈服轨迹相切所画出来的莫尔圆确定了粉体物料自由表面（当 $\sigma_3=0$ 时）上经受得住的最大应力 σ_c。这一点上的 σ_c 值即为开放屈服强度 f_c，如图 5-27 和图 5-28 所示，并且当密实应力增加时开放屈服强度 f_c 也增加。

5.4.1.5 流动函数 *FF*

流动函数，有时称为开裂函数，是由 Jenike 提出的，用它来表示松散颗粒粉体的流动性能。松散颗粒粉体的流动取决于由密实而形成的强度。开放屈服强度 f_c 就是这种强度的量值，

并且是密实主应力 σ_1 的函数，即

$$FF=\frac{\sigma_1}{f_c} \tag{5-22}$$

FF 表征着仓内粉体的流动性，当 $f_c=0$ 时，$FF=\infty$，即粉体完全自由流动，也就是说，在一定的密实应力 σ_1 的作用下，所得开放屈服强度 f_c 小的粉体，即 FF 值大者，粉体流动性好。流动函数 FF 与粉体流动性的关系见表 5-3。

表 5-3 流动函数 FF 与粉体流动性的关系

FF 值	流动性	FF 值	流动性
$FF<1$	凝结(如过期水泥)	$4\leqslant FF<10$	易流动(如湿砂)
$1\leqslant FF<2$	强附着性、流不动(如湿粉末)	$FF\geqslant 10$	自由流动(如干砂)
$2\leqslant FF<4$	有附着性(如干的，未过期水泥)		

影响粉体流动特性的因素还有很多：如粉体加料时的冲击，冲击处的物料应力可以高于流动时产生的应力；温度和化学变化，高温时颗粒可能结块或软化，而冷却时可能产生相变，这些都会影响它的流动性；湿度，湿料可以影响屈服轨迹和壁摩擦系数，而且还能引起料壁黏附；粒度，当颗粒变细时，流动性常常降低，而壁摩擦系数却趋于增加；振动，细颗粒的物料在振动时趋于密实，在振动时特别容易因为物料的密集而引起流动的中断，所以用振动器加速物料流动时，应该仅限于物料在料斗中流动的时刻。

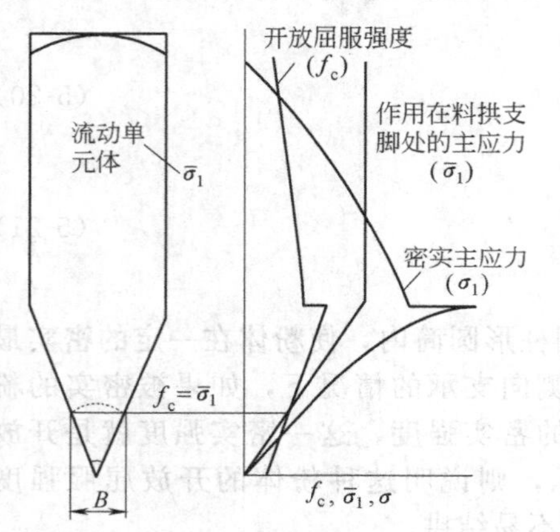

图 5-30 整体流料仓中流动单元的应力

5.4.2 流动与不流动的判据

Jenike 的流动与不流动判据提供了一种极为有用的方法来预测颗粒在料仓中的重力流动或不流动，已经形成了正常工程允许的设计基础。

这个判据指出，如果颗粒在流动通道内形成的屈服强度不是以支撑住流动的堵塞料（这种堵塞料以料拱或穿孔的形式出现），那么在流动通道内将产生重力流动，这可以参照图 5-30 说明如下。

假定物料在整体流料仓内流动，那里的物料连续地从顶部流入，随着一个物料单元体向下流动它将在料仓内密实主应力 σ_1 的作用下密实并形成开放屈服强度 f_c。密实应力先是增加，然后在筒仓的垂直部分达到稳定，在过渡段有一个突变，然后一直减小，到顶点时为零，与此同时，开放屈服强度 f_c 也作如图 5-30 所示的类似变化。

已经表明稳定料拱的拱脚上作用着主应力 σ_1，它与料拱的跨距 B 成正比，其变化如图 5-30所示。Jenike 已经指出作用在料拱脚处的主应力 $\bar{\sigma}_1$（kPa）可以表示为

$$\bar{\sigma}_1=\frac{\rho_B B}{H(\theta)} \tag{5-23}$$

式中 ρ_B——物料容积密度；

B——卸料口宽度；

$H(\theta)$——料斗半顶角 θ 的函数。

$H(\theta)$ 可由图 5-31 查得，也可按下式近似计算

$$H(\theta)=(1+m)+0.01(0.5+m)\theta \tag{5-24}$$

式中 m——料斗形状系数，轴线对称的圆锥形料斗 $m=1$；平面对称的楔形料斗 $m=0$。

由图 5-30 可以看出，表示 f_c 值和 $\bar{\sigma}_1$ 值的两条直线相交于一个临界值，由此可以确定料拱的尺寸 B。根据流动与不流动判据，交点以下，粉体物料形成足够的强度，支撑料拱，使流

动停止。该点以上，粉体物料的强度不够，不能形成料拱，就发生重力流动。

在相应的密实应力下，对粉体物料进行剪切试验，可以确定开放屈服强度 f_c。如前所述，由此可以建立该粉体物料的流动函数 FF。

比值$\dfrac{\sigma_1}{\bar{\sigma}_1}$，定义为流动因数 ff，用来描述流动通道或料斗的流动性。作用在流动通道上的密实应力越高，以及作用在料拱上的应力 $\bar{\sigma}_1$ 越低，那么流动通道的流动性或料斗的流动性就越低。对于一定形状的料斗，σ_1 和 $\bar{\sigma}_1$ 均同料斗直径呈线性关系，根据试验研究及理论分析可得流动因数 ff 的方程为

$$ff=\frac{S(\theta)(1+\sin\delta)}{2\sin\theta}H(\theta) \tag{5-25}$$

式中 $S(\theta)$——应力函数。

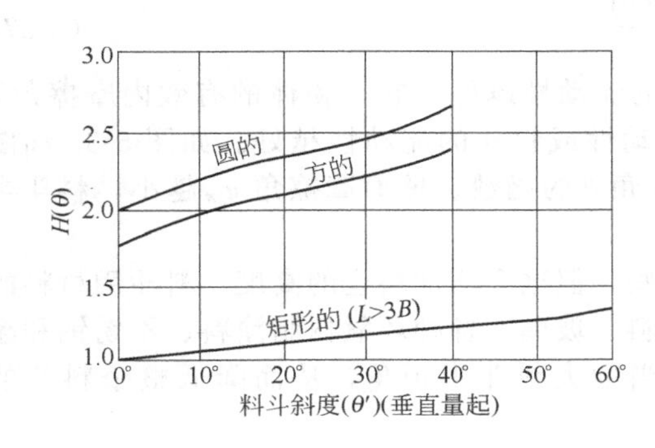

图 5-31 料斗半角函数 $H(\theta)$

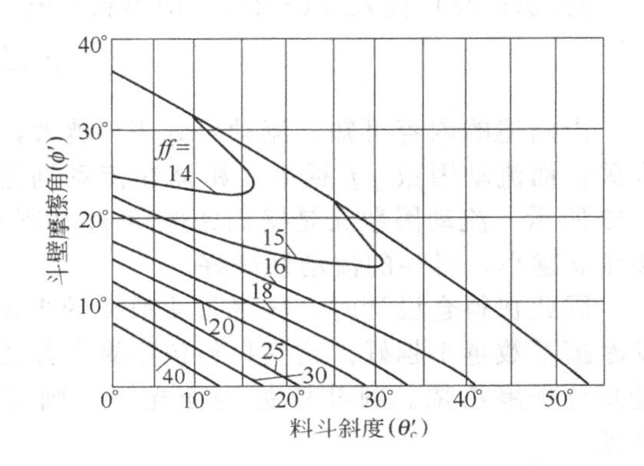

图 5-32 $\delta=40°$时圆锥形整体流料斗的流动因数

对于各种数值不同的有效内摩擦角 δ，壁面摩擦角 ϕ'和料斗半顶角 θ，Jenike 已经算出它们的流动因数。图 5-32 和图 5-33 所示为内摩擦角 $\delta=40°$时的颗粒于对称平面流动和轴对称圆锥形流动时的流动因数图线。

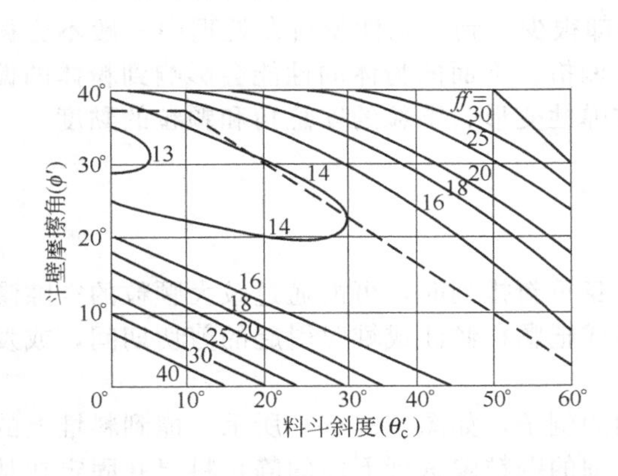

图 5-33 $\delta=40°$时对称平面流动料斗的流动因数

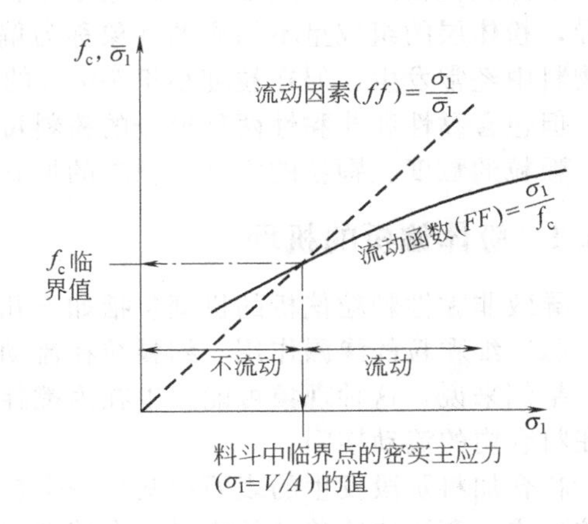

图 5-34 流动因数与流动函数的关系

流动函数 FF 和流动因数 ff 可以画在一起，如图 5-34 所示。当密实主应力 σ_1 大于临界密实主应力，位于 FF 线之上的 ff 线那部分（$ff<FF$）时，满足流动判据，处于料拱上的应力超过料拱强度，则发生流动。σ_1 小于临界密实主应力时，应力不足以引起破坏，将发生起拱。两条线的交点代表了临界值，如同下一节将要叙述的那样，该点可用来计算最小的料斗开

口尺寸。

5.5 整体流料仓的设计

整体流料仓中的料斗必须足够陡峭，使粉体物料能沿斗壁流动，而且开口也要足够大以防止形成料拱；另外，任何卸料装置都必须在全开的卸料口上均匀卸料，如果供料机或连续溜槽使颗粒的流动偏向于出料口的一侧，那么就会破坏整体流的模式，而形成漏斗流。

由图 5-34 可知，结拱的临界条件为 $FF=ff$，即 $\bar{\sigma}_1=f_c$。而形成整体流动的条件为 $FF>ff$，即 $f_c<\bar{\sigma}_1$。如以 f_{ccrit} 表示结拱时的临界开放屈服强度，则可写成

$$\bar{\sigma}_1=f_{ccrit} \tag{5-26}$$

将式(5-26) 代入式(5-23)，即得料斗开口孔径为

$$B>\frac{f_{ccrit}H(\theta)}{\gamma} \tag{5-27}$$

由前述的内容可知，流动函数 FF 越大，粉体的流动性越好，它与粉体的有效内摩擦角 δ 有关；而流动因数 ff 越小，粉体在流动通道的流动性或料斗的流动性越好。如图 5-32 和图 5-33 所示，流动因数又是壁面摩擦角 φ_w 和料斗半顶角 θ 的函数。壁面摩擦角 φ_w 越小，料斗半顶角 θ 越小，料斗的流动性越好。

因此在料仓设计时，应尽量使料斗的半顶角小些，但这会增加料仓的高度。料斗用材料的壁摩擦系数越小越好。这些材料包括聚四氟乙烯塑料、玻璃、各种环氧树脂涂料、不锈钢和超量高分子聚乙烯。料斗壁的表面光滑，则可以适当增大料斗半顶角，从而降低整个料斗的高度。

5.6 粉体储存和流动时的偏析

粉体颗粒在运动、成堆或从料仓中排料时，由于粒径、颗粒密度、颗粒形状、表面性状等差异，粉体层的组成呈不均质的现象称为偏析。偏析现象在粒度分布范围宽的自由流动颗粒粉体物料中经常发生，但在粒度小于 70μm 的粉料中却很少见到。黏性粉料在处理中一般不会偏析，但包含黏性和非黏性两种成分的粉料可能发生偏析。下面的粉体的性能会影响到粉体的偏析：颗粒的粒度、颗粒的密度、颗粒的形状、颗粒弹性变形、颗粒的安息角和颗粒的黏度。

5.6.1 粉体偏析的机理

导致非黏性颗粒偏析的机理包括如下几方面。

(1) 细颗粒的渗漏作用　细颗粒在流动期间自身重新排列时，可能通过较大颗粒的空隙渗漏。举例来说，这种现象可能发生在因搅拌、振动或把颗粒倾注成堆时引起的剪切期间，或发生在料仓内的流动期间。

料仓加料阶段发生的表面渗漏是一个众所周知的例子，如图 5-35(a) 所示。撞到料堆上的颗粒形成一薄层快速移动的物料，在移动层内，较细的颗粒渗透到下面的静止料层并固定在某个适当的位置，无法渗入的大颗粒继续滚动或滑移到料堆外围。这时流动颗粒层具有筛选中的过筛作用。

料仓卸料时，再次发生颗粒的重新排列，在整体流料仓中，重新混合发生在偏析物料离开垂直部分，并进入整体流料斗过程中，如图 5-35(b) 所示，在料斗中会发生细颗粒部分与粗颗粒部分的混合。

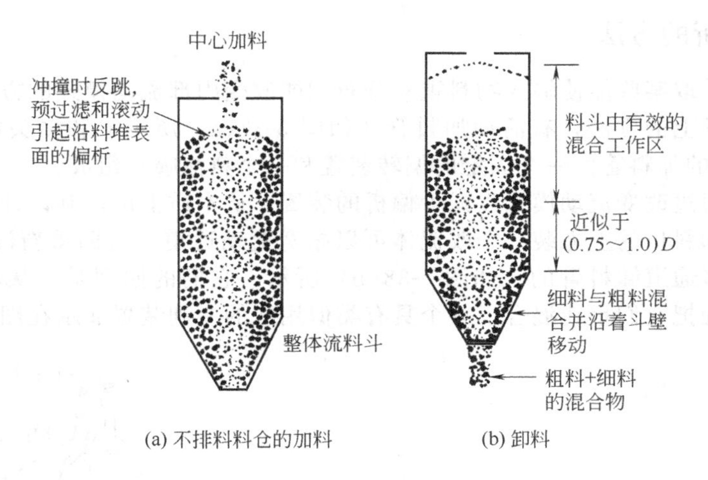

(a) 不排料料仓的加料　　(b) 卸料

图 5-35　整体流动中典型的偏析与混合

对于漏斗流料仓，在加料期间形成一个较细颗粒组成的中央料芯。然而，出料斗的物料混合比可能变化，料斗卸空时，最后排出料斗的物料将是最粗的。

输送过程中，颗粒混合物受到振动或搅拌时，也会发生渗漏。这种影响可以在振动运送和斜槽中发生以及在用振动助流的小型料斗中发生。

(2) 振动　在振动槽里的大颗粒由于振动力的作用，会上升到粉体层的表面上来。振动槽的每一次垂直运动都会使细颗粒运动到大颗粒的下面。当细料累积并密集时，它就能支托住大颗粒，使之上升到表面。存储料仓通常不会受到很强的振动，因此不会引起偏析，但是小型的喂料料斗和斜槽却能产生偏析。

(3) 颗粒的下落轨迹　从输送机或斜槽上抛落到料堆的物料在冲撞之前由于颗粒的粒度和密度不同可能产生偏析，有时也因为空气的拖带作用而引起偏析。如果物料有偏析的倾向，根据前面已经讲述过的机理，偏析已经发生在进料输送机或斜槽上了，而卸料的轨迹只起到维持这种偏析状态的作用，如图 5-36 所示。

(4) 料堆上的冲撞　大的粗颗粒冲撞到料堆上，势必在较小的颗粒上滚动或滑动，使之集中于外面。弹性好的，较大的颗粒势必反弹，集中于料堆外围；弹性差，较小的颗粒又势必向中心集中。

(5) 安息角的影响　粒度均匀，安息角不同的颗粒状混合物料倾倒在料堆上时，安息角较大的颗粒往往会集中在料堆的中心。

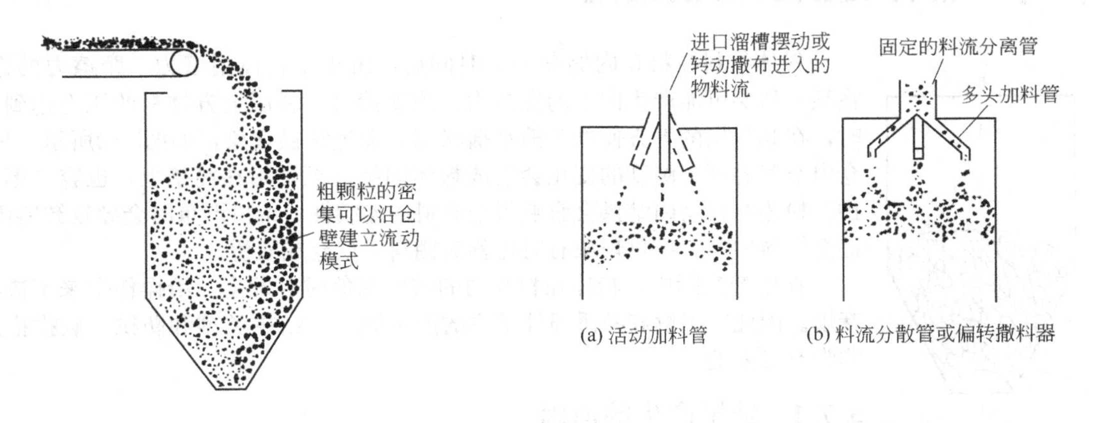

(a) 活动加料管　　(b) 料流分散管或偏转撒料器

图 5-36　抛射分离　　图 5-37　料仓加料时减少偏析装置

5.6.2 防止偏析的方法

在加料时，采取某些能使输入物料重新分布和能改变内部流动模式的方法。已经用来把输入物料散布到料堆上的方法，有活动加料管［如图 5-37(a) 所示］和多头加料管［如图 5-37(b) 所示］。活动的加料管由一个固定的偏转装置和一个料流喷管组成。

在卸料时，通过改变流动模式以减少偏析的装置，从本质上讲，其设计是尽可能地模仿整体流。在料斗的卸料口的上方装一个改流体可以拓宽流动通道，有助重新混合，如图 5-38(a) 所示。也有使用多通道卸料管的，如图 5-38(b) 所示。它们的原理是，从不同的偏析区收取物料，并在卸料处把它们重新混合。一个具有类似用途的专利装置展示在图 5-39 中。

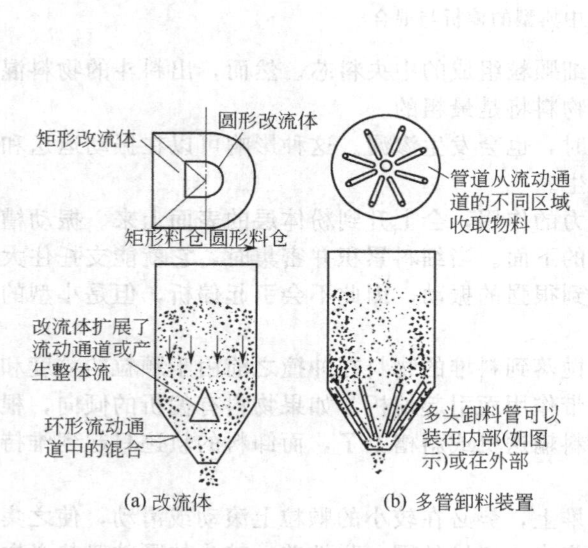

图 5-38 卸料助混装置

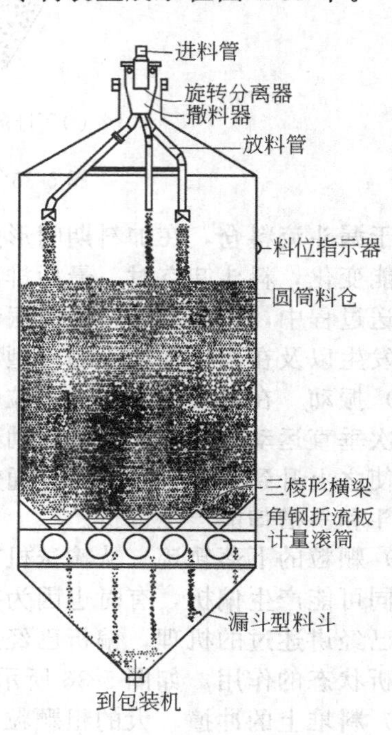

图 5-39 计量滚筒装置

5.7 粉体结拱及防拱措施

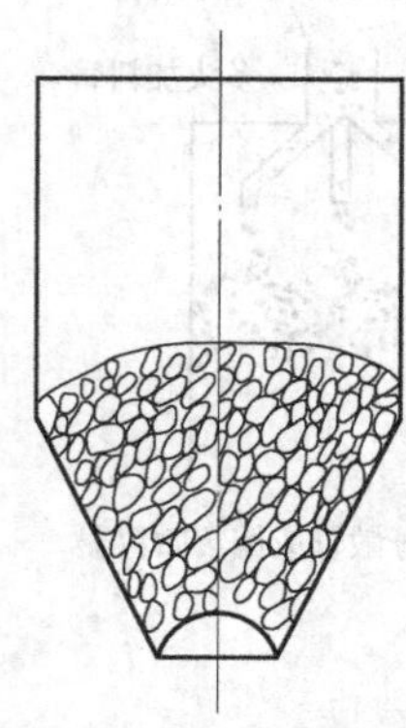

图 5-40 粉体在料仓内结拱

粉体物料在料仓内储存一定时间后，由于受粉体附着力、摩擦力的作用，在某一料层可能产生向上的支持力。该支持力与料层上方物料的压力达到平衡时，在此料层的下方便处于静平衡状态，发生结拱现象，如图5-40所示。另外，仓内空气温度、湿度的变化会造成粉体固结甚至黏附在筒壁上，也容易形成结拱。粉体在料仓内结拱会影响料仓卸料的连续性，结拱严重时会导致卸料困难，甚至卸料中断。结拱现象有时也称为棚料、架仓或架桥。

在生产实际中，粉体在料仓内的结拱现象时有发生，给操作带来不应有的麻烦。因此，了解和熟悉粉体结拱的产生原因、结拱类型和防拱、破拱措施是非常有必要的。

5.7.1 结拱产生的原因

结拱产生的原因一般有如下四种。

① 粉体的内摩擦力和内聚力使之产生剪切应力并形成一定的整体强度，阻碍颗粒位移，致使流动性变差。

② 外摩擦力粉体与筒仓内壁间的摩擦力。该摩擦力与筒仓壁粗糙程度、锥体部分倾角的大小有关，粗糙度越大、倾角越小，则外摩擦力就越大，越易结拱。

③ 外界空气的湿度、温度的作用使粉体的内聚会增大、流动性变差、固结性增强，导致出现拱塞的可能性增大。

④ 筒仓卸料口的水力半径减小使筒仓内粉体的芯流截面变小，则易产生拱塞。

5.7.2 结拱类型

粉体料仓结拱的类型一般有如下四种。

① 压缩拱　粉体因受到仓压力的作用，使固结强度增加而导致起拱。

② 楔形拱　颗粒状物料因相互啮合达到力平衡状态所形成的料拱。

③ 黏结黏附拱　黏结性强的物料在含水、吸潮或静电作用而增强了物料与仓壁的黏附力所形成的料拱。

④ 气压平衡拱　料仓回转卸料器因气密性差，导致空气泄入料仓，当上下气压达到平衡时所形成的料拱。

5.7.3 防拱及破拱措施

(1) 正确设计料仓的几何结构　加大筒仓锥体部分的倾角，使之大于粉体与筒仓的壁摩擦角，可减小粉体的壁摩擦力，有助于粉体流动。但增大倾角会使筒仓高度增加或容量减小，故一般取55°～65°。

近年来，曲线料仓技术得到了发展和应用，如图5-41所示。对于锥形料仓，底锥母线为直线，底锥横截面收缩率 K 可按下式计算

$$K=\frac{A_{i+1}-A_i}{A_i} \tag{5-28}$$

式中，A_i 为直径为 D_i 处的横截面面积。

这种锥形料仓的截面收缩率自上而下逐渐增大，使向下流动的粉体越接近出口处受横向挤压越密实，形成一定强度也越易起拱。为了使 K 值沿母线保持一致，母线应符合曲线 $y=\lg_a x$ 的关系。图5-41所示的近似曲线料仓，母线上的点 a、1、…b 均在理想曲线 $y=\lg_a x$ 上，整个底锥的收缩率 K 基本一致，从而可消除由于局部 K 值过大而造成的卡脖子现象。实验证明，同等条件下，曲线料仓的出料流速明显快于直线料仓。

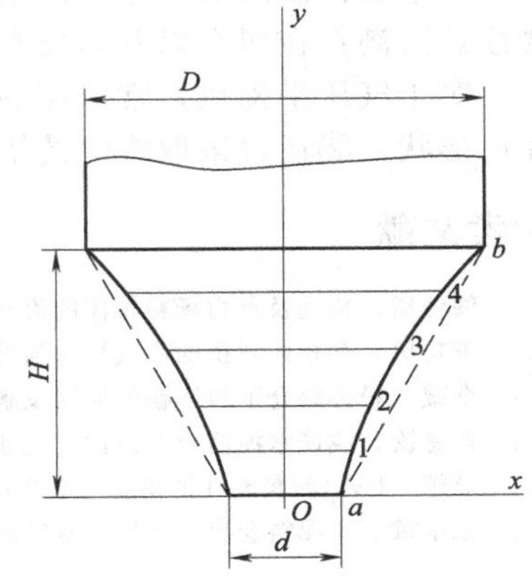

图5-41　曲线料仓

(2) 提高料仓内壁的平滑度　正确选择料仓内壁材料是提高料仓内壁的平滑度、减小壁摩擦系数的有效途径。例如用钢板建造的料仓，壁摩擦系数低，有利于物流滑动和排出，还可避免一些磨蚀性物料对仓壁的磨蚀作用。根据储存物的不同，可选择金属衬板、铸石衬板、碳化硅混凝衬板、聚四氟乙烯的树脂板、铬合金铸铁衬板、硬质面砖和特殊的橡胶衬板等。

(3) 气动破拱　气动破拱即通过压缩空气的冲击来破坏拱形平衡以达到破拱目的。常见的方法有：①在仓体锥部距出料口约1/3处锥体周围安装几个喷嘴，通过气源加压向里吹气；②在锥体靠近出料口附近敷设若干块多孔板，从这些细小孔喷进压缩气体；③在锥体内部易起拱处设置气囊——空气炮，通过气囊的膨胀和收缩来破坏拱塞处的剪力平衡。

气动破拱的特点是简单方便、比较经济实惠，效果较明显，是最常用的一种措施。但在空

气潮湿的季节或地区吹进的气体会使冷却而结块，导致给料不均，影响计量；其次在吹管附近还易形成黏层；破拱效果不太明显，故在气路中应添加油水分离器；阻止水分进入筒仓。

（4）振动破拱　振动破拱即通过振动使水泥内摩擦系数减小、抗剪强度降低而得以实现。常见的方法有：①在锥体易起拱处设置一个振动器，通过其振动达到破拱的目的；②在锥体上设置一个行程很小的汽缸，利用汽缸端部安置的平板来击打筒壁，使拱形得以破坏。

振动破拱的特点是简单方便、易于控制振动频率，破拱有一定效果。但振后的水泥在静放长时间后可能失效、振密，甚至结块堵塞料门；同时，振动产生噪声较大，对仓壁有所破坏，而且振动能量容易被锥体的钢板所吸收，有效利用率不高。

（5）机械破拱　机械破拱的种类很多，基本原理均为通过机械在水泥拱塞处的强制运动来克服其内聚力，破坏拱形平衡，是效果最明显的一种破拱措施。

机械破拱的特点：①将机构设置在起拱要害部位，便于能量集中，达到最佳效果，由于料仓锥部水泥受压最大、密实度也最大，粉体在空气潮湿、高温等条件的影响下易起拱，故将机构置于此处为宜；② 强制性直接作用于拱塞处，破坏粉体摩擦剪力的平衡；③ 连续性往复剪切运动保证破坏拱形平衡的效果，有利于实现均匀给料、提高粉体的计量精度；④ 由于所需运动部件较多，成本造价较高，更兼在粉体内动作的零部件易磨损，维修和排除故障比较困难，故在耐磨性和可靠性方面尚有待提高。

此外，对于不同类型的结拱，其防拱措施也不尽相同。

对于压缩拱，可采取以下措施：①通过增加卸料口尺寸，减小斗顶角来改善料斗几何形状；②料仓直间隔较多的减少料仓直间隔或者采用改流体来降低粉体压力；③改善仓壁材料以减小仓壁摩擦阻力。

对于楔形拱，可通过增大卸料口尺寸，减小斗顶角或者采用非对称性料斗（偏心卸料口）来改善料斗几何形状。

对于黏性黏附拱，采取防潮或消除静电方法可有效减小仓壁摩擦阻力；易吸水的物料存放要注意防潮；在料仓以及防爆和排气装置上设置静电接地板可消除静电。

对于气压平衡拱，常采用的方法为：①通过采用非对称性料斗（偏心卸料口）来改善料斗几何形状；②通过采取排气的措施来减小仓壁摩擦阻力。

参考文献

[1] 韩仲琦．料仓及重力场粉粒体的流动．水泥技术，2003，(3)：18-24.

[2] 王功勇．存仓内料拱的形成机理与处理方法．武汉理工大学学报，2001，23 (3)：64-66.

[3] 李诚．粉体料仓下料不畅的原因及解决方法．化工设备与管道，2002，(3)：24-27.

[4] 曹恩钦．浅谈水泥筒仓的破拱．建筑机械化，2002，(2)：52-53.

[5] 彭辉．PVC 粉料料斗的拱塞与破拱措施．机械机械师．2005，(11)：135-136.

[6] 张东斌．水泥料仓出口防堵技术的研究．建筑机械化，1998，(2)：21-23.

第6章 粉碎（磨）过程及设备

6.1 粉碎（磨）的基本概念

6.1.1 粉碎

固体物料在外力作用下克服其内聚力使之破碎的过程称为粉碎。

因处理物料的尺寸大小不同，可大致上将粉碎分为破碎和粉磨两类处理过程：使大块物料碎裂成小块物料的加工过程称为破碎；使小块物料碎裂成细粉末状物料的加工过程称为粉磨。相应的机械设备分别称为破碎机械和粉磨机械。破碎和粉磨大致可按如下界定。

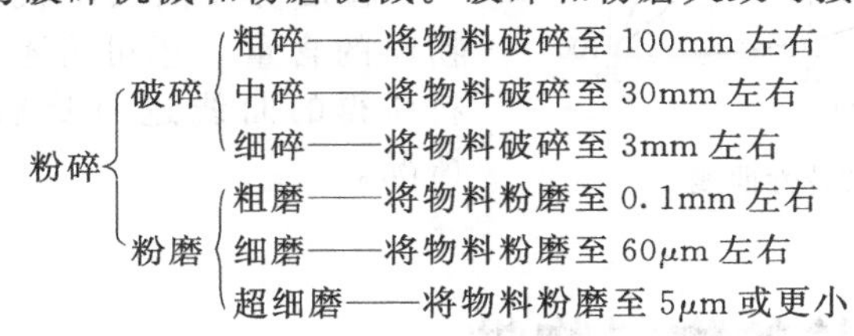

6.1.2 粉碎比

为了评价粉碎机械的粉碎效果，常用粉碎比的概念。

物料粉碎前的平均粒径 D 与粉碎后的平均粒径 d 之比称为平均粉碎比，用符号 i 表示。数学表达式为

$$i=D/d \tag{6-1}$$

平均粉碎比是衡量物料粉碎前后粒度变化程度的一个指标，也是粉碎设备性能的评价指标之一。对破碎机而言，为了简单地表示和比较这一特性，可用其允许的最大进料口尺寸与最大出料口尺寸之比（称为公称粉碎比）作为粉碎比。因实际破碎时加入的物料尺寸总小于最大进料口尺寸，故破碎机的平均粉碎比一般都小于公称粉碎比，前者约为后者的70%～90%。

粉碎比与单位电耗（单位质量粉碎产品的能量消耗）是粉碎机械的重要技术和经济指标，后者用以衡量粉碎作业动力消耗的经济性；前者用以说明粉碎过程的特征及粉碎质量。当两台粉碎机粉碎同一物料且单位电耗相同时，粉碎比大者工作效果就好。因此，鉴别粉碎机的性能要同时考虑其单位电耗和粉碎比的大小。

各种粉碎机械的粉碎比大都有一定限度，且大小各异。一般而言，破碎机械的粉碎比为3～100；粉磨机械的粉碎比为500～1000或更大。

6.1.3 粉碎级数

由于粉碎机的粉碎比有限，生产上要求的物料粉碎比往往远大于单一设备的粉碎比，因而

有时需用两台或多台粉碎机串联起来进行粉碎。几台粉碎机串联起来的粉碎过程称为多级粉碎；串联的粉碎机台数称为粉碎级数。在此情形下，原料粒度与最终粉碎产品的粒度之比称为总粉碎比。若串联的各级粉碎机的粉碎比分别为 i_1、i_2……i_n，总粉碎比为 i_0，则有

$$i_0 = i_1 \, i_2 \cdots i_n \tag{6-2}$$

即：多级粉碎的总粉碎比为各级粉碎机的粉碎比之乘积。

若已知粉碎机的粉碎比，即可根据总粉碎比要求确定合适的粉碎级数。由于粉碎级数增多将会使粉碎流程复杂化，设备检修工作量增大，因而在能够满足生产要求的前提下理所当然地应该选择粉碎级数较少的简单流程。

6.1.4 粉碎产品的粒度特性

物料经粉碎或粉磨后成为多种粒度的集合体，通常采用筛析方法或其他方法将其按粒度区间分为若干粒级来考察其粒度分布情况。根据测得的粒度分布数据，分别以横、纵坐标表示粒度、累积筛余（或筛下）百分数，可绘出粒度分布特性曲线，如图 6-1 所示。借助于该特性曲线可清楚地反映粒度分布情况。图中曲线 1 呈凹形，表明粉碎产品中含较多细粒级物料；凸形曲线 3 则说明产品中粗级物料较多；直线 2 表明物料粒度是均匀分布的。

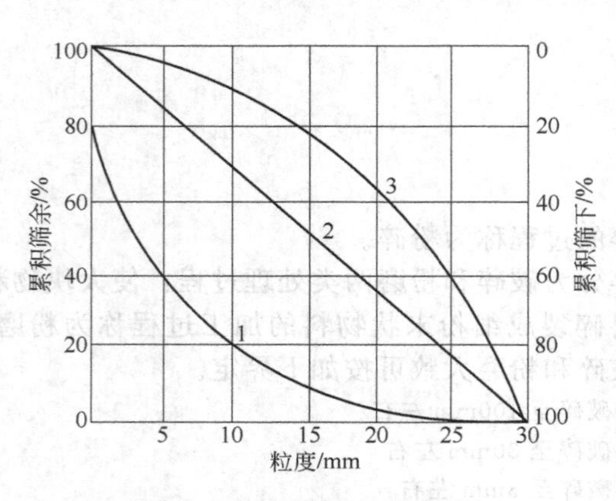

图 6-1 粒度分布特性曲线

粒度分布曲线不仅可以用于计算不同粒级物料的含量，还可将不同粉碎机械粉碎同一物料所得的曲线进行比较，以判断它们的工作情况。

6.2 与粉碎相关的物料物性

6.2.1 强度

材料的强度是指其对外力的抵抗能力，通常以材料破坏时单位面积上所受的力，单位为 N/m^2 或 Pa 来表示。按受力破坏的方式不同，可分为压缩强度、拉伸强度、扭曲强度、弯曲强度和剪切强度等；按材料内部的均匀性和有无缺陷分为理论强度和实际强度。

6.2.1.1 理论强度

不含任何缺陷的完全均质材料的强度称为理论强度。它相当于原子、离子或分子间的结合力。由离子间库仑引力形成的离子键和由原子间互作用力形成的共价键的结合力最大，为最强的键，键强一般为 1000～4000kJ/mol；金属键次之，约为 100～800kJ/mol；氢键结合能约为 20～30kJ/mol；范德华键强度最低，其结合能仅为 0.4～4.2kJ/mol。一般来说，原子或分子间的作用力随其间距而变化，并在一定距离处保持平衡，而理论强度即是破坏这一平衡所需要的能量，可通过能量计算求得。理论强度的计算式如下

$$\sigma_{th} = \left(\frac{\gamma E}{a}\right)^{1/2} \tag{6-3}$$

式中 γ——表面能；

E——弹性模量；

a——晶格常数。

6.2.1.2　实际强度

完全均质的材料所受应力达到其理论强度时，所有原子或分子间的结合键将同时发生破坏，整个材料将分散为原子或分子单元。然而，实际上，几乎所有材料破坏时都分裂成大小不一的块状，这说明质点间结合的牢固程度并不相同，即存在某些结合相对薄弱的局部，使得在受力尚未达到理论强度之前，这些薄弱部位已达到其极限强度，材料已发生破坏。因此，材料的实际强度或实测强度往往远低于其理论强度，一般而言，实测强度约为理论强度的1/1000～1/100。由表6-1中的数据可以看出二者的差异。

表6-1　材料的理论强度和实测强度

材料名称	理论强度/GPa	实测强度/MPa	材料名称	理论强度/GPa	实测强度/MPa
金刚石	200	约1800	氧化镁	37	100
石墨	1.4	约15	氧化钠	4.3	约10
钨	96	3000(拉伸的硬丝)	石英玻璃	16	50
铁	40	2000(高张力用钢丝)			

当然，材料的实测强度大小与测定条件有关，如试样的尺寸、加载速度及测定时材料所处的介质环境等。对于同一材料，小尺寸时的实测强度要比大尺寸时来得大；加载速度大时测得的强度也较高；同一材料在空气中和在水中的测定强度也不相同，如硅石在水中的抗张强度比在空气中减小12%，长石在相同的情形下减小28%。

6.2.2　硬度

硬度表示材料抵抗其他物体刻划或压入其表面的能力，也可理解为在固体表面产生局部变形所需的能量。这一能量与材料内部化学键强度以及配位数等有关。

硬度的测定方法有刻划法、压入法、弹子回跳法及磨蚀法等，相应有莫氏硬度（刻划法）、布氏硬度、韦氏硬度和史氏硬度（压入法）及肖氏硬度（弹子回跳法）等。硬度的表示随测定方法而不同，一般地无机非金属材料的硬度常用莫氏（Mohs）硬度来表示。材料的莫氏硬度分为10个级别，硬度值越大意味着其硬度越高。表6-2列出了典型矿物的莫氏硬度值。

表6-2　典型矿物的莫氏硬度值

矿物名称	莫氏硬度	晶格能/(kJ/mol)	表面能/(erg/cm^2)
滑石	1	—	—
石膏	2	620×4.186	40
方解石	3	648×4.186	80
萤石	4	638×4.186	150
磷灰石	5	1050×4.186	190
长石	6	2700×4.186	360
石英	7	2990×4.186	780
黄晶	8	3434×4.186	1080
刚玉	9	3740×4.186	1550
金刚石	10	4000×4.186	—

注：$1erg/cm^2=10^{-3}J/m^2$。

虽然各种硬度测定方法有所不同，但它们都是使物料变形及破坏的反映，因而用不同方法测得的各种硬度有互相换算的可能。例如，莫氏硬度每增加一级，压入硬度约增加60%。

硬度还与晶体的结构有关。离子或原子越小，离子电荷或电价越大，晶体的构造质点堆集密度越大，其平均刻划硬度和研磨硬度也越大。因为如此构造的晶体有较大的晶格能，刻入或磨蚀都较困难。同一晶体的不同晶面甚至同一晶面的不同方向的硬度也有差异，因为硬度决定于内部质点的键合情况。金刚石之所以极硬，是由于其碳原子的价数高而体积小。因此，虽然其构造质点在晶格内的堆集密度较小，但其硬度却异常大。

硬度可作为材料耐磨性的间接评价指标，即硬度值越大者，通常其耐磨性能也越好。

由上述可知，强度和硬度二者的意义虽然不同，但本质上却是相同的，皆与内部质点的键合情况有关。有人认为，材料抗研磨应力的阻力和拉力强度之间有一定的关系，并主张用“研磨强度”代替磨蚀硬度。事实上，破碎愈硬的物料也像破碎强度愈大的物料一样，需要愈多的能量。如图 6-2 所示。

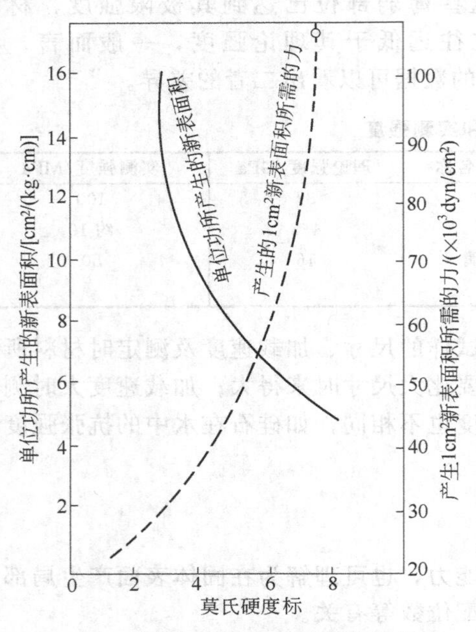

图 6-2 硬度与破碎功和破碎力的关系

注：1dyn=10^{-5}N。

6.2.3 易碎（磨）性

仅用强度或硬度不足以全面精确地表示材料粉碎的难易程度，因为粉碎过程除决定于材料物性外，还受物料粒度、粉碎方式（粉碎设备和粉碎工艺）等诸多因素的影响。因此，引入易碎（磨）性概念。所谓易碎（磨）性即在一定粉碎条件下，将物料从一定粒度粉碎至某一指定粒度所需的比功耗——单位质量物料从一定粒度粉碎至某一指定粒度所需的能量，或施加一定能量能使一定物料达到的粉碎细度。材料的易碎性有许多测定方法，这里介绍 Bond 粉碎功指数测定方法——GB/T 26567—2011 水泥原料易磨性试验方法（邦德法）。试验过程如下。

（1）试验用磨机 ϕ305mm×305mm 球磨机，可控制转速。

（2）试验用研磨介质 采用 JIS B1501（滚珠轴承用钢珠）规定的普通级滚珠轴承用钢珠，其级配见表 6-3。

表 6-3 Bond 磨钢球级配

球径/mm	个数	球径/mm	个数
36.5	43	19.1	71
30.2	67	15.9	94
25.4	10	总计	285

（3）试验方法

① 将试验原料处理至全部通过 3360μm 方孔筛。

② 向磨内装入按上述方法制备的物料 700cm³，以 70r/min 的转速粉碎一定时间后将粉碎产物按规定筛目 D_{p1}（μm）进行筛分，记录筛余量 W（g）和筛下量（W_p-W），求出磨机每一转的筛下量 G_{bp}。

③ 取与筛下量质量相等的新试料与筛余量 W 混合作为新物料入磨，磨机转速按保持循环负荷率 250%计算。反复该操作直至循环负荷率为 250%时达到稳定的 G_{bp} 值为止。

④ 求出最后三次 G_{bp} 的平均值 $\overline{G}_{bp}$，要求 G_{bp} 最大值与最小值的差小于 $\overline{G}_{bp}$ 的 3%。该 $\overline{G}_{bp}$ 即为易碎性值。

⑤ 以 D_{F80}（μm）表示试料 80%通过量的筛孔径，D_{p80}（μm）表示产品通过量为 80%的筛孔孔径，按下式计算 Bond 粉碎功指数 W_i

$$W_i=\frac{44.5}{D_{p1}^{0.23}\times G_{bp}^{0.82}\left(\frac{10}{\sqrt{D_{p80}}}-\frac{10}{\sqrt{D_{F80}}}\right)}\times 1.10\quad (\mathrm{kW\cdot h}) \tag{6-4}$$

显然，所得的W_i值越小，则物料的易碎性越好；反之亦然。

6.3 材料的粉碎机理

6.3.1 Griffith强度理论

Griffith指出，固体材料内部的质点实际上并非严格地规则排布，而是存在着许多微裂纹，当材料受拉时，这些微裂纹会逐渐扩展，于其尖端附近产生高度的应力集中，结果使裂纹进一步扩展，直至使材料破坏。设裂纹扩展时，其表面积增加ΔS，令比表面能为γ，则表面能增加$\gamma\Delta S$，此时其附近约一个原子距离a之内的形变能为$(\sigma^2/2E)a\Delta S$，裂纹扩展所需的能量即由此所储存的变形能所提供。根据热力学第二定律，裂纹扩展的条件是

$$\frac{\sigma^2}{2E}a\Delta S \geqslant \gamma\Delta S$$

其临界条件是

$$\sigma=\sqrt{\frac{2E\gamma}{a}} \tag{6-5}$$

式中，E为弹性模量。对于玻璃、大理石和石英等材料，E为$10^{10}\sim10^{11}$Pa，γ为0.1～1J/m²，a约为3×10^{-6}m数量级，于是σ约为10^{10}Pa，但实际强度仅为$10^7\sim10^8$Pa，即实际强度为理论强度的1/1000～1/100。

他用平板玻璃进行的拉伸试验发现，试件表面有一极窄的长轴长度为2cm的椭圆形微裂纹，按垂直于平板中椭圆孔长轴作纯拉伸推算，在裂纹被拉开的瞬间，试件单位厚度所储存的弹性变形能为$\pi c^2\sigma^2/E$。根据裂纹扩展的临界条件，实际断裂强度为

$$R=\left(\frac{2\gamma E}{\pi c}\right)^{\frac{1}{2}} \tag{6-6}$$

式中，c为裂纹长度。

由此可知，若裂纹长度为1μm，则强度降低至理论强度的1/100。

根据Griffith裂纹学说，还可以进一步认为，在材料粉碎过程中，即未发生宏观破坏，但实际上内部已存在的微裂纹会不断“长大”，同时也会生成许多新的微裂纹，这些裂纹的不断生成和长大，使得材料的粉碎在一定范围内不断进行。

应该指出，Griffith强度理论的基础是无限小变形的弹性理论，故它只适用于脆性材料，而不能用于变形大的弹性体（如橡胶等）。

6.3.2 断裂

材料的断裂和破坏实质上是在应力作用下达到其极限应变的结果。测定材料的应力-应变关系可得图6-3所示的两种典型曲线，它们分别表示两种材料。

图6-3(a)表明，在应力达到其弹性极限时，材料即发生破坏，无塑性变形出现。这类材料称为脆性材料，其破坏所需要的功等于应力-应变曲线下所包围的面积或近似地等于弹性范围内的变形能。脆性材料的重要力学特征是弹性模量E——应力增量与应变增量的比值。在弹性范围内，该比值基本上为一常数，可用应力-应变曲线的斜率表示

$$E=\sigma/\varepsilon \tag{6-7}$$

实际上，矿物材料的应力-应变关系并不严格符合虎克定律，其应力、应变和弹性模量三者之间的关系为

$$E=\sigma^m/\varepsilon \tag{6-8}$$

式中的指数m值与材料有关，如花岗岩的m值为1.13 。此外，加载速度增大时，m值趋于

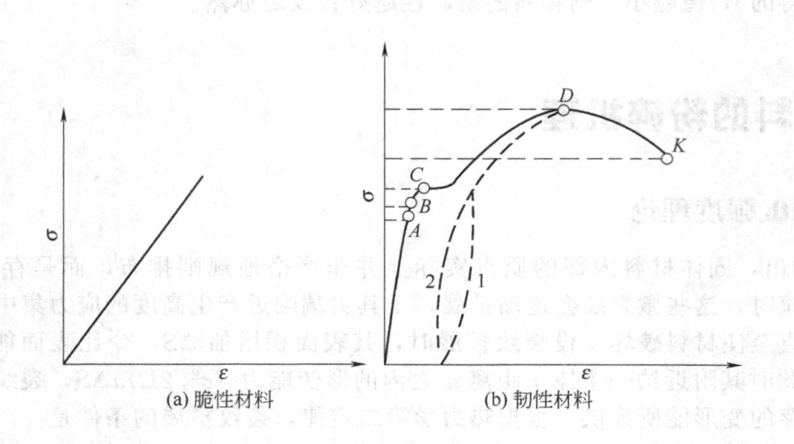

(a) 脆性材料　　(b) 韧性材料

图 6-3　应力-应变曲线

1。一般矿物的弹性模量多为 10^{10} Pa 数量级。

另一类材料是韧性材料，其应力-应变曲线如图 6-3(b) 所示。当应力略高于弹性极限 A，并达到屈服极限 C 时，尽管应力不增大，应变也依然会增大，但此时材料并未破坏。自屈服点以后的变形是塑性变形，即是不可恢复变形。当应力达到断裂强度 D 时，材料即破坏。

6.3.3　粉碎方式及粉碎模型

固体材料在机械力作用下由块状物料变为粒状或由粒状变为粉状的过程均属于粉碎范畴。由于物料的性质以及要求的粉碎细度不同，粉碎的方式也不同。按施加外力作用方式的不同，物料粉碎一般通过挤压、冲击、磨削和劈裂几种方式进行，各种粉碎设备的工作原理也多以这几种原理为主。按粉碎过程所处的环境可分为干式粉碎和湿式粉碎；按粉碎工艺可分为开路粉碎和闭路粉碎；按粉碎产品细度又可分为一般细度粉碎和超细粉碎。

6.3.3.1　粉碎方式

如图 6-4 所示，基本的粉碎方式有挤压粉碎、冲击粉碎、摩擦剪切粉碎和劈裂粉碎等。

(1) 挤压粉碎　挤压粉碎是粉碎设备的工作部件对物料施加挤压作用，物料在压力作用下发生粉碎。挤压磨、颚式破碎机等均属此类粉碎设备。

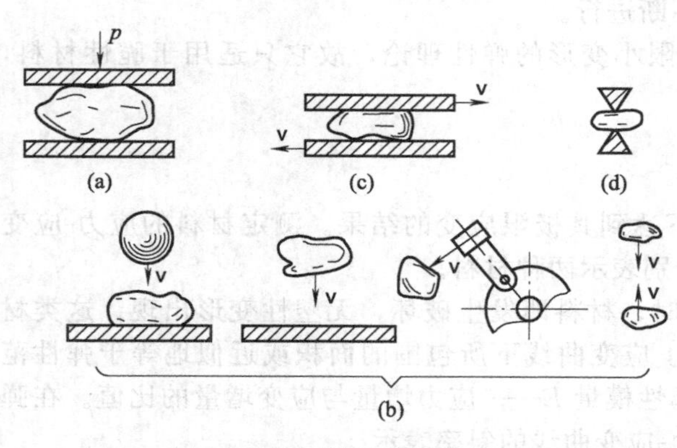

图 6-4　常用的基本粉碎方式

物料在两个工作面之间受到相对缓慢的压力而被破碎。因为压力作用较缓慢和均匀，故物料粉碎过程较均匀。此方法通常多用于物料的粗碎，当然，近年来发展的细颚式破碎机也可将物料破碎至几毫米以下。另外，挤压磨出磨物料有时会呈片状粉料，故常作为细粉磨前的预粉碎设备。

(2) 挤压-剪切粉碎　这是挤压和剪切两种基本粉碎方法相结合的粉碎方式，雷蒙磨及各种立式磨通常采用挤压-剪切粉碎方式。

(3) 冲击粉碎　冲击粉碎包括高速运动的粉碎体对被粉碎物料的冲击和高速运动的物料向固定壁或靶的冲击。

这种粉碎过程可在较短时间内发生多次冲击碰撞，每次冲击碰撞的粉碎时间是在瞬间完成的，所以粉碎体与被粉碎物料的动量交换非常迅速。

实际上，随着颗粒尺寸的减小，其内部缺陷也减少，因而冲击粉碎速度应增大。但是从能量利用的角度，并非冲击速度越大越好。不同的物料在不同粒度时均存在一个最佳冲击速度，即在此冲击速度下能量利用率最高。图 6-5 表示了比能耗与冲击速度的关系，图 6-6 表示了石灰石冲击粉碎时能量利用率与冲击速度间的关系。

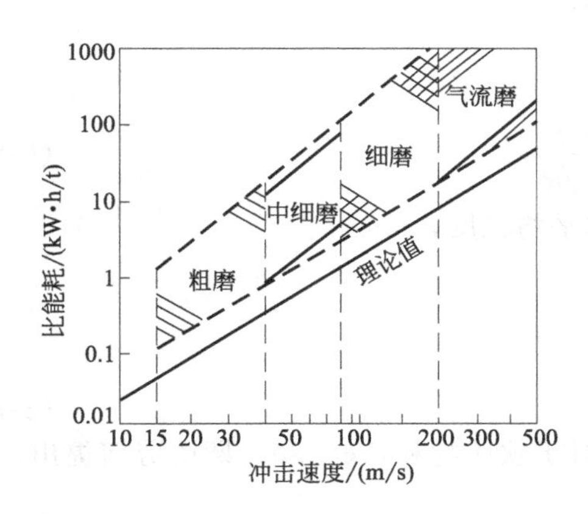

图 6-5　比能耗与冲击速度的关系

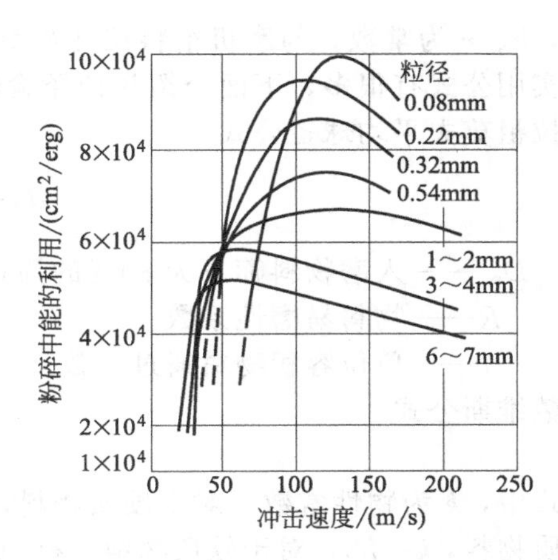

图 6-6　能量利用率与冲击速度的关系

注：1erg=10^{-7}J。

(4) 研磨、磨削粉碎　研磨和磨削本质上均属剪切摩擦粉碎，包括研磨介质对物料的粉碎和物料相互间的摩擦作用。振动磨、搅拌磨以及球磨机的细磨仓等都是以此为主要原理的。

与施加强大粉碎力的挤压和冲击粉碎不同，研磨和磨削是靠研磨介质对物料颗粒表面的不断磨蚀而实现粉碎的。因此，有必要考虑以下几点。

① 研磨介质的物理性质　相对于被粉碎物料而言，研磨介质应有较高的硬度和耐磨性。实践证明，细粉碎和超细粉碎时，研磨介质硬度的影响更为重要。用同为直径 5mm 的钢球和氧化铝球在 ϕ250mm×300mm 球磨中进行的矿渣（粒度小于 100 目）细粉磨试验结果表明，在同一工作参数条件下，后者的粉磨效果优于前者。一般地，介质的莫氏硬度最好比物料大 3 以上。常用的研磨介质有天然砂、玻璃珠、氧化铝球、氧化锆球和钢球等。表 6-4 列出了搅拌磨常用的研磨介质的密度和直径。

表 6-4　搅拌磨常用的研磨介质的密度和直径

研磨介质	密度/(g/cm³)	直径/mm	研磨介质	密度/(g/cm³)	直径/mm
玻璃(含铅)	2.5	0.3～3.5	锆砂	3.8	0.3～1.5
玻璃(不含铅)	2.9	0.3～3.5	氧化锆	5.4	0.5～3.5
氧化铝	3.4	0.3～3.5	钢球	7.6	0.2～1.5

② 研磨介质的填充率、尺寸及形状　如果研磨介质的填充率、尺寸及级配选择不当，即使磨机的其他工作条件再好也难以达到高的工作效率。生产中应根据物料的性质、给料及粉磨产品的粒度以及其他工作条件来确定和调整上述参数。由于物料种类及性质多变，故对一台粉磨设备来说，很难固定一套研磨体最佳参数，但一些基本的理论毕竟至少可以为研磨介质参数的确定提供帮助和参考。

a. 研磨介质的填充率　研磨介质的填充率是指介质的表观体积与磨机的有效容积之比。理论上讲介质的填充率应以其最大限度地与物料接触而又能避免自身的相互无功碰撞为佳，它与物料的粒度、密度和介质的运动特点有关，如振动磨中介质作同时具有水平振动和垂直振动的圆形振动，球磨机中的介质作泻落状态的往复运动，搅拌磨中介质在搅拌子的搅动下作不规则三维运动。振动磨中介质的填充率一般为50%～70%，球磨机为30%～40%，搅拌磨为40%～60%。

b. 研磨介质的尺寸　介质尺寸的研究多是针对球磨机进行一般细度粉磨情形的，通常认为介质的适宜尺寸d是给料粒度D_p的函数

$$d=kD_p^n \tag{6-9}$$

式中，k、n为常数，与磨机给料粒度及粉磨条件有关。

实用公式有很多，下面介绍几种经验公式。

拉祖莫夫平均球径公式

$$d_a=28\sqrt[3]{D_{pa}}\frac{f}{\sqrt{R}} \tag{6-10}$$

式中　D_{pa}——入磨物料筛下为80%的筛孔径表示的平均粒度，mm；

R——物料易磨性系数；

f——单位容积物料通过系数。

戴维斯公式

$$d=kD_p^{0.5} \tag{6-11}$$

式中，k为物性常数，对于硬质物料，$k=35$；对于软质物料，$k=30$。斯塔劳柯提出，对于硬质物料，$k=23$，对于软质物料，$k=13$。

上述公式是针对一般粉磨情形的，且未考虑粉磨产品的细度，所以，用于超细粉磨时偏差较大。

邦德公式

$$d=\left(\frac{\rho_p W_i}{\varphi\sqrt{D}}\right)^{0.5}\times 2.88D_{p80}^{\frac{4}{3}} \tag{6-12}$$

式中　ρ_p——物料密度；

W_i——Bond粉碎功指数；

φ——磨机转速率（实际工作转速与临界转速之比）；

D——磨机有效内径；

D_{p80}——入磨物料筛下为80%的筛孔径表示的粒度。

相对而言，式(6-12)由于考虑了产品细度（W_i值已包括了产品细度因素），故更接近一些。

生产实践证明，进行超细粉磨的球磨机细磨仓的研磨介质尺寸一般应小于15mm，且应有2～3级的配合，振动磨介质尺寸在10～15mm之间，搅拌磨用于超细粉碎时介质尺寸一般小于1mm。

c. 研磨介质的形状　研磨介质多为球形，也有柱状、棒状及椭球状等，有人将除球形外的其他形状的研磨体称为异形研磨体。

与同质量的球形介质相比，异形研磨介质的比表面积大，另外，它们与物料的接触又是以线接触或面接触，故摩擦研磨效率高，这在球磨机和振动磨机中已有不少应用，其中以介质泻落状态运动的球磨机细磨仓中异形介质的效果尤其明显。

但在搅拌磨中，介质是靠搅拌子的搅动产生运动的，异形介质易发生紊乱，且与搅拌件的摩擦增大，不利于减小粉碎电耗。所以，搅拌磨中一般使用球形研磨介质。

③ 研磨介质的黏糊　干法粉磨时，超细粉体极易黏糊于研磨介质表面，俗称“粘球”或“糊球”现象，因而使之失去应有的研磨作用。为了避免这种现象的发生，通常采用减小物料水分、加强磨内通风及加入助磨剂等措施。

6.3.3.2　粉碎模型

Rosin-Rammler等认为，粉碎产物的粒度分布具有二成分性（严格地讲是多成分性），即

合格的细粉和不合格的粗粉。根据这种双成分性，可以推论，颗粒的破坏与粉碎并非由一种破坏形式所致，而是由两种或两种以上破坏作用所共同构成的。Hüting 等人提出了以下三种粉碎模型，如图 6-7 所示。

① 体积粉碎模型　整个颗粒均受到破坏，粉碎后生成物多为粒度大的中间颗粒。随着粉碎过程的进行，这些中间颗粒逐渐被粉碎成细粉成分。冲击粉碎和挤压粉碎与此模型较为接近。

② 表面粉碎模型　在粉碎的某一时刻，仅是颗粒的表面产生破坏，被磨削下微粉成分，这一破坏作用基本不涉及颗粒内部。这种情形是典型的研磨和磨削粉碎方式。

③ 均一粉碎模型　施加于颗粒的作用力使颗粒产生均匀的分散性破坏，直接粉碎成微粉成分。

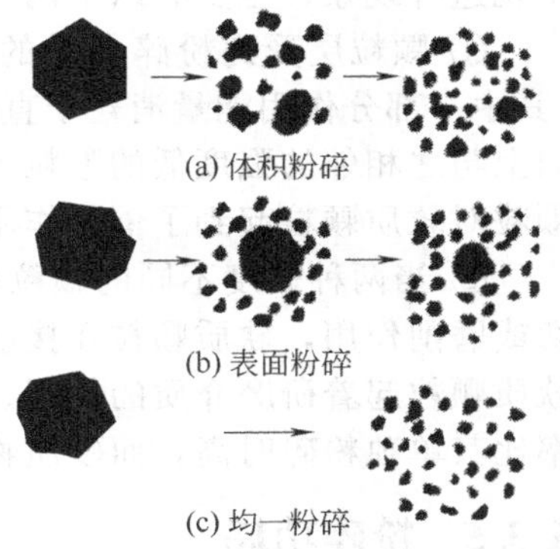

图 6-7　粉碎模型

上述三种模型中，均一粉碎模型仅符合结合极其不紧密的颗粒集合体如药片等的特殊粉碎情形，一般情况下可不考虑这一模型。实际粉碎过程往往是前两种粉碎模型的综合，前者构成过渡成分，后者形成稳定成分。

体积粉碎与表面粉碎所得的粉碎产物的粒度分布有所不同，如图 6-8 所示，体积粉碎后的粒度较窄较集中，但细颗粒比例较小；表面粉碎后细粉较多，但粒度分布范围较宽，即粗颗粒也较多。

应该说明，冲击粉碎未必能造成体积粉碎，因为当冲击力较小时，仅能导致颗粒表面的局部粉碎；而表面粉碎伴随的压缩作用力如果足够大时也可产生体积粉碎，如辊压磨、雷蒙磨等。

6.3.4 混合粉碎和选择性粉碎

当几种不同的物料在同一粉碎设备中进行同一粉碎过程时，由于各种物料的相互影响，较单一物料的粉碎情形更复杂一些。在粉碎或粉磨过程中，粉碎（磨）介质之间的物料往往是多颗粒层，介质对物料的作用力可通过颗粒之间的传递而未必直接与颗粒接触即可使之发生粉碎。易碎的物料混合粉碎时比其单独粉碎时来得细，难碎物料比其单独粉碎时来得粗是普遍现象。在以挤压粉碎和磨削粉碎为主要原理的粉碎情形（如辊压磨、振动磨和球磨）时，这种现象更为明显。将这种多种物料共同粉碎时某种物料比其他物料优先粉碎的现象称为选择性粉碎。

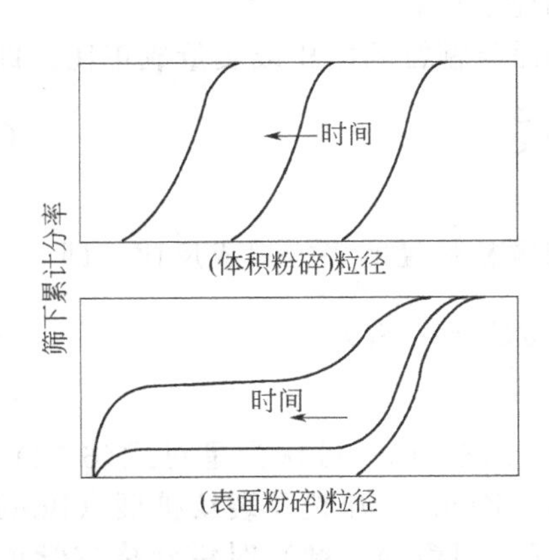

图 6-8　体积粉碎和表面粉碎的粒度分布

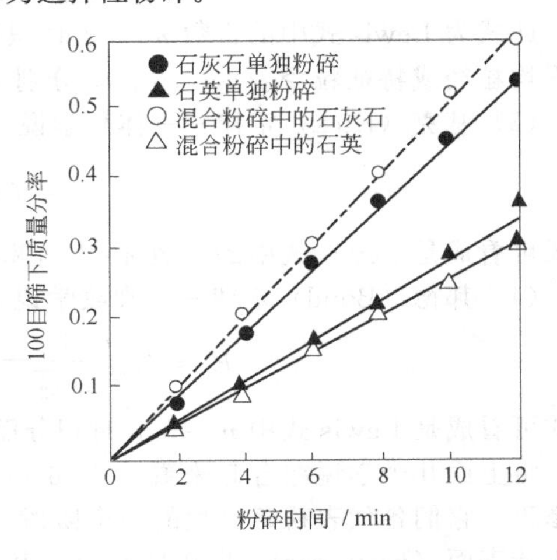

图 6-9　混合粉碎与单独粉碎的比较

例如，将莫氏硬度分别为 7 和 2.5 的石英和石灰石在球磨机中共同粉碎一定时间后的细度与其各自单独粉碎时细度的比较见图 6-9。图中曲线所示的实验结果证实了上述结论。之所以出现这种现象，至少有以下两方面原因。

① 颗粒层受到粉碎介质的作用力即使尚不足以使强度高的物料颗粒碎裂，但其大部分（其中一部分作用能量消耗于直接受力颗粒的裂纹扩展）会通过该颗粒传递至位于力的作用方向上与之相邻的强度低的颗粒上，该作用足以使之发生粉碎作用，从这个意义上讲，倒是硬质颗粒对软质颗粒起到了催化作用。

② 当两种硬度不同的颗粒相互接触并作相对运动时，硬度大者会对硬度小者产生表面剪切或磨削作用，软质颗粒在接触面上会被硬质颗粒磨削而形成若干细颗粒。此时，硬质颗粒对软质颗粒起着研磨介质的作用。上述两种作用的结果导致了软质物料在混合粉碎时的细颗粒产率比其单独粉碎时高，而硬质物料则相反。

6.3.5 粉碎功耗

粉碎过程是以减小物料粒径为目的的。粒径的不断减小是不断施加粉碎能量的结果，所以，通常以粒径的函数来表示粉碎功耗。本节介绍有关粉碎功耗的经典理论和一些新的观点。

6.3.5.1 经典理论

(1) Lewis 公式　粒径减小所耗能量与粒径的 n 次方成反比。数学表达式为

$$dE=-C_L\frac{dx}{x^n} \quad 或 \quad \frac{dE}{dx}=-C_L\frac{1}{x^n} \tag{6-13}$$

式中 E——粉碎功耗；

x——粒径；

C_L，n——常数。

式(6-13) 是粉碎过程中粒径与功耗关系的通式。实际上，随着粉碎过程的不断进行，物料的粒度不断减小，其宏观缺陷也减小，强度增大，因而，减小同样的粒度所耗费的能量也要增加。换言之，粗粉碎和细粉碎阶段的比功耗是不同的。显然，用 Lewis 式来表示整个粉碎过程的功耗是不确切的。

(2) 雷廷格尔（Rittinger）定律——表面积学说　粉碎所需功耗与材料新生表面积成正比，即

$$E=C'_R\left(\frac{1}{x_2}-\frac{1}{x_1}\right)=C_R(S_2-S_1)=C_R\Delta S \tag{6-14}$$

此式为 Lewis 式中的常数 $n=2$ 时积分所得。式中，x_1、x_2 分别为粉碎前后的粒径，可用平均粒径或特征粒径表示；S_1、S_2 分别为粉碎前后的比表面积。

(3) 基克（Kick）定律——体积学说　粉碎所需功耗与颗粒的体积或质量成正比。即

$$E=C'_k\lg\frac{x_1}{x_2}=C_k\lg\frac{S_2}{S_1} \tag{6-15}$$

此式可看成是 Lewis 式中的常数 $n=1$ 时积分所得。

(4) 邦德（Bond）定律——裂纹学说　粉碎功耗与颗粒粒径的平方根成反比。即

$$E=C'_B\left(\frac{1}{\sqrt{x_2}}-\frac{1}{\sqrt{x_1}}\right)=C_B(\sqrt{S_2}-\sqrt{S_1}) \tag{6-16}$$

此式可看成是 Lewis 式中 $n=1.5$ 时积分而得。

将上面几个学说综合起来看，式(6-14)、式(6-15)、式(6-16) 可认为是对式(6-13) 的具体修正，它们各代表粉碎过程的一个阶段——弹性变形（Kick）、开裂及裂纹扩展（Bond）和形成新表面（Rittinger）。即粗粉碎时，基克学说较适宜；细粉碎（磨）时雷廷格尔学说较合适；而邦德学说则适合于介于二者之间的情形。它们互不矛盾，又互相补充。这种观点已为实

践所证实。安德列耶夫用数学方法计算了各学说的功耗，为上述观点提供了证明（见图6-10）。

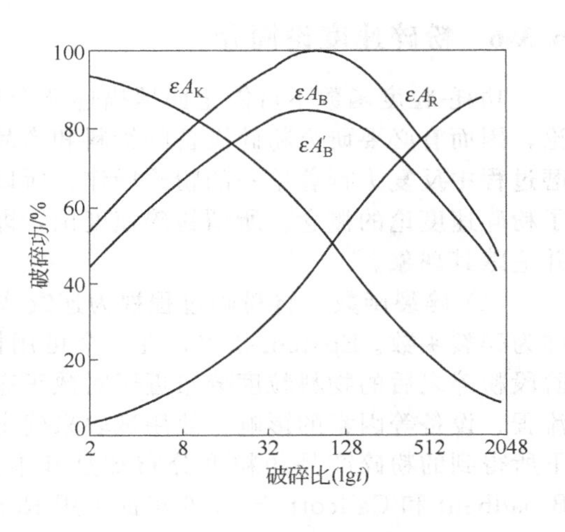

图6-10　粉碎比与各学说功耗的比较

6.3.5.2　粉碎功耗新观点

（1）田中达夫粉碎定律　由于颗粒形状、表面粗糙度等因素的影响，上述各式中的平均粒径或代表性粒径很难精确测定。比表面积测定技术的进展使得用其表示粒度平均情况来得更精确些，因此，用比表面积来表示粉碎过程已得到广泛应用。田中达夫提出了用比表面积表示粉碎功的定律：比表面积增量对功耗增量的比与极限比表面积和瞬时比表面积的差成正比。

即
$$\frac{dS}{dE}=K(S_{\infty}-S) \tag{6-17}$$

式中　S_{∞}——极限比表面积，它与粉碎设备、工艺及被粉碎物料的性质有关；

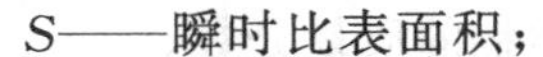

S——瞬时比表面积；

K——常数，水泥熟料、玻璃、硅砂和硅灰的K值分别为0.70，1.0，1.45，4.2。

此式意味着物料越细时，单位能量所能产生的新表面积越小，即越难粉碎。

将上式积分，当$S \ll S_{\infty}$时，可得下式

$$S=S_{\infty}(1-e^{-kE}) \tag{6-18}$$

式(6-17)相当于式(6-13)中$n>2$的情形，适用于微细或超细粉碎。

（2）Hiorns公式　Hiorns在假定粉碎过程符合Rittinger定律及粉碎产品粒度符合Rosin-Rammler分布的基础上，设固体颗粒间的摩擦力为k_r，导出了如下功耗公式

$$E=\frac{C_R}{1-k_r}\left(\frac{1}{x_2}-\frac{1}{x_1}\right) \tag{6-19}$$

可见，k_r值越大，粉碎能耗越大。

由于粉碎的结果是增加固体的表面积，则将固体比表面能σ与新生表面积相乘可得粉碎功耗计算式如下

$$E=\frac{\sigma}{1-k_r}(S_2-S_1) \tag{6-20}$$

（3）Rebinder公式　前苏联的Rebinder和Chodakow提出，在粉碎过程中，固体粒度变化的同时还伴随有其晶体结构及表面物理化学性质等的变化。他们在将基克定律和田中定律相结合的基础上考虑增加表面能σ、转化为热能的弹性能的储存及固体表面某些机械化学性质的变化，提出了如下功耗公式

$$\eta_m E=\alpha\ln\frac{S}{S_0}+[\alpha+(\beta+\sigma)S_{\infty}]\ln\frac{S_{\infty}-S_0}{S_{\infty}-S} \tag{6-21}$$

式中　η_m——粉碎机械效率；

α——与弹性有关的系数；

β——与固体表面物理化学性质有关的常数；

S_0——粉碎前的初始比表面积；

其他符号意义同上。

上述新的观点或从极限比表面积角度或从能量平衡角度反映了粉碎过程中能量消耗与粉碎细度的关系，而这在几个经典理论中是未涉及的。从这个意义上讲，这些新观点弥补了经典粉碎功耗定律的不足，是对它们的修正。

6.3.6 粉碎速度论简介

功耗-粒度函数不可能全面地描述整个粉碎过程，单纯功耗理论也不能代表全部的粉碎理论，因而有必要研究粉碎设备的给料和产品之间粒度分布的关系。实际上，许多粉碎设备在粉磨过程中反复进行着单一的粉碎操作，所以可将粉碎过程看成是速度操作进行处理，于是提出了粉碎速度论的概念。所谓粉碎速度论，即是将粉碎过程数式化，用数学方法求解基本数学式并追踪其现象。

(1) 碎裂函数　将粉碎过程视为连续或间断发生的碎裂事件，每个碎裂事件的产品表达式称为碎裂函数。Epstein 指出，在一个可用概率函数和分布函数描述的重复粉碎过程中，某一阶段粉碎之后的物料粒度分布近于对数正态分布。由于碎裂事件既与材料性质有关，同时又受流程、设备等因素的影响，故用试验来确定这种函数是很困难的。但各种材料在一定粉碎条件下所得到的粉碎产品的粒度分布却是基本确定的，这种粒度分布可用适当的数学式来表示。Broadbent 和 Callcott 于 1956 年提出用 Rosin-Rammler 方程的修正式来表示

$$B(x,y)=\frac{1-\mathrm{e}^{-\frac{x}{y}}}{1-\mathrm{e}^{-1}} \tag{6-22}$$

式中　$B(x,y)$——原粒度为 y，经粉碎后粒度小于 x 的那部分颗粒的质量分数。

Broadbent 和 Callcott 又进一步定义一个系数 b_{ij} 以取代连续累积碎裂分布函数 $B(x,y)$，即 b_{ij} 表示由第 j 粒级的物料粉碎后产生的进入第 i 粒级的质量比率。例如，由第 1 粒级粉碎后进入第 2 粒级者为 b_{21}，进入第 3 粒级者为 b_{31}，…进入第 n 粒级者为 b_{n1}，第 n 级为最小粒级，所有 b_{i1} 值之和为 1。同理，由第 2 级粉碎后的产品粒度分布为 b_{32}、b_{42} 等。因此，碎裂函数可用下面的矩阵表述

$$B=\begin{bmatrix} b_{11} & 0 & \cdots & 0 \\ b_{21} & b_{22} & \cdots & 0 \\ \vdots & \vdots & \ddots & \vdots \\ b_{i1} & b_{i2} & \cdots & b_{ij} \end{bmatrix} \tag{6-23}$$

如果把给料和产品的粒度分布写成 $n\times1$ 矩阵，则 B 实际上是 $n\times n$ 矩阵。于是，粉碎过程的矩阵式如下

$$\begin{Bmatrix} b_{11} & 0 & 0 & 0 & \cdots & 0 \\ b_{21} & b_{22} & 0 & 0 & \cdots & 0 \\ b_{31} & b_{32} & b_{33} & 0 & \cdots & 0 \\ b_{41} & b_{42} & b_{43} & b_{44} & \cdots & 0 \\ b_{51} & b_{52} & b_{53} & b_{54} & \cdots & 0 \\ \vdots & \vdots & \vdots & \vdots & & \vdots \\ b_{n1} & b_{n2} & b_{n3} & b_{n4} & \cdots & b_{nn} \end{Bmatrix} \cdot \begin{Bmatrix} f_1 \\ f_2 \\ f_3 \\ f_4 \\ f_5 \\ \vdots \\ f_n \end{Bmatrix} = \begin{Bmatrix} p_1 \\ p_2 \\ p_3 \\ p_4 \\ p_5 \\ \vdots \\ p_n \end{Bmatrix} \tag{6-24}$$

其中，p、f 分别表示产品和给料的粒级元素。上式可写成简单的矩阵方程式

$$P= B \cdot F \tag{6-25}$$

若相邻的粒度间隔之间存在着相同的比值，则 F 和 P 中的对应元素属同一粒级，计算将十分方便。

式(6-25) 是粉碎过程中物料粒度分布的描述，但只有当 B 为已知时该式才有实际意义。因此，如何确定 B 的组成是问题的关键。

(2) 选择函数　进入粉碎过程的各个粒级受到的粉碎具有随机性，也就是说，有的粒级被粉碎的多，有的则少，还有的可直接进入产品而不受粉碎。此即所谓的“选择性”或“概率性”。

设 S_i 为被选择粉碎的第 i 粒级中的一部分，那么选择函数 S 可用如下的对角矩阵表示

$$S=\begin{bmatrix} s_1 & 0 & 0 & \cdots & 0 \\ 0 & s_2 & 0 & \cdots & 0 \\ 0 & 0 & s_3 & \cdots & 0 \\ \vdots & \vdots & \vdots & \ddots & \vdots \\ 0 & 0 & 0 & \cdots & s_n \end{bmatrix} \tag{6-26}$$

第 i 粒级中被粉碎颗粒的质量为 $s_i \cdot f_i$，同理，在第 n 粒级中被粉碎颗粒的质量为 $s_n \cdot f_n$，于是，可写出粉碎过程的选择函数矩阵式

$$\begin{bmatrix} s_1 & 0 & 0 & \cdots & 0 \\ 0 & s_2 & 0 & \cdots & 0 \\ 0 & 0 & s_3 & \cdots & 0 \\ \vdots & \vdots & \vdots & \ddots & \vdots \\ 0 & 0 & 0 & \cdots & s_n \end{bmatrix} \cdot \begin{pmatrix} f_1 \\ f_2 \\ f_3 \\ \vdots \\ f_n \end{pmatrix} = \begin{pmatrix} s_1 f_1 \\ s_2 f_2 \\ s_3 f_3 \\ \vdots \\ s_n f_n \end{pmatrix} \tag{6-27}$$

若以 $S \cdot F$ 表示被粉碎的颗粒，则未被粉碎的颗粒质量可用 $(I-S) \cdot F$ 表示。其中 I 为单位矩阵，即

$$I=\begin{pmatrix} 1 & 0 & 0 & 0 & 0 \\ \vdots & \ddots & \vdots & \vdots & \vdots \\ 0 & 0 & 1 & 0 & 0 \\ \vdots & \vdots & \vdots & \ddots & \vdots \\ 0 & 0 & 0 & 0 & 1 \end{pmatrix} \tag{6-28}$$

B、S 值可由已知的入磨物料粒度分布和产品粒度分布反求而得。

(3) 粉碎过程的矩阵表达式　由上述分析可知，给料中有部分颗粒受到粉碎，另一部分未受到粉碎即直接进入产品，因此，一次粉碎作用后的产品质量可用下式表示

$$P=B \cdot S \cdot F+(I-S) \cdot F$$

或

$$P=(B \cdot S+I-S) \cdot F \tag{6-29}$$

在大多数粉碎设备中发生反复的碎裂事件，假如有 n 次重复粉碎，则前一次的 P 即为后一次的 F，因此，第 n 次粉碎后的产品粒度分布为

$$P_n=(B \cdot S+I-S)^n \cdot F \tag{6-30}$$

在计算机中可利用上式方便地进行粉碎过程的模拟仿真计算，进而达到控制粉碎过程的目的。

6.4 粉碎（磨）工艺

根据不同的生产情形，可采用不同的粉碎工艺流程，如图 6-11 所示，图 6-11(a) 为简单的粉碎流程；图 6-11(b) 为带预筛分的粉碎流程；图 6-11(c) 为带检查筛分的粉碎流程；图 6-11(d) 为带预筛分和检查筛分的粉碎流程。

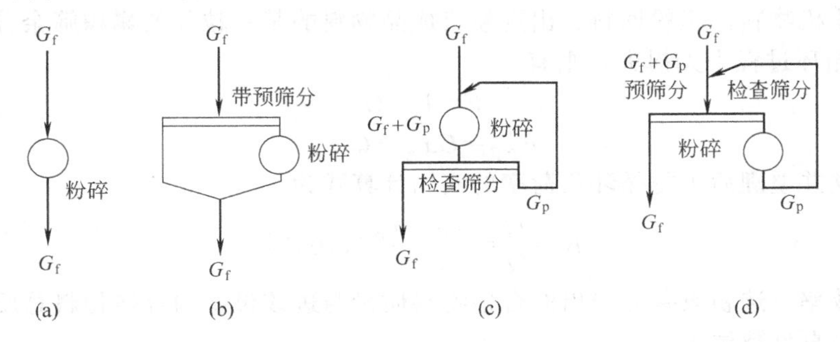

图 6-11　粉碎系统的基本流程

下面结合利用球磨机粉磨物料的不同情形介绍几种常见的粉磨工艺流程。

6.4.1 开路粉磨工艺

凡从粉磨机中卸出的物料即为产品，不带检查筛分或选粉设备的粉磨流程称为开路（或开流）粉磨流程，如图 6-12 所示。开路粉磨系统的特征是：系统不设选粉机，物料自粉磨设备卸出后即为成品。粉磨产品的特点：颗粒粒度分布范围较宽，粗颗粒较多，细颗粒也较多。开路流程的优点是工艺简单，设备少，扬尘点少，厂房投资小。缺点是当要求粉磨产品粒度较小时，粉磨效率较低，且易发生过粉磨现象；产品细度调整较困难。

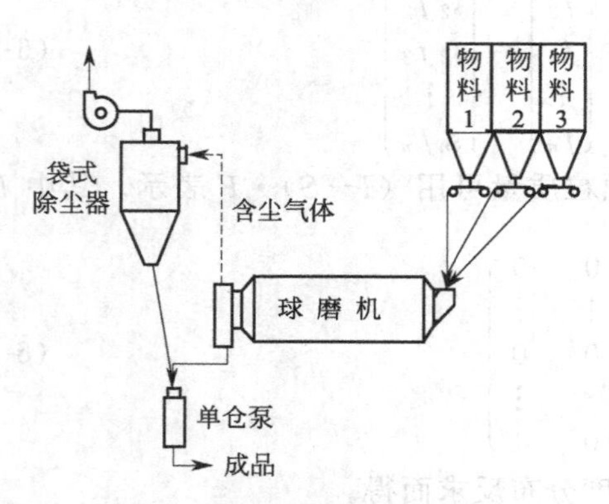

图 6-12 开路粉磨工艺流程

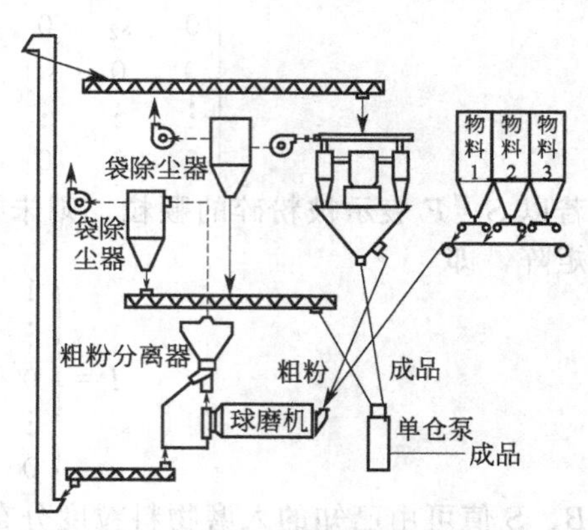

图 6-13 闭路粉磨工艺流程

6.4.2 闭路粉磨工艺

凡带检查筛分或选粉设备的粉磨流程称为闭路（或圈流）粉磨流程，如图 6-13 所示。闭路粉磨系统的特征是设有选粉机，自粉磨设备卸出的物料须经选粉设备分级，粒度合格的颗粒作为产品，不合格的粗颗粒作为循环物料重新回至粉磨机中再行粉磨。粉磨产品的特点：颗粒粒度分布较集中，粗颗粒较多，细颗粒也较多。闭路粉磨流程的优点是粉磨效率较高，不易发生过粉磨现象；易于灵活调整产品细度。其缺点是：设备多，扬尘点多，工艺相对复杂，厂房投资大。

闭路粉磨系统的粉磨效率和生产能力与系统的物料循环量——循环负荷率和选粉设备的选粉效率有密切关系。

（1）循环负荷率　粗颗粒回料质量与粉磨产品的质量之比称为循环负荷率。通常用百分数表示。

设出粉磨机的物料质量为 F，回料质量为 G，产品质量为 Q，则循环负荷率 K 可表示为

$$K=G/Q\times100\% \tag{6-31}$$

如果进选粉机物料、粗粉回料、出选粉机成品物料的某一粒径的累积筛余分别为 x_F、x_A、x_B，并且物料循环过程中无损失，则有

$$F=L+Q$$
$$Fx_F=Gx_A+Q\,x_B$$

上二式联立并整理后可得循环负荷率的实用计算式为

$$K=\frac{G}{Q}=\frac{x_F-x_B}{x_A-x_F}\times100\% \tag{6-32}$$

（2）选粉效率　选粉设备分选出的合格物料质量与进该设备的合格物料总质量之比称为选粉效率。通常用百分数表示。

设选粉设备分选出的合格物料质量和进该设备的合格物料总质量分别为 m 和 M，则选粉

效率 E 的表达式为

$$E=\frac{m}{M}\times 100\% \tag{6-33}$$

如上同理，有

$$F(100-x_{\mathrm{F}})=G(100-x_{\mathrm{A}})+Q(100-x_{\mathrm{B}})$$

整理得

$$E=\frac{m}{M}=\frac{Q(100-x_{\mathrm{B}})}{F(100-x_{\mathrm{F}})}=\frac{(x_{\mathrm{A}}-x_{\mathrm{F}})(100-x_{\mathrm{B}})}{(x_{\mathrm{A}}-x_{\mathrm{B}})(100-x_{\mathrm{F}})}\times 100\% \tag{6-34}$$

在闭路粉磨系统中，循环负荷率、选粉效率与磨机生产能力三者的协调对于功耗的影响至关重要。选粉设备的选粉效率对生产能力的影响是不言而喻的。如果循环负荷率太小，则磨内已经达到要求细度的合格物料不能及时从磨内排出，会造成“过粉磨”现象，显然不利于提高生产能力和降低粉磨电耗；反之，如果循环负荷率太大，虽然可以避免过粉磨现象，但一是磨内物料存量大，二是选粉设备负荷大，选粉效率降低，同样会使部分细颗粒随粗粉回料进入磨内进行“无功二次旅行”，以致难以达到理想的效果。图 6-14 和图 6-15 表示了循环负荷率、选粉效率与生产率的相互关系。

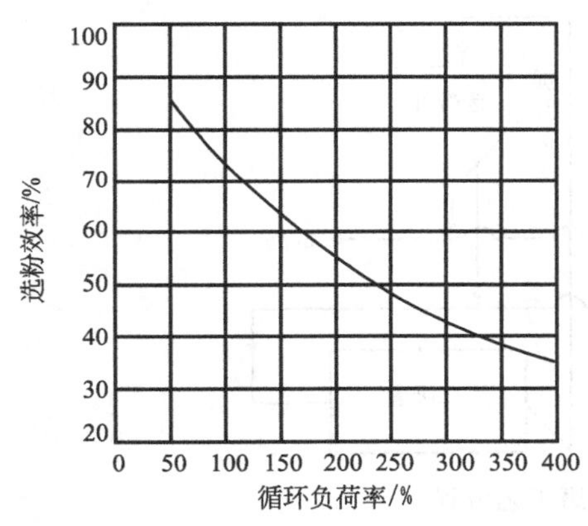

图 6-14 选粉效率与循环负荷率的关系

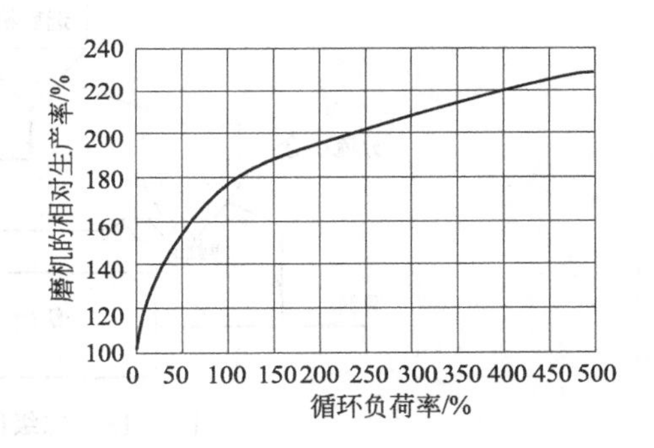

图 6-15 生产能力与循环负荷率的关系

6.4.3 分别粉磨工艺

图 6-16 表示了以粒化高炉矿渣为混合材料的分别粉磨工艺流程。各种物料分别单独粉磨或易磨性相近的几种物料共同粉磨至相应细度，然后按设计的比例计量配合并混合均匀即可形成产品。这种粉磨工艺流程具有以下优点。

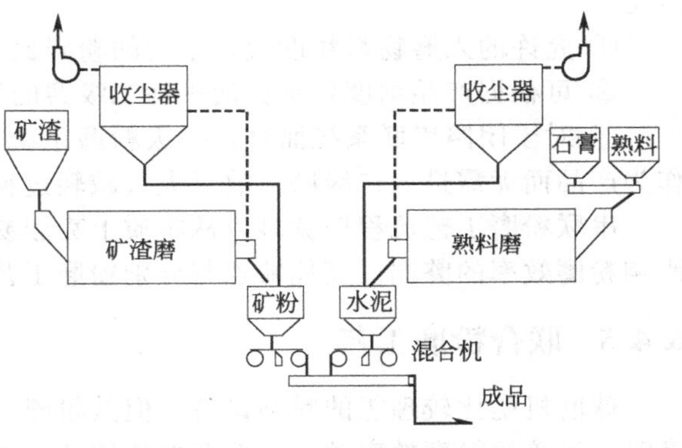

图 6-16 分别粉磨工艺流程

① 能够适应易磨性差别较大或粒度差别较大的物料粉磨。

② 由于各粉磨设备中的物料粒度、易磨性等基本相同，所以，易于调整研磨体级配。

③ 磨内物料的粉磨速度基本一致，因而过粉磨现象较少，可有效提高粉磨效率，降低粉磨电耗。

④ 因为各磨机内物料的粉磨细度调整互不影响，因而既可获得粒度分布范围宽的配合料，也可获得粒度分布范围窄的配合料。

其缺点是：流程复杂，设备多，投资大，扬尘点多。

6.4.4 串联粉磨工艺

图 6-17、图 6-18 分别表示二级开路串联粉磨工艺流程和二级闭路串联粉磨系统工艺流程。

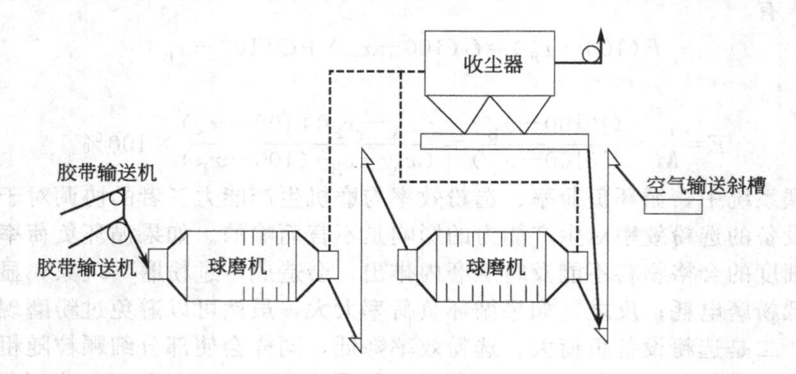

图 6-17 二级开路串联粉磨工艺流程

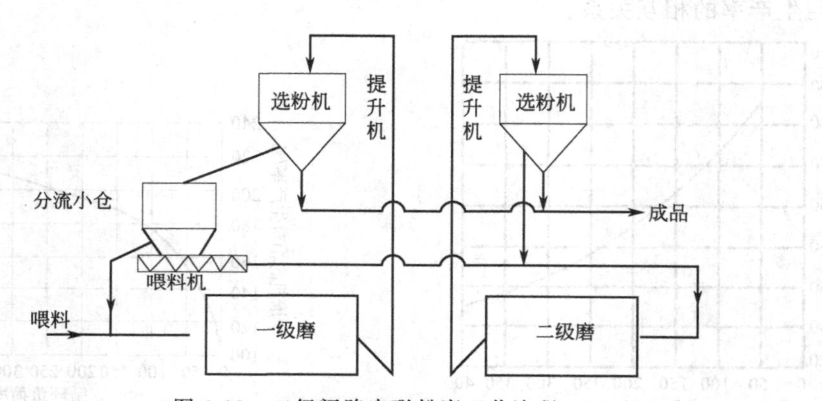

图 6-18 二级闭路串联粉磨工艺流程

串联粉磨工艺流程中，前级的任务是粗粉磨，后级则负责细粉磨。这种粉磨工艺流程的特点是：

① 允许的入磨物料粒度大，系统的粉碎比大；

② 可根据产品细度要求灵活平衡二级磨的生产能力；

③ 对于闭路串联系统而言，一级粉磨系统中产生的细度合格的物料经选粉机分选后直接作为产品而无需进入二级磨，故可大大减轻过粉磨现象。

串联粉磨工艺流程毕竟难以从本质上克服易磨性不同的多种物料共存于同一粉磨系统因而影响粉磨效率的弊端。其他缺点与分别粉磨工艺相同。

6.4.5 联合粉磨工艺

球磨机是比较理想的粉磨设备，但其粉碎效率较低，因而单独用球磨机完成物料粉碎和粉磨时，系统的粉磨效率较低，粉磨电耗较高。辊压机作为物料的粉碎设备，可以较低的电耗将块状物料粉碎至毫米级尺寸，即将球磨机中的物料粗粉磨过程移至粉碎效率更高的辊压机中进行，从而大大减轻球磨机的物料粗粉磨压力，提高系统的生产能力。因此，近年来，辊压机-球磨机联合粉磨工艺流程被普遍采用。辊压机-球磨机联合粉磨工艺流程分为：辊压机开路预粉磨-球磨机开路粉磨、辊压机开路预粉磨-球磨机闭路粉磨、辊压机闭路预粉磨-球磨机开路粉磨、辊压机-球磨机双闭路联合粉磨工艺流程。前两种流程已很少采用，下面主要介绍后两种联合粉磨工艺流程。

(1) 辊压机闭路预粉磨-球磨机开路粉磨工艺流程 辊压机闭路预粉磨-球磨机开路粉磨工艺流程如图6-19所示。物料由料仓6进入辊压机7进行预粉磨。粉磨后的物料经输送机8与来自喂料机1的物料一并送入提升机2。出提升机的物料经输送机3、分料阀4喂入V形选粉机5。经分选后的粗颗粒物料卸至料仓6，然后入辊压机再次粉磨。随气流出选粉机的细颗粒料经旋风分离器9分离后入球磨机10进行细粉磨。出磨物料即为该粉磨系统的产品。

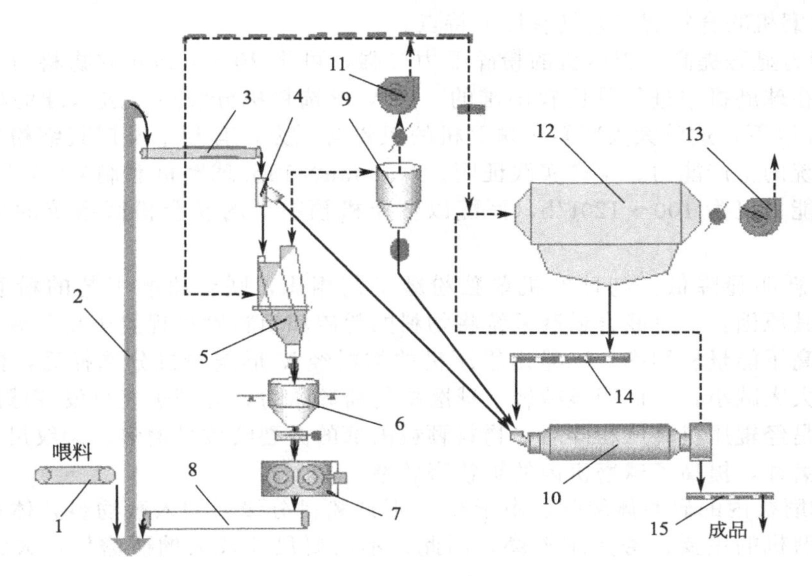

图6-19 辊压机闭路预粉磨-球磨机开路粉磨工艺流程

1—喂料机；2—提升机；3，8，14—输送机；4—分料阀；5—V形选粉机；6—料仓；7—辊压机；9—旋风分离器；10—球磨机；11，13—风机；12—除尘器；15—成品输送机

出旋风分离器的含尘气体和出球磨机的含尘气体进入除尘器12进行气固分离。分离后的净化气体经风机13排入大气；固体颗粒则由输送机14送入球磨机再次粉磨。

(2) 辊压机-球磨机双闭路联合粉磨工艺流程 图6-20表示了辊压机-球磨机双闭路联合粉

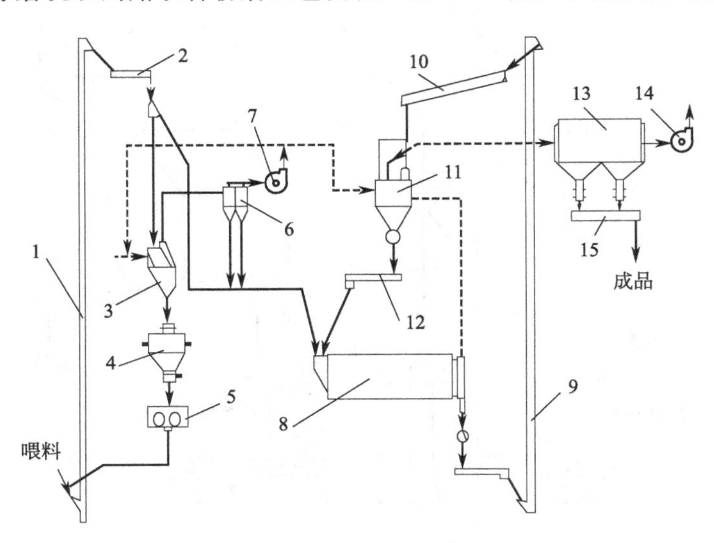

图6-20 辊压机-球磨机联合粉磨工艺流程

1，9—提升机；2，12，15—输送机；3—V形选粉机；4—料仓；5—辊压机；6—旋风分离器；7，14—风机；8—球磨机；10—空气输送斜槽；11—选粉机；13—除尘器

磨工艺流程。该流程中辊压机部分的工作过程与上述相同。出球磨机 8 的物料由提升机 9、空气输送斜槽 10 送入选粉机 11 进行粒度分级。出磨气体也进入选粉机。分级后的粗粉经输送机 12 返回球磨机再次粉磨；细粉随气流进入除尘器 13 进行气固分离。分离后的净化气体由风机 14 排入大气；细粉作为成品由输送机 15 送入储存库。

除上述辊压机-球磨机联合粉磨工艺外，近年来还发展了立式磨-球磨机联合粉磨工艺。

辊压机-球磨机联合粉磨工艺具有以下特点。

① 生产能力显著提高。辊压机的粉碎能力极强，可将 70～80mm 的物料粉碎至毫米级颗粒，而此过程在球磨机中进行是比较困难的。经 V 形选粉机分级后，进入球磨机的物料粒度可控制在 1mm 以下，这就大大减轻了球磨机的粗粉磨压力，有利于发挥其细粉磨优势，从而大幅度提高系统的生产能力。生产实践证明，ϕ4.2mm×13m 球磨机磨制 42.5$^{\#}$ 普通硅酸盐水泥时，其生产能力仅为 100～120t/h，而配以辊压机预粉磨的联合粉磨系统的生产能力可达 200～220t/h。

② 粉磨电耗明显降低。与球磨机单独粉磨工艺相比，联合粉磨工艺的粉磨电耗可降低 30%～40%。其原因：一是联合粉磨系统将物料的粉碎和粗粉磨过程置于粉碎效率更高的辊压机中进行，提高了能量利用率；二是出辊压机的物料经 V 形选粉机分选择后，使入球磨机的物料整体粒度大大减小，从而明显减轻了球磨机的粉碎压力，有利于充分发挥球磨机对物料的研磨优势；三是经辊压机高压粉碎后，物料颗粒内部的微裂纹数量增多、裂纹尺寸增大，从而明显改善其易磨性，提高了球磨机内的细粉磨效率。

③ 简化球磨机内的研磨体级配。由于经 V 形选粉机分级后的入磨物料整体尺寸较小，且无大块物料，磨机的主要任务是细粉磨，因此，不需要尺寸较大的研磨体，大大减少了级配规格。

④ 入磨物料粒度较均匀及易磨性相对改善也减轻了磨内物料的过粉磨现象。

综上所述，辊压机-球磨机联合粉磨工艺是较理想的增产和节能的粉磨工艺。

6.4.6 中卸循环粉磨工艺

中卸循环粉磨工艺流程如图 6-21 所示。粉磨设备为球磨机 1，磨机筒体分为烘干仓、粗磨

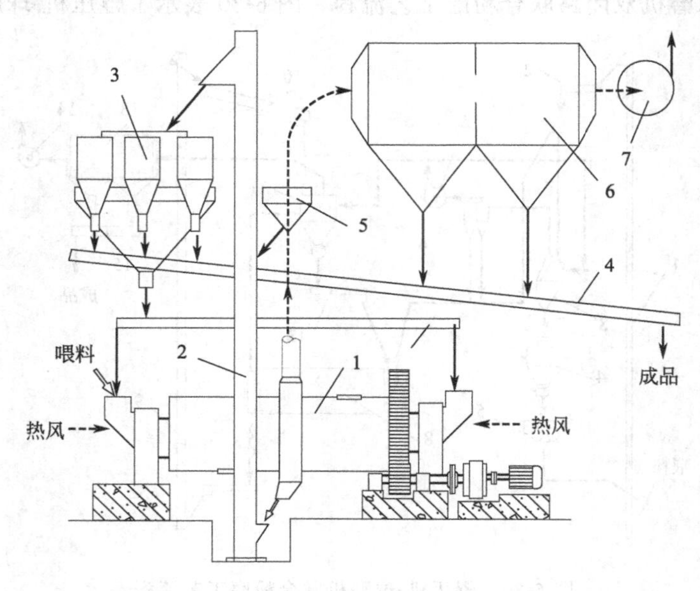

图 6-21 中卸循环粉磨工艺流程

1—球磨机；2—提升机；3—选粉机；4—空气输送斜槽；5—粗粉分离器；6—除尘器；7—排风机

仓和细磨仓三部分。烘干仓内设有扬料板，但无研磨介质。物料由喂料设备首先喂入烘干仓，仓内扬料板将物料扬起，在整个断面上形成料幕，与通入的热风（由热风炉提供，也可用出窑炉的废气）进行充分的热交换，使物料的水分成为水蒸气进入气流，从而将物料烘干。

烘干后的物料从烘干仓进入粗磨仓。在粗磨仓内研磨介质的作用下不断粉碎和磨细，然后从磨机中部卸出，由提升机2喂入选粉机3进行分级。分级后的细粉作为成品由空气输送斜槽4送入成品库；粗粉则由输送设备送入细磨仓（必要时也可将其中部分送入粗磨仓）进一步粉磨。经细磨仓粉磨后的物料也从中部卸出，与出粗磨仓的物料一并由提升机送入选粉机。

含尘气体从磨机中部上升风管进入粗粉分离器5，其中的粗颗粒被分离出来并卸至提升机；细颗粒随气流进入除尘器。经除尘器分离后的细粉卸至空气输送斜槽与选粉机分级后的细粉一并作为成品；净化后的气体由排风机7排入大气。

中卸循环粉磨系统的特点如下。

① 粉磨的同时兼具烘干作用。通入的温度为200～300℃的热风与分散的物料之间充分的热交换，具有良好的烘干效果，允许入磨物料水分可达6%～8%。

② 磨机的粗、细粉磨过程分开，便于研磨体级配调整。

③ 对原料的硬度及粒度的适应性较好，粉磨效率较高，且不易产生过粉磨现象。

其缺点是密封困难，系统漏风较多，生产流程比较复杂。

6.5 破碎机械

6.5.1 颚式破碎机

6.5.1.1 工作原理及类型

颚式破碎机是无机非金属材料工业中广泛应用的粗、中碎机械。根据其动颚的运动特征颚式破碎机可分为简单摆动、复杂摆动和综合摆动型三种形式，如图6-22所示。

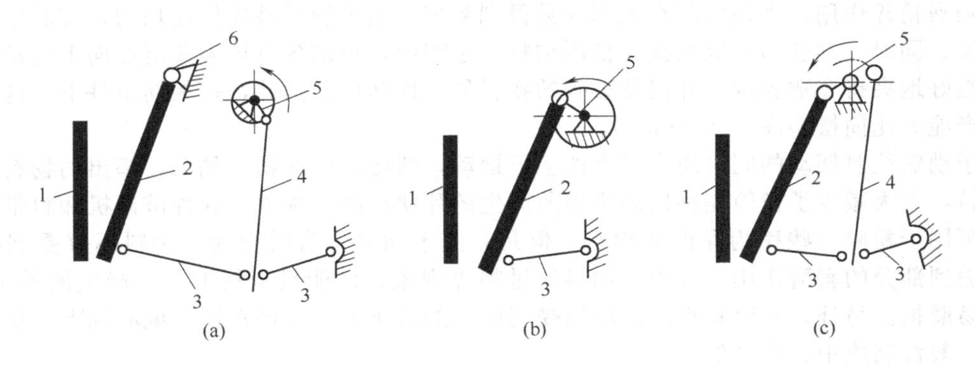

图6-22　颚式破碎机的主要类型

1—定颚；2—动颚；3—推力板；4—连杆；5—偏心轴；6—悬挂轴

图6-22(a)为简单摆动型颚式破碎机的工作示意。颚式破碎机破碎腔中有定颚1和动颚2两块颚板，定颚固定在机架的前壁上，动颚则悬挂在悬挂轴6上可左右摆动。当偏心轴5旋转时，带动连杆4作上下往复运动，从而使两块推力板3随之作往复运动。通过推力板的作用，推动悬挂在悬挂轴6上的动颚作左右往复摆动。当动颚摆向定颚时，落在颚腔中的物料主要受到颚板的挤压作用而粉碎。当动颚摆离定颚时，已破碎的物料在重力作用下经颚腔下部的出料口卸出。因而颚式破碎机的工作是间歇性的，破碎和卸料过程在颚腔内交替进行。这种破碎机工作时，动颚上各点均以悬挂轴6为中心，作单纯圆弧摆动。由于运动轨迹比较简单，故称为

简单摆动型颚式破碎机（简称简摆颚式破碎机）。

由于动颚作弧线摆动，摆动的距离上面小，下面大，以动颚底部（即出料口处）为最大。分析动颚的运动轨迹可知，颚板上部（进料口处）的水平位移和垂直位移都只有下部的1/2左右。进料口处动颚的摆动距离小，不利于对喂入颚腔的大块物料的夹持和破碎，因而不能向摆幅较大、破碎作用较强的颚腔底部供应充分的物料，这就限制了破碎机生产能力的提高。另外，颚板的最大行程在下部，而且卸料口宽度在破碎机运转过程中是随时变动的，因此卸出的物料粒度不均匀。但简摆颚式破碎机的偏心轴承受的作用力较小；由于动颚垂直位移小，破碎时过粉碎现象少，物料对颚板的磨损小，故简摆颚式破碎机可做成大、中型，主要用于坚硬物料的粗、中碎。

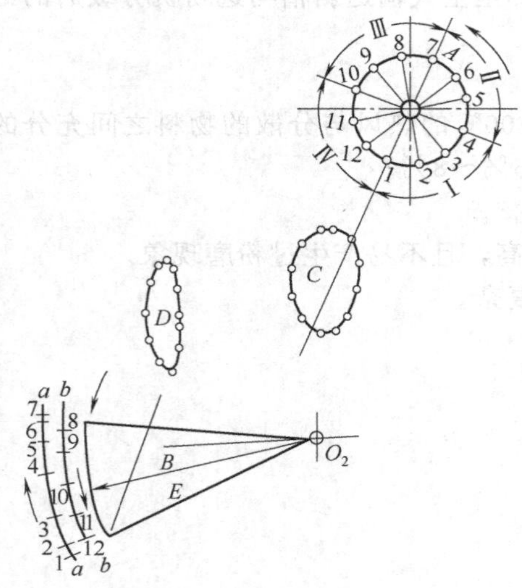

图 6-23 复摆颚式破碎机动颚上各点的运动轨迹

复杂摆动型颚式破碎机如图 6-22(b) 所示，动颚2直接悬挂在偏心轴5上，受到偏心轴的直接驱动。动颚的底部用一块推力板3支撑在机架的后壁上。当偏心轴转动时，动颚一方面对定颚作往复摆动，同时还顺着定颚有很大程度的上下运动。动颚上的每一点的运动轨迹并不一样，如图6-23所示，顶部的运动受到偏心轴的约束，运动轨迹接近于圆形；底部的运动轨迹受到推力板的约束，运动轨迹接近于圆弧；在动颚的中间部分，运动轨迹为介于上述二者之间的椭圆曲线，且越靠近下部椭圆越扁长。由于这类破碎机工作时动颚各点的运动轨迹较复杂，故称为复杂摆动型颚式破碎机（简称复摆颚式破碎机）。

与简摆型相反，复摆型在整个行程中，动颚顶部的水平摆幅约为下部的1.5倍，而垂直摆幅稍小于下部，就整个动颚而言，垂直摆幅为水平摆幅的2～3倍。由于动颚上部的水平摆幅大于下部，保证了颚腔上部的强烈粉碎作用，大块物料在上部容易得到粉碎，整个颚板破碎作用均匀，有利于生产能力的提高。同时，动颚向定颚靠拢在挤压物料的过程中，顶部各点还顺着定颚向下运动，又使物料能更好地夹持在颚腔内，并促使破碎的物料尽快地卸出。因此，在相同条件下，这类破碎机的生产能力比简摆型高20%～30%。

由于动颚往复摆动的同时还有较大的上下运动，能将破碎的物料翻动，卸出的物料多为立方体块粒，大大减少了像简摆型破碎机中所产生的片状产品的现象。这种破碎机卸料带有强制性，故可用于粉碎一些稍为黏湿的物料。但是，由于动颚垂直行程大，物料不仅受到挤压作用，还受到部分的剥磨作用，加剧了物料的过粉碎现象，使能量消耗增加；产生的粉尘较大，动颚较易磨损。另外，破碎物料时，动颚受到巨大的挤压力，直接作用于偏心轴上，所以这类破碎机一般都制成中、小型的。

与简摆颚式破碎机相比，复摆型结构较简单，轻便紧凑。

颚式破碎机的规格用进料口的宽度（mm）和长度（mm）来表示，例如PEJ1500(mm)×2100mm颚式破碎机，表示进料口宽度为1500mm、长度为2100mm简摆颚式破碎机。

6.5.1.2 构造、性能及应用

（1）简摆颚式破碎机

图6-24所示为1200mm×1500mm简摆颚式破碎机。机架1的上部装有两对互相平行的轴承，其中一对轴承中安装悬挂轴4，动颚5固定在悬挂轴上，通过轴4及其轴承悬挂在机架上。动颚、定颚和颚腔两侧的表面上分别装有耐磨衬板6、2和19。为了防止衬板上下移动，定颚衬板2除了用螺栓紧固在机架上外，其下端还支承在焊于机架上的钢板20上，上端用钢

板21压紧；动颚衬板6的下端支承在动颚下端凸台上，上端用楔块22压紧。在另一对轴承中装有偏心轴7，轴的偏心部分悬挂着连杆9，连杆经推力板与动颚和机架则分别支承在连杆下端两侧凹槽的支座11上；另一端则分别支承在支座11′和11″上。支座11″固定在动颚的后壁下端，而支座11′则支承在顶座14上。当连杆升起时，两块推力板间夹角增大，后方顶在顶座14上，迫使动颚向定颚靠拢将物料粉碎。为使连杆下降时铰接的推力板不致松脱，装有拉杆15。拉杆的一端有环钩，扣在动颚下端的扣环内。另一端穿过机架后壁，用支持在机架后壁凸耳23上的弹簧16张紧，使推力板与动颚、连杆、顶座之间经常保持紧密接触，防止松脱。偏心轴的两端分别固定着胶带轮17，偏心轴通过胶带轮带动。

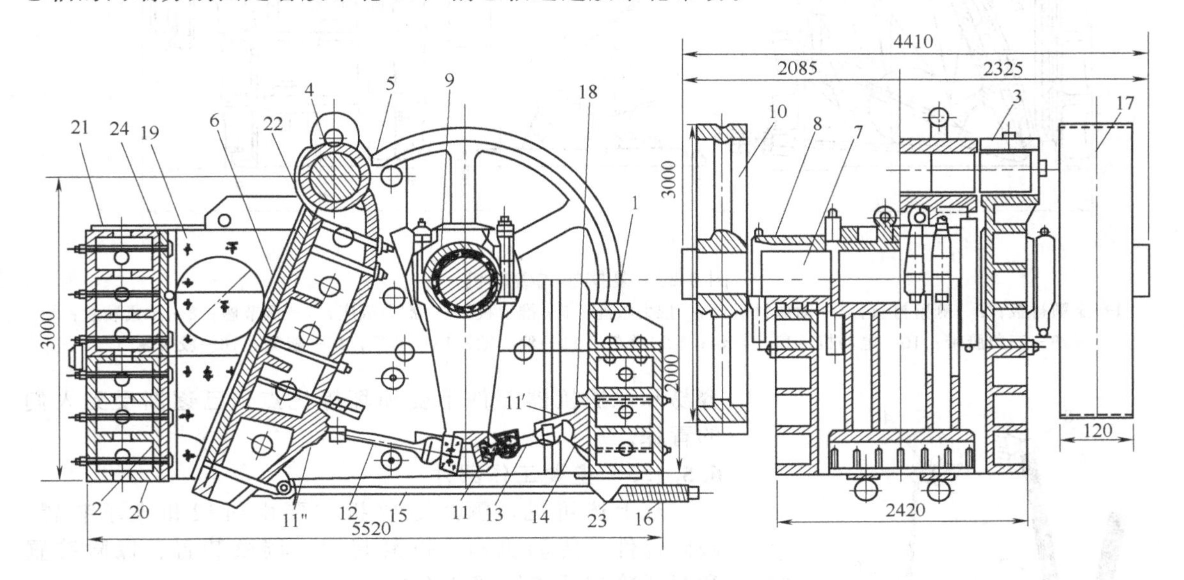

图6-24 1200mm×1500mm简摆颚式破碎机

1—机架；2—定颚衬板；3—悬挂轴轴承；4—悬挂轴；5—动颚；6—动颚衬板；7—偏心轴；8—偏心轴轴承；9—连杆；10—飞轮；11，11′，11″—推力板支座；12，13—前后推力板；14—顶座；15—拉杆；16—弹簧；17—胶带轮；18—垫板；19—侧壁衬板；20，21—固定钢板；22—楔块；23—凸耳；24—衬垫

(2) 复摆颚式破碎机

图6-25为复摆颚式破碎机。带有衬板的动颚14通过滚动轴承直接悬挂在偏心轴13上，而偏心轴又支承在机架15的滚动轴承上。动颚的底部用推力板5支承在位于机架后壁的推力板座6上。图中7是出料口的调节装置，利用调节螺栓来改变楔铁相对位置，从而使出料口的宽度得以调节。和简摆式一样，破碎机还具有拉杆、弹簧及调节螺栓组成的拉紧装置。电动机10带动胶带轮16使偏轴转动，动颚就被带动作复杂摆动，实现粉碎物料的动作。

(3) 液压颚式破碎机

液压颚式破碎机是在上述两种破碎机中装设液压部件而成。图6-26所示为液压颚式破碎机的示意图。连杆3上装一液压缸和活塞6，液压缸与连杆上部连接，活塞杆与推力板5连接。当破碎机主电动机启动时液压缸尚未充满油，液缸和活塞可作相对滑动，因此主电动机无需克服动颚等运动部件的巨大惯性力，而能较容易启动。待主电动机运转正常时，液压缸内已充满了油，使连杆液缸和活塞杆紧紧地连接在一起，此时液缸与连杆已不再作相对运动，相当于一个整体连杆，动力通过连杆、推力板等使动颚摆动。

当颚腔内掉入难碎物体时，连杆受力增大，液缸内油压急剧增加，从而推开溢流阀，液缸内的油被挤出，活塞与液缸松开，连杆和液缸虽然随偏心轴的转动而上下运动，但活塞与连杆不动，于是推力板和动颚也不动，从而保护了破碎机的其他部件免受损坏，起到保险装置的作用。出料口间隙的调整采用液压装置7，调整简单方便。由于液压颚式破碎机具有启动、调整

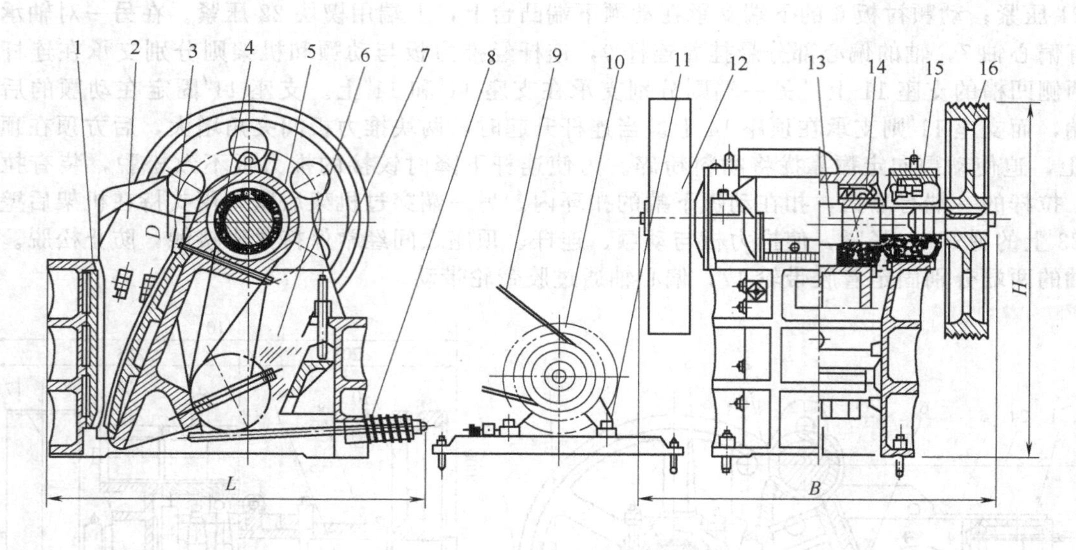

图 6-25 复摆颚式破碎机

1—定颚衬板；2—侧壁衬板；3—动颚衬板；4—推力板座；5—推力板；6—推力板座；7—调节座；8—拉紧装置；9—三角胶带；10—电动机；11—导轨；12—飞轮；13—偏心轴；14—动颚；15—机架；16—胶带轮

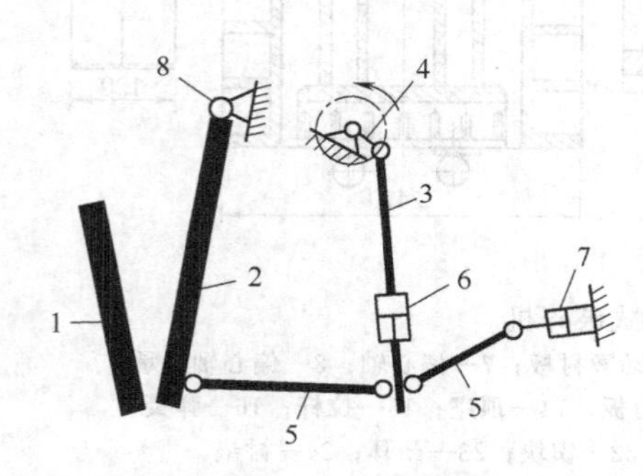

图 6-26 液压颚式破碎机示意图

1—定颚；2—动颚；3—连杆；4—偏心轴；5—推力板；6—连杆液压缸和活塞；7—出料口调整器液压缸；8—悬挂轴

容易和保护机器部件不受损坏等优点，已逐渐受到人们的青睐。

6.5.1.3 主要工作部件

从上述可见，颚式破碎机主要由机架和支承装置、破碎部件、传动机构、拉紧装置、调整装置、保险装置和润滑冷却系统等部分组成。

(1) 机架和支承装置 机架由两个纵向侧壁和两个横向侧壁组成刚性框架，机架在工作中承受很大的冲击载荷，要求具有足够的强度和刚度，中小型一般用铸钢整体铸造，小型的也可用优质铸铁代替。大于 1200mm×1500mm 的颚式破碎机都采用组合型机架形式，将机架做成上下两部分或几个部分。上机架和下机架用螺栓牢固地连接起来，结合面之间用键和销钉承受破碎物料时传给机架的强大剪切力，同时在上、下机架装配时还起着定位作用。随着焊接工艺的发展，机架也逐步采用钢板焊接结构，并用箱形结构代替筋板加强结构，其优点是质量轻，承受力大，制造周期短，对于大型单件的生产尤其优越。

破碎机的支承装置主要用于支承偏心轴和悬挂轴，使它们固定在机架上。支承装置采用滑动轴承和滚动轴承两种，目前已逐步采用后者取代前者，这不仅可减小摩擦损失，还具有维修简单、润滑条件好和不易漏油等优点。

(2) 破碎部件 破碎机的破碎部件是动颚和定颚，动颚直接承受物料的破碎力，要有足够的强度，同时要求制造得轻便，以减少往复摆动时所引起的惯性力。因此，动颚应用优质钢铸成。大型破碎机一般用铸铁做成空心的箱形体，小型的则做成肋条结构。

颚板用于直接破碎物料，为了避免磨损，提高颚板使用寿命，在颚板和颚腔两侧都镶有衬板。衬板用耐磨材料做成，一般小型的用白口铸铁，大型的用高锰钢制造。所有衬板均用埋头螺栓固定，报废后可以随时拆换。为了使衬板各点受力均匀，常在衬板和颚板之间垫以塑性衬垫，如铅板、铝板、锌合金板、低碳钢板或灌注水泥砂浆等，以保证衬板与颚板紧密结合。

衬板的表面通常铸成波浪形或三角齿形，见图6-27，安装时两衬板的齿峰和齿谷恰好凹凸相对，这样的衬板对物料不仅施加挤压作用，还兼施弯曲和劈裂作用，使物料易于破碎。衬板的齿峰角α一般为90°～120°。粗碎时宜采用波浪形表面，夹角α大些。齿距t的大小取决于破碎粒度，通常t接近于破碎粒度。齿高h与齿距t之比一般取1/3～1/2。颚腔两侧因不起破碎作用，采用光滑衬板。衬板的形状有平面衬板和曲面衬板两种，如图6-28所示。设二者的转速、进料口和卸料口大小都相同。带有箭头的虚线表示物料在颚板后退时的下落高度，实线表示颚板闭合时的位置，虚线表示颚板后退最远时的位置。图中水平线表示物料陆续向下运动时所占据的区域。这些水平线表示在两颚板闭合时物料的位置和两颚板张开到最大时物料下落的位置。由图可看出，平面衬板的破碎机各连续的水平线间形成的梯形断面面积向下依次递减，因而造成一种随着物料降落而向下递增的堵塞倾向，这种倾向在物料到达出料口时达最大，这是造成破碎机过载和衬板下端磨损严重的主要原因。带平面衬板的破碎机的生产能力随卸料区的加深而大大减小。采用曲面衬板时，已破碎的物料在容积大的破碎区向下降落。这不仅使所有的大块物料容易移动，而且也可使细小的物料有可能从破碎区内自由卸出，因而不易发生堵塞，衬板的磨损减少，生产能力大；同时，动颚和定颚末端有一段平行带，在较长期工作之后仍可保持平行，故破碎产品粒度较均匀。

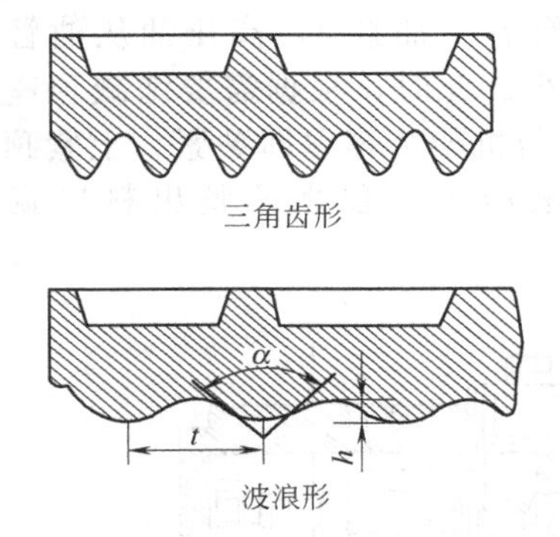

图6-27 衬板工作表面的齿形

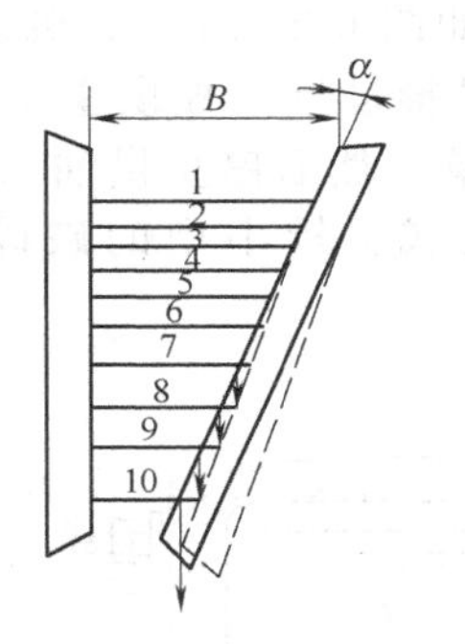

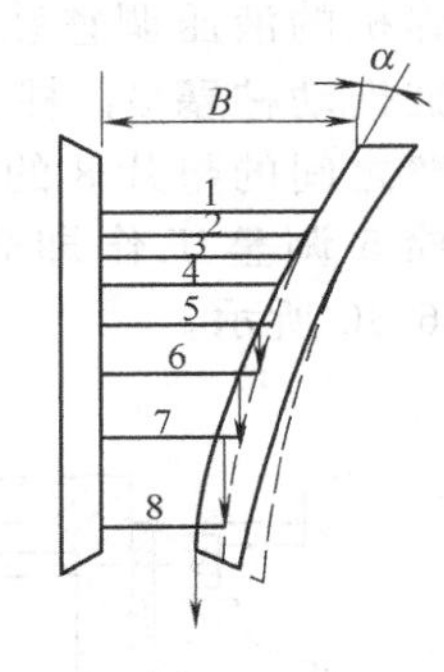

图6-28 两种衬板的工作比较

衬板各部位的磨损是不均匀的，通常下部磨损较快。为了延长使用寿命，常做成上下对称的，待下部磨损后调换使用。大型颚式破碎机的衬板是用几块拼成的，各块间均可互换，这有利于节省材料，且安装和运输方便。

(3) 传动机构　偏心轴是带动连杆（或动颚）作上下运动的主要零件。大、中型破碎机的偏心轴通常采用合金钢制造，小型破碎机可采用优质碳素钢制造。悬挂轴采用合金钢或优质碳素钢制造。

偏心轴的偏心部分悬挂连杆（或动颚），其两端分别装有飞轮和胶带轮。胶带轮除起传动作用外，还兼起飞轮的作用。它们都具有较大的直径和质量，其作用在于促使破碎机稳定运转，使动力负荷均匀。

连杆采用铸钢制造。连杆作上下运动，为了减少其惯性力，应尽可能减轻连杆的质量，故连杆下部的断面常制成工字形、十字形或箱形结构。1200mm×1500mm简摆颚式破碎机的连杆即是采用两个工字形的断面。连杆体有整体的和组合的，前者适用于中、小型，后者适用于大型破碎机。对于液压颚式破碎机，连杆体内装有一个液压缸。大型破碎机为了散出连杆轴承发出的热量，连杆头往往铸有冷却水套。

推力板是连接连杆、动颚和机架的中间连接构件，它起着传递连杆作用力的作用。推力板工作时承受压力作用，通常用铸铁铸成整体的，也有制成组合式的。推力板有一定角度的摆动，它与其他部件采用活铰连接。为避免磨损，顶座、连杆和动颚的底部有沟槽，内部都镶有易于更换的衬套，称推力板支座或支承滑块。推力板支座用高锰钢制造。为了增加推力板的耐磨性，常在两端头部分作冷处理。大型破碎机制推力板两端装上可拆换的耐磨钢铁制造的肘头或采用滚柱式推力板。为了减少推力板与推力板支座之间的磨损，除经常在其结合处注入润滑剂外，还要防止灰尘和细粒物料进入结合处，所以在结合处的上部应加装挡灰板。

(4) 拉紧装置　拉紧装置由拉杆、弹簧及调节螺母等零件组成。拉杆的一端铰接在动颚底部的耳环上，另一端穿过机架壁的凸耳，用弹簧及螺母张紧。当连杆驱动动颚向前摆动时，动颚和推力板将产生惯性力矩，而连杆回程时，由于上述惯性力矩的作用，使动颚不能及时进行回程摆动，有使推力板跌落的危险，因而要用拉紧装置使推力板与动颚、顶座之间经常保持紧密的接触。在动颚工作行程中，弹簧受到压缩，在卸料行程中，弹簧伸张，拉杆借助于弹簧张力来平衡动颚和推力板向前摆动时的惯性力，使动颚及时向反方向摆动。

(5) 调整装置　为了得到所需要的产品粒度，颚式破碎机都有出料口调整装置。大、中型破碎机出料口宽度是由使用不同长度的推力板来调整；通过在机架后壁与顶座之间垫上不同厚度的垫片来补偿颚板的磨损。小型颚式破碎机通常采用楔铁调整方法，如图 6-25 所示，这种调整装置是在推力板和机架后壁之间装设楔形前后顶座，借助于拧动调节螺栓使后顶座上下移动，于是前顶座在导槽内作水平移动，这样可以调节出料口的宽度。

液压调整装置越来越多地用于颚式破碎机出料口的调整。1200mm×1500mm 简摆颚式破碎机的液压调整装置如图 6-29 所示。机架后壁上装置有一油缸 4，高压油从油管 6 进入油缸推动柱塞 3，柱塞又推动推力板顶座 2 使出料口缩小。此时，根据需要增减顶座和机架后壁之间的垫片 8 的数量，然后停止供油，推力板顶座与机架 7 等立即贴紧，上紧顶座固定螺栓 5 调整工作即告完成。较小型的破碎机用手动液压千斤顶来调整出料口宽度，如图 6-30 所示。

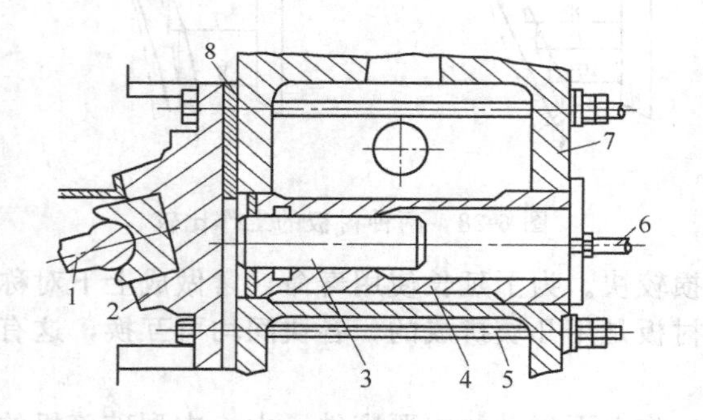

图 6-29　简摆颚碎机的液压调整装置

1—推力板；2—推力板顶座；3—柱塞；4—油缸；5—顶座固定螺栓；6—油管；7—机架；8—垫片

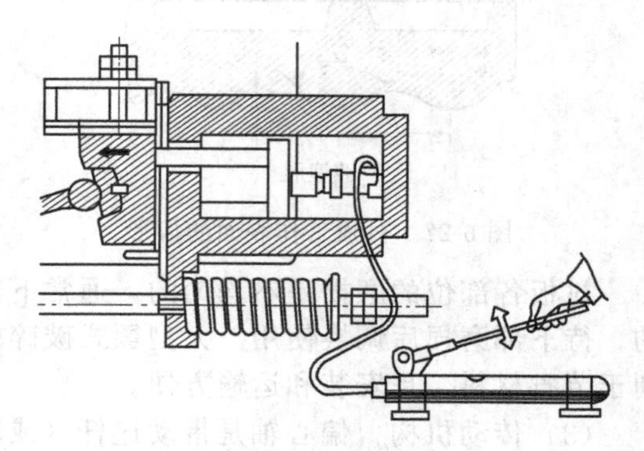

图 6-30　出料口的液压调整装置

(6) 保险装置　颚式破碎机的保险装置是当颚腔内进入不能破碎的坚硬物体时使破碎机停止工作，从而保护动颚、机架、偏心轴等大型贵重部件免受损坏。一般颚式破碎机的安全装置是将推力板分成两段，中间用螺栓连接，设计时适当地减弱螺栓的强度；也有在推力板上开孔或采用铸铁制造的，推力板的最小断面尺寸是根据破碎机在超负荷时能自行断裂而设计的。当破碎机过载时，螺栓即被切断或推力板折断，动颚即停止摆动。液压颚式破碎机连杆处的液压装置也具有这种保险作用。

(7) 润滑装置　颚式破碎机的偏心轴轴承通常采用润滑油集中循环润滑。悬挂轴和推力板的支承面通常采用润滑脂用手动润滑油枪供油。

动颚的摆动角度很小，这使悬挂轴和轴瓦之间的润滑非常困难，因此它和一般的轴瓦不同，在轴瓦的底部开了许多轴向油沟，中间再开一条环向油槽使许多轴向油沟能串通起来，同时，采用干油泵强制注入黄干油来改善润滑条件。

6.5.1.4　性能及应用

颚式破碎机的优点是：构造简单，管理和维修方便，工作安全可靠，适用范围广。缺点是：由于工作是间歇的，所以存在空行程，因而增加了非生产性功率消耗。由于动颚和连杆作往复运动，工作时产生很大的惯性力，使零件承受很大的载荷，因而对基础的质量要求也很高。在破碎黏湿物料时会使生产能力下降，甚至发生堵塞现象。在破碎干片状物料时，片状物料易顺颚板宽度方向通过而难以达到破碎目的，造成出料溜子或下级破碎机进料口堵塞。破碎比较小。

选用颚式破碎机时，应使其进料口尺寸适合物料的尺寸，通常喂入物料的尺寸不能超过破碎机进料口尺寸的 85%。

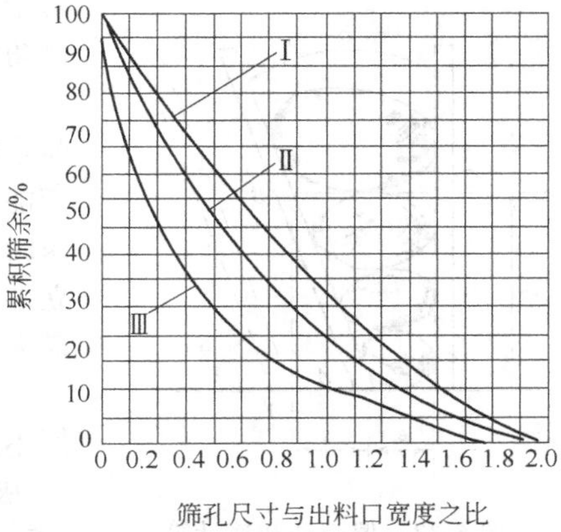

图 6-31　颚式破碎机的产品粒度特性曲线
Ⅰ—硬质物料；Ⅱ—中硬物料；Ⅲ—软质物料

图 6-31 为颚式破碎机的产品粒度特性曲线。破碎后的产品粒度主要取决于出料口尺寸的大小，也与物料的性质和给料粒度有关。由图可看出，产品中约有 15%～35%的物料尺寸超过出料口尺寸，其中最大物料尺寸为出料口尺寸的 1.6～1.8 倍，这在颚式破碎机选型及考虑下一作业工序时应特别注意。

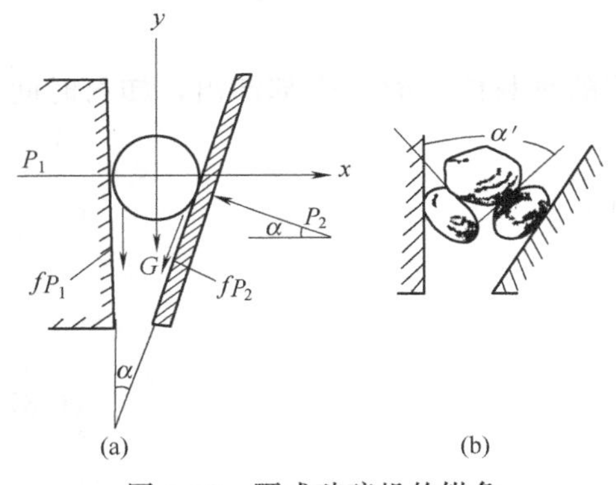

图 6-32　颚式破碎机的钳角

6.5.1.5　工作参数的确定

(1) 钳角　颚式破碎机动颚与定颚之间的夹角 α 称为钳角，如图 6-32 所示。减小钳角可增加破碎机的生产能力，但会导致破碎比减小；反之，增大钳角虽可增大破碎比，但会降低生产能力，同时，落在颚腔中的物料不易夹牢，有被推出机外的危险。因此，破碎机的钳角应有一定的范围。钳角的大小可通过物料的受力分析来确定。

设夹在颚腔内的球形物料的质量为 G，见图 6-32(a)，由 G 产生的重力比物料所受的破碎力小得多，可忽略不计。在颚板与物料接触处，颚板对物料的作用力为 P_1 和 P_2，二者均与颚板垂直。由此二力所导致的摩擦力为 fP_1 和 fP_2，其方向向下，其中 f 为物料与颚板之间的摩擦系数。

当物料能被夹牢在颚腔内不被推出机外时，上面几个力互相平衡，在 x、y 方向上的分力之和分别为零。即

$$P_1 - P_2\cos\alpha - fP_2\sin\alpha = 0$$

$$-fP_1 - fP_2\cos\alpha + P_2\sin\alpha = 0$$

整理得

$$-2f\cos\alpha + (1-f^2)\sin\alpha = 0$$

或

$$\tan\alpha = 2f/(1-f^2) \tag{6-35}$$

因摩擦系数 f 与摩擦角 φ 的关系为 $f=\tan\varphi$，则

$$\tan\alpha = \frac{2\tan\phi}{1-\tan^2\phi} = \tan 2\phi$$

为了使破碎机工作可靠，须使

$$\alpha \leqslant 2\varphi \tag{6-36}$$

即钳角应小于物料与颚板之间的摩擦角的 2 倍。

一般摩擦系数为 0.2～0.3，则钳角最大值为 22°～33°。实际上，当破碎机喂料粒度相差较大时，纵然 α 符合上述关系，仍有可能发生物料被挤出的情况，这是因为当大块物料楔塞在

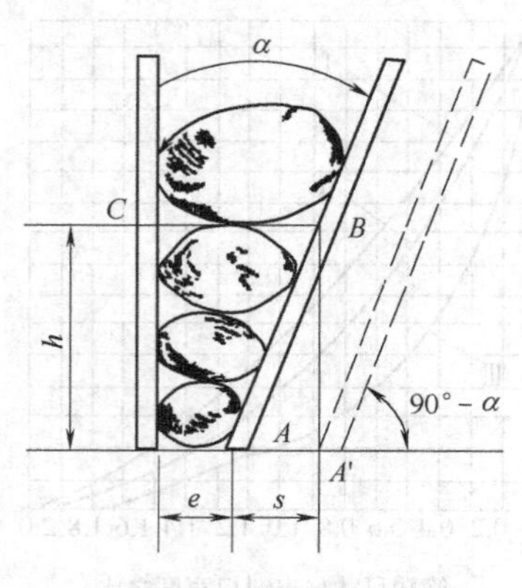

图 6-33 偏心轴转速计算

两个小块物料之间［见图 6-32(b)］时，物料的钳角必大于摩擦角的两倍，故颚式破碎机的钳角一般取 18°～22°。

(2) 偏心轴的转速 偏心轴转一圈，动颚往复摆动一次，前半圈为破碎物料，后半圈为卸出物料。为了获得最大的生产能力，破碎机的转速 n 应根据如下的条件确定：当动颚后退时，破碎后的物料应在重力的作用下全部卸出，而后动颚立即返回破碎物料。转速过高或过低都不能使生产能力达到最大值。

由于颚板较长，摆幅不大，因此，可设动颚摆动时钳角值不变，即动颚作平行摆动。令出料口宽度为 e，动颚行程为 s，破碎后的物料在颚腔内堆积成一梯形体，如图 6-33 所示。BC 以下的物料尺寸均小于出料口宽度，因而每次卸出的物料高度为

$$h=\frac{s}{\tan\alpha}$$

物料在重力的作用下自由下落。破碎后物料的卸料高度应为 $h=gt^2/2$，使高度 h 的梯形体全部物料自由卸出所需时间为 $t=\sqrt{\frac{2h}{g}}$ (s)。

式中，g 为重力加速度。为了保证已达到粒度要求的物料能及时地全部卸出，卸料时间 t 应等于动颚空转行程经历的时间 t'

$$t'=\frac{60}{2n}=\frac{30}{n}\ \text{(s)}$$

则

$$\sqrt{\frac{2h}{g}}=\frac{30}{n}$$

$$n=665\sqrt{\frac{\tan\alpha}{s}} \tag{6-37}$$

式中 n——偏心轴转速，r/min；

s——动颚行程，cm；

α——钳角，(°)。

实际上，动颚在空转行程的初期，物料因弹性形变仍处于压紧状态，不能立即落下，故偏心轴的转速应比上式算出的值低 30%左右。所以

$$n=470\sqrt{\frac{\tan\alpha}{s}}\ \text{(r/min)} \tag{6-38}$$

上式未考虑物料性质和破碎机类型等因素的影响，因而只能用来粗略地确定颚式破碎机的转速。一般地，破碎坚硬物料时，转速应取小些；破碎脆性物料时，转速则可适当取大些。对于较大型破碎机，转速应适当降低，以减小惯性振动，节省动力消耗。

偏心轴转速还可用下述经验公式确定

进料口宽度 $B<1200$mm 时，$n=310-145B$ (r/min) (6-39)

进料口宽度 $B>1200$mm 时，$n=160-42B$ (r/min) (6-40)

式中，B 为破碎机进料口宽度，m。

(3) 生产能力 破碎机的生产能力与被破碎物料的性质（强度、解理、喂料粒度等）、破碎机的性能及操作条件（供料情况和出料口大小）等因素有关。目前尚无将这些因素全部加以考虑的精确理论计算公式，多采用下面的经验公式计算颚式破碎机的生产能力

$$Q=K_1K_2K_3qe\ \text{(t/h)} \tag{6-41}$$

式中　q——标准条件下（指开路破碎容积密度为 1.6t/m^3 的中等硬度物料）的单位出料口宽度的生产能力，t/(mm·h)，见表 6-5；

e——破碎机出口宽度，mm；

K_1——物料易碎性系数，见表 6-6；

K_2——物料容积密度修正系数，$K_2=\rho_s/1.6$，ρ_s 为容积密度（t/m^3）；

K_3——进料粒度修正系数，见表 6-7。

表 6-5　颚式破碎机单位出料口宽度生产能力 q

规格/mm	250×400	400×600	600×900	900×1200	1200×1500	1500×2100
q/[t/(mm·h)]	0.4	0.65	0.95～1.0	1.25～1.3	1.9	2.7

表 6-6　物料易碎性系数 K_1

物料强度	抗压强度/MPa	K_1
硬质物料	157～196	0.9～0.95
中硬物料	79～157	1.0
软质物料	<79	1.1～1.2

表 6-7　进料粒度修正系数 K_3

最大进料粒度 D_{max} 与进料口宽度 B 之比	0.85	0.60	0.40
K_3	1.0	1.1	1.2

上述公式并未考虑破碎机的工作特性对生产能力的影响，事实上，复摆型和综合摆动型颚式破碎机的生产能力比简摆型的分别提高 20%～30% 和 90%～95% 左右。

(4) 功率　颚式破碎机需要的功率多用破碎物料时需要的破碎力来推算。设破碎机工作时整个颚膛内充满物料，且沿颚膛长度 L 方向成平行圆柱体排列，推导分析（略）结果如下。

对于简摆型颚式破碎机，需要的功率为

$$N=(6\sim8)LHSn\ (\text{kW}) \tag{6-42}$$

对于复摆型颚式破碎机

$$N=12LHrn\ (\text{kW}) \tag{6-43}$$

式中　L——颚口长度，m；

H——颚膛高度，m；

S——颚板行程，m；

r——偏心轴的偏心距，m；

n——偏心轴转速，r/min。

考虑到破碎物料时可能过载及启动的需要，电动机需要的功率 N_M 一般在上述基础上增大 50%，对于简摆颚式破碎机

$$N_M=10.2LHSn\ (\text{kW}) \tag{6-44}$$

对于复摆颚式破碎机

$$N_M=18LHrn\ (\text{kW}) \tag{6-45}$$

确定颚式破碎机电动机功率的经验公式为

$$N_M=CBL\ (\text{kW}) \tag{6-46}$$

式中，L、B 分别为进料口长度和宽度，cm；C 为系数，$B<250$mm 时 $C=1/60$；$B=250\sim900$mm 时，$C=1/100$；$B>900$mm 时 $C=1/120$。

【例题 6-1】　用 400mm×600mm 复摆颚式破碎机破碎中硬石灰石，最大进料粒度为 340mm。已知该破碎机的钳角为 20°，偏心轴的偏心距 $r=10$mm，动颚行程 $s=13.3$mm，出料口宽度为 100mm。试计算偏心轴转速、生产能力及功率。

解：(1) 偏心轴转速

按式(6-38) $n=470\sqrt{\frac{\tan\alpha}{s}}=470\sqrt{\frac{\tan 20^\circ}{1.33}}=246$ (r/min)

按式(6-39) $n=310-145B=310-145\times 0.4=252$ (r/min)

实际转速为 $n=250\text{r/min}$

(2) 生产能力

按式(6-41) $Q=K_1K_2K_3qe$ (t/h)

石灰石的容积密度为 $\rho_s=1.6\text{t/m}^3$，则 $K_2=\rho_s/1.6=1.0$；由表 6-6 查得 $q=0.65\text{t/mm}\cdot\text{h}$；由表 6-7 和表 6-8 分别查得 $K_1=1.0$，$K_2=1.0$。则

$$Q=1\times1\times1\times0.65\times100=65\ (\text{t/h})$$

(3) 功率

$$H=\frac{B-e}{\tan\alpha}=\frac{0.4-0.1}{\tan 20^\circ}=0.824\ (\text{m})$$

按式(6-44) 计算破碎物料所需功率

$$N=12LHrn=12\times0.6\times0.824\times0.01\times250=15\ (\text{kW})$$

按式(6-45) 计算电动机功率

$$N_M=18LHrn=18\times0.6\times0.824\times0.01\times250=22.5\ (\text{kW})$$

按式(6-46) 计算电动机功率

$$N_M=CBL=1/100\times40\times60=24\ (\text{kW})$$

实际配用的电动机功率为 28kW。

6.5.2 圆锥式破碎机

6.5.2.1 工作原理及类型

在圆锥式破碎机中，破碎物料的部件是两个截锥体，如图 6-34 所示。动锥（又称内锥）1 固定在主轴上，定锥（又称外锥）2 是机架的一部分，是静置的。主轴的中心线 O_1O 与定锥的中心线 $O'O$ 于点 O 相交成 β 角。主轴悬挂在交点 O 上，轴的下方活动地插在偏心衬套中。衬套以偏心距 r 绕 $O'O$ 旋转，使动锥沿定锥的内表面作偏旋运动。在靠近定锥处，物料受到动锥挤压和弯曲作用而被破碎；在偏离定锥处，已破碎的物料由于重力的作用从锥底落下。因为偏心衬套连续转动，动锥也就连续旋转，故破碎过程和卸料过程沿着定锥的内表面连续依次进行。

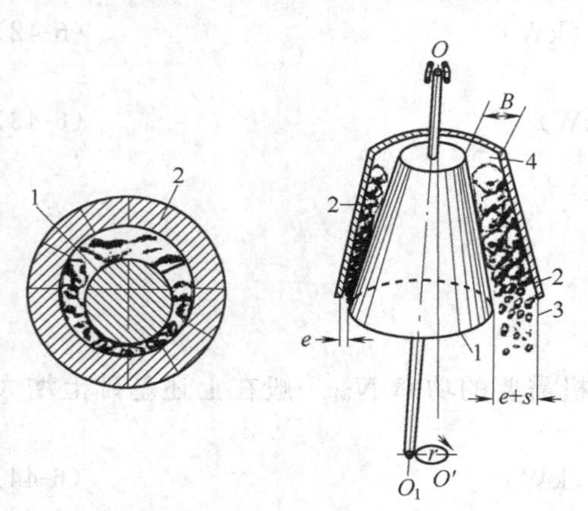

图 6-34 圆锥破碎机工作示意图
1—动锥；2—定锥；3—破碎后的物料；4—破碎腔

在破碎物料时，由于破碎力的作用，在动锥表面产生了摩擦力，其方向与动锥运动方向相反。因为主轴上下方均为活动连接，这一摩擦力对于 O_1O 所形成的力矩使动锥在绕 O_1O 作偏旋运动的同时还作方向相反的自转运动，此自转运动可使产品粒度更均匀，并使动表面的磨损也较均匀。

由上述可知，圆锥破碎机的工作原理与颚式破碎机有相似之处，即都对物料施以挤压力，破碎后自由卸出。不同之处在于圆锥破碎机的工作过程是连续进行的，物料夹在两个锥面之间同时受到弯曲力和剪切力的作用而破碎，故破碎较易进行。因此，其生产能力较颚式破碎机大，动力消耗低。

用于粗碎的破碎机又称旋回破碎机，如图 6-35 所示。因为要处理的物料较大，要求进料口尺寸大，故动锥是正置的，而定锥是倒置的。

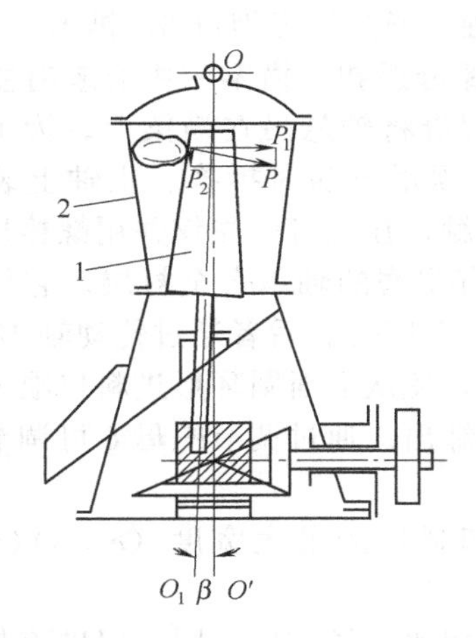

图 6-35 旋回破碎机示意图

1—动锥；2—定锥

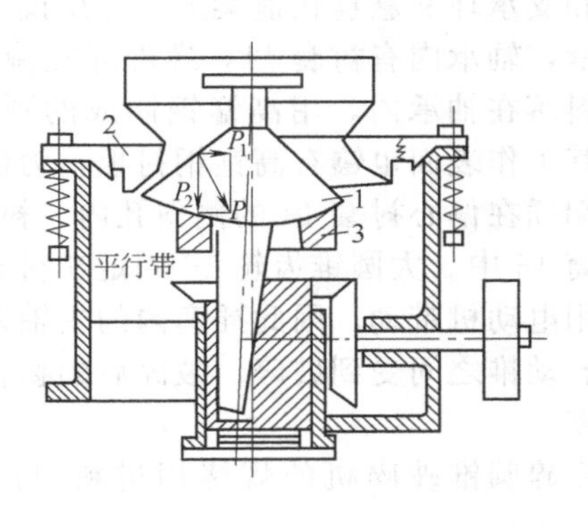

图 6-36 菌形圆锥破碎机示意图

1—动锥；2—定锥；3—球座面

用于中细碎的破碎机，又称菌形破碎机，如图 6-36 所示。它所处理的一般是经初次破碎后的物料，故进料口不必太大，但要求卸料范围宽，以提高生产能力，并要求破碎产品的粒度较均匀。所以动锥 1 和定锥 2 都是正置的。动锥制成菌形，在卸料口附近，动、定锥之间有一段距离相等的平行带，以保证卸出物料的粒度均匀。这类破碎机因为动锥体表面斜度较小，卸料时物料是沿着动锥斜面滚下。因此，卸料会受到斜面的摩擦阻力作用，同时也会受到锥体偏转、自转时的离心惯性力的作用。故这类破碎机并非自由卸料，因而工作原理及有关计算与粗碎圆锥破碎机有所不同。

圆锥破碎机按用途可分为粗碎和细碎两种，按结构又可分为悬挂式和托轴式两种。

由于破碎力对动锥的反力方向不同，这两种破碎机动锥的支承方式也不相同。旋回式破碎机反力的垂直分力 P_2 不大，故动锥可以用悬吊方式支承，支承装置在破碎机的顶部，因此，支承装置的结构较简单，维修也较方便。菌形破碎机反力的垂直分力 P_2 较大，故用球面座 3 在下方将动锥支托起来，支承面积较大，可使压强降低。但这种支承装置正处于破碎室的下方，粉尘较大，需有完善的防尘装置。因而其结构较复杂，维修也较困难。

6.5.2.2 粗碎圆锥破碎机

(1) 旋回破碎机的构造 旋回破碎机有侧面卸料（图 6-35）和中心卸料两种，前者由于机身高度大，卸料易堵塞等缺点，已基本被淘汰，矮机架的中心卸料结构目前应用较普遍。

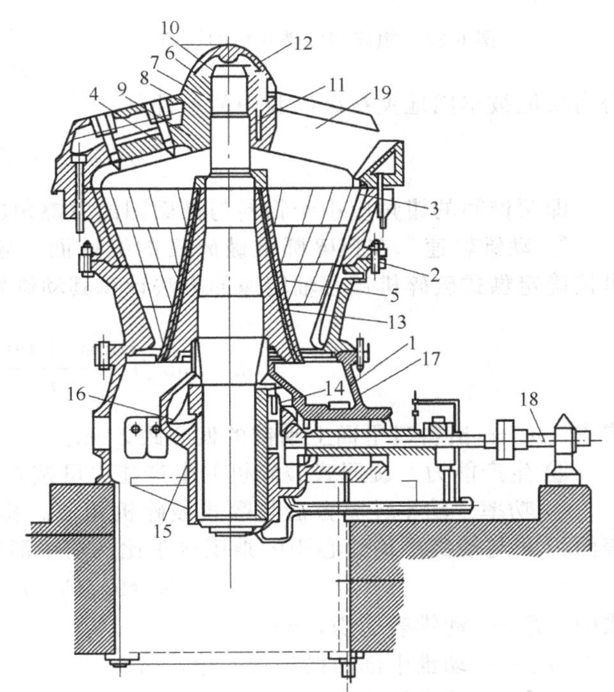

图 6-37 1200/180mm 旋回破碎机

1—机架；2—定锥；3—衬板；4—横梁；5—主轴；6—锥形螺母；7—锥形压套；8，11—衬套；9—支承环；10—楔形键；12—顶罩；13—动锥；14—偏心衬套；15—中心套筒；16—大圆锥齿轮；17—小圆锥齿轮；18—传动轴；19—进料口

图 6-37 所示为 1200/180mm 旋回破碎机，定锥 2 用螺栓紧固在机架上，动锥的

工作表面镶有高锰钢衬板3，上面连接着弧形横梁4。主轴5通过锥形螺母6、锥形压套7、衬套8和支承环9悬挂在横梁上，并用楔形键10防止锥形螺母退扣。横梁的中心装有主轴的悬吊轴承，轴承内有衬套11，螺母即支持在衬套上。通过螺母将轴悬吊在横梁上。为了防止喂入物料落在轴承内，用高锰钢制成的顶罩12将其遮盖。顶罩可随时拆换。主轴上装有动锥13，其工作表面也镶有高锰钢衬板，为使衬板与锥紧密接触，在二者中注锌并用螺栓压紧。轴的下端插在偏心衬套14的侧斜孔内。衬套的内外面都嵌有耐磨的轴承合金衬层。它们装在中心套筒15中。大圆锥齿轮16固定在衬套上与小圆锥齿轮17啮合。后者通过传动轴18和减速装置用电动机带动，因此插套内的主轴即作偏心旋回运动，使从上面圆环形进料口喂入的物料在定、动锥之间受到破碎。破碎后的物料直接由锥间底部卸出。通过调节螺母6可调节卸料口的宽度。

粗碎圆锥破碎机的规格用进料口的最大宽度 B 和卸料口的最大宽度 $(e+s)$(mm) 来表示。

(2) 工作参数的确定　粗碎圆锥破碎机与颚式破碎机相比，虽结构不同，但破碎与卸料过程基本相同，故在计算上有许多相似之处。

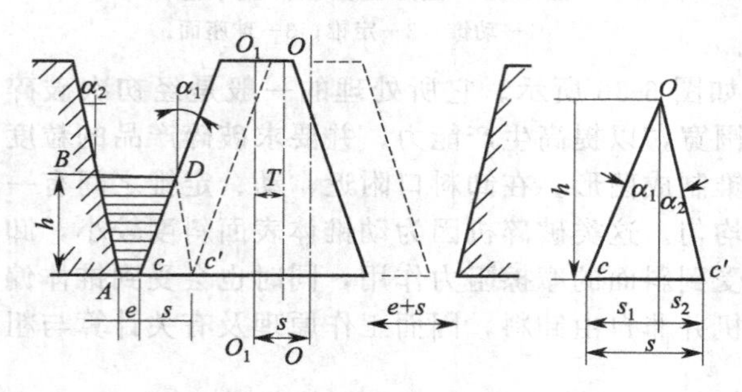

图 6-38　粗碎圆锥破碎机的钳角

① 钳角　为简化计算，设两锥体的几何中心线相互平行（见图6-38），对于旋回式破碎机来说，由于动、定锥中心线夹角 β 很小（一般为 2°～3°），可认为两中心线近似平行。若动、定锥母线的倾斜角分别为 α_1、α_2，则两锥面的夹角 $\alpha=\alpha_1+\alpha_2$ 称为粗碎圆锥破碎机的钳角。破碎机工作时，动锥靠近定锥，将夹紧的物料压碎，这与颚式破碎机动颚摆向定颚的情况相同。根据同样的力学分析，可得料块能被牢固地夹在破碎腔中的条件是

$$\alpha=\alpha_1+\alpha_2\leqslant 2\varphi \tag{6-47}$$

即两锥间的钳角应小于物料与锥面间的摩擦角的两倍。一般取 $\alpha=21°\sim23°$。

② 动锥转速　在粗碎圆锥破碎机的纵截面，破碎物料的过程与颚式破碎机类似，因此，可按确定颚式破碎机偏心轴转速的方法计算其动锥转速。计算公式为

$$n=235\sqrt{\frac{\tan\alpha_1+\tan\alpha_2}{r}}\ (\text{r/min}) \tag{6-48}$$

式中　n——出料口平面上动锥的偏心距，cm。

③ 生产能力　旋回式破碎机的生产能力可按式(6-37)计算。

④ 功率　功率计算方法与颚式破碎机相似。粉碎功与受压物料的体积成正比，即同动锥表面积 F 与动锥平均偏心距的乘积成正比。功率消耗为

$$N=9.7Fr_{\text{m}}n\quad(\text{kW}) \tag{6-49}$$

式中　F——动锥表面积，m^2；

r_{m}——动锥中部的摆动偏心距，m；

n——动锥转速，r/min。

(3) 性能和应用　粗碎圆锥破碎机和颚式破碎机都可作为粗碎机械，二者相比较，粗碎圆锥破碎机的特点是：破碎过程是沿着圆环形破碎腔连续进行的，因此生产能力较大，单位电耗较低，工作较平稳，适于破碎片状物料，破碎产品的粒度也较均匀。从产品粒度特性曲线（见图6-39）可看出，产品粒度组成中超过进料口宽度的物料粒度较颚式破碎机为小，数量也少。

同时，料块可直接从运输工具倒入进料口，无须设置喂料机。

粗碎圆锥破碎机的缺点是：结构复杂，造价较高，检修较困难，机身较高，因而使厂房及基础构筑物的建筑费用增加。

因此，粗碎圆锥破碎机适合在生产能力较大的工厂中使用。

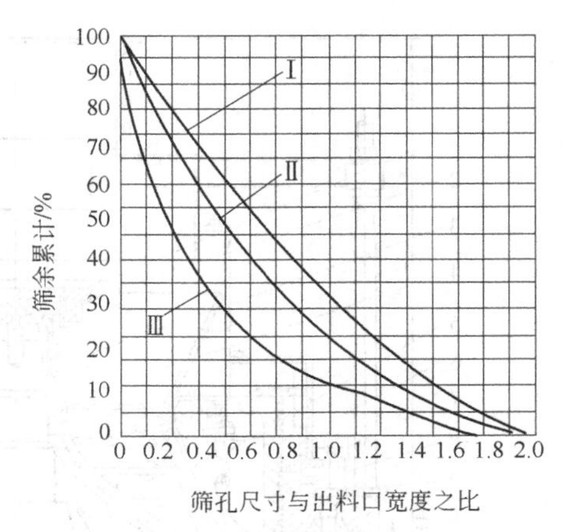

图 6-39 旋回破碎机产品粒度特性曲线

Ⅰ—硬质物料；Ⅱ—中硬物料；Ⅲ—软质物料

6.5.2.3 中细碎圆锥破碎机

(1) 构造和工作原理 中细碎圆锥破碎机由正置的动、定锥构成破碎腔。根据破碎腔形式的不同，这类破碎机可分为标准型、短头型及介于二者之间的中间型三种，见图 6-40。标准型宜作中碎用，短头型宜作细碎用，中间型则中、细碎均可使用。这三种破碎机的主要区别在于破碎腔的剖面形状和平行带的长度不同，标准型的平行带最短，短头型的最长，中间型的介于二者之间。其余部件的构造完全相同。此外，圆锥破碎机按其采用的保险装置不同，又可分为弹簧圆锥破碎机和液压圆锥破碎机。

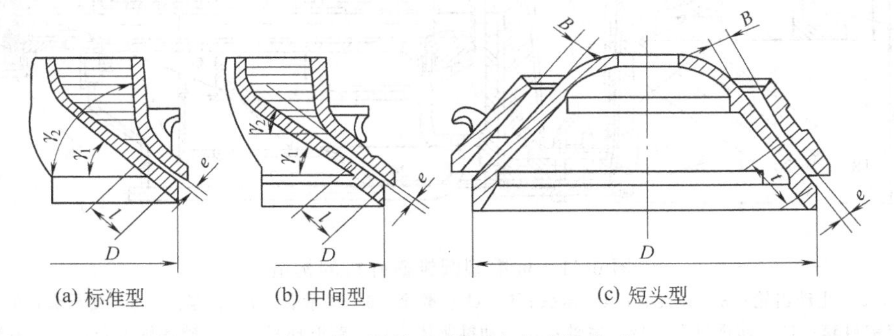

图 6-40 圆锥破碎机破碎腔的类型

标准型圆锥破碎机的构造如图 6-41 所示，其主要破碎部件是定锥和动锥。定锥主要由调整套和定锥衬板组成。衬板连同吊钩一起用高锰钢铸成，用 V 形螺栓悬挂在调整套的筋上，它们之间浇注锌合金使之紧密结合。接料漏斗用螺钉固接在调整套上。调整套和支承套用梯形螺纹连接，支承套又用弹簧螺杆压紧在机架上。

动锥主要由动锥驱体、主轴、动锥衬板和分配盘组成。动锥驱体压在主轴上，动锥衬板为高锰钢铸件，压套和锥头压在动锥驱体上。动锥驱体与衬板之间也浇注锌合金使之紧贴。

主轴头上安装分配盘，主轴下部呈锥形，插在偏心衬套的锥形孔中，当偏心套转动时带动动锥作偏旋运动。为了保证动锥的偏旋运动，动锥驱体下部加工成球面，并支承在碗形轴承上。碗形轴承由碗形轴瓦和轴承架组成，轴承架用方销固定在机架套筒上，动锥所受的全部力都由机架承受。

偏心套支承在由几个垫件组成的端轴承（或称止推盘）上，端轴承坐落在机架的底盘上。为减轻摩擦，最上面的钢垫随偏心套旋转，最下面的青铜垫与机架连接，中间的青铜垫和钢垫自由转动。垫件的接触面上有油槽以便送入润滑油，减轻磨损。偏心套在大衬套内旋转，后者装在机架中心的套筒内。在偏心套锥形膛孔内还有锥形衬套，内锥的立轴在锥形套内旋转。

破碎机用电动机通过弹性联轴器、传动轴、小圆锥齿轮带动大圆锥齿轮而使偏心套旋转，迫使动锥以其球面中心为悬点绕破碎机的中心线旋转。喂入的物料经漏斗落到分配盘上，然后

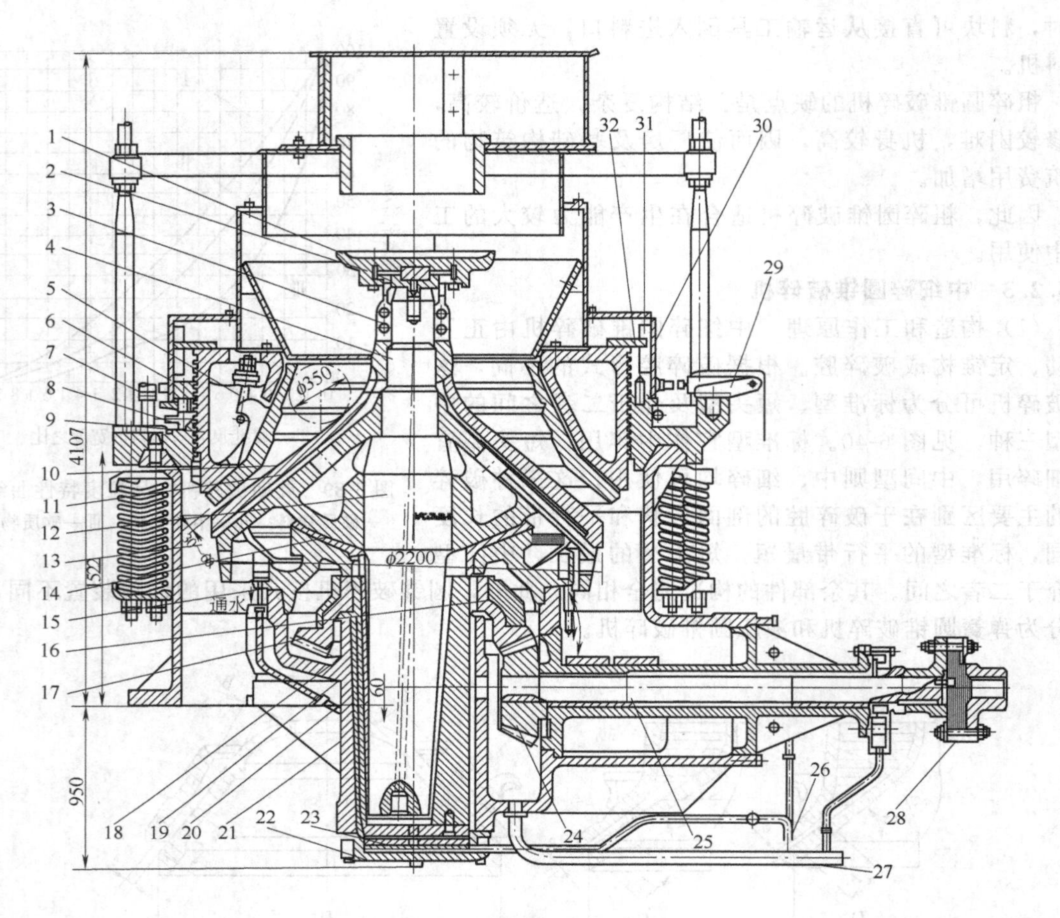

图 6-41 标准型圆锥破碎机的构造

1—分配盘；2—止动齿轮；3—圆锥头；4—压头；5—U形螺栓；6—锁紧套；7—锁紧缸；8—支承套；9—调整套；10—定锥衬套；11—动锥衬套；12—主轴；13—动锥驱体；14—碗形轴瓦；15—碗形轴承套；16—平衡重；17—大圆锥齿轮；18—锥形套；19—偏心套；20—大衬套；21—机架；22—底盘；23—止动盘；24—小圆锥齿轮；25—水平轴；26—进油；27—回油；28—联轴器；29—推动缸；30—防尘罩；31—条铁；32—挡铁

分布到破碎腔中。破碎后的物料沿锥面卸出。

为了平衡动锥偏转时所产生的离心惯性力，大圆锥齿轮上装有铅制的平衡块。采用水封装置以防止粉尘等进入碗形轴瓦、大小圆锥齿轮等摩擦表面。在碗形轴承架上设有环形沟槽，沟槽中通以循环水；在动锥体的下部焊接锥形挡板，工作中防尘挡板插入循环水中将粉尘挡在外面，落入水中的粉尘由循环水冲走。

由于衬板磨损或其他原因，需对出料口进行调整。出料口的调整由液压系统控制。用液压缸的推动头推动，使调整套转动，借助梯形螺纹传动来改变定锥的上下位置以实现出料口的调整。

弹簧是破碎机的保险装置。当难碎物落入破碎腔时，弹簧被压缩，支承套和定锥被抬起，让难碎物排出，从而避免机件的损坏。难碎物排出后，支承套和定锥借助于弹簧的张力恢复至原位。

液压圆锥破碎机的工作原理和构造如图 6-42 所示。其工作过程与弹簧圆锥破碎机相同，但动锥的立轴下部有一个单缸液压活塞，承受动锥总质量和破碎负荷，并兼有调节和保险装置的作用。

出料口的大小用液压装置调节。当油从油箱压入油缸下方时，促使动锥上升，出料口缩小；若将油缸活塞下方的油放回油箱时，动锥下降，出料口增大。

在正常情况下，蓄能器活塞上方氮气的压力要等于破碎所需的压力。当喂料过多或遇有难碎物落入破碎腔时，高压油路中的油压大于蓄能器中氮气的压力，蓄能器的活塞将压缩氮气而上升，液压油进入蓄能器，则液压缸内的活塞下降，动锥随之下降，出料口增大，可让难碎物卸出，起到保险的作用。难碎物卸出后，氮气压力高于油压，进入蓄能器的油被压回油路，促使油缸活塞上升，动锥恢复至正常工作位置。

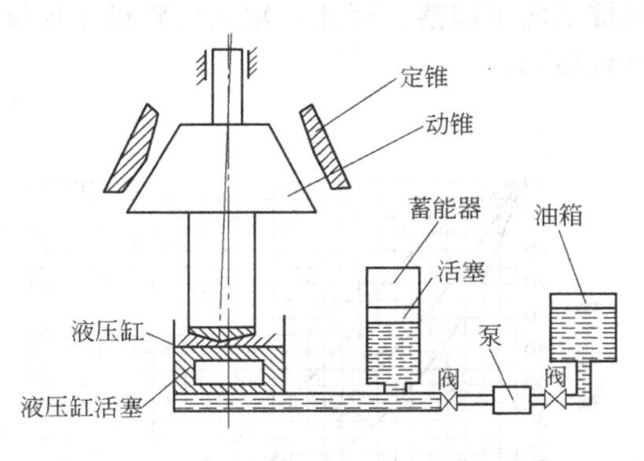

图 6-42 液压圆锥破碎机工作原理示意图

中细碎圆锥破碎机的规格用镶嵌衬板的动锥底部直径 D（mm）来表示。例如 ϕ2200mm 圆锥破碎机表示其动锥底部直径为 2200mm。

(2) 工作参数的确定

① 钳角 为了提高破碎效率，对于标准型和中间型圆锥破碎机，两锥各段的钳角 α 都必须小于物料与衬板的摩擦角 φ 的两倍，即

$$\alpha=\gamma_2-\gamma_1\leqslant 2\varphi \tag{6-50}$$

γ_2、γ_1 为定锥和动锥与水平线的夹角，一般地，$\gamma_1=38°\sim41°$。对于短头型破碎机则不必考虑钳角，一般都能满足上述条件。

② 动锥转速 为了使卸出的物料尺寸都小于破碎机出料口宽度，应使料块通过平行带的时间不少于动锥每转所需时间。动锥转速可按下式计算

$$n\geqslant 133\sqrt{\frac{\sin\gamma-f\cos\gamma}{l}}\ \text{(r/min)} \tag{6-51}$$

式中 l——平行带的长度，m；

γ——动锥母线与水平面的夹角，(°)。

③ 生产能力 中细碎圆锥破碎机的生产能力也可按式(6-41) 计算，但三种类型的单位出料口宽度的生产能力 q 不相同。

④ 功率 中细碎圆锥破碎机的功率消耗可按下式计算

$$N=6Fr_{\mathrm{m}}n\ \text{(kW)} \tag{6-52}$$

式中 F——动锥表面积，m^2；

r_{m}——动锥中部的偏心距，m；

n——动锥转速，r/min。

(3) 性能及应用 同粗碎圆锥破碎机一样，中细碎圆锥破碎机的优点是：生产能力大，破碎比大，单位电耗低。缺点是：构造复杂，投资费用大，检修维护较困难。

标准型和短头型圆锥破碎机的产品粒度特性曲线如图 6-43 和图 6-44 所示。可以看出，在产品粒度组成中，大于出料口宽度的物料含量较高，且产品的粒度过大系数 K_e（最大出料粒度 $d_{\max}$与出料口宽度 e 之比）值也较大。对于硬质物料，标准型和短头型的 K_e 值分别为 2.8～3.0 和 3.8。

6.5.3 辊式破碎机

6.5.3.1 双辊式破碎机

常用的辊式破碎机是双辊破碎机，其破碎机构是一对圆柱形辊子（图 6-45），它们相互平行水平安装在机架上，前辊 1 和后辊 2 作相向旋转。物料加入到喂料箱 16 内，落在转辊的上面，在辊子表面的摩擦力作用下被拉进两辊之间，受到辊子的挤压而粉碎。粉碎后的物料被转

辊推出向下卸落。因此，辊式破碎机是连续工作的，且有强制卸料的作用，粉碎黏湿的物料也不致堵塞。

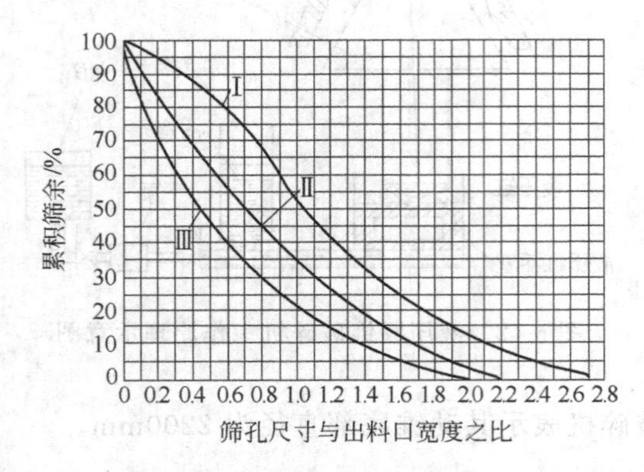

图 6-43 标准型圆锥破碎机的产品粒度特性曲线

Ⅰ—硬质物料；Ⅱ—中硬物料；Ⅲ—软质物料

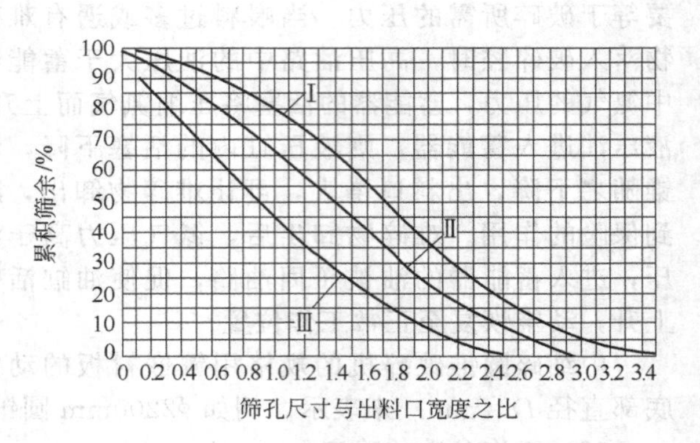

图 6-44 短头型圆锥破碎机的产品粒度特性曲线

Ⅰ—硬质物料；Ⅱ—中硬物料；Ⅲ—软质物料

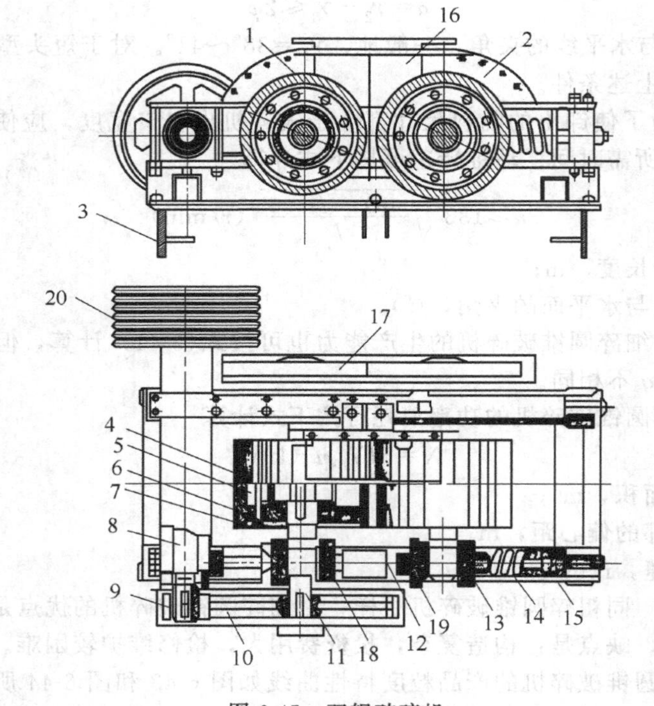

图 6-45 双辊破碎机

1—前辊；2—后辊；3—机架；4—辊芯；5—拉紧螺栓；6—锥形环；7—辊套；8—传动轴；9，10—减速齿轮；11—辊轴；12—顶座；13—钢垫片；14—强力弹簧；15—螺母；16—喂料箱；17—传动齿轮；18—轴承座；19—轴承；20—胶带轮

辊子安装在焊接的机架 3 上，由安装在轴 11 上的辊芯 4 及套在辊芯上的辊套 7 组成。两者之间通过锥形环 6 用螺栓 5 拉紧以使辊套紧套在辊芯上。当辊套的工作表面磨损时，容易拆换。前辊的轴安装在滚柱轴承内，轴承座 18 固定安装在机架上。后辊的轴承 19 则安装在机架的导轨中，可在导轨上前后移动。这对轴承用强力弹簧 14 压紧在顶座 12 上。当两辊间落入难碎物时，弹簧被压缩，后辊后移一定距离使难碎物落下，然后在弹簧张力作用下又恢复至原

位。弹簧的压力可用螺母15调节。在轴承19与顶座12之间放有可更换的垫片13，通过更换不同厚度的垫片即可调节两转辊的间距。

前辊通过减速齿轮9和10、传动轴8及胶带轮20用电动机带动，后辊则通过装在辊子轴上的一对齿轮17由前辊带动作相向转动。为使后辊后移时两齿轮仍能啮合，齿轮采用非标准长齿齿轮。

根据使用要求辊子的工作表面可选用光面、槽面和齿面的，如图6-46所示。齿面辊子由一块块带有盘齿5的钢盘1组成，钢盘用键3装在轴2上，螺栓4将各块钢盘串联起来拉紧成为一整体。

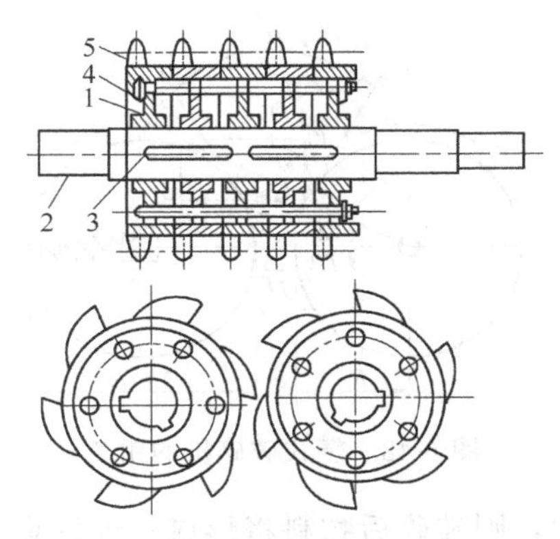

图6-46 齿面辊子

1—钢盘；2—轴；3—键；4—螺栓；5—盘齿

光面辊子主要以挤压方式粉碎物料，它适合于破碎中硬或坚硬物料。为了加强对物料的粉碎，两辊子的转速也可不一致，此时对物料还兼有剥磨作用，宜用于黏土及塑性物料的细碎，产品粒度小且均匀。

带有沟纹的槽形辊子破碎物料时除施加挤压作用外，还兼施剪切作用，故适用于强度不大的脆性或黏性物料的破碎，产品粒度也较均匀。槽面辊子可有助于物料的拉入，当需要较大的破碎比时，宜采用槽面辊子。

齿面辊子破碎物料时，除施加挤压作用外，还兼施劈裂作用。故适用于破碎具有片状解理的软质物料和低硬度的脆性物料，如煤、干黏土、页岩等，产品粒度也较均匀。齿面辊子和槽面辊子都不适合于破碎紧硬物料。

辊式破碎机的规格用辊子直径和长度 $D\times L$（mm）来表示。因辊子表面磨损不均匀，因此辊子长度 L 应不小于辊子直径 D，一般取 $L=(0.3\sim0.7)D$。

辊式破碎机的主要优点是：结构简单，机体不高，紧凑轻便，造价低廉，工作可靠，调整破碎比方便，能粉碎黏湿物料。

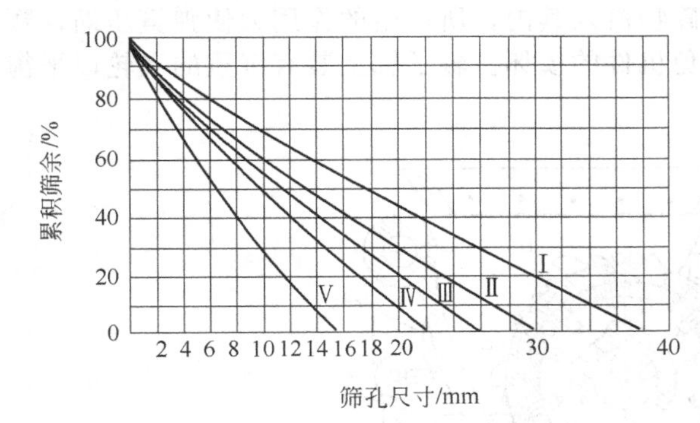

图6-47 双辊破碎机的产品粒度曲线

（mm）：Ⅰ—辊间距32mm；Ⅱ—辊间距25mm；Ⅲ—辊间距22mm；Ⅳ—辊间距19mm；Ⅴ—辊间距13mm

其主要缺点是：生产能力低，要求将物料均匀连续地喂到辊子全长上，否则辊子磨损不均，且所得产品粒度也不均匀，需经常修理。对于光面辊式破碎机，喂入物料的尺寸要比辊子直径小得多，故不能破碎大块物料，也不宜破碎坚硬物料，通常用于中硬或松软物料的中、细碎。齿面辊式破碎机虽可钳进较大的物料，但也限于在中碎时使用，且物料的强度不能过大（一般不超过60MPa），否则齿棱易折断。

辊式破碎机在不同辊间距时的产品粒度曲线如图6-47所示。由图可见，产品中约有15%～20%的物料超过辊间距尺寸。实践证明，当要求破碎产品中保持一定数量的粗粒，并不希望有过多的细粒时，破碎机可更有效地工作。

6.5.3.2 双辊破碎机的工作参数

（1）钳角　物料与两辊接触点的切线的夹角 α 称为辊式破碎机的钳角，如图6-48所示。与颚式破碎机一样，钳角应小于或等于物料与辊子之间的摩擦角 ϕ 的两倍，即

$$\alpha\leqslant 2\phi \tag{6-53}$$

（2）辊子转速　提高辊子转速可提高生产能力，但若转速超过一定限度时，落在转辊上的物料由于较大的离心惯性力的作用而不易被钳进转辊之间，不仅不能提高生产能力，反而导致

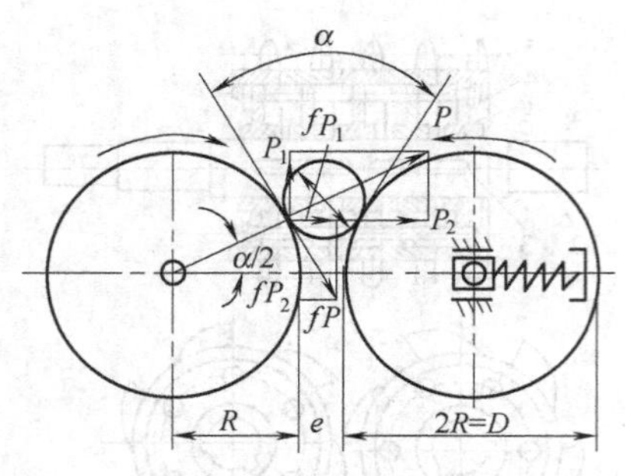

图 6-48 辊式破碎机的钳角

电耗增大，辊子表面的磨损及机械振动增大。根据物料在辊子上的离心惯性力与各作用力的平衡条件，当破碎比约为 4 时，光面辊式破碎机的辊极限转速为

$$n_{\max}=616\sqrt{\frac{f}{\rho dD}}\ (\text{r/min}) \tag{6-54}$$

式中 f——物料与辊子表面的摩擦系数；

ρ——物料密度，kg/cm³；

d——喂入破碎机的物料的粒径，cm；

D——辊子直径，cm。

(3) 生产能力　假设物料连续均匀地填满整个辊子长度，则破碎后物料将形成一连续扁带从破碎机卸出。若料带的宽度等于辊子长度 L，厚度为辊间距 e，卸出速度等于辊子圆周速度 v，则破碎机的生产能力为

$$Q=3600Lev\rho\ (\text{t/h}) \tag{6-55}$$

式中，ρ 为物料容积密度，t/m³。

(4) 功率　破碎机功率可用经验公式计算。粉碎中硬物料时，破碎机所需功率为

$$N=0.794KLv\ (\text{kW}) \tag{6-56}$$

式中，系数 $K=0.6d/d_e+0.15$，d 和 d_e 分别为喂料粒度和卸料粒度。

6.5.3.3 单辊破碎机

单辊破碎机又称颚辊破碎机，其构造如图 6-49 所示。破碎机构由一个转动辊子 1 和一块颚板 4 组成。带齿的衬套 2 用螺栓安装在辊芯上，齿尖向前伸出如鹰嘴状。衬套磨损后可拆换。辊子面对衬板。颚板悬挂在心轴 3 上，其上面装有耐磨衬板 5。颚板通过两根拉杆 6 作用于顶在机架上的弹簧 7 的压力拉向辊子使颚板与辊子保持一定距离。辊子轴支承在装于机架两侧壁的轴承上。工作时只有辊子旋转，物料从加料斗喂入，在颚板与辊子之间受到挤压作用并受到齿尖的冲击和劈裂作用而粉碎。如遇有难碎物落入其内，所产生的作用力使弹簧压缩，颚板离开辊子，出料口增大，难碎物排出从而避免机件的损坏。辊子轴上装有沉重的飞轮以平衡破碎机的动载荷。

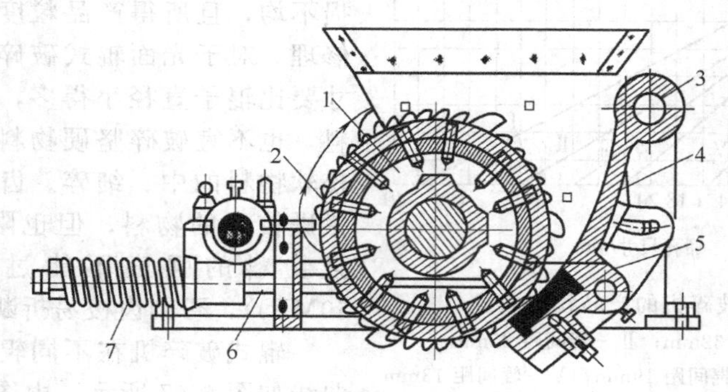

图 6-49 单辊破碎机

1—转动辊子；2—衬套；3—心轴；4—颚板；5—耐磨衬板；6—拉杆；7—弹簧

该破碎机实际上是将颚式破碎机与辊式破碎机的部分结构组合在一起，因而具有这两种破碎机的特点。单辊破碎机进料口较大，另外辊子表面装有不同的破碎齿条，当大块物料落入时，较高的齿条将其钳住并以劈裂和冲击方式将其破碎，然后落到下方。较小的齿将其进一步破碎到要求尺寸。破碎腔分预破碎区和二次破碎区，所以可用于粗碎物料，破碎比可达 15 左右。破碎时料块受到辊子上的齿棱拨动而卸出机外，因而具有强制卸料作用。

单辊破碎机的优点是：用较小直径的辊子即可处理较大的物料，且破碎比大，产品粒度也

较均匀。这是一般大型双辊破碎机所不具备的。当物料较黏湿（如含土石灰石）时，其粉碎效果比颚式破碎机和圆锥式破碎机都好。与颚式和圆锥式相比，其机体也较紧凑。

单辊破碎机的规格用辊子直径(mm)×长度(mm) 来表示。

6.5.4　锤式破碎机

6.5.4.1　工作原理及类型

锤式破碎机的主要工作部件为带有锤子的转子。通过高速转动的锤子对物料的冲击作用进行粉碎。由于脆性物料的抗冲击性差，因此这种破碎机的作用原理较合理。

锤式破碎机的种类很多。按不同结构特征分类如下。

- 按转子的数目分为单转子和双转子两类。
- 按转子的回转方向，分不可逆式和可逆式两类。
- 按转子上锤子的排列方式，分单排式和多排式两类，前者锤子安装在同一回转平面上，后者锤子分布在几个平面上。
- 按锤子在转子上的连接方式，分为固定锤式和活动锤式两类。

锤式破碎机的规格用转子的直径(mm)×长度(mm) 来表示，如 ϕ2000mm×1200 mm 锤式破碎机表示破碎机的转子直径为 2000mm，转子长度为 1200mm。

6.5.4.2　构造、性能及应用

(1) 单转子锤式破碎机　图 6-50 为单转子多排不可逆锤式破碎机，它主要由机壳 1、转子 2、篦条 3 和打击板 4 等部件组成。机壳由上、下两部分组成，分别用钢板焊成，各部分用螺栓连接成一体。顶部设有喂料口，机壳内部镶有高锰钢衬板，衬板磨损后可更换。

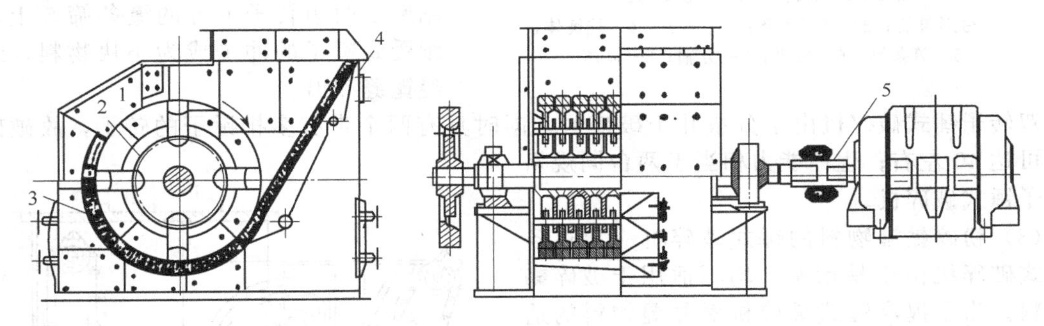

图 6-50　单转子锤式破碎机

1—机壳；2—转子；3—篦条；4—打击板；5—弹性联轴器

破碎机的主轴上安装数排挂锤体，在其圆周的销孔上贯穿着销轴，用销轴将锤子铰接在各排挂锤体之间。锤子磨后可调换工作面。挂锤体上开有两圈销孔，销孔中心至转轴中心的半径不同，用以调整锤子与篦条间的间隙。为了防止挂锤体和锤子的轴向窜动，在挂锤体两端用压紧锤盘和锁紧螺母固定。转子两端支承在滚动轴承上，轴承用螺栓固定在机壳上。主轴与电动机用弹性联轴器 5 直接连接。为使转子运转平稳，在主轴的一端还装有一个大飞轮。

圆弧状卸料篦条筛安装在转子下方，篦条两端装在横梁上，最外面的篦条压板压紧，篦条排列方向与转子转动方向垂直。篦条间隙由篦条中间凸出部分形成。为便于物料排出，篦条之间构成向下扩大的筛缝，同时还向转子回转方向倾斜。

在首先承受物料冲击和磨损的进料口下方装有打击板，它由托板和衬板等部件组成。

转子静止时，由于重力作用锤子下垂。当转子转动时，锤子在离心力作用下向四周辐射伸开。进入机内的物料受到锤子打击而破碎。同时，由于物料获得动能，以较高的速度向打击板冲击或互相冲击而破碎。小于篦缝的物料通过篦缝向下卸出，未达要求的物料仍留在筛面上继续受到锤子的冲击和剥磨作用，直至达到要求尺寸后卸出。

由于锤子是自由悬挂的，当遇有难碎物时，能沿销轴回转，起到保护作用，因而避免机械损坏。另外，在传动装置上还装有专门的保险装置，利用保险销钉在过载时被剪断，使电动机与破碎机转子脱开从而起到保护作用。

此破碎机主要以冲击兼剥磨作用粉碎物料，由于设有篦条筛，故不能破碎黏湿物料，若物料水分过大，会发生堵塞现象。

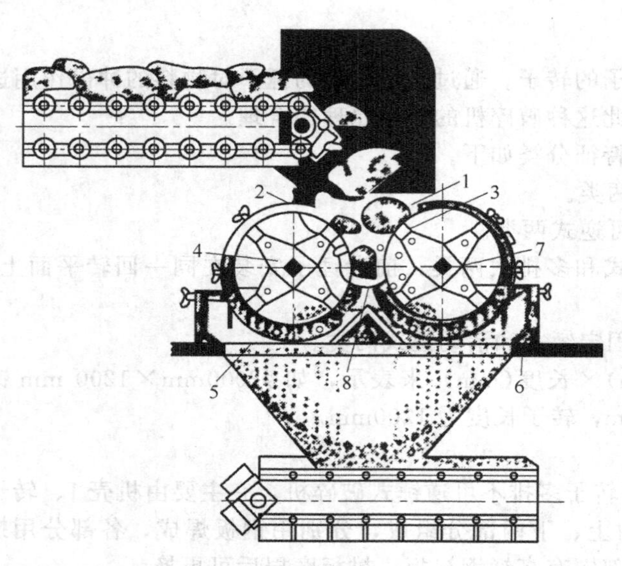

图 6-51　双转子锤式破碎机

1—弓形箅篮；2—弓形箅条；3—锤子；4—挂锤体；5—箅条筛；6—机壳；7—方轴；8—砧座

(2) 双转子锤式破碎机　双转子锤式破碎机如图 6-51 所示。在机壳 6 内，平行安装有两个转子，转子由臂形的挂锤体 4 及铰接在其上的锤子 3 组成。挂锤体安装在方轴 7 上。锤子呈多排式排列，相邻的挂锤体互相交叉成十字形。两转子由单独的电动机带动作相向旋转。

破碎机的进料口设在机壳上方正中，进料口下面两转子中间设有弓形篦篮 1，篦篮由一组相互平行的篦条组成。各排锤子可自由通过篦条之间的间隙。篦篮底部有凸起呈马鞍状的砧座 8。

物料由进料口喂入到弓形篦篮后，落在弓形篦条上的大块物料受到篦条间隙扫过的锤子的冲击粉碎，预碎后落在砧座及两边转子下方的篦条筛 5 上，连续受到锤子的冲击成为小块物料，最后经篦缝卸出。

双转子锤式破碎机由于分成几个破碎区，同时具有两个带有多排锤子的转子，故破碎比大，可达 40 左右；生产能力相当于两台同规格单转子锤式破碎机。

(3) 粉碎黏湿物料的锤式破碎机　上述各种锤式破碎机由于易堵塞，均不适用于破碎黏湿物料。为了提高锤式破碎机对黏湿物料的适应性，开发了一种可粉碎黏湿物料的锤式破碎机，如图 6-52 所示。破碎机的外壳 1 内装有转子 2，转子前面装有作为破碎板用的履带式回转承击板 3。这种承击板可防止物料在破碎腔进口处堆积，黏结在承击板上的物料则被锤头扫除。承击板由单独的电动机经转动轴 4 带动。承击板的底部有垫板 5，以承受锤子的冲击力。

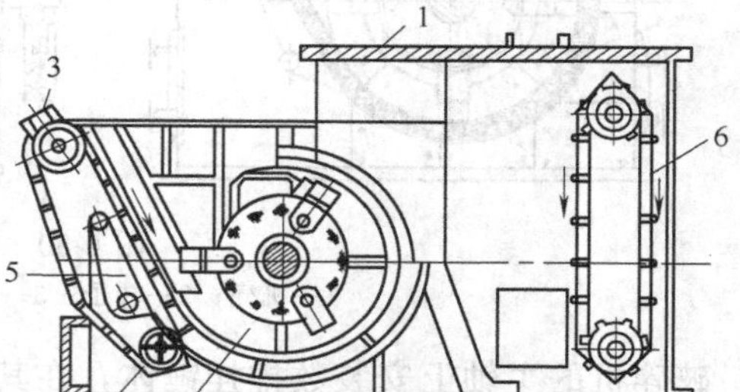

图 6-52　粉碎粘湿物料的锤式破碎机

1—外壳；2—转子；3—回转承击板；4—转动轴；5—垫板；6—清理装置

物料喂到回转承击板上被强制喂到转子的作用范围内。为了避免堵塞，转子下面一般不设篦条筛。

转子的后面设有清理装置 6，它是一条垂直的闭合链带，其上装有横向刮板。链带用单独的电动机带动，能将破碎后堆积在转子后方的物料耙松以便卸出，同时可将黏附在外壳壁面上的物料刮下。

(4) 锤子和转子　锤子是锤式破碎机的主要零件，锤头的质量、形状和材质对破碎机的生产能力影响很大，而其形式、尺寸和质量的选择主要取决于所破碎物料的性质和大小。在锤式破碎机中物料受到高速旋转的锤子的冲击粉碎，当转子的圆周速度一定时，锤子质量越大，其动能也越大，越能将大块和坚硬物料粉碎。实践证明，锤子的有效质量不仅要能对物料产生碎裂的冲击，而且还要在冲击时不产生向后偏倒；否则将大大降低破碎机的生产能力，增加能量消耗。因此，在粉碎大块而坚硬的物料时，宜选用重型的锤子，但个数并不要求很多。在粉碎小块而松软的物料时，宜选用轻型的锤子，此时锤子的数目应多些，以增加对物料的冲击次数，从而更有利于物料的粉碎。

常用的锤子形式如图 6-53 所示。图 6-53(a)、(b)、(c) 三种是轻型锤子，质量通常为 3.5～15kg，多用来粉碎粒度为 100～200mm 的软质物料。其中图 6-53(a)、(b) 两种是两端带孔的，磨损后可调换 4 次使用；而图 6-53(c) 只能调换两次。图 6-53(d) 为中型锤子，质量为 30～60kg，其重心距中心较远，多用于粉碎的中等硬度的物料，磨损后可调换使用两次。图 6-53(e)、(f) 是重型锤子，质量达 50～120kg，主要用于粉碎大块而坚硬的物料，磨损后也可调换两次使用。更换新锤子时，应在径向对称地成对更换以使破碎机平稳运转，减少振动。锤子用高碳钢锻造或铸造，也可用高锰钢铸造。

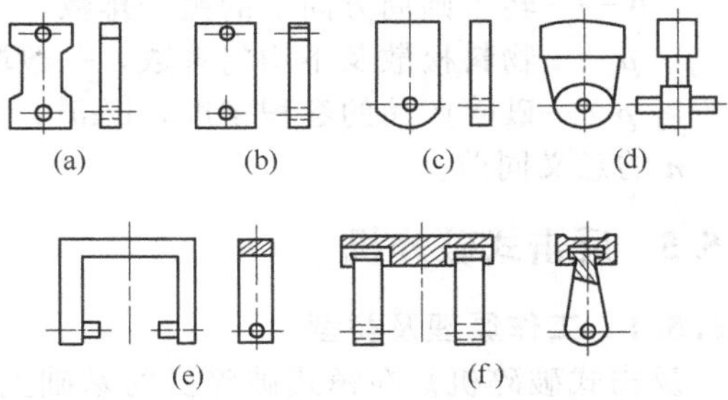

图 6-53 锤式破碎机的锤子形式

锤式破碎机的转子是一个回转速度较高的零件，更兼质量大，其平衡问题非常重要。为使破碎机能正常工作，应保证其转子平衡。若转子的重心偏离转轴的几何中心时，就会产生静力不平衡现象；若转子的回转中心线与其主惯性轴中心线不重合而呈交叉状态时，则产生动力不平衡现象。转子不平衡时，则破碎机的轴承除承受转子的质量外，还要承受其离心惯性力和离心惯性力矩作用以致轴承磨损加剧，功率消耗增加，机械产生振动。因此，转子制造及修理后要进行精确的平衡。锤式破碎机转子的 L/D 比值不大，转子转速多在 1500r/min 以下。

6.5.4.3 性能及应用

锤式破碎机的优点是：生产能力高，破碎比大，电耗低，机械结构简单，紧凑轻便，投资费用少，管理方便。缺点是：粉碎坚硬物料时锤子和篦条磨损较大，金属消耗较大，检修时间较长，需均匀喂料，粉碎黏湿物料时生产能力降低明显，甚至因堵塞而停机。为避免堵塞，被粉碎物料的含水量应不超过 10%～15%。

锤式破碎机的产品粒度组成与转子圆周速度及篦缝宽度等有关。转子转速较高时，产品中细粒较多。快速锤式破碎机已兼有中、细碎作用。慢速锤式破碎机产品中粗粒较多，粒度特性曲线近于直线。减小卸料篦缝宽度可使产品粒度变细，但生产能力随之降低。

6.5.4.4 工作参数的确定

(1) 转子转速　转子的圆周速度的大小与破碎机规格、产品粒度和物料的性质有关。增大圆周速度可使破碎比增大，并且产品中细粒级物料含量增加，但若圆周速度过大，将显著增加电耗，同时导致锤子、篦条和衬板的磨损速度加快。产品粒度要求越细，转子转速也越高，锤子的数目相应也多些。一般地，快速锤式破碎机的转子圆周速度为 30～50m/s。

(2) 功率　选配电动机时，可根据以下经验公式估算其功率

$$N_M = KD^2Ln \ (\mathrm{kW}) \tag{6-57}$$

式中 L——转子长度，m；

D——转子直径，m；

n——转子转速，r/min

K——系数，$K=0.1 \sim 0.15$。

(3) 生产能力　锤式破碎机的生产能力可按下式计算

$$Q = 60ZLed_eK\mu n\rho \quad (\mathrm{t/h}) \tag{6-58}$$

式中 Z——卸料篦条间隙数目；

L——卸料篦条间隙长度，m；

e——卸料篦条间隙宽度，m；

d_e——产品粒度，m；

K——转子圆周方向上的锤子排数，一般取 $K=3\sim6$；

μ——物料松散及不均匀系数，一般取 0.015～0.07；

ρ——破碎产品的容积密度，t/m^3。

n 的意义同前。

6.5.5 反击式破碎机

6.5.5.1 工作原理及类型

反击式破碎机是在锤式破碎机的基础上发展起来的。如图 6-54 所示，反击式破碎机的主要工作部件为带有板锤 2 的高速转子 1。喂入机内的物料在转子回转范围（即锤击区）内受到板锤冲击，并被高速抛向反击板 3 再次受到冲击，然后又从反击板弹回到板锤，重复上述过程。在如此往返过程中，物料之间还有相互撞击作用。由于物料受到板锤的打击、与反击板的冲击及物料相互之间的碰撞，物料内的裂纹不断扩大并产生新的裂缝，最终导致粉碎。当物料粒度小于反击板与板锤之间的缝隙时即被卸出。

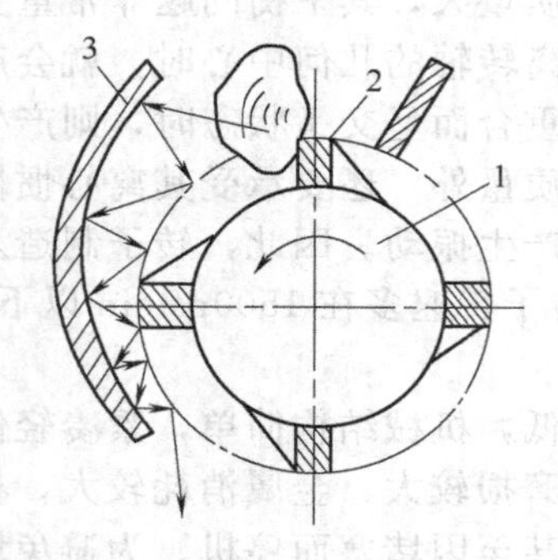

图 6-54 物料在破碎腔内的运动示意图

1—高速转子；2—板锤；3—反击板

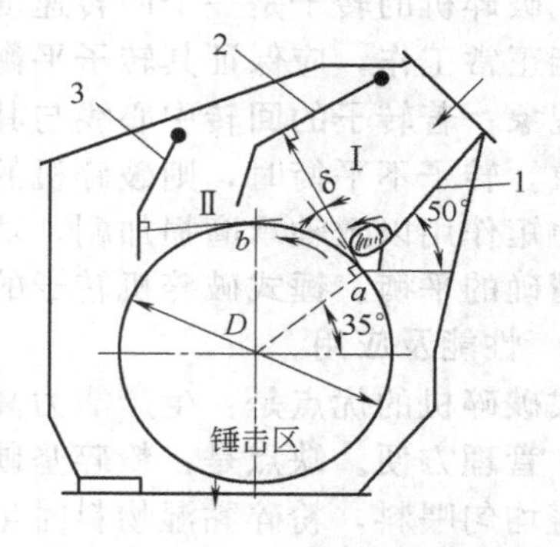

图 6-55 反击式破碎机结构原理

1—导板；2，3—反击板

图 6-55 所示为一种典型的反击式破碎机结构原理示意。物料的主要破碎过程是在转子的第一象限上部进行的，在此区域，对反弹回来的物料的重复冲击条件最佳。物料经导板 1 喂入锤击区点 a 上，小块物料受到板锤冲击后按板锤运动的切线方向沿图示虚线抛出。此时接触角 $\phi\geqslant90°$，见图 6-56，物料所受的冲击力可近似认为通过料块重心；大块物料接触角 $\phi<90°$，见图 6-57。由于偏心冲击而产生力矩，导致物料与切线抛掷方向成 δ 角偏斜而被抛出，同时由于与摩擦有关的切向冲击，物料还绕其重心自转。在冲击时，已经被粉碎的物料形成锥形碎块群

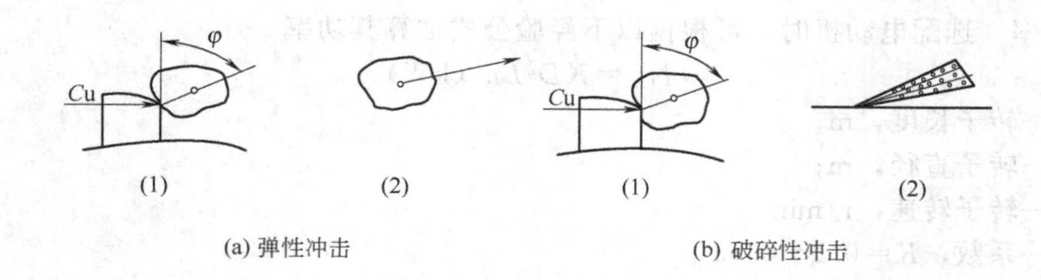

图 6-56 锤头通过中心的冲击

飞溅出去，如图 6-56(b) 和图 6-57(b) 所示。为消除偏心冲击产生的力矩，使物料更好地导入冲击区，将喂料导板 1 下端折成一定角度，同时调整第一块反击装置的反击面 2 使其与抛射上去的物料群的中心飞行方向近于垂直。

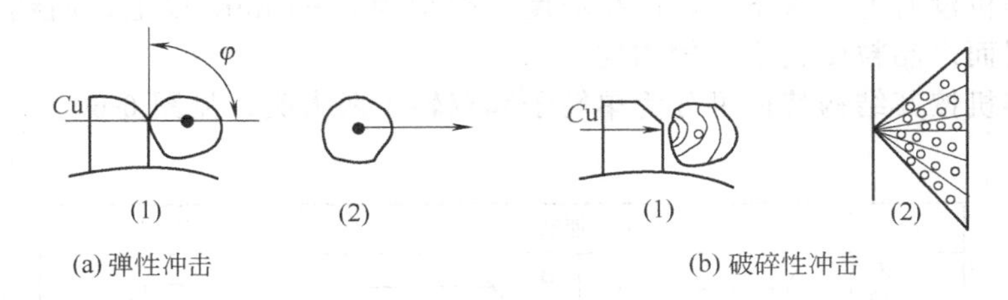

(a) 弹性冲击　(b) 破碎性冲击

图 6-57　锤头偏离中心的冲击

物料受到第一次冲击后，在机内反复地来回抛掷，此时，物料由于局部破坏和扭转，不再按预定轨迹作有规则的运动，而是在第一象限的不同位置反复冲击，而后进入第二冲击区进一步冲击粉碎，最后粉碎的物料从机体下部卸出。反击面 2 及 3 与转子间形成的缝隙的大小对粉碎物料的粒度组成具有一定影响。破碎腔的增多还起着均整产品粒度及减少过大颗粒的作用，但会导致电耗增加及生产能力下降。通常粗碎反击式破碎机具有 1～2 个破碎腔；用于细碎的则有 2～3 个或更多的破碎腔。

由上述可见，反击式破碎机的破碎作用主要分为以下三个方面。

(1) 自由破碎　进入破碎腔内的物料立即受到高速板锤的冲击、物料之间的相互撞击、板锤与物料及物料之间的摩擦作用，如图 6-58 所示。在这些作用力的共同作用下使破碎腔内的物料粉碎。

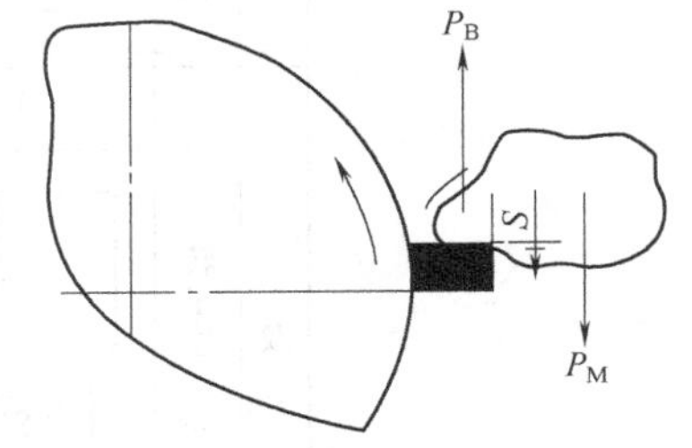

图 6-58　反击式破碎机物料受力图

(2) 反弹破碎　实际上，被破碎的物料并非四射分散，而是集中在一个锥形区间内。由于高速旋转的转子上的板锤的冲击作用，使物料获得很高的运动速度而撞击到反击板上，从而受到进一步粉碎，如图 6-59 所示。这种粉碎作用称为反弹粉碎。

(3) 铣削破碎　经上述两种作用未能被破碎的大于出料口尺寸的物料在出口处被高速旋转的锤头铣削而粉碎。

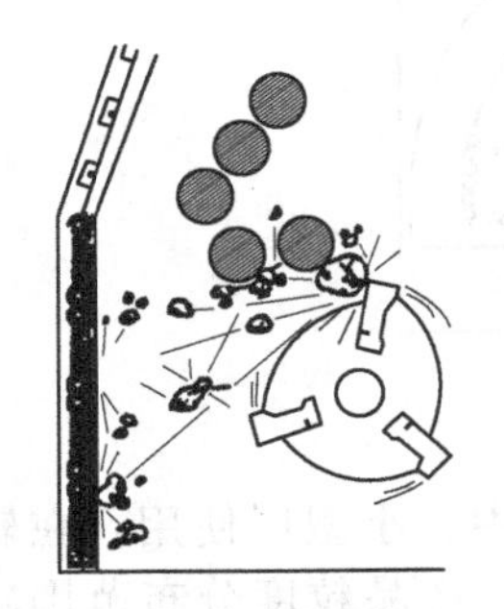
(a) 单转子的破碎作用

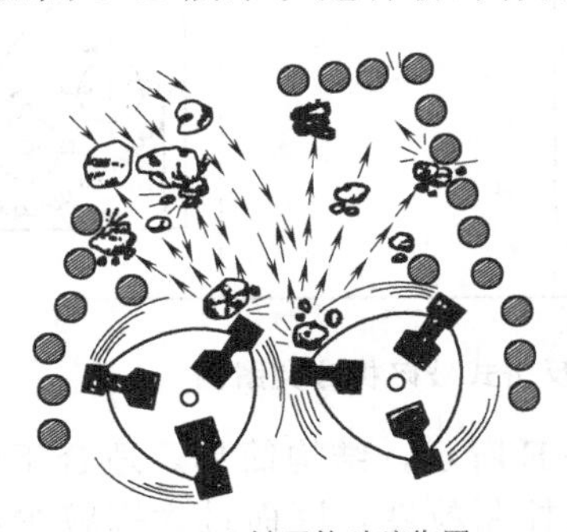
(b) 双转子的破碎作用

图 6-59　物料在反击式破碎机内的破碎过程

实践证明，上述三种破碎作用中以物料受板锤冲击的作用最大，反击板与板锤间的缝隙、板锤露出转子体的高度以及板锤数目等因素对物料的破碎比也有一定影响。

由于锤式破碎机和反击式破碎机主要是利用高速冲击能量的作用使物料在自由状态下沿其脆弱面破坏，因而粉碎效率高，产品粒度多呈立方块状，尤其适合于粉碎石灰石等脆性物料。

反击式破碎机与锤式破碎机工作原理相似，均以冲击方式粉碎物料，但结构和工作过程有所差异，其主要区别在于：前者的板锤是自下而上迎击喂入的物料，并将其抛掷到上方的反击板上；而后者的锤头则顺着物料下落方向打击物料。由于反击式破碎机的板锤固定安装在转子上，并有反击装置和较大的破碎空间，可更有效地利用冲击作用，充分利用转子能量，因而其单位产量的动力消耗和金属消耗均比锤式及其他破碎机少。另外，由于此破碎机主要是利用物料所获得的动能进行撞击粉碎，因而工作适应性强。因物料的破碎程度与其本身质量成正比，故大块物料受到较大程度的粉碎，而小块物料则不致被粉碎得过小，因而产品粒度均匀，破碎比较大，可作为物料的粗、中和细碎机械。同时，调整转子的转速可较灵敏地调整产品的粒度。反击式破碎机没有上下篦条筛，产品粒度一般均为 5～10mm 以上，而锤式破碎机则大都有底部篦条，因而产品粒度较小，较均匀。

反击式破碎机按其结构特征可分为单转子和双转子两大类，见图 6-60。

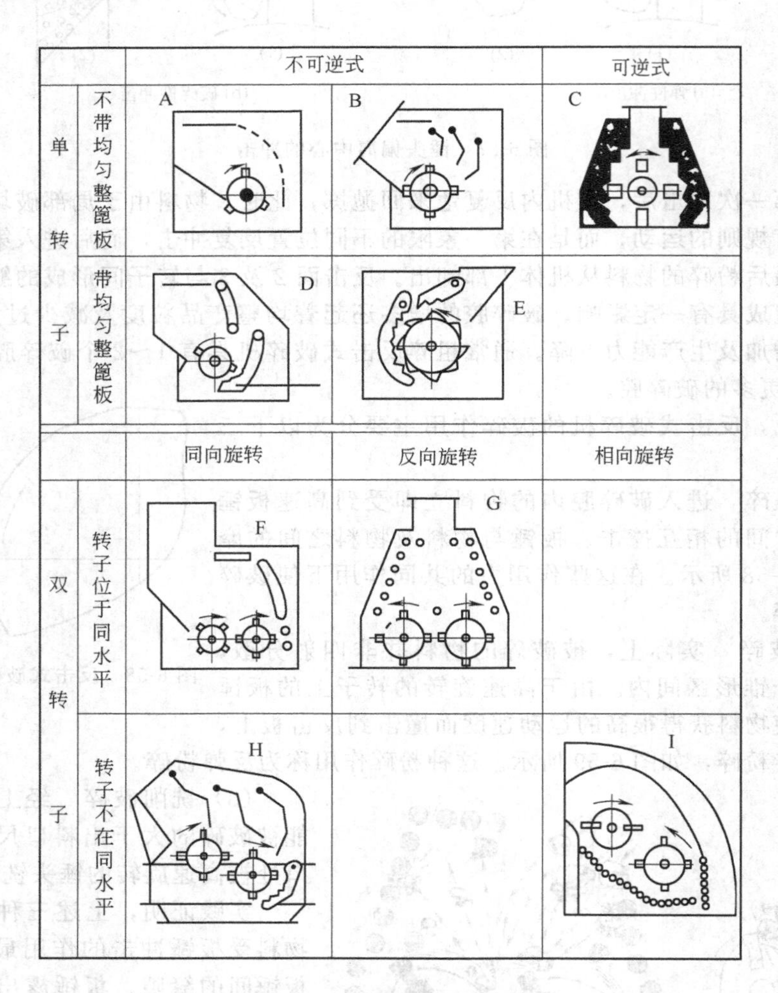

图 6-60 反击式破碎机分类图例

单转子反击式破碎机如图 6-60 中 A～E 所示，结构简单，适合于中、小型厂使用。在转子下方设置有均整篦板的反击式破碎机可控制粒度，因而过大颗粒少，产品粒度分布范围较窄，即产品粒度较均匀。这主要是细颗粒容易通过均整篦板的缝隙排出，过大颗粒则在均整篦板上受剪切和磨剥作用得以进一步粉碎。均整篦板起着分级和破碎过大物料的作用。均整篦板的悬挂点可水平移动以适应各种破碎情况，其下端可供调整均整篦板与转子间的夹角，从而补偿因篦板和板锤磨损引起的卸料间隙的变化。

双转子反击式破碎机按转子回转方向可分为以下三类。

两转子同向旋转的，如图 6-60 中 F 和 H 所示。它相当于两个单转子破碎机串联使用，破碎比大，粒度均匀，生产能力大，但电耗较高。可同时作为粗、中和细碎机械使用。

两转子反向旋转的，如图 6-60 中 G 所示。它相当于两个单转子破碎机并联使用，生产能力大，可破碎较大块物料，作为粗、中碎破碎机使用。

两转子相向旋转的，如图 6-60 中 I 所示。它主要利用两转子相对抛出物料时的自相撞击进行粉碎，故破碎比大，金属磨损较少。

反击式破碎机的规格用转子直径(mm)×长度(mm) 表示。

6.5.5.2　构造、性能及应用

(1) 单转子反击式破碎机　单转子反击式破碎机的构造如图 6-61 所示。物料从进料口 7 喂入，为了防止物料在破碎时飞出，装有链幕 8。喂入的物料落到装在机壳 6 内的篦条筛 9 上面，将细小的物料筛出，大块的物料沿着筛面落到转子 1 上。在转子的转轴上固定安装着凸起一定高度的板锤 2，转子由电动机经 V 带带动转动。落在转子上面的料块受到高速旋转的板锤的冲击获得动能，以高速向反击板撞击，继而又从反击板上反弹回来，与从转子抛掷出来的物料相互撞击。因此，在篦条筛 9、转子 1、第一反击板 3 及进料口链幕 8 所组成的空间内形成强烈的冲击区 10，物料频频受到这种相互冲击作用而粉碎，继而在两块反击板 3、4 与转子之间组成的第二冲击区 11 内进一步受到冲击粉碎。粉碎后的物料经转子下方的出料口 12 卸出。

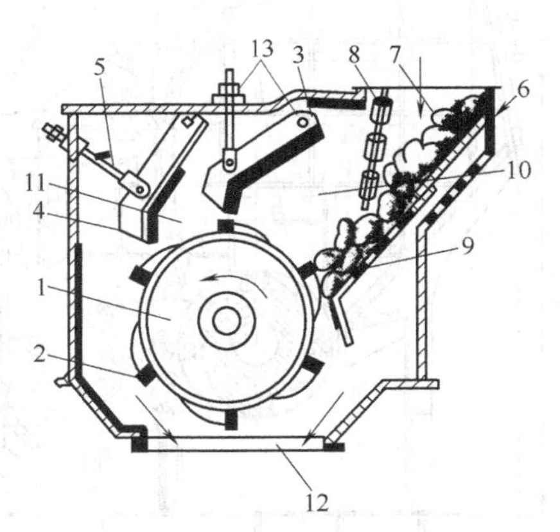

图 6-61　单转子反击式破碎机

1—高速转子；2—板锤；3—第一反击板；4—第二反击板；5—悬挂螺栓；6—机壳；7—进料口；8—链幕；9—箅条筛；10—第一冲击区；11—第二冲击区；12—出料口；13—活铰

反击板的一端用活铰 13 悬挂在机壳上，另一端用悬挂螺栓 5 将其位置固定。当有大块或难碎物件夹在转子与反击板间隙时，反击板受到较大压力而向后移开，间隙增大，使难碎物通过，不致损坏转子，而后反击板在自重作用下恢复至原位，以此作为破碎机的保险装置。

增加破碎腔数目可强化选择性破碎，增大物料的破碎比。因此，通过增设破碎腔，采取较低的转子速度，不仅可达到通常需要较高的转子速度才能达到的破碎效果，而且还可减少产品中的过大颗粒及降低板锤磨损。这对破碎硬质物料具有重要意义。德国生产的 Hardopact 型反击式破碎机（见图 6-62）即为典型例证。该破碎机的转子速度仅为 22～26m/s，比通常反击式破碎机转的速度低 15%～20%。由于板锤的磨耗与其线速度的平方成正比，因而降低板锤的线速度减少磨损的效果是显而易见的。为了在低速运转时仍能保证产品粒度，采用三个反击板构成的三个破碎腔结构，以低能耗获得较高的生产能力。该破碎机适合于硬质物料的破碎。

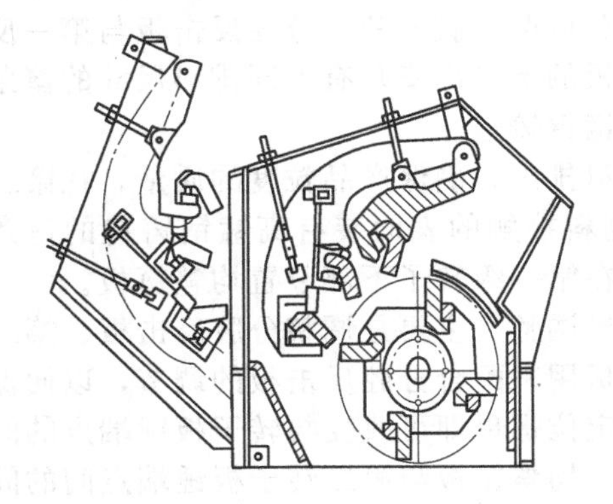

图 6-62　Hardopact 型反击式破碎机

(2) 双转子反击式破碎机　图 6-63 所示为 ϕ1250mm×1250mm 双转子反击式破碎机。机体 1 内装有两个平行排列的转子，并有一定的高度差，第一级转子 2 稍高，与第二级转子 5 的中心连线与水平线的夹角约为 12°。第一级为重型转子，用于粗碎；第二级转子的转速较快，能满足最终产品的粒度要求。

第一级转子用螺栓固装着 8 块板锤，分布成 4 排；第二级转子同样用螺栓固装着 12 块板锤，分布成 6 排。板锤均用高锰钢铸造。转子固装在主轴上，两端用滚动轴承支承在下机体上。两转子分别由两台电动机连接液力联轴器、挠性联轴器，经 V 带传动作同向高速旋转。采用液力联轴器，既可降低超支负荷，减小电机容量，又可起到保险作用。

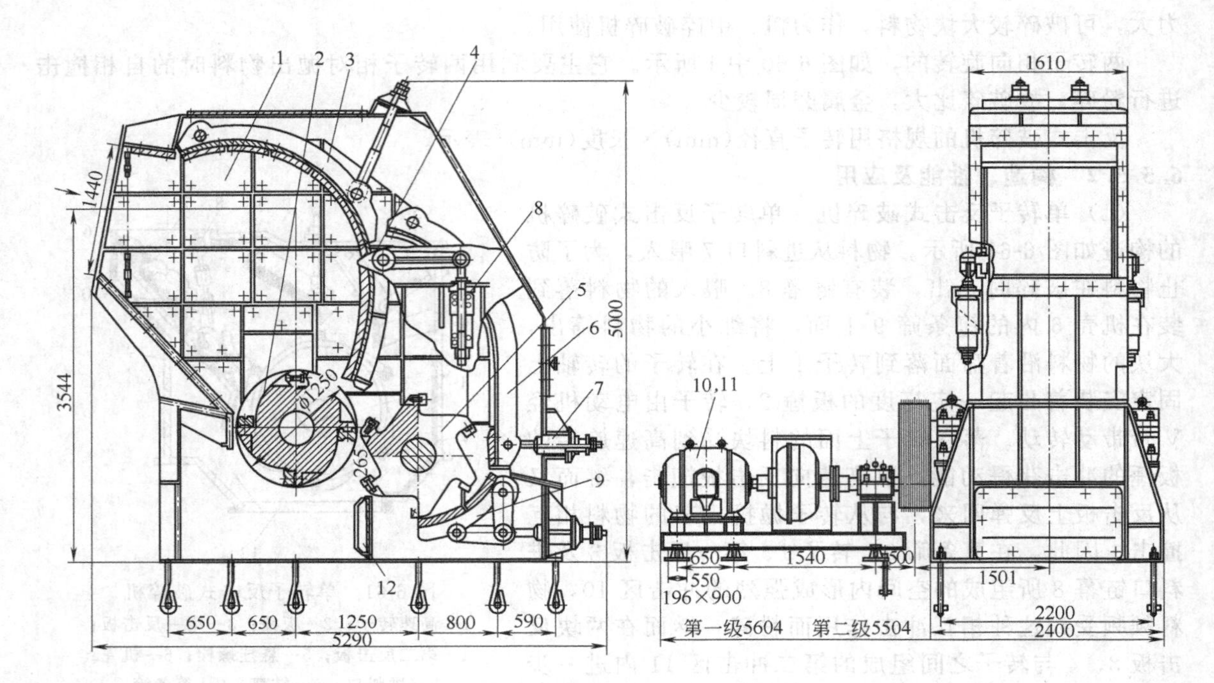

图 6-63 φ1250mm×1250mm 双转子反击式破碎机

1—机体；2—第一级转子；3—第一反击板；4—分腔反击板；5—第二级转子；6—第二反击板；7—调节弹簧部件；8—压缩弹簧部件；9—均整篦板；10—一级传动装置；11—二级传动装置；12—固定反击板

第一和第二反击板 3、6 的一端通过悬挂轴铰接于上机体两侧板上，另一端分别由悬挂螺栓或调节弹簧部件 7 支挂在机体上部或后侧板上。分腔反击板 4 通过支挂轴与装在机体两侧面的连杆及压缩弹簧 8 相连接悬挂在两转子之间，将机体分成两个破碎腔。分腔反击板与第一反击板联成圆弧状反击破碎腔。在分腔反击板和第二反击板的下半部安装有不同排料尺寸的篦条衬板以使达到粒度要求的物料及时排出。篦条衬板用高锰钢铸造。

为了充分利用物料排出时的动能，避免个别大块物料排出，确保产品粒度的质量，在第二级转子的卸料端设置均整篦板 9 及固定反击板 12，在物料接触的表面装有高锰钢铸造的篦条和防护衬板。如果对产品粒度的均齐性要求较高，还可在第一级转子下部装置均整篦板。

产品粒度要求改变或板锤等零件磨后都需要进行适当调整。主要是调整分腔反击板、第二反击板和均整篦板与转子上板锤端点的间隙。第一反击板用来配合分腔反击板的调节，以便保持近似圆弧形的反击破碎腔。调整分腔反击板时，拧动定位螺母即可改变与转子板锤端点的间隙。调整间隙时，须相应调整弹簧预应力。第二反击板、均整篦板与第二转子板锤端点间的间隙可通过相应的弹簧来调整。

上下机体在物料破碎区域内壁装有衬板，机体上设有便于安装检修用的后门和侧门。机体进料口处设置有链幕以防止物料在破碎进飞出。

该破碎机的喂料导板位置较低，因而板锤对喂入物料的冲击点较低，增大了冲击空间，有利于冲击粉碎。同时采用分腔集中冲击粉碎，且两转子具有一定高度差，使第一转子具有强制给料性能，因而扩大了两转子的工作角度，使两转子得到充分利用，并可使第二转子的线速度提高。由于两转子的线速度、板锤数及板锤高度都不同，因而可根据粉碎要求使物料得到充分的粉碎。

(3) 反击-锤式破碎机　反击-锤式破碎机是一种反击式和锤式相结合的破碎机，按其结构特征也可分为单转子和双转子两种。

单转子反击-锤式破碎机又称 EV 型 破碎机，如图 6-64 所示。其结构特点是机内装设有喂料滚筒 3、一块可调节的颚板 5 和一个可调节的卸料篦条筛 6。反击腔较大，仅使用一个中速锤式转子 4 即可进行接连的破碎。物料经一次破碎即可得到 95%小于 25mm 的产品。

为了破碎大块物料，在锤式转子前装设两个慢速回转的喂料滚筒以缓冲喂入的大块物料的冲击，减轻对锤式转子的冲击，并实现由流筒向锤式转子的均匀喂料。两滚筒不但保护了锤式转子，由于喂入机内的细小物料可从其间隙直接漏下，因而它们可还起到了预筛分的作用。

锤子是活动悬挂的，圆周速度为 38～40m/s，锤子质量为 90～230kg。

通过调节颚板、卸料篦条与转子的距离及篦条之间的缝隙，可以调整粉碎产品的粒度。当然，这将引起生产能力的变化。产品粒度与生产能力的关系见图 6-65。

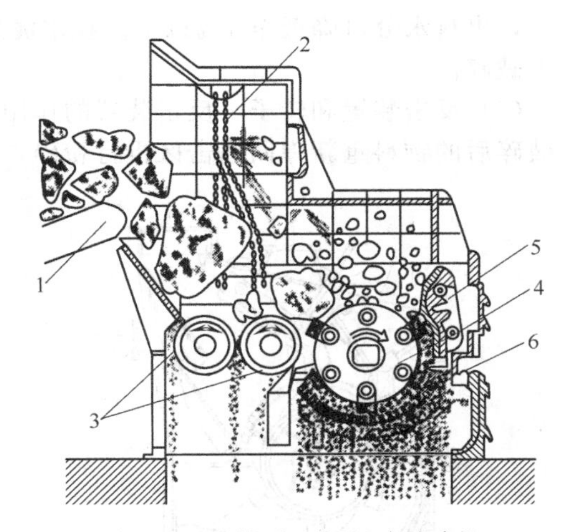

图 6-64　单转子反击-锤式破碎机
1—喂料机；2—链幕；3—喂料滚筒；4—锤式转子；5—颚板；6—卸料篦条筛

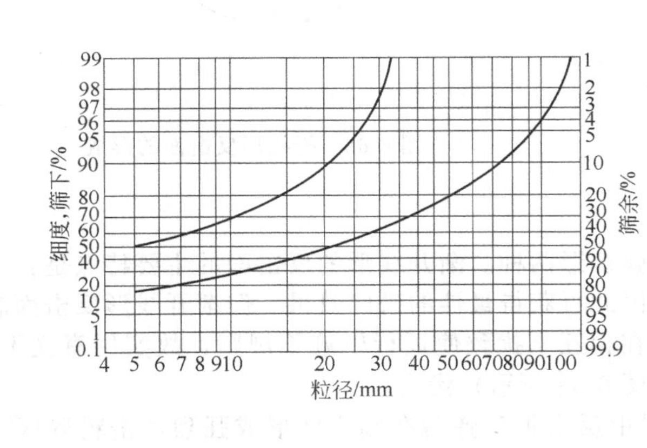

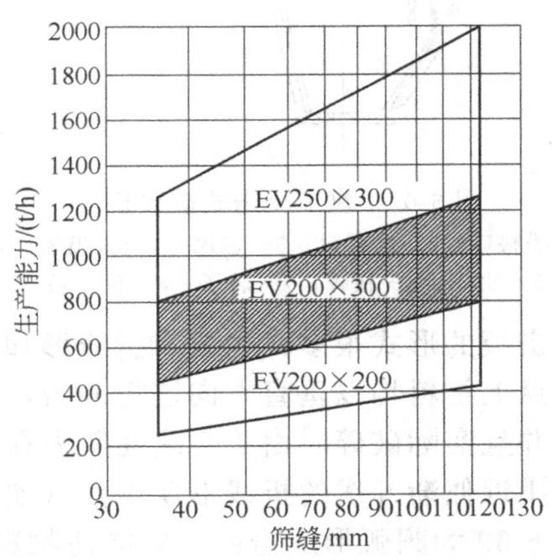

图 6-65　EV 型破碎机的产品粒度与生产能力的关系

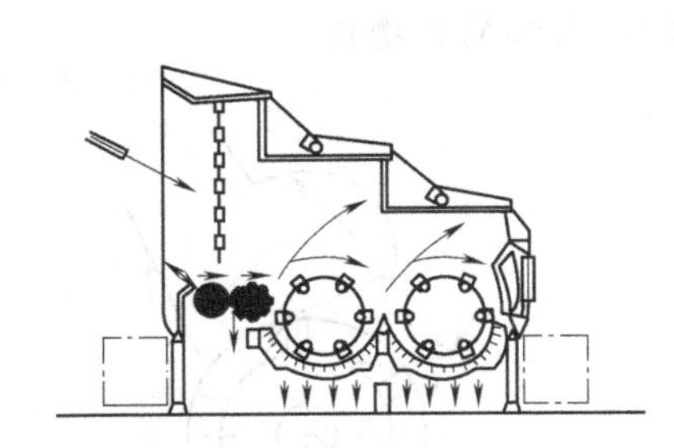

图 6-66　双转子反击-锤式破碎机

适当调整卸料篦缝，从 EV 型破碎机出来的粉碎产品可直接喂入磨机。据称，当粉碎到 95%的物料小于 25mm 时，其电耗为 0.3～0.4kW·h/t。双转子反击-锤式破碎机（如图 6-66 所示）装有两个锤式转子，其粉碎比可达 50 左右，可用于单级破碎。

（4）烘干反击式破碎机　反击式破碎机破碎黏湿物料时，生产能力将明显降低，甚至发生堵塞现象。为适应这种情况，研制了破碎与烘干同时作业的烘干反击式破碎机，其构造如图 6-67 所示。这种破碎机无出料篦条，转子及其上部反击板等结构与一般反击式破碎机相同，物料的破碎过程也与前述的单转子反击式破碎机相同，所不同的是在出料斗下部的侧向和喂料板侧向加设进风口 3，高温气体从此进入，在破碎的同时烘干物料，废气由出风口 4 排出。由于破碎机内部表面积小，保温性能好及散热损失小，故热效率高。破碎机构造简单，体积小，占地面积小，设备投资费用低。

烘干反击式破碎机视其生产能力的大小也有单转子和双转子之分。入料水分可达 25%～

30%，出料水分可降低至1%以下。在水泥厂可用它来进行石灰石、黏土、页岩和煤等原料的烘干破碎。

(5) 反击装置和转子　反击装置的作用是承受被板锤击出的物料在其上冲击粉碎，并将冲击破碎后的物料重新弹回锤击区再行粉碎，以确保最终获得要求的产品粒度。

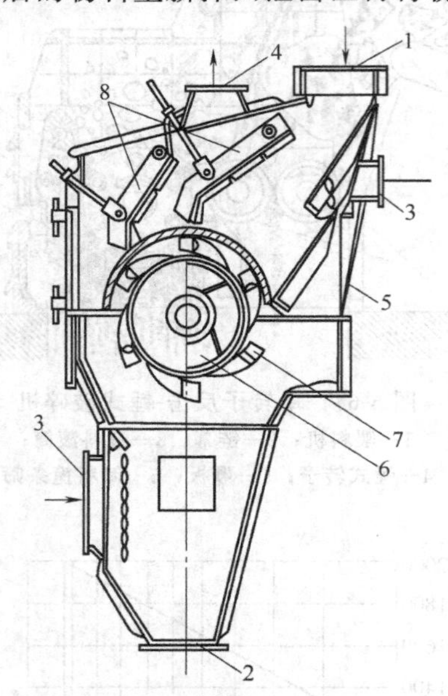

图 6-67　烘干反击式破碎机

1—喂料口；2—出料口；3—进风口；4—出风口；5—机壳；6—板锤；7—转子；8—反击板

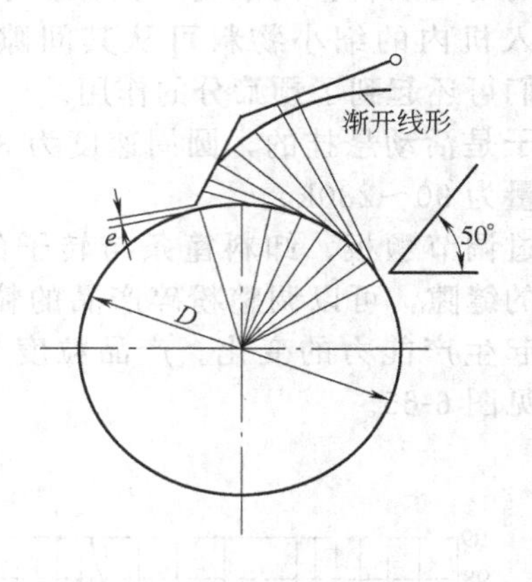

图 6-68　折线形反击面的形成

反击板的形式很多，主要有折线形和弧线形两种。渐开线形的反击面的主要特点是：在反击板各点上物料均以垂直方向进行冲击，因此可获得最佳的破碎效果。但渐开线形反击面制作困难，并且实际破碎时由于料块在腔内存在相互干扰致使运行轨迹不规则，故实用意义不大，通常采用近似渐开线的折线形反击面（如图 6-68 所示）代之。

图 6-69 为圆弧形反击面，它能使物料由反击板反弹后在圆心区形成强烈冲击粉碎区，以增加物料的自由冲击破碎效果。

图 6-70 为前进形反击面，反弹轨迹呈锯齿形，一般物料的反弹过程应朝向卸料端前进，以减小因物料在腔内的干扰而引起的能量消耗。这主要用于粗碎各种易碎物料。

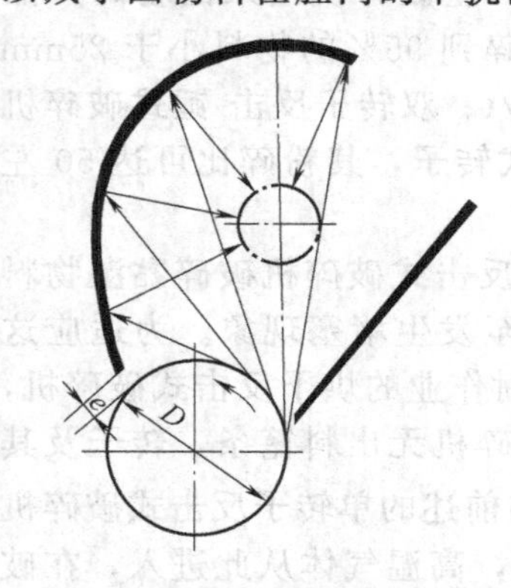

图 6-69　圆弧形反击面示意图

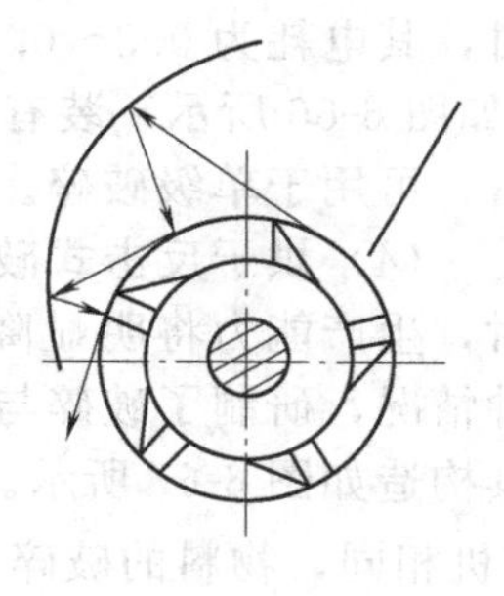

图 6-70　前进形反击面示意图

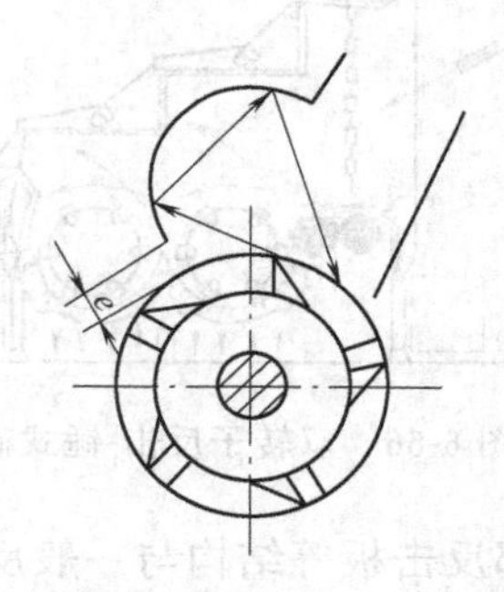

图 6-71　后退形反击面示意图

后退形反击面如图 6-71 所示。这种形状使物料在反击过程以后退的方式回到冲击点，如此可增加物料受冲击的次数，获得较细的粉碎产品。

反击装置一般采用钢板焊成，其反击面上装有耐磨衬板，也可用反击辊或篦条板组成。反击辊或篦条板的间距视产品最大粒度而定。篦条板的缝隙呈倒锥形以防止被物料堵塞。带有缝隙的反击面，其产品中细粒级含量较少，设备生产能力大，电耗较低，但也存在结构复杂、反击面磨损后更换困难、耐磨材料利用率较低等缺点。

反击装置通常带有卸料间隙调整机构，通过调整卸料间隙可改变冲击次数，从而在一定程度上改变产品的粒度组成。在破碎腔内进入难碎物时，反击板可绕悬挂点适当摆动，增大它与板锤之间的间隙，当难碎物通过后，它又迅速恢复至原位。因此，这种机构还起着保险作用。实际上，反击装置只有在受到远大于其自重的力的作用时才会发生位移。在正常工作情况下，反击板对于物料而言，犹如一块固定的平板。

反击装置的结构形式大致有以下几种。

① 自重式 破碎机工作时，反击板借助其自重保持正常位置。当遇有难碎物时，反击板迅速抬起，难碎物排出后又重新回复至原位。其间隙大小可通过悬挂螺栓进行调整。

② 重锤式 利用重锤保持反击板的工作位置。其平衡力的大小可通过重锤在杠杆上的位移进行调整，并用螺钉固定。

③ 弹簧式 反击板在工作时的位置是通过弹簧的压力保持的。遇难碎物时，难碎物克服弹簧的压力从腔内排出，而后反击板在弹簧的作用下回复至原位。弹簧的压缩变形量应与可能进入腔内的难碎物大小相适应。弹簧调整机构可用螺旋弹簧，也可用板簧与杠杆组合形式。合理的弹簧保险机构应能保证在卸料间隙调整时不需重新调整弹簧预压力，简化卸料间隙调整过程，以便于应用。

④ 液压式 利用液压装置调节反击板的位置，同时作为保险装置。这种形式一般用于大型反击式破碎机，与液压启动机壳共同使用一个油压系统。

上述四种结构形式中，自重式和弹簧式应用较广泛。前者结构简单可靠，调节简便，但产品粒度均匀性差，结构也较笨重；后者产品粒度均匀性较好，但结构较复杂。

反击式破碎机大都采用整体铸钢转子，结构坚固耐用，易于安装板锤。它的质量大，能满足破碎要求。此外，也有用数块厚钢板或铸钢板与间隔套并叠而成。小型和轻型反击式破碎机也可用钢板焊接成空心转子。为防止细粒物料通过转子两端与机壳间缝隙时引起转子端部磨损，通常在其端部镶嵌有护板。

板锤采用高锰钢等耐磨材料制成。板锤的形状有长条形、T形、式形、S形、斧形及带槽形等。

6.5.5.3 性能及应用

反击式破碎机结构简单，制造维修方便，工作时无显著不平衡振动，无须笨重的基础。它比锤式破碎机更多地利用了冲击和反击作用，物料自击粉碎强烈，因此，粉碎效率高，生产能力大，电耗低，磨损少，产品粒度均匀且多呈立方块状。反击式破碎机的破碎比大，一般为40左右，最大可达150。粗碎用反击式破碎机喂料尺寸可达2m^3；细碎用反击式破碎机的产品粒度小于3mm。

不设下篦条的反击式破碎机难以控制产品粒度，产品中有少量大块。另外，防堵性能差，不适宜破碎塑性和黏性物料，在破碎硬质物料时，板锤和反击板磨损较大，运转时噪声大，产生的粉尘也大。

6.5.5.4 工作参数的确定

(1) 转子的直径和长度 反击式破碎机主要是用带数个板锤的转子高速冲击物料进行破碎的，冲击破碎物料的能量与转子的质量有关。为了使破碎机具有足够大的冲击能量，转子体应具有足够大的质量，尤其是要有足够大的转子直径；同时，还必须满足转子结构强度和合理的破碎腔设计的需要。喂料粒度与转子直径间的比值大小对反击式破碎机的性能也有影响：比值越小，破碎比越小，生产能力越高，电动机负荷趋于均匀，相应机械效率就越高；反之，破碎

比增大，生产能力降低，机械效率随之下降。喂料粒度与转子直径的关系可用下列经验公式来确定

$$d=0.54D-60 \tag{6-59}$$

式中 d——喂料粒度，mm；

D——转子直径，mm。

式(6-59) 用于单转子计算时，计算结果还应乘以 2/3。

转子的长度应视破碎机的生产能力而定，长度与直径的比值 L/D 一般取 0.5～1.2。

(2) 转子转速　反击式破碎机转子的转速是一个重要的工艺参数，它对产品的粒度和破碎比大小具有决定性作用，对生产能力也有很大影响。在确定转速时，往往先确定其圆周速度 v，一般粗碎时 $v=15\sim20\text{m/s}$；细碎时 $v=40\sim80\text{m/s}$。双转子反击式破碎机第一转子 $v=30\sim35\text{m/s}$，第二转子 $v=35\sim45\text{m/s}$。然后用下式确定转子的转速

$$n=\frac{60v}{\pi D}\ (\text{r/min}) \tag{6-60}$$

(3) 生产能力　反击式破碎机的生产能力可用下式计算

$$Q=60(h+e)Ld_{e}ZnK\rho_{s}\ (\text{t/h}) \tag{6-61}$$

式中 h——板锤高度，m；

e——转子与反击板之间的间隙，m；

L——转子长度，m；

d_e——物料破碎后的粒度，m；

Z——板锤个数；

n——转子转速，r/min；

K——修正系数，一般取 0.1；

ρ_s——物料的容积密度，t/m^3。

(4) 功率　反击式破碎机的功率与很多因素有关，但主要取决于物料的性质、转子的速度、破碎比和生产能力。计算公式为

$$N=KQ\ (\text{kW}) \tag{6-62a}$$

式中 K——比功耗，视物料性质与粉碎细度而不同，对于中等硬度的石灰石，粗碎时 $K=0.5\sim1.2\text{kW}\cdot\text{h/t}$，细碎时 $K=1.2\sim2\text{kW}\cdot\text{h/t}$；

Q——生产能力，t/h。

反击式破碎机所需功率也可按下式计算

$$N=0.0102\frac{Q}{g}\times C_{u}^{2}\ (\text{kW}) \tag{6-62b}$$

式中 Q——开路破碎的生产能力，t/h；

g——重力加速度，m/s^2；

C_u——转子的圆周速度，m/s。

【例题 6-2】 ϕ1000mm×700mm 反击式破碎机的板锤数目为 $Z=3$，板锤高度为 $h=72\text{mm}$，宽度为 $L=700\text{mm}$，板锤与反击板间的距离为 $e=30\text{mm}$，转子转速为 $n=675\text{r/min}$。用该破碎机破碎石灰石，石灰石的堆积密度为 $\rho_s=1.6\text{t/m}^3$，产品粒度为 $d=20\text{mm}$。试计算其生产能力和功率。

解： 根据式(6-61)，破碎机的生产能力为

$$\begin{aligned}Q&=60(h+e)Ld_{e}ZnK\rho_{s}\\&=60\times(0.072+0.03)\times0.7\times0.02\times3\times675\times0.1\times1.6\\&=28\ (\text{t/h})\end{aligned}$$

根据式(6-62a)，取 $K=1.4\text{kW}\cdot\text{h/t}$，则破碎机的功率为

$$N=KQ=1.4\times 28=39.2\ (\mathrm{kW})$$

按式(6-62b)计算，转子的圆周速度为

$$C_u=\frac{D}{2}\omega=\frac{D}{2}\times\frac{\pi n}{30}=\frac{1}{2}\times\frac{675\pi}{30}=35.4\ (\mathrm{m/s})$$

所以，破碎机所需功率为

$$N=0.0102\times\frac{Q}{g}C_u^2=0.0102\times\frac{28}{9.8}\times 35.4^2$$
$$=36.5\ (\mathrm{kW})$$

6.5.6 细破碎机

在物料粉磨过程中，降低入磨粒度是节能降耗的有效手段，也是提高粉磨设备处理能力的有效方法。物料的细破碎则是降低入磨粒度的有效途径。因此，细破碎的理论和设备是目前国内外研究的热门课题之一。本节介绍几种细破碎设备。

6.5.6.1 细颚式破碎机

(1) 新型颚式破碎机　图6-72为一种新型颚式破碎机结构简图，其工作原理是：物料由进料斗落入机内，经分离机构将物料分散到四周下料。电动机经V带带动偏心轴，使动颚上下运动而压碎物料，达到一定粒度后进入回转腔。物料在回转腔内受到转子及定颚的研磨而破碎，破碎的物料从下料斗排出。该机通过松紧螺栓和加减垫片可调整进出料粒度。采用圆周给料，给料范围比普通颚式破碎机大，下料速度快而不堵塞。与同等规格的普通颚式破碎机相比，其生产能力大、产品粒度小、破碎比大。

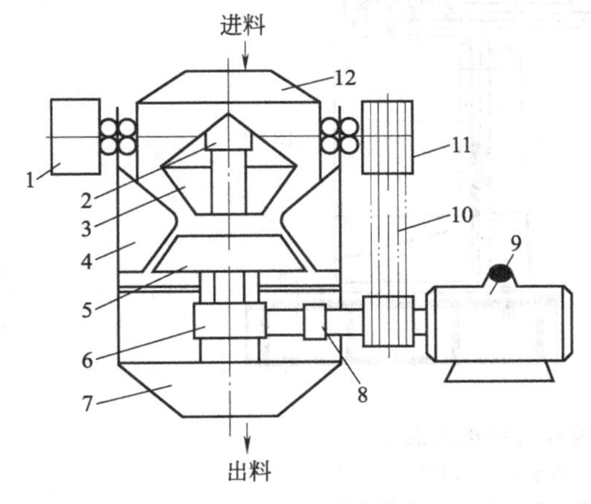

图6-72　新型颚式破碎机

1—飞轮；2—偏心轴；3—动颚；4—定颚（机体）；5—转子；6—齿轮箱；7—下料斗；8—联轴器；9—电动机；10—V带；11—带轮；12—进料斗

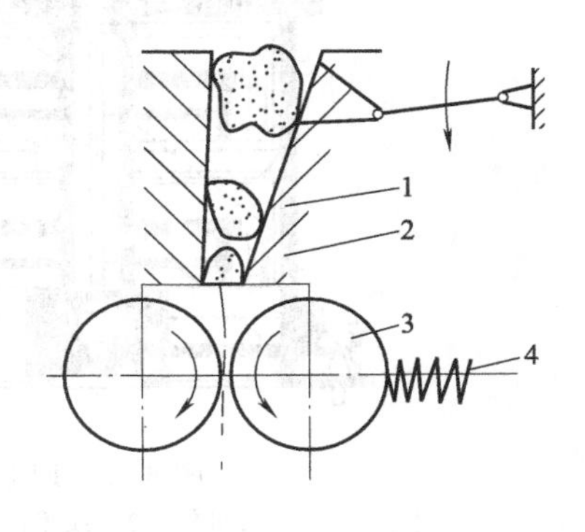

图6-73　颚辊式破碎机破碎原理

1—颚式破碎机；2—破碎物料；3—对辊破碎机；4—减振弹簧

(2) 颚辊式破碎机　将颚式破碎机和双辊破碎机有机地结合在一起，研制出了颚辊破碎机，如图6-73所示。该设备采用单电机机驱动。当整机放在拖车上被牵引拖动时，便成为移动式颚辊破碎机。

颚辊破碎机的工作原理：电动机驱动下部对辊破碎机主动辊部，主动辊部经过桥式齿轮带动被动辊部反向运转。同时，主动辊部另一端经胶带传动带动上部颚式破碎机工作。通过调整双辊破碎机的安全调整装置，调整两辊间的间隙，可得到最终要求的粒度。

颚辊破碎机具有破碎比大（$i=15\sim16$）、高效节能、体积小、重量轻、驱动方式多样和移动灵活、可整机也可分开单独使用等特点，其特别适于深山区中小型矿山和建筑工地材料的破碎，也可作为“移动式选厂”的配套破碎系统。

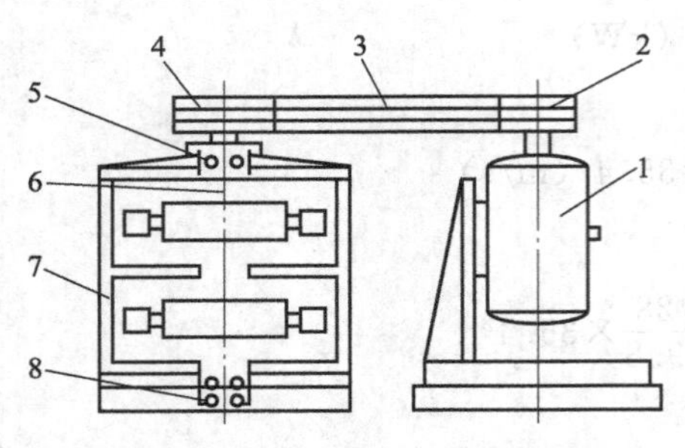

图 6-74 立轴锤式破碎机结构简图

1—电动机；2—小带轮；3—V 带；4—大带轮；5，8—支承轴承；6—主轴；7—机体

6.5.6.2 立轴式破碎机

（1）立轴锤式破碎机 立轴锤式破碎机的结构如图 6-74 所示。其工作本质是其牵连运动为定轴转动，锤头质点在冲击物料时，利用了物料本身的相对加速度和牵连加速度相互影响而产生的科里奥利加速度。物料进入破碎腔后，先落在甩料盘上，在甩料盘高速旋转的离心力作用下，被抛向反击板（机体内壁），进行碰撞、反击、破碎，又在反弹力和重力作用下，下落到高速旋转的打击锤进行破碎、下滑，再多次被反击破碎，如此往复。立轴锤式破碎机的出料粒度为 7～8mm。

（2）立轴反击式破碎机 立轴反击式破碎机的结构如图 6-75 所示。破碎机由机体、主轴、若干排锤头（板锤）、衬板、进料口、电机和电机支架等组成。主轴通过向心调心滚动轴承安装在机体上，其轴向力由球面滚子推力轴承承受。主轴上一般用键连接若干排锤架。锤架上装有锤头（板锤）。对于立轴反击式破碎机来说，一般操作有两排锤头，中间装有隔盘，将破碎机分为上下两个破碎腔，即破碎腔和挤压腔。筒体内部装有斜形齿反击板。主轴上端装有带轮，通过 V 带与电动机上带轮相连。电动机安装在单独的支架上，可以调整以适应 V 带张紧需要。

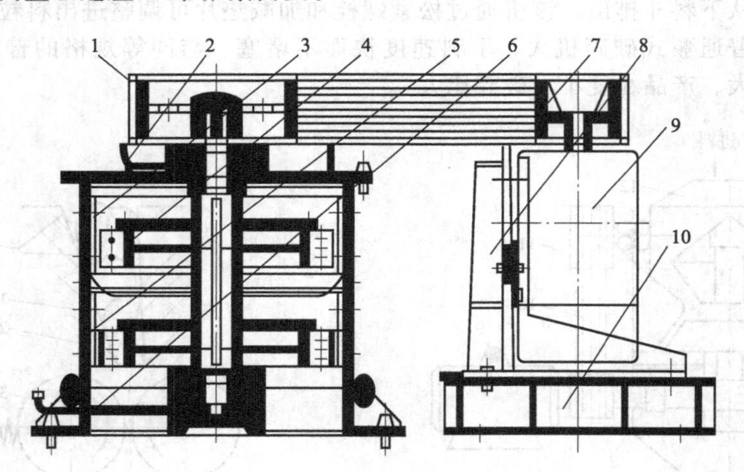

图 6-75 PLF 立轴反击式破碎机结构示意图

1—大带轮；2—顶盖；3—反击板；4—转子；5—筒体；6—支座；7—小带轮；8—电动机支架；9—电动机；10—电动机底座

电动机可在支架上上下调节，以使两个带轮处于同一平面内。整个主机及电动机安装在同一基础上，以保证设备的正常运转。当块状物料落至锤架上时，被高速旋转的转子加速，获得足够的动能，在离心力作用下飞向周边，撞击在筒体的反击板上，被冲击破碎后反弹，又被高速运动的板锤撞击而粉碎。部分物料与高速放置的转子一起作回转运动，在回转运动中，物料相互碰撞、挤压而被进一步粉碎后自然下落至隔盘上，再落至第二排锤架上，再次发生上述的冲击、撞击和挤压作用。可见，立轴破碎机的破碎过程是通过式破碎，由于物料的通过速度较快，所以产量较高，相对地能耗就低。

立轴锤式和立轴反击式破碎机的区别在于：前者的锤头以铰接方式固定于锤盘上，因而破碎过大的物料时会发生锤头后倒——失速现象，故转子的能量利用不充分；后者的板锤固定于锤架上，且有反击板，故能充分利用整个转子的能量，粉碎比也较大。

（3）立轴复合式破碎机 立轴复合式超细破碎机的结构如图 6-76 所示。与普通立轴锤式破碎机相比，进行三方面的改进：一是将普通立轴锤式破碎机 3 排或 4 排锤改成 2 排复合锤结构，以增加锤头数量；二是将锤头改为移动可调节式锤头，以保证出料粒度在 3mm 左右；三是锤头采用高强耐磨合金钢，以延长使用寿命。

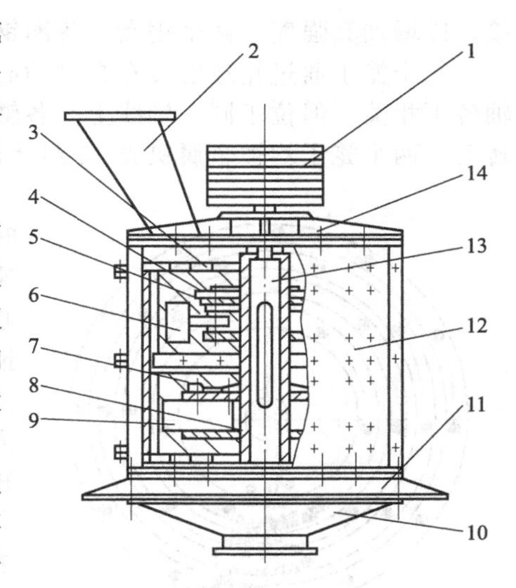

图 6-76 立轴复合式破碎机结构示意图

1—带轮；2—进料斗；3—隔板；4—反击板；5—圈盘；6—活动锤头；7—甩料盘；8—转子；9—移动板锤；10—出料斗；11—底座；12—筒体；13—立轴；14—上盖

当物料进入破碎腔后，先落在甩料盘上，利用其高速旋转的离心力，将物料抛向反击板，进行碰撞、反击、破碎，物料在反弹力和重力的作用下，下落到高速旋转的打击锤进行破碎、下滑，再多次作反击破碎，如此往复；物料在一周“环带”破碎腔内作“Z”字形运动的过程中，被多次锤击和反击，粒度显著减小。

当上部物料下落到中隔板时，不仅延缓了落料速度，形成堆集冲刷，增加破碎机会，而且改变了细碎物料的运行方向，使其必须下落到下部破碎腔的转子的甩料盘上，再次通过离心力的作用，被高速抛到反击板上进行碰撞，同时强制细小物料必须通过转子上的板锤与反击板之间的反击、破碎、研磨，实现超细破碎。破碎机分上、下两部分，上部的破碎腔内布置有 1 排打击锤，其高度、厚度是普通锤式破碎机锤头的一倍以上。下部采用转子结构，该板锤有一套调节装置可以根据需要进行多次、反复地调节。当板锤或反击板磨损后，间隙变大，破碎粒度变粗，此时通过调节间隙的方式，将调节范围控制在 0～80mm 内。这样，一副锤头可以进行多次调节，实际相当于更换了多次新锤头和反击板。

立轴复合式破碎机将立轴锤式破碎机和立轴反击式破碎机结合起来，综合了二者的特点，能耗进一步降低，粉碎比进一步增大。

6.5.7 笼式粉碎机

笼式粉碎机又称笼型碾，其构造如图 6-77 所示。这主要由两个相向转动的笼子所构成，故一般称双转子笼型碾。每个笼子分别都有一个固定在轮毂 3、4 上的钢制圆盘 5、6，每个盘上固装有两圈或三圈钢棒 7，钢棒按同心圆布置并和圆盘垂直。每圈钢棒的另一端由钢环 8 固

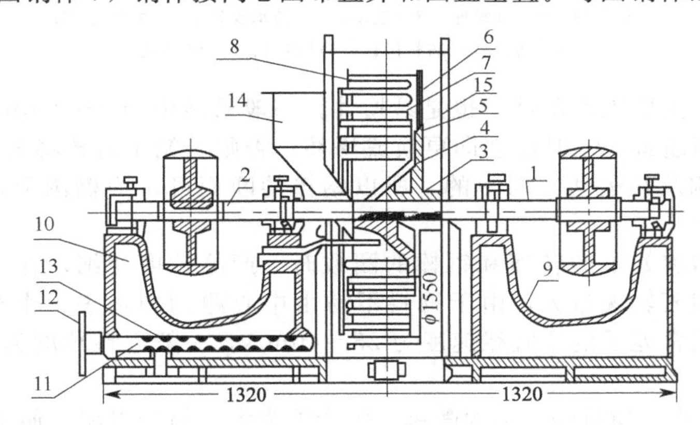

图 6-77 双转子笼式粉碎机

1，2—主动轴；3，4—轮毂；5，6—圆盘；7—钢棒；8—圆环；9，10—支座；11—螺杆；12—手轮；13—螺母；14—加料口；15—机壳

接，以增加其强度，两个钢盘上各圈钢棒是相间分布的。

每个笼子通过轮毂安装在自己的心轴1、2上，而轴1、2分别通过轴承座9、10支撑，两轴各不相关，但位于同一轴线上，各轴均装有带轮，由两台电动机通过带传动使两个笼子相向转动，两个笼子均被金属机壳15封闭，外壳的上部有加料口14。

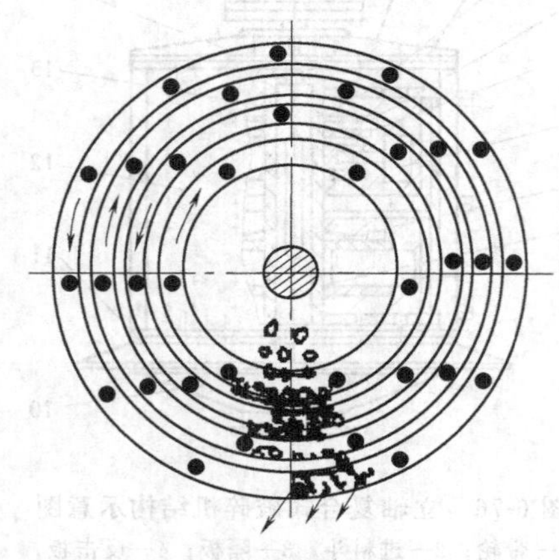

图6-78　笼式粉碎机的工作原理

当物料从加料口进入两个相向转动的笼子中心部分时，料块首先落入最里面的一圈钢棒上，由于轮子的高速转动，物料受到钢棒的猛烈打击而被粉碎，然后在离心力作用下被抛到下一圈钢棒上（即另一笼子的最里圈钢棒），物料在此圈钢棒上受到同样方式的打击，但打击的方向相反。如此进入下去，直至物料通过所有各圈钢棒为止（见图6-78），磨好的物料落至机壳的下部后卸出。

由于笼子钢棒最易磨损，为检修更换方便，设有便于装卸笼体的装置，螺杆11的两端固定在轴承架10的两侧壁上，中间套有固定于机座上的螺母13、转动丝杆手轮12，轴承架带动轴承、轴和笼子一起在底座上水平移动。这对于笼子上的钢棒的修理和更换都很方便。

图6-79所示为单转子笼型碾。它只有一个笼子转动，另一个笼子固定不动，与双转子笼型碾相比，它少一根轴和有关传动部件，故外形尺寸小，生产率也较低。

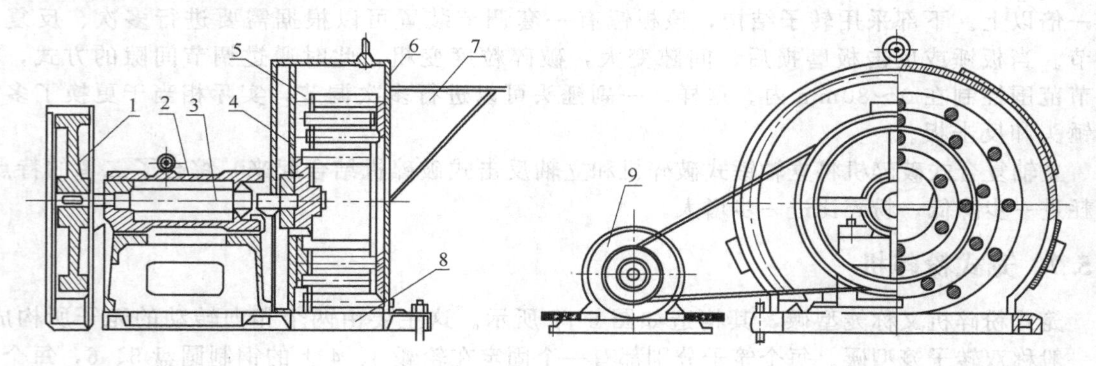

图6-79　单转子笼型碾

1—V带轮；2—轴承座；3—主轴；4—转动笼体；5—固定笼体；
6—机壳；7—加料口；8—排料口；9—电动机

钢棒是笼碾机的主要工作部件，也是易损件，一般只能用400～800h。钢棒直径一般为3cm左右，当其磨损超过3/4时应立即更换或修补；否则，笼子运转将失去平衡。由于钢棒的磨损面是朝向内侧及其运动方向中的，所以钢棒的断面可以为椭圆形，以适应不均衡的磨损。

实践证明，当增加笼子的转速和钢棒的圈数时，产品粒度变细，在一定的转速范围内也会提高生产率。但若转速过大，由于物料不易由中心跑到周边去，生产率反会降低，并使钢棒磨损加剧。通常笼子的适宜线速度为25～40m/s，一般进料粒度为笼子长度的1/4～1/3。

笼型碾具有体积小，质量轻，结构简单，生产能力大，易于封闭，便于清洗，维护方便，并对湿物料有较好的适应性等优点。缺点是设备部件磨损快，钢棒的使用寿命较短，另外，产品粒度不能随时调节。

笼型碾的规格以转笼的最外圈直径（mm）和长度（mm）表示。

6.6 粉磨机械

6.6.1 球磨机

6.6.1.1 概述

球磨机的主要工作部分为一回转圆筒，靠筒内装入的钢球、钢段或瓷球、刚玉球等研磨介质（或称研磨体）的冲击和研磨作用将物料粉碎和磨细。

球磨机的规格用筒体直径(m)×长度(m)表示，如 ϕ2.4m×13m、ϕ3m×11m、ϕ4m×13m 等。

球磨机在建材、冶金、选矿和电力等工业中应用极为广泛，这是因为它有如下优点：

① 对物料的适应性强，能连续生产，且生产能力大，可满足现代大规模工业生产的需要；

② 粉碎比大，可达 300 以上，并易于调整产品的细度；

③ 结构简单，坚固，操作可靠，维护管理简单，能长期连续运转；

④ 密封性好，可负压操作，防止粉尘飞扬。

其缺点如下：

① 工作效率低，其有效电能利用率仅为 2%左右，其余大部分电能都转变为热量而损失；

② 机体笨重，大型磨机重达几百吨，投资大；

③ 筒体转速较低，一般为 15～20r/min，若用普通电机驱动，则需配置昂贵的减速装置；

④ 研磨体和衬板的消耗量大，如普通研磨体粉磨 1t 水泥的磨耗达 500～1000g；

⑤ 工作时噪声大。

(1) 球磨机的类型

① 按筒体的长度与直径之比（长径比）分类

a. 短磨机　长径比小于 2 的球磨机称为短磨机，一般称球磨机。短磨机多为单仓。

b. 中长磨机　长径比为 3 左右。

c. 长磨机　长径比大于 4 时称为长磨机或管磨机。中长磨和长磨机内部一般分成 2～4 个仓。

② 按是否连续操作分类　分为连续磨机和间歇磨机。

③ 按传动方式分类

a. 中心传动磨机　电动机通过减速器带动磨机卸料端空心轴而驱动磨体回转。减速器输出轴与磨机的中心线在同一直线上。如图 6-80 所示。

b. 边缘传动磨机　电动机通过减速器带动固定在卸料端筒体上的大齿轮而驱动磨体回转。如图 6-81 所示。

④ 按卸料方式分类

a. 尾卸式磨机　被粉磨物料从磨机的一端喂入，从另一端卸出。

b. 中卸式磨机　被粉磨物料从磨机的两端喂入，从磨机中部卸出。

⑤ 按磨内研磨介质的形状分类

a. 球磨机　磨内研磨介质主要为钢球或钢段，这种磨机最为普遍。

b. 棒球磨机　这种磨机通常有 2～4 个仓，在第一仓内装入圆柱形钢棒作为研磨介质，后面几个仓装入钢球或钢段。

c. 砾石磨　磨内装入的研磨介质为砾石、卵石、瓷球和刚玉球等，用花岗岩或瓷质材料作为衬板。这种磨机主要用于物料对金属污染较严格的粉磨作业。

⑥ 按操作工艺分类　分为干法磨机和湿法磨机。

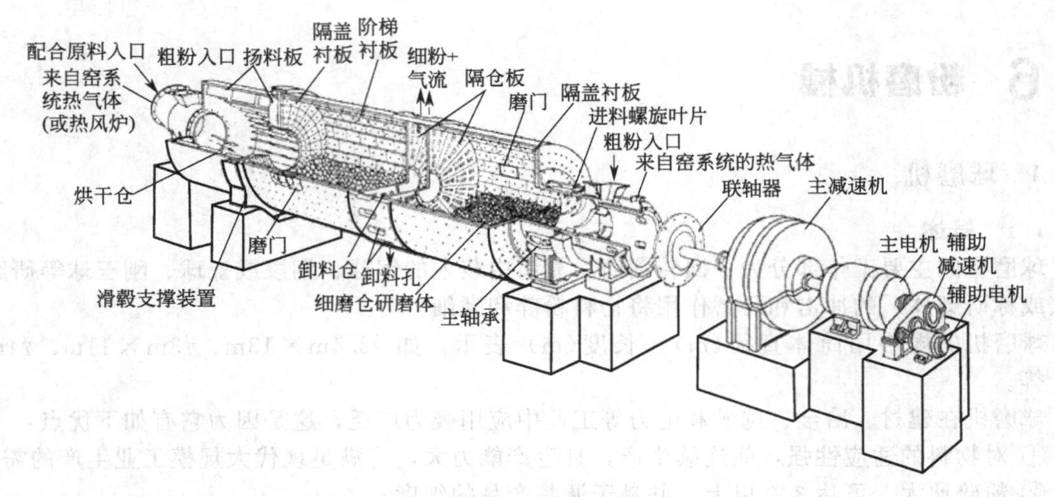

图 6-80 φ4.8×10＋4m 中心传动中卸烘干磨机

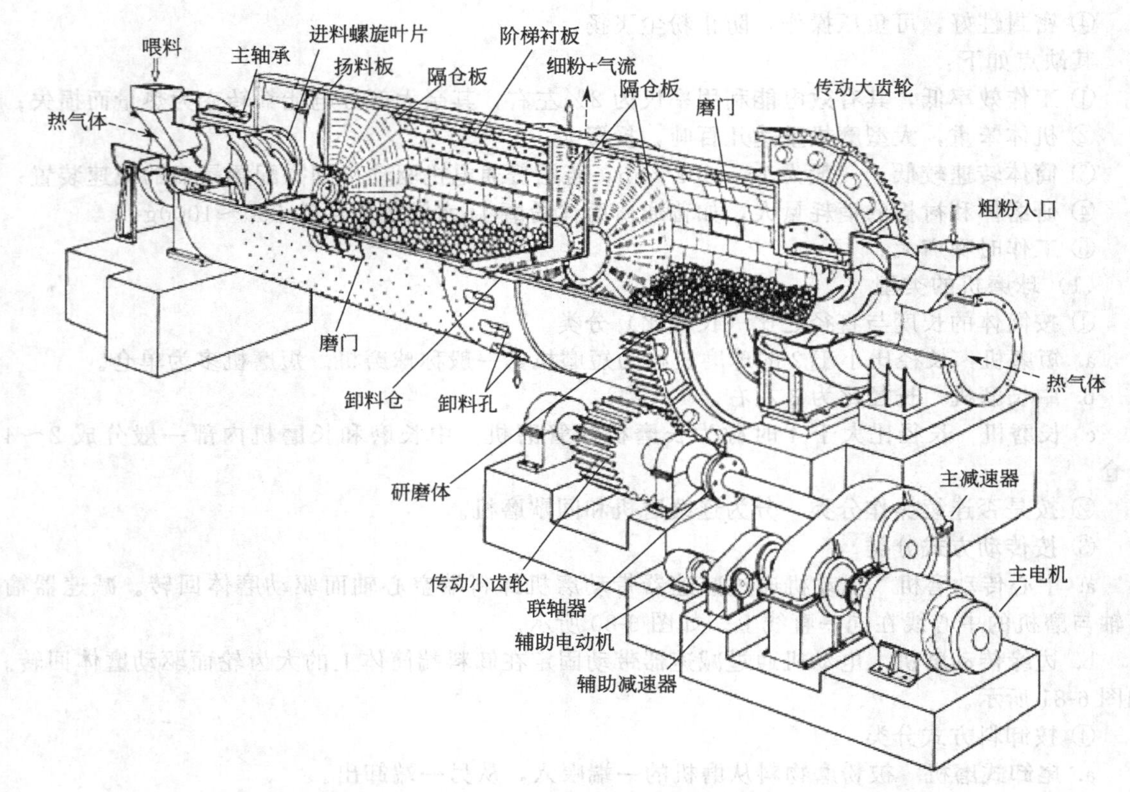

图 6-81 φ2.4×13m 边缘传动中卸烘干磨机

(2) 研磨体粉碎物料的基本作用　磨机以不同的转速回转时，磨内研磨体可能出现三种基本运动状态，如图 6-82 所示。图 6-82(a) 所示为转速太快的情形，此时研磨体与物料贴附筒体与之一起转动，称为“周转状态”，此情形时研磨体对物料无任何冲击和研磨作用。图 6-82(b) 所示为转速太慢情形，研磨体和物料因摩擦力被筒体带至等于动摩擦角的高度，然后在重力作用下下滑，称为“泻落状态”。此情形时对物料有较强的研磨作用，但无冲击作用，对大块物料的粉碎效果不好。图 6-82(c) 所示为转速适中的情形，研磨体被提升至一定高度后以近抛物线轨迹抛落下来，称为“抛落状态”。此时研磨体对物料有较大的冲击作用，粉碎效果较好。

实际上，磨内研磨体的运动状态并非如此简单，既有贴附在磨机筒壁向上的运动，也有沿筒壁和研磨体层的向下滑动、类似抛射体的抛落运动以及绕自身轴线的自转运动和滚动等。研磨体对物料的基本作用是上述各种运动对物料综合作用的结果，其中以冲击和研磨作用为主。

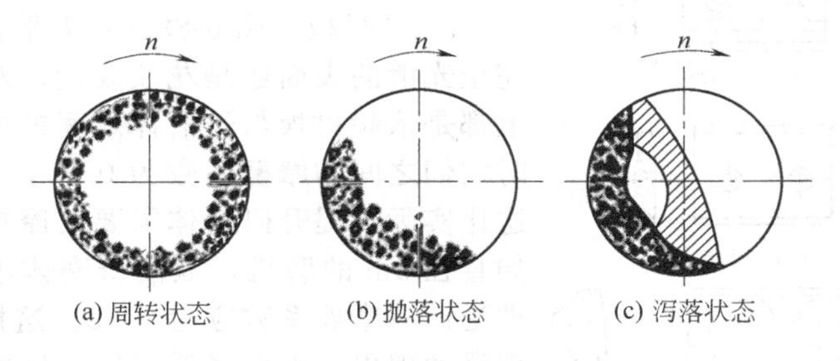

图 6-82　研磨体的运动状态

分析研磨体粉碎物料的基本作用的目的就是根据磨内物料的粒度大小和装填情况确定合理的研磨体运动状态。这是正确选择和计算磨机工作转速、需用功率、生产能力以及磨机机械设计计算的依据。

6.6.1.2　构造

(1) 筒体　球磨机的筒体是其主要工作部件之一，被粉磨物料是在筒体内受到研磨体的冲击和粉磨作用而成细粉末的。

① 材料　筒体工作时除承受大型磨体的静载荷外，还受到研磨体的冲击，由于筒体是回转的，所以在筒体上产生的是交变应力。这就要求制造筒体的金属材料强度要高，塑性要好。筒体是由钢板焊接拼合而成的，又要求其可焊性好。一般用于制造筒体的材料是普通结构钢Q235，其强度、塑性和可焊性均能满足要求。大型磨机的筒体一般用16Mn钢制造，其弹性强度极限比Q235高约50%，耐蚀能力强，冲击韧性也强得多（低温时尤其如此），且具有良好的切削加工性、可焊性、耐磨性和耐疲劳性。

② 轴向热变形　磨机运转与长期静止时筒体的长度是不同的，这是由于筒体温度不同引起热胀冷缩所致。因此，在设计、安装与维护时均须考虑筒体的这一特点。

一般筒体的卸料端靠近传动装置，为保证齿轮的正常啮合，在卸料端不允许有任何轴向窜动，故在进料端有适应轴向热变形的结构。常见的有两种：一种是在中空轴颈的轴肩与轴承间预留间隙；另一种是在轴承座与底板之间水平安装数根钢辊，当筒体胀缩时，进料端主轴承底座可沿辊子移动。

③ 磨门　筒体上的每一个仓都开设一个磨门（又称人孔）。设置磨门是为了便于镶换衬板、装填或倒出研磨体、停磨检查磨机的情况等。

(2) 衬板

① 作用　衬板的作用是保护筒体，使筒体免受研磨体和物料的直接冲击和摩擦；另外，利用不同形式的衬板可调整磨内各仓研磨体的运动状态。

物料进入磨内之初粒度较大，要求研磨体以冲击粉碎为主，故研磨体应呈抛落状态运动；后续各仓内物料的粒度逐渐减小。为了使粉磨达到较细的产品细度，研磨体应逐渐增强研磨作用，加强泻落状态。由前述可知，研磨体的运动状态决定于磨机的转速，这样，粉磨过程要求各仓内研磨体呈不同运动状态与整个磨机筒体具有同一转速相矛盾。解决此矛盾的有效方法就是利用不同表面形状的衬板，使之与研磨体之间产生不同的摩擦系数来改变研磨体的运动状态，以适应各仓内物料粉磨过程的要求，从而有效提高粉磨效率，增加产量，降低金属消耗。

② 材料　球磨机的衬板大多是用金属制造的，也有少量用非金属材料制造（如前述砾石磨情形）。由于各仓内研磨体工作状态不同，与之相应的各仓衬板的材料也不同。在粉碎仓，

衬板应具有良好的抗冲击性能。高锰钢抗冲击韧性好，且在受到冲击时其表面可冷作硬化，变得愈加坚硬耐磨。因此，大多数磨机粉碎仓的衬板都采用高锰钢制造。在细磨仓，要求磨衬材料多为耐磨的冷硬铸铁、合金钢等。

③ 类型　磨机衬板的基本类型如图 6-83 所示。

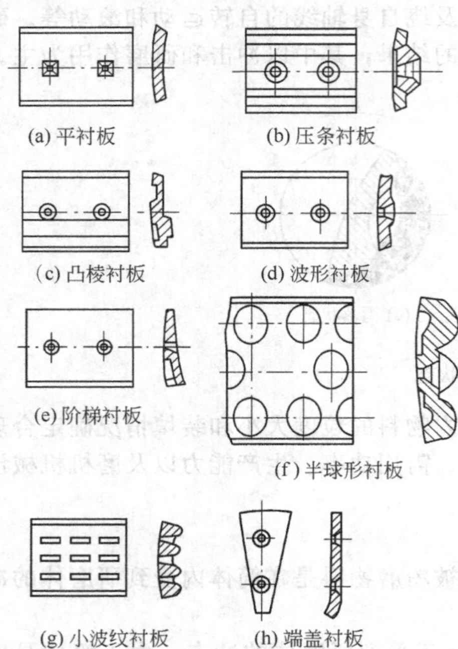

图 6-83　衬板类型

a. 平衬板　图 6-83(a) 为平衬板。平衬板不论是完全光滑的表面还是花纹表面，对研磨体的作用基本上都是依赖衬板与研磨体之间的静摩擦力。湿法粉磨时它们之间的摩擦系数为 0.35，干法粉磨时为 0.40。这比实际要提升研磨体需要的摩擦系数要小得多，譬如直径 3m 的磨机，欲使研磨体不在衬板上滑动，按理论计算摩擦系数应为 0.68。这样，不可避免地要出现滑动现象，因而降低了研磨体的上升速度和提升高度。但也正因为如此，增加研磨体的研磨作用。因此，平衬板宜用于细磨仓。

b. 压条衬板　图 6-83(b) 为压条衬板。它由压条和平衬板组成，压条上有螺栓，通过压条将衬板固定。这种衬板由平衬板部分与研磨体间的摩擦力和压条侧面对研磨体的直接推力的联合作用带动研磨体，因而研磨体升得较高，具有较大的冲击动能。压条衬板宜用于粗磨仓，尤其对物料粒度大、硬度高的情形更合适。因压条衬板是组合件，可根据其磨损情况和使用寿命进行分别更换，降低钢材的消耗。压条衬板的缺点是提升能力不均匀，压条前侧附近的研磨体被带得高，但远离压条处的研磨体会类似于平衬板情形出现局部滑动。当磨机转速较高时，被压条前侧带得过高的研磨体甚至会抛落到对面的衬板上面，不但打不着物料，浪费了能量，反而加速了衬板和研磨体的磨损。所以，转速较高的磨机不宜安装压条衬板。

压条衬板结构的主要参数是高度、角度和安装密度。其高度一般不超过本仓最大球半径；角度为 40°～45°；两压条之间的距离应为该仓最大球径的三倍左右。

c. 凸棱衬板　如图 6-83(c) 所示。它是在平衬板上铸成断面为半圆或梯形的凸棱。凸棱的作用与压条相同，其结构参数与压条衬板类似。由于它是一体的，所以当凸棱磨损后需更换时，平衬板部分也随之报废。但它比压条衬板的刚性好，因而可用延展性较大的材料制作。而用这种材料制作压条衬板时，压条就会弯腰弓背，拉断螺栓。

d. 波形衬板　如图 6-83(d) 所示。使凸棱衬板的凸棱平缓化即成为波形衬板。在一个波节的上升部分对研磨体的提升是相当有效的，而下降部分却有不利作用。这种衬板的带球能力较凸棱衬板低得多，实际上可能使研磨体产生一些滑动，但能避免将某些研磨体抛起过高的不良现象。这一特点较适合棒球磨，因为在棒仓必须注意防止过大的冲击力而损伤衬板。

e. 阶梯衬板　如图 6-83(e) 所示。平衬板的最大缺点是摩擦力不足，即构成摩擦力因素之一的摩擦系数（为摩擦角）太小使研磨体沿其表面滑动。若使衬板表面形成一个倾角 α_φ（见图 6-84），使之与原有的摩擦角合成，则牵制系数 K 为

$$K=\tan(\varphi+\alpha_\varphi) \tag{6-63}$$

如此可增大衬板对研磨体的提升能力。此即阶梯衬板的理论基础。

理论分析证明，阶梯衬板工作表面呈阿基米德对数螺线形式时可均匀地增加提升研磨体的能力。因为衬板表面的倾角均相同，所以沿整个衬板表面的牵制系数也必然相等。

阿基米德对数螺线衬板具有如下优点：使同一研磨体层的研磨体被提升的高度均匀一致；衬板表面磨损均匀，即磨损后其表面形状基本不变；衬板的牵制能力可作用到其他研磨体层，

原因是它们的排列也形成相当于 α_φ 的倾角。如此不仅减少了衬板与最外层研磨体之间的滑动和磨损，而且还防止了不同层次的研磨体之间的滑动和磨损。

由上述可知，阶梯衬板适用于磨机的粉碎仓。

f. 半球形衬板　如图 6-83(f) 所示。半球衬板可避免在衬板上产生环向磨损沟槽，能显著降低研磨体和衬板的消耗，比表面光滑的衬板可提高产量 10%左右。半球形衬板的半球体应为该仓最大球径的 2/3，半球中心距不大于该仓平均球径的两倍，半球应呈三角形排列以阻止钢球沿筒体滑动。

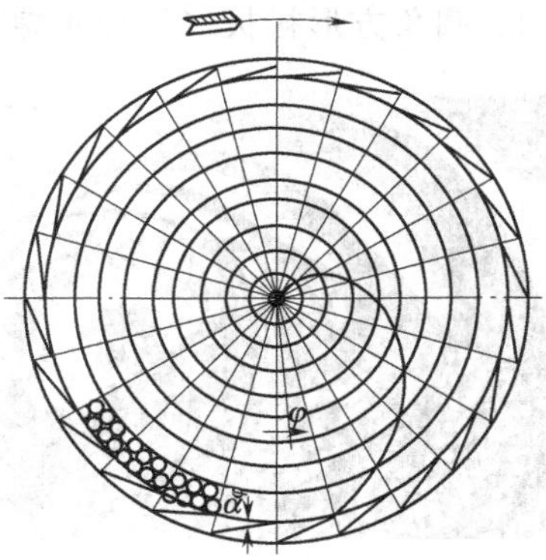

g. 小波纹衬板　如图 6-83(g) 所示。这是一种适合于细磨仓装设的无螺栓衬板，其波峰和节距都较小。

图 6-84　阶梯衬板的表面曲线

h. 分级衬板　衬板的断面形状及其在仓内的铺设如图 6-85 所示。分级衬板形状的主要特点是沿轴向方向具有斜度，在磨内的安装方向是大端朝向磨尾，即靠近进料端直径大，出料端直径小。

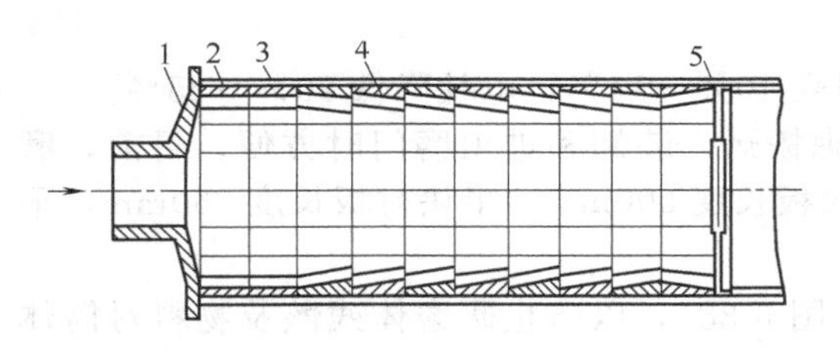

图 6-85　分级衬板铺设示意图
1—磨端盖；2—平衬板；3—筒体；
4—分级衬板；5—隔仓板

上述一些衬板往往使研磨体反向分级，即使大钢球靠近出料端，这与物料粉磨过程的要求恰恰相反。而分级衬板本身沿轴向方向具有斜度，能够自动地将钢球沿磨机轴向由大到小地排列，即自动分级，符合物料粉磨过程的要求，因而可减少磨机仓数，增大磨机有效容积，减小通风阻力，提高粉磨效率。

为避免进料端大球大料堆积过多可在过料端装两排平衬板。为防止出料端小球或物料堵塞出料篦板，可在靠近出料端处装一圈方向相反的衬板。

分级衬板一般安装在磨机的一、二仓内，钢球被分级后，对物料的粉碎作用较强。

i. 端盖衬板　如图 6-83(h) 所示。其表面是平的，用螺栓固定在磨机的端盖上以保护端盖不受研磨体和物料的磨损。

j. 沟槽衬板　沟槽衬板最初于 1968 年在奥地利试验功，1982 年在世界各地广泛使用。

沟槽衬板的结构特点如图 6-86 所示。它使钢球在衬板上以最密六方结构堆积，该结构钢球配位数大，球之间的有效碰撞概率大。由于沟槽的作用，由原来钢球与衬板的点接触变为 120°弧线接触，增大了研磨面积，且球与衬板之间有一层不易脱离的物料层，充分利用了球与衬板之间的滑动摩擦功，有助于提高粉磨效率。此外，磨机有效容积增大，衬板排列可以优选组合成各种分级作用的方式，使钢球在轴向和径向的运动状态发生变化，球层错动有利于增强研磨作用。试验表明，钢球的脱离角由原来的 55°增大为 60°，因此，磨内钢球上升高度降低，使扭矩减小，可降低驱动功率约 18%。由于钢球与衬板之间的料层作用，减小了球击和磨削衬板的概率，从而降低了钢球和衬板的磨耗。

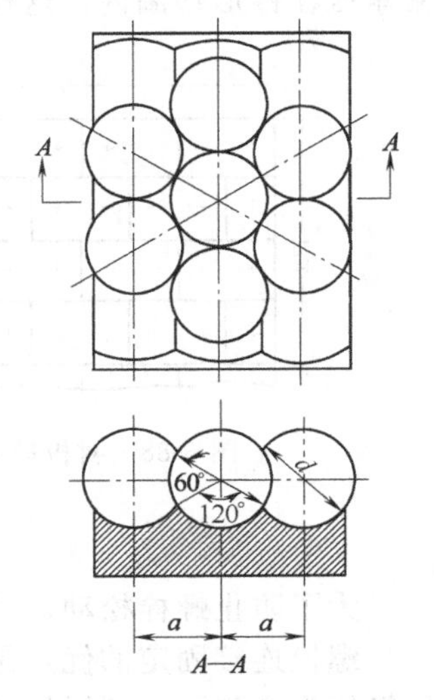

图 6-86　沟槽间距与球径的关系

在细磨仓使用螺旋沟槽衬板，可使磨机旋转过程中对大球产生向前的推力，小球向磨尾移动，因而产生钢球的分级。

据统计，与其他衬板相比，使用沟槽衬板可增产 5%～15%，节电 10%～20%，在产量不变的情况下，仅因驱动功率的降低即可节电6%～8%；可降低钢球消耗30%～40%。

k. 圆角方形衬板（又称角螺旋衬板） 20世纪60年代初，奥地利的艾格纳·华格纳比鲁公司首先试用磨内形成圆角方形断面的衬板，70年代初，又把该衬板的每一圈相互错开36°角安装，从而形成了圆角方形角螺旋衬板。图6-87为磨内安装了圆角方形螺旋衬板后的情况。与普通衬板相比，它有三个特点：磨机的工作断面为带圆角的方形断面；相邻两圈衬板相错36°角；衬板的工作表面形成一个一个截头圆角方形空间。

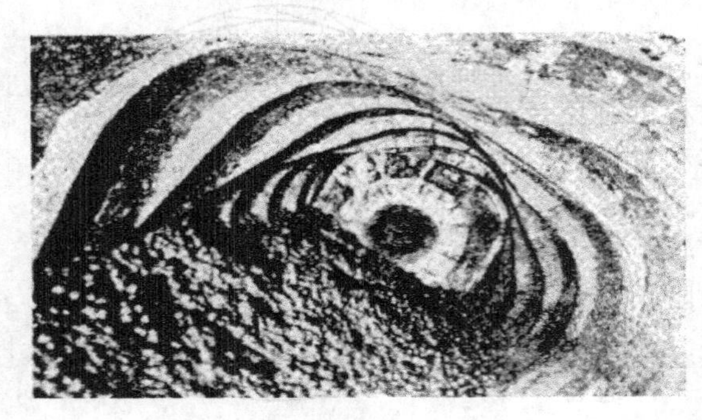

图6-87 圆角方形衬板

圆角方形衬板使研磨体的运动状态发生了很大变化。由于衬板沿磨筒体周向的曲率不同，故研磨体可以不同的脱离角被抛出，这种多变的脱离角增强了研磨体与物料的穿透和混合；同时，交替的研磨体降落点使研磨体交差降落充分与物料接触研磨。另外，角螺旋形和分级衬板增强了钢球的自动分级，并使研磨体循环次数增加。

生产实践表明，圆角方形衬板可使磨机产量提高10%～14%，电耗降低20%～25%。

④ 规格、排列及固定 确定衬板的规格应考虑搬运、装卸和进出磨门时方便。目前，磨机衬板尺寸已基本统一，其宽度为314mm，整块衬板长度500mm，半块衬板长度250mm，平均厚度为50mm左右。

衬板排列时环向缝不能贯通，应相互错开（见图6-88），以防止研磨体残骸及物料对筒体内壁的冲刷作用。为此，衬板分为整块和半块两种。

衬板的固定方式有螺栓连接和镶砌两种。一、二仓的衬板都是用螺栓固定的，所用螺栓有圆头、方头和椭圆头等。安装衬板时，要使衬板紧贴在筒体内壁上，不得有空隙存在。为了防止料浆或料粉进入冲刷筒体，在衬板与筒体间应加设衬垫。为了防止料浆顺螺栓孔流出，可在固定衬板上配有带锥形面的垫圈（如图6-89所示）。在锥形面内填塞麻圈，拧紧螺母时麻圈被紧紧压在锥形垫圈内，这样螺栓与筒体螺栓孔之间的间隙即被消除。

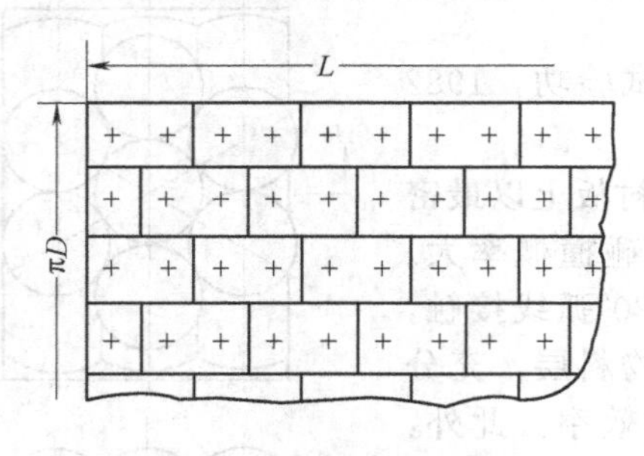

图6-88 衬板排列示意图

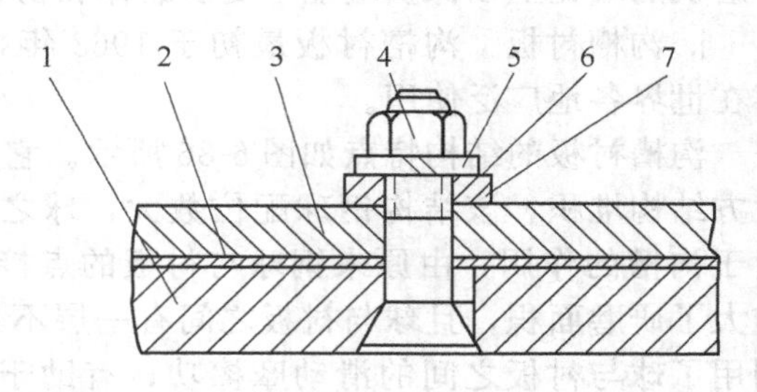

图6-89 衬板的螺栓连接

1—衬板；2—衬垫；3—筒体；4—螺栓及螺母；5—弹簧垫圈；6—密封垫圈；7—锥面垫圈

为了防止螺栓松动，螺栓要求带双螺母或防松垫圈。

螺栓连接固定的优点是：抗冲击、耐振动，比较可靠。其缺点是：需在筒体上钻孔，因而使筒体强度削弱，还增加了漏料的可能。

磨尾仓内的小波纹衬板等一般都交错地镶砌在筒体内，彼此挤紧时形成“拱”的结构，再加上衬板与筒体之间的水泥砂浆的胶结，一般较牢固。为了能够挤紧，在衬板的环向用铁板楔紧。

为了克服螺栓连接的缺点，也有的采用无螺栓衬板。衬板的两侧均带有半圆形销孔，当衬板彼此挤紧时，在销孔内打入楔形销钉。在每圈首尾衬板相接处的销钉孔内打入一特殊楔形销钉。在衬板和筒体间加衬垫。

铸石衬板的安装应交错环砌，不宜用螺栓固定。一般镶砌在10mm左右厚的黏合料上。

(3) 隔仓板

① 作用

a. 分隔研磨体　在粉磨过程中，物料的粒度向磨尾方向逐渐减小，要求研磨体开始以冲击作用为主，向磨尾方向逐渐过渡到以研磨作用为主，因而从磨头至磨尾各仓内研磨体的尺寸依次减小。加设隔仓板可将这些执行特定任务的研磨体加以分隔，以防止它们窜仓。

b. 防止大颗粒物料窜向出料端　隔仓板对物料有筛析作用，可防止过大的颗粒进入冲击力较弱的细磨仓。否则，未粉碎细的颗粒堆积起来会严重影响粉磨效果，或者未经磨细出磨造成产品细度不合格。

c. 控制磨内物料流速　隔仓板的篦板孔的大小及开孔率决定了磨内物料的流动速度，从而影响物料在磨内经受粉磨的时间。

② 类型　隔仓板分单层和双层两种，双层隔仓板又分为过渡仓式、提升式和分级式几种。

a. 单层隔仓板　如图6-90所示。它是由扇形篦板组成的，用中心圆板5将这些扇形板连接成一个整体。隔仓板外圈篦板2用螺栓固定在磨机筒体1的内壁上。内圈篦板3装在外圈篦板的止口中。中心圆板和环形固定圈4用螺栓与内圈篦板固定在一起。

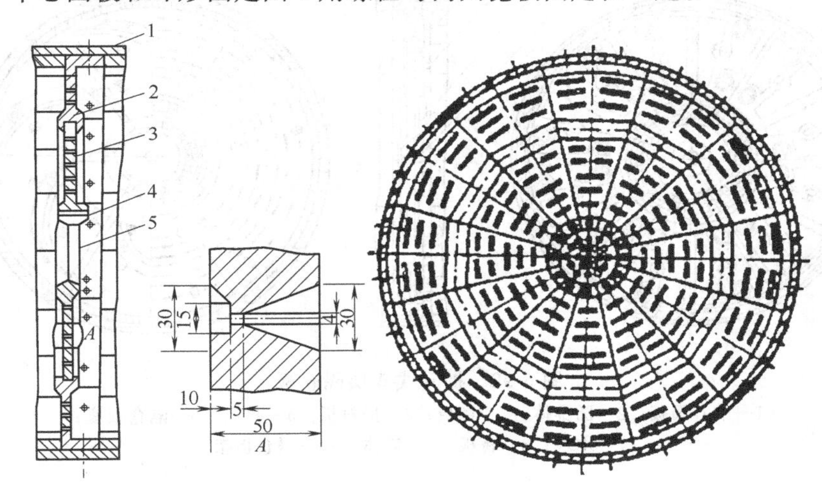

图6-90　单层隔仓板

1—筒体；2—外圈篦板；3—内圈篦板；4—环形固定圈；5—中心圆板

b. 过渡仓式双层隔仓板　图6-91所示为ϕ2.4m×13m棒球磨过渡仓式双层隔仓板。它由一组盲板2和一组篦板7组成，隔仓板朝进料方向的一面是盲板，当一仓内料浆面高于环形固定圈时，料浆就流进双层隔仓板中间，然后再经篦板进入二仓。大块物料和碎研磨体被阻留在双层板之间，定时停磨清除。仓板座3用螺栓4固定在磨体贴筒体5上，盲板装在仓板座上，环形固定圈1装在盲板上，篦板装在仓板座上，盲板与篦板中间有定距管6用螺栓拧紧，在篦板上装有中心圆板9。

c. 提升式隔仓板　如图6-92所示。物料通过篦板3进入双层隔仓板中间，由扬料板4将物料提升至圆锥体2内，随着磨机回转进入下一仓。盲板8和扬料板用螺栓固定在隔仓板架10上，隔仓板座6及木块7用螺栓固定在磨机筒体9的内壁上，篦板及盲板装在隔仓板座上，圆锥体装大双层板中间，在圆锥体上装有中心圆板1。

提升式双层隔仓板有强制物料流通的作用，即通过的物料量不受相邻两仓物料水平面的限

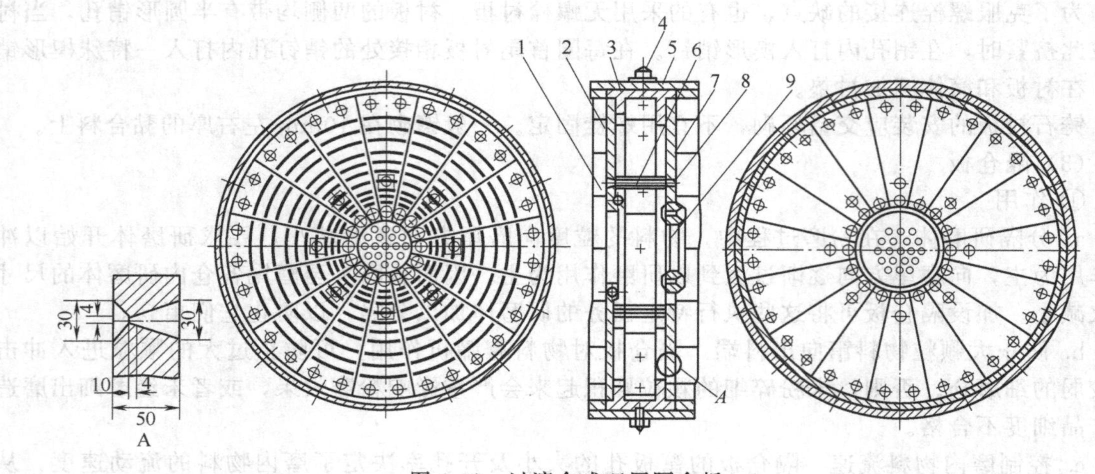

图 6-91　过渡仓式双层隔仓板

1—环形固定圈；2—盲板；3—仓板座；4—固定螺栓；5—磨机筒体；6—定距管；7—篦板；8—螺栓；9—中心圆板

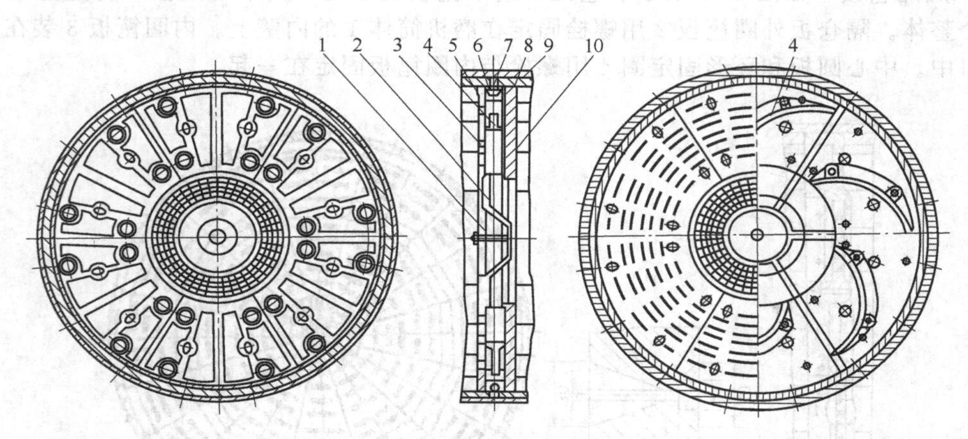

图 6-92　提升式双层隔仓板

1—中心圆板；2—圆锥体；3—篦板；4—扬料板；5—衬板；6—隔仓板座；7—木块；8—盲板；9—筒体；10—隔仓板架

制，甚至前仓的物料面低于后仓的情况下仍可通过物料，可能控制其前后两仓的适宜球料比（该仓内研磨体与物料的质量比）。因此，它适合于安装在干法磨机的粉碎仓内。但它会使磨机的有效容积减小；在其两侧的存料较少，此区域粉碎效率降低，同时也加剧了隔仓板的磨损；较单层隔仓板结构复杂，通风阻力较大。

d. 分级隔仓板　近年来，分级隔仓板应用日益广泛，尤其在开路磨中使用效果更好。由于开路磨系统中无选粉装置，所以，出磨物料细度控制不方便，通常都是通过增大磨尾仓研磨体填充率抬高物料水平面来限制物料流速，但出磨物料细度仍随入磨物料量的变化而大幅波动。物料跑粗是常见的现象。如果严格控制出磨物料细度，则由于磨内物料的过粉磨现象而导致磨机产量降低，粉磨电耗提高。分级隔仓板可有效改善这种状况。

③ 隔仓板的篦孔

a. 篦板孔的排列　篦板孔的排列方式有多种，主要是同心圆和辐射状排列两大类应用较多。同心圆排列见图 6-93(b)。其篦孔平行于研磨体和物料的运动路线，因此对物料的通过阻力小，且不易堵塞，但通过的物料容易返回。辐射状篦孔［图 6-93(a)］的特点与之相反。

双层隔仓板由于不存在物料返回问题，其篦孔通常都是同心圆排列的。为了便于制造，同心圆排列常以其近似形状代替，呈多边形排列，如图 6-93（c）所示。

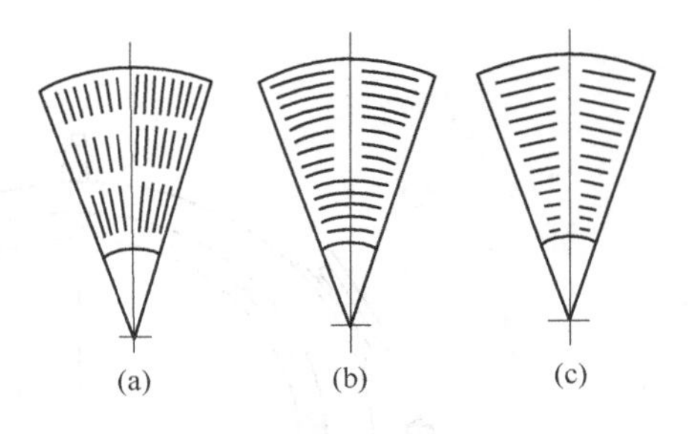

图 6-93　篦孔排列形式

辐射状篦板对研磨体有牵制作用，使靠近篦板附近的研磨体有较大的提升高度，于是便出现了不同的球载内径 R_1，如图 6-94 所示。图 6-94(a) 为隔仓板附近球载的半径，图 6-94(b) 为远离隔仓板处球载的内径。因隔仓板附近的 R_1 较大，这样在空腔中出现了较大的高差，因而使聚集于球载轮廓中部为数较多的大研磨体移向隔仓板，同时将小研磨体陆续排挤到另一端。

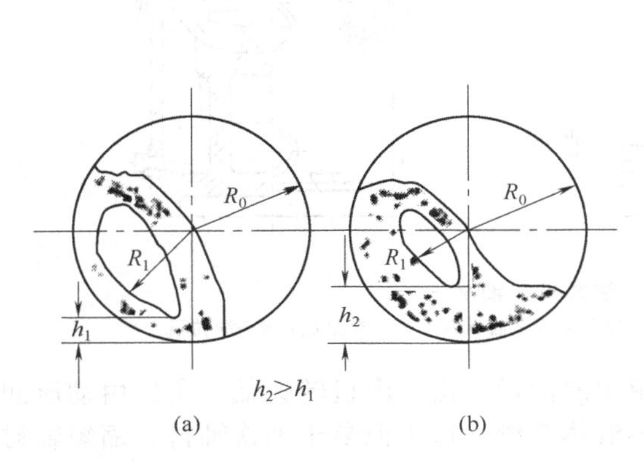

图 6-94　篦板

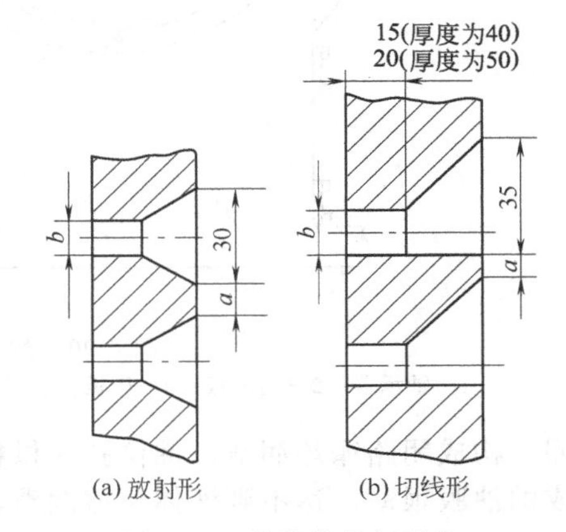

图 6-95　篦孔的几何形状

b. 篦孔　篦孔的形状有放射形和切线形两种，如图 6-95 所示。篦孔宽度有 8mm、10mm、12mm、14mm、16mm 等规格，篦孔间距一般为 40mm。

篦孔的形状要使物料容易通过，且篦板有一定磨损后篦孔的有效宽度不变。

篦板的厚度一般有 40mm 和 50mm 两种。

篦孔的宽度决定着物料的通过量和最大颗粒尺寸，这对第一道隔仓板尤其重要。大颗粒物料从粉碎仓进入后面的细磨仓后，由于研磨体尺寸较小，故很难将它们磨细。因此篦孔不能过大。如干法水泥开路磨机第一道隔仓板篦孔宽度一般为 8mm，闭路磨机的稍大些，可达 10～12mm。湿法磨机由于料浆流动性较好，篦孔可小些。

隔仓板上所有篦孔面积之和与其整个面积之比的百分数称为隔仓板的通孔率。在保证篦板有足够机械强度的条件下，应尽可能增大通孔率，以利于物料通过和通风。干法磨机的通孔率一般不小于 7%～9%。

安装隔仓板时须使大端朝向出料端，不得装反。

(4) 主轴承　各类磨机主轴承的主要构造基本相同，都是由轴瓦、轴承座、轴承盖、润滑及冷却系统组成。

图 6-96 为 ϕ2.4m×13m 磨机的主轴承。球面瓦 7 的底面呈球面形，装轴承座 6 的凹面上，在球面瓦的内表面浇注一层瓦衬，一般多用铅基轴承合金制成。轴承座用螺栓固装在磨机两端的基础上。轴承座上装有用钢板焊成的轴承盖，其上设的视孔供观察供油及中空轴、轴瓦的运转情况。为了测量轴瓦温度，装有温度计。中空轴与轴承盖、轴承座间的缝隙用压板 3 将毡垫压紧加以密封，以防止漏料。

轴承的润滑油采用动压润滑和静压润滑两种方式。动压润滑靠专设的油泵供油，润滑油从进油管进入轴承内，经刮油板 2 将油分布到轴颈和轴瓦衬的表面上。轴承座内的润滑油从回油

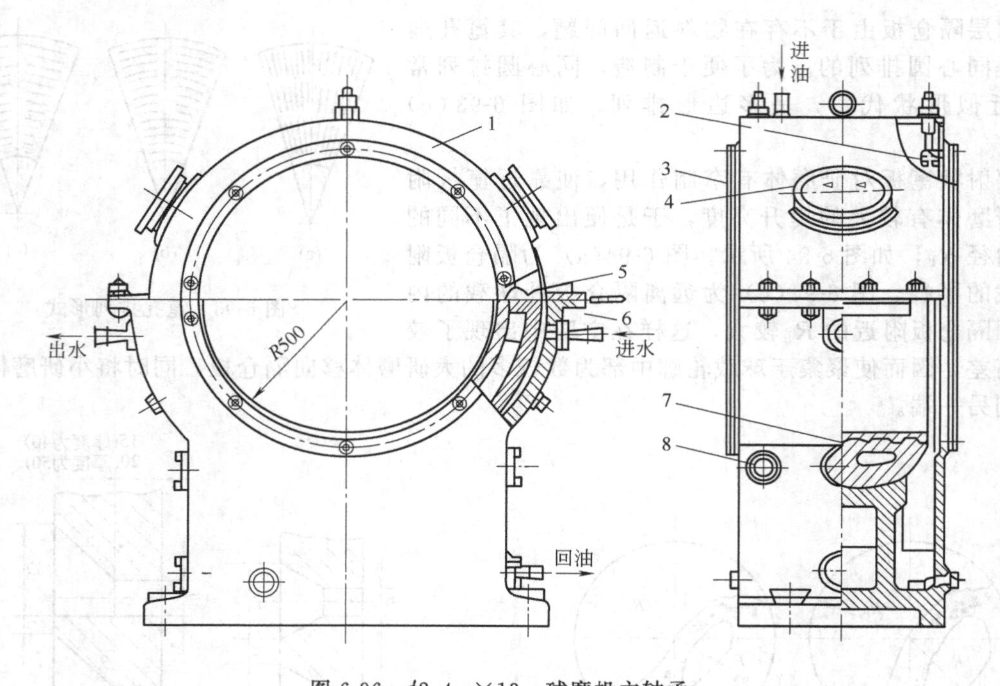

图 6-96 ϕ2.4m×13m 球磨机主轴承

1—轴承盖；2—刮油板；3—压板；4—视孔；5—温度计；6—轴承座；7—球面瓦；8—油位孔

管流回，构成闭路循环润滑。油位孔 8 供检查油箱中的油量。由于磨机转速低，所以由动压润滑形成的油膜很薄，达不到液体摩擦润滑，而是半液体润滑，这不但易于擦伤轴衬，缩短轴衬使用寿命，还会增加磨机传动功率消耗，启动也较困难。因此，除上述动压润滑系统外，有些磨机上还采用了静压润滑系统。所谓静压润滑系统即是在轴瓦的内表面上对称布置开设数对油囊，见图 6-97，由专设的高压油泵往油囊供高压油，靠油的压力形成一层较厚的油膜将油浮起，这样轴承在工作时处于纯液体摩擦润滑状态，克服了动压润滑的缺点。但静压润滑要求的压力高达数十兆帕，油泵及管道常会出现故障。上述动压润滑系统就是当静压润滑系统发生故障时而自动投入工作的一种备用润滑系统。

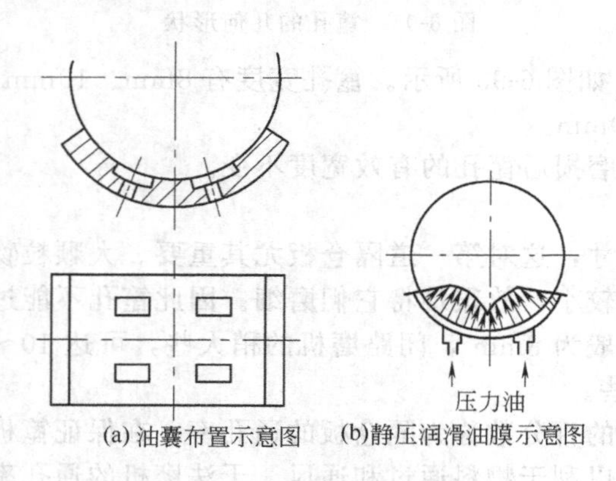

图 6-97 主轴承的静压润滑

有的磨机主轴承采用油圈带油润滑。作用在磨机筒体上的全部载荷通过两端轴颈传递给球面瓦，再传递给轴承座。磨机在制造和安装过程中可能出现误差，因而轴颈和轴承衬可能发生局部接触，造成局部压力过大，引起局部加速磨损及过热。将轴瓦制成球面，它可以在轴承座的球窝里自由转动，这样可使轴衬表面均匀地承受载荷，消除上述不良现象。

磨机主轴承在工作时，磨内的热物料及热气体会不断向轴承传热，轴颈与轴衬接触表面的摩擦也会产生热量，虽轴承表面也同时向周围空间散热，但其散热速度不及前者的传热速度，因而热量的不断积累必然导致轴承的温升。轴承衬的允许工作温度一般低于 70℃，如果超过此温度即会发生烧瓦，影响磨机的正常运转。因此，必须及时排走热量，降低温度。常用的方法是水冷却，直接引水入轴瓦的内部，或间接水冷却润滑油，或二者同时使用。

(5) 进料、卸料装置 磨机进料、卸料装置是磨机整体中的一个组成部分，物料和水（湿法磨）或气流（干法磨）通过进料装置进入磨内，通过出料装置排出磨外。根据生产工艺要求，磨机的进、卸料装置有不同的类型，下面介绍通过磨机中空轴进出的装置形式。

① 进料装置　进料装置大致有以下几种。

a. 溜管进料（图 6-98）　物料经溜管（或称进料漏斗）进入位于磨机中空轴颈 3 内的锥形套筒 2，沿着旋转的筒壁自行滑入磨内。溜管断面呈椭圆形。

由于物料先靠自溜作用向前移动，所以溜管的倾角必须大于物料的休止角，以确保物料的畅通。

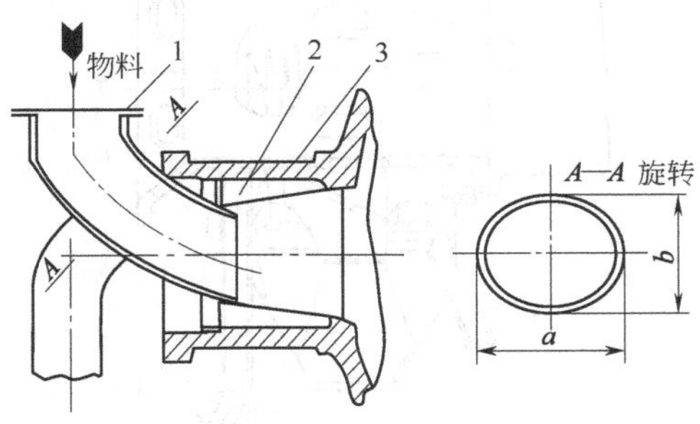

图 6-98　溜管进料装置

1—溜管；2—锥形套筒；3—中空轴颈

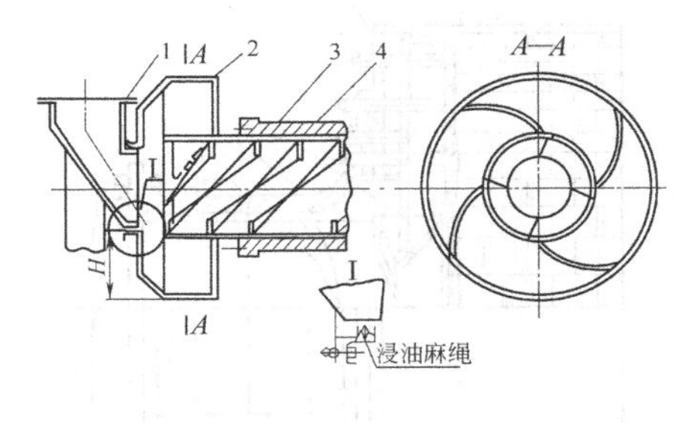

图 6-99　螺旋进料装置

1—进料漏斗；2—勺轮；3—中空轴；4—螺旋套筒

此种进料装置的优点是结构简单，缺点是喂料量较小。它适用于中空轴颈的直径较大长度又较短的情况。

b. 螺旋进料（图 6-99）　物料由进料漏斗 1 滑落到勺轮 2 后，回转的勺轮将物料提升上去，再由轮叶直接倒在位于中空轴 3 内的螺旋套筒 4 内，内螺旋叶片将物料送到磨内。

为防止在固定的进料漏斗与回转的勺轮之间漏料，要求勺轮入口半径与勺轮半径的差值 H 大于物料的堆积高度，并在环形间隙处用毛毡片或浸油麻绳密封。

为避免较热的物料和气流对主轴承传热过于剧烈，在中空轴和螺旋套筒之间预留一定间隙，使之形成空气隔热层。

螺旋进料装置是强制性喂料，喂料量较大，但结构复杂，钢板焊接件易磨损。它适用于喂料量大而中空轴的直径较小、长度较大的情形。

c. 勺轮进料（图 6-100）　物料由进料漏斗 1 进入勺轮 2 内，勺轮轮叶将其提升至中心卸下进入锥形套 3 内，然后溜入磨内。

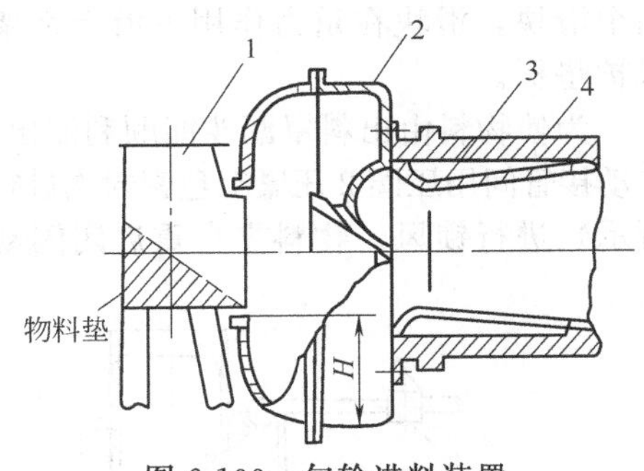

图 6-100　勺轮进料装置

1—进料漏斗；2—勺轮；3—锥形套；4—中空轴

为避免物料从进料漏斗与勺轮之间的缝隙漏出，同样要求勺轮入口半径与勺轮半径之差值 H 须大于物料的堆积高度，并在环形间隙处加设密封。

为保护进料漏斗底部不被物料磨损，底部呈直角形，使在此处堆积一些物料作保护层。

由于锥形套可使物料有较大落差，所以规格相同时其喂料量比溜管大。采用铸件结构因而较耐磨。

② 卸料装置　图 6-101 所示为 ϕ3m×11m 水泥磨卸料端装置。物料由尾仓通过出料篦板 2 后，在出料篦板上的扬料板作用下将物料提升至一定高度，然后滑到锥形卸料体 6 上，再溜到出料螺旋大筒 7 内（也有用锥形套筒），靠内螺旋叶片将物料排出磨外。

物料由卸料端中空轴排出后进入出料装置，其结构如图 6-102 所示。传动接管 1 用螺栓与磨机卸料端中空轴连接，另一端与中心传动轴法兰盘连接。圆筒筛随传动接管一同旋转。圆筒筛外面有一安装在支架 11 上的出料罩 4。传动接管上有六个卸料孔，当磨机工作时物料由卸料孔进到圆筒筛内进行筛分，细小物料通过筛孔后汇集于出料罩漏斗，然后通过闪动阀进入输送设备。未通过筛孔的粗颗粒物料及研磨体残骸在锥形套5和刮板7的作用下溜入漏斗9，其下部有插板10，定期打开插板即可排出收集物。

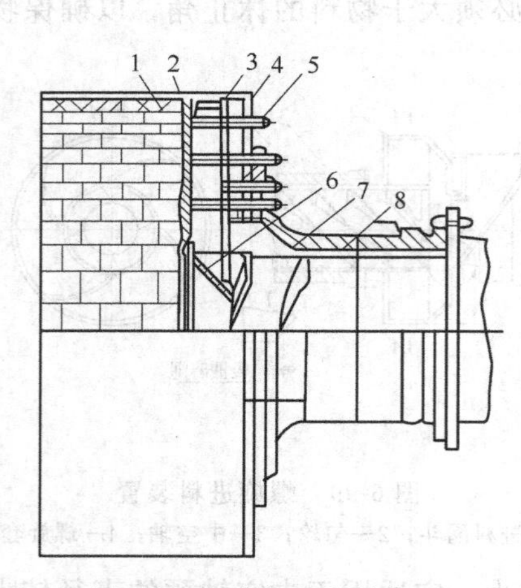

图 6-101 磨机卸料端装置

1—筒体；2—出料篦板；3—端盖衬板；4—端盖；5—螺栓；6—锥形卸料体；7—螺旋套筒；8—中空轴

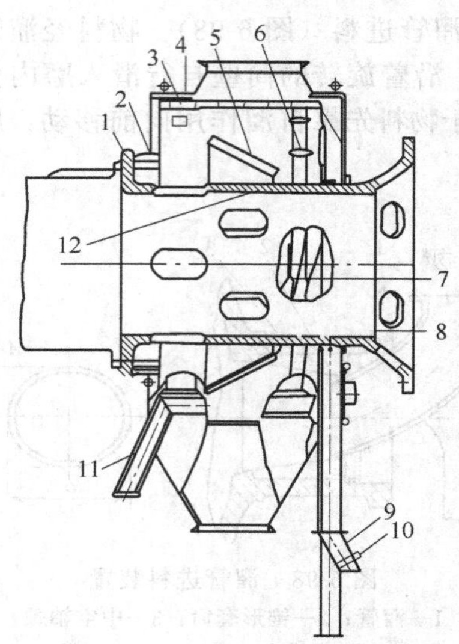

图 6-102 磨机出料装置

1—传动接管；2—压圈；3—圆筒筛；4—出料罩；5—锥形套；6—滑块；7—刮板；8—堵板；9—漏斗；10—插板；11—支架；12—十字架

圆筒筛常用筛板作为筛面，筛板通常用薄钢板制造，筛孔多为长条形，长轴与旋转方向一致，宽度为3.5～5mm。为防止筛孔被物料堵塞，筛筒内装有振打装置，在十字架12上装有四个滑块，滑块在重力作用下沿十字架滑动，每个滑块在每圈中冲击振打两次。筛面上有厚钢保护垫板。

为使物料由出料罩漏斗能顺利流出，漏斗倾角应大于45°。为避免漏料及漏风，在出料罩与传动接管间用压圈2压紧毛毡密封圈进行密封，并在出料罩漏斗下面装翻板式闪动阀（如图6-103所示）进行锁风。物料靠自重启闭闪动阀，当少料或无料时，翻板即受重锤作用而自锁。

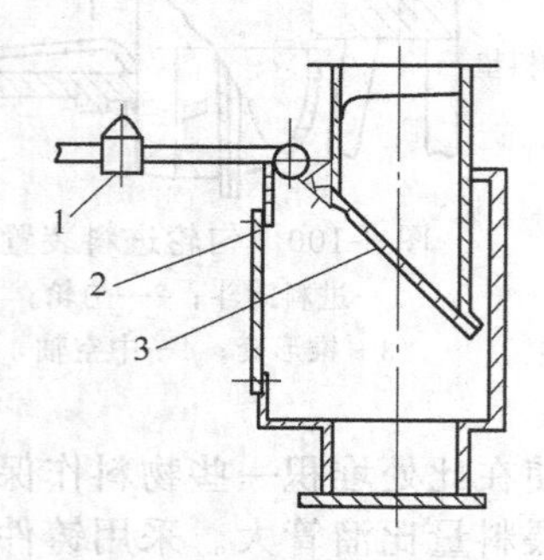

图 6-103 翻板式闪动阀

1—重锤；2—壳体；3—翻板

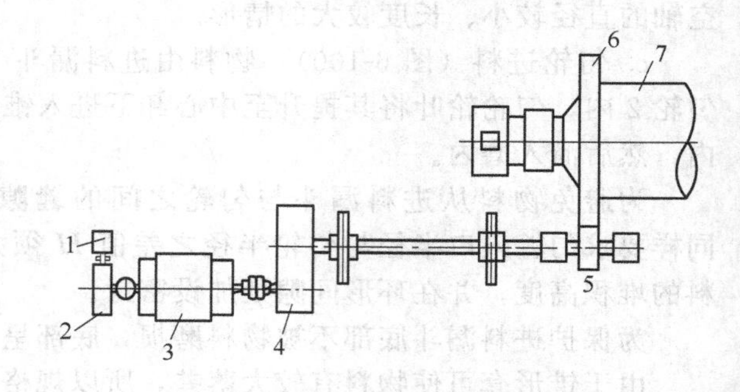

图 6-104 采用高速电动机的边缘单传动

1—辅助电动机；2—辅助减速机；3—高速电动机；4—主减速机；5—小齿轮；6—大齿轮；7—磨机筒体

（6）传动系统

① 传动形式

a. 边缘传动

（a）采用高速电动机的边缘单传动 采用高速电动机时边缘单传动的布置如图6-104所

示。高速电动机3驱动主减速机4，再由小齿轮5带动安装在磨机上的大齿轮6。对于大型磨机，有的在电动机的另一端安装辅助电动机1和辅助减速机2。

(b) 采用低速电动机的边缘单传动　采用低速电动机时边缘单传动的布置如图6-105所示。这种形式省去了主减速机，但电动机的造价较高。

以上两种传动方式都可以用高转矩电动机直接与减速机或齿轮轴连接，也可采用低转矩电动机，此时在电动机与减速机或电动机与小齿轮轴之间使用离合器，使电动机能够空载启动。常用的离合器有电磁和空气离合器两种。

对于边缘单传动的磨机，小齿轮的布置角和转向如图6-106所示。小齿轮的布置角β常为20°左右，相当于齿形压力角，此时小齿轮的正压力P_1的方向垂直朝上，使传动轴受到垂直向下的压力，对小齿轮轴承的连接螺栓和地角螺栓的工作有利，运转平稳；同时，由于P_1垂直向上，减小了磨机传动端主轴承的受力，从而减轻该主轴承轴衬的磨损。另外，减小磨机横向占地面积，可使传动轴承与磨机主轴的基础表面处在同一平面上，便于更换小齿轮。注意转向不可与图示方向相反，以免传动轴承受拉力，连接螺栓松脱和折断。

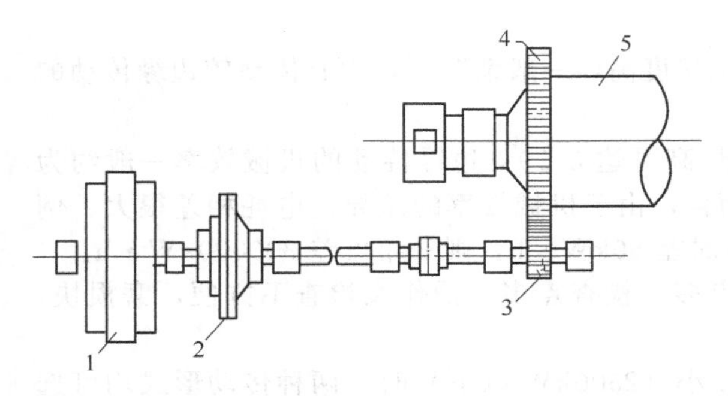

图6-105　采用低速电动机的边缘单传动
1—低速电动机；2—离合器；3—小齿轮；
4—大齿轮；5—磨机筒体

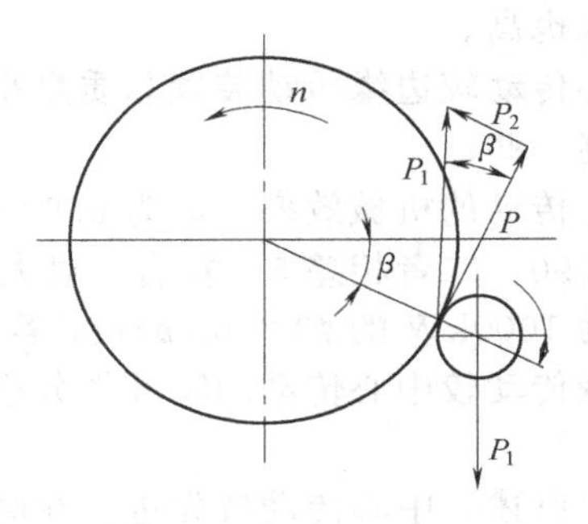

图6-106　小齿轮安装角

(c) 边缘双传动　磨机边缘双传动可采用高速电动机与低速电动机两种形式。图6-107和图6-108分别为高速电动机和低速电动机边缘双传动的示意图，两种传动形式的优缺点与传动相同。

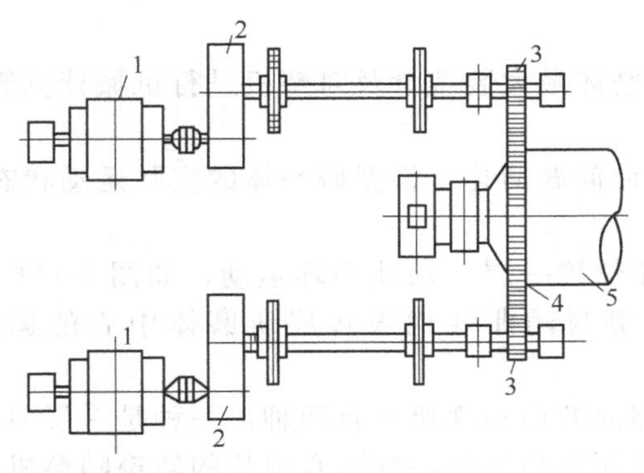

图6-107　采用高速电动机的边缘双传动
1—电动机；2—减速机；3—小齿轮；
4—大齿轮；5—磨机筒体

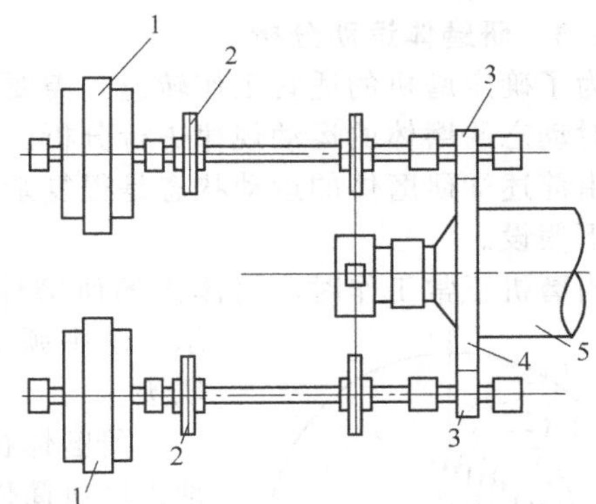

图6-108　采用低速电动机的边缘双传动
1—电动机；2—离合器；3—小齿轮；
4—大齿轮；5—磨机筒体

b. 中心传动　磨机中心传动分为单传动和双传动两种。图6-109和图6-110分别为中心单传动和中心双传动示意图。在中心传动中，如采用低转矩电动机，在电动机与减速机之间必须用离合器连接，否则要用高转矩电机。我国中心传动的磨机通常只用高转矩电机。

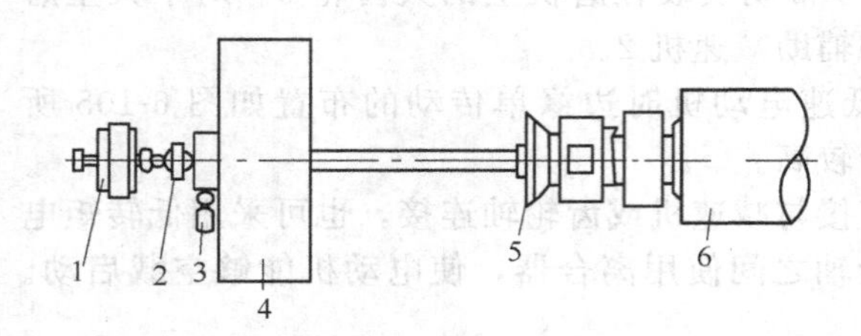

图 6-109 磨机中心单传动
1—主电动机；2，5—联轴器；3—辅助电动机；
4—主减速机；6—磨机筒体

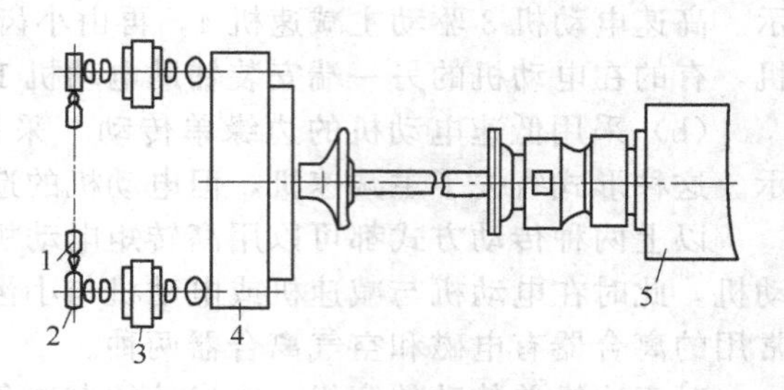

图 6-110 磨机中心双传动
1—辅助电动机；2—辅助减速机；3—主电动机；
4—主减速机；5—磨机筒体

② 传动形式的比较

a. 边缘传动与中心传动的比较　边缘传动磨机的大齿轮直径较大，制造困难，占地多，但齿轮精度要求较低。中心传动结构紧凑，占地面积小，但制造精度要求较高，对材质和热处理的要求也高。

中心传动较边缘传动装置总质量小些，加工精度高，一般情况下，中心传动较边缘传动的造价要高一些。

中心传动的机械效率一般为0.92～0.94，最高可达0.99；边缘传动的机械效率一般约为0.86～0.90，二者相差5%左右。对大型磨机而言，由于机械效率的差异，电耗相差很大。例如功率为1000kW的$\phi 3\times 9$m磨机，若电能每小时差50kW·h，则一年可差300000kW·h。

边缘传动较中心传动的零部件分散，供油点多，检查点多，操作及检查不方便，磨损快，寿命短。

综上所述，中心传动较先进，在磨机功率较小（2500kW以下）时，两种传动形式均可选择。而功率大于2500kW时，应尽可能选用中心方式。

b. 单传动与双传动的比较　由于双传动的传动装置是按磨机功率的一半设计的，因此传动部件较小，制造方便，并有可能选用通用零部件。

双传动的大齿轮同时与相互错开为1/2节距的两个小齿轮啮合，传力点多，运转平稳。

缺点是：双传动零部件较多，安装找正较复杂，检修及维护工作量大；使两个主动小齿轮同时平均分配负荷较困难。

6.6.1.3 研磨体运动分析

为了确定磨机的适宜工作转速、需要功率、研磨体最大装载量及对磨机进行机械计算等，必须对动态研磨体的运动规律进行分析。

由前述知研磨体的运动状态是很复杂的，为了使问题简化，根据研磨体的实际运动状态，作如下假设。

当磨机正常工作时，筒体内的研磨体按其所在位置一层一层地循环运动，如图6-111所示。图中弧AB、BC等封闭曲线代表各层研磨体中心的运动轨迹。

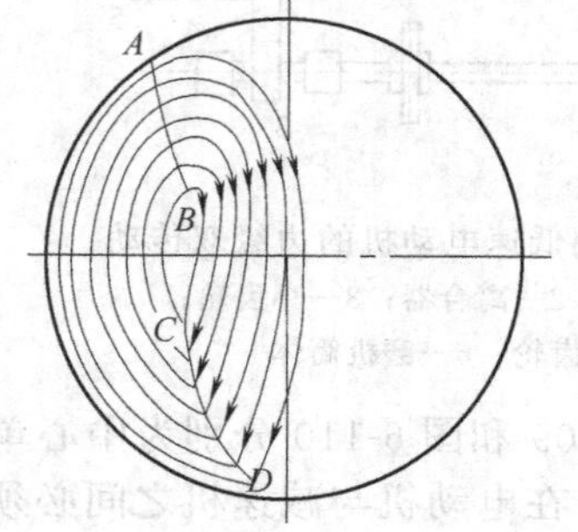

图 6-111 研磨体示意图

研磨体在磨机筒体内的运动规律只有两种：一种是一层一层地以磨机筒体横断面几何中心为圆心按同心圆弧的轨迹随磨机筒体作向上的运动；另一种是一层一层地按抛物线轨迹降落下来。按此假设，各层研磨体在循环运动过程中互不干涉。

研磨体与磨机筒体壁面间及研磨体层与层之间的相对滑动极小，计算时可忽略不计。

磨机筒体内的物料对研磨体运动的影响忽略不计。

下面根据上述四个基本假设讨论动态研磨体的运动规律。

(1) 研磨体运动的基本方程式 为了简化问题便于研究，将磨机筒体内的研磨体看成是一个“质点系”，并假设质点间无摩擦。取其最外层的一个研磨体 A 作质点来分析，见图6-112。因钢球直径与磨机有效内径（筒体内径减去衬板厚度的两倍）相比小得多，故可认为研磨体中心与筒体内壁的圆周线速度相同。

在磨机运转过程中，作用在研磨体 A 上的力有：研磨体的重力 G，磨机筒体对研磨体的法向力 N 及其对研磨体的摩擦力 F。

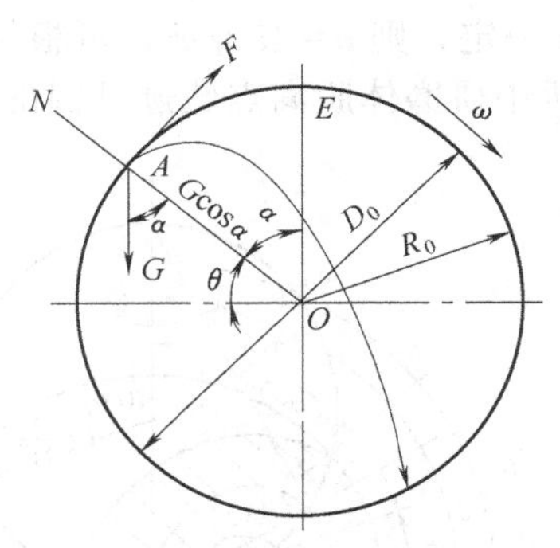

图6-112 动态研磨体运动分析

研磨体 A 随着磨机筒体作圆周运动，根据牛顿第二定律，有

$$N+G\cos\alpha=ma_{n} \tag{6-64}$$

式中 α——研磨体 A 的中心与磨机中心的连线与铅垂线之间的夹角，假设在 A 点脱离筒体，则称之为脱离角；

m——研磨体 A 的质量；

a_n——研磨体 A 的向心加速度（即作圆周运动时的法向加速度），其值为

$$a_{n}=\frac{u^{2}}{R_{0}}=\omega^{2}R_{0}=\frac{\omega^{2}D_{0}}{2} \tag{6-65}$$

式中 D_0——磨机筒体的有效内径，m；

ω——磨机筒体的转动角速度（rad/s），当转速为 n 时，则

$$\omega=2\pi n/60=\pi n/30 \tag{6-66}$$

在研磨体运动的过程中，摩擦力不断变化，显然，当它运动至 A 点的摩擦力 F 恰好为零（反力 $N=0$）时，研磨体 A 即脱离圆弧轨迹开始抛物线运动。由此可得到研磨体在脱离点应具备的条件是

$$G\cos\alpha=ma_{n}=G\omega^{2}R_{0}/g$$

$$\cos\alpha=\omega^{2}R_{0}/g \tag{6-67}$$

或

$$\cos\alpha=\frac{\pi^{2}R_{0}n^{2}}{900g}$$

由于 $\pi^2/g\approx1$，则上式可写为

$$\cos\alpha=R_{0}n^{2}/900 \tag{6-68}$$

此式称为磨机内研磨体运动的基本方程式。由此式可看出，研磨体脱离角与筒体转速和筒体有效内径有关，而与研磨体质量无关。

(2) 研磨体运动的脱离点轨迹曲线 $\overset{\frown}{AC}$ 式(6-68) 虽是以最外层研磨体为研究对象推导出来的，但可代表任一层研磨体脱离点诸因素间的关系，具有普遍意义，换言之，式(6-67) 和式(6-68) 就是脱离点轨迹曲线 $\overset{\frown}{AC}$ 的方程。将 A 点用图所示的直角坐标表示，则曲线 $\overset{\frown}{AC}$ 的一般形式为

$$x=r\sin\alpha$$

$$y=r\cos\alpha$$

设 $2\rho=g/\omega^2$，并将式(6-67) 两边乘以 gr，则有

$$r^{2}\omega^{2}=gr\cos\alpha$$

因
$$x^{2}+y^{2}=r^{2}$$

故
$$x^{2}+y^{2}=2\rho y$$

整理可得
$$x^{2}+(y-\rho)^{2}=2\rho y \tag{6-69}$$

式(6-69) 表示脱离点轨迹曲线 $\overset{\frown}{AC}$ 是以 $(0,\rho)$ 为圆心，ρ 为半径的一段圆弧。若磨机转速

n 一定，则 $\rho=450/n^2$，可根据式(6-69) 绘出脱离点轨迹曲线$\widehat{AC}$。由此可得出如下结论：磨机中研磨体脱离点轨迹是圆的一部分，该圆弧在圆心位于 y 轴上，半径为 $\rho=y=450/n^2$，且圆周通过坐标原点的圆上。

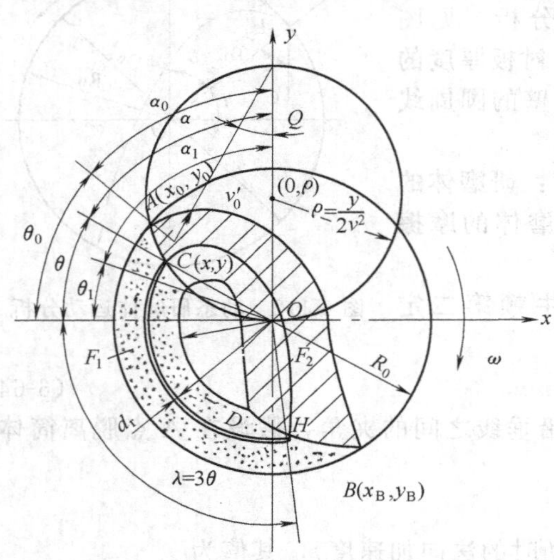

图 6-113 脱离点和降落点轨迹

(3) 研磨体运动降落点轨迹$\widehat{DB}$ 研磨体自脱离点抛出后以抛物线形式抛落。根据上面的假设，其降落点的位置仍在原来研磨体层的圆弧轨迹上。求降落点的轨迹曲线，只需列出抛物线及圆的方程，解这两个方程，所得结果即表明降落点的位置。

如图 6-113 所示的坐标系，最外层研磨体自脱离点 $A(x_0,y_0)$ 抛出的抛物线方程为

$$x=x_0+v_{x0}t=-R_0\sin\alpha_0+R_0\omega\cos\alpha_0 t$$

$$y=y_0+vy_0t-gt^2/2=R_0\cos\alpha_0+R_0\omega\sin\alpha_0 t-gt^2/2 \tag{6-70}$$

降落点所在圆的方程为

$$x^2+y^2=R_0^2$$

将式(6-70) 代入圆的方程，并考虑式(6-67)，化简整理可得

$$-gt^3(R_0\omega\sin\alpha_0-gt/4)=0$$

此方程中，只有 $t=4R_0\omega\sin\alpha_0/g$ 时才有实际意义。这个解表示最外层研磨体自 A 点抛出，经 $t=t_B=4R_0\omega\sin\alpha_0/g$ 的时间降落至 B 点，将 t_B 代入式(6-70) 则可求得降落点 B 的坐标为

$$x_B-x_0=4R_0\cos^2\alpha_0\sin\alpha_0=4R_0\sin^2\theta_0\cos\theta_0 \tag{6-71}$$

$$y_B-y_0=-4R_0\sin^2\alpha_0\cos\alpha_0=-4R_0\cos^2\theta_0\sin\theta_0 \tag{6-72}$$

对于图 6-112 中任意一层研磨体体 G，其降落点的坐标为

$$\begin{aligned}x&=-r\sin\alpha+4r\cos^2\alpha\sin\alpha=-r\cos\theta+4r\sin^2\theta\cos\theta\\&=-r(4\cos^3\theta-3\cos\theta)=-r\cos3\theta\end{aligned} \tag{6-73}$$

$$\begin{aligned}y&=r\cos\alpha-4r\sin^2\alpha\cos\alpha=r\sin\theta-4r\cos^2\theta\sin\theta\\&=r(4\sin^3\theta-3\sin\theta)=-r\sin3\theta\end{aligned} \tag{6-74}$$

根据图 6-112 所示的几何关系，显然有

$$x=r\cos(\pi-\lambda)=-r\cos\lambda \tag{6-75}$$

比较式(6-73) 和式(6-75) 可得

$$\lambda=3\theta \tag{6-76}$$

根据式(6-76) 和图 6-113 所示的夹角关系，可按如下方法求得降落点的轨迹：从脱离点轨迹曲线$\widehat{AC}$上任取一点 G，连接 OG，得脱离角 α 及 θ，再作 $\lambda=3\theta$ 的射线 OH 与脱离点 G 所在的圆弧交于 H，即为 G 点的降落点轨迹。以此类推，便可得降落点轨迹曲线$\widehat{DB}$。

(4) 研磨体最内层轨迹$\widehat{CD}$ 若要求各层研磨体恒在其同一轨迹线上作循环周转运动而又不产生相互干扰，必须先确定弧$\widehat{CD}$至 O 点的最小距离 $R_{\min}$，否则上升和下落的研磨体就会在中途相碰而相互影响其运动规律。当降落点的轨迹线$\widehat{DB}$的切线垂直于 x 轴时，就是内层研磨体不受干扰的极限条件。因此，可根据 x 的极小值来确定最内层半径。

根据图 6-113 所示的几何关系，显然有

$$r=2\rho\cos\alpha$$

将上式代入式(6-69) 得

$$x=-2\rho\cos\alpha\cos3\theta=2\rho\cos\alpha\sin3\alpha=\rho(\sin4\alpha+\sin2\alpha)$$

令 $dx/d\alpha=0$，即

$$dx/d\alpha=\rho(4\cos 4\alpha+2\cos 2\alpha)=2\rho(4\cos^2 2\alpha+\cos 2\alpha-2)=0$$

求得 $\cos 2\alpha=(-1\pm\sqrt{33})/8$

因为要求 x_{min}，故取 $\cos 2\alpha=(-1-\sqrt{33})/8=-0.8401$

则
$$2\alpha=147°24'$$
$$\alpha=\alpha_1\approx 73°50' \tag{6-77}$$

故
$$R_1=2\rho\cos\alpha_1\approx 250/n^2 \tag{6-78}$$

因此，在确定研磨体的装填量时，必须使研磨体最内层半径不小于 $R_1=250/n^2$，否则，研磨体在降落时发生相互干扰和碰撞，会导致能量损失，粉磨效率降低。

(5) 研磨体在磨机筒体横断面上的分布　研磨体在磨机正常操作过程中是连续不断地运动的，在筒体横断面上可分为两种运动状态：一种是贴随磨机筒体一起回转部分，如图 6-113 中的 F_1；另一种是研磨体抛落状态部分，如图 6-113 中的 F_2。现分析如下。

$$dF_1=(\theta+\lambda)r dr$$

因 $r=2\rho\cos\alpha$，$\lambda=3\theta$，故 $dr=2\rho\cos\theta d\theta$，代入上式并积分得

$$F_1=2\rho^2[-2\theta\cos 2\theta+\sin 2\theta]_{\theta_1}^{\theta_0} \tag{6-79}$$

处于抛落状态部分的研磨体的横断面积 F_2 按通过脱离点轨迹曲线 AC 各层研磨体分别以线速度 $v=\omega r$，在时间 $t=4\omega r\cos\theta/g$ 内抛出的面积来表示。在时间 t 内抛出的微面积 dF_2 为

$$dF_2=vt dr$$

考虑到 $r=2\rho\sin\theta$ 及 $\omega^2 r=g\sin\theta$，得

$$dF_2=2\rho^2[1-\cos 4\theta]d\theta$$

积分得
$$F_2=2\rho^2[\theta-\sin 2\theta/4]_{\theta_0}^{\theta_1} \tag{6-80}$$

式(6-79) 与式(6-80) 中的 θ_1、θ_0 分别为磨机内研磨体的最内层与最外层脱离角的余角 ($\theta=\pi/2-\alpha$)。当磨机筒体有效内径及转速一定时，θ_0 确定；θ_1 则与研磨体的填充率有关。设 φ 为研磨体的填充率，则有

$$F_1+F_2=\varphi\pi R_0^2$$

将式(6-79) 和式(6-80) 代入上式得

$$[2\theta(1-2\cos 2\theta)+\sin 2\theta(2-\cos 2\theta)]_{\theta_1}^{\theta_0}=4\varphi\pi\sin^2\theta_0 \tag{6-81}$$

当 $n=32.2/\sqrt{D_0}$ 时，由式(6-68) 知 $\alpha_0=54°40'$；而磨机内研磨体达到最大填充率，由式(6-73) 知 $\alpha_1=73°50'$。将 $\theta_0=90°-\alpha_0=35°20'$ 及 $\theta_1=90°-\alpha_1=16°10'$ 代入式(6-81)，便可求出最大填充率为

$$\varphi_{max}=0.42$$

由于磨机的类型和规格不同，磨机实际转速并非都是 $n=32.2/\sqrt{D_0}$，因而 φ_{max} 值存在一个变化范围，如在水泥厂的管磨机中，一般为 $\varphi=0.25\sim0.35$，而在单仓球磨机中，$\varphi=0.45\sim0.50$。总之，合理的填充率必须与磨机转速、衬板形式、粉磨工艺特点等相适应，才能获得最佳的技术经济指标。

6.6.1.4 磨机主要参数

(1) 磨机转速

① 磨机的临界转速 n_0　所谓临界转速是指磨内最外层两个研磨体恰好开始贴随磨机筒体作周转状态运转时的磨机转速。如图 6-113 所示，当研磨体处于极限位置 E 点 ($\alpha=0°$) 时，恰好贴随磨机筒体随同磨一起回转而不落下，此即为临界条件。以 $\alpha=0°$ 代入研磨体运动的基本方程式(6-68) 可得磨机临界转速 n_0 为

$$n_0=30/\sqrt{R_0}\approx 42.4/\sqrt{D_0}\ (r/min) \tag{6-82}$$

式中，D_0 为磨机筒体的有效内径，即磨机内径减衬板厚度的两倍，m。

从理论上讲，当磨机转速达到临界转速时，研磨体将贴紧筒体作周转状态运转，不能起任何粉磨作用。但实际上并非如此。这是因为在推导研磨体基本方程时，忽略了研磨体的滑动以及物料对研磨体运动的影响等因素，同时，在推导时是针对紧贴筒壁的最外层研磨体，而对其余各层研磨体并未达到临界转速，越接近筒体中心的研磨体层其临界转速也越高。因此，球磨机的实际临界转速比上述理论计算值更高些。

② 磨机的理论适宜转速 n　由前述分析知，当磨机达到其临界转速时，由于研磨体作周转运动，故对物料不起粉磨作用；但当转速较低时，由于研磨体呈泻落状态运动，对物料的粉碎作用又较弱；只有当研磨体呈抛落状态运动时才对物料起较强的粉碎作用。可见研磨体对物料的粉碎功是磨体转速的函数。人们希望研磨体产生最大的粉碎作用，使研磨体产生最大粉碎功的磨机转速称为理论适宜转速。分析的出发点是：使最外层研磨体具有最大的降落高度，此时研磨体对物料产生最大的冲击粉碎功。

如图 6-114 所示，研磨体自 A 点抛射，脱离角为 α，其抛物线轨迹方程式见式(6-70)。为求质点 A 的最大降落高度 H，须求出抛物线顶点 M 的位置。在抛物线顶点处，有

$$v_y = dy/dt = R_0\omega\sin\alpha - gt = 0$$

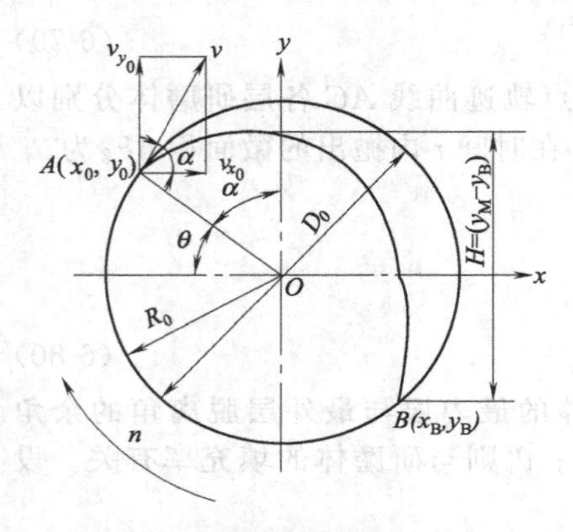

图 6-114　研磨体脱离角示意图

解得

$$t = t_M = R_0\omega\sin\alpha/g \tag{6-83}$$

将 t_M 代入式(6-107) 得

$$y_M = (y_0 + R_0^2\omega^2\sin^2\alpha)/2g \tag{6-84}$$

将式(6-104) 代入上式得

$$y_M - y_0 = R_0\sin^2\alpha\cos\alpha/2 \tag{6-85}$$

将抛物线顶点 M 的纵坐标减去降落点 B 的纵坐标，可得质点降落高度的计算式

$$H = y_M - y_B = 4.5R_0\sin^2\alpha\cos\alpha \tag{6-86}$$

可见，研磨体降落高度 H 是其脱离角 α 的函数，欲求 H 的最大值，可令 $dH/d\alpha = 0$，即

$$dH/d\alpha = 4.5R_0\sin^2\alpha(2\cos^2\alpha - \sin^2\alpha) = 0$$

由研磨体脱离条件知，α 不为零，因此

$$2\cos^2\alpha - \sin^2\alpha = 0$$

或 $\tan2\alpha = 2$

解得

$$\alpha_0 = 54°40' \tag{6-87}$$

由此可得出结论：当磨机内最外层研磨体的脱离角为 $\alpha = 54°40'$时，可获得最大的降落高度。

将 $\alpha = 54°40'$代入式(6-68)，可得出最外层研磨体获得最大冲击粉碎功时的转速即理论适宜转速为

$$n = 22.8/\sqrt{R_0} \approx 32.2/\sqrt{D_0}\ \text{(r/min)} \tag{6-88}$$

令 K 为磨机适宜转速与其临界转速之比，简称转速比，即

$$K = n/n_0 = 22.8/30 = 76\% \tag{6-89}$$

此为磨机理论上的适宜转速比，实际生产的磨机可能会略有出入，但大多在 76%左右波动。

③ 磨机的实际工作转速 n_g　上述理论适宜转速计算式是从研磨体能够产生最大冲击粉碎功的观点推导出来的，其实被粉磨物料在磨机内粗物料变为细粉的过程是研磨体冲击和研磨综合作用的结果。磨机以理论适宜转速运转时，虽研磨体的冲击作用大，但研磨作用小，不易将物料磨细。为使磨机具有最好的粉磨效果，应考虑冲击和研磨作用的平衡的问题。同时还要注意使外层研磨体呈无滑落循环运动。只有如此才能使磨机功率和衬板磨耗达到合理，从而获得较好的技术经济指标。

上述分析可作为确定磨机转速的理论依据，实际上，在确定磨机实际工作转速时，应考虑磨机的规格、生产方式、衬板形式、研磨体种类及填充率、被粉磨物料的物理化学性质、入磨

物料粒度和要求的粉磨细度等因素，就是说，应通过实验来确定磨机的实际工作转速，比较全面地反映上述因素的影响。

对于干法磨机的实际工作转速的确定，有下面的经验公式

当 $D>2m$ 时 $n_g=32/\sqrt{D_0}-0.2D$ (r/min)　(6-90)

当 $1.8\leqslant D\leqslant 2m$ 时，$n_g=n=32/\sqrt{D_0}$ (r/min)　(6-91)

当 $D<1.8m$ 时，$n_g=n+(1\sim1.5)$ (r/min)　(6-92)

式中符号的意义与前相同。

磨机的实际工作转速随磨机规格的不同与理论适宜转速有所差异。一般进料粒度相差不大，对于大型磨机没有必要将研磨体提升到具有最大降落高度，因为在块状物料的粉磨过程中，在满足冲击粉碎的条件下还应加强对于细物料的研磨作用，才能获得更好的粉磨效果。当磨机转速低于理论适宜转速时，研磨体的滑动和滚动现象增强，对物料的研磨作用也随之加强。所以，大直径的磨机实际工作转速较理论适宜转速略低；而对小直径磨机，为使研磨体具有必要的冲击力，其实际工作转速较理论适宜转速略高。

对于湿法磨机，在同一条件下转速应比干法磨稍高，原因是湿法磨除料浆阻力对冲击力有影响外，还由于水分的湿润降低了研磨体之间以及研磨体与衬板之间的摩擦系数，相互间产生较大的相对滑动，因此，湿法磨机的工作转速应比相同条件下的干法磨机高25%。但湿法棒球磨的转速却应比干法磨低，这主要是因为钢棒的质量比钢球大得多，其冲击动量比较大，粉碎作用较强的缘故。

此外，磨机在闭路操作时，由于磨内物料流速加快，生产能力较高，因而闭路操作可比开路操作的磨机转速高些。

【例题6-3】 试确定$\phi3m\times9m$水泥磨的工作转速。

解： $D=3m$，$D_0=3-2\times0.05=2.9m$

$$n_g=32/\sqrt{D_0}-0.2D=32/\sqrt{2.9}-0.2\times3=18.2\ \text{(r/min)}$$

根据传动系统的配置情况，实际磨机转速为17.6r/min。

(2) 磨机的功率计算　磨机的功率分为主传动装置和辅助传动装置所需功率的计算。

① 主传动装置所需功率的计算　主传动装置所需功率的计算常用的两种方法是：a. 磨机以实际工作转速运转时所需的能量消耗主要用于运动研磨体和克服传动与支承装置的摩擦；b. 聚集层法，所谓聚集层是假想磨机筒体中所有的研磨体都集中在某一中间层运动，研磨体在这一中间层运动的各种性质可代表全部研磨体在筒体内的运动情况。该中间层称之为聚集层。

按第一种方法推导出来的磨机主传动装置所需的功率为

$$N=\frac{1}{\eta}\times0.222nD_0V\left(\frac{G}{V}\right)^{0.8}\ \text{(kW)}\tag{6-93}$$

式中　n——磨机转速，r/min；

D_0——磨机有效直径，m；

V——磨机有效容积，m^3；

G——研磨体总装载量，t；

η——机械效率，中心传动磨机$\eta=0.90\sim0.94$；边缘传动磨机$\eta=0.85\sim0.90$。选用高速电动机时，η取较低值；反之，选用低速电动机时，η取高值。

按第二种方法推导出来的磨机主传动装置所需的功率为

$$N=0.041GR_0ng/\eta\ \text{(kW)}\tag{6-94}$$

式中　R_0——磨机的有效半径，m；

g——重力加转速，m/s^2；

其余符号的意义同前。

应用式(6-93) 计算磨机主电机功率时，应注意以下几点。

该式仅适用于干法磨机。湿法磨机中由于存在水分，研磨体与衬板这间摩擦系数小，故研磨体提升高度小；另外，水分多处于磨体下部从而使 F_1 重心下移，故湿法粉磨比干法所需功率要小引起。实测证明，约小 10%左右。

该式仅适用于填充率为 0.25～0.35 的磨机。磨机填充率过高或过低时都会引起误差。

在电动机选型时，应考虑不小于 5%的储备能力，以保证磨机的安全启动和承受运转时可能出现的过载情形时的安全运转。

另外，在计算磨机产量时用粉磨物料所需功率 N_0，而计算 N_0 不应包括机械传动和运动物料所需功率。如果按磨内物料质量约占研磨体质量的 14%计，则磨机粉磨物料所需功率为

$$N_0=\frac{1}{\eta}\times\frac{N}{1.14^{0.8}}=\frac{1}{\eta}\times nD_0V\left(\frac{G}{V}\right)^{0.8}\ (\text{kW}) \tag{6-95}$$

【例题 6-4】 确定 ϕ3m×9m 水泥磨（中心传动）主电动机的额定功率

解： 已知磨机转速为 $n=17.6\text{r/min}$，磨内研磨体总装载量为 $G=80\text{t}$，磨机筒体有效内径为 $D_0=2.9\text{m}$，磨机筒体有效容积为 $V=55.9\text{m}^3$，若取中心传动的机械效率 $\eta=0.92$，则

用式(6-93) 计算时

$$N=\frac{1}{\eta}\times0.222nD_0V\left(\frac{G}{V}\right)^{0.8}$$

$$=\frac{1}{0.92}\times0.222\times17.6\times2.9\times55.9\times\left(\frac{80}{55.9}\right)^{0.8}$$

$$=915\ (\text{kW})$$

若考虑 5%的储备能力，则电动机所需功率为

$$N_M=1.05N=1.05\times915=962\ (\text{kW})$$

用式(6-94) 计算时

$$N=0.041GR_0ng/\eta=0.041\times80\times1.45\times17.6\times9.81/0.92=890\ (\text{kW})$$

若考虑 10%～15%的储备能力，则电动机所需功率为

$$N_M=(1.10\sim1.15)N=(1.10\sim1.15)\times890=980\sim1020\ (\text{kW})$$

查电动机产品系列可知，所选主电动机为 YR18/61-8，其额定功率为 1000kW。

② **辅助传动装置所需功率的计算** 分析辅助传动所需功率目的是为正确选择辅助电动机和辅助减速机的规格提供依据。

开辅助传动装置带动磨机转动时，由于转速慢，研磨体在磨内的运动完全处于泻落状态，因而其功率计算方法与主传动功率计算方法不同。磨机辅助传动所需功率包括用于提升研磨体及物料需要的功率 N_1 和克服磨机主轴承与中空轴摩擦消耗的功率 N_2，克服传动系统摩擦消耗的功率用 η_F 表示。则辅助传动所需功率 N_F 为

$$N_F=(N_1+N_2)/\eta_F\ (\text{kW}) \tag{6-96}$$

$$N_1=1000gGan_F/9545\ (\text{kW}) \tag{6-97}$$

$$N_2=1000g(G+G_m)frn_F/9545\ (\text{kW}) \tag{6-98}$$

$$N_F=1.02[Ga+(G+G_m)fr]n_F/\eta_F\ (\text{kW}) \tag{6-99}$$

式中 G——研磨体及物料的质量，$G=1.14G_n$，G_n 为研磨体质量，t；

g——重力加转速，m/s²；

a——研磨体堆积重心的偏心距，m；

n_F——开辅助传动时的磨机转速，r/min；

r——中空轴颈半径，m；

G_m——磨体部分总质量，t；

f——主轴承与中空轴的摩擦系数，按边界润滑条件，$f=0.05$。

(3) 磨机产量计算　影响球磨机产量的主要因素如下。

① 粉磨物料的种类、物理性质、入磨物料粒度及要求的产品细度。

② 磨机的规格和形式、仓的数量及各仓的长度比例、隔仓板形状及其有效面积、衬板形状、筒体转速。

③ 研磨体的种类、装载量及其级配。

④ 加料均匀程度及在磨内的球料比。

⑤ 磨机的操作方法，如湿法或干法、开路或闭路；湿法磨中水的加入量、流速；干法磨中的通风情况；闭路磨中选粉机的选粉效率和循环负荷率等。

⑥ 是否加助磨剂等。

上述因素对磨机产量的影响以及彼此关系目前尚难以从理论上进行精确、系统地定量描述。

常用的磨机产量计算公式为

$$Q=N_0 q\eta_c/1000=0.2nD_0V\left(\frac{G}{V}\right)^{0.8}\left(\frac{q\eta_c}{1000}\right)\ (\text{t/h}) \tag{6-100}$$

式中　N_0——磨机粉磨物料所需功率，kW；

q——单位功率单位时间的产量，kg/(kW·h)；

η_c——流程系数，开路时，$\eta_c=1.0$；闭路时 $\eta_c=1.15\sim1.5$。

【例题 6-5】 用 ϕ3m×9m 闭路系统水泥磨粉磨干法回转窑熟料，磨制 425# 普通水泥，入磨物料粒度小于 15mm，要求水泥 0.08mm 方孔筛筛余小于 8%，试确定该水泥磨的产量。

解： 由前述已知，$n=17.6$r/min，$G=80$t，$D_0=2.9$m，$V=55.9\text{m}^3$，查有关手册知，$q\eta_c=46\sim48$kg/(kW·h)。

将上述数据代入式(6-96)，得

$$\begin{aligned}Q&=0.2nD_0V\left(\frac{G}{V}\right)^{0.8}\left(\frac{q\eta_c}{1000}\right)\\&=0.2\times17.6\times2.9\times55.9\times\left(\frac{80}{55.9}\right)^{0.8}\times\left(\frac{46\sim48}{1000}\right)\\&=35\sim36.5\ (\text{t/h})\end{aligned}$$

6.6.1.5 高细磨

(1) 康必丹磨　由丹麦史密斯公司研究的康必丹磨（Combidan mill）是可以将物料粉磨至比表面积为 400～600m²/kg 的高细球磨机。如图 6-115 所示。与普通球磨机相比，其特点是在粗磨仓和细磨仓之间设置一个代表康必丹磨特点的隔仓板（见图 6-116）。该隔仓板由中心锥 1、间隔空间 2、篦板 3、扬料板 4、挡料圈 5 和粗筛 6 等组成。磨机出料口结构具有防止小钢段混入物料堵塞磨机出口篦板的功能。另外在细磨仓内加设了若干挡料圈。

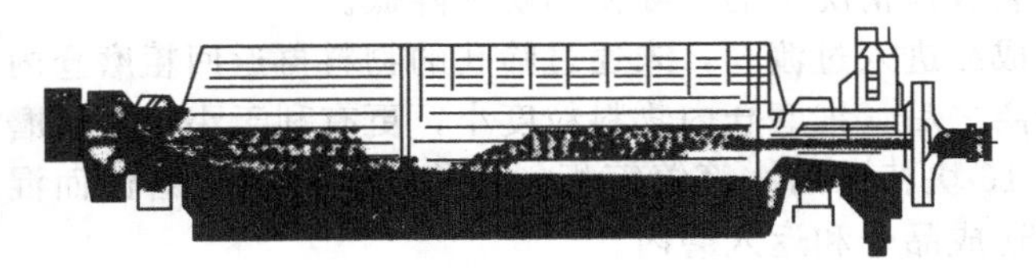

图 6-115　康必丹磨

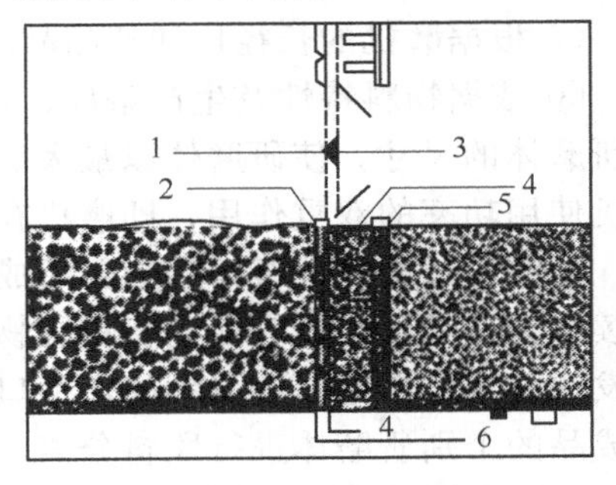

图 6-116　康必丹磨隔仓板

1—中心锥；2—间隔空间；3—篦板；4—扬料板；5—挡料圈；6—粗筛

隔仓板的作用是将粗磨仓内的物料进行分离，使粗粒级物料留在该仓内继续粉磨，而细粒级物料则通过隔仓板进入细磨仓。隔仓板的通风面积比普通磨机大一倍以上，篦缝虽小，但不影响物料流速。

磨机出料篦板前加设带锥形开口的挡料圈的主要作用是阻隔研磨体混入粉磨成品，经长期磨蚀后有极少数研磨体进入挡料板与出料篦板之间的间隔空间，但导料板可将其送回细磨仓。挡料圈和导料板的共同作用使得研磨体不致堵塞篦板的篦缝，并保持物料和粉磨载荷在适当比例。同时篦板的通风面积比普通磨机大得多，故通风顺畅。

细磨仓使用小尺寸研磨体使研磨能力大增强，可获得比表面积达 $600m^2/kg$ 的高细度水泥。

(2) 新型高细磨　随着许多行业对微细粉和超细粉需求的日益增加，特别是水泥标准与ISO标准的接轨，高细粉磨已是大势所趋。近年来，我国合肥水泥工业设计研究院和南京水泥工业设计研究院相继研究开发了新型高细磨。

新型高细磨是在康必丹磨的基础上发展起来的。它与管磨机的工作原理基本相同，结构上的不同之处在于前者均采用小篦缝、大通风面积的隔仓板，设置若干个挡料圈以控制产品细度。另一个突出特点是均以小直径研磨体（钢球或钢段）取代大直径钢球。在上述结构基础上还在粗磨仓与细磨仓之间增设了带有8块扬料分级筛板的间隔仓，这是代表新型高细磨的核心部分，也是区别于康必丹磨的主要特征之一。其结构见图6-117。

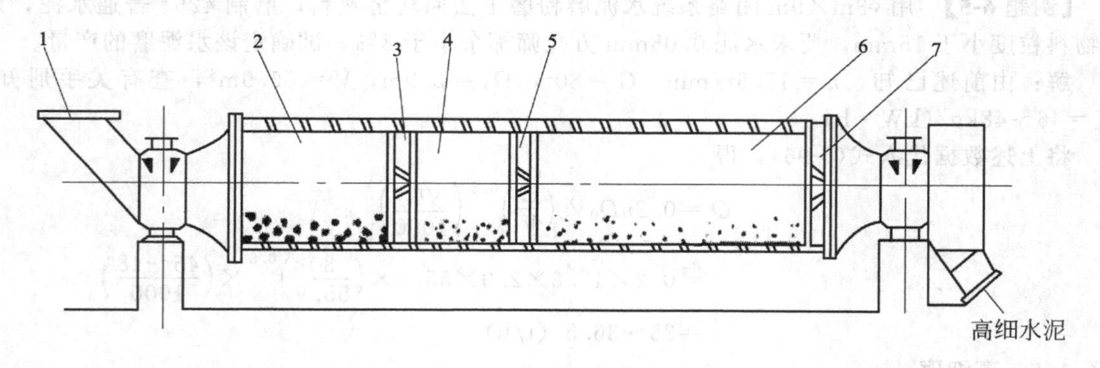

图 6-117　一级开路三仓高细磨结构

1—入磨物料；2—粗磨仓；3—小仓分级仓；4—过渡仓；5—双层隔仓板；6—细磨仓；7—出料篦板

高细高产磨机的结构特点如下：

① 在磨内设置粗细物料筛分装置，以拦截较大的物料颗粒进入下一仓，并让其消除在球仓中；

② 根据磨机的长径比和产品品质要求，合理设置仓位；

③ 依据物料特性及生产条件，合理分配各仓长度及研磨体载量和级配。同时注意尽量降低研磨体的尺寸，使研磨体以最大表面积与物料充分接触粉磨，从而起到强化粉磨效果和降低磨机使用功率的双重作用，即磨机在同等装载量情况下的实际使用功率降低。

物料通过扬料分级筛板筛分后成为半成品进入过渡仓，未通过筛孔的物料再返回粗磨仓内继续粉磨。经双层隔仓板进行粗细物料分离之后，细磨仓内物料粒度小，更有利于小尺寸研磨体发挥其细磨作用。该设备的出料口设有16块特殊的小篦缝篦板，可将出料及由于磨蚀而混入成品的个别研磨体进行段料分离，分别送成品仓和返入磨内。

(3) 高细管磨机　图6-118是用于粉磨水泥的开路高细管磨机结构示意图。

① 工作原理　开路高细管磨机运用了磨内选粉原理，在球磨机内部增设了物料筛分、料位调节和活化衬板等装置，同时配以微型研磨体强化细粉磨，从而使开流粉磨达到圈流粉磨的效果。

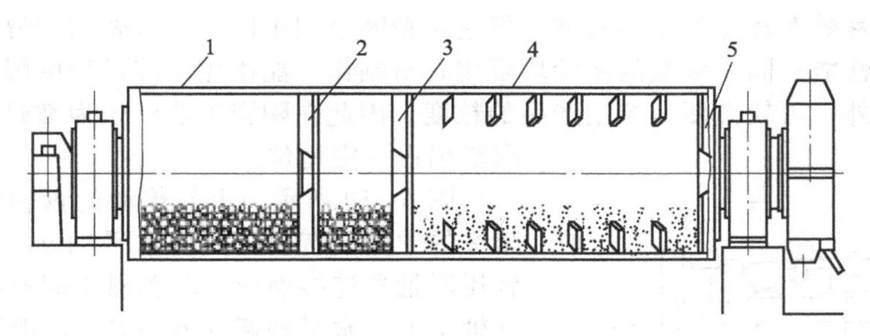

图 6-118 开路高细管磨机磨结构示意图

1—筒体；2—双层隔仓板；3—筛分装置；4—活化装置；5—出料装置

a. 磨内筛分装置 主要是对进入隔仓板的物料进行粗细粉分离。粗料返回前仓，细粉及时进入后仓。使球仓和段仓更能各自发挥破碎和研磨能力，为合理调整球级配、段级配创造了有利条件。严格控制进入段仓细粉的粒径是采用微型研磨体的先决条件。

b. 微型研磨体 采用微型研磨体大大强化了尾仓的研磨能力。小段的应用起到了提高产量、增加产品比表面积、适当改善微粉颗粒组成的至关重要的作用。

c. 活化衬板 段仓安装活化衬板，有效地消除了“滞留带”，激发和强化了研磨体的运动。

d. 料位调节装置 可调节前后仓的料位，以达到控制过料能力、选择合理料位，对提高破碎粉磨仓的效率极为有效。

e. 料段分离装置 让细粉顺利出磨，同时微型研磨体不致跑出磨外的出料篦板装置。

② 工艺布置 开路管磨机技术主要用于水泥粉磨、生料粉磨、非金属矿超细粉磨、无烟煤粉磨等。对现有的磨机改造时，应具备以下应用条件。

a. 磨机系统为开流磨，或改造为开流操作。

b. 入磨物料综合水分小于 2%。

c. 磨机规格：磨机直径可以从 ϕ1.5m 至 ϕ4m，磨机长径比>3.5。

d. 入磨物料粒度、磨机通风状况、研磨体装载量、磨机运行等正常稳定。

e. 应配有较准确的计量设备。

③ 应用效果 现有的开流水泥磨改造为开流高产筛分管磨机后，可以达到以下效果。

a. 保证水泥细度不变时，可使水泥磨增产 20%～35%，节电 17%～25%。

b. 产量不变时，可对水泥进行细磨，即在保持磨机产量不变的前提下，水泥的比表面积可增加 70～90m^2/kg，从而使水泥强度或混合材料掺加量大幅度提高。

综上所述，新型高细磨的粉磨机理的关键是磨内选粉，粗磨、筛分、细磨过程都在磨内完成，实际上是具有选粉分级功能的磨机，结构新颖，适用性强，其优越性已为人们日益重视。它不仅适用于水泥工业磨制高强快硬水泥及超细水泥，在选矿、化工、耐火材料、磨料等工业领域也有广阔的应用前景。

6.6.2 立式磨

6.6.2.1 轮碾机

轮碾机通常用于粉碎中等硬度的物料，也可作为混合物料之用。

物料是在碾盘平面与碾轮圆柱形表面之间受到挤压和研磨作用而被粉碎的。用作破碎时，产品的平均尺寸为 3～8mm；粉磨时为 0.3～0.5mm。

根据构造的不同，轮碾机常可分为轮转式和盘转式两种。轮转式轮碾机的碾盘固定不动，碾轮除绕垂直主轴转动外，还绕自身的水平轴旋转。而盘转式轮碾机是碾盘转动，碾轮由于被碾盘带动而绕自身的水平轴旋转。

轮碾机是一种效率较低的粉碎机械，但它在粉磨过程中同时具有碾揉和混合作用，从而可改善物料的工艺性能；同时碾盘的碾轮均可用石材制作，能避免粉碎过程中因铁质掺入而造成物料的污染；另外，可较方便地控制产品的粒度。因此在陶瓷工业中作为细碎和粗磨机械，轮碾机仍占一定地位。

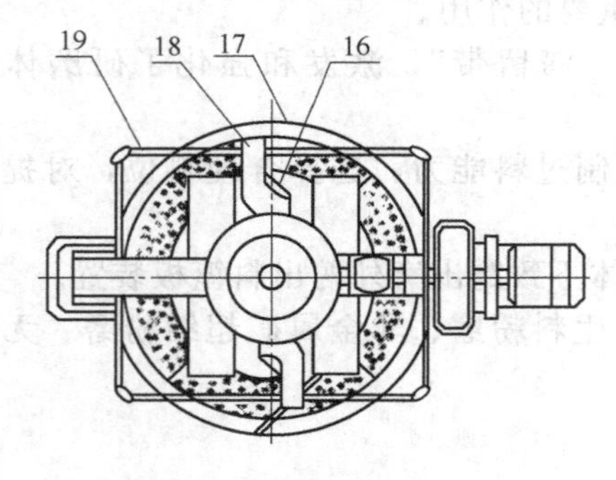

图 6-119　盘转式轮碾机示意图

1—电动机；2—支架；3—滑块；4—导槽；5—减速箱；6—圆锥齿轮；7—立轴；8—碾轮；9—水平轴；10—碾盘；11—衬板；12—筛板；13—活动刮板；14—料槽；15—筛板架；16—固定小刮板；17—固定大刮板；18—刮板架；19—栏杆

图 6-119 所示为上部传动的盘转式轮碾机。在支架 2 的中间装有碾轮 8 的水平轴 9，水平轴上两根短轴用联轴器连接而成，联轴器中间有孔，松动地套在立轴 7 上。水平轴两端有滑块 3，滑块嵌在支架上的导槽 4 中，可沿导槽上下滑动，这样当碾轮遇到坚硬物料不能粉碎时难免自动升起，越过物料后因自重作用又自动落下，可避免轮碾机的损坏。上面装有石质衬板 11 的碾盘 10 固定在立轴上，由立轴带动旋转。碾盘的四周有筛板架 15，筛板架上面放有环形分布的筛板 12，下面有两块活动刮板 13。筛板架、筛板和活动刮板均随碾盘一起旋转。在筛板的下面有固定的环形料槽 14，以承接通过筛板的物料。碾盘上还有大小两块固定刮板 16 和 17，刮板装在刮板架 18 上。固定刮板的作用是将已粉碎的物料从碾轮跑道刮到筛板上过筛，同时将需要粉碎的物料刮到碾轮下面粉碎。刮板与碾盘之间的间隙大小可通过升降刮板进行调节。

碾轮由轮毂和石质轮圈组成。轮圈用夹板和螺栓固定在轮毂上。碾轮可绕水平轴转动，如图 6-120 所示。若工艺上允许物料中混入少量铁质，则轮圈和碾盘上的衬板均可用耐磨钢制造。

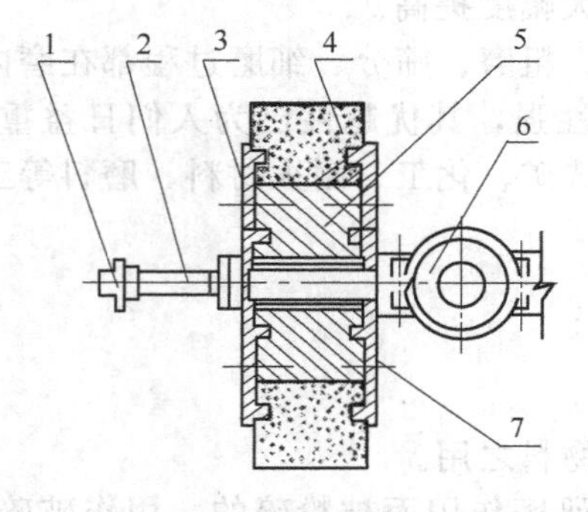

图 6-120　碾轮

1—滑块；2—水平轴；3—夹板；4—轮圈；5—轮毂；6—联轴器；7—螺栓

电动机通过减速箱和圆锥齿轮带动主轴旋转，处于跑道上的物料在碾轮和碾盘的挤压和研磨作用下被粉碎后由固定刮板刮到筛板上，能够通过筛孔的物料在料槽中由活动刮板送至卸料口卸出，未通过筛孔的物料则由固定刮板刮回至碾轮跑道上再行粉碎。

固定刮板具有重要的作用，其安装高度的角度适当与否对轮碾机的操作性能有较大的影响。刮板装得太高时，它与碾盘之间的间隙太大，已粉碎的物料不能及时卸出，因而降低轮碾机的生产能力；反之，间隙过小时，刮板阻力增大，磨损加快。此外，若刮板的角度不当，刮到碾轮下面的物料层较薄，也会降低生产能力。一般以碾盘与刮板之间的间隙 3～5mm，刮板与碾盘之间的夹角为 20°～25°为宜。

盘转式轮碾机一般用于物料的干法粉碎，因此通常装有密封式的通风罩，以防止工作时粉尘外逸。

图 6-121 所示为上部传动的轮转式轮碾机。横梁 2 装在支架 1 上，横梁中部有立轴 4 的轴承 6，立轴的另一处轴承在碾盘 10 的中心。立轴的下半部为槽杆。装有碾轮的水平轴 9 以其中间的滑块穿过槽中，这样，立轴既能带动水平轴连同碾轮一起

旋转，水平轴和碾轮又可自由升降，以越过碾盘上的坚硬物料。

电动机 7 经减速装置和圆锥齿轮 5 带动立轴旋转，碾轮除绕立轴作公转运动外，还绕水平轴作自转运动。与盘转式轮碾机一样，在碾盘上还有大小两块刮板，刮板通过刮板架也由立轴带动旋转。

轮转式轮碾机与盘转式的工作原理相同。轮转式轮碾机既可用于干法粉碎，也可用于湿法粉碎。

轮碾机的规格用碾轮的直径（mm）和宽度（mm）表示。

6.6.2.2　莱歇磨（Loesch Mill）

图 6-122 为莱歇磨示意图。物料被喂入锥形辊与磨盘之间的粉碎区受到辊压而粉碎，并在离心力作用下从盘缘溢出，被盘周通入的空气扬升至顶部离心分级器分级，粗颗粒返回粉碎区再行粉磨，细颗粒排出机外由收尘器捕集。通过调节分级器转子转速可控制产品细度在 400～40μm 左右。磨辊由液压装置调控压力，一组磨辊的下压力可达 12t 左右，磨辊的下压力可根据粉磨量和产品细度的要求来调节。

为了防止磨内物料磨空时磨辊与磨盘衬板直接接触，装有调节螺栓，以保证它们之间的间隙。另外，为方便更换磨辊衬套，还设有轻便液压装置，通过控制阀由油缸旋转磨辊摇臂，使磨辊从机体检修孔中移出机外进行检修（如图 6-122 中虚线所示）。

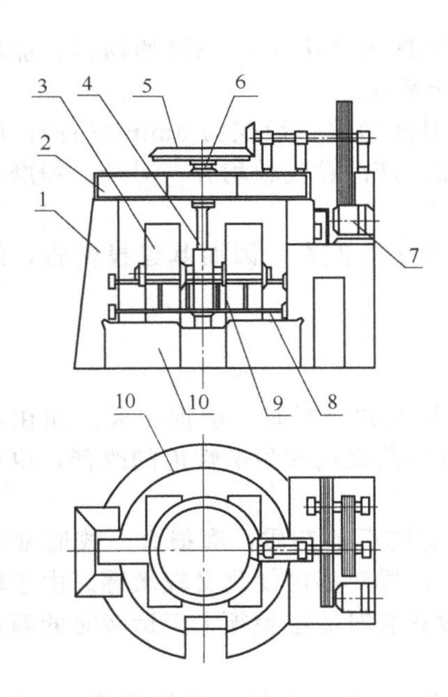

图 6-121　轮转式轮碾机示意图

1—支架；2—横梁；3—碾轮；4—立轴；5—圆锥齿轮；6—立轴轴承；7—电动机；8—栏杆；9—水平轴；10—碾盘

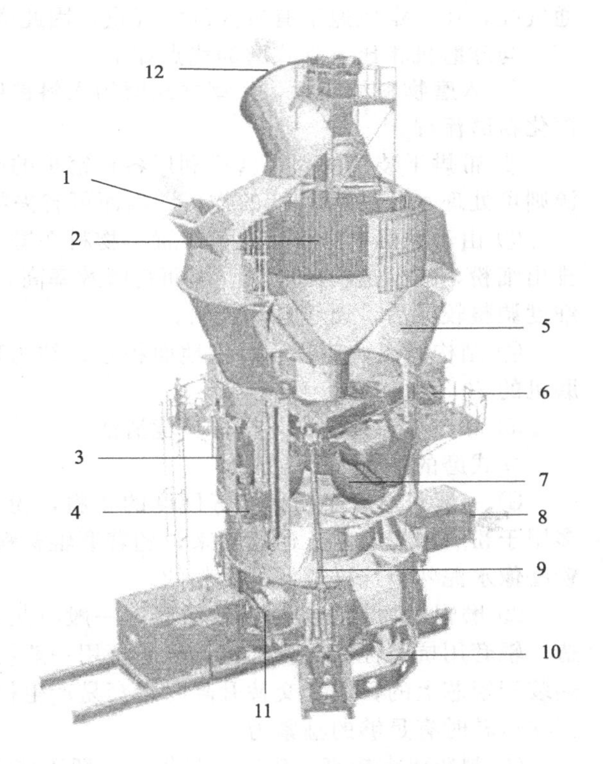

图 6-122　莱歇磨

1—喂料口；2—选粉机；3—检修门；4—抬升摇辊系统；5—气料自由混合区；6—液压支撑框架；7—磨辊；8—气体入口；9—扬料区；10—排渣口；11—驱动装置；12—成品出口

磨盘由立式减速机带动回转，减速机除传递扭矩外，还要承受从磨盘传来的粉磨力和下压力，因此，有些磨机先用辅助传动进行启动，然后再开启主电机。分级器由液压电动机驱动，因此能随意调节产品细度。

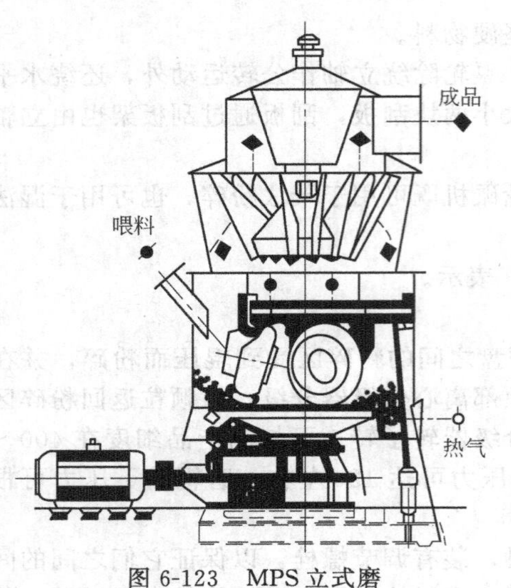

图 6-123 MPS 立式磨

6.6.2.3 MPS 立式磨

图 6-123 所示为 MPS 立式磨的结构示意图。其工作原理是：三个液压磨辊压在带环形沟槽的磨盘上，电动机通过传动系统带动磨盘以一定的转速（20～30r/min）旋转。由于物料与磨辊间摩擦力的作用，在工作时使磨辊绕本身轴线转动。由连接在磨机基座上的液压缸驱动磨机内部的三角形压力架拐角处的三个拉杆，使磨辊向下施加压力，磨辊支承在滚动轴承装置上，该装置铰接于压力架上。由喂料溜管进入的物料（粒度为 80～100μm）被研磨至 80%通过 200 目的细度，被磨盘周边环形进风口通入的废热气吹起，经上部分级器分级，粗粒回落至磨盘上再粉磨，细粉经出口排入收尘器捕集为成品。磨内风速高达 60～80m/s，因此，烘干效率很高。

它与莱歇磨的主要区别在于磨辊为鼓形，磨盘为对应的环槽形，其他装置基本相同。在相同粉磨能力时，磨盘直径比莱歇磨大，盘周有更多的通气孔，在一定风速下有较大的空气量，因此磨内空气压力比莱歇磨低 20%左右。

与球磨机相比，立式磨的优点如下。

① 入磨物料粒度大，大型立式磨的入料粒度可达 50～80mm，因而可省去二级粉碎系统，简化粉磨流程。

② 带烘干装置的立式磨可利用各种窑炉的废热气处理水分达 6%～8%的物料，加辅助热源则可处理水分高达 18%的物料，因而可省去物料烘干系统。

③ 由于磨机本身带有选粉装置，物料在磨内停留时间短（一般仅为 3min 左右），能及时排出细粉，减少过粉磨现象。因而粉磨效率高，电耗低，产品粒度较均齐。另外，粉磨产品的细度调整较灵活，便于自动控制。

④ 结构紧凑，体积小，占地面积小，约为球磨机的 1/2 左右，因而基建投资省，约为球磨机的 70%左右。

⑤ 噪声小，扬尘少，操作环境清洁。

立式磨的缺点如下。

① 一般只适宜于粉磨中等硬度的物料，粉磨硬度较大的物料时，磨损较大。如在水泥厂多用于粉磨水泥生料。但近年来，随着磨辊材料质量的不断提高和耐磨性能的改善，也有用于粉磨像水泥熟料这样较硬的物料的。

② 磨辊对物料的磨蚀性较敏感，一般石灰石都含有燧石等杂质，磨损大，故通常分体制造。辊套用抗磨性高的合金钢，辊芯可用一般材料。但这样对温度变化又较敏感。由于辊套是热装于辊芯上的，温度交替升降时辊套易产生松动，故热装时的温差须大于运转时的温差，使其在运转时有足够的箍紧力。

③ 制造要求较高，辊套一旦损坏一般不能自给，须由制造厂提供，更换较费时，要求高，影响运转率。

④ 操作管理要求较高，不允许空磨启动和停车，物料太干时还需喷水润湿物料，否则物料太松散而不能被“咬”进辊子与磨盘之间进行粉碎。

6.6.2.4 雷蒙磨（Reymond Mill）

(1) 结构及工作原理

雷蒙磨又称悬辊式磨机，其结构如图 6-124 所示。雷蒙磨的主要构成部分是固定不动的底盘和作旋转运动的磨辊。在底盘的边缘上装有磨环。磨辊绕垂直轴旋转时由于离心力作用紧压在磨环上，与磨辊一起旋转的刮板（又称铲刀）将底盘上的物料撒到磨辊与磨环之间，物料在磨辊与磨环之间受到挤压和研磨作用而被粉碎。

底盘3的边缘上为磨环4，底盘中间装 空心立柱23作为主轴的支座。主轴22装在空心立柱的中间，由电动机1通过减速器19、联轴器18带动旋转。主轴上端装有梅花架21，梅花架上有短轴6，用来悬挂磨辊5，使磨辊能绕短轴摆动。磨辊中间是能自由转动的辊子轴26，轴的下端装辊子25。每台磨机共有3～6只磨辊，沿梅花架均匀分布。

在梅花架下面固定着套于空心立柱外面的刮板架17，在刮板架上正对每只磨辊前进方向都装有刮板16。当主轴旋转时，磨辊由于离心力作用紧压在磨环上，因此，磨辊除了有被主轴带动绕磨机中心旋转的公转运动外，还有由于磨环和辊子之间的摩擦力作用而产生的绕磨辊轴中心线旋转的自转运动。从给料机加入落在底盘上的物料被刮板刮起撒到磨辊前面的磨环上，当物料未及落下时即被随之而来的磨辊所粉碎。

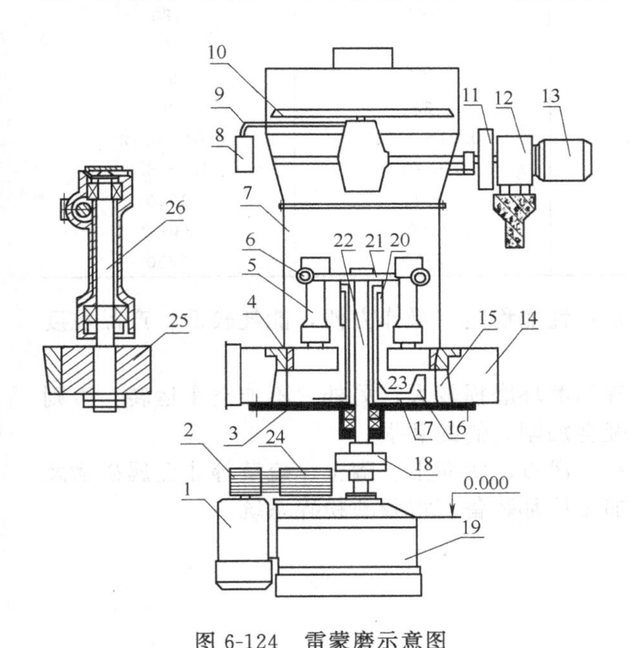

图6-124　雷蒙磨示意图

1，13—电动机；2，11，24—V带轮；3—底盘；4—磨环；5—磨辊；6—短轴；7—罩筒；8—滤气器；9—管子；10—分级叶片；12—离合器；14—风筒；15—进风孔；16—刮板；17—刮板架；18—联轴器；19—减速器；20—进料口；21—梅花架；22—主轴；23—空心立柱；25—辊子；26—辊子轴

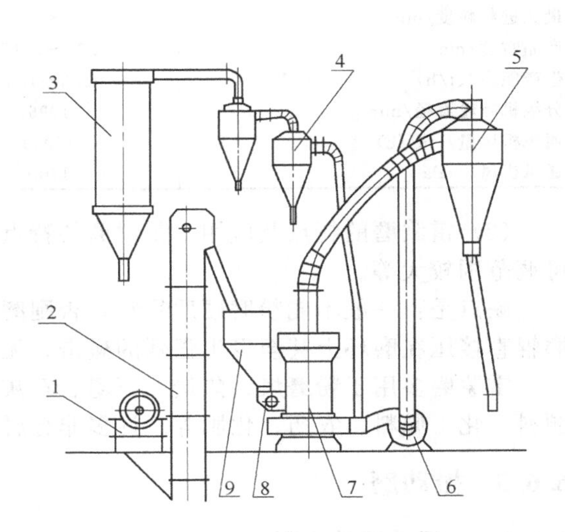

图6-125　雷蒙磨及其附属设备布置示意图

1—颚式破碎机；2—斗式提升机；3—袋式收尘器；4，5—旋风分离器；6—通风机；7—雷蒙磨；8—给料机；9—料斗

在底盘下缘的周边上开有长方形的进风孔15，最外缘为风筒14。由通风机鼓入的空气经风筒和进风孔进入磨机内，已粉碎至一定细度的物料被气流吹起，当经过磨机顶部的分级叶片10附近时，气流中的粗颗粒即被分出，回落至底盘上再行粉碎。达到要求粒度的物料随同气流离开磨机，进入旋风分离器（见图6-125）。在旋风分离器中，大部分物料被分离出来，从旋风分离器底部排出，空气则从顶部出风管排出，经过风机后大部分空气重新鼓入磨内。为了在磨机和旋风分离器内形成负压，以防止粉尘外逸，小部分空气经由通风机出口处的支风管进入几个旋风分离器和袋式除尘器，将空气中的固体颗粒再次收集后放入大气中。

产品的粒度通过改变空气分级机转速的方法来调节。分级机转速增大，上升气流及其中的物料颗粒的旋转速度随之增大，颗粒沿半径方向的离心沉降速度加快，如此可使气流中的物料颗粒在通过分级机前后更多地沉降至气流速度较小的罩筒附近并随之落回到底盘上，只有尺寸更小的颗粒才能随气流离开磨机成为产品，因此产品的细度变细。反之，分级机转速减小，物料颗粒的径向沉降速度变慢，大多数颗粒都能能通过分级机作为产品卸出，故产品的细度变粗。

雷蒙磨的规格表示为×R××××，如4R3216，R前面的数字代表磨辊的数量为4个；R后面的前两位数字表示磨辊直径为320mm，后两位数字表示磨辊的高度为160mm。雷蒙磨的规格及主要性能见表6-8。

表6-8　雷蒙磨的规格及主要性能

项　　目	型　号		
	3R-2741	4R-3216	5R-4018
磨环内径/mm	830	970	1270
磨辊直径/mm	270	320	400
磨辊厚度/mm	140	160	180
磨辊数目/个	3	4	5
主轴转速/(r/min)	145	124	95
最大进料粒度/mm	30	35	40
产品粒度/mm	0.04～0.125	0.04～0.125	0.04～0.125
生产能力/(t/h)	0.3～1.5	0.6～3.0	1.1～6.0
分级机叶轮直径/mm	1096	1340	1710
通风机风量/(m^3/h)	12000	19000	34000
通风机风压/Pa	1700	2750	2750

(2) 雷蒙磨的特点及应用　雷蒙磨的特点是：性能稳定，操作方便，能耗较低，产品粒度可调范围较大等。

缺点是：一般不能粉磨硬质物料，否则磨辊和磨环磨损较大；另外，不能空车运转，否则磨辊直接压在磨环上甚至发生强烈的碰击，无疑会加剧它们的磨损。

雷蒙磨多用于粉磨煤、焦炭、石墨、石灰石、滑石、膨润土、陶土、硫黄等非金属矿物及颜料、化工原料、农药、化肥等。许多非金属加工厂都装备有雷蒙磨粉碎系统。

6.6.3 振动磨

6.6.3.1 振动磨的类型

振动磨的类型很多。按振动特点可分为惯性式、偏旋式；按筒体数目可分为单筒式和多筒式；按操作方法可分为间歇式和连续式等。

6.6.3.2 构造和工作原理

振动磨的基本构造是由磨机筒体、激振器、支承弹簧及驱动电动机等主要部件组成，

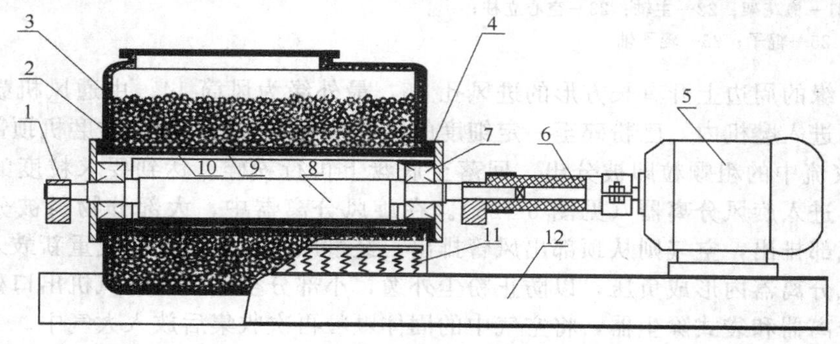

图6-126　M200-1.5惯性式振动磨示意图

1—附加偏重；2—筒体；3—耐磨橡胶衬；4—锥形环；5—电动机；6—弹性联轴器；7—滚动轴承；8—偏心激振器；9—振动器内管；10—振动器外管；11—弹簧；12—支架

图 6-126 为 M200-1.5 惯性式振动磨的示意图。磨机主要由筒体 2、激振器 8、支架 12、弹性联轴器 6 和电动机 5 组成。筒体内表面和激振器的外管包有耐磨橡胶衬 3。筒体用角钢支承于弹簧 11 上。激振器有内管 9 和外管 10，管子之间有缝隙以便冷却水通过，以降低磨机工作时振动器的温度。偏重做成偏心轴状，轴由两个滚动轴承支承。振动器用两个对开的锥形环 4 固装在磨机筒体上，筒体内装有研磨体。

工作原理如下：如图 6-127 所示，物料和研磨介质装入弹簧支承的磨筒内，磨机主轴旋转时，由偏心激振器驱动磨体作圆周运动，通过研磨介质的高频振动对物料作冲击、摩擦、剪切等作用而将其粉碎。

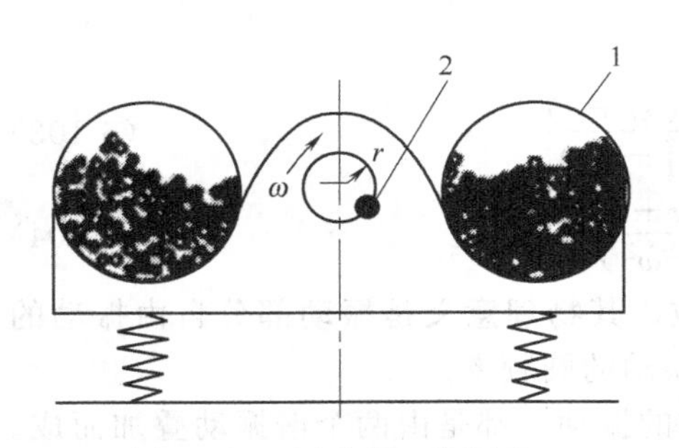

图 6-127　振动磨工作原理

1—磨筒体；2—偏心激振器

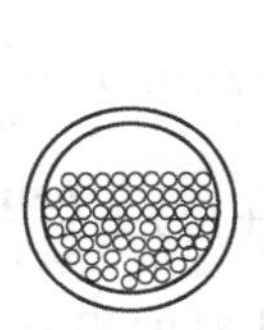

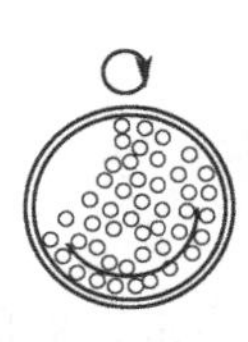

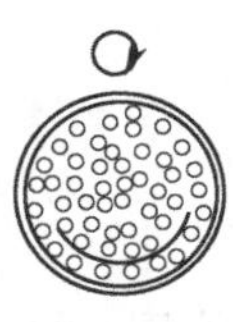

(a) 静止时　(b) 介质运动时　(c) 干燥物料投入时　(d) 连续运转时

图 6-128　研磨介质运动行径

通过试验观察发现，振动磨工作时筒体内研磨介质的运载有以下几种情况（如图 6-128 所示）：①研磨介质的运动方向与主轴旋转方向相反；②研磨介质除公转运动外还有自转运动。当振动频率很高时，它们的排列都很整齐。在振动频率较低的情况下，研磨介质之间紧密接触，一层一层地按一个方向移动，彼此之间无相互位移。但当振动频率高时，加速度增大，研磨介质运动较快，各层介质在径向上运动速度依次减慢，形成速度差，介质之间产生剪切和摩擦。

综上所述，振动磨内研磨介质的研磨作用有：①研磨介质受高频振动；②研磨介质循环运动；③研磨介质自转运动等作用。这些作用使研磨介质之间以及研磨介质与筒体内壁之间产生强烈的冲击、摩擦和剪切作用，在短时间内将物料研磨成细小粒子。

6.6.3.3　振动分析

磨机主轴旋转时，由于偏重产生的离心力作用使筒体振动，这种振动可沿水平和垂直方向分解为两个分量。

偏重旋转时产生的离心力为（图 6-129）

$$p = m_0 r\omega^2$$

或

$$p = M\omega^2$$

图 6-129　振动磨受力示意图

式中　m_0——偏重的质量；

r——偏重的质心到主轴中心的距离；

ω——主轴转动的角速度；

M——偏重的静力矩，$M = m_0 r$。

设时间 $t=0$ 时，偏重与轴正向的夹角为 α，则离心力沿 x 和 y 轴的分量为

$$p_x = p\cos(\omega t + \alpha)$$

$$p_y = p\sin(\omega t + \alpha)$$

筒体在离心力作用下发生振动，在一般情况下，筒体的振动要受到空气和弹簧的阻尼作用。但这种阻尼作用与偏重的离心力相比毕竟很小，可忽略不计，即假设筒体的振动是无阻尼

振动以简化计算。另外，由于主轴转速很高，偏重产生的离心力与其重力相比要大得多，也忽略偏重的重力。此外，假设离心力通过振动部分的质心。

设沿 x 方向和 y 方向装设的弹簧数目分别为 p 和 q，弹簧的倔强系数为 c，振动部分（包括筒体、研磨体和物料）的质量为 m，可得如下运动方程式

$$m\frac{d^2x}{dt^2}=-pcx+p\cos(\omega t+\alpha) \tag{6-101}$$

$$m\frac{d^2y}{dt^2}=-qcy+p\sin(\omega t+\alpha)-mg \tag{6-102}$$

上两式中，x、y 为振动部分沿 x、y 轴的位移。

解上面两个二阶微分方程，得通解

$$x=\alpha_1\sin(k_1t+\beta_1)+\frac{p\cos(\omega t+\alpha)}{m(k_1^2-\omega^2)} \tag{6-103}$$

$$y=\alpha_2\sin(k_2t+\beta_2)+\frac{p\sin(\omega t+\alpha)}{m(k_2^2-\omega^2)}-\frac{g}{k_2^2} \tag{6-104}$$

式中，α_1、α_2、β_1、β_2是解微分方程式时的积分常数，其物理意义是振动部分自由振动的振幅和初相角。$k_1=(pc/m)^{0.5}$和 $k_2=(qc/m)^{0.5}$是自由振动的圆频率。

由式(6-103) 和 (6-104) 可知，无论 x 轴还是 y 轴的振动，都是由两个谐振动叠加而成。第一个谐振动与外力大小无关，属自由振动；第二个谐振动取决于激振力的大小，是受迫振动。

实际上，振动磨投入运转后，由于空气阻力和弹簧摩擦力的阻尼作用，自由振动很快就衰减下来，仅剩下受迫振动。仅仅在启动和停机的一段时间内，自由振动的影响才表现出来，振动磨同时产生自由振动和受迫振动，这时可观察到振动磨的振幅随时间发生变化。但此段时间十分短暂，磨机很快过渡到稳定操作，所以一般忽略自由振动部分不计，于是，式(6-103) 和式(6-104) 简化为

$$x=\frac{p\cos(\omega t+\alpha)}{m(k_1^2-\omega^2)} \tag{6-105}$$

$$y=\frac{p\sin(\omega t+\alpha)}{m(k_2^2-\omega^2)}-\frac{g}{k_2^2} \tag{6-106}$$

其合振动为

$$\left[\frac{x}{\dfrac{p}{m(k_1^2-\omega^2)}}\right]^2+\left[\frac{y+\dfrac{g}{k_2^2}}{\dfrac{p}{m(k_2^2-\omega^2)}}\right]^2=1 \tag{6-107}$$

式(6-107) 为椭圆的解析式。由此可知，振动磨振动时，振动部分的各点均沿椭圆轨迹运动，其两个半轴长分别为$\frac{p}{m(k_1^2-\omega^2)}$和$\frac{p}{m(k_2^2-\omega^2)}$，它们分别为水平振幅和垂直振幅。

由于振动磨的振动频率较高，ω^2 比 k_1^2 和 k_2^2大得多，后者可忽略不计。故式可近似为

$$x^2+\left(y+\frac{g}{k_2^2}\right)^2=\frac{p^2}{m^2\omega^4} \tag{6-108}$$

$$x^2+\left(y+\frac{g}{k_2^2}\right)^2=\left(\frac{M}{m}\right)^2 \tag{6-109}$$

上式为圆的解析式。圆的半径为

$$e=M/m \tag{6-110}$$

e 即为振动磨的振幅。上式表明，振动磨的振幅等于偏重的静力矩与振动部分的质量之比。

6.6.3.4 技术参数

(1) 振动强度 将振幅A和激振角速度ω的平方之积与重力加速度的比值定义为振动强度。根据Buchmann提出的共振理论，系统的共振条件是

$$A\omega^2/g=\sqrt{1+(\pi k)^2} \tag{6-111}$$

式中的k是质点运动时间与振动时间之比，取整数值。实践证明，当振动强度大于6时，磨机才能产生细磨作用。在不同生产能力条件下，振动强度增大，产品的比表面积也随之增加。提高振动强度可以使物料在筒体内经较短的时间获得较佳的粉磨效果。而振动频率则不宜过高，适当的振动频率不仅可降低粉碎能耗，也有利于延长轴承的使用寿命。因此，增大振动强度的有效措施是适当增大振幅而不是提高振动频率。

(2) 振动频率 振动磨一般直接用弹性联轴器与电动机连接，不设变速机构，所以振动磨的振动频率与电机的转速相同。关于振动频率的确定有两种意见。一种认为，粉磨速度与振动频率成正比，因而应用较高频率，只是结构上的限制影响了更高频率的采用，实际上用25Hz（1500次/min）和50Hz（3000次/min）两种。另一种意见认为，高振动频率虽然会提高磨机的粉磨速度和工作强度，但动力消耗大大增加，粉磨效率降低，因此宜采用较低的振动频率。主张采用12.5Hz（750次/min）和16.7Hz（1000次/min）两种。我国生产的中、小型振动磨的振动频率一般较高（约25Hz，50Hz），容积在500L以上的用较低的频率，约12.5Hz（750次/min）。

(3) 振幅 振动磨的惯性力与其振幅成正比，为了减小惯性力的影响，通常采用较小的振幅，一般选用2～4mm。

如前所述，振动磨的振幅是由偏重力矩和振动部分的质量等动力因素决定的。需要说明的是，振动磨振动部分的质量除了筒体和振动器的质量外，还包括磨体和物料的质量，不过在操作时，特别是在频率很高的情况下，研磨体和物料是呈悬浮状态存在的，其质量对振幅的影响比堆积在一起时的影响要小，因此，作为用于计算振幅的质量应表示为

$$m=m_1+Km_2$$

式中 m_1——筒体和振动器的质量；

m_2——研磨体和物料的质量；

K——校正系数，可从表6-9中查出。

表6-9 校正系数K值

粉磨方法	振动频率/(次/min)	
	3000	1500
干法	0.1～0.3	0.25～0.4
湿法	0.2～0.4	0.6～0.8

为了能根据实际情况调整振幅，通常在主轴上装有可调的附加偏重，通过调节附加偏重的动力矩即可改变振幅。

由式(6-106)可知，当振动磨的偏重力矩一定时，如筒内未装研磨体，由于振动部分的质量减小，在这种情况下使机器运转，必定有较大的振幅，这样可能会导致弹簧的损坏。因此，对于惯性式振动磨，在筒体内未按预定数量装入研磨体前不允许启动。

(4) 填充系数及研磨体尺寸 在振动磨内，不存在像球磨机中所谓研磨体最内层的问题，填充系数主要从有效利用磨机容积和不妨碍研磨体的循环运动等方面考虑。因此，填充系数比球磨机大得多，通常为0.6～0.8，最高可达0.9。

研磨体的大小应根据入磨物料的粒度大小而定，一般为10～25mm。研磨体的密度大，则尺寸可小些；反之，则应大些。

(5) 物料装入量及入磨粒度 实践证明，物料的装入量以略超过充满研磨体的空隙时效果

最好。若装料太少，会造成研磨体彼此间的碰击和研磨，使生产能力和粉磨效率降低，研磨体的磨损加快；反之，装料太多则会妨碍研磨体的正常运动，同时易产生过粉碎和形成衬垫作用，同样会降低生产能力和降低粉磨效率。入磨物料的粒度不宜过大，一般在 2mm 以下为宜。

(6) 功率　根据机械振动学原理，推导出的振动磨振动部分运动时所消耗的功率为

$$N_e = (0.122 \sim 0.156) m e^2 \omega^3 \ (\mathrm{kW}) \tag{6-112}$$

式中　m——研磨体和物料的质量，kg；

e——振幅，m；

ω——激振器角速度，rad/s。

考虑到振动器轴承消耗的功率和电动机的储备功率，振动磨消耗的功率由下式计算

$$N = 0.6 m e^2 \omega^3 \ (\mathrm{kW}) \tag{6-113}$$

6.6.3.5 振动磨的特点

振动磨机与球磨机均属介质研磨设备，粉磨原理都是通过向介质和物料的混合物供给能量的方法来粉碎或粉磨物料，但粉磨能量的提供则不完全相同。后者主要通过重力场或离心力场的转动，而前者主要借助于筒体的振动，其振动系统由装有研磨体的筒体及支承弹簧组成，振动运动的产生可由转动轴上的偏心重块的激振动力矩引起。筒体的振动使磨介及物料呈悬浮状态，被磨物料通过筒体的纵向运动受到介质研磨。此外，粉磨介质还产生一个与系统的振动轨迹相反的转动，转动频率大致为振动频率的 1/100。粉磨介质和物料在筒体内的缓慢转动有利于物料混匀。由于单位时间内的作用次数多，使得所得产品粒度小，分布均匀。

概括起来，与球磨机相比，振动磨机有如下特点。

① 由于高速工作，可直接与电动机相连接，省去了减速设备，故机器重量轻，占地面积小。

② 筒内研磨介质不是呈抛落或泻落状态运动，而是通过振动、旋转与物料发生冲击、摩擦及剪切而将其粉碎及磨细。

③ 由于介质填充率高，振动频率高，所以单位筒体体积生产能力大。处理量较同体积的球磨机大 10 倍以上。单位能耗低。

④ 通过调节振幅、频率、研磨介质配比等可进行微细或超细粉磨，且所得粉磨产品的粒度均匀。

⑤ 结构简单，制造成本较低。

但大规格振动磨机对机械零部件（弹簧、轴承等）的力学强度要求较高。

6.6.4 高压辊式磨机

高压辊式磨机又称辊压机或挤压磨。它是 20 世纪 80 年代中期开发的一种新型节能粉碎设备，具有效率高、能耗低、磨损轻、噪声小、操作方便等优点。

6.6.4.1 结构及工作原理

辊压机主要由给料装置、料位控制装置、一对辊子、传动装置（电动机、带轮、齿轮轴）、液压系统、横向防漏装置等组成。两个辊子中，一个是支承轴承上的固定辊，另一个是活动辊子，它可在机架的内腔中沿水平方向移动。两个辊子以同速相向转动，辊子两端的密封装置可防止物料在高压作用下从辊子横向间隙中排出。

辊压机的工作原理如图 6-130 所示。物料由辊压机上部通过给料装置（重力或预压螺旋给料机）均匀喂入，在相向转动的两辊的作用下，在拉入角 α 处将物料拉入高压区进行粉碎，从而实现连续的高压料层粉碎。

在高压区上部，所有物料首先进行类似于辊式破碎机的单颗粒粉碎。随着两辊的转动，物料向下运动，颗粒间的空隙率减小，这种单颗粒的破碎逐渐变为对物料层的挤压粉碎。物料层

在高压下形成，压力迫使物料之间相互挤压，因而即使是很小的颗粒也要经过这一挤压过程。这是其粉碎比较大的主要原因。料层粉碎的前提是两辊间必须存在一层物料，而粉碎作用的强弱主要取决于颗粒间的压力。由于两辊间隙的压应力高达 50～300MPa（通常使用为 150MPa 左右），故大多数被粉碎物料通过辊隙时被压成了料饼，其中含有大量细粉，并且颗粒中产生大量裂纹，这对进一步粉磨非常有利。在辊压机正常工作过程中，施加于活动辊的挤压粉碎力是通过物料层传递给固定辊的，不存在球磨机中的无效撞击和摩擦。试验表明，在料层粉碎条件下，利用纯压力粉碎比剪切和冲击粉碎能耗小得多，大部分能量用于粉碎，因而能量利用率高。这是辊压机节能的主要原因。

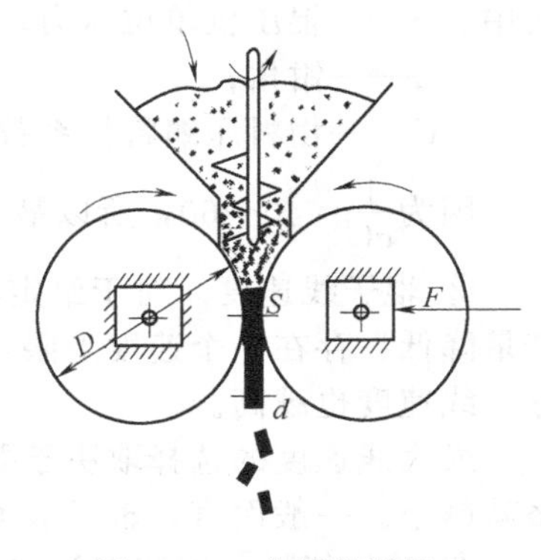

图 6-130 高压辊磨机工作原理示意图

6.6.4.2 辊压机的主要参数

（1）结构参数　辊压机的主要结构参数有：钳角、辊子尺寸、两辊间隙宽度和最大给料粒度等。

① 钳角　从球形物料与辊子接触点分别引两条切线，它们的夹角称为辊压机的钳角。它与排料间隙的关系为

$$\alpha^2=\frac{2e(\eta-1)}{D} \tag{6-114}$$

式中　e——两辊间隙宽度；

D——辊子直径；

η——物料压实度。

可通过辊压机的体积产量 V 来计算

$$V=\eta eLv \tag{6-115}$$

式中　V——辊压机的体积产量；

L——辊子长度；

v——物料速度。

② 辊子尺寸　辊子长径比（L/D）称为辊压机的几何参数，对于同一种物料，尺寸越大，生产能力越大。对于几何参数相似或相同的磨机（长径比不变），同样的拉入条件和线速度，磨机产量与辊子直径的平方成正比。辊子长径比较小，根据资料统计，辊子长径比一般为

$$L/D=1/3\sim1 \tag{6-116}$$

③ 两辊间隙宽度　两辊间隙宽度 e 与辊子直径 D 的比值（e/D）称为相对间隙宽度，比值为 0.01～0.02，即两辊间隙宽度约为辊子直径的 1%～2%。辊子间隙宽度与磨机的物料通过量密切相关，间隙越大，通过量也就越大，因此，辊子间隙设计为可调，视物料性质（硬度、形状、结构特点等）、湿度、粒度组成、最大给料粒度、物料与辊间的摩擦力等因素而定。两辊间的间隙宽度一般为 6～12mm。

④ 最大给料粒度　最大给料粒度 d_{max} 与辊子直径有以下关系

$$d_{max}=(0.07\sim0.08)D \tag{6-117}$$

采用光面辊子时，给料中大于间隙宽度 e 的物料（d_{max}）的含量应小于 20%，比值应小于 3。一般喂料粒度小于 50mm，最大可达 80mm。

（2）主要工艺参数

① 辊压力　辊间最大辊压力 p_{max} 与辊压机单位压力 p 成正比，即

$$p_{max}=\frac{p}{\alpha C} \tag{6-118}$$

式中 p——辊压机单位压力；

α——钳角；

C——物料压缩特性系数，$C=0.18\sim0.22$。

因为$\frac{1}{\alpha C}=40\sim60$，所以最大辊压力 $p_{\max}$可达辊子单位压力 p 的 50 倍左右。

② 辊子线速度　对于给定物料，开始时产量与线速度成正比增加，过高的线速度会导致产量降低，存在一个速度上限，超过此上限，设备运转不稳定。给料粒度越小，物料流动性越好，线速度也越高。

最大线速度的选择取决于要求的产品细度。若产量一定时，所取的线速度越高，磨机的规格就越小。一般而言，辊子表面线速度为 0.5～2.0m/s，最高可达 3m/s。

③ 单位能耗　安装在管（球）磨机前作为预粉磨设备时，单位电耗为 2～5kW·h/t；若用管（球）磨机作预粉磨设备时为 5～11kW·h/t，因此，比管（球）磨机可节电 10%～20%，同时可使细磨机械增产 15%～30%。

④ 驱动功率　辊压机的驱动功率可用下式计算

$$N=2\beta DLvp=2\beta V_{p}p \tag{6-119}$$

式中 β——辊压力作用角，$\beta<\alpha$，可由辊压力和驱动力矩测量结果确定，一般用近似项代替；

V_{p}——辊压机的名义体积产量，这是一个理想值，$V_{p}=vLD$；

v——辊子表面线速度。

6.7 超细粉碎机械

随着材料科学和技术的不断发展，新型材料和高功能材料的生产和开发对有关粉体的微细化或超细化提出了越来越高的要求，超细粉碎机械的研究和开发也理所当然地成为人们越来越重视的课题。下面就几种超细粉碎机械进行简要介绍。

6.7.1 搅拌磨

搅拌磨是 20 世纪 60 年代开始应用的粉磨设备，早期称为砂磨机，主要用于染料、涂料行业的料浆分散与混合，后来逐渐发展成为一种新型的高效超细粉碎机。搅拌磨是超细粉碎机中最有发展前途，而且是迄今为止能量利用率最高的一种超细粉磨设备，它与普通球磨机在粉磨机理上的不同点是：搅拌磨的输入功率直接高速推动研磨介质来达到磨细物料的目的。搅拌磨内置搅拌器，搅拌器的高速回转使研磨介质和物料在整个筒体内不规则地翻滚，产生不规则运动，使研磨介质和物料之间产生相互撞击和摩擦的双重作用，使物料被磨得很细并得到均匀分散的良好效果。

6.7.1.1 搅拌磨的分类及构造

搅拌磨的种类很多，按照搅拌器的结构形式可分为盘式、棒式、环式和螺旋式搅拌磨；按工作方式可分为间歇式、连续式和循环式三种类型；按工作环境可分为干式搅拌磨和湿式搅拌磨（一般以湿法搅拌为多）；按安放形式可分为立式和卧式搅拌磨；按密闭形式又可分为敞开式和密闭式等。

最初的搅拌磨是立式敞开型容器，容器内装有一个缓慢运转的搅拌器。后来又由立式敞开型发展成为卧式密闭型，如图 6-131 所示。几乎所有立式或卧式结构的搅拌磨均由此原理改进而成。

图 6-132 为间歇式、连续式和循环式搅拌磨的示意图。它主要由带冷却套的研磨筒、搅拌装置和循环卸料装置等组成。冷却套内可通入不同温度的冷却介质以控制研磨时的温度。研磨

筒内壁及搅拌装置的外壁可根据不同用途镶不同的材料。循环卸料装置既可保证在研磨过程中物料的循环，又可保证最终产品及时卸出。连续式搅拌磨的研磨筒的高径比较大，其形状如一倒立的塔体，筒体上下装有隔栅，产品的最终细度是通过调节进料流量同时控制物料在研磨筒内的滞留时间来保证的。循环式搅拌磨是由一台搅拌磨和一个大容积循环罐组成的，循环罐的容积是磨机容积的10倍左右，其特点是产量大，产品质量均匀及粒度分布较集中。

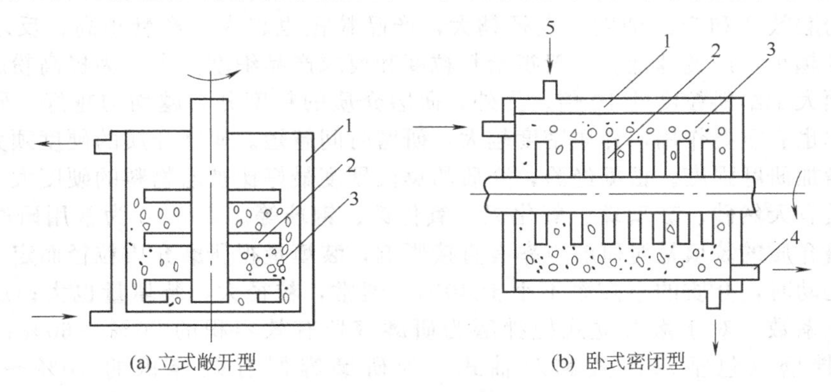

图 6-131　早期典型的搅拌搅拌磨结构示意图

1—冷却夹套；2—搅拌器；3—研磨介质球；4—出料口；5—进料口

搅拌器的结构有多种形式，除了叶片式外，还有偏心环式、销棒式（如图 6-133 所示）。前者偏心环沿轴向布置成螺旋形，以推动磨介运动并防止其挤向一端；后者搅拌轴上的销棒与筒内壁上的销棒相对交错设置，将筒体分成若干个环区，增大了研磨介质相互冲击和回弹冲击力，从而提高粉磨效率。

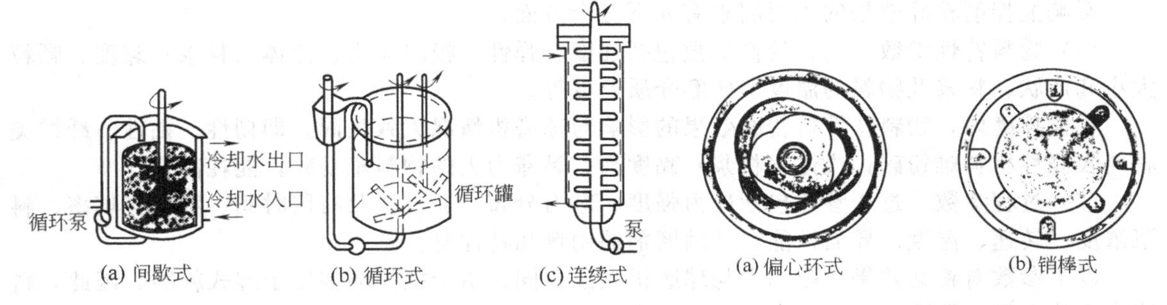

图 6-132　搅拌磨的类型

图 6-133　搅拌器的型式

6.7.1.2　工作原理

由电动机通过变速装置带动磨筒内的搅拌器回转，搅拌器回转时其叶片端部的线速度约为3～5m/s左右，高速搅拌时还要大4～5倍。在搅拌器的搅动下，研磨介质与物料作多维循环运动和自转运动，从而在磨筒内不断地上下、左右相互置换位置产生激烈的运动，由研磨介质重力及螺旋回转产生的挤压力对物料进行摩擦、冲击、剪切作用而粉碎。由于它综合了动量和冲量的作用，因而能有效地进行超细粉磨，使产品细度达亚微米级。此外，能耗绝大部分直接用于搅动研磨介质，而非虚耗于转动或振动笨重的筒体，因此能耗比球磨机和振动磨都低。可以看出，搅拌磨不仅具有研磨作用，还具有搅拌和分散作用，所以它是一种兼具多功能的粉碎设备。

连续粉磨时，研磨介质和粉磨产品要用分离装置分离。分离装置阻止研磨介质随产品一起排出。目前常用的分离装置是圆筒筛，其筛面由两块平行的筛板组成，工作时，介质不直接打击筛面，因而筛面不易损坏；由于筛子的运动，筛面不易堵塞。这种筛子的筛孔尺寸为50～100μm。为防止磨损，筛子的前沿和尾部采用耐磨材料制作。其不足之处是难以分离黏度较高的料浆。一种新的称为摩擦间隙分离器的保持分离设备可以用于处理黏度高达5Pa·s的高黏度料浆。其特点是旋转环固定在搅拌轴上以及反向环连接在底盘上。摩擦间隙的宽度可根据保持的大小进行调节，最小间隙为100μm。摩擦间隙的宽度及筛孔尺寸须小于分离介质直径的1/2。由于它具有自动清洗功能，不会出现阻塞现象。

研磨介质一般为球形，其平均直径小于6mm，用于超细粉碎时，一般小于1 mm。介质大小直接影响粉磨效率和产品细度，直径越大，产品粒径也越大，产量越高；反之，介质粒径小，产品粒度越小，产量越低。一般视给料粒度和要求产品细度而定。为提高粉磨效率，研磨介质的直径须大于给料粒度的10倍。另外，研磨介质的粒度分布越均匀越好。研磨介质的密度对粉磨效率也有重要作用，介质密度越大，研磨时间越短。研磨介质的硬度须大于被磨物料的硬度，以增加研磨强度。根据经验，介质的莫氏硬度最好比被磨物料的硬度大3级以上。常用的研磨介质有天然砂、玻璃珠、氧化铝、氧化锆、钢球等。表6-10为常用研磨介质的密度和直径。研磨介质的装填量对研磨效率有直接影响，装填量视研磨介质粒径而定，但必须保证在分散器内运动时，介质的空隙率不小于40%。通常，粒径大，装填量也大；反之亦然。研磨介质的填充系数，对于敞开立式搅拌磨为研磨容器有效容积的50%～60%；对于密闭立式和卧式搅拌磨（包括双冷式和双轴式）为研磨容器有效容积的70%～90%（常取80%～85%）。

表6-10 搅拌磨常用研磨介质的密度和直径

研磨介质	玻璃(含铅)	玻璃(不含铅)	氧化铝	锆砂	氧化锆	钢球
密度/(g/cm³)	2.5	2.9	3.4	3.8	5.4	7.8
直径/mm	0.3～3.5	0.3～3.5	0.3～3.5	0.3～1.5	0.5～3.5	0.2～1.5

6.7.1.3 影响搅拌磨粉碎效果的主要因素

影响搅拌磨粉碎效果的主要因素有如下三个方面。

(1) 物料特性参数　物料特性参数包括强度、弹性、极限应力、流体（料浆）黏度、颗粒大小和形状、料浆及物料的温度、研磨介质温度等。

在搅拌磨内，物料特性对粉磨效果的影响与球磨机情况大致相同，即韧性、黏性、纤维类材料较脆性材料难粉碎；流体（料浆）黏度高、黏滞力大的物料难粉碎，能耗高。

(2) 过程参数　过程参数包括应力强度、应力分布、通过量及滞留时间、物料充填率、料浆浓度、转速、温度、界面性能以及助磨剂的用量和特性等。

以上参数对粉磨效果的影响也与球磨机大致相同。由于搅拌磨多用于湿式粉磨，因此，料浆中固体含量（即浓度）对粉磨效果影响很大。浓度太低时，研磨介质间被研磨的固体颗粒少，易形成“空研”现象，因而能量利用率低，粉磨效果差；反之，当浓度太高时，料浆黏度增大，研磨能耗高，料浆在磨腔介质间的运动阻力增大，易出现堵料现象。因此，料浆中固体含量应适当，才能获得较好的粉磨效果。料浆浓度与被粉磨物料的性质有关。对于重质碳酸钙、高岭土等，浓度可达70%以上。对于某些特殊的涂料和填料，其浓度一般不大于25%～35%。应该指出的是，随着粉磨过程的进行，物料的比表面积增大，料浆的黏度也逐渐增大。因此，在粉磨过程中，需添加一定的助磨剂或稀释剂来降低料浆黏度，以提高粉磨效率和降低粉磨能耗。添加剂的用量与与其特性和物料性质、工艺条件有关，最佳用量应通过实验来确定，一般控制在0.5%以下。

(3) 结构形状和几何尺寸　结构形状和几何尺寸包括搅拌磨腔结构及尺寸、搅拌器的结构和尺寸、研磨介质的直径及级配等。研究和生产实践证明，搅拌磨的磨腔结构形状及搅拌器的结构形状和尺寸对粉磨效果的影响非常显著。通常认为，卧式搅拌磨比立式搅拌磨的效果好，但拆卸维修装配较麻烦。在卧式搅拌磨中，弯曲上翘型比简单直筒型效果好，其原因是改变了料浆在磨腔内的流场，提高了物料在磨腔内的研磨效果。搅拌器的形状通常圆盘形、月牙形、花盘形搅拌器比棒形搅拌器研磨效果好。搅拌器的搅拌片或搅拌棒数量适当增多可提高研磨效果，但数量太多时反而会降低研磨效率。磨腔及搅拌器尺寸太大或太小都对研磨效果不利，单台搅拌器的容积一般为 50～500L。

6.7.1.4 立式搅拌磨与卧式搅拌磨的比较

立式搅拌磨和卧式搅拌磨都是应用较广泛的机型，它们各有以下特点。

① 立式搅拌磨结构比卧式搅拌磨简单，易更换筛网及其他配件；卧式搅拌磨结构相对较为复杂，拆装和维修较困难，另外，筛网磨损较快。

② 立式搅拌磨工作过程中的稳定性不如卧式搅拌磨，其操作参数比卧式搅拌磨要求严格，如搅拌器的运转、磨腔内的流动状况等，其原因是立式搅拌磨从顶端到底部研磨介质分布不均匀，下端研磨介质聚集较多，压实较紧，因此，上下层间应力分布不均匀。

③ 由于立式搅拌磨中研磨介质大部分聚集于底部，压应力大，且筒体越高，底层压应力越大，所以，研磨介质的破碎现象比卧式搅拌磨严重得多。这将给研磨介质的分离带来一定困难，另外，对产品的纯度和细度以及生产成本都有较大影响。

④ 卧式搅拌磨研磨介质的填充率可视物料情况在 50%～90%的较大范围内进行选择，而立式搅拌磨研磨介质的填充率不宜过大，否则，会使磨机启动功率增大，甚至启动困难。

6.7.2 胶体磨

胶体磨又称分散磨（Colloid or dispersion mill)，是利用固定磨子（定子）和高速旋转磨体（转子）的相对运动产生强烈的剪切、摩擦和冲击等力。被处理的料浆通过两磨体之间的微小间隙，在上述各力及高频振动的作用下被有效地粉碎、混合、乳化及微粒化。

胶体磨的主要特点如下。

① 可在较短时间内对颗粒、聚合体或悬浊液等进行粉碎、分散、均匀混合、乳化处理；处理后的产品粒度可达几微米甚至亚微米。因此，广泛用于化工、涂料、颜料、染料、化妆品、医药、食品和农药等行业。

② 由于两磨体间隙可调（最小可达 1μm)，因此，易于控制产品粒度。

③ 结构简单，操作维护方便，占地面积小。

④ 由于固定磨体和高速旋转磨体的间隙小，因此加工精度高。

胶体磨按其结构可分为盘式、锤式、透平式和孔口式等类型。盘式胶体磨由一个快速旋转盘和一个固定盘组成，两盘之间有 0.02～1mm 的间隙。盘的形状可以是平的、带槽的和锥形的，旋转盘的转速为 3000～15000r/min，盘由钢、氧化铝、石料等制成，圆周速度可达 40m/s，粒度小于 0.2mm 物料以浆料形式给入圆盘之间。盘的圆周速度越高，产品粒度越小，可达 1μm 以下。

图 6-134 所示为 M 型胶体磨。待分散的物料自上部给入机内，在高速旋转盘与固定盘的楔形空间受到磨碎和分散后自圆周排出。

图 6-135 所示为 JTM120 型立式胶体磨，物料自给料斗 13 给入机内，在快速旋转的盘式转齿 8 和定齿 7 之间的空隙内受到研磨、剪切、冲击和高频振动等作用而被粉碎和分散。定子和转子构成所谓磨体，其间的间隙可由间隙调节套 10 调节，最小间隙为 0～0.03mm，调节套上有刻度可以检查间隙的大小。定齿和转齿均经精细加工。表 6-11 列出了 JTM 系列胶体磨的技术特征。

表 6-11 JTM 系列胶体磨的规格和技术特征

技术特征 \ 规格	JTM50	JTM85	JTM120	JTM180
电机功率/kW	1	5.5	13	30
转速/(r/min)	8000	3000	3000	3000
转齿直径/mm	50	85	120	180
产量/(kg/h)	20～100	80～500	300～1000	800～3000
产品粒度/μm	1～20	1～20	1～20	1～20

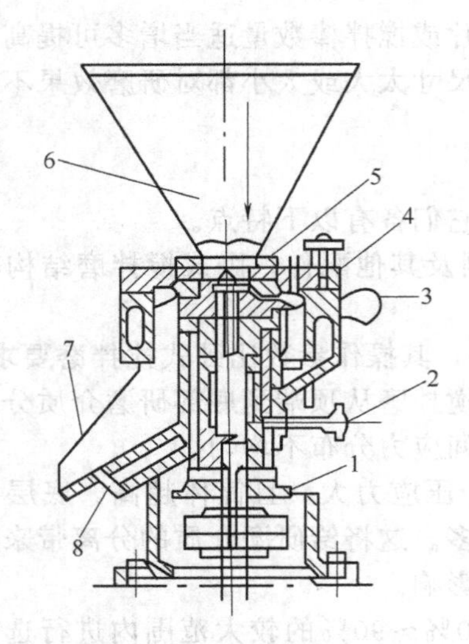

图 6-134　M 型胶体磨

1—调节手轮；2—锁紧螺钉；3—水出口；4—旋转盘和固定盘；5—混合器；6—给料；7—产品溜槽；8—水入口

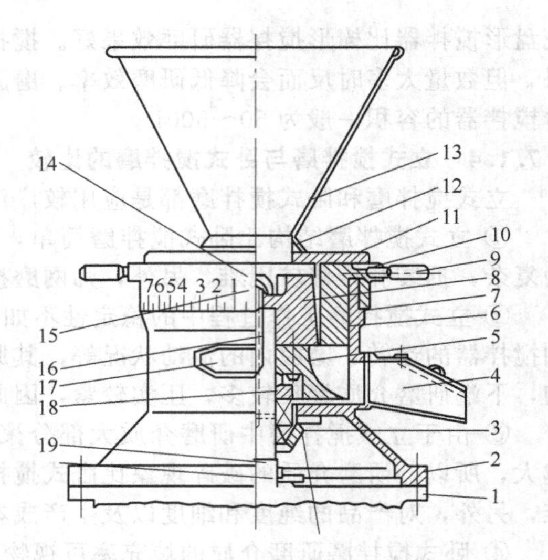

图 6-135　JTM120 型立式胶体磨

1—电机；2—机座；3—密封盖；4—排料槽；5—圆盘；6，11—O 形丁腈橡胶密封圈；7—定齿；8—转齿；9—手柄；10—间隙调整套；12—垫圈；13—给料斗；14—盖形螺母；15—注油孔；16—主轴；17—铭牌；18—机械密封；19—甩油盘

6.7.3　高速机械冲击式磨机

高速机械冲击式磨机是指利用围绕水平或垂直轴高速旋转的回转体（棒、锤和叶片等）对物料进行强烈的冲击，使之与固定体或颗粒间冲击碰撞，以较强大的力使颗粒粉碎的超细粉碎设备。

冲击式磨机与其他形式的磨机相比，具有单位功率粉碎能力大，易于调节粉碎产品粒度，应用范围广，占地面积小，可进行连续、闭路粉碎等优点。但由于机件的高速运转及颗粒的冲击、碰撞，磨损较严重，因而不宜用于粉碎硬度太高的物料。

6.7.3.1　超细粉碎机

图 6-136 所示为超细粉碎机（super micro mill）的结构和工作原理。它由机座 1、机壳 13 和在机壳上装有衬套 7a，b、撞击销 9a，b、隔环 11a，b（将机壳分为第一、二粉碎室和鼓风机室）、两端轴承 3a，b 及水平主轴 15、装在轴上位于第一、二粉碎室内的风机叶轮 8a，b 和内分级叶轮 10a，b、在鼓风机室内的风机叶轮 14 所组成。通过带轮 16 带动进行高速旋转。在第一、二粉碎室内分级叶轮下方装有排渣装置 2。

为了连续加料，在粉碎机的加料装置 4 的入口上装有加料器 5。

超细粉碎机的粉碎及内分级原理如图 6-136、图 6-137 所示，将小于 10mm 的颗粒物料由加料器经加料装置连续地加至第一粉碎室内，第一段粉碎叶轮的五支叶片具有 30°的扭转角，它有助于形成螺旋风压，但第二段分级叶轮相对应的五支叶轮不具有扭转角，所以形成气流阻力。这样，由于第一段叶轮形成的风压在第一粉碎室引起气流循环，随气流旋转的颗粒之间相互冲击、碰撞、摩擦、剪切，同时受离心力的作用，颗粒冲向内壁受到撞击、摩擦、剪切等作用，被反复地粉碎成细粉。第二段分级叶轮还具有分级作用。细粉在分级叶轮端部的斜面和衬套锥面之间的间隙也进行较有效的粉碎。但最有效的粉碎作用是在第一、二段叶轮之间的滞流区。由于叶轮高速旋转（圆周速度为 50m/s），物料被急剧搅拌并强制颗粒相互冲击、摩擦、剪切而粉碎。

由于上述作用，颗粒被粉碎至数十微米到数百微米，细粒和较粗的颗粒同时旋转于第一粉碎室内，在离心力的作用下，粗颗粒沿第一粉碎室内壁旋转同加入的新物料继续被粉碎，而细颗粒则随气流趋向中心部位，并由鼓风机吸入的气流带入第二粉碎室。

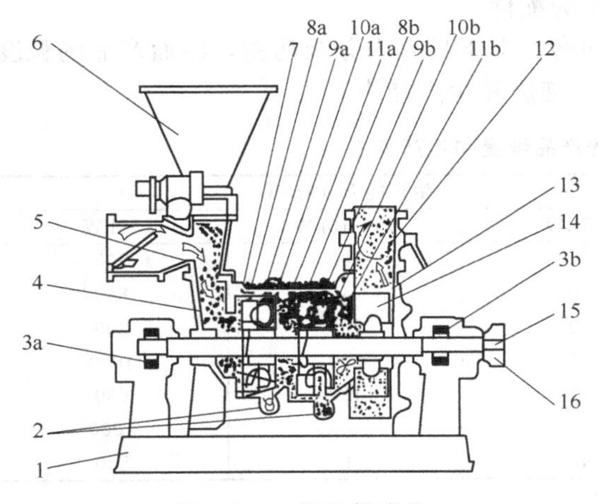

图 6-136　超细粉碎机

1—机座；2—排渣装置；3a，3b—轴承座；4—加料装置；5—加料器；6—加料斗；7—衬套；8a，8b—叶轮；9a，9b—撞击销；10a，10b—内分级叶轮；11a，11b—隔环；12—蝶阀；13—机壳；14—风机叶轮；15—主轴；16—带轮

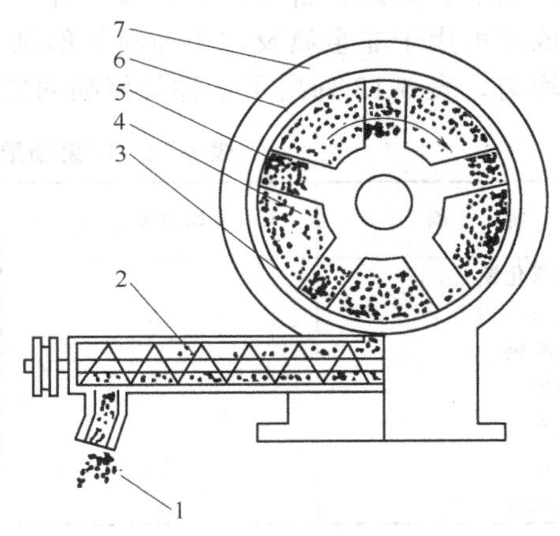

图 6-137　排渣原理

1—粗粒；2—螺旋排料器；3—粗颗粒；4—细粉；5—分级叶轮；6—衬套；7—壳体

分级是由第二段分级叶轮所产生的离心力和隔环内径之间产生的气流吸力来决定的。若颗粒受的离心力作用大于气流吸力，则颗粒继续留下来被粉碎；反之，若颗粒所受离心力小于气流吸力，则被吸向中心随气流进入第二粉碎室。

细颗粒进入第二粉碎室内同样被反复粉碎和分级。由于第二粉碎室的粉碎叶轮和分级叶轮直径比第一粉碎室的大，因此，旋转速度更高（达55m/s），又因第三段叶轮叶片扭转角也大，所以风压更大，颗粒相互冲击等力也更大，粉碎效果增强。同时，通过该室内的风速因粉碎室直径增大而减缓，分级精度提高。这样使细颗粒粉碎成几微米至数十微米的超细粉。

超细粉被气流吸出，经鼓风机室排出机外进行捕集和筛析。排渣装置的排渣原理如图 6-137 所示。物料中所含的较粗颗粒或密度高的杂质由于旋转时受分级叶轮离心力的作用被甩向衬套内壁上，最后降至粉碎室底部排渣孔，由排渣装置的螺旋器不断地排出机外，从而提高了成品的质量和纯度。

超细粉碎机的粉碎产品细度可通过调整风量、分级叶轮与隔环间隙、隔环直径来调节。由上述可见，超细粉碎机具有以下特点：动力消耗低，粉碎产品粒度小，纯度高，操作环境好，调节容易，操作方便。

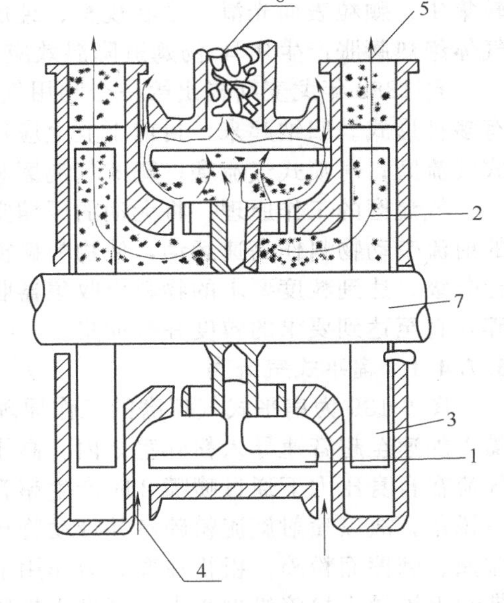

图 6-138　喷射粉磨机的结构和工作原理

1—冲击部件；2—分级轮；3—风扇轮；4—环形空气入口；5—产品出口；6—螺旋给料机；7—转子轴

6.7.3.2　喷射粉磨机

图 6-138 为喷射粉磨机的结构和工作原理。这种粉磨机主要由重锤式冲击部件、分级轮、风扇轮、环形空气入口管、产品出口管、螺旋给料机和转子轴等组成。两边带有通风机，空气按箭头所指方向流动。在转子轴的附近装有分级叶

片，靠叶片的旋转，粗颗粒返回粉碎室，已被粉碎的细颗粒则借气流输送通过分级叶片，再经风扇室送至机外被收集。产品细度可通过改变转子的转速和分级叶片的长度来调节，也可由风量进行调节。为此，备有三种分级叶片和风扇轮作为配件。

该机可用于非金属及化工原料等的细磨或超细磨。由于具有内分级功能，因而产品的粒度分布均匀。表 6-12 列出了三种规格喷射磨机的产品细度和生产能力。

表 6-12 喷射粉磨机的粉碎产品细度和生产能力

物　料	平均粒度/μm	生产能力/(kg/h)		
		3.7kW	15～18kW	55kW
氢氧化铝	15	50	200	700
滑石	15	60	240	840
碳酸钙	8	50	200	700
炭黑	7	75	300	1000
黏土	5	45	180	630
石膏	10	75	300	1000
氧化铁	5	40	160	550

6.7.4 气流粉碎机

气流粉碎机也称高压气流磨或流能磨，是最常用的超细粉碎设备之一。它是利用高速气流（300～500m/s）或过热蒸汽（300～400℃）的能量使颗粒产生相互冲击、碰撞、摩擦剪切而实现超细粉碎的设备，广泛应用于化工、非金属矿物的超细粉碎。其产品粒度上限取决于混合气流中的固体含量，与单位能耗成反比。固体含量较低时，产品的 d_{95} 可达 5～10μm；经预先粉碎降低入料粒度后，可获得平均粒度为 1μm 的产品。气流磨产品除粒度细外，还具有粒度较集中、颗粒表面光滑、形状规整、纯度高、活性高、分散性好等特点。由于粉碎过程中压缩气体绝热膨胀产生焦耳-汤姆逊降温效应，因而还适用于低熔点、热敏性物料的超细粉碎。

自 1882 年戈麦斯提出第一个利用气流动能进行粉碎的专利并提出其机型迄今，气流磨已有多种形式。归纳起来，目前工业上应用的气流磨主要有如下几种类型：扁平式气流磨；循环式气流磨；对喷式气流磨；靶式气流磨和流态化对喷式气流磨。

气流磨的工作原理：将无油的压缩空气通过拉瓦尔喷管加速成亚音速或超音速气流，喷出的射流带动物料作高速运动，使物料碰撞、摩擦剪切而粉碎。被粉碎的物料随气流至分级区进行分级，达到粒度要求的物料由收集器收集下来，未达到粒度要求的物料再返回粉碎室继续粉碎，直至达到要求的粒度并被捕集。

6.7.4.1 扁平式气流磨

图 6-139 为扁平式气流磨的工作原理，图 6-140 为其结构示意图。待粉碎物料由文丘里喷嘴 1 加速至超音速导入粉碎室 3 内。高压气流经入口进入气流分配室，分配室与粉碎室相通，气流在自身压力下通过喷嘴 2 时产生超音速甚至每秒上千米的气流速度。由于喷嘴与粉碎室成一锐角，故以喷射旋流粉碎室并带动物料作循环运动，颗粒与机体及颗粒之间产生相互冲击、碰撞、摩擦而粉碎。粗粉在离心力作用下被甩向粉碎室周壁作循环粉碎，微细颗粒在向心气流带动下被导入粉碎机中心出口管进入旋风分离器进行捕集。

该气流粉碎机的规格以粉碎室内径尺寸（mm）来表示。

6.7.4.2 循环管式气流磨

图 6-141 所示为 JOM 型气流磨，是最常见的一种循环管式气流磨。原料由文丘里喷嘴 1 加入粉碎室 3，气流经一组喷嘴 2 喷入不等径变曲率的跑道形循环管式粉碎室，并加速颗粒使之相互冲击、碰撞、摩擦而粉碎。同时旋流还带动被粉碎颗粒沿上行管向上进入分级区，在分级区离心力场的作用下使密集的料流分流，细颗粒在内层经百叶窗式惯性分级器 4 分级后排出

即为产品，粗颗粒在外层沿下行管返回继续循环粉碎。循环管的特殊形状具有加速颗粒运动和加大离心力场的功能，以提高粉碎和分级的效果。

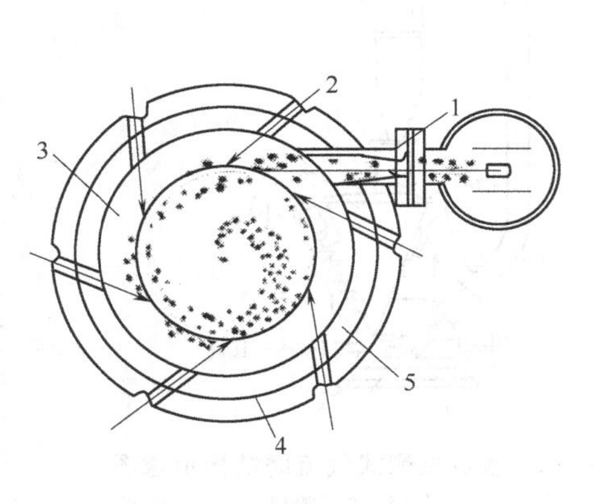

图 6-139　扁平式气流磨工作原理
1—文丘里喷嘴；2—喷嘴；
3—粉碎室；4—外壳；
5—内衬

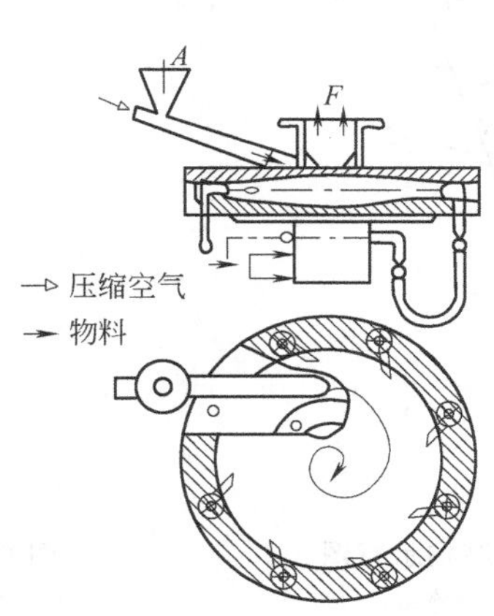

图 6-140　扁平式气流磨
结构示意图

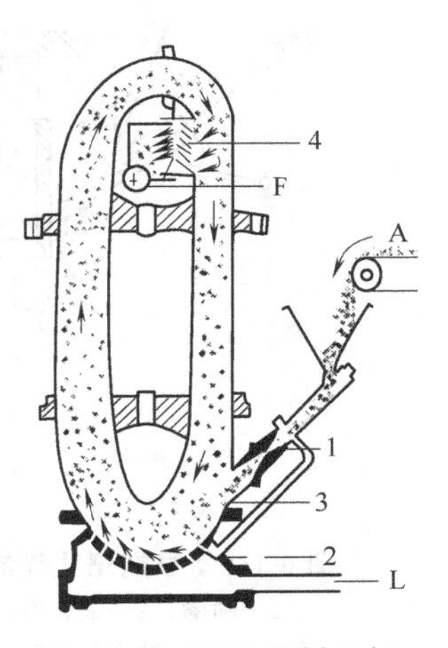

图 6-141　JOM 型循环气
流磨工作原理
1—文丘里喷嘴；2—气流喷嘴；
3—粉碎室；4—分级器；
L—压缩空气；F—细粉；A—粗粉

JOM 型气流磨的粉碎粒度可达 0.2～3μm，广泛应用于填料、颜料、金属、化妆品、医药、食品、磨料以及具有热敏性、爆炸性化学品等的超细粉碎。表 6-13 为 QON 型和 JOM 型气流磨的主要技术参数。

表 6-13　循环管式气流磨的主要技术参数

型　号	QON75	QON100	JOM-0101F4C	JOM-0202F4C	JOM-0304F4C	JOM-0405F4C	JOM-0608F4C	JOM-0808F4C
粉碎压力/MPa	0.7～0.9	0.7～0.9	6.5～7.5					
加料压力/MPa	0.2～0.5	0.2～0.5						
耗气量/(m^3/min)	6.5～9.38	15.2～20.6	1.0	2.6	7.6	16.1	26.4	35.0
处理量/(kg/h)	50～150	100～500	0.5～2.0	2.0～20	20～100	50～300	200～600	400～1000
进料粒度/mm	<0.5	<0.8						
粉碎比	5～50	5～50						
动力/kW	65～75	125～135	11	22	55	125	150	220

6.7.4.3　靶式气流磨

靶式气流磨（target type fluid energy mill）是利用高速气流挟带物料冲击在各种形状的靶板上进行粉碎的设备。除物料与靶板发生强烈冲击碰撞外，还发生物料与粉碎室壁多次的反弹粉碎，因此，粉碎力特别大，尤其适合于粉碎高分子聚合物、低熔点热敏性物料以及纤维状物料。可根据原料性质和产品粒度要求选择不同形状的靶板。靶板作为易损件，必须采用耐磨材料制作，如碳化物、刚玉等 。

早期靶式气流磨结构见图 6-142。物料由加料管进入粉碎室，经喷嘴喷出的气流吸入并加速，再经混合管 2 进一步均化和加速后，直接与冲击板（靶板）4 发生强烈碰撞。为了更好地均化和加速，混合管大多做成超音速缩扩型喷管状。粉碎后的细颗粒被气流带出粉碎区，进入位于冲击板 4 上方的分级区进行分级，经分级的颗粒被气流带出机外捕集为成品，粗颗粒返回粉碎区再行粉碎。该磨机粉碎产品较粗，动力消耗也较大，因而其应用受到限制。

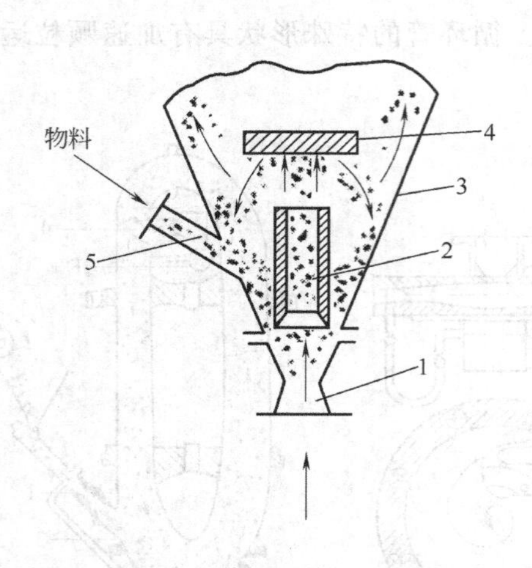

图 6-142　早期靶式气流磨结构示意图

1—喷嘴；2—混合管；3—粉碎室；4—冲击板；5—加料管

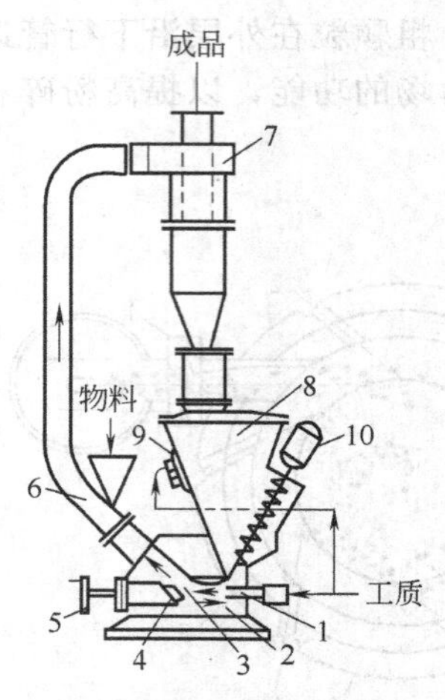

图 6-143　改进型靶式气流磨结构示意图

1—气流磨；2—混合管；3—粉碎室；4—靶板；5—调节装置；6—上升管；7—分级器；8—粗颗粒收集器；9—风动振动器；10—螺旋加料机

图 6-143 为改进型靶式气流磨结构。此机型多采用气流分级器取代转子型离心通风式风力分级器，这种气流磨进料一般很细，其中可能含有相当部分合格粒级，故物料在粉碎前于上升管 6 中经气流带入分级器进行预分级，只有粗颗粒才进入粉碎室粗碎，这样可降低磨机负荷，节约能量。这种气流磨特别适合于粉碎高分子聚合物、低熔点热敏性物料、纤维状物料及其他聚合物，可将许多高分子聚合物粉碎至微米级，以满足注塑加工、粉末涂料、纤维和造纸等工业的需要。

表 6-14 列出了 QBN450 型气流磨的主要技术参数。

表 6-14　QBN450 型气流磨的主要技术参数

项目	参数
粉碎压力/MPa	0.65～0.75
耗气量/(m^3/min)	9～10
处理量/(kg/h)	10～100
空压机功率/kW	65～75

6.7.4.4　对喷式气流磨

对喷式气流磨是利用一对或若干对喷嘴相对喷射时产生的超音速气流使物料彼此从两个或多个方向相互冲击和碰撞而粉碎的设备。由于物料高速直接对撞，冲击强度大，能量利用率高，可用于粉碎莫氏硬度 9.5 级以下的各种脆性和韧性物料，产品粒度可达亚微米级。同时还克服了靶式靶板和循环式磨体易损坏的缺点，减少了对产品的污染，延长了使用寿命。是一种较理想和先进的气流磨。

(1) 布劳-诺克斯型气流磨　图 6-144 为布劳-诺克斯型气流磨（Blaw Knox mill）的结构示意图。它设有四个相对的喷嘴，物料经螺旋加料器 3 进入喷射式加料器 9 中，随气流吹入粉碎室 6，在此受到来自四个喷嘴的气流加速并相互冲击碰撞而粉碎。被粉碎的物料经一次分级室 4 惯性分级后，较粗颗粒返回粉碎室进一步粉碎；较细颗粒进入风力分级机 1 进行分级，细粉排出机外捕集。为更完全分离细颗粒，经入口 2 向风力分级器通入二次风。分级后的粗粉与新加入的物料混合后重新进入粉碎室。产品细度可通过调节喷射器的混合管尺寸、气流压力、温度及分级器转速等参数来调节。

(2) 特劳斯特型气流磨　图 6-145 为特劳斯特型气流磨（Trost jet mill）的结构示意图。它的粉碎部分采用逆向气流磨结构，分级部分则采用扁平式气流磨结构，因此它兼有二者的特点。内衬和喷嘴的更换方便，与物料和气流相接触的零部件可用聚氨酯、碳化钨、陶瓷、各种不锈钢等耐磨材料制造。

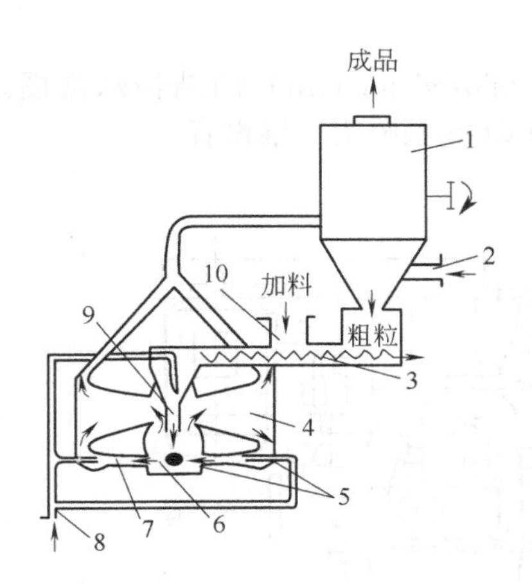

图 6-144 布劳-诺克斯型气流磨示意图

1—分级机；2—二次风入口；3—螺旋加料器；4—一次分级室；5—喷嘴；6—粉碎室；7—喷射器混合管；8—气流入口；9—喷射式加料器；10—物料入口

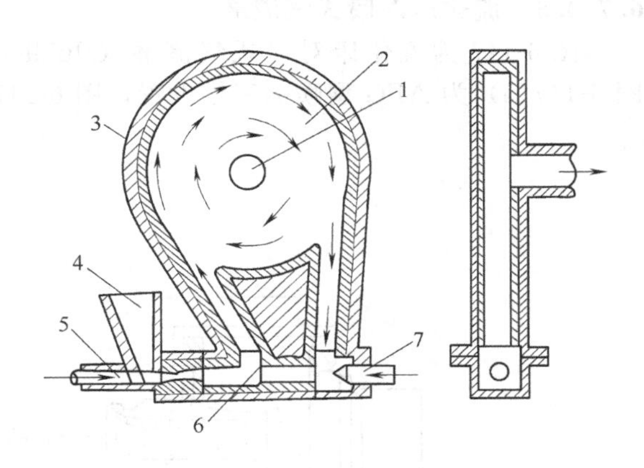

图 6-145 特劳斯特型气流磨结构示意图

1—产品出口；2—分级室；3—内衬；4—料斗；5—加料喷嘴；6—粉碎室；7—粉碎喷嘴

该气流磨的工作过程：由料斗4喂入的物料被喷嘴喷出的高速气流送入粉碎室6，随气流上升至分级室2，在此气流形成主旋流使颗粒分级。粗颗粒排至分级室外围，在气流带动下返回粉碎室再行粉碎，细颗粒经产品出口1排出机外捕集为成品。

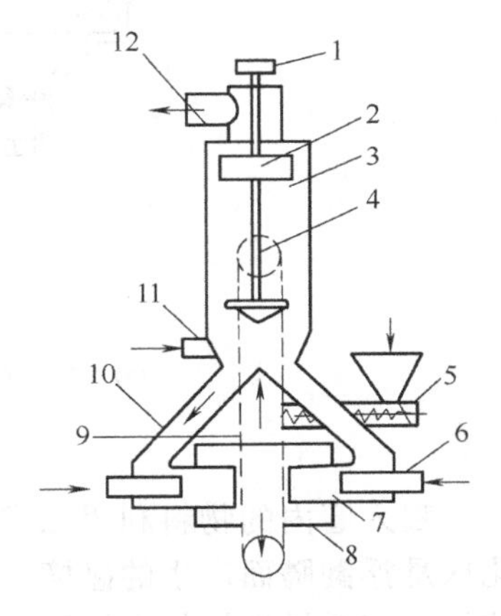

图 6-146 马亚克型气流磨结构示意图

1—传动装置；2—分级转子；3—分级室；4—入口；5—螺旋加料器；6—喷嘴；7—混合管；8—粉碎室；9—上升管；10—回料管；11—二次风入口；12—产品出口

(3) 马亚克型气流磨 图6-146为马亚克型气流磨（Majac jet puluerizer）的结构示意图。其工作过程如下：物料经螺旋加料器5进入上升管9中，被上升流带入分级室后，粗颗粒沿回料管10返回粉碎室8，在来自喷嘴6的两股高速喷射气流作用下冲击碰撞而粉碎。粉碎后的物料被气流带入分级室进行分级。细颗粒通过分级转子后成为成品。在粉碎室中，已粉碎的物料从粉碎室底部的出口管进入上升管9中。出口管设在粉碎室底部，可防止物料沉积后堵塞粉碎室。为更好地分级，在分级器下部经入口11通入二次空气。

产品粒度的控制方法：一是控制分级器内的上升气流速度，以确保只有较细的颗粒才能被上升气流带至分级器转子处；二是调节分级转子的转速。

该机的特点是：颗粒以极高的速度直线迎面冲击，冲击强度大，能量利用率高；粉碎室容积小，内衬材料易解决，故产品污染程度轻；粉碎产品粒度小，一般从一二百目到亚微米级；气流可以用压缩空气也可用过热蒸汽，粉碎热敏性物料时还可用惰性气体。因此，它是同类设备中较先进的。其应用实例见表6-15。

表 6-15 马亚克型气流磨的应用实例

物料名称	产品细度	规格/mm	处理能力/(kg/h)	耗气量		气流压力/MPa	气流温度/℃
				空气/(m^3/h)	过热蒸汽/(kg/h)		
氧化铝	$d_{50}=3.0\mu m$	380	5450	—	2860	0.7	400
邻苯二甲酸二甲酯	$d_{50}=4.2\mu m$	50～150	200	510	—	0.7	20
烟煤	325目,90%	510	3630	5100	—	0.7	20
云母	325目,90%	205	725	1225	—	0.7	425
稀土矿	1μm,60%	189	180	1225	—	0.7	425

6.7.4.5 流化床对喷式气流磨

图 6-147 为流化床对喷式气流磨（fluidised bed opposed jet mill）的结构示意图。其中图 6-147(a) 为 AFG 型喷嘴三维设置，图 6-147(b) 为 CGS 型喷嘴二维设置。

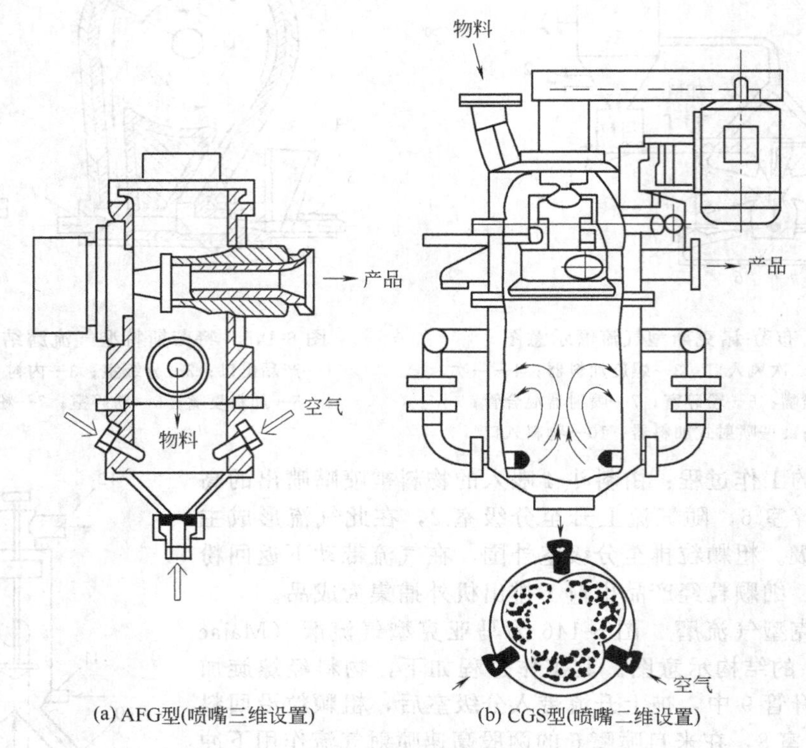

(a) AFG型(喷嘴三维设置)　(b) CGS型(喷嘴二维设置)

图 6-147　流化床对喷式气流磨

喂入磨内的物料利用二维或三维设置的 3～7 个喷嘴喷汇的气流冲击能及气流膨胀呈流态化床悬浮翻腾而产生的碰撞、摩擦进行粉碎，并在负压气流带动下通过顶部设置的涡轮式分级装置，细粉排出机外由旋风分离器及袋式收尘器捕集，粗粉受重力沉降返回粉碎区继续粉碎。这种流化床对喷式气流磨是在对喷式气流磨的基础上开发的，属 20 世纪 90 年代最新型的超细粉碎设备。

流化床对喷式气流磨的特点是：产品细度高（$d_{50}=3\sim10\mu m$），粒度分布窄且无过大颗粒；粉磨效率高，能耗低，比其他类型的气流磨节能 50%；采用刚玉、碳化硅或 PU（环）等作耐磨件因而磨耗低，产品受污染少，可加工无铁质污染的粉体，也可粉碎硬度高的物料；结构紧凑；噪声小；可实现操作自动化。但该机造价较高。

CGS 型流化床对喷式气流磨的主要技术参数见表 6-16。

表 6-16　CGS 型流化床对喷式气流磨的主要技术参数

规格	细　度 /μm	耗气量 /(m³/h)	喷嘴个数×直径 /mm	分级装置		
				CFS 型	N_{max}/(r/min)	功率/kW
16	2～70	50	2×3.2	8	15000	2.2
32	3～70	300	2×6.0	30	8000	4.0
50	4～80	850	3×8.5	85	5000	5.7
71	5～85	1700	3×12	170	3600	11
100	6～90	3400	3×17	340	2500	15
120	6～90	5100	3×21	510	2000	22

参考文献

[1] 潘孝良．水泥生产机械设备．北京：中国建筑工业出版社，1981.
[2] 丁志华．玻璃机械．武汉：武汉工业大学出版社，1994.
[3] 林云万．陶瓷工业机械设备（上册）．武汉：武汉工业大学出版社，1993.
[4] 盖国胜．超细粉碎分级技术．北京：中国轻工业出版社，2000.
[5] 卢寿慈．粉体加工技术．北京：中国轻工业出版社，1999.
[6] 陆厚根．粉体工程导论．上海：同济大学出版社，1993.
[7] 李启衡．粉碎理论概要．北京：冶金工业出版社，1993.
[8] 胡宏泰等．水泥的制造和应用．济南：山东科学技术出版社，1994.
[9] 郑水林．超细粉碎原理、工艺设备及应用．北京：中国建材工业出版社，1993.
[10] ［日］三轮茂雄，日高重助著，粉体工程实验手册．杨伦，谢淑娴译．北京：中国建筑工业出版社，1987.
[11] 段希祥．选择性磨矿及其应用．北京：冶金工业出版社，1991.
[12] 朱尚叙．立窑水泥生产节能技术．武汉：武汉工业大学出版社，1992.
[13] 李凤生等．超细粉体技术．北京：国防工业出版社，2000.
[14] 张庆今．硅酸盐工业机械及设备．广州：华南理工大学出版社，1992.
[15] 陈炳辰．磨矿原理．北京：冶金工业出版社，1989.
[16] ［日］神保元二等著，粉碎．王少儒等译．北京：中国建材工业出版社，1985.
[17] 杨宗志．超微气流粉碎．北京：化学工业出版社，1995.
[18] 张少明等．粉体工程．北京：中国建材工业出版社，1996.
[19] 沈义俊，朱昆泉．新型冲击式超细粉碎机研究．武汉化工学院学报．1994，16（3）：57-61.
[20] 钱海燕等．超细气流粉碎机的类型及基本性能．硅酸盐通报，1996，（3）：61-65.
[21] 吕盘根．气流粉碎机在国内外的发展．化工机械，1993，20（6）：353.
[22] 孟宪红等．关于气流粉碎基础理论研究进展．国外非金属矿，1996，（5）：50-54.
[23] 雷波．气流粉碎机的现状及技术进展．江苏陶瓷，2000，33（3）：3-5.
[24] 言仿雷．超细气流粉碎技术．材料科学与工程，2000，72（4）：145-149.
[25] 刘雪东等．扁平式气流粉碎机粉碎室流场的数值模拟．化工学报，2000，51（3）：414-417.
[26] 蒋新民等．超微气流粉碎机的研制与应用．非金属矿，1999，22（S_1）：22-24.
[27] 王晓燕等．流化床式气流粉碎机粉碎分级性能研究．非金属矿，1998，21（5）：15-19.
[28] 朱纪春等．QLM型对撞式气流磨的粉碎机理与应用．耐火材料，1996，30（3）：158-159.
[29] 吉晓莉等．流化床对喷式气流磨的粉碎机理．湖北化工，1999，（3）：15-16.
[30] 林伟等．流化床式气流磨的操作优化．武汉工业大学学报，2000，22（5）：90.
[31] 李启华．3R-3036雷蒙磨的技术改造．化工机械，1999，26（5）：291-293.
[32] 刘兴国等．陶瓷工业振动磨的磨球磨损分析．河北陶瓷，1995，23（4）：17-20.
[33] 王勇勤等．偏旋式振动磨的动力学研究．中国工程机械，1976，7（6）：19-23.
[34] 阎民等．振动磨理论研究进展．西安理工大学学报，1998，14（4）：417-421.
[35] 尹忠俊等．振动磨连续粉磨工艺．北京科技大学学报，1997，19（S1）：84-88.
[36] 王怠等．振动磨理论及其装备技术进展．中国建材装备，1998，5：14-17.
[37] 郭天德．振动磨的发展及降低能耗途径．中国非金属矿导刊，1999，5：79-82.
[38] 阎民等．振动磨DEM动力学分析模型．天津大学学报，2000，33（1）：59-62.
[39] 崔政伟等．搅拌磨粉碎机理及其主要工作参数的研究．化工装备技术，1995，16（4）：6-9.
[40] 张平亮．湿式搅拌磨微粉碎技术的研究．化工装备技术，1995，16（6）：6-9.
[41] 杨华明等．搅拌磨在超细粉制备中的应用．矿产综合利用，1997，（1）：33-37.
[42] 肖美添等．搅拌磨研磨介质磨损规律研究．化工装备技术，1998，19（3）：9-11.
[43] 杨华明等．搅拌磨超细粉碎工艺的研究．金属矿山，1999，274（4）：35-40.
[44] 宋宏斌等．立式磨与辊压机的性能比较．水泥技术，1996，（2）：18-20.
[45] 李庆亮．立式磨专家系统的设计与应用．河南职技师院学报，1998，26（3）：59-62.
[46] 王书民．RM2512立式磨进料装置的改造．水泥，2000，（2）：16.
[47] 李传永．PRM25立式磨磨辊副的维修．水泥，2001，（7）：50.
[48] 黄文熙等．论辊压磨的技术经济效果．西南工学院学报，1996，11（1）：41-46.
[49] 岳云龙等．辊式磨作为水泥预粉碎设备的优越性．中国粉体技术，2000，6（5）：37-39.
[50] 曹茂盛．超细颗粒制备科学与技术．哈尔滨：哈尔滨工业大学出版社，1998.
[51] 郑鸣皋．立轴破碎机综述．矿山机械，1999，（1）：17-20.

[52] 孙成林．破碎机的最新进展．中国粉体技术，2000，6（2）：33-39.
[53] 孙庆山．立轴复合式超细破碎机．水泥工程，2000，（1）：30.
[54] 李木仁．国外立轴式破碎机发展概况．矿山机械，2004，（1）：13-14.
[55] 朱春启．高细高产磨技术及应用．中国水泥，2004，（9）：45-48.
[56] 朱春启，袁益宁，梁三定．高产高细磨技术及应用领域的拓展．四川水泥，2005，（3）：13-16.
[57] 金诚生，林仲玉，方海燚等．高细高产磨的技术创新与进展．中国水泥，2003，（6）：40-44.
[58] 杨春葆，董立坷．新型高细管磨技术的应用．水泥工程，1999，（2）：21-22.

第7章 粉碎机械力化学

7.1 粉碎机械力化学概述

在固体材料的粉碎过程中，粉碎设备施加于物料的机械力除了使物料粒度变小、比表面积增大等物理变化外，还会发生机械能与化学能的转换，使材料发生结构变化、化学变化及物理化学变化。这种固体物质在各种形式的机械力作用下所诱发的化学变化和物理化学变化称为机械力化学效应。与热、电、光、磁化学等化学分支一样，研究粉碎过程中伴随的机械力化学效应的学科称为粉碎机械力化学，简称为机械力化学（mechanochemistry）。

机械力化学效应的发现可追溯至19世纪90年代。1893年，Lea在研磨$HgCl_2$时发现有少量Cl_2逸出，说明在研磨过程中部分$HgCl_2$发生了分解。机械力化学概念的提出则是在20世纪60年代。Peter将其定义为："物质受机械力作用而发生化学变化或物理化学变化的现象"。从能量转换的观点可理解为机械力的能量转化为化学能。自20世纪80年代开始，机械力化学作为一门新兴学科，在冶金、合金、化工等领域受到了广泛的重视。近十多年来，随着材料科学的发展和新材料研究开发的不断深入，机械力化学的研究十分活跃。目前，利用机械力化学作用制备纳米材料和复合材料、进行材料的改性等已经成为重要的材料加工方法和途径。

本章将介绍粉碎机械力化学作用的机理及其在有关领域的应用。

7.2 粉碎机械力化学作用及机理

固体物质受到各种形式的机械力（如摩擦力、剪切力、冲击力等）作用时，会在不同程度上被"激活"。若体系仅发生物理性质变化而其组成和结构不变时，称为机械激活；若物质的结构或化学组成也同时发生了变化，则称为化学激活。

在机械粉碎过程中，被粉碎材料可能发生的变化可分为以下几类。

① 物理变化　颗粒和晶粒的微细化或超细化、材料内部微裂纹的产生和扩展、表观密度和真密度的变化以及比表面积的变化等。

② 结晶状态变化　产生晶格缺陷、发生晶格畸变、结晶程度降低甚至无定型化、晶型转变等。

③ 化学变化　含结晶水或OH基物质的脱水、形成合金或固溶体、降低体系的反应活化能并通过固相反应生成新相等。

显然，上述第①种变化属机械激活；而后两种变化属化学激活。

7.2.1 粉碎平衡

各种粉碎设备当其工作条件（如转速、振动频率、振幅、介质/物料比、粉碎介质级配、助磨剂等）一定时，粉碎过程中往往会发生这样的现象：在粉碎的最初阶段，物料的粒度迅速减小，相应地比表面积增大；粉碎至一定时间后，粒度和比表面积不再明显变化而稳定在某一数值附近，如图 7-1 所示。实际上，这是物料颗粒在机械力作用下的粒度减小与已细化的微小颗粒在表面能、范德华力及静电力等的作用下相互团聚成二次颗粒（如图 7-2 所示）导致的粒度“增大”达到的某种平衡。这种粉碎过程中颗粒微细化过程与微细颗粒的团聚过程的平衡称为粉碎平衡。理想的粉碎平衡如图 7-3 所示，实际物料的粒度和比表面积随粉碎时间的变化多为图 7-1 所示的情形。

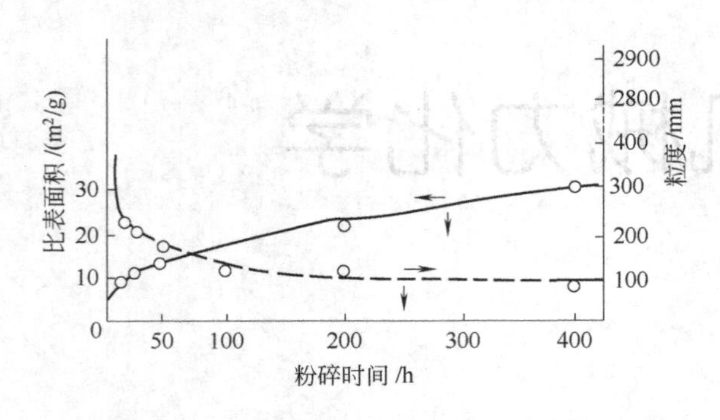

图 7-1 粒度、比表面积与粉碎时间的关系

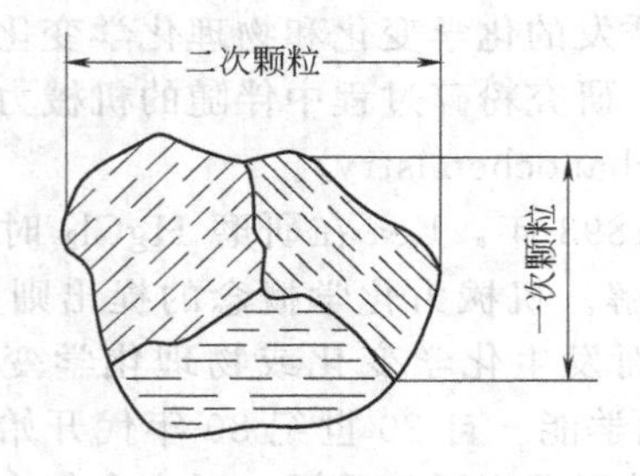

图 7-2 一次颗粒与二次颗粒的关系

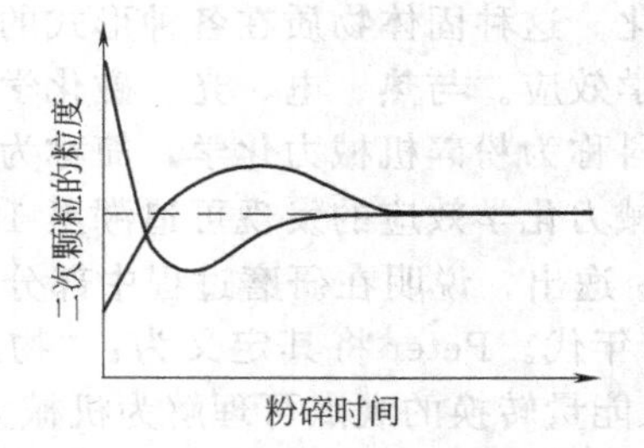

图 7-3 理想粉碎平衡

粉碎平衡出现的原因如下。

① 颗粒团聚　一旦微细化粉体的表面相互间有引力（范德华力、静电力、磁力）、水膜凝聚力、机械压力、摩擦力等作用，便产生颗粒的团聚。微颗粒界面面积越大，越易于团聚。此外，结晶化、活性化能量小的离子晶体也容易发生团聚。

② 粉体应力作用出现缓和状态　微颗粒团聚体中由于颗粒间的滑移，颗粒本身的弹性变形以及颗粒表面的晶格缺陷、晶界不规则结构所产生的粉体应力作用出现缓和，致使碎裂作用减小。

粉碎平衡出现的位置或达到粉碎平衡所需的粉碎时间既与粉碎设备的工作条件有关，也视物料的物理化学性质而不同。一般来说，脆性物料的粉碎平衡出现在微细粒径区域，而塑性材料则出现在较大粒径区域。即使是同一种物料，如果粉碎条件发生改变，其到达粉碎平衡的时间也会发生变化。换言之，如同化学反应平衡一样，粉碎平衡也是相对的、有条件的。一旦条件发生改变，则将在新的条件下建立新的平衡。另外，有些物料粉碎至一定时间后，比表面积会急剧减小，这是由于微颗粒间的团聚速度超过细颗粒产生的速度的缘故。图 7-4 和图 7-5 分别表示了 Al_2O_3 粉体的比表面积和平均粒径随粉磨时间的变化。

值得注意的是，粉碎平衡又是动态的，即当粉碎达到平衡后，即使继续进行粉碎，颗粒的粒度将不再变化，但作用于颗粒的机械能将使颗粒的结晶结构不断破坏、晶格应变和晶格扰乱增大。因此，达到粉碎平衡后，尽管粉体的宏观几何性质不变，但其物理化学性质的变化和内能的增大将使其固相反应活性及烧结性大大提高。

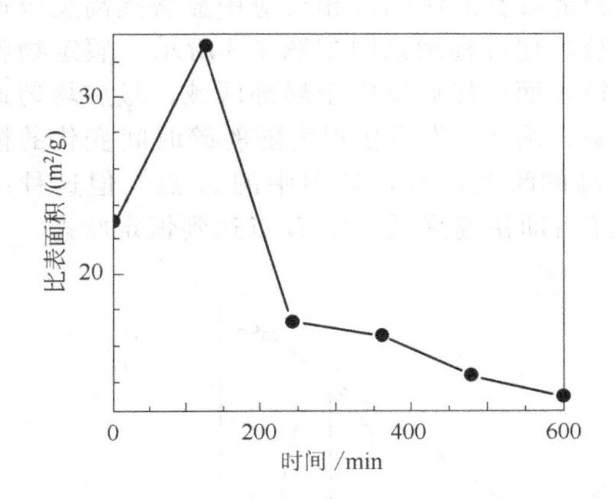

图 7-4 Al_2O_3 粉体的比表面积与粉磨时间的关系

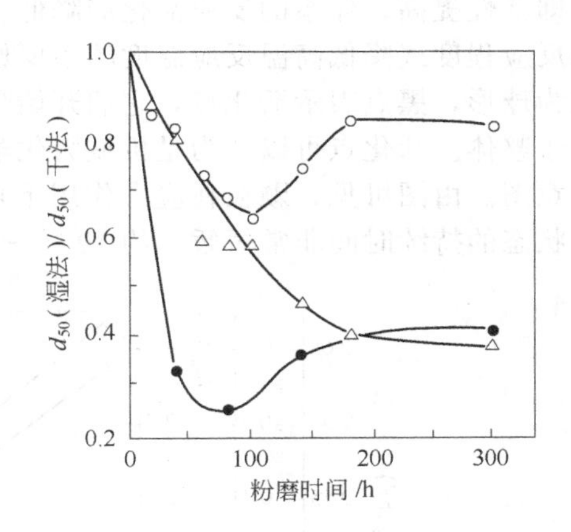

图 7-5 不同起始粒径的 Al_2O_3 粉体湿、干法粉磨的平均粒径比

○—0.6μm；△—3.9μm；●—22μm

7.2.2 晶体结构的变化

7.2.2.1 晶格畸变

粉碎过程中，在颗粒微细化的同时，还产生颗粒表面乃至内部晶格的畸变及结晶程度的衰弱。所谓晶格畸变是指晶格中质点的排列部分失去其点阵结构的周期性导致的晶面间距发生变化、晶格缺陷以及形成非晶态结构（无定型结构）等。

用振动磨粉磨时，介质的冲击能量将改变一次颗粒的晶面间距，并使价键解离，从而产生各种形式的晶格畸变，在 XRD 图谱上则表现为原来尖锐的特征衍射峰趋向宽化。图 7-6(b)、(c) 为 ZnO 与 Fe_2O_3 混合粉体高能球磨不同时间的 XRD 图谱，ZnO 与 Fe_2O_3 的宽化正是二者晶格扭曲畸变的有力证明。

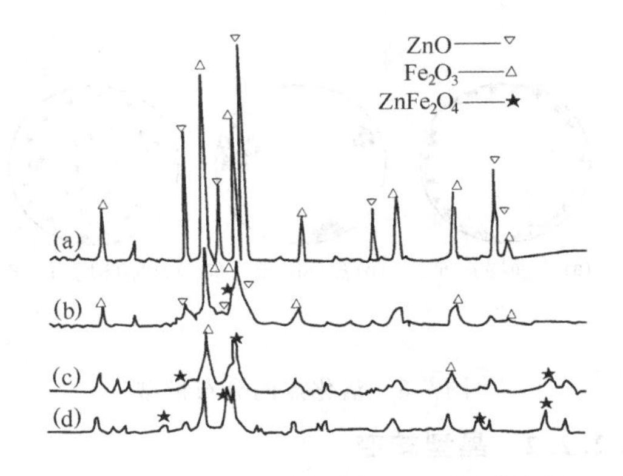

图 7-6 不同球磨时间的 XRD 图谱

(a) 0h；(b) 10h；(c) 20h；(d) 40h

随着粉碎过程的继续，晶格极度畸变，其有序结构完全被破坏，致使原晶体特征峰完全消失，形成非晶体，即发生无定型化，XRD 图谱则显示典型的玻璃态物质的特征，继而形成新相 $ZnFe_2O_4$，如图 7-6(d) 所示。

无定型的非晶层一般从优先接受能量的颗粒表面开始由表及里逐渐内延。如果颗粒的粒径为 d，非晶层的厚度为 δ，则非晶部分的体积分数 Y_{am} 可用下式计算

$$Y_{am}=1-\left(1-\frac{2\delta}{d}\right)^3 \tag{7-1}$$

晶格畸变的宏观物理性质反映的是物料密度的变化。一般表现为密度减小，如石英转变为无定形 SiO_2 时，其密度从 2.60g/cm³ 降至 2.20g/cm³。图 7-7 表示了石英颗粒大小与非晶层厚度 δ、非晶层质量分数 X_{am}、非晶层体积分数 Y_{am} 及密度 ρ_p 的关系。

随着粉碎过程的继续进行，非晶层不断增厚，最后导致整个颗粒的无定型化。由于在此过程中，晶体颗粒内部储存了大量能量，使之处于热力学不稳定状态。其直接结果是颗粒被激

活，即活性提高，体系的反应活化能降低。这是颗粒能够在后续的固相反应中显著提高反应速率和反应程度或降低高温反应温度的主要原因。颗粒活化过程示意图如图 7-8 所示。假定物料颗粒为球形，黑点表示活化点，它们开始分布于颗粒表面，然后集中于局部区域，最后均匀地分布于整体。活化点可以认为是机械力化学的诱发源。图 7-9 为活化程度随粉碎时间变化的模型示意图。由图可见，颗粒在应力作用下可获得很高的瞬时活性，如图中的 A 点。但这种高活性状态的持续时间非常短暂，约 $10^{-7}\sim10^{-5}$s，随后即快速降低，至 B 点达到恒定状态。

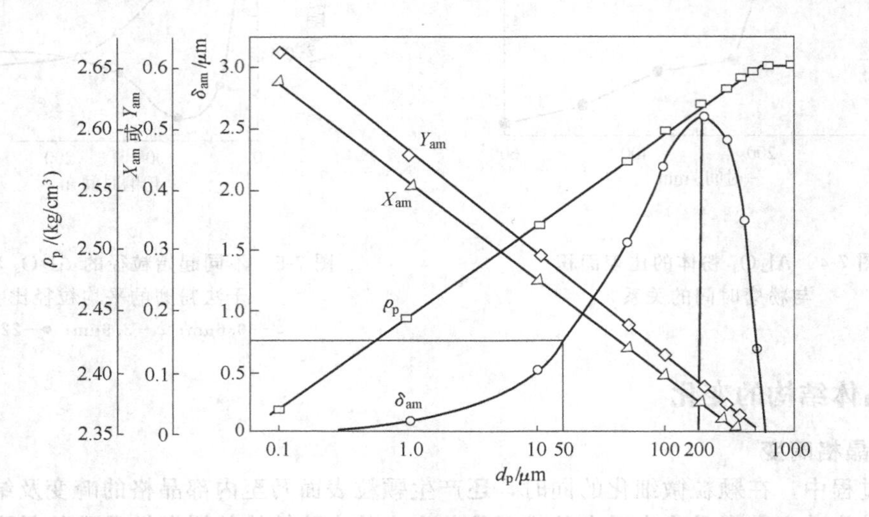

图 7-7 石英非晶层与颗粒尺寸的关系

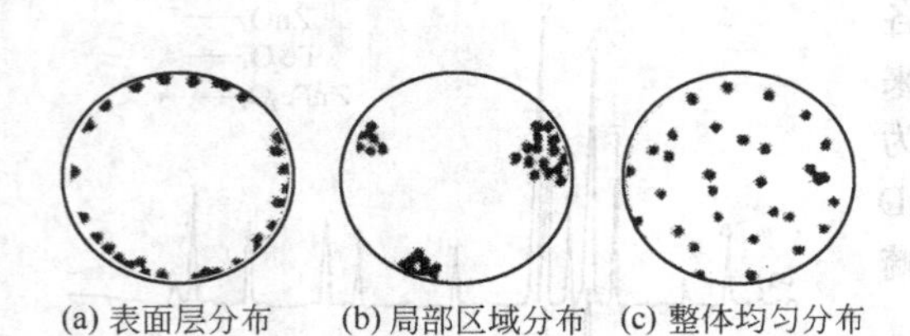

图 7-8 活化点的分布模型

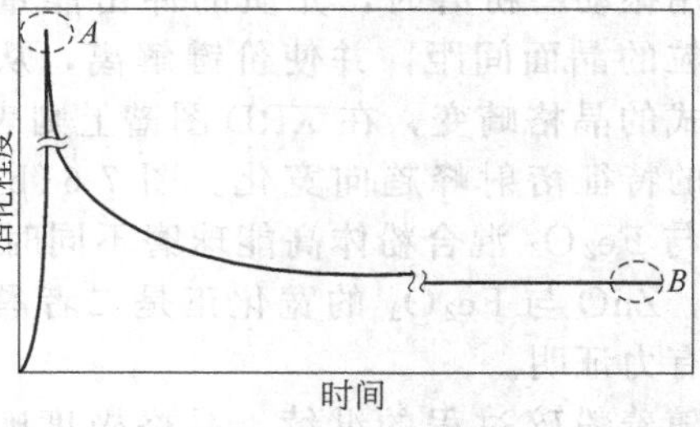

活化程度

A

B

时间

图 7-9 活化程度随时间变化的模型示意图

7.2.2.2 晶型转变

具有同质多晶型矿物材料在常温下由于机械力的作用常常会发生晶型转变，如三方晶系的方解石（相对密度为 2.7，莫氏硬度为 3）粉碎一定时间后可转变为组成相同但晶型为斜方晶系的文石（相对密度为 2.94，莫氏硬度为 3.5～4），而文石的粉碎产物加热至 450℃时又可恢复为方解石结构，如图 7-10 所示。

锐钛矿型 TiO_2（四方晶系，晶体常呈双锥形，相对密度为 3.9，莫氏硬度为 5.5～6.0）经粉碎后可转变为同质多相变体——金红石（四方晶系，晶体常呈柱状或针状，相对密度为 4.2～4.3，莫氏硬度为 6）。

XRD 测定证明，在 300℃下用球磨机将 PbO 粉碎至一定时间后，原黄色 PbO（斜方晶系）的特征峰全部消失，出现红色 PbO（立方晶系）的特征峰。

$2CaO\cdot SiO_2$ 和 Fe_2O_3 在粉碎过程中分别会发生如下转变：

$$\beta\text{-}2CaO\cdot SiO_2 \longrightarrow \gamma\text{-}2CaO\cdot SiO_2$$

$$\gamma\text{-}Fe_2O_3 \longrightarrow \alpha\text{-}Fe_2O_3$$

聚丙烯、聚乙烯在真空中低温粉碎时，也可与无机物质一样产生晶型转变，如再将其在 350K 下加热 24h，则又可恢复其原来的结晶结构。

对粉碎过程中物质发生晶型转变的解释是：由于机械力的反复作用，晶格内积聚的能量不断增加，使结构中某些结合键发生断裂并重新排列形成新的结合键。

随着晶体结构的变化，物料的物理化学性质也将发生变化，主要表现为：溶解度增大、溶解速率提高、密度减小（个别情形例外）、颗粒表面吸附能力和离子交换能力增强、表面自由能增大、产生电荷、生成自由基、外激电子发射等。

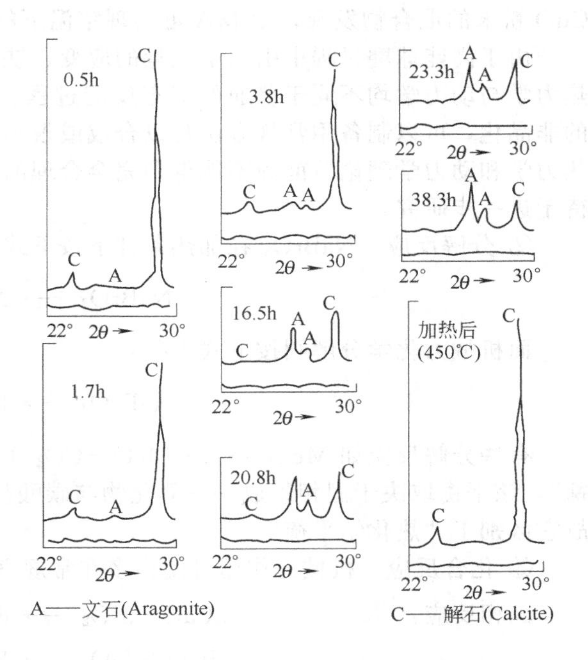

图 7-10 方解石粉碎时 XRD 的变化

7.2.2.3 机械力作用导致的化学变化

（1）脱水效应 二水石膏在粉磨过程中，即使维持体系的温度低于 100℃，仍将部分脱去 $3/2H_2O$ 而变为半水石膏。XRD 结果表明，粉磨 15min 就已出现半水石膏。

滑石加热时，分别在 495～605℃和 845～1058℃脱水。粉磨 5～60min 的 TG、DTA 和 IR 测定结果表明，随着粉磨时间的延长，不仅第一阶段脱水消失，脱水量逐渐减少，而且脱水温度也降低了。

有些含 OH^- 的化合物，如 $Ca(OH)_2$ 和 $Mg(OH)_2$，它们的 OH^- 不大容易脱离，因此，将其单独进行机械粉磨时，变化很少，然而，加入一定量的 SiO_2 后，情况大不相同。如在 $Ca(OH)_2$ 中加入 SiO_2 粉磨 14h 后，CH 的 XRD 衍射峰完全消失，代之以一个宽衍射峰；$Mg(OH)_2$-SiO_2 混合物在粉磨 60min 后，$Mg(OH)_2$ 的 XRD 特征峰和热分析吸热峰均已消失，说明其结晶水已全部脱去。

（2）固相反应 在粉磨过程中，粉体颗粒承受较大应力或反复应力作用的局部区域可以产生分解反应、溶解反应、水合反应、合金化、固溶化、金属与有机化合物的聚合反应以及直接形成新相的固相反应等。机械力化学反应与一般的化学反应所不同的是，机械力化学反应与宏观温度无直接关系，它被认为主要是因颗粒的活化点之间的相互作用而导致的。这是机械力化学反应的特点之一。

① 机械合金化（mechanical alloying，MA） 通过高能球磨过程中的机械合金化作用可以合成弥散强化合金、纳米晶合金及金属间化合物等。Benjamin 首先使用 MA 技术制备出氧化物弥散强化镍基高温合金；Jangg 等将 Al 和炭黑的粉末混合物高能球磨后，再在 550℃下挤压成型，获得了 Al/Al_4C_3 弥散强化材料，该复合材料具有极好的低密度、高强度、高硬度、高热阻、良好的变形性及抗过烧等性能；MA 法制备的 Al-Mg 合金及 SiC 颗粒增强的 Al-Cu 基合金具有良好的阻尼性质和高抗腐蚀性能；通过球磨 Al、Ti 粉的混合物，可制备含细而稳定的 Al_3Ti 颗粒的 Al-Ti 复合材料。该材料具有高弹性模量、高温强度高和高延展性等特点；室温下 MA 制备的 Sm-Fe-Ti 系磁性材料的矫顽磁力可达 4.775×10^6 A/m；用 MA 法可制备高熔点金属间化合物，如 Fe_2B、$TiSi_2$、TiB_2、NiSi、WC、SiC 等。

在球磨过程中，大量的反复碰撞发生在球-粉末-球之间，被捕获的粉末在碰撞作用下发生严重的塑性变形，使粉末不断重复着冷焊、断裂、再焊合的过程，最终达到原子级混合从而实现合金化；Schaffer 等在室温下球磨单质金属元素 X（X＝Al，Ca，Ti，Mn，Fe，Ni 等）与

CuO 粉末的混合物发现，由 MA 可实现室温下的固态置换反应。

由于高能球磨过程中引入了大量的应变、缺陷以及纳米量级的微结构，使得合金化过程的热力学与动力学均不同于普通的固态反应过程。如利用 MA 可实现混合焓为正值的多元体系的非晶化，可以制备用常规方法难以合成或根本不可能合成的许多新型合金。这些现象用经典热力学和动力学理论目前尚不能得到完全合理的解释。所以，关于机械合金化的确切机理还有待于进一步研究。

② 分解反应　$NaBrO_3$ 在加热条件下按下式发生分解反应：

$$NaBrO_3 \longrightarrow NaBr+\frac{3}{2}O_2$$

而机械力化学分解则按下式进行：

$$2NaBrO_3 \longrightarrow Na_2O+\frac{5}{2}O_2+Br_2$$

有些分解反应如 $MeCO_3 \longrightarrow MeO+CO_2$（Me 为二价金属离子）可建立“机械力化学平衡”，该平衡取决于固相组成——氧化物与碳酸盐的摩尔比。这是与热力学中的相律相抵触的，故它区别于“热化学平衡”。

③ 化合反应　机械力作用可使许多在常规室温条件下不能发生的反应成为可能。如

固相反应：
$$2CaO+SiO_2 \longrightarrow \beta\text{-}2CaO\cdot SiO_2$$
$$BaO+TiO_2 \longrightarrow BaTiO_3$$
$$MgO+SiO_2 \longrightarrow MgSiO_3$$

固气反应：
$$Au+\frac{3}{4}CO_2 \longrightarrow \frac{1}{2}Au_2O_3+\frac{3}{4}C$$

此反应是在常规条件下热力学不可能发生的。

固液反应：
$$NiS+H_2O \longrightarrow NiO+H_2S$$

④ 置换反应　将金属 Mg 与 CuO 粉末混合物进行高能球磨，可发生如下置换反应：

$$Mg+CuO \longrightarrow MgO+Cu$$

⑤ 其他反应　如将 $CaCO_3$ 与 SiO_2 混合物进行高能球磨，可生成硅酸钙：

$$CaCO_3+SiO_2 \longrightarrow CaO\cdot SiO_2+CO_2$$

上述各类反应中，有的是热力学定律所不能解释的；有的对周围环境压力、温度的依赖性很小；有的则比热化学反应快几个数量级，如在25℃下，无机械力作用时，羰基镍的合成反应速率常数为 $5\times10^{-7}mol\cdot h^{-1}$，而在机械力作用的情形下该值剧增为 $3\times10^{-5}mol\cdot h^{-1}$。

7.2.2.4 机械力化学反应的机理

(1) 摩擦等离子区模型　在机械能转变为化学能的过程中，热能为中间步骤。在微接触点处，温度可达1300K以上，化学反应即在这些“热点”处进行。图 7-11 表示了机械作用下高温高压的产生。迅速发展的裂纹尖端能量的增高激发了化学反应。物质受到高速冲击时，在极短时间和极小空间内使固体结构遭到破坏，释放出电子、离子，形成等离子区，如图 7-12 所示。等离子区处于高能状态，粒子分布不服从 Boltzman 分布。这种状态寿命仅维持 $10^{-8}\sim10^{-7}s$，随后体系能量迅速下降并逐渐趋缓，最终部分能量以塑性变形的形式在固体中储存起来，如图 7-13 所示。

机械力化学反应历程如图 7-14 所示。可以看出，无机械力作用时，反应速率很慢；引入机械力作用时，反应速率迅速提高，随后达到稳态。停止机械作用则反应速率迅速下降。

(2) 活化态热力学模型　活性固体是一种热力学和结构上很不稳定的状态，其自由能和熵值较稳态物质高得多。物质受到机械力作用时，在接触点处或裂尖端产生高度应力集中。应力

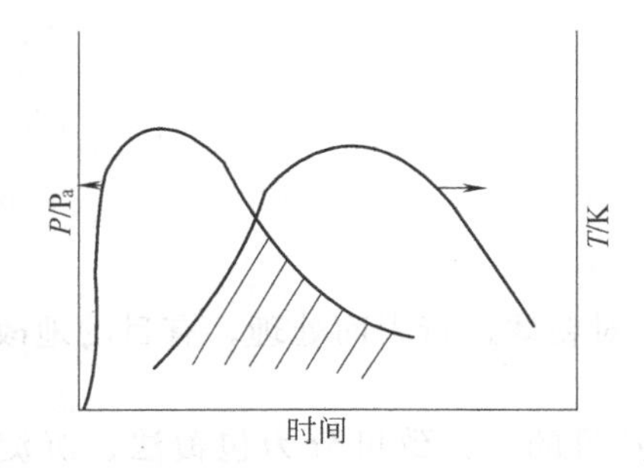

图 7-11 机械作用下高温高压的形成

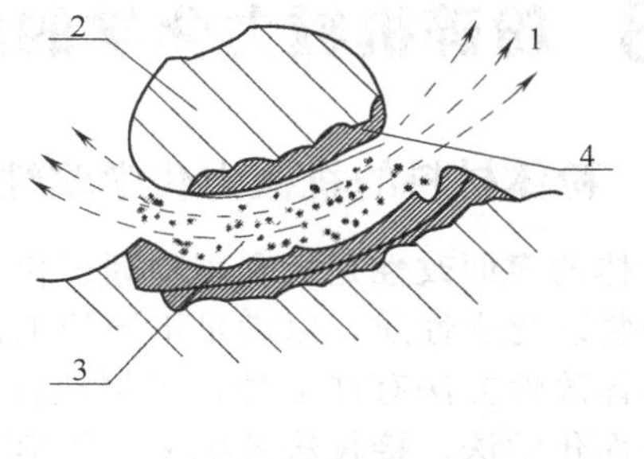

图 7-12 摩擦等离子区模型

1—外激电子放出；2—正常结构；3—等离子区；4—结构不完整区

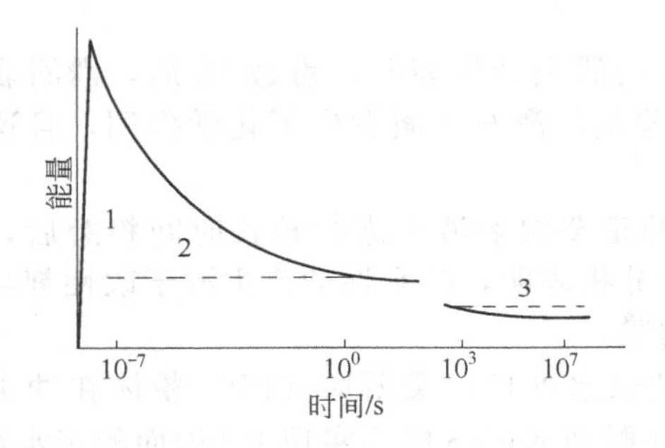

图 7-13 活化固体的能量变化示意图

1—摩擦等离子状态；2—高能状态；3—能量储存

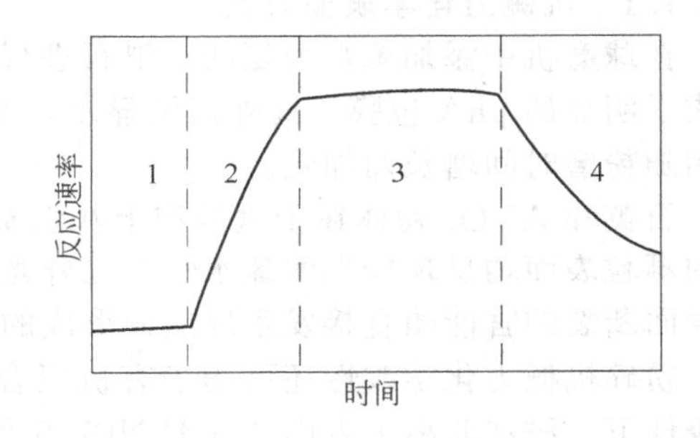

图 7-14 机械力化学反应示意图

1—无机械活化；2—机械作用诱导期；3—机械作用下稳定反应；4—停止机械作用反应下降

场可通过多种方式衰减。机械力作用较弱时，应力场主要通过发热的方式衰减；机械力作用增强至某一临界值时，会产生破碎；机械力作用进一步强时，形成裂纹的临界时间短于产生裂纹的机械作用时间，或受到机械力作用的颗粒的尺寸小于形成裂纹的临界尺寸时，都不会产生裂纹，而会产生塑性变形和各种缺陷的积累。此过程即为机械活化。

由于机械活化，反应物的活性增强，使化学反应的表观活化能大大降低，反应速率常数迅速增大。如活化后的白钨矿与苏打作用的活化能可分别由 54.4kJ/mol 和 50.2kJ/mol 降至 14.6kJ/mol 和 12.6kJ/mol；镍的羰基化反应的活化能甚至可降至 0。

(3) 质子作用模型 图 7-15 为 $Mg(OH)_2$ 和 TiO_2 粉磨过程中的机械力化学反应机理示意图。图中，A 为 $Mg(OH)_2$表面上的两个 OH^- 离子；B 表示借助于 TiO_2 表面的质子作用使 $Mg(OH)_2$ 脱水，小黑点表示质子；C 表示脱水后使 MgO 和 TiO_2 结合起来形成 $MgTiO_3$，并分离出 H_2O 分子。

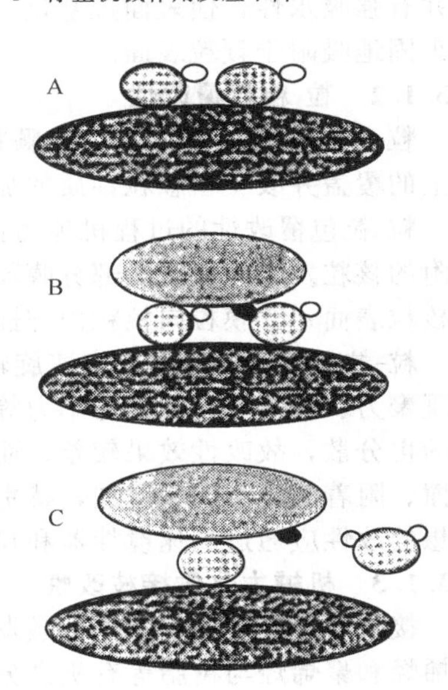

图 7-15 $Mg(OH)_2$ 与 TiO_2 作用形成 $MgTiO_3$ 的机械力化学反应机理示意图

7.3 粉碎机械力化学的应用

7.3.1 粉体材料的机械力化学改性

粉体的表面改性是指利用物理、化学、机械等方法对粉体进行表面处理，有目的地改变其表面的物理化学性质，以满足不同的工艺要求。

粉体改性方法有许多种，根据改性的性质、手段及目的，大致可分为包覆法、沉淀反应法、表面化学法、接枝法及机械力化学法等。机械力化学改性即是通过粉碎、磨碎、摩擦等机械方法使物料晶格结构及晶型发生变化，体系内能增大，温度升高，使粒子熔解、热分解、产生自由基或离子，增强表面活性，促使物质与其他物质发生化学反应或相互附着，从而达到表面改性目的的改性方法。它被认为是一种具有相当应用价值的高效改性方法。

7.3.1.1 机械力化学表面改性

在球磨机中添加苯基丙氨酸对滑石进行粉磨改性的研究结果表明，粉磨5h后，滑石表面形成了明显的phA包膜。红外谱图显示，其氨基和羧基与滑石表面发生了化学作用，且这种作用随粉磨时间增长而加强。

石英和Al_2O_3粉体在十六醇和十八烷基硅氧烷的正癸烷溶液中进行较长时间粉磨后，二者的颗粒表面均呈现较强的疏水性。红外光谱和热重分析表明，疏水性的产生源于改性剂与矿物表面断裂的官能团直接发生反应而形成的反应产物膜。

粉碎机械力化学改性还可用于有机聚合物粉体的亲水处理，聚丙烯（PP）粉体在冲击粉碎条件下，添加非离子表面活性剂NP7.5和钛酸酯偶联剂KRPS即可实现PP表面的亲水性。

叶蜡石在机械力化学作用下进行偶联剂包覆处理的研究结果表明，经处理的叶蜡石粉体表面完全亲水化；偶联剂不仅对叶蜡石具有良好的改性效果，还能发挥分散与助磨作用，改善粉体的分散性，提高粉磨效率；在机械力化学作用活化下，叶蜡石晶体新生解理面与断面呈高活性并有强吸水性，使表面羟基化，偶联剂分子则通过其亲水基团与羟基化的表面发生偶联反应而牢固地吸附于颗粒表面。

7.3.1.2 粒-粒包覆改性

粒-粒包覆改性是指固体细颗粒改性物质（又称膜粒或壁材料）在粗颗粒（又称核粒）表面上的覆盖并改变粗颗粒性质的加工过程。

粒-粒包覆改性的过程机理为：①膜粒子聚集体黏附在核粒上；②黏附有膜粒的核粒与未黏附的核粒发生碰撞；③部分膜粒由前者向后者转移；④颗粒之间分裂、破碎，膜粒子逐渐覆盖核粒表面；⑤膜粒向核粒内部嵌入渗透并牢固结合。

粒-粒包覆改性通常在高速旋转搅拌器和粉碎设备中进行，核、膜粒子间的作用主要有异相凝聚力、静电引力及范德华力等。由于搅拌时相对较弱的机械力不能产生颗粒细化和团聚颗粒的再分散，故改性效果较差。而在粉碎过程中进行这种改性，较强的机械力作用导致粒子间碰撞、附着的机会大大增加，特别是细颗粒向粗颗粒间的渗透，使改性效果显著提高。因此，理想的改性应通过高速搅拌器和粉碎设备的结合使用来实现。

7.3.1.3 机械力化学接枝改性

接枝改性是在一定的外部激发条件下，将单体烯烃或聚烯烃引入粉体表面的改性方法。由于烯烃和聚烯烃与树脂等有机高分子基体性质相近，所以，接枝改性增强了填料与基体间的结合而起到补强作用。

由于机械力化学效应能导致无机矿物表面产生可与聚合物间呈良好结合的新鲜表面和瞬时活化中心，因而成为接枝改性的激发手段之一。在苯乙烯单体中研磨碳酸钙，使碳酸钙表面上生成苯乙烯接枝产物，从而使其表面由亲水性变为亲油性。用于塑料填料时，可较好地与有机物相容、结合。

7.3.2　机械力化学法制备纳米金属、非晶态金属及合金

机械力化学在金属材料加工中的主要应用就是利用MA技术制备具有可控制微结构的各种金属材料和金属基复合材料。

MA技术是20世纪60年代美国INCO的Benjamin为制备氧化物弥散强化镍基合金而开发的一种材料制备新技术。它主要是用高能球磨方法，通过磨球与磨球之间、磨球与料罐之间的高速高频冲击碰撞使物料粉末产生塑性变形，加工硬化和破碎的。这些被破碎的物料粉末在随后的继续球磨过程中又发生冷焊，再次被破碎。如此反复破碎、混合，使不同组元的原子互相渗入，从而达到合金化的目的。

直至20世纪80年代初期，MA法主要用于制备弥散强化合金。1981年，Yermakov等发现YCo_3、Y_2Co_3、YCo_5等金属间化合物经球磨后可部分或全部转变为非晶相。随后，Koch等利用MA方法获得了Ni60Nb40非晶合金粉末。该研究标志着MA研究进入了新的发展阶段。目前，MA技术已远远超越了其传统的应用范围，不仅用于制备高性能结构材料，而且广泛用于合成新型功能材料，既涉及平衡态材料，也包括亚稳态材料。

7.3.2.1　MA法合成弥散强化合金

通过粉磨镍与各种金属、非金属及金属氧化物粉末的混合物及其后的热处理，得到了集弥散强化和时效硬化于一体的Ni基高温合金；MA法制备的Al-Mg合金的极限抗拉强度可达450MPa，延伸率为13%，弹性模量为76GPa，海水介质下的年腐蚀率仅为9×10^{-6}m；MA法制备的Al/SiC(p)合金材料的阻尼分别为Al-Mg合金及6061Al合金的2.43倍和2.82倍；用常规冶金方法很难将氧化物弥散于Cu基体中，但通过MA处理，可将金属元素或氧化物颗粒弥散分布于Cu基体中，并已成功制出了具有高热导、高电导性能的高强度Cu基合金，如Cu-Mo、Cu/Al_2O_3、Cu/ZrO_2等。

7.3.2.2　MA法制备亚稳态材料

(1) 制备非晶态材料　实现MA非晶化的途径如下：①纯金属粉末混合球磨；②两种或两种以上金属间化合物混合球磨；③纯金属粉末与金属间化合物混合粉磨；④纯金属粉末与非晶化合物粉末混合球磨；⑤纯金属粉末混合球磨成金属间化合物，后者在继续粉磨过程中转变为非晶相；⑥单一金属间化合物机械球磨而实现合金化。

(2) 制备超饱和固溶体　用MA法可形成过饱和固溶体。这可能有以下两方面的原因：一是粉磨使作为溶质的原子进入溶剂的晶格；二是球磨使组织细化，产生大量新界面，这些界面处可溶入大量溶质原子，而溶质原子进入界面后则失去其衍射特征，从而呈单相结构特征。这是一种与传统固溶不同的亚互溶，溶质原子和溶剂原子并非处于最邻近状态。

7.3.2.3　MA法制备纳米晶材料

1988年，Shingu等人首先报道了用高能球磨法制备Al-Fe纳米晶材料，为纳米晶材料的制备提供了一条新思路和新途径。近年来，人们已经用MA法制备了各种纳米晶材料，如纳米晶金属粉末、纳米晶金属间化合物、不互溶体系纳米结构以及金属氧化物纳米复合材料。

7.3.2.4　MA法制备金属间化合物

Ni-Al、Ti-Al、Fe-Al、Nb-Al等金属间化合物熔点高，高温力学性能及抗氧化性能好，作为高温结构材料具有诱人的前景，但其致命弱点是室温脆性，不易加工成型。用MA法制备的金属间化合物组织超细，可克服其室温脆性，改善室温加工性能。另一方面，MA法可使强化相非常均匀地弥散分布，达到更好的强化效果。

用MA法及热挤压制备的NiAl合金的室温屈服强度达1380MPa，压缩延展性$>11.5\%$。而铸造法制备的NiAl合金的室温屈服强度仅为400MPa，延展性仅为2.3%。

与传统的熔炼合金化相比，MA 法的特点是：①工艺条件简单；②操作成分连续可调；③能涵盖熔炼合金化所形成的范围，且能实现常规熔炼方法很难实现或根本不可能实现的系统的合金化。

7.3.3 机械力化学法制备新型材料

随着机械力化学理论研究的不断深入，该技术已广泛应用于各种新材料的制备。除上述各种金属及合金材料的 MA 制备技术之外，在纳米陶瓷、功能材料和纳米复合材料的制备中，机械力化学法也显示了其广阔的应用前景。

7.3.3.1 制备纳米陶瓷

Li 铁氧体（$Li_{0.5}Fe_{2.5}O_4$）具有高居里温度、低磁致伸缩系数和较大的磁晶各向异性等特点，是微波器件中的重要原料。利用传统的烧结方法制备 Li 铁氧体时，由于需要 1000℃以上的高温条件而导致 Li 和氧的挥发，从而严重影响 Li 铁氧体的磁性能等。以 Li_2CO_3 和 α-Fe_2O_3 为原料，高能球磨 130h 后，可获得粒径为 30nm 左右的 $Li_{0.5}Fe_{2.5}O_4$ 前驱体，将该前驱体在 600℃下进行热处理，即可全部反应生成 $Li_{0.5}Fe_{2.5}O_4$。

作为重要磁性材料的尖晶石型铁氧体（$ZnFe_2O_4$）的传统反应烧结法工艺复杂，且烧结温度高（约 1200℃）。以 α-Fe_2O_3 和 ZnO 粉末为原料，在高能球磨内粉磨 70h 后，二者反应可生成具有尖晶石结构的铁酸锌：

$$\alpha\text{-}Fe_2O_3(s)+ZnO(s) \longrightarrow ZnFe_2O_4(s)$$

TEM 测定表明，球磨后形成的 $ZnFe_2O_4$ 晶粒近似为球形，晶粒尺寸大多为 10nm 左右，该纳米粉体在 800℃下即可完成烧结。

具有高的介电常数、优良的铁电性能和高的正电阻温度系数的 $BaTiO_3$ 陶瓷的传统合成方法是将 TiO_2 和 $BaCO_3$ 在高温下固相烧结，但该方法制备的粉体颗粒粒度大，成分不均匀，而共沉淀法、溶胶凝胶法、醇盐水解法及柠檬酸盐法等需要价格昂贵的高纯有机或无机金属化合物原料，因而成本较高。将 $Ba(OH)_2 \cdot 8H_2O$ 和非晶质 TiO_2 按 Ba/Ti=1 混合，于行星磨内湿法粉磨 3h 即可合成 $BaTiO_3$ 前驱体。该前驱体经 700℃保温 3h 烧结可得超细 $BaTiO_3$ 粉体。此粉体经 1200℃保温 1h 形成的烧结体的密度为理论密度的 94%。将 BaO 和 TiO_2 按化学计量配比在特殊设计的振动磨内，氩气气氛下用机械力化学法成功合成了 $BaTiO_3$ 纳米粉体。XRD 表明，粉磨 5h 开始生成 $BaTiO_3$，15h 反应完全。SEM 和 TEM 图像分析表明，$BaTiO_3$ 的颗粒尺寸为 20～30nm。

$CaTiO_3$ 粉体是制备铁电陶瓷的重要基础原料，通常利用其负温度系数的性质制备热敏电阻。将 TiO_2 和 CaO 在行星磨内进行机械力化学反应研究发现，在机械力的作用下，TiO_2 发生锐钛矿→板钛矿→金红石的晶型转变。与 CaO 混合粉磨 0.2～0.5h 时，形成大量无定形物质。粉磨 2～5h 时，TiO_2 和 CaO 发生机械力化学反应生成 $CaTiO_3$。TEM 测定结果表明，制备的 $CaTiO_3$ 的平均粒径为 20nm。

7.3.3.2 制备功能材料

(1) 制备生物陶瓷　β-磷酸三钙（β-TCP）陶瓷的生物降解性非常显著，生物相容性好，因而广泛应用于骨缺损的修复和作为骨置换材料。β-TCP 粉末制备通常采用干法和湿法两种方法，干法合成以焦磷酸钙和碳酸钙为原料在高温下通过固相反应生成 β-TCP，合成时间长（1000℃，24h），且平均粒度大；湿法合成系通过硝酸钙与磷酸氢钙反应而获得，该方法所得的 β-TCP 的化学组成均匀性较差。以磷酸二氢钙和氢氧化钙为原料，在搅拌磨内粉磨 1h 后，经 700℃下处理 1h，可制得平均粒径为 0.38μm、比表面积为 $24.9m^2/g$ 的 β-TCP 粉末。

(2) 制备梯度功能材料（FCM）　日本学者用 MA/等离子体烧结法（MA/PS）制备了 FSZ/TiAl 梯度功能材料。结果表明，由于在非晶 TiAl 基体中良好的黏性流动，烧结体完全致密，25%FSZ/TiAl（FSZ，即 fully stablized ZrO_2）的最大硬度达 1016HV。

(3) 制备超导材料 利用MA法，以Cu、Ba、Yi粉按一定比例混合球磨，再将所得粉末在氧化气氛下烧结，可制得高临界温度的钇钡氧铜超导材料。

(4) 制备形状记忆合金 将Ni粉和Ti粉按1∶1的原子比进行MA处理，再将处理后的粉末热压成型烧结，发现烧结体密实晶粒呈等轴状，室温下压缩变形5%后，在373K下加热产生的形状回复力超过300MPa，除去载荷后能完全回复形状。

(5) 制备磁性材料 用MA法制备的NdFeB磁各向同性微晶颗粒的矫顽力高达1600kA/m，既可用于黏结磁体，也可单轴热压制成高矫顽力各向同性磁体。

用MA法制备的SmFe永磁材料中，具有$ThMn_{12}$V晶体结构的SmFeV的矫顽力为944kA/m；具有$PuNi_2$结构的Se-Fe-Zr的矫顽力为1184kA/m；而Se-Fe-Ti的矫顽力则高达5120kA/m。

7.3.3.3 制备纳米复合材料

以纯Fe粉（全部通过200目筛）和微米级聚四氟乙烯（PTFE）粉末为原料，以质量比10∶1混合后，在氩气气氛保护下用高能球磨法制备的铁/聚四氟乙烯纳米复合材料的HR-TEM照片显示，铁颗粒周围有非晶状边界存在，铁粒子的平均粒径为8nm。

利用普通Fe_3O_4粉与微米级聚氯乙烯（PVC）在高能球磨中球磨，借助于机械力化学作用，能够形成α-Fe_3O_4粒径为10nm，具有超顺磁性的α-Fe_3O_4/聚氯乙烯复合材料。

将Ni、Al、Ti、C四种粉末按$Ni_{50}Al_{50}$+10%$Ti_{50}C_{50}$的质量配比混合后，在高能球磨中于氩气气氛下粉磨可获得NiAl晶粒尺寸小于10nm的NiAl-TiC复合材料；以金属Ti粉和B_4C为原料，二者按3∶1的摩尔比混合后在高能球磨中粉磨30h后，可获得粒径为8nm的TiC纳米粒子均匀分布于粒径为100～20nm的TiB_2中的纳米TiB_2/TiC复合粉体。

7.3.3.4 制备储氢材料

在氢气氛下高能球磨TiFe、$TiFe_2$和Ti，TiFe可不经活化处理而吸氢；$TiFe_2$在球磨过程中可分解为$TiFeH_x$、$TiH_{1.924}$和Fe而被氢化。

G. X. Wang等用高能球磨法制备了纳米晶金属间化合物NiSi合金粉末，该粉末材料作电极时，其初始放电时的储氢能力达1180mA·h/g。

将Mg和石墨碳与有机添加剂共同进行机械粉磨获得的新型Mg/C纳米储氢复合材料在0.067MPa的H_2压力下，Mg所吸收的氢全部与其反应形成了MgH_2，在453K下处理15h后，Mg的吸氢量按H/Mg计约为1.5。

用高能球磨方法制备的$CoFe_3Sb_{12}$合金粉末的电化学性能测定结果表明，$CoFe_3Sb_{12}$中的活性元素Sb与锂离子发生可逆电化学反应，其嵌锂产物为Li_3Sb。$CoFe_3Sb_{12}$电极在20mA/g电流密度下第一次可逆容量为396mA·h/g。在材料中加入原子分数为50%的石墨后，以100mA/g进行充放电时，第一次可逆容量为380mA·h/g，电极的循环寿命性能优良。

7.3.4 机械力化学在水泥、混凝土生产中的应用

机械力化学在水泥和混凝土生产中的应用研究目前尚处于起步阶段，但已报道的研究成果预示了其极有潜力的发展前景。

7.3.4.1 掺加助磨剂提高水泥的细度

在水泥粉磨过程中，加入少量的外加剂，可消除细粉黏附和团聚现象，加速物料粉磨过程，提高粉磨效率，降低单位粉磨电耗，从而提高水泥产质量。这类外加剂称为助磨剂。

如前所述，掺加助磨剂后，可改变粉磨过程中的粉碎平衡。换言之，加入助磨剂后，达到粉碎平衡时，物料的细度或比表面积将比不加时增大。

助磨剂通常是表面活性剂。自1930年Goddard以树脂为助磨剂在英国首先取得专利以来，人们先后对多种表面活性物质进行了试验研究。目前，可作为助磨剂的物质有很多种，表7-1列出了水泥及其他粉体处理中应用的助磨剂种类举例。

表 7-1　助磨剂的种类及其应用

类型	助磨剂名称	应　用	类型	助磨剂名称	应　用
液体助磨剂	甲醇	石英、铁粉	液体助磨剂	乙酸戊酯	石英
	异戊醇	石英		硅酸钠	黏土等
	S-辛醇醛	石英		氢氧化钠	石灰石等
	乙二醇、丙三醇	水泥等		碳酸钠	石灰石等
	甘油	铁粉		氯化钠	石英岩
	丙酮	水泥		六偏磷酸钠	铅锌矿等
	有机硅	氧化铝、水泥等		六聚磷酸钠	硅灰石等
	十二胺～十四胺	赤铁矿、石英等		三聚磷酸钠	赤铁矿、石英
	Flotagam	石灰、石英等		水玻璃	钼矿石
	XF-4272	铁燧岩		三乙醇胺	方解石、水泥、锆英石
	油酸(钠)	石灰石		聚羧酸盐	滑石等
	丁酸	石英		焦磷酸钠	黏土矿物
	硬脂酸(钠)	浮石、白云石	固体助磨剂	炭黑	水泥、煤、石灰石
	癸酸	水泥、菱铁矿			
	羊毛脂	石灰石			
	环烷酸(钠)	水泥、石英岩	气体助磨剂	二氧化碳	石灰石、水泥
	环烷基磺酸钠	石英岩		丙酮蒸气	石灰石、水泥
	正-链烷系	苏打、石灰		氢气	石英等
	烃类化合物	玻璃		氮气、甲醇	石英、石墨等

助磨剂的作用机理可归结为以下几个方面：

① 助磨剂分子吸附于固体颗粒表面上，改变了颗粒的结构性质，从而降低了颗粒的强度或硬度；

② 助磨剂吸附于固体颗粒表面上，减小了颗粒的表面能，阻止了颗粒间的相互团聚；

③ 助磨剂分子吸附于新形成的裂纹中，阻止了裂纹的愈合，并有助于裂纹的扩展。

可见，助磨剂的助磨作用是一种机械力化学作用。

7.3.4.2　熟料矿物及混合材料的活化

将在 1350℃下合成的贝利特置于振动磨中粉磨 1～70h 后发现，粉磨作用可降低贝利特粉体的粒度，并使其晶体结晶度降低或发生晶格畸变，因而显著提高其早期水化活性。

作为水泥混合材料的粒化高炉矿渣、粉煤灰等具有潜在的水化水硬活性，但其早期强度较低。提高其粉磨细度，增大其与激发组分的接触面积并通过表面结构的改变增强其水化活性是提高高掺量混合材水泥早期性能的有效措施之一。试验研究结果证明，将水泥熟料粉磨至比表面积 $400m^2/kg$，矿渣比表面积为 $300m^2/kg$，则矿渣的掺入量高达 60%～65%时仍能得到 425＃矿渣水泥。若矿渣的比表面积提高至 $4000m^2/kg$，熟料比表面积为 $3500m^2/kg$，则矿渣掺入量为 60%时还能生产出 525＃R 矿渣水泥。

将粉煤灰在高能球磨内粉磨 5h，平均粒径达 1μm 左右，球体表面粗糙化且不规则。由其配制的水泥净浆 3d 和 7d 强度提高近 4 倍。

7.3.4.3　合成硅酸盐矿物

将氧化钙和硅胶的混合物可在行星磨内机械力化学合成 C_2S。XRD 图谱表明，粉磨 5h 后在 873K 下煅烧即可生成 C_2S，并具有较高的水化活性；将在 1350℃下合成的贝利特在振动磨中分别粉磨 1h 和 30h 后的净浆强度试验结果表明，粉磨 30h 的试样 7d 抗压强度为粉磨 1h 的 14 倍；将氢氧化钙、石膏和氢氧化铝混合后，在行星磨中干法粉磨 120min 后发现了水化硫铝酸钙，粉磨后的样品在 773K 下煅烧后获得了 $3CaO \cdot Al_2O_3 \cdot CaSO_4$，其强度大大高于工业生产的硫铝酸钙。在室温下对原料进行混合后用机械力化学法合成了水化铝酸三钙，该产物在 800K 下即可脱水形成铝酸三钙，比工业生产中铝酸三钙的生成温度低得多。

7.3.4.4 废弃混凝土的机械力化学活化再利用

混凝土中的胶凝组分——水泥中含有粒度较大的粗颗粒。根据水泥水化理论，粒度大于50μm的粗颗粒即使经过长期的水化过程也难以完全发生水化，即它们在混凝土结构中仅起微集料作用，具有较大的胶凝作用潜能。将硬化水泥浆体重新粉磨使其中的未水化颗粒“解放”出来并粉磨至一定细度后，其强度将达到砌筑砂浆的强度指标；另一方面，硬化水泥浆体中的水化产物在一定温度下会发生脱水作用，脱水后水泥石的化学组成与原始水泥的化学组成非常相近，这为利用它们作原料重新煅烧水泥熟料提供了物质基础；另外，在粉磨过程中外力施加于物料颗粒的能量产生强烈的机械力化学作用，使水化产物的脱水、晶格结构变形和无定形化乃至相变过程在常温下进行，因而使粉磨合成熟料矿物成为可能。所以，将废弃混凝土中的硬化水泥浆体与钢筋、石子、砂等分离后再进行高能球磨，通过机械力化学作用，可以达到以下效果：①作为水泥生产的原料；②作为水泥的混合材料；③作为新拌混凝土的微集料；④生产低标号砌筑水泥或抹灰水泥。

显然，经机械力化学活化的硬化水泥浆体的上述再利用，既可大大减少用于水泥生产的原料开采，又可节省水泥熟料煅烧必需的燃料消耗，同时有效减少有害气体的排放，因而有利于环境净化，符合我国材料工业可持续发展的长期战略，具有重要的经济和社会意义。

总之，机械力化学在应用中有如下优点。

① 经普通粉磨设备处理的原材料，不仅使颗粒粒度减小，比表面积增大，而且由于反应活性的提高，可使后续热处理过程的烧成温度大幅度降低。

② 由于机械处理的同时还兼有混合作用，使多组分原料在颗粒细化的同时得到了均化，特别是微均匀化程度的提高，从而使制备出的产品性能更好。

③ 便于制备在宏观、纳米乃至分子尺度的复合材料。

④ 便于制备某些常规方法难以制备的材料。

机械力化学方法的缺点如下。

① 通常需要长时间的机械处理，能量消耗大，且反应难以进行完全。所以，实际上，往往对物料进行适当时间的粉磨来制备前驱体而不是最终产物。

② 研磨介质的磨损会造成对物料的污染，这将影响粉磨产物的纯度。

③ 处理金属等材料时需氮气、氩气等保护；否则，可能发生氧化、燃烧等不希望发生的反应。

作为一门新兴学科，机械力化学涉及固体物理学、材料力学、表面化学、矿物加工学及粉体科学等许多学科和领域，其理论和应用研究都还很不系统，诸如各种机械力化学反应机理、能量转换机理、反应热力学尤其是经典热力学理论尚不能解释的机械力化学反应热力学、反应动力学以及影响机械力化学反应的因素等都需要进行更深入的探讨。但是，目前所取得的成就足以表明该技术广阔的工业前景。无疑，机械力化学是一个研究空间宽广的材料科学新领域。

7.4 高能球磨工艺

7.4.1 高能球磨设备

目前，能够产生明显机械力化学作用的常用高能球磨设备主要包括行星磨、振动磨、搅拌磨等。振动磨和搅拌磨第6章中已经介绍，这里主要介绍行星磨的构造及工作原理。

7.4.1.1 行星磨的结构

行星磨按磨筒轴线方向可分为立式行星磨和卧式行星磨两种形式。图7-16为立式行星磨的结构示意图，它主要由电机、V带传动系、公共转盘、磨筒和齿轮系（或分V带传动系）

组成。

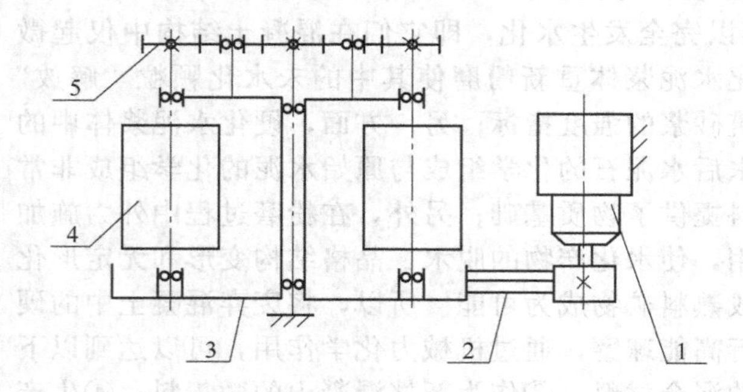

图 7-16　行星磨结构

1—电动机；2—V 带传动系；3—公共转盘；4—磨筒；5—齿轮系

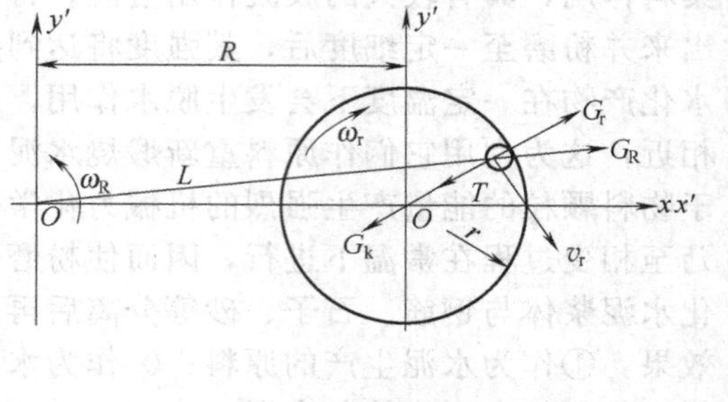

图 7-17　研磨介质受力分析

行星磨与普通球磨机的区别如下。

① 粉磨的主工作件——磨筒的个数不同。普通球磨机通常是一个磨筒，而行星磨通常为两个或四个磨筒。

② 磨筒的安装方式不同。普通球磨机筒体水平安装在固定的轴座内，而行星磨的磨筒既可水平安装也可垂直安装在运动的公共转盘上。

③ 磨筒的运动方式不同。普通球磨机的磨筒体仅绕固定的中心轴旋转，而行星磨的磨筒为复杂的平面运动。一方面，电动机带动公共转盘转动，安装在其上的磨筒随之转动，此为“公转”（牵连运动）；另一方面，由于齿轮系或分 V 带转动系的作用，磨筒还绕自身的中心轴“自转”（相对运动）。磨筒的这种既有公转又有自转的平面运动，犹如行星绕恒星的运动，故称之为行星运动。该磨机称为行星式球磨机（简称为行星磨）。磨筒的行星运动是行星磨区别于普通球磨机的基本标志。

7.4.1.2　行星磨的工作原理

如图 7-17 所示，每个磨筒均绕各自的轴 O_1 转动，自转角速度为 ω_r；各磨筒的轴则绕与其平行的中心轴 O 沿半径为 R 的圆周运动，公转角速度为 ω_R。ω_r 与 ω_R 的方向不同。设物料颗粒的质量为 m，磨筒的半径为 r，则在一般情况下，m 的受力 F 为

$$F=G_R+G_r+G_k+mL\mathrm{d}\omega_r/\mathrm{d}r \tag{7-2}$$

式中　G_R—— 由公转引起的离心力，$G_R=m\omega_R^2L$；

G_r—— 由自转引起的离心力，$G_r=m\omega_r^2r$；

G_k—— 由自转、公转共同作用引起的哥氏力，$G_k=2m\omega_R\omega_r$；

$mL\mathrm{d}\omega_r/\mathrm{d}r$—— 由公转的速度变化引起，当 ω_R 恒定时，此项为零。

由于磨筒自转和公转产生的离心力及磨筒与磨球间摩擦力等的作用，使磨球与物料在筒内产生相互冲击、摩擦、上下翻滚等，起到了磨碎物料的作用。

在自转和公转等合力的作用下可使研磨介质（磨球）的离心加速度达 $10g$～$20g$ 甚至更高；同时，磨筒转速较高，磨球与磨筒之间的最大正压力为磨球所受重力的 5～6 倍。这使行星磨的粉磨力度远大于普通球磨机。

7.4.2　影响高能球磨效率及机械力化学作用的因素

影响高能球磨效率和机械力化学作用的主要因素有：原料性质、球磨强度、球磨环境、球磨气氛、球料比、球磨时间和球磨温度等。

(1) 原料性质的影响　物料体系的组成和各组分的配比是决定最终产品组成的物质基础，不同的原料组成和组分配比即使在相同球磨条件下也会得到不同的球磨产品。

(2) 球磨强度的影响　高能行星磨、振动磨和搅拌磨中研磨介质对物料的高速高频冲击碰撞有利于能量的转换和分子、原子及离子的输运和扩散。实验表明，球磨强度对机械合金化非晶的形成具有重要的影响：强度低时，粉末形成非晶的时间较长，甚至无法形成非晶；强度较高时，形成非晶的时间大缩短，且有助于非晶成分范围的扩大，但继续球磨时会使已非晶化的粉末重新晶化形成新相。当球磨能量高到一定程度时更宜形成稳定的化合物而不是非晶。对于硬度和强度较高的多组分氧化物体系，因其价键较牢固，键能较高，球磨强度较低时根本无法使之发生晶格扭曲、畸变等，也就谈不上机械力化学反应。

(3) 球磨环境的影响　无机非金属的粉磨方法通常有干法和湿法两种，前者操作简单，后者可获得较细的粉磨产物。碳酸钙的干、湿法粉磨试验结果表明，湿法粉磨时，即使粉磨时间延长至100h仍看不到相变现象。湿法粉磨白云石、石灰石和石英时也未观察到多晶转变现象。而干法粉磨至一定程度时，相变的发生几乎是必然的。有人认为，机械能诱发的材料内部结构变化通常要求颗粒（晶粒）尺寸及自由能达到极限值，而湿法粉磨环境下，碎裂表面的溶解和“重建”、良好的润滑和冷却环境阻碍了颗粒尺寸和自由能达到极限值，从而阻碍了多晶转变的发生。

(4) 球磨气氛的影响　在金属材料的MA过程中，金属粉末粒子在冲击碰撞作用下反复地被挤压变形、断裂、焊合及再挤压变形。在每次冲击载荷作用下，粉末都可能产生新生表面，这些新生表面相互接触时即会焊合在一起。因为新生表面原子极易氧化，所以球磨时必须在真空或保护气氛下进行。常用的保护气体有Ar气和N_2气等。前者为惰性气体，一般不会参与MA过程，而后者却可能参与反应，且反应产物与反应气氛的压力有关。

球磨气氛也会影响某些非金属材料的粉磨过程。分别在NH_3和N_2气中粉磨Si粉的试验发现，Si晶体在NH_3气中粉磨后无定形化更严重。将粉磨产物在Ar气中煅烧，N_2气中粉磨的无Si_3N_4生成，而NH_3气中粉磨的有Si_3N_4生成；在N_2气中煅烧时，二者都有Si_3N_4生成，但NH_3气中粉磨产物煅烧后生成的Si_3N_4更多些。

(5) 研磨介质尺寸及球料比的影响　高能球磨中多采用尺寸较小的硬质合金球或氧化锆球、氧化铝球等，球径一般为10mm以下，这是因为小尺寸球有利于增大研磨介质与物料之间的摩擦面积。

为了获得较高的球磨能量，通常采用比普通球磨机大得多的球料比，一般为10～30：球料比过小时，物料受研磨的机会减少；反之，球料比过大时，磨球的平均自由程减小，不能充分利用球的机械力，因而降低机械力化学反应的程度。

(6) 球磨时间和温度的影响　球磨时间的长短直接影响粉磨产物的组成和纯度。某些金属或合金的MA非晶化和晶型转变只在一定的时间范围内进行，粉磨时间过短时材料内部能量聚集太少不足以破坏其结合价键；过长时又可能会发生其他的变化。对于无机非金属材料的机械力化学合成，通常需要较长时间的球磨。

在研磨过程中，由于球磨对粉末的摩擦和撞击，粉末的温度会升高，局部温升有利于固相反应，但整体温度的升高会加剧物料间的团聚及其与磨球和筒壁的黏附，粉磨某些有机物时，温度过高还会导致其分解等现象。一般认为，研磨时粉末的温升不宜超过350K。

参考文献

[1] 陆厚根编著. 粉体技术导论. 上海：同济大学出版社，1998.
[2] 张志焜，崔作林著. 纳米技术与纳米材料. 北京：国防工业出版社，2000年.
[3] 徐国财，张立德编著. 纳米复合材料. 北京：化学工业出版社，2002.
[4] 吴建其，卢迪芬. 无机非金属材料粉磨中的机械力化学效应. 材料导报，1999，13 (5)：13-14.
[5] 高濂，李蔚. 纳米陶瓷. 北京：化学工业出版社，2002.

[6] 赵中伟，赵天从，李洪柱．固体机械力化学．湖南有色金属，1995，11（2）：44-48.
[7] 吕辉，钟景裕，樊粤明．贝利特的机械力化学活化．华南理工大学学报，1995，24（3）：116-122.
[8] 杨南如．机械力化学过程及效应（Ⅰ）．建筑材料学报，2000，3（1）：19-26.
[9] 杨南如．机械力化学过程及效应（Ⅱ）．建筑材料学报，2000，3（2）：93-97.
[10] 吴其胜，张少明，周勇敏等．无机材料机械力化学研究进展．材料科学与工程，2001，19（1）：137-142.
[11] 吴其胜，张少明，刘建兰等．机械力化学在纳米陶瓷材料中的应用．硅酸盐通报，2002，（2）：32-37.
[12] 吴其胜，张少明．机械力化学合成 $CaTiO_3$ 纳米晶的研究．硅酸盐学报，2001，29（5）：479-483.
[13] 张剑光，张明福，韩杰才等．高能球磨法制备纳米钛酸钡的晶化过程．压电与声光，2001，23（5）：381-383.
[14] 李建林，曹广益，周勇等．高能球磨制备 TiB_2/TiC 纳米复合粉体．无机材料学报，2001，16（4）：709-714.
[15] 杨君友，张同俊，李星国等．机械合金化研究的新进展．功能材料，1995，26（5）：477-479.
[16] 蒋建平，周晓华．一种新型超细粉磨设备——AC 型循环式湿法行星磨简介．江苏陶瓷，1994，（4）：6-11.
[17] 龚姚腾，阙师鹏．行星式球磨机动力学及计算机仿真．南方冶金学院学报，1997，18（2）：101-105.
[18] 邢伟宏，高琼英．高能球磨处理粉煤灰的形貌特征及水化特性．武汉工业大学学报，1998，20（2）：42-44.
[19] 卢寿慈，毋伟．矿物颜料机械力化学改性的理论与实践．中国粉体技术，1999，5（1）：33-37.
[20] 丁浩，卢寿慈．矿物粉体机械力化学改性研究的理论与实践．国外金属矿选矿，1996，（9）：14-20.
[21] 杨君友，张同俊，李星国等．材料制备新技术——机械合金化．材料导报，1994（2）：11-14.
[22] 胡壮麒，张海峰，刘智光等．机械合金化制备亚稳材料．机械工程材料，2001，25（5）：1-8.
[23] 沈同德，全明秀，王景唐．机械合金化合成的新材料（一）——非晶、准晶及纳米晶亚稳态材料．材料科学与工程，1993，11（2）：21-26.
[24] 沈同德，全明秀，王景唐．机械合金化合成的新材料（二）——弥散强化合金、磁性材料、超导合金、金属间化合物及机械化学效应．材料科学与工程，1993，11（3）：17-22.
[25] 梁国宪，王尔德，王晓林．高能球磨制备非晶态合金研究的进展．材料科学与工程，1994，12（1）：47-52.
[26] 董远达，马学鸣．高能球磨法制备纳米材料．材料科学与工程，1993，11（1）：50-54.
[27] 肖旋，尹涛，陶冶等．用反应球磨法制备 NiAl-TiC 复合材料．材料研究学报，2001，15（4）：439-444.
[28] 陈春霞，钱思明，宫峰飞等．用高能球磨制备氧化铁/聚氯乙烯纳米复复合材料．材料研究学报，2000，14（3）：334-336.
[29] 陈春霞，姜继森，宫峰飞等．高能球磨制备铁/聚四氟乙烯纳米复合材料．中国粉体技术，2000，6（6）：11-13.
[30] 姜继森，高濂，杨燮龙等．铁酸锌纳米晶的机械化学合成．高等学校化学学报，1999，20（1）：1-4.

第8章 颗粒流体力学

在生产实践中，常碰到气-固、液-固及气-液等两相流动的问题，如料浆输送，烟气的管道流动等。这些情形中，固体颗粒均匀或不均匀地分布在流体中，形成两相流动体系。人们把存在状态不同的多相物质共存于同一流动体系中的流动称为多相流动，简称多相流。

多相流中，各组分（相）的浓度可在较大范围内变化。与单相流动相比，它具有下述特点。

① 颗粒是分散相，粒径大小不一，运动规律各异。

② 由于固体颗粒与液体介质的运动惯性不同，因而颗粒与液体介质存在着运动速度的差异——相对速度。

③ 颗粒之间及颗粒与器壁之间的相互碰撞和摩擦对运动有较大影响，并且这种碰撞和摩擦会产生静电效应。

④ 在湍流工况下，气流的脉动对颗粒的运动规律以及颗粒的存在对气流的脉动速度均有相互影响。

⑤ 由于流场中压力和速度梯度的存在、颗粒形状不规则、颗粒之间及颗粒与器壁间的相互碰撞等原因，会导致颗粒的旋转，从而产生升力效应。

本章主要讨论含固体颗粒相的两相流的基本原理及有关操作和设备。

8.1 两相流的基本性质

8.1.1 两相流的浓度

设在流动体系中，颗粒的体积、质量和密度分别为 V_p、M_p 和 ρ_p，液体的体积、质量和密度分别为 V_f、M_f 和 ρ_f，两相流的总体积、总质量和密度分别为 V_m、M_m 和 ρ_m，显然

$$M_m = M_p + M_f$$

$$V_m = V_p + V_f$$

则颗粒的浓度可作如下定义。

① 体积浓度　固体颗粒的体积占两相流总体积的分数，以 C_v 表示。

$$C_v = 固体颗粒体积/(固体颗粒体积+流体介质体积) = \frac{V_p}{V_p + V_f} \tag{8-1}$$

若以单位体积液体所拥有的固体颗粒体积表示，则有

$$C_v' = 固体颗粒体积/流体介质体积 = \frac{V_p}{V_f} \tag{8-2}$$

② 质量浓度　单位质量的两相流中所含固体颗粒的质量，以 C_w 表示。

$$C_w = 固体颗粒质量/(固体颗粒质量+液体介质质量) = \frac{M_p}{M_p + M_f} \tag{8-3}$$

若以单位质量的流体介质中所含固体颗粒的质量表示，有

$$C'_w = 固体颗粒的质量/流体介质的质量 = \frac{M_p}{M_f} \tag{8-4}$$

若已知两相流的密度 ρ_m，则上述各式可直接用密度表示

$$C_v = \frac{\rho_m - \rho_f}{\rho_p - \rho_f} \tag{8-5}$$

$$C'_v = \frac{\rho_m - \rho_f}{\rho_p - \rho_m} \tag{8-6}$$

$$C_w = \frac{\rho_m - \rho_f}{\rho_p - \rho_f} \times \frac{\rho_p}{\rho_m} = C_v \frac{\rho_p}{\rho_m} \tag{8-7}$$

$$C'_w = \frac{\rho_m - \rho_f}{\rho_p - \rho_m} \times \frac{\rho_p}{\rho_f} = C'_v \frac{\rho_p}{\rho_m} \tag{8-8}$$

一般而言，$\rho_m < \rho_p$，故 $C_v < C_w$。对于气固两相流，因为气固密度比大致为 10^{-3} 数量级，其体积浓度远小于质量浓度。因此，在某些场合，为了简化颗粒与气流体的运动方程，可忽略颗粒所占的体积而不会引起太大误差。但须注意，当质量浓度很大（譬如浓相气力输送）时，或质量浓度虽不大但气固密度比较大时，则不可忽略颗粒体积，否则会导致较大误差。

在颗粒浓度很高的两相流中，常用到空隙率 ε 的概念，其定义为：流体体积与两相流总体积之比。数学表达式为

$$\varepsilon = \frac{V_f}{V_m} = \frac{V_m - V_p}{V_m} = 1 - C_v \tag{8-9}$$

空隙率也可用颗粒的质量浓度来表示

$$\varepsilon = \frac{\dfrac{1 - C_w}{\rho_f}}{\dfrac{1 - C_w}{\rho_f} + \dfrac{C_w}{\rho_p}} = \frac{1 - C_w}{1 - C_w\left(1 - \dfrac{\rho_f}{\rho_p}\right)} \tag{8-10}$$

8.1.2 两相流的密度

在两相流中，既有固体颗粒，又有流体介质，单位体积的两相流中所含固体颗粒和流体介质的质量分别称为颗粒相和介质相的密度，分别以 $\bar{\rho}_p$ 和 $\bar{\rho}_f$ 表示。

$$\bar{\rho}_p = \frac{M_p}{V_m} \quad \bar{\rho}_f = \frac{M_f}{V_m} \tag{8-11}$$

两相流的密度定义为

$$\rho_m = \frac{M_m}{V_m} = \frac{M_p + M_f}{V_m} = \bar{\rho}_p + \bar{\rho}_f \tag{8-12}$$

ρ_m 与 ρ_p 及 ρ_f 具有如下关系

$$\rho_m = \frac{1}{\dfrac{C_w}{\rho_p} + \dfrac{1 - C_w}{\rho_f}} = \frac{\rho_f}{1 - \left(1 - \dfrac{\rho_f}{\rho_p}\right) C_w} \tag{8-13}$$

8.1.3 两相流的黏度

两相流中颗粒浓度不大时，其黏度与流体近似相同。但当颗粒浓度增大时，其黏度也随之

增大。A. Einstein 提出了如下两相流黏度计算式

$$\mu_{m}=\frac{1-0.5C_{v}}{(1-C_{v})^{2}}\mu_{f} \tag{8-14}$$

对于气-固两相流情形，F. Barnea 提出了下面的黏度计算式

$$\mu_{m}=\mu_{f}\exp\left(\frac{1.67\varepsilon}{1-\varepsilon}\right)=\mu_{f}\exp\left[\frac{1.67(1-C_{v})}{C_{v}}\right] \tag{8-15}$$

可以看出，两相液体的黏度比单相流体的黏度有不同程度的增大。因此，在计算两相流的有关参数时，有时需考虑固相的影响。

8.1.4 两相流的比热容和热导率

8.1.4.1 两相流的比热容

两相流的比热容一般可按颗粒相和液体相的质量百分比来表示。

（1）定压比热容

$$C_{pm}=C_{pp}C_{w}+C_{pf}(1-C_{w}) \tag{8-16}$$

式中，C_{pp} 和 C_{pf} 分别为颗粒相和流体相的定压比热容。

（2）定容比热容

$$C_{vm}=C_{vp}C_{w}+C_{vf}(1-C_{w}) \tag{8-17}$$

式中，C_{vp} 和 C_{vf} 分别为颗粒相和液体相的定容比热容。

（3）两相流的比热比

两相流的比热比定义为：两相流的定压比热容与定容比热容之比。用符号 γ 表示。

$$\gamma=\frac{C_{pm}}{C_{vm}}=\frac{C_{pp}C_{w}+C_{pf}(1-C_{w})}{C_{vp}C_{w}+C_{vf}(1-C_{w})}=K\frac{1+\dfrac{C_{w}}{1-C_{w}}\delta}{1+\dfrac{C_{w}}{1-C_{w}}K\delta} \tag{8-18}$$

8.1.4.2 两相流的热导率

两相流的热导率 λ_{m} 可用下式计算

$$\lambda_{m}=\lambda_{f}\frac{2\lambda_{f}+\lambda_{p}-\dfrac{2C_{v}(\lambda_{f}-\lambda_{p})}{100}}{2\lambda_{f}+\lambda_{p}+\dfrac{C_{v}}{100}(\lambda_{f}-\lambda_{p})} \tag{8-19}$$

式中，λ_{f}、λ_{p} 分别为颗粒相和液体的热导率。

8.2 颗粒在流体中的运动

8.2.1 颗粒的受力

8.2.1.1 颗粒运动时的阻力

颗粒在流体中运动时，首先受到流体阻力 F_{r} 的作用。设颗粒与流体的相对速度为 u，颗粒的迎流面积（即颗粒在与流动方向垂直的平面上的投影面积）为 A，流体的密度为 ρ，则所受阻力为

$$F_{d}=CA\rho\frac{u^{2}}{2} \tag{8-20}$$

此式称为牛顿（Newton）阻力定律。式中，C 为阻力系数，它是颗粒雷诺数的函数（详见8.2.2.1）。若颗粒为粒径为 D_{p} 的球形颗粒，则式可写成

$$F_{\mathrm{d}}=\frac{\pi}{4}CD_{\mathrm{p}}^{2}\rho\frac{u^{2}}{2} \tag{8-21}$$

8.2.1.2 重力和浮力

设颗粒在静止液体中自由下落，其受力情况如图 8-1 所示。则颗粒所受的重力 F_{g} 为

$$F_{\mathrm{g}}=\frac{\pi}{6}D_{\mathrm{p}}^{3}\rho_{\mathrm{p}}g \tag{8-22}$$

颗粒所受的浮力 F_{a} 为

$$F_{\mathrm{a}}=\frac{\pi}{6}D_{\mathrm{p}}^{3}\rho g \tag{8-23}$$

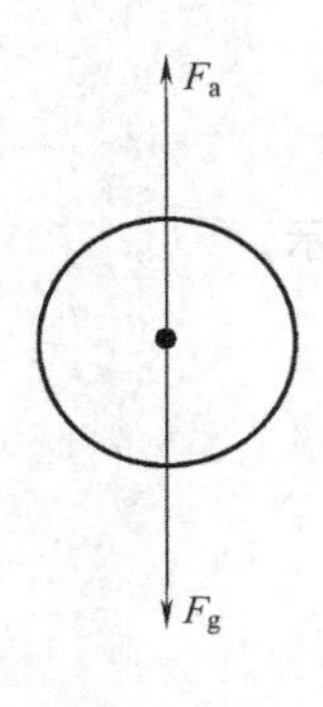

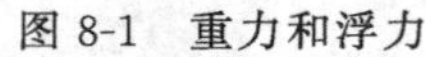

图 8-1 重力和浮力

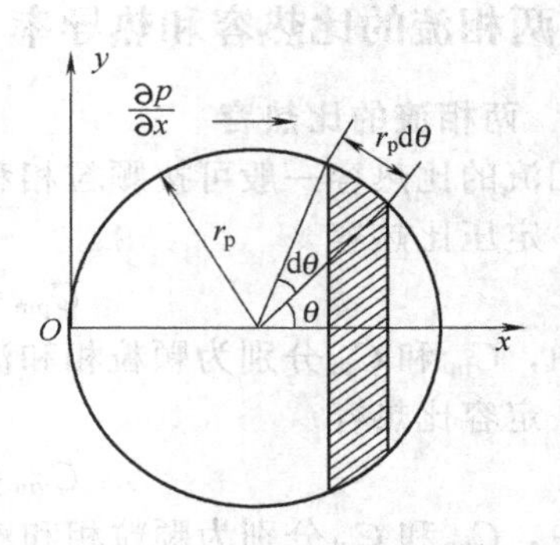

图 8-2 压力梯度力

8.2.1.3 离心力

处于离心力场中颗粒作离心运动时，会受到离心力 F_{C} 的作用。设颗粒的圆周速度为 u_{t}，某一瞬时的位置半径为 r，则

$$F_{\mathrm{C}}=\frac{\pi}{6}D_{\mathrm{p}}^{3}\rho_{\mathrm{p}}\frac{u_{\mathrm{t}}^{2}}{r} \tag{8-24}$$

8.2.1.4 压力梯度力

颗粒在有压力梯度的流场中运动时除了受液体绕流引起的阻力外，还受到一个由压力梯度引起的作用力——压力梯度力。

图 8-2 所示的是直径为 D_{p} 的球形颗粒在压力梯度为 p_0 的场中的运动。假定颗粒所在的范围内$\frac{\partial p}{\partial x}$为一常数，并设坐标原点的压力为 p_0，则颗粒表面由于压力梯度而引起的压力分布为

$$p=p_0+\frac{D_{\mathrm{p}}}{2}(1-\cos\theta)\frac{\partial p}{\partial x}=p_0+r_{\mathrm{p}}(1-\cos\theta)\frac{\partial p}{\partial x} \tag{8-25}$$

在颗粒表面上取一微圆台，其侧面积为

$$\mathrm{d}s=2\pi r_{\mathrm{p}}^{2}\sin\theta\mathrm{d}\theta \tag{8-26}$$

则作用在该微圆台侧面上的力在 x 方向上的分力为

$$\mathrm{d}F_{\mathrm{p}}=\left[p_0+r_{\mathrm{p}}(1-\cos\theta)\frac{\partial p}{\partial x}\right]\times 2\pi r_{\mathrm{p}}^{2}\sin\theta\cos\theta\mathrm{d}\theta \tag{8-27}$$

θ 从 0 到 π 积分可得作用在颗粒上的压力梯度力为

$$\begin{aligned}F_{\mathrm{p}}&=\int_0^{\pi}\left[p_0+r_{\mathrm{p}}(1-\cos\theta)\frac{\partial p}{\partial x}\right]\times 2\pi r_{\mathrm{p}}^{2}\sin\theta\cos\theta\mathrm{d}\theta\\&=-\frac{4}{3}\pi r_{\mathrm{p}}^{3}\frac{\partial p}{\partial x}=-V_{\mathrm{p}}\frac{\partial p}{\partial x}\end{aligned} \tag{8-28}$$

式中，V_p 为颗粒体积，负号表示压力梯度力的方向与流场中压力梯度的方向相反。

8.2.2 颗粒在流体中的运动方程

8.2.2.1 阻力系数

前面提及，阻力系数 C 是颗粒雷诺数的函数。颗粒雷诺数 Re_p 的数学表达式为

$$Re_p=\frac{D_p\rho u}{\mu} \tag{8-29}$$

式中，μ 为介质的黏度。

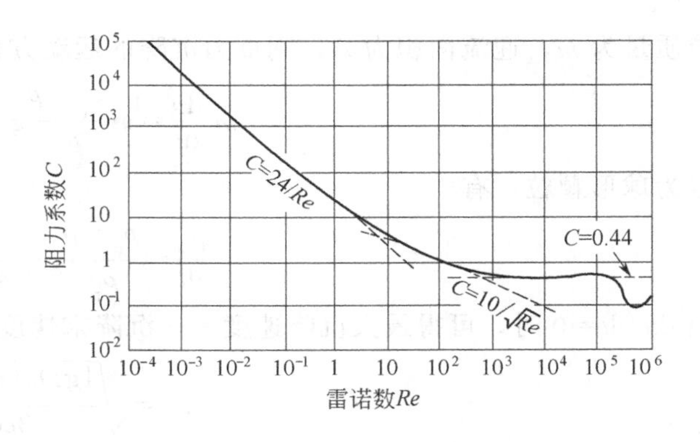

图 8-3 球形颗粒的阻力系数与雷诺数的关系

球形颗粒的阻力系数 C 与的 Re_p 关系见表 8-1 和图 8-3。

表 8-1 球形颗粒 Re_p 与 C 的关系

Re_p	C	Re_p	C	Re_p	C	Re_p	C
0.01	2400	1×10	4.1	1×10^3	0.46	1×10^5	0.48
0.1	240	2×10	2.55	2×10^3	0.42	2×10^5	0.42
0.2	120	3×10	2.00	3×10^3	0.40	3×10^5	0.20
0.3	80	5×10	1.50	5×10^3	0.385	5×10^5	0.084
0.5	49.5	7×10	1.27	7×10^3	0.390	7×10^5	0.10
0.7	36.5	1×10^2	1.07	1×10^4	0.405	1×10^6	0.13
1	26.5	2×10^2	0.77	2×10^4	0.45	3×10^6	0.20
2	14.5	3×10^2	0.65	3×10^4	0.47		
3	10.5	5×10^2	0.55	5×10^4	0.49		
5	6.9	7×10^2	0.50	7×10^4	0.50		
7	5.4						

球形颗粒沉降情形下，根据颗粒雷诺数的大小，大致可分为层流区、过渡区和湍流区三个区域，并可按下面的公式近似计算其阻力系数。

层流区（Stokes 区）： $10^{-4}<Re_p<1$ $\quad C=\dfrac{24}{Re_p}$ (8-30)

过渡区（Allen 区）： $1<Re_p<500$ $\quad C=\dfrac{10}{\sqrt{Re_p}}$ (8-31)

湍流区（Nemton 区）： $500<Re_p<2\times10^5$ $\quad C=0.44$ (8-32)

此外，用于全区域的近似公式为

$$\sqrt{C}=0.63+\frac{4.8}{\sqrt{Re_p}} \tag{8-33}$$

8.2.2.2 颗粒在流体中的运动方程

颗粒在流场中的运动也应服从牛顿第二定律，即

$$M_p a_p=\sum F$$

式中，M_p 为颗粒的质量；a_p 为颗粒的加速度；$\sum F$ 则是颗粒所受各力在运动方向上的分力的代数和。上式也可写成如下形式

$$M_p\frac{du_p}{dt}=\sum F \tag{8-34}$$

8.3 颗粒的重力沉降

8.3.1 沉降末速度（终端沉降速度）

在重力场中，颗粒沉降时，除受到重力作用外，还受到流体介质的浮力和阻力作用。设颗

粒质量为 m，迎流面积为 A，则重力沉降的运动方程式一般用下式表示

$$m\frac{\mathrm{d}u}{\mathrm{d}t}=m\frac{\rho_p-\rho}{\rho_p}g-CA\rho\frac{u^2}{2} \tag{8-35}$$

若为球形颗粒，有

$$\frac{\mathrm{d}u}{\mathrm{d}t}=\frac{\rho_p-\rho}{\rho_p}g-\frac{3\rho u^2}{4\rho_p D_p}C \tag{8-36}$$

当 $\mathrm{d}u/\mathrm{d}t=0$ 时，可得最大沉降速度——沉降末速度的一般式

$$u_m=\sqrt{\frac{4gD_p(\rho_p-\rho)}{3\rho C}} \tag{8-37}$$

在 Stokes 区，$C=\frac{24}{Re_p}=\frac{24\mu}{D_p\rho u_m}$，代入上式得

$$u_{ms}=\frac{(\rho_p-\rho)g}{18\mu}D_p^2 \tag{8-38}$$

在 Newton 区，$C=0.44$，代入(8-38) 得

$$u_{mN}=\sqrt{\frac{3g(\rho_p-\rho)D_p}{\rho}} \tag{8-39}$$

在 Allen 区，$C=\frac{10}{\sqrt{Re_p}}=\frac{10\sqrt{\mu}}{\sqrt{D_p\rho u}}$，代入(8-38) 得

$$u_{mA}=\left[\frac{4}{225}\times\frac{g^2(\rho_p-\rho)}{\rho\mu}\right]^{\frac{1}{3}}D_p \tag{8-40}$$

由式(8-38)～式(8-40) 可知，在一定的介质和一定的温度条件下，一定密度的固体颗粒的终端沉降速度仅与粒径大小有关，颗粒大者 u_m 也大。因此，可以根据终端沉降速度的不同实现大小颗粒的分级，如磨料生产中就是根据此原理在沉降大缸中进行粒度分级的。

上述各区的沉降末速度的计算均与颗粒雷诺数有关，Re_p 一经确定，即可根据其数值大小判断所属区域，进而利用相应的公式计算沉降末速度。但因 Re_p 本身即是沉降速度的函数，故难以事先求出。实际计算时，可采用下述两种方法。

(1) 尝试法　先假定沉降属于某一区域，用相应的公式计算出沉降末速度；然后将所得的 u_m 代入 Re_p 计算式求出 Re_p 值，检验是否与假定区域一致，若一致，则假定正确；否则，需根据值重新假定属何区域。

【例 8-1】　试求相对密度为 2.65，粒径为 10μm 的石英颗粒在 20℃水中的自由沉降末速度。

解：假定属层流沉降，则

$$u_{ms}=\frac{9.8(2650-1000)(10\times10^{-6})^2}{18\times1.005\times10^{-3}}=8.94\times10^{-5}\,\mathrm{m/s}$$

检验　$Re_p=10\times10^{-6}\times1000\times8.94\times10^{-5}/(1.005\times10^{-3})=8.9\times10^{-4}<1$

所以原假定正确。

(2) 阿基米德数判断法　为了简化计算，可以用一个不包含沉降速度的特征数来代替雷诺数作为流态的判据。

将式(8-37) 两边平方并整理得

$$Cu_m^2=\frac{4g(\rho_p-\rho)D_p}{3\rho}$$

因 $u_m=\frac{Re_p\mu}{D_p\rho}$，代入上式并整理得

$$CRe_p^2=\frac{4D_p^3\rho^2g}{3\mu^2}\times\frac{\rho_p-\rho}{\rho}$$

式中右端为一不包含沉降速度的无因次量，令

$$Ar=\frac{D_p^3\rho^2g}{\mu^2}\times\frac{\rho_p-\rho}{\rho} \tag{8-41}$$

Ar 称为阿基米德数。则有

$$CRe_p^2=\frac{4}{3}Ar \tag{8-42}$$

由上式可知，Ar 为 Re_p 的函数，因此，可根据 Ar 的数值大小来判断流态。下面计算在各个区域中 Ar 的临界值。

① 在 Stokes 区，Re_p 的临界值为 1，阻力系数

$$C=\frac{24}{Re_p}=24$$

故 Ar 的临界值为

$$Ar=\frac{3}{4}CRe_p^2=18$$

类似地，当 Re_p 的临界值为 5.8 时，阻力系数值为 4.14，Ar 的临界值为 104.4。这意味着当 $Ar<18$（或近似地 $Ar<104.4$）时，颗粒的沉降过程属 Stokes 沉降。

② 在 Allen 区，Re_p 的临界值为 500，阻力系数值为 0.448，则 Ar 的临界值为

$$\frac{3}{4}CRe_p^2=8.4\times10^4$$

即当 $18<Ar<8.4\times10^4$ 时，颗粒的沉降属过渡区沉降。

③ 在 Newton 区，$Ar>8.4\times10^4$

借助于阿基米德数 Ar，沉降速度的计算就比较简单了。计算步骤如下：

a. 将有关数据代入式(8-42) 计算 Ar；

b. 根据 Ar 值判断沉降所属区域，然后用相应的沉降速度计算式直接计算沉降速度。

【例 8-2】 题意同例 8-1。

解：

$$Ar=\frac{(10\times10^{-6})^3\times1000^3\times9.8}{(1.005\times10^{-3})^2}\times\frac{2650-1000}{1000}$$
$$=1.6\times10^{-2}<18$$

故属层流区沉降。由式(8-38) 得

$$u_{ms}=\frac{9.8(2650-1000)\times(10\times10^{-6})^2}{18\times1.005\times10^{-3}}$$
$$=8.94\times10^{-5}\text{m/s}$$

8.3.2　沉降末速度的修正

用上述各式计算颗粒在液体介质中的沉降速度应具备以下条件：

① 颗粒为球形；

② 在运动过程中，颗粒相互之间无任何干扰和影响，即属于自由沉降。

实际上，固体材料的结构和解理性质决定了大多数颗粒的形状是不规则的，并且在沉降过程中有时浓度较大，颗粒之间存在相互干扰和影响，因而由球形颗粒自由沉降推导出的沉降末速度需加以修正。

8.3.2.1　颗粒形状的修正

Wadell 对有关形状问题所做的许多研究进行了详细的分析总结，用球形度 Ψ 作参数，整理得出 Re_p 与 C 的关系，见图 8-4。反映形状对沉降速度影响的球形度用下式定义，即

$$\Psi = \text{颗粒的等体积球的表面积}/\text{颗粒的实际表面积} \tag{8-43}$$

在计算时，用等体积球当量径 D_{pv} 进行计算。

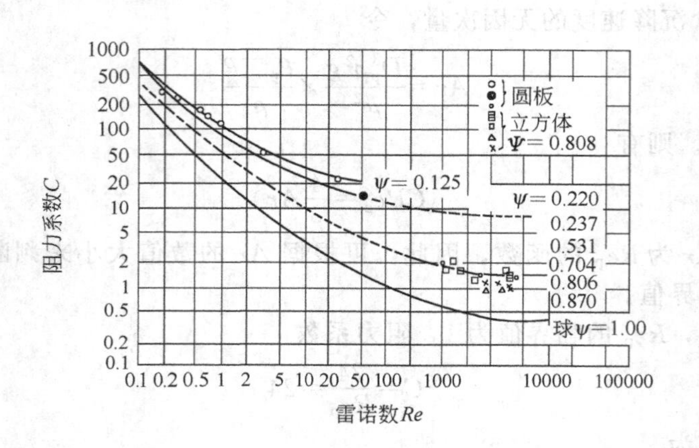

图 8-4 以 Ψ 为参数的 Re_p-C 的关系

Pettyjohn 对 Wadell 之后所做的研究进行了归纳并进行了补充实验。他以 Ψ 为参数，提出了适用于正方体、长方体、正八面体等均整颗粒的沉降速度计算公式。若以 u_{ms} 表示沉降速度，u_{mc} 为修正后的沉降速度，令 $K=u_{mc}/u_{ms}$ 为修正系数，则在层流区，有

$$u_{mc}=Ku_{ms}$$

式中
$$K=0.843\lg\left(\frac{\Psi}{0.065}\right) \tag{8-44}$$

对于湍流区，式(8-37) 中的 C 值可采用 $C=5.31-4.88\Psi$ 来修正。

8.3.2.2 浓度修正

如果悬浊液的浓度较小，相邻颗粒间的距离比颗粒直径大得多，可认为颗粒在沉降过程中无任何相互影响，这种沉降称为自由沉降。

但是，当颗粒浓度增大时，悬浊液内的条件会发生改变，尤其是被沉降颗粒所置换的流体向上流动时，其对颗粒沉降速度的影响显著增大。此时的沉降称为干扰沉降。当大颗粒和小颗粒同时沉降时，小颗粒将随同大颗粒一起沉降，这种沉降也称干扰沉降。

(1) Robinson 式　对干扰沉降的 Stokes 式作了如下修正

$$u_{mc}=Ku_{ms}=\frac{K(\rho_p-\rho_m)g}{18\mu_m}D_p^2 \tag{8-45}$$

式中　K—— 常数；

ρ_m—— 悬浊液的密度；

μ_m—— 悬浊液的黏度。

μ_m 可实测，也可近似地用下式计算

$$\mu_m=\mu(1+kC_v) \tag{8-46}$$

式中　k—— 与颗粒形状有关的常数，球形时为 2/5；

C_v—— 悬浊液的颗粒体积浓度。

上式适用于 $C_v<0.02$ 的情形。当 $C_v>0.02$ 时，可用下面的 Vand 式

$$\mu_m=\mu\exp\left(\frac{k'C_v}{1-qC_v}\right) \tag{8-47}$$

式中，k' 和 q 均为常数，球形颗粒时，$k'=39/64$。

(2) Richardson 式　设悬浊液的空隙率（液体与悬浊液的体积比）为 ε，则

$$\rho_m=\rho_p(1-\varepsilon)+\rho\varepsilon=\rho_p-(\rho_p-\rho)\varepsilon$$

$$\varepsilon=\frac{\rho_p-\rho_m}{\rho_p-\rho} \tag{8-48}$$

对于球形颗粒，当 $Re_p<0.2$ 时，有

$$u_{mc}/u_{ms}=\varepsilon^{4.65} \tag{8-49}$$

(3) Steinour 式　颗粒浓度较高时，以悬浊液表观密度 ρ_m 代替 Stokes 沉降速度式中的流体密度 ρ。颗粒沉降时，被颗粒置换出的液体体积由下往上升。设颗粒对流体的相对沉降速度为 u_m'，颗粒对容器的绝对沉降速度为 u_{mc}，则单位面积上单位时间内沉降的颗粒总体积 $(1-\varepsilon)u_{mc}$ 等于被颗粒置换出的液体体积 $\varepsilon(u_m'-u_{mc})$，即

$$(1-\varepsilon)u_{mc}=\varepsilon(u_m'-u_{mc})$$

因此，

$$u_{mc}=\varepsilon u_m'$$

式中，u_m' 为 ε 的函数 $f(\varepsilon)$，用下式表示

$$\begin{aligned}u_m'&=\frac{g(\rho_p-\rho_m)D_p^2}{18\mu}f(\varepsilon)\\&=\frac{g(\rho_p-\rho)D_p^2}{18\mu}\varepsilon f(\varepsilon)\\&=u_{ms}\varepsilon f(\varepsilon)\end{aligned}$$

因而

$$u_{mc}/u_{ms}=\varepsilon^2 f(\varepsilon) \tag{8-50}$$

$f(\varepsilon)$ 可写成下面的形式

$$f(\varepsilon)=\frac{(1-\varepsilon)10^{-1.82(1-\varepsilon)}}{\varepsilon}\times\frac{\varepsilon}{1-\varepsilon}$$

当 $\varepsilon=0.3\sim0.8$ 时，上式第一顶的值大致为 0.123，所以，式(8-50) 可化简为

$$u_{mc}/u_{ms}=0.123\,\frac{\varepsilon^3}{1-\varepsilon} \tag{8-51}$$

8.4 离心沉降

在离心场中，颗粒在流体内的沉降速度远大于其在重力场中的沉降速度。离心加速度大致比重力加速度大 2 个数量级甚至更大，因而，用离心沉降不但能使沉降大大加快，而且可实现在重力条件下几乎不可能实现的分离过程，使细颗粒甚至胶体从流体中分离出来。

球形颗粒在流体中作旋转运动时，由于惯性力的作用，其运动轨迹是一条曲线，如图 8-5 所示。在符合 Stokes 定律的范围内，运动方程式为

$$\frac{\pi D_p^3\rho_p}{6}\times\frac{d^2r}{dt^2}=\frac{\pi D_p^3(\rho_p-\rho)\omega^2 r}{6}-3\pi\mu D_p\frac{dr}{dt} \tag{8-52}$$

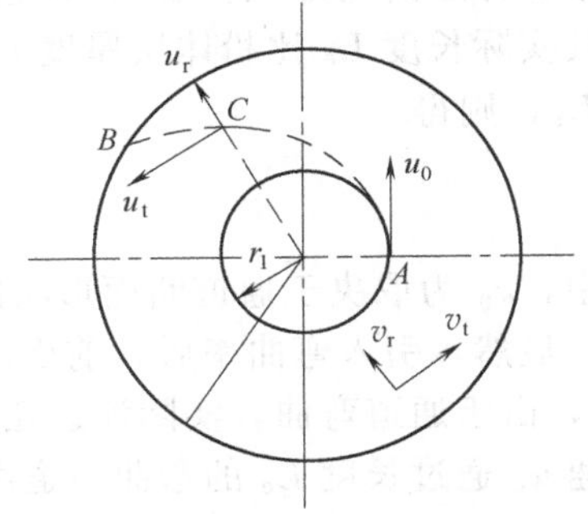

图 8-5　平面旋转流场中的颗粒运动

整理可得　$$\frac{d^2r}{dt^2}+\frac{18\mu}{D_p^2\rho}\times\frac{dr}{dt}-\frac{(\rho_p-\rho)\omega^2 r}{\rho_p}=0$$

令 $a=\dfrac{18\mu}{D_p^2\rho_p}$，$n=\dfrac{(\rho_p-\rho)\omega^2}{\rho_p}$，则上式可写成

$$\frac{d^2r}{dt^2}+a\frac{dr}{dt}-nr=0 \tag{8-53}$$

考虑有关的边界条件，解此微分方程即可求出任一时刻颗粒所处的位置或确定颗粒从起始处（如图 8-5 中半径为 r_1 处）到达壁面所需的时间。

如果忽略颗粒加速度的影响，则式(8-53) 可简化为

$$a\frac{dr}{dt}-nr=0$$

假定初始条件为 $r|_{t=0}=r_0$，积分得

$$\ln\frac{r}{r_0}=\frac{nt}{a}=\frac{D_p^2(\rho_p-\rho)\omega^2 t}{18\mu} \tag{8-54}$$

8.5 流体通过颗粒层的透过流动

透过流动在许多工业装置中具有重要作用。本节讨论层流状态下的透过流动。

8.5.1 透过流动的流量与阻力的关系

对通过砂层及砂岩的地下水流动现象所做的研究表明，若单位时间有流量为 Q，流体黏度为 μ，颗粒层迎流断面面积为 A，层厚为 L，压力损失为 ΔP，则平均流速为

$$u=Q/A=k_D\frac{\Delta P}{\mu L} \tag{8-55}$$

式中，k_D 称为透过率，它是由颗粒层物性决定的常数，具有面积的因次。

实际上，上式表示的是空管流速。设颗粒层的空隙率为 ε，则流体在其中流动的表观流速为

$$u_e=\frac{u}{\varepsilon} \tag{8-56}$$

将圆管的水力半径 $m=\pi D^2L/(4\pi DL)=D/4$ 推广到粉体层上，有

粉体层空隙的水力半径　m = 粉体层中颗粒间的空隙体积/粉体层中颗粒的全部表面积

$$=\frac{1}{S_v}\times\frac{\varepsilon}{1-\varepsilon} \tag{8-57}$$

Kozeny 和 Carman 假定粉体层是均一形状通道的集合体，该通道的内表面积和体积分别等于粉体层的全部颗粒表面积和空隙体积，并将该通道称为当量通道。因当量通道是弯曲的，故其实际长度 L_e 比粉体层厚度 L 大。将 $u_e=u/\varepsilon$，$D=4m$ 代入 Poiseuille 式（略），并将 L 换成 L_e，则得

$$u=\frac{L}{L_e}\times\frac{\varepsilon^3}{k_0S_v^2(1-\varepsilon)^2}\times\frac{\Delta P}{\mu L} \tag{8-58}$$

式中，k_0 为取决于通道断面形状的常数；L/L_e 称为弯曲率。

显然，引入弯曲率后，前面的假定需加以修正。如图 8-6 所示，表观流动方向上的流速为 u/ε，由于通道弯曲，实际流速还要大些。因流速沿表观流动方向通过长度 L 所需时间与实际流速 u_c 通过长度 L_e 的弯曲通道所需时间相等，即

$$L_e/u_c=L/u_e$$

$$u_c=\frac{u}{\varepsilon}\times\frac{L_e}{L}$$

因而式(8-58) 修正为

$$u=\frac{1}{k}\times\frac{\varepsilon^3}{S_v^2(1-\varepsilon)^2}\times\frac{\Delta P}{\mu L} \tag{8-59}$$

式中，$k=k_0(L_e/L)^2$。

Carman 根据许多实验结果得出，k 的近似值为 5.0。将其代入上式得

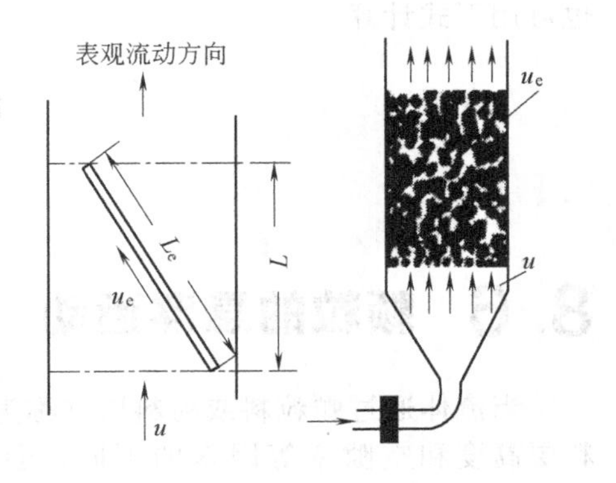

图 8-6　空塔速度与实际流速

$$Q/A=u=\frac{\varepsilon^3}{5S_v^2(1-\varepsilon)^2}\times\frac{\Delta P}{\mu L} \tag{8-60}$$

由于　　$S_v=\frac{6}{\phi_c D_{pv}}=\frac{6}{D_{ps}}$

代入(8-60) 得

$$\Delta P=\frac{5S_v^2 u\mu L(1-\varepsilon)^2}{\varepsilon^3}=\frac{180u\mu L}{\phi_c^2 D_{pv}^2}\times\frac{(1-\varepsilon)^2}{\varepsilon^3}=\frac{180G\mu L}{\rho D_{ps}^2}\times\frac{(1-\varepsilon)^2}{\varepsilon^3} \tag{8-61}$$

式中　Q——单位时间的流量，m^3/s；
A——粉体层迎流断面积，m^2；
S_v——粉体的体积比表面积，m^2/m^3；
ΔP——通过粉体层的压力降，Pa；
L——粉体层厚度，m；
G——质量流速，$G=u\rho$，$kg/(m^2 \cdot s)$。

8.5.2　透过流动的应用

(1) 颗粒层过滤除尘器　含尘气体通过颗粒层时，其中的粉尘被阻留在颗粒层中，从而使气流得到净化。详见 10.1.4。

(2) 固定床热交换装置　如在篦式水泥熟料冷却机中，由下向上的冷空气通过篦上熟料层时，熟料中所含的热量以传导方式传递给空气使之升温，同时熟料本身得到冷却。熟料冷却效果与其在篦板上的厚度及鼓风压力和通风量有着直接关系。

(3) 流体透过法测定粉体的比表面积　代表性的是水泥物理检验中测定比表面积的 Blaine 法。图 8-7 为测定装置的示意图。当压力计指示液面上升至刻度 A 时，关闭旋塞测定液面从 B 下降至 C 时所需时间 t，在此过程中，压差 ΔP 不断变化。设 ρ、A、a 分别为压力计指示液密度、试料筒断面积和压力计管道断面积，若液面差 h 处液面下降 $dh/2$ 高度所需要的时间为 dt，并设此时因液面下降所置换的空气体积为 dv，则 $\Delta P=h\rho g$

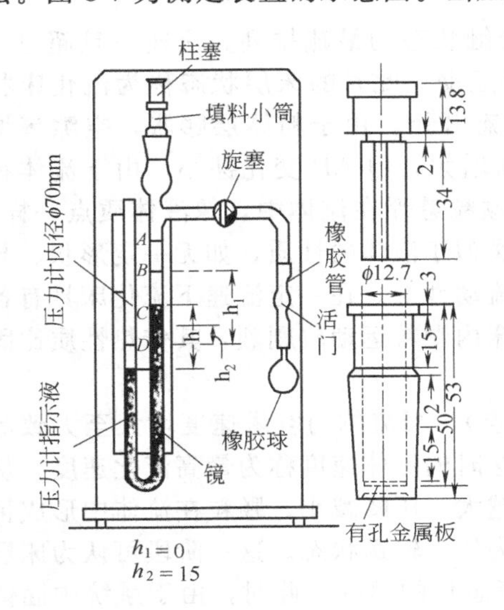

图 8-7　Blaine 透气仪

$$u=-\frac{1}{A}\times\frac{dv}{dt}=-\frac{1}{A}\times\frac{a(dh/2)}{dt} \tag{8-62}$$

若忽略空气的压缩性，将这些量代入式(8-61) 并积分得

$$-S_v^2\int_{h_1}^{h_2}\frac{dh}{2h}=\frac{A\rho g}{ka\mu L}\times\frac{\varepsilon^3}{(1-\varepsilon)^2}\int_0^t dt$$

故　$$S_v=K_B\frac{\sqrt{\varepsilon^3}}{1-\varepsilon}\times\frac{\sqrt{t}}{\sqrt{\mu}} \tag{8-63}$$

式中，K_B 为仪器常数，可用标准试样进行标定，

也可用下式计算

$$K_{\mathrm{B}}=\sqrt{\frac{2A\rho g}{ka\ln\left(\frac{h_1}{h_2}\right)L}}$$

8.6 颗粒的悬浮运动

当流体通过颗粒料或粉料层（称为床层）向上流动时，随着流体速度、颗粒性质及状态、料层高度和空隙率等因素的不同，会出现各种不同的颗粒流体力学状态：固定床状态；流（态）化状态；气力输送状态。现分述如下。

（1）固定床　当流体速度很小时，粉体层静止不动，流体从彼此相互接触的颗粒间的空隙通过。此时流体通过床层的压降 ΔP 与以容器截面积计算的空塔流速 u 在对数坐标图上呈直线关系，如图 8-8(a) 中的 AB 段曲线所示。当 ΔP 随 u 增大至足以支承粉体层的全部重量（如图中的 C 点）时，粉体层的填充状态部分发生改变，一部分颗粒开始运动而重新排列。因此，在 C 点之前，床层基本不发生变化，此时的床层称为固定床。流体在固定床中的流动属透过流动，上节已述。

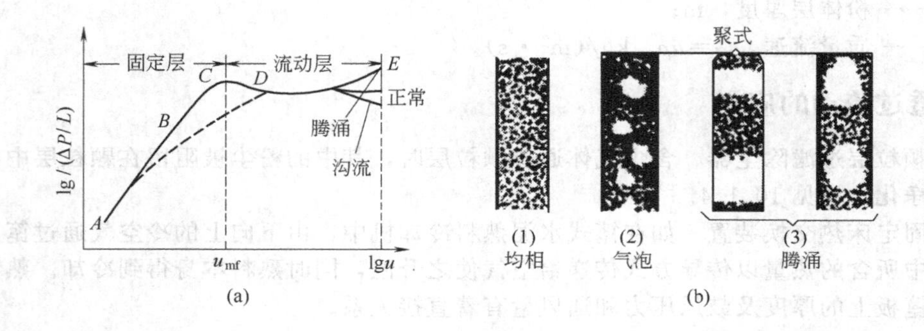

图 8-8　流化床的状态变化图

（2）流化床　在 C 点状态下，颗粒之间保持相互接触状态的最疏排列。流速一旦超过 C 点的流速时，将不再保持固定床条件，粉体层开始悬浮运动，此时的床层状态称为流化床状态。所以，C 点是固定床和流化床的临界点。一旦流化态开始，由于粉体层膨胀，空隙率增大，所以，ΔP 沿 CD 变化，在一段区间内，虽然 u 不断增大，但 ΔP 变化甚小。由于流体在床层中的压降与单位面积床层上物料的重力大致相等，颗粒悬浮在流体中，像液体质点一样，在一定范围内作无规则运动。这时气固（液）系统具有类似于液体的性质，如无一定形状、与系统外流体之间存在明显的分界面、具有与液体相似的流动性等。在一定流速下流化床具有各种确定的性质，如容积密度、导热性、黏度等。但由于床内颗粒运动较剧烈，其传热性质比固定床大得多。

（3）气力输送　在更高的流速下（图 8-8 中超过 D 点），当流体的空塔速度增大至大致等于颗粒的自由沉降速度时，固体颗粒开始被流体带出。这时的流体速度称为最高流化速度。从此时开始，流速越大，带出的颗粒也越多，系统空隙率越大，压降减小，颗粒在流体中形成稀相悬浮态，并与流体一起从床层中向上吹出。该状态称为气力输送状态。这一阶段可认为床层高度膨胀至无限大，空隙率达到近 100%，为前述狭义流态化的继续。此时，由于系统中固体浓度降低得很快，使原来流化床中的气体与颗粒间的摩擦损失大为减少，因而使总压降显著减小。稀相流态化系统更具有类似于气体的性质。当然，由于较细颗粒的聚结性和流体速度的波动性，很难形成如图 8-8(b) 中 (1) 那样的均匀的两相流，而多为 (2)、(3) 中所示的情形。为区别气固系统和固液系统的流态化，将前者称为聚式流态化；后者称为散式流态化。

应该指出的是，当 u 逐渐减小时，系统的流速压降线变化并不是 BCD 的逆过程，而是沿着图中虚线变化。

(4) 临界流化速度　将图 8-8 中 C 点的流体速度称为临界流化速度或最小流化速度，用 u_{mf} 表示。根据力的平衡关系，临界流化态的条件是床层的压力降与单位面积上的相对重力相平衡。令该状态时的空隙率为 ε_{mf}，则可用下式确定 ΔP

$$\Delta P = L(1-\varepsilon_{mf})(\rho_p-\rho)g \tag{8-64}$$

式中，L 为床层高度，其他符号意义同前。

最小流化速度可用下式求得

$$u_{mf}=\frac{D_{pv}^2(\rho_p-\rho)g\phi_c^2}{200\mu}\times\frac{\varepsilon_{mf}^2}{1-\varepsilon_{mf}} \tag{8-65}$$

实际上，因 ϕ_c 和 ε_{mf} 值难以确定，采用上式计算时往往偏差较大，因此提出的实用计算方法，即先确定最小流化系数 C_{mf}，然后用下式计算 u_{mf}

$$u_{mf}=C_{mf}D_p^2(\rho_p-\rho)g/\mu \tag{8-66}$$

C_{mf} 与 Re_p 的关系为

$Re_p<10$ 时　　$$C_{mf}=6.05\times10^{-4}Re_p^{-0.0625} \tag{8-67}$$

$20<Re_p<6000$ 时　　$$C_{mf}=2.20\times10^{-3}Re_p^{-0.555} \tag{8-68}$$

将上式代入式(8-66)，当 $Re_p<10$ 时，得

$$u_{mf}=8.022\times10^{-3}\times\frac{[\rho(\rho_p-\rho)]^{0.94}D_p^{1.82}}{\rho\mu^{0.88}} \tag{8-69}$$

计算时，先按上式计算 u'_{mf}，然后根据 u'_{mf} 计算 Re_p。若 $Re_p>10$，则求 u_{mf} 时需乘以图 8-9 所示的修正系数。

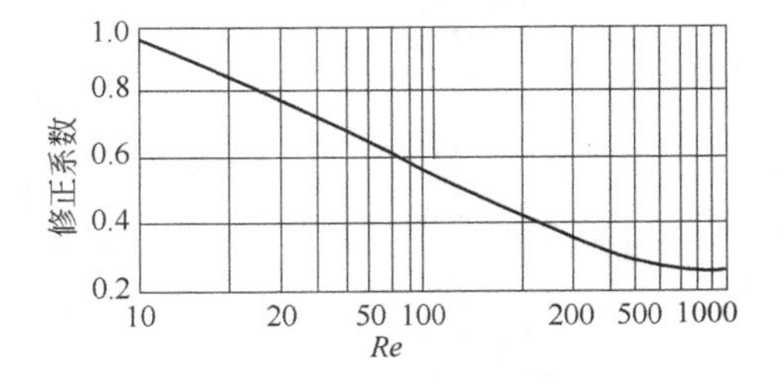

图 8-9　修正系数

【例 8-3】 在内径为 102mm 的圆筒内填充 0.11mm 的球形颗粒，填充层高度为 610mm，颗粒密度为 4810kg/m³，试求颗粒被 40℃、1atm (1atm=101325Pa) 的空气流态化时的最小流化速度。

解： 40℃时，空气的黏度 $\mu=1.95\times10^{-5}$ Pa·s，密度 $\rho=1.13$ kg/m³

$$u_{mf}=8.022\times10^{-3}\times\frac{[1.13(4.81\times10^3-1.13)]^{0.94}\times(1.1\times10^{-4})^{1.82}}{1.13(1.95\times10^{-4})^{0.88}}$$

$$=2.20\times10^{-2}\text{m/s}$$

$$Re_p=0.127<10$$

所以不需修正。

参考文献

[1] 盖国胜等. 超细粉碎分级技术. 北京：中国轻工业出版社，2000.
[2] 卢寿慈. 粉体加工技术. 北京：中国轻工业出版社，1999.
[3] 陆厚根. 粉体工程导论. 上海：同济大学出版社，1993.
[4] 岑可法等. 工程气固多相流动的理论及计算. 杭州：浙江大学出版社，1990.
[5] 张荣善. 散料输送与贮存. 北京：化学工业出版社，1994.

[6] 李凤生等. 超细粉体技术. 北京：国防工业出版社，2000.
[7] 第二届全国颗粒制备与处理学术会议论文集. 1990，上海.
[8] 第三届全国颗粒制备与处理学术会议论文集. 1992，青岛.
[9] 第四届全国颗粒制备与处理学术会议论文集. 1994，徐州.
[10] 钟传杰等. 气/固两相流流动特性对相关法测速的影响. 测控技术，1994，13 (6)：16-19.
[11] 尚智等. 气体穿过筛孔板上液固两相流层时的阻力特性. 化工机械，1999，26 (1)：1-5.
[12] 陈非凡等. 新型气固两相流亚微米级粉体浓度及浓度分布测量方法. 中国粉体技术，1999，5 (6)：20-22.
[13] 赵文等. 垂直两相流中流体力学特性的研究. 青岛化工学院学报，1994，15 (1)：84-89.
[14] 申焱华等. 垂直管道固液两相流的最小提升水流速度. 北京科技大学学报，1999，29 (6)：519-522.
[15] 赵建福. 微重力条件下气/液两相流流型的研究进展. 力学进展，1999，29 (3)：369-382.
[16] 吴文权等. 液固两相流中液体旋涡对固体粒子运动影响的数值研究. 工程热物理学报，1999，20 (3)：365-369.
[17] 吴东垠等. 气液两相流流经突缩再突扩管道的压力降研究. 能源动力工程，1995，10 (6)：366-372.
[18] 岳湘安等. 固相颗粒流动的基本模型. 大庆石油学院学报，1995，19 (1)：1-5.
[19] 陈凤桂. 液固两相流中固体量的计算. 金属矿山，1996，237 (3)：32-34.
[20] 施洪昌. 气/固两相流测量系统. 气动实验与测量控制，1996，10 (4)：83-89.
[21] 欧阳美玲等. 气固悬浮体两相流流体力学描述. 武汉化工学院学报，1996，18 (3)：16-20.
[22] 李大鹏，袁柏新等. 旋流器的两相流分析. 电站系统工程，1998，14 (3)：19-22.
[23] 连琏. 气体-固体粒子两相流理论及其应用. 中国造船，1996，(3)：79-88.
[24] 徐江荣. 用 Fokker Planck 方程探讨气固两相流中颗粒运动机理. 杭州电子工业学院学报，1998，18 (1)：59-63.

分级及设备

生产实际中，常遇到为满足工艺要求而将粉体按不同粒度区间进行粒度分级（有时也称选粉）的问题。本章将介绍粒度分级的原理及相关设备。

9.1 分级和分离理论

对于分级或分离设备而言，其性能评价不外乎分级和分离的技术效果和经济效果两方面的考察。下面主要介绍技术性能的评价方法及指标。

9.1.1 分离效率

（1）分离效率的定义　分离后获得的某种成分的质量与分离前粉体中所含该成分的质量之比称为分离效率。用下式表示

$$\eta=\frac{m}{m_0}\times 100\% \tag{9-1}$$

式中　m_0，m—— 分离前粉体中某成分的质量和分离后获得的该成分的质量；

η—— 分离效率。

分离效率的实用公式中式(9-1) 明确反映了分离效率的实质，但实用上并不方便，原因是工业连续生产中处理的物料量一般较大，m_0和 m 不易称量，即使能够称量，分离产品中也不可能全是要求的颗粒，总有少量其他成分的颗粒。下面以粒度分级为例推导分离效率的实用公式。

设分级前粉体、分级后细粉和粗粉的总质量分别为 F、A、B，其中合格细颗粒的含量分别为 x_f、x_a、x_b，又假定分级过程中无损耗，则根据物料质量平衡，有

$$F=A+B \tag{9-2}$$

$$x_f F=x_a A+x_b B \tag{9-3}$$

将以上两式联立，可解得

$$\eta=\frac{x_a A}{x_f F}\times 100\%=\frac{x_a(x_f-x_b)}{x_f(x_a-x_b)}\times 100\% \tag{9-4}$$

式(9-4) 表明，分级效率与分级前、后三种粉体中合格颗粒的含量百分数有内在的联系，换言之，分级效率的提高有赖于 x_a 的增大和 x_b 的减小。

（2）综合分级效率（牛顿分级效率）η_N　牛顿分级效率是综合考察合格细颗粒的收集程度和不合格粗颗粒的分离程度，该指标似乎更能确切地反映分级设备的分级性能，其定义为：合格成分的收集率减去不合格成分的残留率。数学表达式为

$$\eta_N=\gamma_a-(1-\gamma_b)=\gamma_a+\gamma_b-1 \tag{9-5}$$

因为
$$\gamma_a=\frac{x_a A}{x_f F} \qquad \gamma_b=\frac{B(1-x_b)}{F(1-x_f)}$$

$$A/F=\frac{x_f-x_b}{x_a-x_b} \quad B/F=\frac{x_a-x_f}{x_a-x_b}$$

所以
$$\eta_N=\frac{(x_f-x_b)(x_a-x_f)}{x_f(1-x_f)(x_a-x_b)} \tag{9-6}$$

可以证明，牛顿分级效率的物理意义是：分级粉体中能实现理想分级（即完全分级）的质量比。

（3）部分分级效率　将粉体按粒度特性分为若干粒度区间，分别计算出各区间颗粒的分离率，以 η_p 表示。

如图 9-1(a) 所示，曲线 a、b 分别为原始粉体和分级后粗粉部分的频率分布曲线。设任一粒度区间 d 和 $d+\Delta d$ 之间的原始粉体和粗粉的质量分别为 w_f 和 w_b，则以粒度为横坐标，以 $w_b/w_f\times100\%$ 为纵坐标，可绘出如图 9-1(b) 所示的曲线 c，该曲线称为部分分级效率曲线。

部分分级效率曲线也可用细粉相应的频率分布计算并绘制曲线，如图 9-1(b) 中的虚线所示。

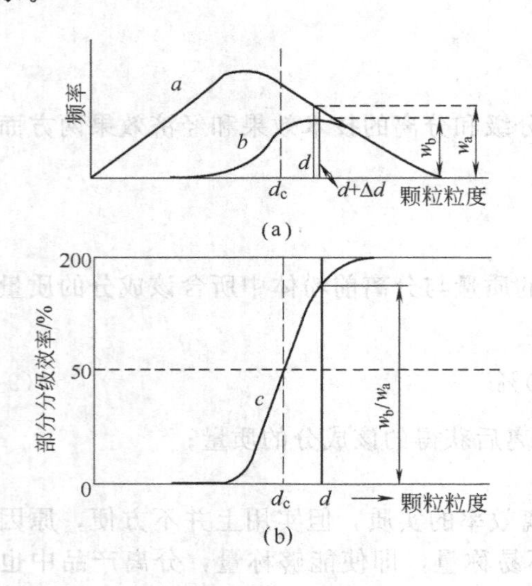

图 9-1　部分分级效率曲线（一）

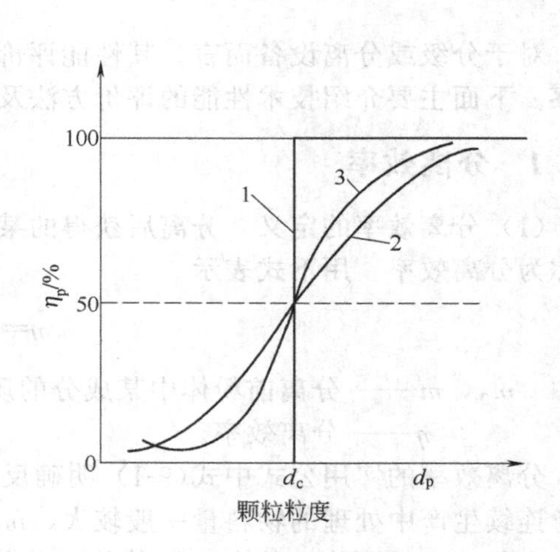

图 9-2　部分分级效率曲线（二）

1—理想分级曲线；2，3—实际分级曲线

9.1.2　分级粒径（切割粒径）

在图 9-2 中，曲线 1 为理想分级曲线，曲线 2、3 为实际分级曲线。曲线 1 在粒径 d_c 处发生跳跃突变，意味着分级后 $d>d_c$ 的粗颗粒全部位于粗粉中，并且粗粉中无粒径小于 d_c 的细颗粒，而细粉中全部为 $d<d_c$ 的细颗粒，无粒径大于 d_c 的粗颗粒。这种情况犹如将原始粉体从粒径 d_c 处截然分开一样，所以，d_c 称为切割粒径。习惯上，将部分分级效率为 50%的粒径称为切割粒径。

9.1.3　分级精度

从图 9-2 中可以看到，实际分级结果与理想分级结果的区别表现在部分分级曲线相对于曲线 1 的偏离，其偏离的程度即曲线的陡峭程度可以用来表示分级的精确度，即分级精度。为了便于量化起见，将分级精度定义为部分分离级效率为75%和25%的粒径d_{75}和d_{25}的比值，用字母χ表示。

即 $$\chi=d_{75}/d_{25}$$

或 $$\chi=d_{25}/d_{75} \tag{9-7}$$

当粒度分布范围较宽时，分级精度可用$\chi=d_{90}/d_{10}$或$\chi=d_{10}/d_{90}$表示。对于理想分级，$\chi=1$。显然，实际分级情形时，χ值越接近于1，其分级精度越高；反之亦然。

9.1.4 分级效果的综合评价

判断分级设备的分级效果需从上述几个方面综合判断。譬如，当η_N、χ相同时，d_{50}越小，分级效果越好；当η_N、d_{50}相同时，χ值越小，即部分分级效率曲线越陡峭，分级效果越好。如果分级产品按粒度分为二级以上，则在考察牛顿分级效率的同时，还应分别考察各级别的分级效率。

9.2 分级设备

9.2.1 筛分设备

筛分一般适用于较粗物料（粒度大于0.05mm）的分级。在筛分过程中，大于筛孔尺寸的物料颗粒被留在筛面上，该部分物料称为筛上料；小于筛孔尺寸的物料颗粒通过筛孔筛出，这部分物料称为筛下料。筛分之前的物料称为筛分物料。

为了将固体颗粒混合物分离成若干粒度级别，需使用一系列不同大小筛孔的筛面。当筛面数目为n时，可以分出（$n+1$）个级别的产品。各种不同孔径的筛面组合在一起称为筛序。通常有下列三种筛序，如图9-3所示。

(1) 由粗到细的筛序［图9-3(a)］ 这种筛序的优点是筛面由粗到细重叠布置，因而节省厂房面积；粗物料不接触细筛网可减轻细筛网的磨损；同时较难筛的细颗粒很快通过上层粗筛筛面因而筛面不易堵塞，有利于提高筛分质量。其缺点是维修不方便。

(2) 由细到粗的筛序［图9-3(b)］ 与上述相反，由于粗颗粒接触细筛网，致使细筛网不仅易磨损，还易被较大颗粒堵塞，降低筛分效率。但容易布置，维修也较方便。

(3) 混合筛序［图9-3(c)］ 这种筛序是上述两种筛序的组合，具有二者的优点。

筛分作业通常与粉碎作业相联系，按其作用可分为预筛分和检查筛分两种，如图9-4所示。

预筛分是在给料进入粉碎机之前进行的筛分作业。其作用是：预先分离出给料中的细颗

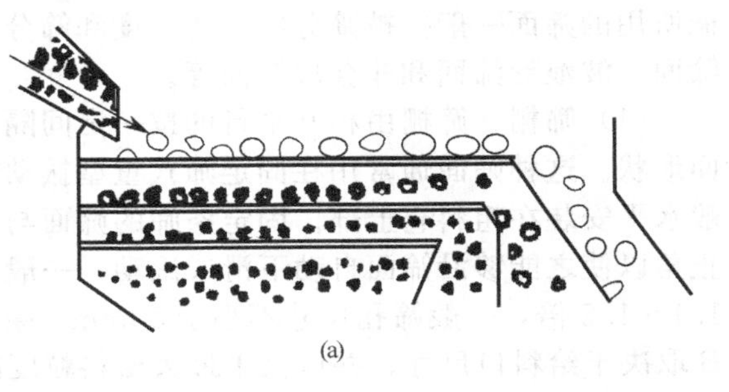

(a)

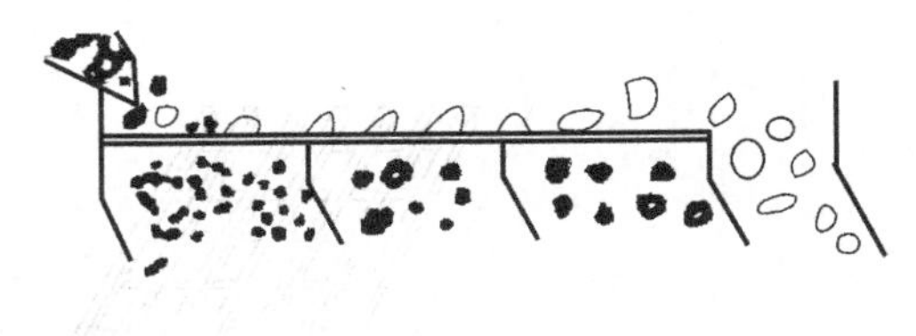

(b)

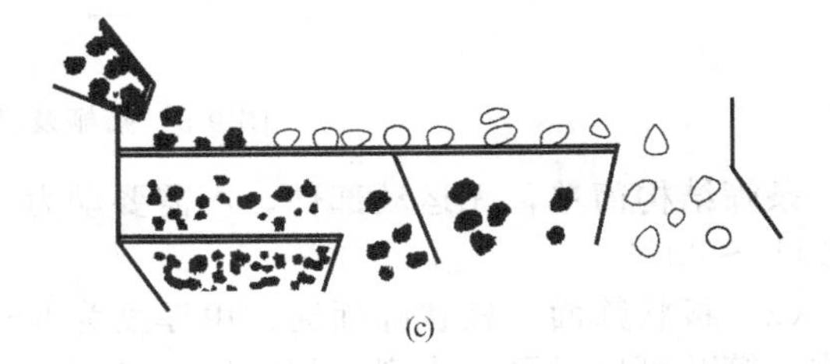

(c)

图9-3 筛分顺序

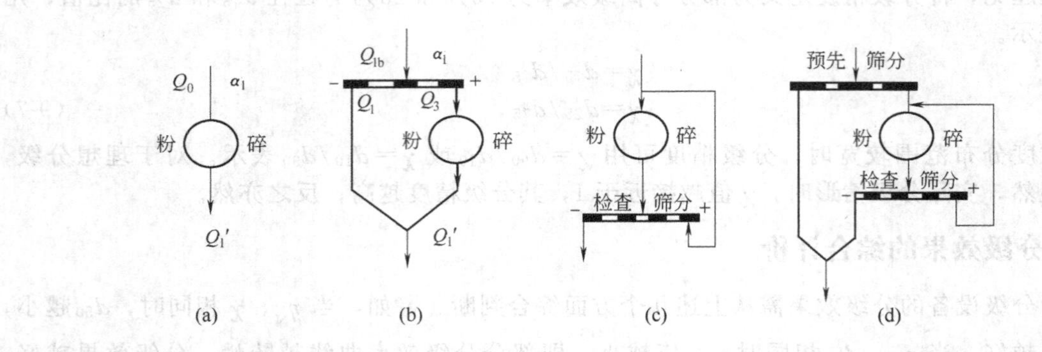

图 9-4 预筛分和检查筛分示意图

粒，防止过粉碎，并提高粉碎机的生产能力。但设置预筛分会增大厂房的高度，所以，在粉碎机生产能力较大时，一般不设预筛分。

检查筛分是为了控制粉碎产品的细度以及充分发挥粉碎设备的生产能力。

9.2.1.1 筛分机械的分类

筛分机械的类型很多，按筛分方式可分为干式筛和湿式筛；按筛面的运动特性，可分为振动筛（包括旋摆运动、直线运动和圆运动振动筛）、摇动筛（包括旋动筛和直线摇动筛）、回转筛（包括圆筒筛、圆锥筛、角柱筛和角锥筛）和固定筛（包括固定弧形筛、固定格筛和固定棒条筛）。

9.2.1.2 筛面

筛面是筛分机械的主要工作部件，正确选择筛面对于提高筛分质量具有重要意义。筛分机械所用的筛面一般按被筛分物料的粒度和筛分作业的工艺要求采用棒条筛面、板状筛面、编织筛面、波浪形筛面和非金属筛面等。

(1) 筛栅　筛栅由相互平行的按一定间隔排列的金属棒条组成，图 9-5 表示了筛栅及其断面形状。这种筛面通常用在固定筛式重型振动筛上，又分为固定格筛和条筛两种。固定格筛一般水平安装在粗料仓上部。固定条筛的筛面与水平面成一角度倾斜安装，倾角应大于物料的休止角以使之能够沿筛面自动下滑或滚动，一般为 30°～60°。条筛的孔尺寸约为要求筛下粒度的 1.1～1.2 倍，一般筛孔尺寸不小于 50mm。条筛的长度 L 由宽度 B 确定，一般而言，$L=2B$，B 取决于给料口尺寸，并应大于最大给料粒度的 2.5 倍。

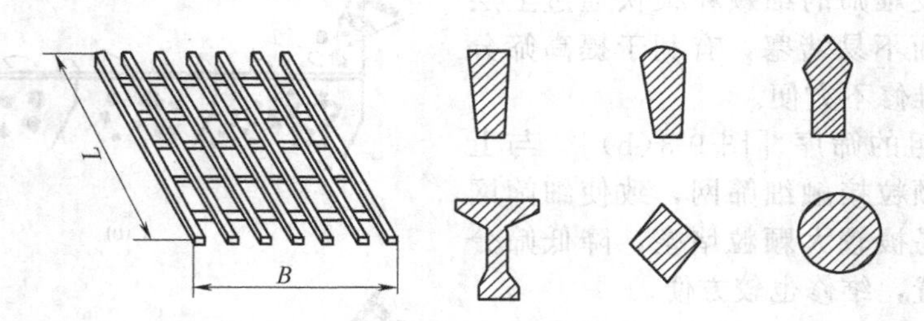

图 9-5 筛栅及其断面形状示意图

条筛结构简单，无运动部件，不需要动力。但筛孔易堵塞，需要的高差大，筛分效率一般为 50%～60%。

(2) 板状筛面　板状筛面通常由厚度为 5～12mm 的钢板上冲制成方形、长方形或圆孔而制成。筛孔可以是平行排列［如图 9-6(a)、(c) 所示］，也可以呈三角形排列［如图 9-6(b)、(d) 所示］。为了保证足够的强度及耐磨损，孔壁之间的最小距离 S 不小于某一定值。在相同的筛孔尺寸和壁厚情形下，筛孔呈三角形排列的筛面的有效面积较大。长方形筛孔的筛面与方形或圆形筛孔的筛面相比较，其优点是开孔率大，生产能力大，可减轻筛孔堵塞的现象。但长方形筛孔的筛面只能在筛分物料粒度要求不太严格的情况下使用。板状筛面的筛孔开孔率 φ 可按下式计算。

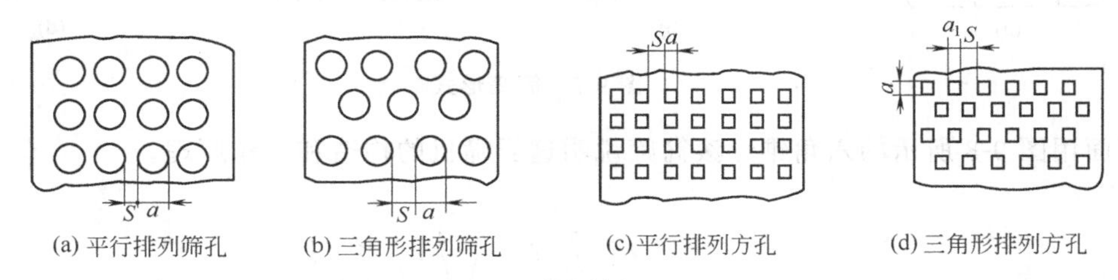

(a) 平行排列筛孔　(b) 三角形排列筛孔　(c) 平行排列方孔　(d) 三角形排列方孔

图 9-6　冲孔筛板

对于平行排列的圆形筛孔

$$\varphi=\frac{0.785a^2}{(a+s)^2}\times 100\% \tag{9-8}$$

式中　a—— 筛孔直径；

s—— 孔壁之间的最小距离。

对于三角形排列的圆形筛孔

$$\varphi=\frac{0.905a^2}{(a+s)^2}\times 100\% \tag{9-9}$$

对于平行排列的方形筛孔

$$\varphi=\frac{a^2}{(a+s)^2}\times 100\% \tag{9-10}$$

式中　a—— 筛孔边长。

对于边长为 a、a_1 的长方形筛孔

$$\varphi=\frac{aa_1}{(a+s)^2(a_1+s)^2}\times 100\% \tag{9-11}$$

式中　a，a_1—— 筛孔边长。

筛板的厚度可按下式近似计算

$$t\leqslant 0.625a \tag{9-12}$$

式中　t—— 筛板厚度，mm；

a—— 筛孔尺寸，mm。

板状筛面的优点是比较牢固，刚度大，使用寿命长。缺点是开孔率较小，约为 40%～60%，一般用于中等粒度的物料的筛分，筛孔尺寸通常为 12～50mm。为了使细颗粒顺畅地通过筛孔，冲孔筛板的筛孔一般上小下大，且向物料通过筛孔时的运动方向有一定的倾斜度。

(3) 编织筛面　编织筛面是用钢丝编织而成。筛孔的形状为方形或长方形，开孔率可达 95%左右。编织筛的优点是开孔率高，重量轻，制造方便。缺点是使用寿命较短。为了提高其使用寿命，钢丝材料可采用弹簧钢或不锈钢。编织筛面适用于中细物料的筛分。

筛孔大小可用筛目数 M 表示，也可用 1cm^2 面积上所具有的筛孔数表示。

$$K=\left(\frac{M}{2.5}\right)^2 \tag{9-13}$$

式中　K—— 1cm^2 面积上的筛孔数；

M—— 筛目数。

9.2.1.3　回转筛

回转筛由筛网或筛板制成的回转筒体、支架和传动装置等组成。按筒形筛面的形状有圆筒筛、圆锥筛、多角筒筛（一般为六角形）和多角锥筛四种，如图 9-7 所示。

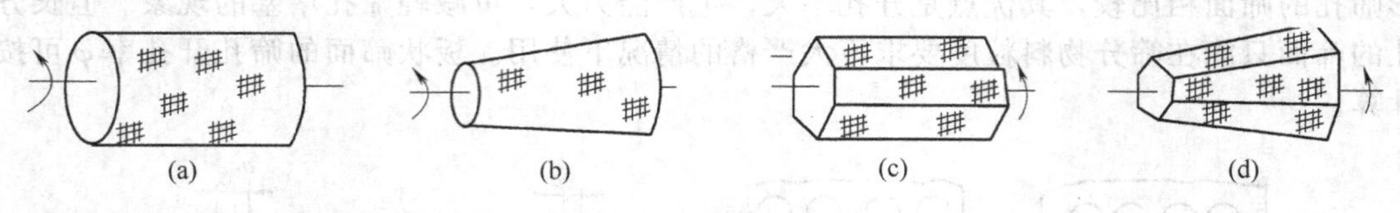

图 9-7　筒筛形式

下面用图 9-8 所示的六角锥形滚筒筛说明这类筛机的构造和工作原理。

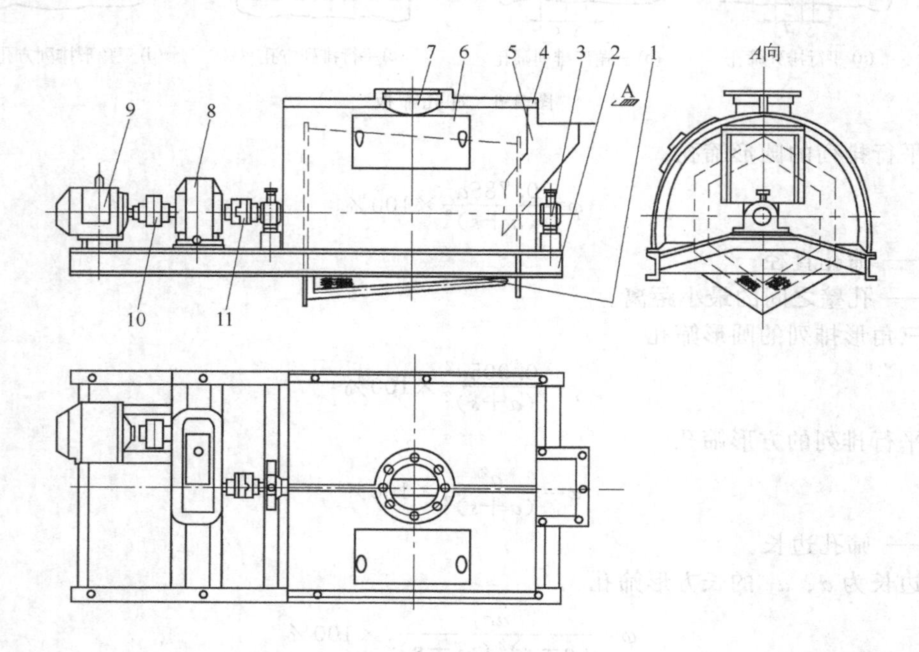

图 9-8　六角锥形滚筒筛结构示意图

1—筛筒；2—底座；3—轴承；4—筛罩；5—加料斗；6—孔盖；7—吸尘管接口；
8—减速器；9—电动机；10—弹性联轴器；11—浮动盘联轴器

筛筒 1 是筛机的工作部分，支承在底座 2 上面的轴承 3 上，筛网为六角正接锥台形，由主轴、筛筒骨架及六块金属筛网组成，金属筛网用螺钉和压条固定在筛筒骨架上，可根据需要更换。筛罩 4 覆盖于筛筒外面，以防止筛机工作时粉尘飞扬，罩的一端有加料斗 5，其侧面有检视孔，工作时用孔盖 6 封闭，罩的上部有为安装吸尘装置而设的吸尘管接口 7，电动机 9 和减速器 8 带动筛筒的主轴回转，使筒筛获得需要的回转速度。底座 2 用型钢焊成，筛筒、轴承、筛罩、减速器及电动机等均固定在底座上。

工作原理：物料在回转筒内由于摩擦作用而被提升至一定高度，然后因重力作用沿筛面向下滚动，随之又被提升，因此，物料在筒内的运动轨迹呈螺旋形。在不断的下滑翻滚转动过程中，细颗粒通过筛孔落入筛下，大于筛孔尺寸的筛上料则自筛筒的大端排出。

与圆筒筛相比，多角筒筛的筛分效率较高，原因是物料在筛面上有一定的翻倒现象，会产生轻微的抖动。圆柱形筒筛比锥形筒筛容易制造，但为了使筒内物料能够沿轴向移动，必须倾斜安装，使之与水平面成 4°～9°的倾角，这会给安装带来一定困难。

回转筛的特点：工作平稳，冲击和振动小，易于密封收尘，维修方便。主要缺点是筛面利用率较低，工作面仅为整个筛面的 1/8～1/6。与同等产量的其他筛分机械相比较，它的体形较大，筛孔易堵塞，筛分效率低。

主要参数计算如下。

① 筒筛的直径和长度　一般认为，筛筒直径 D 应大于最大给料粒径 d_{max} 的 14 倍，即

$$D \geqslant 14 d_{max} \tag{9-14}$$

筒体的长度通常按下式选取

$$L=(3\sim5)D \tag{9-15}$$

增加筒体长度可以延长物料在筛面上的滑动路程，提高筛分效率，实践证明，多数筛下料在进料端 0.6m 之内已大部分被筛除，故筒体不宜过长，一般取 1640～2100mm。

② 筛机的转速　回转筛主轴转速是一个主要参数，转速越高，物料在筒内升得越高，其下滑路程也越长，越有利于筛分效率的提高。但若转速过高，由于离心力过大而使物料附于筛面一起转动而不再下滑，筛分效率反而下降。因此，必须合理确定筛机的转速。通常在下列范围内选取

$$n=(8\sim14)\frac{1}{\sqrt{R}}\ (\text{r/min}) \tag{9-16}$$

式中　R—— 筒体内半径，m。

玻璃行业中六角筛的转速一般为 20～30r/min。

③ 生产能力　筒形筛的生产能力可按下式计算

$$Q=720\rho_s \mu n\ \sqrt{R^3 h^3}\tan\alpha\ (\text{t/h}) \tag{9-17}$$

式中　Q—— 生产能力，t/h；

ρ_s—— 物料密度，t/m³；

μ—— 松散系数，一般取 0.4～0.6；

n—— 转速，r/min；

h—— 物料层最大厚度，m；

α—— 圆筒筛的倾角，(°)。

通常，筒体的倾角为 5°～19°，料层厚度为 2.5～5cm。若倾角过大或料层过厚，会使筛分效率降低，另外，过大的倾角还会导致轴承的轴向推力增大。

9.2.1.4　摇动筛

结构和工作原理：摇动筛工作时，物料颗粒主要是作平行于筛面的运动。为了实现物料与筛面的相对滑动，一般用曲柄连杆机构传动。图 9-9 是单筛框摇动筛，它只有一个筛框，筛框上可设一层或两层筛网。图 9-9(a)、(b)、(c) 分别是用滚轮支承、吊杆悬挂和弹性支承。

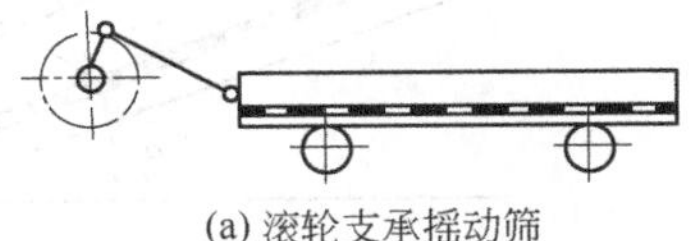

(a) 滚轮支承摇动筛

电动机通过带轮传动（图中未画出）使偏心轴旋转，然后用连杆带动筛框作定向往复运动。物料由筛面靠近传动装置一端加入，细颗粒物料通过筛孔落至筛下，筛上物由筛面另一端排出。筛面的安装角度视物料性质而异，一般为 9°～20°。

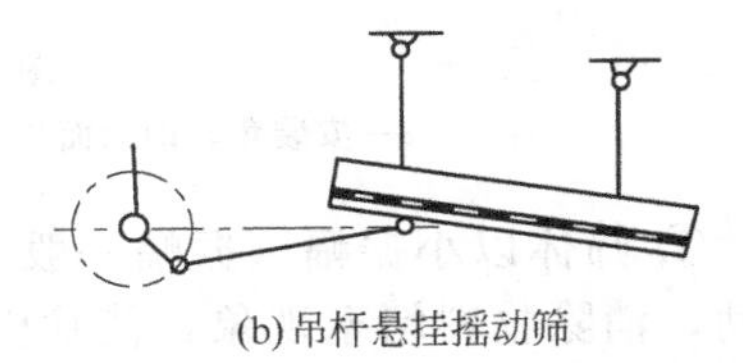

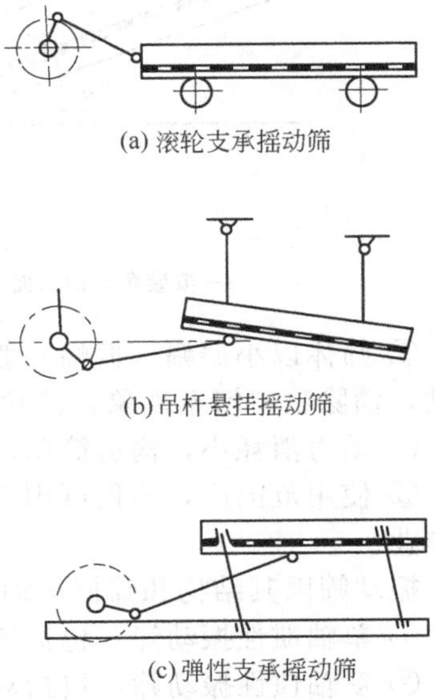

(b) 吊杆悬挂摇动筛

主要参数的计算如下。

① 偏心轴转速　筛面运动速度在很大程度上直接影响筛分机的筛分效率和处理能力。速度过低时，物料会在筛面上呈相对静止状态（即物料随同筛面一起运动），因而不能进行筛分。若速度过高，则物料颗粒较难通过筛孔；同时，料粒会飞出筛外，同样不能进行有效筛分。偏心轴的

(c) 弹性支承摇动筛

图 9-9　三种典型的摇动筛原理图

适宜转速可按下式计算

$$30\sqrt{\frac{f\cos\alpha+\sin\alpha}{r}}\geqslant n\geqslant 30\sqrt{\frac{f\cos\alpha-\sin\alpha}{r}} \tag{9-18}$$

式中　α—— 筛面倾角，(°)；

r—— 偏心距，m；

f—— 物料与筛面的摩擦系数，平均取 0.3，对很细和湿的物料取 0.6。

摇动筛行程大小由偏心距决定。偏心距不宜过大，以免物料过快地通过筛面而影响筛分效率，一般不大于 40～50mm。摇动筛的筛分效率一般不超过 70%～80%。

② 生产能力　处理能力与物料水分、筛面上的料层厚度、物料的颗粒组成、筛网规格、物料在筛面上的停留时间及操作方法等因素有关，一般只能根据筛子的输送能力确定。可按下式计算

$$Q=3600Bhv\mu\rho_s\ (\mathrm{t/h}) \tag{9-19}$$

式中　B—— 工作筛面宽度，m；

h—— 筛面上的物料厚度，m；

v—— 筛面上的物料移动速度，m/s；

μ—— 松散系数；

ρ_s—— 物料的密度，t/m^3。

9.2.1.5　振动筛

振动筛是目前各工业中应用最广泛的一种筛机。它与摇动筛最主要的区别在于振动筛的物料振动方向与筛面成一定角度，如图 9-10 所示，而摇动筛的运动方向基本上平行于筛面。振动筛工作时，物料在筛面上主要是作相对滑动。振动筛的运动特性有助于筛面上的物料分层，减少筛孔堵塞现象，强化筛分过程。这类筛机有如下优点。

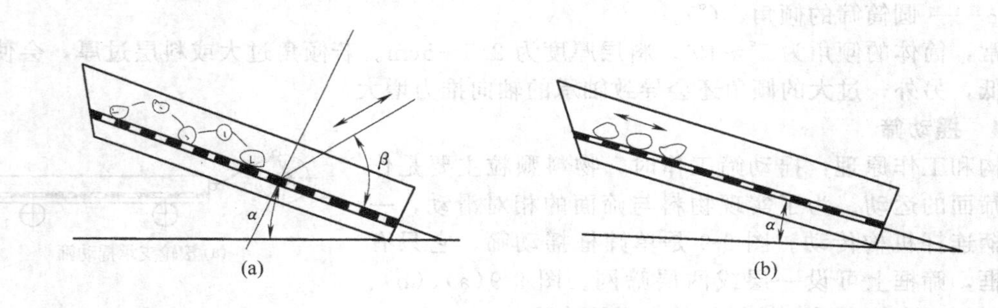

图 9-10　振动筛和摇动筛运动的区别

α—安装角，即筛面与水平面的夹角；β—振动方向角，即筛面与振动方向的夹角

① 筛体以小振幅（振幅一般为 0.5～5mm）、高频率（振次为 600～3000 次/min）作强烈振动，消除物料堵塞现象，使筛机具有较高的筛效率和处理能力。

② 动力消耗小，构造简单，维修方便。

③ 使用范围广，不仅可用于细筛，也可用于中、粗筛分；并且还可用于脱水和脱泥等分离作业。

振动筛因其结构和筛框运动轨迹不同，大致分为下列类型（见表 9-1）：

① 单轴惯性振动筛：包括偏心振动筛、自定中心振动筛和圆形空间旋转筛。

② 双轴惯性振动筛：包括双轴强制式机械同步振动筛和双电机自同步振动筛。

③ 电磁筛。

表 9-1 振动筛主要类型

分类	名称	简图	驱动方式	筛面运动形式	说明
单轴惯性振动筛	偏心振动筛	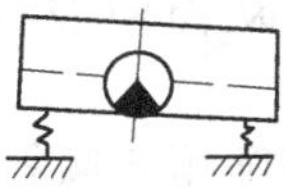	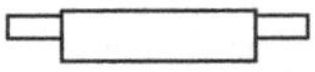	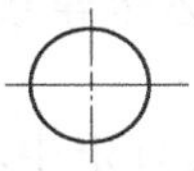	
	单轴惯性振动筛	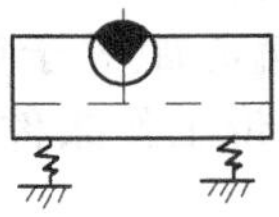	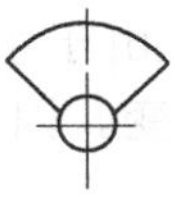	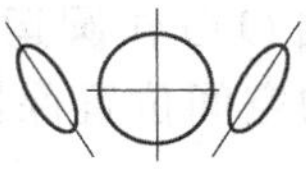	适用中、小型
	单轴惯性振动筛	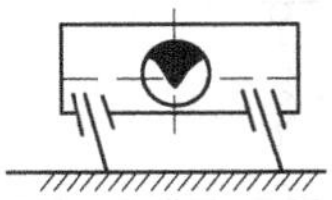	偏心块		筛框用弹性杆件支撑
	单轴共振式惯性振动筛	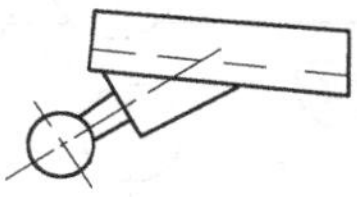	振动电机式 偏心块	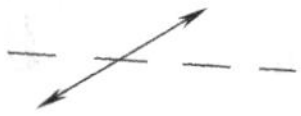	一个振动电机用弹性元件与机体连接，在共振下工作
	单轴圆形空间旋动筛	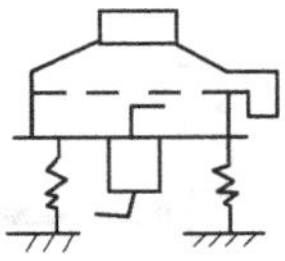	偏心块	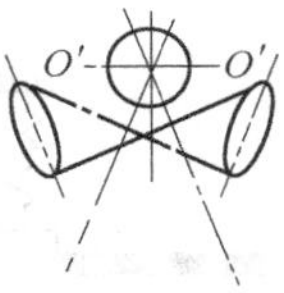	一个电机驱动上下偏心块筛体作空间旋摆振动
双轴直线振动筛	双轴机械强制式同步振动筛	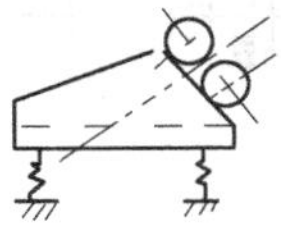		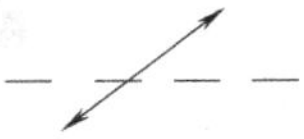	
	自同步振动筛	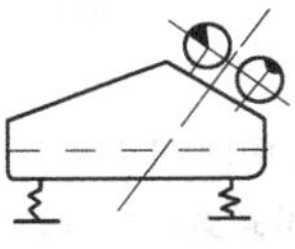	偏心块	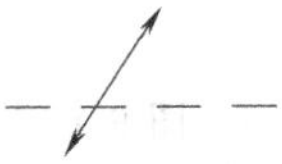	二轴间无机电联系，靠力学原理达到自同步
电磁振动筛		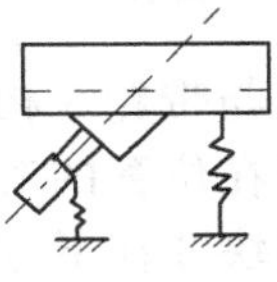	电磁铁	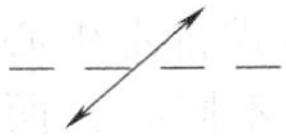	电磁振动器使筛体振动
概率筛		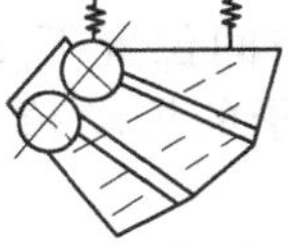	振动电机式 偏心块		筛面倾斜率依次加大，筛孔逐渐依次减小

④ 概率筛。

(1) 单轴惯性振动筛　单轴惯性振动筛分为纯振动筛（或偏心振动筛）[图 9-11(a)] 和自定中心振动筛，后者又分为轴承偏心式 [图 9-11(c)] 和带轮偏心式 [图 9-11(d)] 两种。

图 9-11(a) 为单轴纯振动筛示意图。电动机 1 通过带轮 2 和 3 使主轴 9 旋转，主轴安装在滚动轴承座 9 上，由于主轴旋转，固定在主轴上的飞轮 7 上装有偏心重块 8，便产生惯性

离心力，使筛箱产生振动。4、5分别为筛网和悬吊弹簧。物料从右上方加入，筛上料从筛面左端排出，筛框加料端和排料端作闭合椭圆运动，中间为圆运动。这种振动筛工作时，带轮与筛箱一起振动，这样必然导致V带轮反复伸缩，从而使V带损坏，同时也使电动机主轴受力不良。

图9-11(c)是轴承偏心式自定中心振动筛，弹簧5将筛箱6倾斜悬挂在固定的支架结构上的电动机1经V带带动。主轴转动时，不平衡重块产生的离心力和筛箱回转时所产生的离心力平衡，此时，筛箱绕主轴O-O作圆运动，由于主轴的偏心距等于筛箱的振幅，故筛箱振动时，主轴中心线和带轮3的空间位置保持不变，因此，V带工作条件得到改善，筛箱的振幅允许较大。

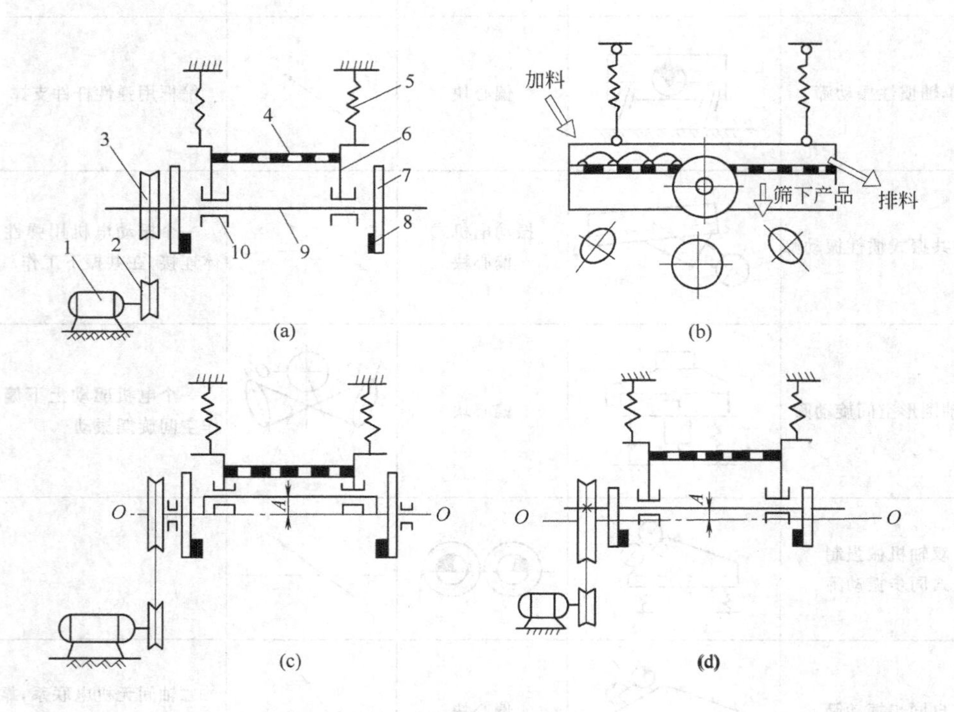

图9-11 单轴惯性振动筛工作原理图

1—电动机；2，3—带轮；4—筛网；5—悬吊弹簧；6—筛箱；7—飞轮；8—偏心重块；9—主轴；10—轴承座

图9-11(d)是带轮偏心式自定中心振动筛，传动轴9与带轮3相联结时，在带轮上所开的轴孔的中心与带轮几何中心不同心，而是向偏心重块8所在位置的对方，偏心皮带轮几何中心偏离一个偏心距A，A为振动筛的振幅。因此，当偏心重块8在下方时，筛箱6及传动轴9的中心线在振动中心线O-O之上，距离为A，同样，由于轴孔在带轮上是偏心的，因此仍然使得带轮3之中心O总是保持与振动中心线相重合，因而空间位置不变，即实现带轮自定中心，使大小带轮中心距不变，消除V带时紧时松现象，使筛子的振动频率稳定，V带的使用寿命延长。

单轴惯性振动筛的筛框支承方式有弹簧悬吊式和用板弹簧或螺旋弹簧座式支承，筛网有单层和双层之分。

单轴惯性振动筛振动频率一般为800～1600次/min，振幅的大小取决于不平衡重块产生的惯性离心力的大小、弹簧的刚度和位置，一般振幅（双振幅）为4～8mm。这种筛子最合适的倾角为9°～25°。

单轴惯性振动筛的工作原理：由于激振器的偏心质量作回转运动，它所产生的离心惯性力

（称激振力）传递给筛箱，激起筛箱的振动，筛上物料受筛面运动的作用力而连续地作抛掷运动，即物料被抛起前进一段距离后再落至筛面上，这样实现了物料颗粒垂直于筛面的运动，从而提高了筛分效率和处理能力。

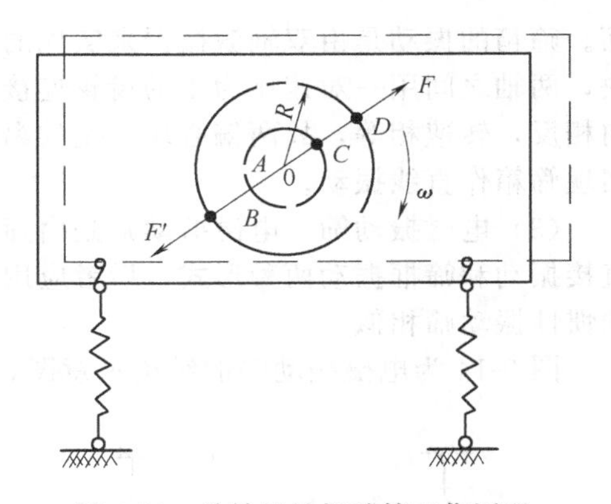

图 9-12 单轴惯性振动筛工作原理

如图 9-12 所示，设偏重块的重心为 m，它以 R 为半径和角速度 ω 作等速圆周运动，产生旋转的惯性力 F 作用在筛箱上，迫使筛箱的重心 C 以振幅 A 为半径与偏心块同样的角速度作圆周运动，它产生的旋转的惯性力为 F'，若偏心重块的质量及振动体的质量都集中在各自的重心 B 和 C 上，则有如下关系

$$F=mR\omega^2 \tag{9-20}$$

$$F'=MA\omega^2 \tag{9-21}$$

$$F=F'$$

$$A=mR/M \tag{9-22}$$

式中 m—— 偏心重块的质量，kg；

M—— 振动体（包括筛箱、筛网、传动轴、偏心轮等）的总质量，kg；

A—— 筛箱振幅，m；

R—— 偏心重块至回转轴中心距离，m。

由上式可见，当 M 不变，改变 m 或 R 时可得到不同的振幅。同理，若给料波动导致 M 发生变化，也会影响 A 的大小。

当偏心重块以角速度 ω 转过不同的角度时，由于激振力 F 的方向与筛箱运动方向相反，所以当偏心块转到上方时，筛箱的位置向下。反之，偏心块转到下方时，筛箱的位置向上，偏心块以 ω 作圆周回转，筛面上各点的运动轨迹是椭圆或圆。

单轴惯性振动筛适合于筛分中、细物料，其给料粒度一般不超过 90mm。

(2) 双轴惯性振动筛 图 9-13(a) 所示为定向振动的双轴惯性振动筛，它是一种直线振动

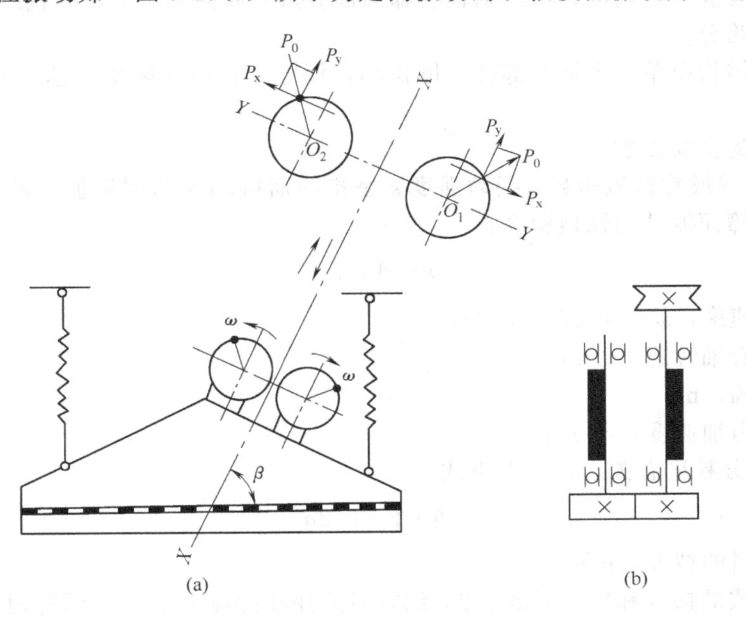

图 9-13 双轴惯性振动筛

筛。筛箱的振动是由双轴激振器来实现的。激振器两个主轴分别装有相同质量和偏心中距的重块，两轴之间用一对速比为 1 的齿轮连接［见图 9-13(b)］和一台电动机驱动，因两轴回转方向相反，转速相等，故两偏心块产生的离心惯性力在 Y 方向相互抵消，在 X 方向合成，从而实现筛箱作直线振动。

(3) 电磁振动筛　电磁振动筛是由筛框、激振器和减振装置三部分组成的。它又分为筛网直接振动和筛框振动两种形式，后者应用较多。这类筛机的筛框作直线振动，其运动特性与双轴惯性振动筛相似。

图 9-14 为电磁振动筛的结构示意图，图 9-15 是其工作原理图。

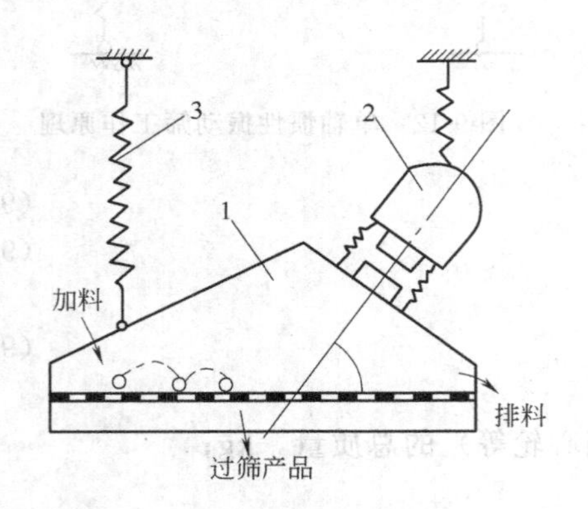

图 9-14　电振筛结构
1—筛箱；2—辅助重物；3—悬吊弹簧

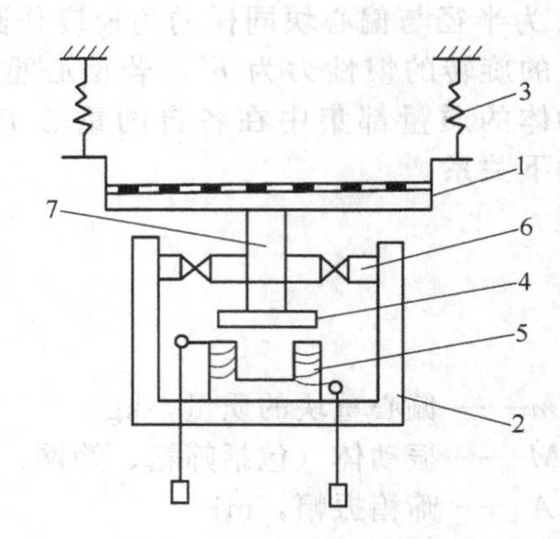

图 9-15　电振筛工作原理
1—筛框；2—辅助重物；3—悬吊弹簧；4—激振器衔铁；5—电磁铁；6—弹簧；7—连接叉

电磁振动筛的工作原理：筛框 1 和它上面的激振器衔铁 4 和连接叉 7 组成一个前振动质量 m_1，电磁铁 5 和辅助重物 2 组成后振动质量 m_2，两个振动质量之间用弹性元件连接，整个系统和弹簧吊杆 3 悬挂在固定的支架结构上，激振器通入交流电时，衔铁 4 和电磁铁 5 的铁芯由于电磁力和弹簧力作用进行交替的相互吸引和排斥，使前后振动质量 m_1、m_2 产生振动。由于激振器与筛面安装成一定角度，所以筛框与筛面成 β 角方向振动。筛框的直线振动使物料在筛面上跳动得以被筛分。

电磁振动筛结构简单，无运动部件，体积小，耗电少，振动频率高达 3000 次/min，振幅一般为 2～4mm。

(4) 振动筛的主要参数

① 振动强度（或称机械指数）振动强度 κ 是指筛面振动加速度幅值 $A\omega^2$ 与重力加速度 g 之比值，它表示筛面振动的强烈程度。

$$\kappa = A\omega^2/g \tag{9-23}$$

式中　ω—— 角速度，$\omega=\pi n/30$，rad/s；

n—— 偏心轴转速，r/min；

A—— 振幅，m；

g—— 重力加速度，m/s²；

振幅 A 与筛分粒度有关，可参考下式

$$A = 2 + 0.3d \tag{9-24}$$

式中　d—— 物料的粒度，mm。

不同激振方式的振幅和频率见表 9-2。细筛时宜用小振幅高频率；粗筛时宜用较大振幅和较低频率。

表 9-2　不同激振方式的振幅和振频的变动范围

激振方式	单振幅/mm	振动频率/(次/min)
电磁振动	1.5～3 0.5～1	1500 3000
惯性振动	1～9	700～1800
弹性连杆振动	3～30	400～900

在选用振频和振幅时，应满足振动强度 κ 的要求，一般取 $\kappa=4\sim6$。

振动强度与较佳振动方向角的关系见表 9-3。

表 9-3　振动强度与较佳振动方向角的关系

振动强度	2	3	4	5	6	7
较佳振动方向角	40°～50°	30°～40°	26°～36°	22°～32°	20°～30°	18°～28°

② 抛掷指数 D　它是直接表征振动筛抛掷物料能力的特征指数。抛掷指数的物理意义是：振动筛面加速度幅值与重力加速度二者在筛面法向分量的比值（见图 9-16）。

$$D=A\omega^2\sin\beta/g\cos\alpha=\kappa\sin\beta/\cos\alpha \qquad (9\text{-}25)$$

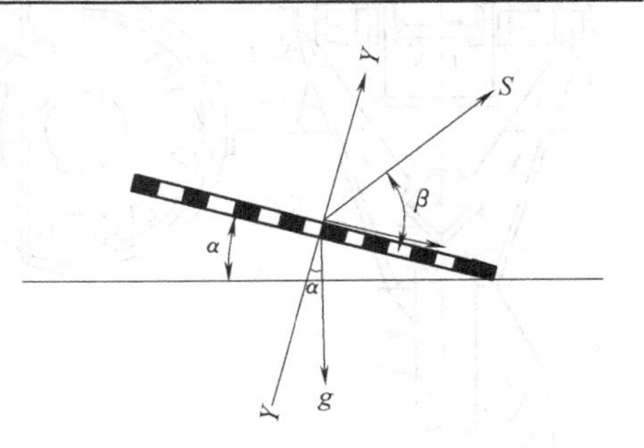

图 9-16　振动筛的安装角和方向角

α—筛面安装角；β—方向角；
Y—筛面法向；S—筛面振动方向

振动筛的抛掷指数 D 依据所处理的物料的性质而定。对于难筛物料，通常取 $D=3\sim5$；对于易筛分的物料，$D=2.5\sim3.3$。

③ 生产能力 Q　对于直线振动筛

$$Q=3600hBv\rho_B \text{ (t/h)} \qquad (9\text{-}26)$$

式中　B—— 工作面宽度，m；

ρ_B—— 物料松散密度，t/m^3；

h—— 料层厚度，m；

v—— 物料在筛面上的移动速度，m/s。

可按下式计算

$$v=0.9A\omega\cos\beta \qquad (9\text{-}27)$$

对于单轴惯性振动筛

$$Q=KFq\rho_B lmnop \text{ (t/h)} \qquad (9\text{-}28)$$

式中　F—— 筛子的工作面积（m^2），$F=0.85BL$，B、L 分别为筛框的宽度和长度（m）；

q—— 单位筛面的平均处理能力，m^3/(m^2·h)；

K，l，m，n，o，p—— 修正系数。

9.2.2　粗分级机

粗分级机也称粗分离器，它是空气一次通过的外部循环式分级设备，其结构如图 9-17 所示。分级机的主体部分由外锥形筒 2 和内锥形筒 3 组成，外锥上有顶盖，下接粗粉出料管 5 和反射菱锥体 4，外锥下和内锥上边缘之间装有导向叶片 6，外锥顶盖中央装有排气管 7。

工作原理如下：携带颗粒的气流在负压作用下以 9～20m/s 的速度由下向上从进气管 1 进入内外锥之间的空间。气流刚出进气管时，特大颗粒由于惯性作用碰到反射棱锥体 4 后首先被撞落到外锥下部，由粗粉管 5 排出。因两锥间继续上升的气流上部截面积扩大，气流速度降至 4～6m/s，所以又有部分粗颗粒在重力作用下被分选出来，顺外锥内壁向下落至粗粉管排出。

气流在两锥之间上升至顶部后经导向叶片 6 进入内锥。由于方向突变，部分粗颗粒再次被分出并落下，同时由于气流在导向叶片的作用下作旋转运动，较细的颗粒由于离心力的作用而甩向内锥内壁工沿壁落下，最后进入粗粉管。细粉则随气流经中心排气管 7 出分级机进入后面的气固分离装置进行气固分离。

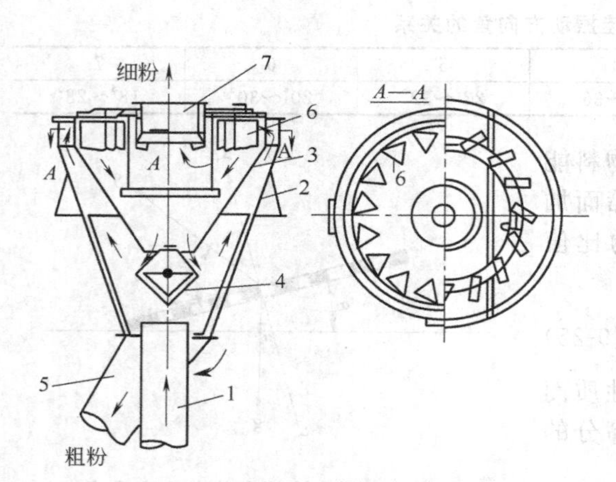

图 9-17　粗分级机结构示意图

1—进气管；2—外锥形筒；3—内锥形筒；4—反射棱锥体；5—粗粉出料管；6—导向叶片；7—排气管

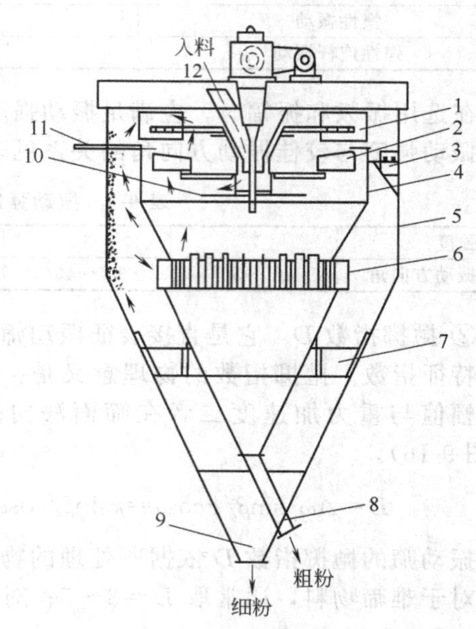

图 9-18　离心式选粉机结构示意图

1—大风叶；2—小风叶；3，7—支架；4—内筒体；5—外筒体；6—固定风叶；8—粗粉出口；9—细粉出口；10—撒料盘；11—挡风板；12—加料管

粗分级机的工作原理可分两个区域来分析。第一区是两锥筒之间的分离区，主要是重力沉降，最小分级粒径可按下式计算

$$d_p=\sqrt{\frac{18\mu u_0}{g(\rho_p-\rho)}} \tag{9-29}$$

第二区是顶盖下导向叶片形成的旋流区。当颗粒作离心沉降的离心速度与气流向心方向的流速分量相等时，相应的颗粒粒径即为最小粒径，计算式为

$$d_p=3\zeta\rho r\cot^2\frac{\alpha}{4(\rho_p-\rho)} \tag{9-30}$$

式中　r—— 旋转半径；

α—— 叶片的径向夹角，$\alpha=\mathrm{arccot}\left(\frac{u_r}{u_t}\right)$。

其他符号意义同前。

上两式表明，最小分级粒径与设备直径和风速成正比，与叶片角度成反比。但实际气流运动情况及分级过程并非如此简单，所以上式仅用于定性估计。

粗分级机的优点是结构简单，操作方便，无运动部件，不易损坏。但需与收尘器配合使用。

9.2.3　离心式选粉机

离心式选粉机属第一代选粉机，也称内部循环式选粉机，其结构如图 9-18 所示。由上为圆柱下为圆锥形的内、外筒体4和5所组成。上部装有转子，由撒料盘9、小风叶2、大风叶1等组成。在大、小风叶间内筒上口边缘装有可调节的挡风板11（有的离心式选粉机无此挡风板），内筒中部装有导向固定风叶6，内筒由支架3和7固定在外筒内部。

当转子运动时，气流由内筒上升，转至两筒间下降，再由固定风叶进入内筒，构成气流循环。

工作原理：物料由加料管12经中轴周围落至撒料盘10上，受离心惯性力作用向周围抛出。在气流中，较粗颗粒迅速撞到内筒内壁，失去速度沿壁滑下。其余较小颗粒随气流向上经小风叶时，又有一部分颗粒被抛向内筒壁被收下。更小的颗粒穿过小风叶，在大风叶的作用下经内筒顶上出口进入两筒之间的环形区域，由于通道扩大，气流速度降低，同时外旋气流产生的离心力使细小颗粒离心沉降到外筒内壁并沿壁下沉，最后由细粉出口9排出。内筒收下的粗粉由粗粉出口8排出。

改变主轴转速、大小风叶片数或挡风板位置即可调节选粉细度。

根据流体力学基本原理，对颗粒分级过程可作如下粗略分析。

颗粒离开撒料盘边时，受到离心惯性力、环流气体阻力和重力三个力的作用。在离心式选粉机内重力影响可忽略不计，此时颗粒的受力情况如图9-19所示。

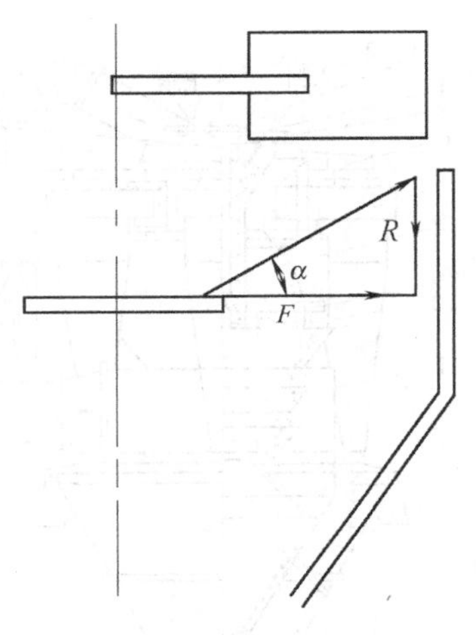

图9-19 颗粒的受力图

水平方向由撒料盘给颗粒的离心力F为

$$F=\frac{\pi}{6}d_p^3(\rho_p-\rho)\times\frac{v_p^2}{r} \tag{9-31}$$

式中 v_p——盘边颗粒圆周速度；

r——撒料盘半径。

垂直方向气流给颗粒的作用力R为

$$R=\zeta\pi/4\times d_p^2\rho u_f^2/2 \tag{9-32}$$

式中 u_f——空气向上流速；

ζ——阻力系数。

决定颗粒走向的合力方向为

$$R/F=\tan\alpha \tag{9-33}$$

当颗粒刚能飞出内筒口边，其运动走向角即为α，解上面三式得

$$d_p=\frac{3\zeta\rho r u_f^2\cot\alpha}{4(\rho_p-\rho)v_p^2} \tag{9-34}$$

上式即为分级极限粒径公式，粗粉和细粉以此为界，它在一定程度上也反映产品的细度。当设备一定，处理物料一定时，上式可简化为

$$d_p=\kappa\zeta u_f^2/(rn^2) \tag{9-35}$$

式中 r——撒料盘半径；

n——主轴转速；

κ——有关常数。

离心式选粉机的分级和分离过程是在同一机体内的不同区域进行的，流体速度场和抛料方式都很难保证设计得很理想，同时由于循环气流中大量细粉的干扰降低了选粉效率，实际生产中，其选粉效率一般为50%～60%。欲提高产量只能靠增大体积，这就限制了选粉机单位体

积产量。同时小风叶受物料磨损大，风叶设计间隙大，空气效率较低。

9.2.4 旋风式选粉机

旋风式选粉机属第二代选粉机，也称外循环式选粉机。其内部设计保持了离心式选粉机的特点，但外部设有独立的空气循环风机，它取代了离心式选粉机的大风叶。细粉分离过程在外部旋风分离器中进行。

图 9-20 所示为旋风式选粉机的结构示意图。在选粉室 8 的周围均匀分布着 6～8 个旋风分离器。小风叶 9 和撒料盘 10 一起固定在选粉室顶盖中央的悬转轴 4 上，由电动机 1 经带传动装置 2、3 带动旋转。空气在循环风机 19 的作用下以切线方向进入选粉机，经滴流装置 11 的间隙旋转上升进入选粉室（分级室）。物料由进料管 5 落到撒料盘后向四周甩出与上升气流相遇。物料中的粗颗粒由于质量大，受撒料盘及小风叶作用时而产生的离心惯性力大，被甩向选粉室内壁而落下，至滴流装置处与此处的上升气流相遇，再次分选。粗粉最后落到内锥筒下部经粗粉出口排出。物料中的细颗粒因质量小，进入选粉室后被上升气流带入旋风分离器 7 被收集下来落入外锥筒，经细粉出口 13 排出。气固分离后的净化空气出旋风分离器后经集风管 6 和循环风管 14 返回风机 19，形成了选粉室外部气流循环。循环风量可由气阀 16 调节。支管调节气阀 17 用于调节经支风管 15 直接进入旋风分离器（不经选粉室）的风量与经滴流装置进入选粉室的风量之比，控制选粉室内的上升气流速度，借此可有效调节分级产品细度。改变撒料盘转速和小风叶数量也可单独调节细度，但通常主要靠调节气流速度的气阀来控制细度，这种方法调节方便且稳定。

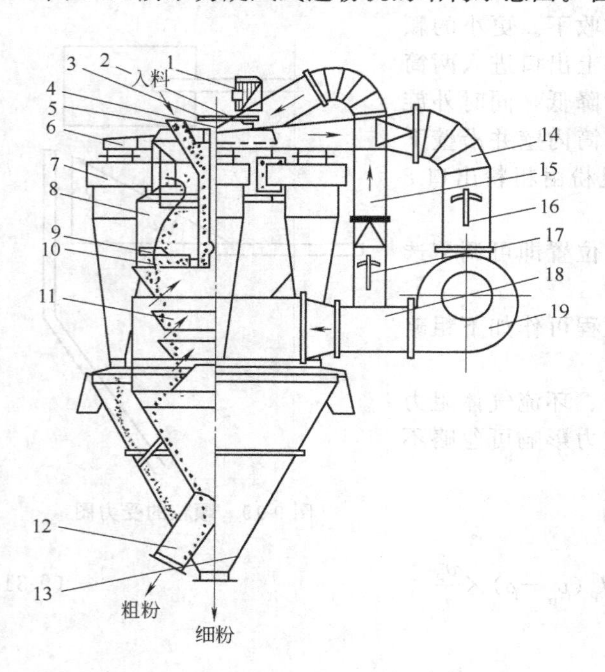

图 9-20 旋风式选粉机结构示意图

1—电动机；2，3—传动装置；4—悬转轴；5—加料管；6—集风管；7—旋风分离器；8—选粉室；9—小风叶；10—撒料盘；11—滴流装置；12—粗粉出口；13—细粉出口；14—循环风管；15—支风管；16，17—调节阀；18—进风管；19—循环风机

与离心式选粉机相比，旋风式选粉机有以下优点。

① 转子和循环风机可分别调速，既易于调节细度，也扩大了细度的调节范围。

② 小型的旋风筒代替大圆筒，可提高细粉的收集效率，选粉效率可达 70%以上，因而减少了细粉的循环量。

③ 细粉集中收集，大大减轻了叶片等的磨损。

④ 结构简单，轴受力小，振动小；机体体积小，质量轻；运转平稳，易于实现大型化。

缺点是：外部风机及风管占空间大；系统密封要求高，粗、细粉出口均要求严密锁风，否则，会明显降低选粉效率。

针对一般旋风式选粉机对物料分散不好的缺点，研制了一种 IHI-SD 型选粉机，如图 9-21 所示。该选粉机的撒料盘改变了以往的圆盘形而采用螺旋桨形，可使物料在更大的空间内分散（见图 9-22）。物料的分散性和均匀性得到了改善，飞行距离增大，受选时间增长。在分级室下部锥体上还增设了冲击板（见图 9-23）可使夹带细颗粒的粗粉在下落过程中再次受到撞击分散，将细粉排出。因此使选粉效率提高。这种撒料盘的改进也适用于离心式选粉机，实际上许多生产厂家都已经进行了这种改进，取得了良好的效果。

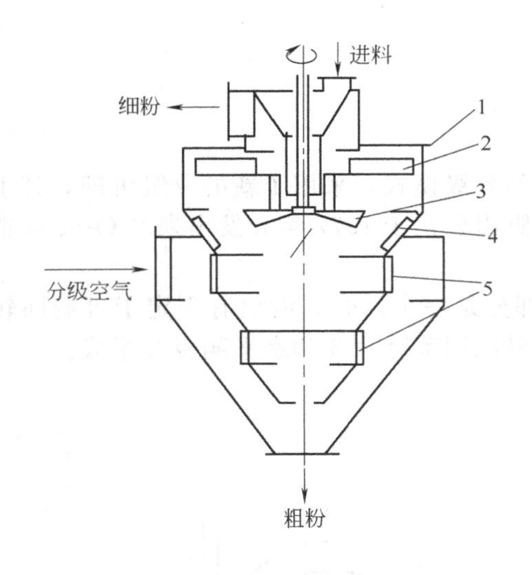

图 9-21　IHI-SD 型选粉机

1—选粉室；2—分选叶片；3—螺旋形撒料盘；4—冲击板；5—导向叶片

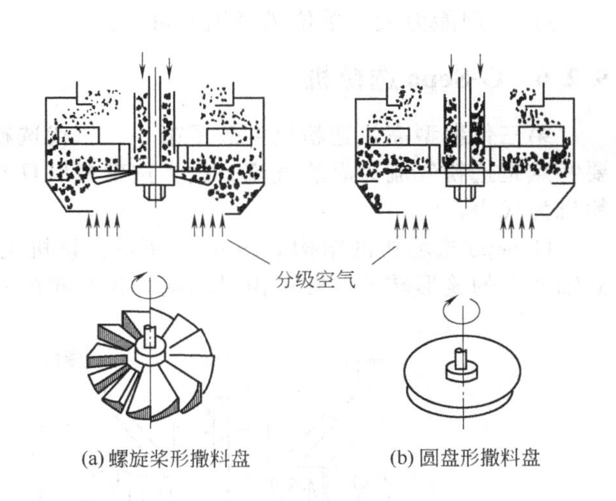

图 9-22　螺旋桨形撒料盘与圆盘形撒料盘

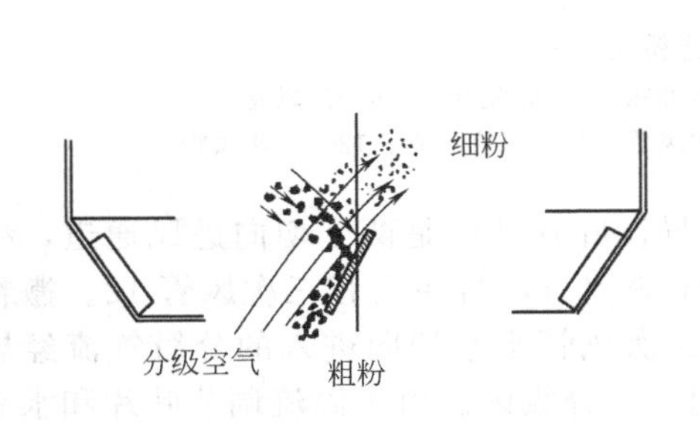

图 9-23　冲击板示意图

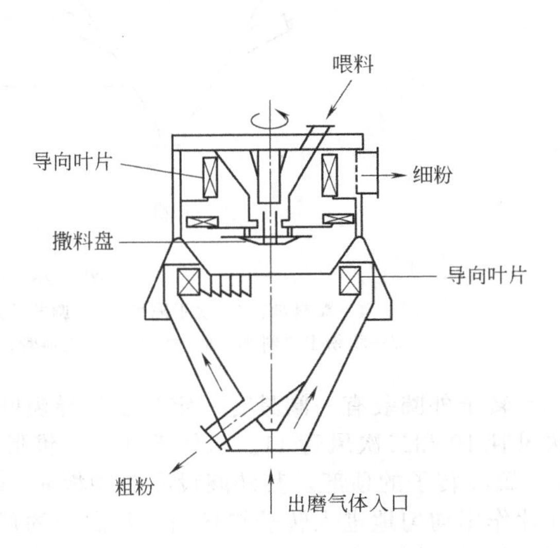

图 9-24　MDS 型选粉机

9.2.5　MDS 型组合式选粉机

MDS 型组合式选粉机（如图 9-24 所示）的特点是兼有粗粉分离器和选粉机的双重功能。其结构分为上、下两个分级室。上分级室内装有回转叶片和撒料盘，类似于旋风式选粉机；下分级室内装有可调风叶，作为风量和细度的辅助调节。该选粉机主要用于中卸粉磨系统。出磨含尘气体从选粉机下部入口吸进，经可调导向叶片进入下分级室形成旋转气流，使出磨气流中的粉尘得到预分级。粗粉被分离并返回磨机。细粉和气流一起进入上部分级室。出磨物料由上部分级室喂料口喂入，分级后的细粉随气流被风机抽出。粗粉沿内壁沉降，经下部分级室的导向叶片处被旋转上升的气流再次冲洗，细粉重新返回上分级室随气流带走，粗粉继续下落，排出后返回磨内。该机与传统旋风式选粉机相比具有以下特征：

① 可同时处理出磨含尘气体和出磨物料，简化了粉磨系统；

② 选粉效率高，单位电耗低；

③ 处理能力大，单位风量细粉量大。

9.2.6 O-Sepa 选粉机

第三代新型高效选粉机突破了第一、二代选粉机的分级模式，采用了新的分级机理，其主要特点是选粉气流为涡旋气流。这类选粉机以日本小野田公司于 1977 年开发出来的 O-Sepa 选粉机为代表。

O-Sepa 选粉机的结构如图 9-25 所示。该机主体部分是一个涡壳，内设有固定于可调回转立轴 8 上的笼形转子，转子由沿圆周均匀分布的竖向涡流调节叶片 3 和水平隔板 2 组成。

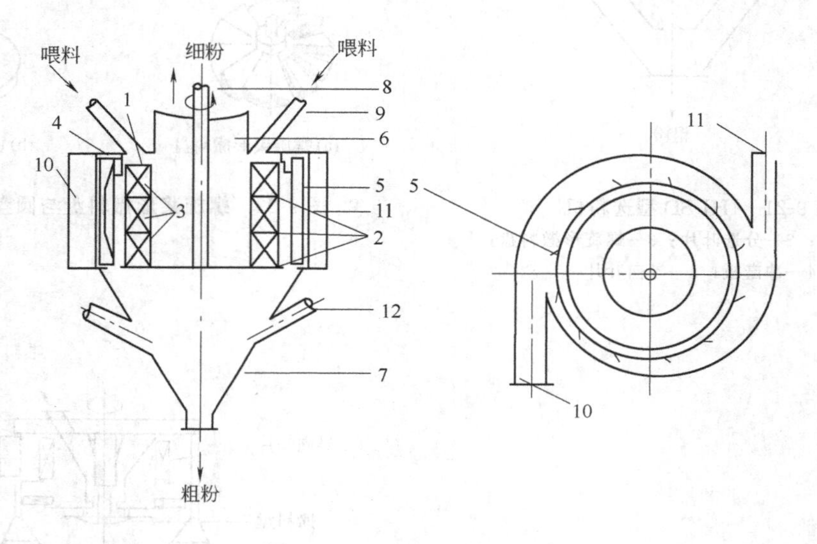

图 9-25 O-Sepa 选粉机

1—撒料盘；2—水平隔板；3—调节叶片；4—缓冲板；5—导流叶片；6—出风管；
7—粗粉出口料斗；8—立轴；9—入料管；10——次风管；11—二次风管；12—三次风管

转子外圈装有一圈具有一定角度的导流叶片 5，导流叶片外侧是两个切向进风通道，称一次风管 10 和二次风管 11。机体下部是一锥形粗粉出口料斗 7，料斗上有三次风管 12。撒料盘 1 设置在转子的顶部，其外圈设有缓冲板 4。由一、二次风管水平切向进入的分级气流经导向叶片作用均匀地进入转子与导向叶片之间的环形空间——分级区。由于涡流调节叶片和水平隔板的整流作用，在分级区内的分级气流较稳定，进入转子内部后，由上部出风管 6 排出。物料通过入料管 9 喂入，撒料盘将物料抛出，经缓冲板撞击失去动能，均匀地沿导流叶片内侧自由下落到分级区内，形成一垂直料幕。根据气流离心力和向心力的平衡，物料产生分级。合格的细粉随气流一起穿过转子而排出，最后由收尘器收集下来成为成品，粗粉落入锥形料斗并进一步受来自三次风管的空气的清洗，分选出贴附在粗颗粒上的细粉。细粉随三次风上升，粗粉则卸出。

自上而下的物料通过较高的分级区，停留时间长，分级粒径由大到小连续分级（见图 9-26），为物料提供了多次分级机会。在分级区内不存在壁效应和死角引起的局部涡流，在同一半径的任何高度上，内外压差始终一致，气流速度相等，从而保证了颗粒所受各力的平衡关系不变（见图 9-27）。缓冲板的撞击以及水平涡流的冲刷使物料充分分散并均匀地分布在分级区内。

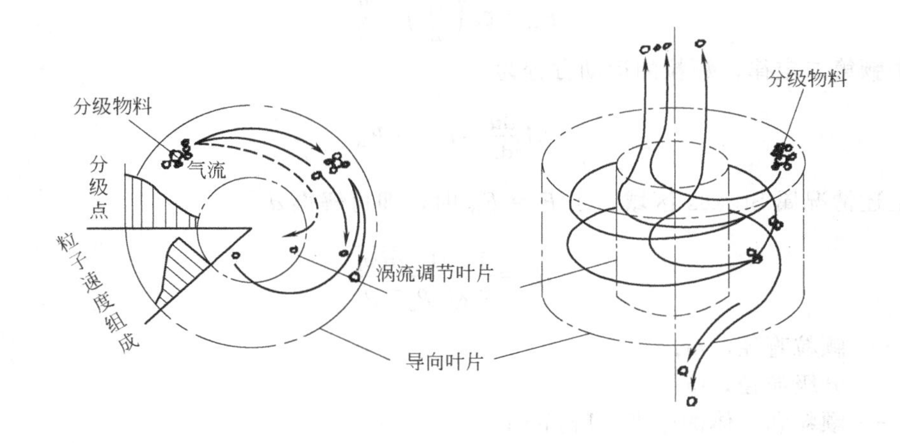

(a) O-Sepa 的分级类型 (水平面)　　(b) O-Sepa 的分级类型(立体图)

图 9-26 O-Sepa 选粉机的分级类型图

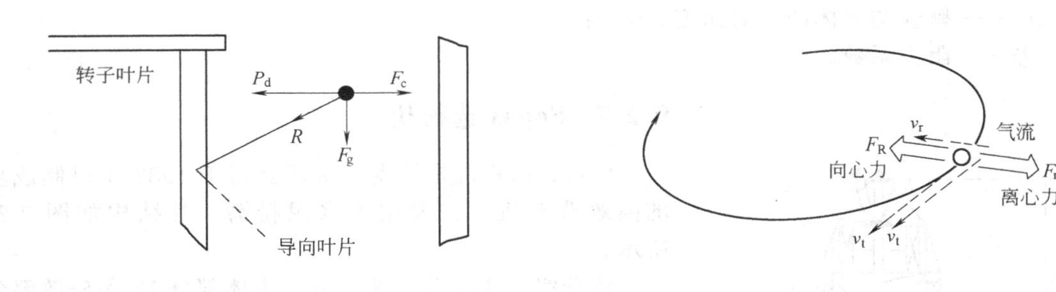

图 9-27 颗粒分级条件示意图　　图 9-28 分级作用力

由于分级机理的改进，O-Sepa 选粉机的选粉效率较第一、二代选粉机大大提高。其特点是：

① 选粉效率高，分级精确，单位处理量大；

② 提高粉磨系统的粉磨效率，增加系统产量，降低电耗，与传统选粉机相比，一般可使粉磨系统增产 20%～30%，节电 15%～20%；

③ 仅改变转子转速即可调节分级产品细度，且细度可调范围大；

④ 能适应高浓度含尘气体，可将出磨含尘气体或其他辅助设备排出的含尘气体直接引入选粉机，简化了系统，也有利于提高磨内风速；

⑤ 结构紧凑，体积小，相同生产能力时，其体积只有传统选粉机的 1/6～1/2。便于安装。

其缺点是主轴较长，加工难度较大。

O-Sepa 选粉机的分级原理：如图 9-28 所示，在选粉机内，粉体颗粒随气流作涡旋运动，颗粒切线方向的分速度为 v_t，颗粒受沿旋流半径向外的离心力 F_r 的作用；另一方面，按切线方向进入的空气从中心管排出，在作旋回运动的同时，保持向心分速度 v_r，产生向内的作用力 F_R，颗粒与气流的相对速度为 U_r。当 $F_r>F_R$时，颗粒向外运动成为粗粉；当 $F_r<F_R$ 时，颗粒向内运动成为细粉。$F_r=F_R$ 时的粒径称为分级粒径 d_c。

颗粒所受的离心力和径向阻力分别为

$$F_r=\frac{4\pi}{3}\left(\frac{d_p}{2}\right)^2(\rho_p-\rho)\frac{v_t^2}{R} \tag{9-36}$$

$$F_R=\zeta\pi\left(\frac{d_p}{2}\right)^2\frac{\rho u_r^2}{2} \tag{9-37}$$

根据牛顿第二定律，颗粒的运动方程为

$$M\frac{du}{dt}=F_r-F_R \tag{9-38}$$

假设上述情况属 Stokes 区域，当 $F_r=F_R$ 时，即可解得 d_c

$$d_c=\frac{1}{v_t}\sqrt{\frac{18\mu R v_r}{\rho_p-\rho}} \tag{9-39}$$

式中 d_p—— 颗粒直径，m；

d_c—— 分级粒径，m；

ρ_p、ρ—— 颗粒和气体的密度，kg/m³；

R—— 颗粒运动半径，m；

μ—— 气体的黏度，Pa・s；

v_r—— 颗粒的径向速度，m/s；

v_t—— 颗粒的切向速度，m/s；

u_r—— 颗粒与气体的相对速度，m/s；

ζ—— 阻力系数。

9.2.7 Sepax 选粉机

Sepax 选粉机是丹麦史密斯公司于 1982 年研制成功的高效选粉机，主要用于水泥粉磨，其结构如图 9-29 所示。

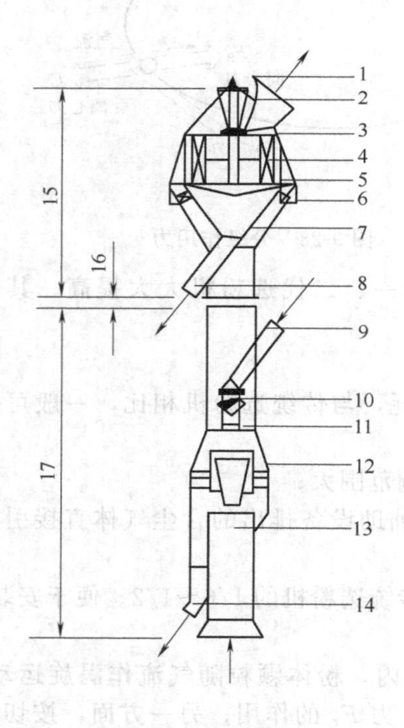

图 9-29　Sepax 选粉机

1—细粉出口；2—轴承套；3—轴转子接头；4—转子叶片；5—导流叶片；6—支架；7—粗粉锥体；8—粗粉出口；9—喂料口；10—空气锁风阀；11—撒料板；12,14—研磨体残骸出口；13—进风口；15—主体部分；16—可调管长度；17—分散部分

该分级机主要分为两部分，主体部分 15 和分散部分 17，两部分由直管道连接。出磨物料由喂料口 9 喂入，经分散板落入上升管道内，被上升气流分散。小研磨体等杂物穿过气流落下，通过底部专设的出口 14 排出。被上升气流带起的物料经导流叶片 5 后进入分级区被分级，细颗粒随气流穿过转子从顶部细粉出口 1 排出进收尘器；粗粉落入锥体 7 回磨。

该机的分散部分设计独特，代替了旋转式撒料盘的传统设计，保证了物料在进入分级区前得到充分分散，同时能有效地除去物料中夹带的研磨体等杂物，可最大限度地减轻选粉机构的磨损，减少磨机篦板的堵塞。

该选粉机有以下特点：

① 由于物料分散较充分，所以选粉性能好；

② 生产能力大，机体直径为 2.5～4.75m，相应生产能力为 50～250t/h；

③ 产品细度调节方便，通过改变选粉机转子转速可控制产品的比表面积在 250～500m²/kg 范围内；

④ 结构紧凑，重量轻。

其缺点与 O-Sepa 选粉机一样，立轴较长，同时机身也较高。

9.3 超细分级原理及设备

9.3.1 超细分级原理

9.3.1.1 离心分级原理

在离心力场中，颗粒可获得比重力加速度大得多的离心加速度，故同样的颗粒在离心场中的沉降速度远大于重力场情形，换言之，即使较小的颗粒也能获得较大的沉降速度。

设颗粒在离心场中的圆周运动速度为 u_t，角速度为 ω，回转半径为 r，则在 Stokes 沉降状态下，颗粒所受离心力 F_c和介质阻力 F_d分别为

$$F_c=\frac{\pi}{6}D_p^3(\rho_p-\rho)\omega^2 r=\frac{\pi D_p^3(\rho_p-\rho)u_t^2}{6r} \tag{9-40}$$

$$F_d=K\rho D_p^2 u_r^2 \tag{9-41}$$

式中 u_r—— 流体的径向运动速度。

F_d与 F_c的方向相反，即指向回转中心。当 $F_c>F_d$时，颗粒所受的合力方向向外，因而发生离心沉降；反之，当 $F_c<F_d$时，颗粒向内运动；当 $F_c=F_d$时，有

$$\frac{\pi D_p^3(\rho_p-\rho)u_t^2}{6r}=K\rho D_p^2 u_r^2$$

所以，临界分级粒径为

$$D_c=\frac{6K\rho}{\rho_p-\rho}\times\frac{u_r^2}{u_t^2}r \tag{9-42}$$

此式表明，如果颗粒的圆周速度（即运动角速度）足够大时，即可获得足够小的分级粒径。目前研究开发的各种离心式分级机正是基于以上原理。

9.3.1.2 惯性分级原理

如图 9-30 所示，主气流通过喷射器携带颗粒高速喷射至分级室，辅助控制气流使气流及颗粒的运动方向发生偏转，粗颗粒由于惯性大，故运动方向偏转较小，而进入粗粉部分收集装置；细颗粒及微细颗粒则发生不同程度的偏转，随气流沿不同的运动轨迹进入相应的出口被分别收集。这种情形时，主气流的喷射速度、控制气流的入射初速度和入射角度及各出口支路的位置和引风量对分级粒径及分级精度都具有重要影响。

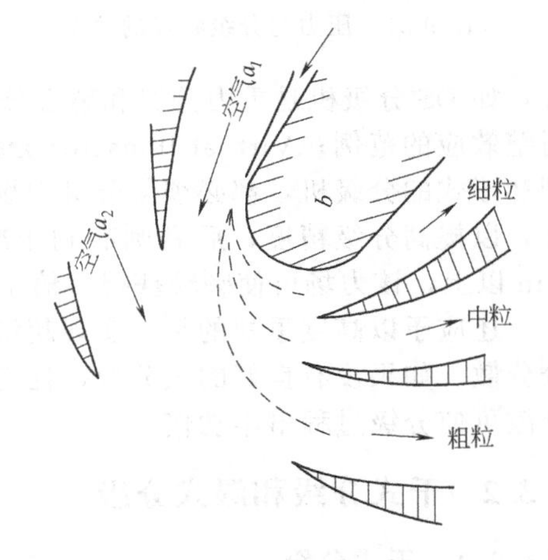

图 9-30 惯性分级原理示意图

9.3.1.3 迅速分级原理

微细颗粒的巨大表面能使之具有强烈的聚附性。在分级力场中，这些颗粒可能由于流场不均匀及碰撞等原因聚集成表观尺寸较大的团聚颗粒，并且它们在分级室中滞留的时间越长，这种团聚现象发生的概率也越大。迅速分级原理就是为了克服这种现象而提出来的。所谓迅速分级，即是采取适当的分级室，应用恰当的流场使微细颗粒尤其是临界分级粒径附近的颗粒一经分散就立即离开分级区，以避免由于它们在分级区内的浓度不断增大而聚集。迅速分级是迄今为止任何类型的超细分级机所极力追求的。

9.3.1.4 减压分级原理

减压分级原理是基于这样的事实：颗粒粒径近于可小于气体分子的平均自由行程 λ_m 时，由于颗粒周围产生分子滑动因而导致颗粒所受的阻力减小。于是，在重力场中，颗粒的沉降速度应进行如下修正

$$u=\frac{C_c g(\rho_p-\rho)D_p^2}{18\mu} \tag{9-43}$$

式中，C_c 为 Cunningham 修正系数，其计算式为

$$C_c=1+[2.46+0.82\exp(-0.44D_p/\lambda_m)]\frac{\lambda_m}{D_p} \tag{9-44}$$

$$0.05<\frac{\lambda_m}{D_p}<67$$

当气体为空气时

$$\lambda_m=6.60/P \tag{9-45}$$

式中 P—— 空气压力，kPa。

以沉降速度为参数，考虑 Cunningham 修正时压力与粒径的关系如图 9-31 所示。以颗粒密度为 290kg/m^3，粒径为 $5\mu m$ 的颗粒为例。常压下的沉降速度可由横坐标 $D_p=5\mu m$ 处作垂线与由纵轴 91kPa 处作水平线相交而得，该交点沉降速度为 1.59×10^{-3} m/s。在 2.67kPa 下的颗粒粒度可由 2.67kPa 处作水平线与上述曲线相交，由交点即可求得与常压时 $5\mu m$ 颗粒具有相同沉降速度时的颗粒粒径为 $2.5\mu m$，即常压下具有分级点 $5\mu m$ 的分级机，在 2.67kPa 下操作分级点可降至 $2.5\mu m$。粒径越小，在常压附近颗粒沉降速度所受的影响越显著。一般而言，减压可使分级粒径减小至 $1\mu m$ 以下，因此，减压分级对于细颗粒和超细颗粒的分级十分有利。

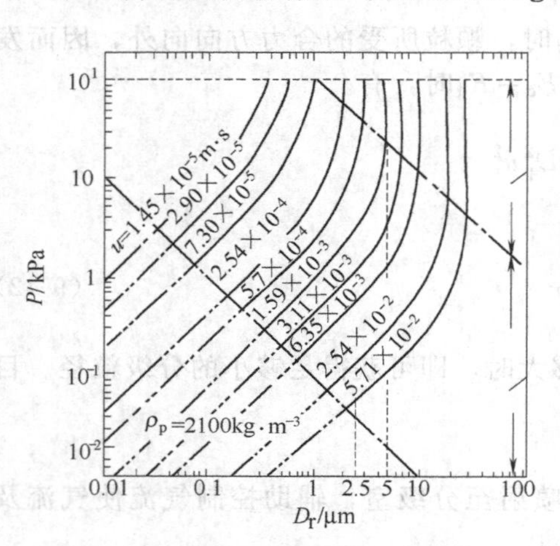

图 9-31 压力与分级粒径的关系

以上分级原理中，比较常见的是重力分级和离心分级，运用此原理的各种类型的分给机也相对较多。当然，这些分级设备往往是几种分级原理的有机结合，如 DS 分级机是重力分级和离心分级的结合；惯性分级机是利用惯性分级原理和微细颗粒附壁效应的范例；Virtual Impactor 分级机则是利用惯性分级和迅速分级原理等。无论何种原理和形式的分级机，都必须使分级力场均匀稳定、强有力。前者可保证避免分级场中流场的紊乱，以提高分级精度，后者则有利于减小分级粒径。如 Acucut 分级机转子转速高达 9000r/min 以上，该力场可使颗粒获得百倍于重力加速度的离心加速度。

还应予以高度重视的是，实现超细精细分级的重要前提是被分级粉体进入分级室之前的充分分散。如果没有良好的预分散，任何超细分级机都难达到高的分级效率。可以说，充分的预分散可使分级过程事半功倍。

9.3.2 干式分级和湿式分级

9.3.2.1 干式分级

干式分级多为气力分级。空气动力学理论的发展为多种气力分级机的研制和开发提供了坚实的理论基础，目前分级粒径为 $1\mu m$ 左右的超细分级机已不罕见。

气力超细分级机的技术关键之一是分级室流场设计。理想的分级力场应该具有分级力强、有较明显的分级面、流场稳定及分级迅速等性质。如果分级区内出现紊流或涡流，必将产生颗

粒的不规则运动，形成颗粒的相互干扰，严重影响分级精度和分级效率。因此，避免分级区涡流的存在、流体运动轨迹的平滑性以及分级面法线方向两相流厚度尽可能小等是设计中应十分重视的问题。

技术关键之二是上面提到的分级前的预分散问题。分级区的作用是将已分散的颗粒按设定粒径分离开来，它不可能同时具有分散的功能。换言之，评价分级区性能的重要指标是其将不同颗粒进行分级的能力，而不是能否将颗粒分散成单颗粒的能力，但分散又无可争议地极大影响着分级效率，所以，应该将分散和分级与其后的颗粒捕集看成是一个相互紧密联系的不能分割的系统组成部分。各种超细分级机的设计研究过程中都对预分散给予了高度重视。预分散方法应用较多的有机械分散方法和化学分散方法。

(1) 机械分散方法　该分散方法按分散的原理又可分为离心分散和射流分散，前者是给予料进入分级区前先落至离心撒料盘，旋转撒料盘的离心作用将粉体均匀地撒向四周，形成一层料幕后再进行分级，如图 9-32 所示。为了强化对团聚体的打散效果，可将撒料盘设计成阶梯形。后者是利用喷射器产生的高速喷射气流进行分散，高速射流使粉体颗粒在喷射区发生强烈的碰撞和剪切，从而将颗粒聚团破坏，如图 9-33 所示。对于超细颗粒，后者的预分散效果比前者好得多。

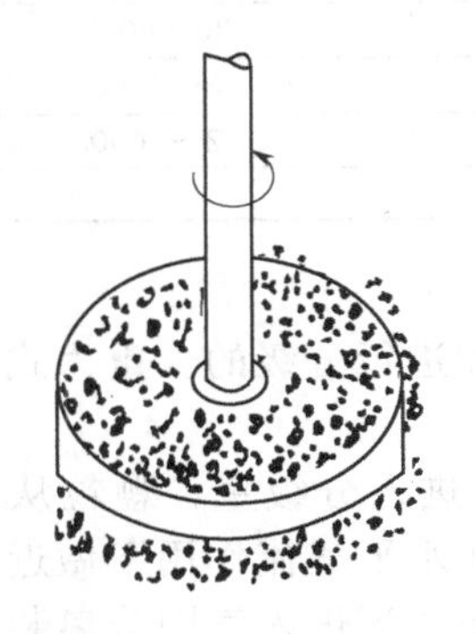

图 9-32　离心分散

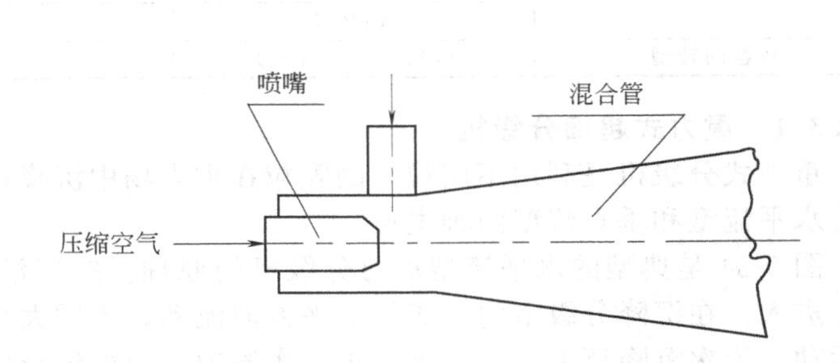

图 9-33　射流分散

(2) 化学分散方法　微细颗粒之所以易于团聚，其根本原因在于它们的巨大表面能。因此，加入适当的表面活性剂通过有效地减小其表面能，可以较容易地将它们分散开来。但这种方法存在两方面问题：一是尽管表面活性剂的加入量通常很小，有时却会引起粉体有关性能的变化，所以应选择确认对粉体性能无不良影响的分散剂；二是分散剂一般以液体形式加入，为达到均匀分散的效果，需增加机械搅拌装置，因而增加了整个系统的复杂程度。

9.3.2.2　湿式分级

湿式分级与干式分级的原理基本相同。就分级过程而言，与干式分级相比，以液体为分散介质的湿式分级，由于流量、流速、压力等参数相对较易控制，更兼分散过程在悬浮液体中进行，均匀分散效果较好，所以可达到微米甚至亚微米级的分级粒径，分级精度和分级效率也较高，尤其适合于与湿法粉磨（碎）设备的配套联合使用。湿式分级的难题在于分级后的产品依然是悬浮液存在形式，而多数情形下粉体应用时是干燥状态，这就需要将液体和固体颗粒再次进行分离。分离的方法有压滤和喷雾干燥等方法，无论何种方法，干燥后的粉体都存在不同程度的结块（粒）和板结现象，这种粉体颗粒的二次团聚现象往往会给超细粉体的性能带来不利影响。分级后粉体的后处理过程较复杂，在一定程度上制约了湿式分级的工业化生产。

综上所述，目前超细分级设备和工艺的研究开发主流是干式分级。随着许多有关高新技术的发展，干式分级的研究开发和应用可望步入一个新的阶段。

9.3.3 超细分级设备

迄今为止，见诸报道的超细或微细分级设备可谓百花齐放。按流体介质的不同可分为干式分级和湿式分级。在干式分级中，根据分级原理的不同又可分为重力式、离心式、惯性式等种类，各种类中还可分为若干类型。表 9-4 列出了各种类型超细分级机的主要分级原理及有关性能。

表 9-4 超细分级机的种类及性能

分级机种类	形式	分级粒径/μm	处理能力/(kg/h)
惯性分级			
碰撞型	可变冲击式	0.3～9	0.45～20
Coanda 型	附壁式	0.5～30	9～2000
离心分级			
半自由涡型	DSX 式 NPK 式	1～90 3～20	9～500 9～900
强制涡型			
分级室回转型	TC 式	0.5～30	9～50
	Acucut 式	0.5～65	0.5～2000
叶片回转型	MPS 式	2.5～60	20～6000
	MSS 式	1～50	5～1500
	ATP 式	2～150	2～5000
颗粒回转型	O-Sepa 式(NF60)	<9	

9.3.3.1 重力式超细分级机

重力式分级机是利用不同粒径的颗粒在重力场中沉降速度不同而进行分级的。重力式分级机有水平流型和垂直流型两种类型。

图 9-34 是典型的水平流型重力分级机的原理。空气沿水平方向进入分级室，颗粒从垂直方向进入，在沉降分级室内，流体水平方向流动，不同大小的颗粒在水平气流作用下做近似抛物运动，依次沉降至Ⅰ、Ⅱ、Ⅲ、Ⅳ收集器中，而最细级别的颗粒随气流进入气固分离装置。

图 9-35 为一种垂直流型重力分级机的原理，该分级机的分级室内气流向上运动，终端沉降速度小于气流速度的颗粒被气流带出进入气固分离装置；终端沉降速度大于气流速度的颗粒则沉降至底部的粗颗粒收集器。

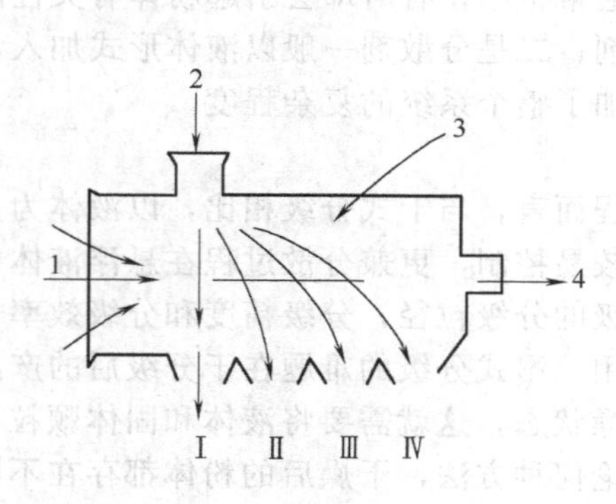

图 9-34 水平流型重力分级机原理
1—气体入口；2—加料口；3—分级室；4—气固分离装置

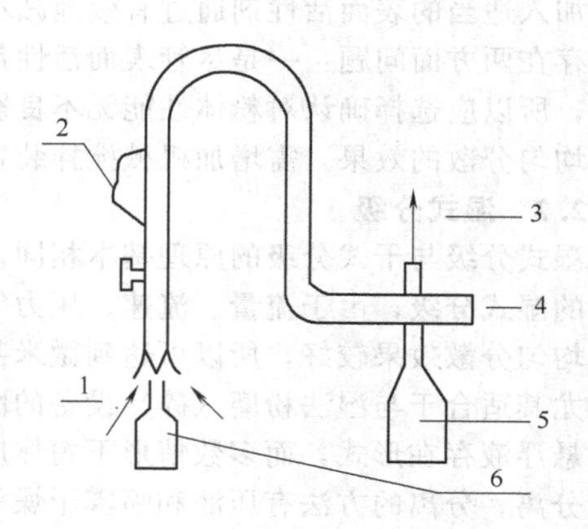

图 9-35 垂直流型重力分级机原理
1—气体入口；2—加料口；3—气固分离装置；4—分离器；5—细粉收集器；6—粗粉收集器

9.3.3.2 惯性分级机

颗粒运动时具有一定的动能，运动速度相同时，质量大者其动能也大，即运动惯性大。当它们受到改变其运动方向的作用力时，由于惯性的不同会形成不同的运动轨迹，从而实现大小颗粒的分级。图 9-36 为一实用惯性分级机的分级原理。通过导入二次控制气流可使大小不同的颗粒沿各自的运动轨迹进行偏转运动。大颗粒基本保持入射运动方向，粒径小的颗粒则改变其初始运动方向，最后从相应的出口进入收集装置。该分级机二次控制气流的入射方向和入射速度以及各出口通道的压力可灵活调节，因而可在较大范围内调节分级粒径。另外，控制气流还可起一定的清洗作用。目前，这种分级机的分级粒径已能达到 1μm，若能有效避免颗粒团聚和分级室内涡流的存在，分级粒径可望达到亚微米级别，分级精度和分级效率也会明显提高。

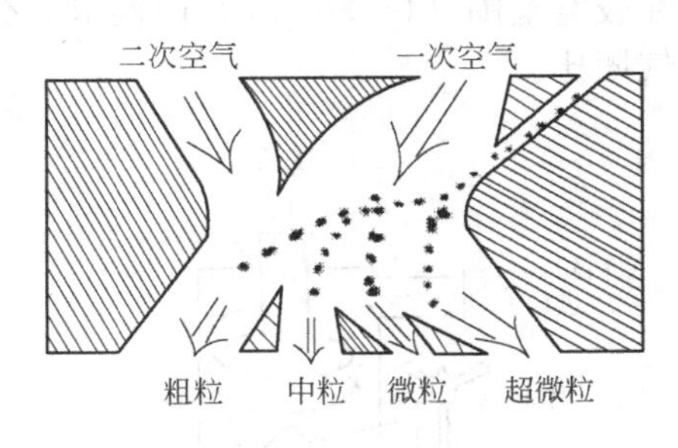

图 9-36 惯性分级机

9.3.3.3 离心式分级机

离心式分级机由于易于产生远强于重力场的离心力场，因而是迄今为止开发较多的一类超细分级机。按照离心力场中流型的不同，离心式分级机可分为自由涡（或准自由涡）型和强制涡型两类。自由涡和强制涡的流体力学特征分别为

自由涡 $$v_t r = 常数 \tag{9-46}$$

强制涡 $$v_t / r = 常数 \tag{9-47}$$

式中，v_t 和 r 分别为流体的圆周切向速度和距回转中心的半径。

介于自由涡和强制涡之间的流体运动称为准自由涡。这是因为分级室内存在能量损失的缘故。准自由涡的特征是

$$v_t r^n = 常数 \tag{9-48}$$

式中，n 为常数，一般地 $n<1$，对于旋风式 $n=0.5\sim0.9$。

(1) 自由涡离心式分级机　旋风分离器作为常用的气固分离装置其应用历史已有 90 多年了。以前，人们普遍认为它只能用于较粗颗粒的气固分离，而难以进行微细颗粒的分级，其原因：一是入口气流速度一般为 15～20m/s，相应的离心力较小，不足以使微细颗粒离心沉降至筒壁进而从气流中分离出来；二是如果入口气流速度太大，则其中的粗颗粒由于离心沉降速度过大，碰撞至筒壁后会发生回弹，以致造成所谓“返混”。近年来的研究证明，经预分级后，旋风分离器完全可以用于微细颗粒的分级。技术措施是：①采用较小直径的旋风分离器，根据离心力计算式，缩小 r 值显然可使颗粒所受的离心力增大，从而使微细颗粒能够产生较大的离心沉降速度；②直筒部分高度适当增大，作用是延长颗粒在分级区内的圆周运动时间，以利于细颗粒沉降至筒壁；③减小内外筒之间的环隙，可缩短颗粒沉降至筒壁的时间；④增大气流入口速度，强化离心效果。因为随气流进入旋风分离器的粉体已经过预分级，无大颗粒，故防止和避免了由于粗颗粒回弹而造成的返混。有人从理论上进行了旋风分离器分级粒径的推导。当外筒直径 $D=300$mm，$v_0=25$m/s，颗粒密度为 3000kg/m 时，分级粒径可达 3μm 左右。Svarovsky 用带预分级装置的旋风分离器进行的氧化铝微粉分级试验结果证明，分级精度 d_{75}/d_{25} 为 1.50～1.70，分级所得细粉的中位径为 0.33μm。

三维流场理论研究的不断深入为旋风分离器的改进提供了坚实的理论基础。进口形式从最初的切向进口相继改变为 180°、360°蜗壳进口，既减小了阻力损失，也使旋转气流的涡流成分大大减小；料斗部分抽气明显减轻了锥筒底部卷吸导致的粗颗粒回流；这些改进都是在流体力学基本理论指导下进行的。

(2) 准自由涡型离心式分级机

① DS 型分级机　DS 型分级机的结构如图 9-37 所示。该分级机无运动部件，二次空气经可调角度的叶片全圆周进入，粉体随气流进入分级室后，在离心力和重力作用下，粗颗粒离心沉降至筒壁并落至底部粗粉出口，细颗粒经分级锥下面的细粉出口排出。该分级机的分级粒径可在较宽范围（1～300μm）内调节，分级精度也较高（$d_{75}/d_{25}=1.1\sim1.5$），并允许有较高的气固比。

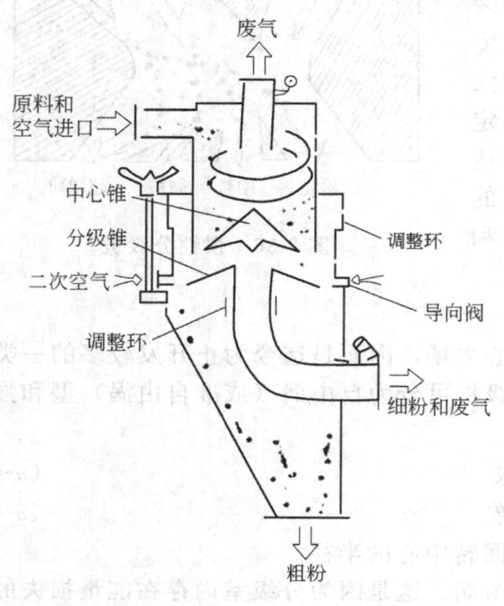

图 9-37　DS 型分级机

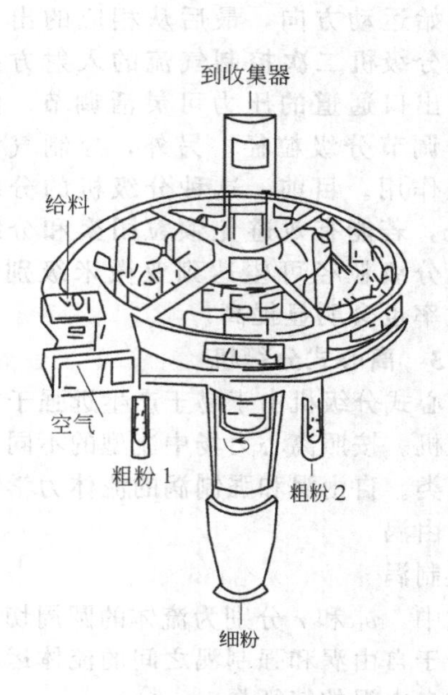

图 9-38　SLT 型分级机

② SLT 分级机　结构如图 9-38 所示。其特点是分级区内设有两组方向相反的导向叶片，借以实现两次分级。从气流进口上面进入的给料在切向进口气流的作用下被迅速吹散并随气流进入分级区，粗颗粒在较大离心力作用下直接沉降至壁面，运动至粗粉 1 出口卸出，其余颗粒随气流通过外导向叶片进入两组导向叶片之间的环形区域，并继续其圆周运动，最后细颗粒随近 180°转向的气流通过内导向叶片进入中心类似旋风分离器的装置，经气固分离后由细粉出口排出。较粗颗粒由于惯性作用被隔于叶片外，从而与气流分离，经粗粉 2 出口卸出。

(3) 强制涡分级机

① MC 型分级机　结构见图 9-39。该分级机的工作原理是：分散后的颗粒被加入到上部的旋涡腔，由圆锥体导向进入分级室，在离心力和曳力作用下被分离成粗粉和细粉，细粉经圆锥体的中心和上部出口离开分级机，粗粉则沿外壁落至底部出口。二次空气在入口处进入。切割粒径 d_c 可由分级锥体的高度、二次风量及改变不同区域的压力在 5～50μm 之间调整。

② MS 型分级机　图 9-40 为 MS 型微细分级机的结构示意图。它主要由给料管 1、调节器 8、中部机体 5、斜管 4、环形体 6 以及装在旋转主轴 9 上的叶轮 3 构成。主轴由电动机通过带轮带动旋转。待分级物料和气流经给料管 1 和调节管 8 进入机内，经过锥形体进入分级区。主轴 9 带动叶轮 3 旋转，叶轮的转速是可调的，以调节分级粒度。细粒级物料随气流经过叶片之间的间隙向上经细粒物料排出口 2 排出；粗粒物料被叶片阻留，沿中部机体 5 的内壁向下运动，经环形体 6 和斜管 4 自粗粒物料排出口 10 排出。上升气流经气流入口 7 进入机内，遇到自环形体下落的粗粒物料时，将其中夹杂的细粒物料分出，向上排送，以提高分级效率。微细

分级机的分级粒径可用下式表示

$$D_c=\frac{1}{n}\sqrt{\frac{18\mu u_r}{\rho_p-\rho}} \tag{9-49}$$

式中 D_c—— 理论分级粒径，m；

n—— 叶轮转速，r/min；

u_r—— 气流速度，m/s；

ρ_p—— 物料密度，kg/m^3；

ρ—— 空气密度，kg/m^3；

μ—— 空气黏度，Pa·s。

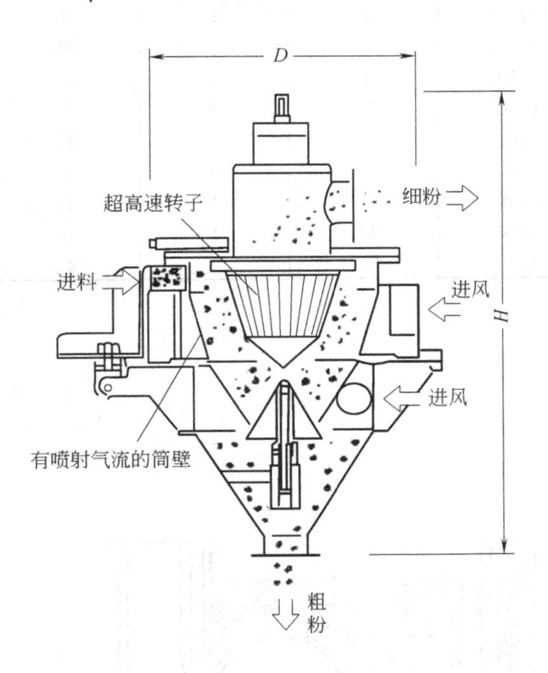

图 9-39 MC型分级机

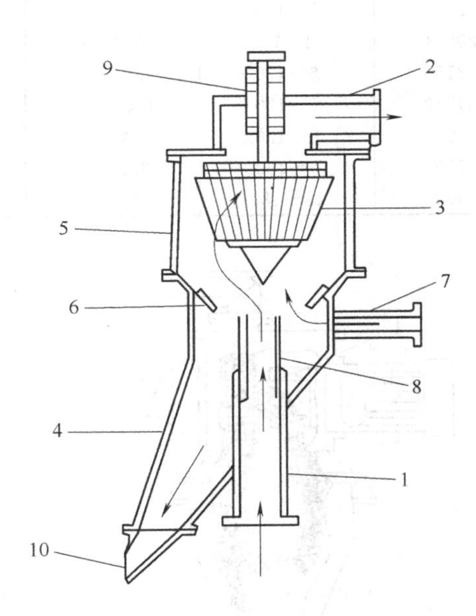

图 9-40 MS型分级机

1—给料管；2—细粒物料排出口；3—叶轮；4—斜管；5—中部机体；6—环形体；7—气流入口；8—调节管；9—主轴；10—粗粒物料排出

通过调节叶轮转速、风量（或气流速度）、上升气流、叶轮叶片数以及调节管的位置等可以调节微细分级机的分级粒径。

这种分级机的主要特点如下。

a. 分级范围广，产品细度可在3～150μm之间任意选择。粒子形状从纤维状、薄片状、近似球状到块状、管状等物质均可进行分级。

b. 分级精度高，由于分级叶轮旋转形成的稳定的离心力场，分级后的细粒级产品中不含粗颗粒。

c. 结构简单，维修、操作、调节容易。

d. 可以与高速机械冲击式磨机、球磨机、振动磨等细磨与超细磨设备配套，构成闭路粉碎工艺系统。

③ ATP型超微细分级机　这是德国Apline公司制造的涡轮式微细分级机。这种分级机有

上部给料式和物料与空气一起从下部给入式两种装置，分单轮和多轮两种形式。图 9-41 所示为 ATP 单轮超微细分级机的结构和工作原理。物料通过给料机 5 给入分级室，在分级轮旋转产生的离心力及分级气流的黏滞阻力作用下进行分级，微细物料经微细产品出口排出，粗粒物料从下部粗粒物料排出口排出。

ATP 型超微细分级机具有分级粒度细、精度较高，结构较紧凑、磨损较轻、处理能力大等优点。表 9-5 为 ATP 型超微细分级机的主要技术参数。

表 9-5　ATP 型超微细分级机的主要技术参数

型号	产品细度 d_{97}/μm	处理能力 /(t/h)	分级轮 转速/(r/min)	直径/mm	数目/个	电动机功率 /kW
50	2.5～90	0.003～0.1	1500～22000	50	1	1
90	4～90	0.05～0.2	1150～11500	90	1	4
90/4	3～60	0.15～0.4	1150～11500	90	4	16
200	5～120	0.2～1	600～6000	200	1	5.5
200/4	4～70	0.6～3	600～6000	200	4	22
315	6～120	0.5～2.5	400～4000	315	1	11
315/3	6～120	1.5～7.5	400～4000	315	3	33
500	8～120	1.25～8	240～2400	500	1	15
750	9～150	2.8～19	160～1600	750	1	30
900	15～180	5～35	120～1200	900	1	45

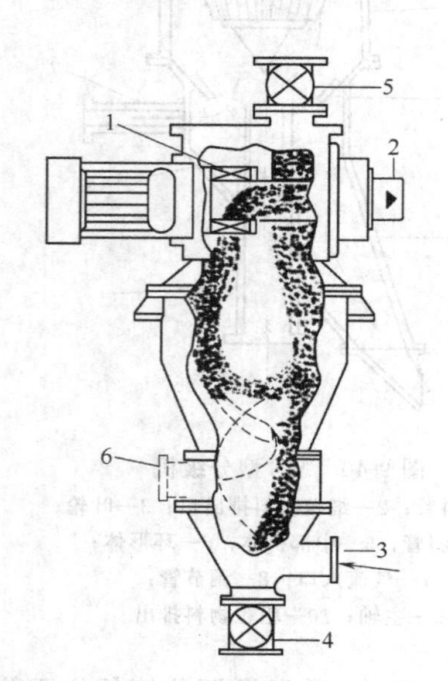

图 9-41　ATP 型单轮超微细分级机

1—分级轮；2—细粉出口；3，6—气流入口；4—粗粉出口；5—给料机

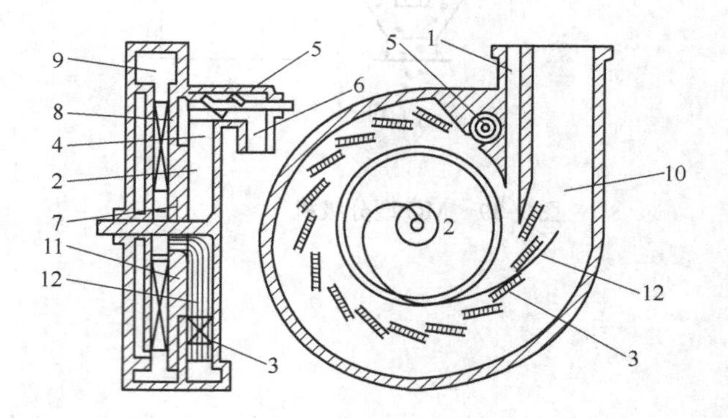

图 9-42　MP 型分级机

1—进料口；2—分级室；3—可调导板；4—分级楔块；5—螺旋输送机；6—粗粒排出口；7—气流通道；8—鼓风机；9—循环室；10—气流入口；11—旋转框板；12—气流运动轨迹

ATP 型分级机除用于中等细度物料的分级外，还可广泛用于各种非金属矿，如石灰石、方解石、白垩、大理石、长石、滑石、石英、硅藻土、石膏、石墨、硅灰石等以及化工原料等的精细分级，分级粒度范围 3～180μm。

④ MP 型分级机　图 9-42 是 MP 型涡轮式气流分级机的结构和工作原理。其结构由进料口、分级室、可调导板、分级楔块、螺旋输送机、粗粒排出口、鼓风机、气流入口、循环室、旋转框板等构成。这种分级机利用离心力场进行分级。工作时，物料由进料口 1 进入分级室

2，气流由气流入口10进入可调导板3的外侧，穿过导板后形成涡流；物料在离心力和空气黏滞力的作用下进行分级；粗粒物料经螺旋输送机5从粗粒物料出口排出；细粒物料由鼓风机8送入循环室9，在这里被收集。由于该机将鼓风机与分级室组合在一起，因此，结构比较紧凑。这种气流分级机可用于微细物料的分级。其分级粒度随处理量变化。对于分级室直径为132mm的分级机，每小时处理量50～300kg，分级粒度2～15μm；800mm直径的分级机，处理量为1200～1600kg/h，分级粒度9～40μm。

这种分级机的缺点是容易在可调导板3之间产生堵塞，引起风量波动，降低分级精度。

⑤ 蜗轮分级机

a. 结构特点　整个涡轮分级机包括分级部分和传动部分，风机的下部直接和超细分级机连接。作为主体的分级部分由涡轮、筒体、输出管道及反冲气套组成，关键部位涡轮是一个特殊的转子型驱动器，转子的外周围上安装一定数量的叶片，结构如图9-43所示。

涡轮在筒体内作高速旋转运动，物料由下部粉碎机内被抽吸进涡轮分级机筒体内。在筒体内的分级区，涡轮高速旋转形成的强制涡流场内，物料被分离，粗大颗粒甩离涡轮重新回到粉碎机，细小的合格品经过涡轮细小的叶片间隙，进入输出管被输出。该分级机设置反冲气套使进入分级机的全部物料均经过分级叶片，主要工作参数——涡轮转速通过专设的变频调速器进行无级调节，空气流量通过调整排风门的开度而改变。

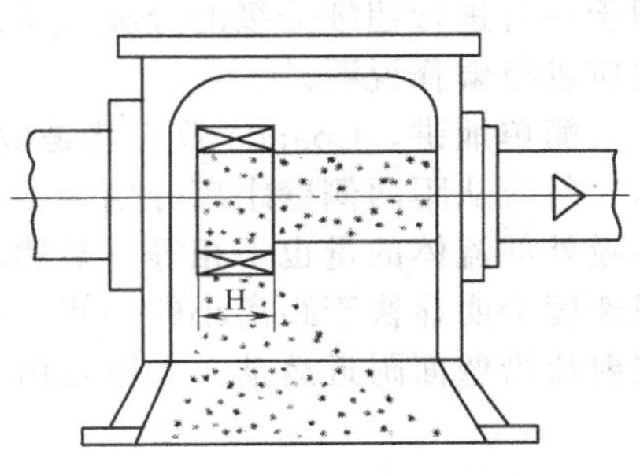

图9-43　蜗轮分级机

b. 工作原理　SW型微细卧式涡轮分级机根据物料颗粒大小不同，在旋转气流场内受到离心力大小也不同的原理进行分级。涡轮在筒体内高速旋转，形成一个高度为H的分级区域，空气从外部引入，在分级区中心有一排风机产生的轴向抽吸力即空气曳力，使筒体内形成负压，其中涡轮中心的负压最低，待分级的物料被负压抽吸带到涡轮外边缘附近形成分级区，同时由于涡轮作高速旋转，使气流呈螺旋状向气流中心运动，假设气流向涡轮中心运动的径向速度为V_r，由惯性离心力产生背向涡轮中心的速度为V_m，即沉降速度，V_m因颗粒大小不同而不同。当$V_m<V_r$时，颗粒将通过涡轮叶片从叶轮从周边外缘进入涡轮中心，经输出管道被集尘器收集；当$V_m>V_r$时颗粒将被甩离涡轮，当$V_m=V_r$时颗粒在一确定的半径上处于平衡状态，这是一种理想状态，此种颗粒的粒径就是所谓的分割直径。涡轮分级机分割直径的大小与涡轮转速、抽风机风量、风压及结构参数有关，对一个结构尺寸确定的涡轮分级机，通过改变前三个参数得到合适的程度，可得到合适的分割直径 。

c. 设计指标

电动机功率	11～15kW
电动机转速	2950r/min
涡轮转速	400～4000r/min
出料粒度	5～9μm
分级精度	＞0.6
物料处理量	500～2500kg/h

温度、振动及噪声在允许范围之内。

⑥ Acucut分级机　结构如图9-44所示。分级室由定子和转子两部分组成。转子的上、下盖板之间设有放射状径向叶片，转子外缘与定子的间隙为1mm左右。给料粉体通过喷嘴喷射进入分级室外，喷射方向与叶片方向成一定角度，以防止粗颗粒直接射入分级室中心机时混入细颗粒中。在高速转子（转速一般为5000～7000r/min）产生的强大离心力作用下，粗颗粒飞向定子壁，在二次气流（旋风分离器回流）的带动下沿定子壁圆周运动至粗粉出口切向出分级

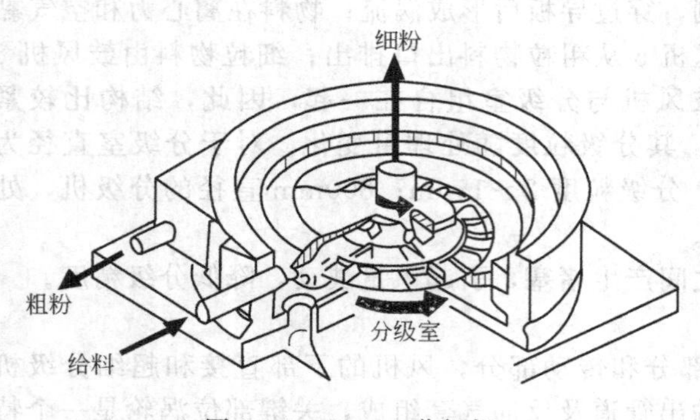

图 9-44 Acucut 分级机

机。气流携带细颗粒从转子上、下盖板之间的叶片间隙进入中心区，经上部中心排风管出分级机。从底部吸入的空气迫使可能沉降至转子下面的颗粒向上运动返回分级区。这种高速转子的离心作用和向内径向气流的反向作用可获得理想的分级效果。试验证明，分级粒径为 0.5～60μm，分级精度 $d_{75}/d_{25}=1.3$～1.6。

9.3.3.4 射流分级机

射流分级机是集惯性分级、迅速分级和微细颗粒的附壁效应（Coanda 效应）等原理于一身进行超细分级的分级设备。惯性分级和迅速分级原理前面均已介绍，这里对 Coanda 效应进行解释说明。

简单地讲，Coanda 效应就是微细颗粒具有的随气流沿弯曲壁面运动的特性。如图 9-45 所示，射流从距两侧壁距离分别为 S_1、S_2 的喷嘴喷出。当 S_1、S_2 不相等时，主射流两边同时卷吸外部流体的量也不相等，显然距离大的一侧较易卷吸流体。为维持主射流的平衡，该侧卷吸速度会明显快于距离小的一侧，因而造成两侧压力不同，在此过程中动量较小的细颗粒会随主射流沿壁面附近运动。大颗粒由于惯性力的作用而被抛出，从而达到粒度分级的目的。

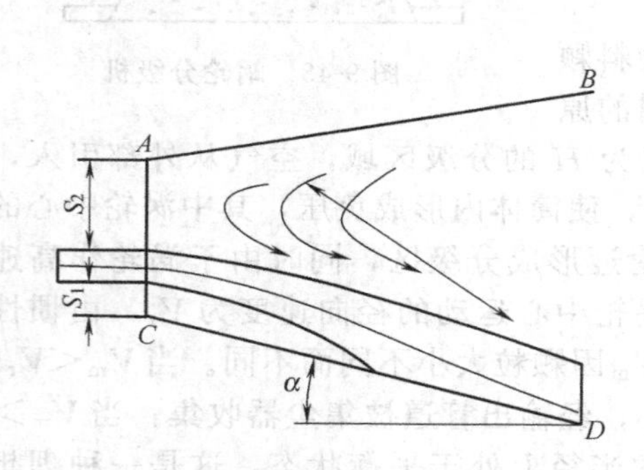

图 9-45 射流的 Coanda 效应

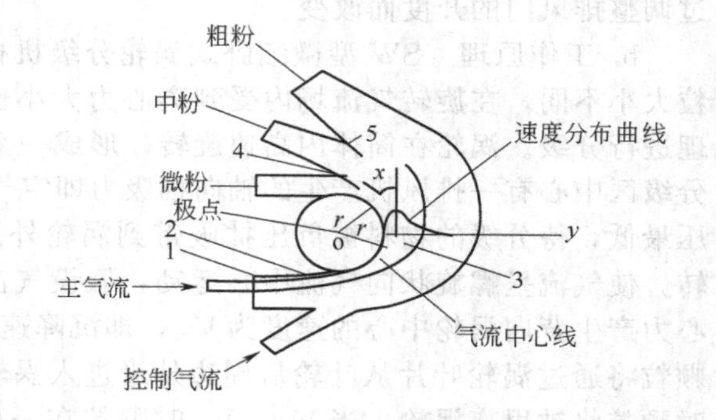

图 9-46 射流分级机结构示意图

1—湍流自由射流区；2—Coanda 效应区；3—分级区；4，5—分级刃刃

射流分级机分级部分的结构及流场见图 9-46。流场分为湍流自由射流区 1、Coanda 效应区 2 和分级区 3 三个区域。在湍流自由射流区，给料粉体被喷嘴喷出的高速射流所携带，在瞬间获得与气流几乎相等的速度。同时，湍流使颗粒团发生碰撞及受到剪切作用从而使之分级。Coanda 效应区的原理上面已述。分级区决定于分级机的结构，主流可看作绕圆柱面流动。由于湍流流动挟带作用，主流束逐渐变宽，气流的速度呈不对称分布，距离越远则速度最大点越远离壁面，射流中心线可用下式表达

$$r=k+a\theta^2 \tag{9-50}$$

式中 k，a—— 与分级机结构有关的常数；

θ—— 流体曲线运动转过的角度。

通过颗粒受力分析可得其运动方程如下。

径向运动方程
$$\frac{\mathrm{d}^2 r}{\mathrm{d}t^2}=r\left(\frac{\mathrm{d}\theta}{\mathrm{d}t}\right)^2+(v_a-v_p)\frac{18\mu}{r\rho_p D_p^2} \tag{9-51}$$

切向运动方程
$$\frac{\mathrm{d}^2\theta}{\mathrm{d}t^2}=-\frac{1}{r_0\dfrac{\mathrm{d}\theta}{\mathrm{d}t}\times\dfrac{\mathrm{d}r}{\mathrm{d}t}}+(u_a-u_p)\frac{18\mu}{r\rho_p D_p^2} \tag{9-52}$$

式中 D_p—— 颗粒粒径；

μ—— 空气黏度；

v_p，u_p—— 颗粒的径向和切向速度；

v_a，u_a—— 气流的径向和切向速度。

根据式(9-50)～式(9-52) 可预测分级粒径。

由图 9-47 可见，该分级机分级后可获得至少三级产品，各级产品粒度可通过改变分级刀刃 4、5 的角度来调节。另外，控制粗、中、微粉出口的空气抽吸压力也可在一定范围内调节各级粉体的粒度。

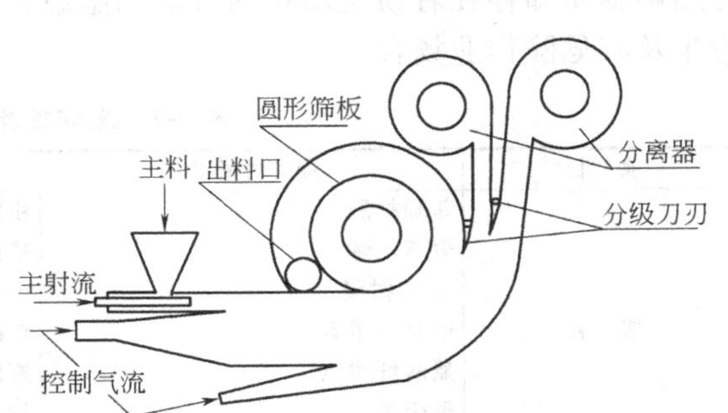

图 9-47 射流分级机结构示意图

射流分级机与其他分级机相比较具有以下特点：

① 分级部分无运动部件，维护工作量小，工作可靠；

② 喷射射流可使粉体得到良好的预分散；

③ 颗粒一经分散，立即进入分级进行迅速分级，最大限度地避免了颗粒的二次团聚；

④ 可获得多级产品，且各级产品的粒度可通过分级刀刃角度和出口压力来灵活调节；

⑤ 分级效率和分级粒度高。

表 9-6 列出了 SLFJ 型射流分级机与其他分级机分级性能的比较。

表 9-6 几种超细分级机性能的比较

机 型	性 能			处理量/(kg/h)
	分级粒径/μm	牛顿分级效率/%	分级精度/(d_{75}/d_{25})	
WX 分级机		51～70		50～900
EPC 分级机	2～20			30～800
FQ 分级机	1～150			50～90
NHF 分级机	1～90			50～90
FW 分级机	3～80			50～700
ASL 分级机	0.58～50	60～75	1.62～2.4	50～350
SLFJ 分级机	0.59～50	65～94	1.32～2.0	50～150

9.3.4 超细分级的有关问题

超细颗粒分级与大颗粒分级的本质区别在于超细颗粒的强烈聚附性及其在流场中运动的极弱自主性。要获得理想的分级效果，必须解决颗粒的分散问题，以及使分级区流场强有力，同时还要考虑影响分级作业过程和分级效果的其他因素，如物料的性质、静电防护、粉尘爆炸等问题。

9.3.4.1 分级作业与物料性质

待分级粉体的物理性质是影响分级过程的重要因素之一。不同的粉体其性质特点也各不相同，大多数有机粉体黏附性较强，并且在分级过程中易发生爆炸或燃烧；硬度大的粉体具有强烈的磨蚀性，因而对设备（尤其是分级区）的耐磨损性要求较高，有些粉体由于应用场合的特殊性，对粉体的纯度有苛刻的要求，故分级作业过程尤其要考虑防止杂质污染问题；颗粒之间以及颗粒与器壁之间的碰撞和摩擦会产生极强的静电效应等等，这些都是在分级机设计中应予以充分考虑和重视的。

易黏附的粉体会黏附积聚器壁，长期的积聚必将影响流场的正常作业，甚至导致通道的狭窄乃至阻塞，设计中应考虑必要的清理措施。

对于磨蚀性强的粉体，应采用耐磨材料或加耐磨内衬。

对于铁污染要求严格的粉体，应采用铁绝缘内衬以防止因粉体的冲刷而带入铁质。

静电现象严重时会影响分级作业的安全操作，甚至造成更严重的后果，这种情形下应考虑采取必要的防静电措施。

大多数无机非金属材料制备的粉体一般情况下无需考虑粉尘爆炸问题，但许多有机粉体及可燃烧物质却存在着粉尘爆炸的可能和隐患，不可掉以轻心。表 9-7 列出了一些典型的爆炸性粉尘及其危险作业场合。

表 9-7 爆炸性粉尘及其危险作业区

项　目	爆炸性粉尘	危　险　作　业　区
塑　料	苯酚树脂	粉碎机、旋风筒、收尘器
	聚苯乙烯	喷射机、温风干燥机、旋风筒、收尘器、混合装置、贮仓
	ABS 树脂	干燥机、收集器
	甲基纤维素	粉碎机、混合作业、筛分机
	醋酸纤维素	旋风筒、造型作业
	聚丙烯	袋式收尘器、贮仓
	聚乙烯	干燥机
医药、农药、染料、颜料	各种医药品	喷雾干燥机、粉碎机
	各种农药、杀虫剂	回转烘干机、微波干燥机、喷雾干燥机、袋式收尘器、收集器
	各种染料	粉碎机、混合机
	己二酸	回转烘干机、输送机、贮仓、换气管道
	无水苯二甲酸	冷凝器、旋风筒、通道结晶收集塔
接合剂	合成糊料	粉碎机
	糊精	粉碎机、炉、混合作业
饲料	谷类	干燥机、筒仓、料罐、提升机、回转滚筒
食品	小麦粉	粉碎机、旋风筒、收尘室、回转烘干机、喷雾干燥机、筒仓
	淀粉 砂糖	破碎机、旋风筒、袋式收尘器；温风干燥机、筛分机、料斗、袋式收尘器、静电收尘器
木材	木粉 纸粉	粉碎机、回转烘干机、旋风筒、贮仓

9.3.4.2 粉体的预分散

关于预分散前面已有较详细的阐述，但需要指出的是，化学分散法加入的分散剂虽然数量甚微，但有时却可能使粉体的某些性能发生改变，直致给其应用带来困难。因此，选择正确的分散剂既有助于提高超细分级作业的效率，又不影响粉体的性能是很必要的。

9.3.4.3 分级区流场

分级区流场是关系到分级过程成败的关键，无论何种分级力场，其共同要求是具有强有力的分级能力、分级面清晰、分级迅速等。除此之外，还要求最大限度地减小或避免涡流的存在，即要求流线形式的单一性。有人提出“整流性”的概念，就是说，流场中流束应各行其道，无相互干扰和影响。

参考文献

[1] 潘孝良．水泥生产机械设备．北京：中国建筑工业出版社，1981.
[2] 丁志华．玻璃机械．武汉：武汉工业大学出版社，1994.
[3] 林云万．陶瓷工业机械设备（上册）．武汉：武汉工业大学出版社，1993.
[4] 盖国胜．超细粉碎分级技术．北京：中国轻工业出版社，2000.

[5] 卢寿慈. 粉体加工技术. 北京：中国轻工业出版社，1999.
[6] 陆厚根. 粉体工程导论. 上海：同济大学出版社，1993.
[7] [日] 小川明. 气体中固体颗粒的分离. 北京：化学工业出版社，1991.
[8] 陈甘棠. 流态化技术的理论和应用. 北京：中国石化出版社，1996.
[9] 黎强. 流态化原理及其应用. 徐州：中国矿业大学出版社，1994.
[10] 王浩明. 水泥工业袋式除尘技术及应用. 北京：中国建材工业出版社，2001.
[11] 第二届全国颗粒制备与处理学术会议论文集. 1990，上海.
[12] 第三届全国颗粒制备与处理学术会议论文集. 1992，青岛.
[13] 第四届全国颗粒制备与处理学术会议论文集. 1994，徐州.
[14] 李隆然. 干式气流粉碎. 化工装备技术，1991，(3)：28-36.
[15] 余加耕等. 超微细粉的分级研究. 建筑热能通风空调，1994，(3)：35-36.
[16] 裴重华等. 超细粉体分级技术的现状及进展. 化工进展，1994，(5)：1-5.
[17] 陆厚根. 涡轮式超细气流分级技术研究及设备研制. 中国粉体技术，1995，1 (5)：1-6.
[18] 陶珍东等. 用旋风分离器进行微细粉分级的可行性. 化工装备技术，1996，16 (1)：14-16.
[19] 梅芳等. 湍流对气流分级效率影响的研究. 中国粉体技术，1996，2 (2)：1-6.
[20] 盖国胜. 超细粉碎/分级系统设计要点. 粉体技术，1996，2 (4)：36-38.
[21] 梅芳等. 气流分级“鱼钩效应”的研究. 硅酸盐学报，1996，24 (6)：216-221.
[22] 汤义武等. 新型旋流分级机的分级研究. 化工装备技术，1996，17 (5)：1-6.
[23] 黎国华等. 微粒分级的特性研究. 华中理工大学学报，1997，25 (5)：50-52.
[24] 吴其胜等. 超细分级技术的现状及发展. 硅酸盐通报，1997，(6)：45-50.
[25] 方苍舟. 新型亚微米分级技术的研究及应用. 非金属矿，1997，119 (5)：32-35.
[26] 王京刚等. 超细气力分级设备的研究现状及发展. 国外金属矿选矿，1997，(3)：14-19.
[27] 冯平仓. 气流分级原理及分级设备的最新发展. 非金属矿，1997，120 (6)：36-39.
[28] 李玉琴. 振动粉磨-分级系统设计. 矿山机械，1997，(9)：44-45.
[29] 王晓燕等. 流化床式气流粉碎机粉碎分级性能研究. 非金属矿，1998，21 (5)：15-19.
[30] 吉晓莉等. 离心式微粉分级机分级性能的研究. 华中理工大学学报，1998，26 (12)：40-43.
[31] 盖国胜. 超细分级技术的工业应用. 金属矿山，1998，269 (11)：12-16.
[32] 陆雷等. 旋风筒的分级分离效率与其人口风速的关系. 硅酸盐学报，1999，27 (4)：415-419.
[33] 蒋建洪等. 干法离心式分级机的分级性能研究. 江苏化工，1999，27 (4)：35-37.
[34] 方莹等. 离心转子式选粉机的分级性能. 南京化工大学学报，1999，21 (4)：22-26.
[35] 盖国胜. 超细粉碎与分级技术进展. 中国粉体技术，1999，5 (1)：22-26.
[36] 左建华. NHX500高效选粉机分级圈的改进. 水泥，2001，(1)：38.
[37] 刘金红. 旋风分离器的发展及理论研究现状. 化工装备技术，1998，19 (5)：49-50.
[38] 刁永发等. 多管气固分离技术的研究进展. 工业炉，2000，22 (3)：37-40.
[39] 潘孝良等. 螺线型旋风收尘器的研究. 山东建材，1995，(4)：20-23.
[40] 阎志春. 新型高效电收尘器. 水泥技术，1996，(3)：51-53.
[41] 李铨. 高浓度高效袋收尘器的技术特点（一）. 中国建材装备，1997，(11)：17-18.
[42] 李铨. 高浓度高效袋收尘器的技术特点（二）. 中国建材装备，1997，(12)：3-6.
[43] 苏梁. 袋收尘的技术问题及对策. 水泥技术，1997，(1)：34-40.
[44] 杨清泉. 宽极距高压静电收尘器驱进速度的设计计算. 水泥技术，1998，(3)：18-21.
[45] 吕红明. 旋风收尘器的改进与分析. 矿山机械，2000，(9)：49-50.
[46] 李尚才. 袋收尘器滤料的选择. 建材技术与应用，2001，(4)：17-21.
[47] 舒畅. 收尘器的设计、改造思路. 水泥技术，2001，(6)：37-38.
[48] 许显群. XMZ (SLZ) 型厢式自动压滤机. 纯碱工业，1996，(4)：57.
[49] 杨雄辉. 新型厢式压滤机自动开板机构研制及应用. 有色冶炼，1999，(4)：31-32.
[50] 马星民. XAZG型高效厢式压滤机. 过滤与分离，2000，9 (4)：47-48.
[51] 吴阳. 压滤机的发展趋势. 中国煤碳，2000，26 (5)：22-25.
[52] 贺世正. 厢式压滤机滤板的有限元应力分析. 流体机械，2000，30 (1)：26-28.
[53] 王泽等. 喷雾干燥器的改进与应用. 新型建筑材料，1996，(1)：46-47.
[54] 陈亦可等. 离心式喷雾干燥器耐磨喷头的研制. 化工装备技术，1997，18 (3)：27-29.
[55] 廖建洪. 压力式喷雾干燥器工艺原理及提高效率的探讨. 陶瓷工程，1999，33 (2)：31-32.
[56] 邱家山等. 固体浓度、颗粒大小及安装倾角对水力旋流器分离性能的影响. 过滤与分离，1995，(2)：3-6.
[57] 李建明等. 旋流器排口比对固粒轴向流场的影响. 化工机械，1995，22 (3)：132-136.

[58] 庞学诗. 水力旋流器的发展特点. 国外金属矿选矿，1996，(5)：33-35.
[59] 奚致中. 水力旋流器内的流动分析. 油气田地面分析，1996，19 (3)：49-52.
[60] 程兴华. 水力旋流器的理论探讨及应用实践. 矿冶，1997，6 (2)：39-42.
[61] 陈文梅等. 水力旋流器流场研究及其应用. 中国粉体技术，1997，3 (3)：20～24.
[62] 蒋明虎. 水力旋流器压力场分布规律研究. 高技术通讯，2000，(11)：78-80.
[63] 李晓钟等. 水力旋流器压力场测试及能耗机理研究. 流体机械，2000，28 (9)：11-14.
[64] 林高平等. 水力旋流器分离效率计算. 有色金属，2002，54 (2)：74-77.
[65] 喻炜等. 高效节能水力旋流器研究进展. 过滤与分离，2002，12 (3)：1-3.
[66] 周景伟，汪莉，宋存义等. 处理高浓度粉尘的除尘器的选择. 工业安全与环保，2006，32 (6)：6-8.
[67] 毛志伟，孔庆东. 袋除尘器在水泥行业中的应用趋势. 水泥工程，2002，(1)：53-56.
[68] 李尚才. 袋式除尘器的发发展及其结构性能介绍. 水泥工程，1999，(5)：47-51.

第10章 分离及设备

分离作业包括气固分离（如含尘气体的净化）、液固分离（如悬浊液的浓缩和澄清）和固固分离（如固体混合物中不同成分的分离）等。

10.1 气固分离设备

对于粉尘从气流中分离而言，气固分离设备实际上就是除尘设备。气固分离问题普遍存在于许多工业生产过程之中，它不仅直接影响企业的经济指标，更重要的是对防止环境污染，保护生态平衡，保证人民的身体健康、造福社会具有非同一般的意义。我国于1989年颁布的《中华人民共和国环境保护法》对工业“三废”排放标准做了严格、明确的规定，这给除尘设备的性能提出了更高的要求。

10.1.1 收尘效率及收尘器的种类

(1) 收尘效率　收尘效率是评价收尘器性能的重要指标，也是选择使用收尘器的主要依据。收尘器的效率可用总收尘效率和分级收尘效率来表示，后者与9.1.1所述的部分分级效率的意义基本相同。总收尘效率的定义为收尘器收集下来的粉尘质量与进入收尘器的粉尘质量之比，用百分数表示。

设进入收尘器的粉尘质量为G_0，从收尘器灰斗收集下来的粉尘质量为G_1，则收尘器的总收尘效率η为

$$\eta=\frac{G_1}{G_0}\times 100\% \tag{10-1}$$

实际上，往往通过进、出收尘器的气体含尘浓度测定数据来计算收尘效率。假设收尘装置无漏风（即进、出收尘设备的风量不变），进收尘器的气体含尘浓度为C_0，出收尘器的气体含尘浓度为C_1，则总收尘效率可表示为

$$\eta=\left(1-\frac{C_1}{C_0}\right)\times 100\% \tag{10-2}$$

式中，C_0、C_1的单位均为g/m^3。

串联收尘效率的定义为为了满足工艺和收尘效率的要求，实际使用中，有时将两台不同类型的收尘器串联使用。串联运行的两台收尘器的总收尘效率可用下式计算

$$\eta=\eta_1+\eta_2(1-\eta_1) \tag{10-3}$$

式中　η_1——第一级收尘器的收尘效率，%；

η_2—— 第二级收尘器的收尘效率，%。

(2) 收尘器的种类及特点　凡能将气体中的粉尘捕集分离出来的设备均称为除尘器，常称收尘器。按分离原理可分为以下几种。

① 重力收尘器　利用重力使粉尘颗粒沉降至器底，如沉降室等。这种收尘装置能收集的粉尘粒径通常为 50μm 以上。

② 惯性收尘器　利用气流运行方向突然改变时其中的固体颗粒的惯性运动而与气体分离，如百叶窗收尘器等。这种收尘器的分离粒径一般大于 30μm。

③ 离心收尘器　在旋转的气固两相流中利用固体颗粒的离心惯性力作用使之从气体中分离出来，如旋风收尘器。该收尘器的分离粒径可达 5μm。

④ 过滤收尘器　含尘气体通过多孔层过滤介质时，由于阻挡、吸附、扩散等作用而将固体颗粒截留下来，如袋式收尘器、颗粒层收尘器等，这种收尘器的分离粒径可达 1μm。

⑤ 电收尘器　在高压电场中，利用静电作用使颗粒带电从而将其捕集下来，如各种静电收尘器。这种收尘器的分离粒径可达 10^{-2}μm。

按作业方式可分为：干式收尘器，上述各种收尘器均属此类；湿式收尘器，如水力旋流器、水洗涤器等。它们的分离粒径可达亚微米级。

常见收尘器的种类及其性能见表 10-1。

表 10-1　常见收尘器的种类及性能

种类	除尘原理	主要形式	适宜风量/(m^3/h)	风速/(m/s)	阻力/Pa	分离粒径/μm	粉尘浓度/(g/m^3)	收尘效率/%
重力式	重力沉降分离	沉降室	<50000	<0.5	50～100	>20	>10	40～60
惯性式	气流运动变向时利用颗粒惯性与气流分离	轮流式 液流式	<50000	13～30	200～500 <1000	>15 >5	>10	50～70
离心式	含尘气流作旋转运动，颗粒由于离心力作用与气流分离	旋风收尘器 大型 小型	15000 <100000	10～20 10～20	500～1500 400～1000	>5		85～95
过滤式	含尘气流通过过滤体时将尘粒分离	袋收尘器 简易袋式 机振打式 脉冲式 气环式 颗粒层收尘器	按设计	0.2～0.7 1～3 2～5 2～6 0.4～0.8	400～800 800～1000 800～1200 1000～1500	>1	<5 3～5 3～5 5～10	>99.9
洗涤式	借助液滴或液膜使尘粒附着于液体上或凝集成大粒与气体分离	水浴式除尘器 泡沫式除尘器	<30000 <50000	1.5～2.5	40～1000 600～1500	>0.1	<5 <10	>95
静电式	静电过滤凝聚	静电收尘器	<300000	0.5～3	100～200	>0.01	<30	>99

10.1.2 旋风收尘器

旋风收尘器如图 10-1 所示，它是由进气管 1、外圆筒 2、锥形筒 3、贮灰箱 4、锁风阀 5 和排风管 6 所组成的。

(1) 旋风收尘器的工作原理　旋风收尘器是利用含尘气体高速旋转产生的惯性离心力而使粉尘颗粒与气体分离的一种干式收尘设备。含尘气体从进气管以较高的速度（一般为 12～25m/s）沿外圆筒的切线方向进入直筒 2 并进行旋转运动。含尘气体在旋转过程中产生较大的离心力，由于颗粒的惯性比空气大得多，因此将大部分颗粒甩向筒壁，颗粒离心沉降至筒壁后失去动能沿壁面滑下与气体分开，经锥体3排入贮灰箱4内，积集在贮灰箱中的粉料经闸门自动卸出。当旋转气流的外旋流Ⅰ向下旋转到圆锥部分时，随圆锥变小而向中心逐渐靠近，气流到达锥体下端时便开始上升，形成一股自下而上的内旋气流Ⅱ，并经中心排风管6从顶部作为净化气体排出。

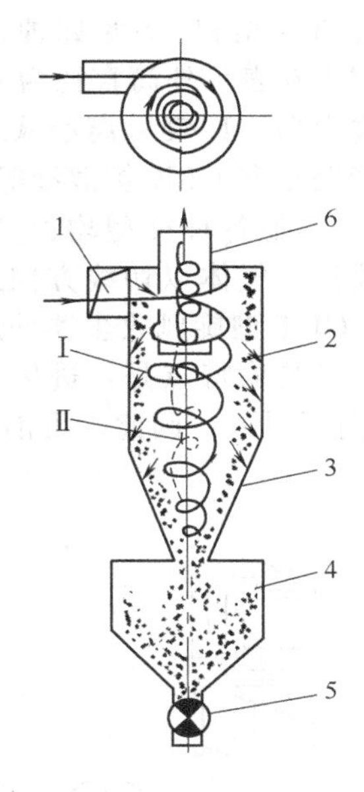

图10-1　旋风收尘器

1—进气管；2—外圆筒；3—锥形管；4—贮灰箱；5—锁风闸门；6—排风管

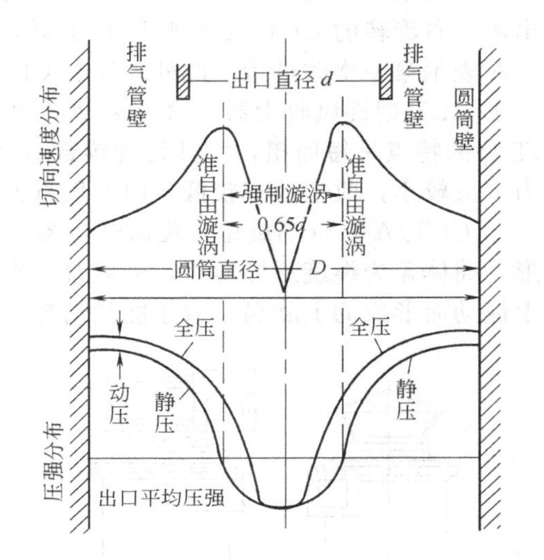

图10-2　旋风收尘器内部切向速度及压力分布

图10-2是旋风收尘器内部切向速度及压力分布。

气流在旋风收尘器内是复杂的三维流动，器内任一点上都有切向、径向和轴向速度，其中切向速度对分离性能和压力损失影响最大。由图可看出，旋风收尘器内切向速度和压力分布在同一水平面各点的切向速度由器壁向中心增大（因外周部壁面与气流存在摩擦），到直径约等于排气管直径的0.65倍的圆周上达最大值，再往中心则急剧减小，即随与轴心距离的减小而降低。切线速度最大的圆周内有一轴向速度很大的向上内旋气流，称为核心流，核心流以内的气流为强制涡。核心气流以外的气流为准自由涡。器内各点的压力测定结果表明，由于旋涡的存在，在收尘器内气体沿径向的压力分布曲线似抛物线状。器壁附近压力最高，仅稍低于气流进口处的压力，往中心逐渐降低，至核心气流处降为负压，低压核心气流一直延伸至最下面的排灰口。因此，当收尘器灰仓或底部接近轴心处有漏孔时，外部空气会以高速进入收尘器，使已沉降的颗粒重新卷入净化气流，以致严重影响收尘效率。

上述是一般旋风收尘器内的气流运动情况，由于还存在由下返卷而上的二次旋流、短路气流及局部涡流等，所以实际上气流的运动情况要复杂得多。

在旋风收尘器内，颗粒沿径向甩出的离心沉降速度随粒径或圆周速度的增大或旋转半径的减小而增大，可人为地控制圆周速度和改变外筒直径来获得较大的离心沉降速度。因此，可以做成分离效率高的小型旋风收尘器，但其阻力增大，相应地能耗增加。

旋风收尘器的主要优点是：结构简单，尺寸紧凑，易制造，造价低，无运动部件，因而操作管理方便，维修量小，在处理颗粒粒径10μm以上的含尘气体时，即使其含尘浓度较高也可获得较高的收尘效率。其缺点是：流体阻力损失大，因而电耗高，壳体易磨损，要求卸料闸门等严格锁风，否则会显著影响收尘效率。

(2) 旋风收尘器的类型及特点　按旋风收尘器的结构及各部分尺寸的比例不同，可分为以下几种常用的类型：基本型；螺旋型；扩散型；旁路型和多管型。每种旋风收尘器都有两种出风方式：X型为水平出风；Y型为上部出风。前者中心排风管的顶部装有水平出风蜗壳帽，能把排出气体的旋转运动平缓地改变为直线运动，从而减小气流排出时的阻力损失。

根据气流在筒内旋转方向（从器顶俯视）的不同，可分为左旋转（称N型）和右旋转（称S型）两种。因此，各种收尘器均可分为XN型、XS型、YN型和YS型四种。

旋风收尘器的规格用外筒直径（dm）来表示。如CLT/A4.0表示外筒直径为400mm，水平出风，右旋转的CLT/A型旋风收尘器，代号中C表示收尘器；L表示离心式；T表示筒式；A表示第一次改进型。此外，还有CLG多管型、CLP旁路型和CLK扩散型等。

① CLT型旋风收尘器　这种类型的收尘器称为基本型，其他各种类型均由其演变而来。CLT型的特点是短而粗，尤其是圆锥部分较短，圆筒部分较长。气体以切线方向进入，因此压力损失较小，收尘效率较低，但处理量大。图10-3所示为CLT型旋风收尘器外形。

② CLT/A型（螺旋型）旋风收尘器　如图10-4所示。其结构特点是：进风管的截面呈矩形，筒体盖为螺旋形导向板，进风管与水平面成一定倾角向下引入。因此，可消除引入气体向上流动而形成的上旋涡，减小能量消耗，提高收尘效率。

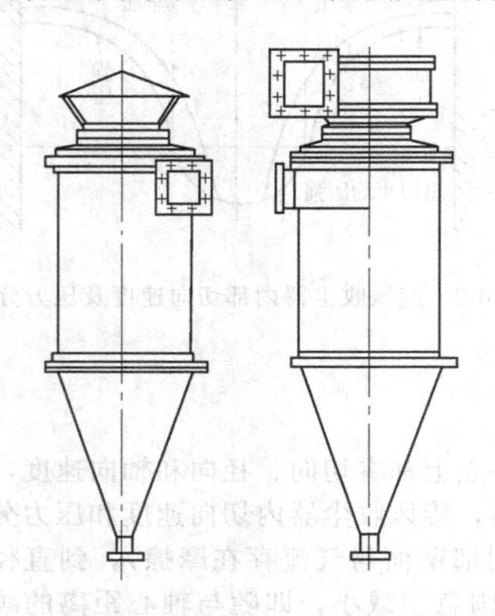

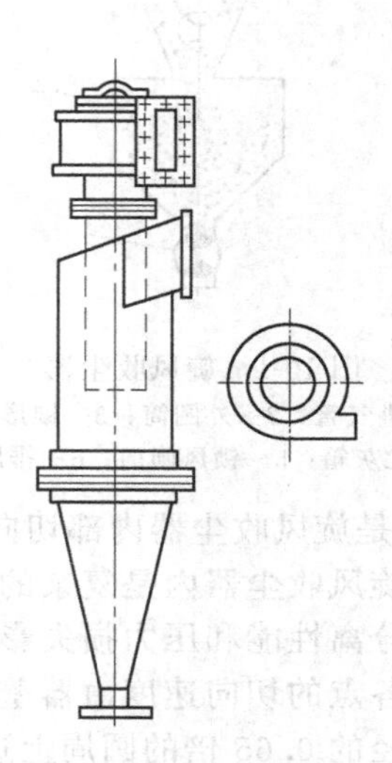

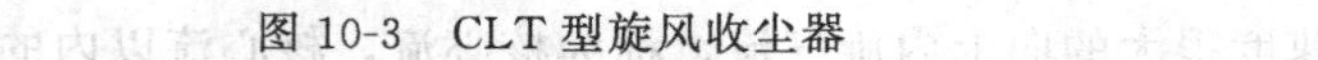

图10-3　CLT型旋风收尘器　　图10-4　CLT/A型旋风收尘器

螺旋型导向板的角度可根据不同需要来确定，一般为8°～20°。倾角大，则阻力小，处理能力大，但收尘效率较低，适合于处理粉尘浓度高、颗粒较粗的含尘气体；倾角小，则收尘效率高，但阻力大。

CLT/A型旋风收尘器进风管倾角为15°，其外形细而长，圆筒部分和锥筒部分高度较大，锥筒的锥度较小，因而阻力较大，但收尘效率较高。

③ CLK型（扩散型）旋风收尘器　图10-5和图10-6分别为扩散型旋风收尘器气流运动和结构示意图。它主要由进风管1、筒体2、扩散锥筒（倒锥体）3、反射屏4、集灰仓5和排风管6所组成。含尘气流沿切线方向进入收尘器的圆筒体并形成旋转气流，由于离心力作用，颗粒从气流中分离出来甩向器壁。

旋转气流继续扩散到倒锥体，由于反射屏的反射作用，大部分旋转气流被反射，经中心排风管6排出。少量旋转气流随尘流一起经反射屏周围的环形缝隙进入集灰仓，因体积突然扩大，流速降低，所以颗粒在重力作用下落下。进入集灰仓的气流通过反射屏中心小孔上升并由排风管排出。

扩散型收尘器因为在倒锥体底部中心位置加设了反射屏，使已经分离出来的颗粒能沿反射屏四周环隙中落下去，有效地防止了底部的返回气流将颗粒重新卷上去的现象，故收尘效率较高。它适合于捕集干燥的非纤维的和矿物性的颗粒状粉尘。其缺点是阻力较大，一般为 800～1600Pa，外形较高。

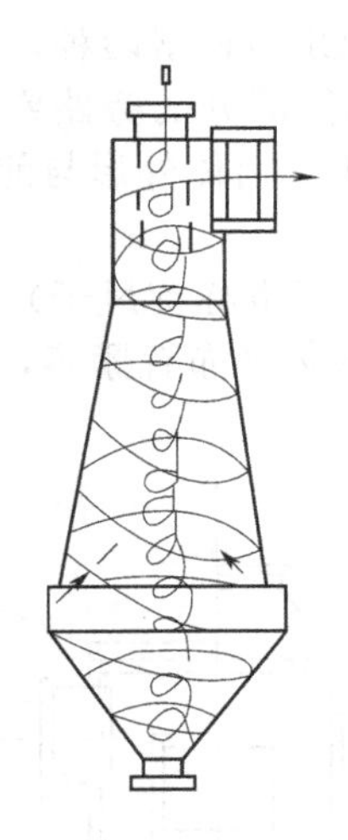

图 10-5　CLK 型旋风收尘器气流示意图

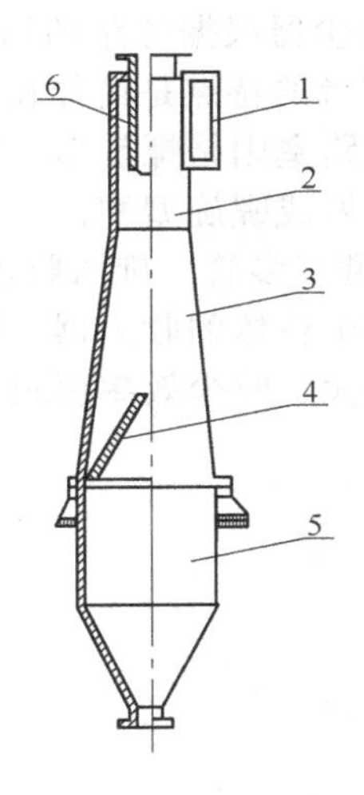

图 10-6　CLK 型旋风收尘器结构
1—进风管；2—筒体；3—扩散锥筒；
4—反射屏；5—集灰仓；6—排风管

④ CLP 型（旁路型）旋风收尘器　上述几种旋风式收尘器的共同缺点是：由于上旋涡气流携带较细、较轻的粉尘从排风管飞逸出去，因而降低了收尘效率。为了克服这一缺点，设计了旁路式旋风收尘器。图 10-7 是旁路式旋风收尘器的工作原理。其结构特点是气流入口管为蜗旋型并低于筒体顶盖一定距离，在筒外部设有旁路；排风管较短。

含尘气体从进风管 1 处切向进入器内，分成向上和向下的两股旋转气流。由于惯性离心力的作用这两股旋转气流形成上、下两个粉尘环于分界面 4 处分界。对于一般形式的旋风收尘器，在排风管 2 下缘的平面强烈分离出二次气流。向上运动的气流到达上盖板，产生向内的汇流并沿排风管外壁下降，其所携带的相当数量的粉尘再次被带到排风管口附近收尘效率很低的区域随气流排出，因此影响收尘效率。另外，一般旋风收尘器的进口上缘与筒体顶盖平齐，进入的气体刚好在顶盖下方，扰乱粉尘环的形成，并由气流带入净化的气体内由排风管排出，使收尘效率降低。

为了解决这些问题，旁路式旋风收尘器降低了进口位置，使之有充分的空间形成上部旋涡。同时，排风管 2 的下端口恰好位于上、下粉尘环的分界面上，以保证粉尘的充分形成。上旋涡气流在上盖板处形成了由较轻较细的颗粒组成的上粉尘环，使之团聚，而后经上部特设的切向狭缝 3 引出，进入筒体外侧的旁路分离室与主气流分离，免除了沿排风管外壁下流而被二次旋流气体卷走的危险，从而减少粉尘由排风管逸出的机会。在旁路室下端的筒壁上开有切向回风狭缝 7，进入旁路室的含尘气体由狭缝引出后与下旋的主气流汇合，将粉尘分离出来落入集灰仓。因此，净化效率有所提高。下旋涡气流在筒体内壁形成由较粗、较重的颗粒组成的粉尘环，沿筒壁随同向下旋转气流带向底部，降落在集灰仓中然后排出。

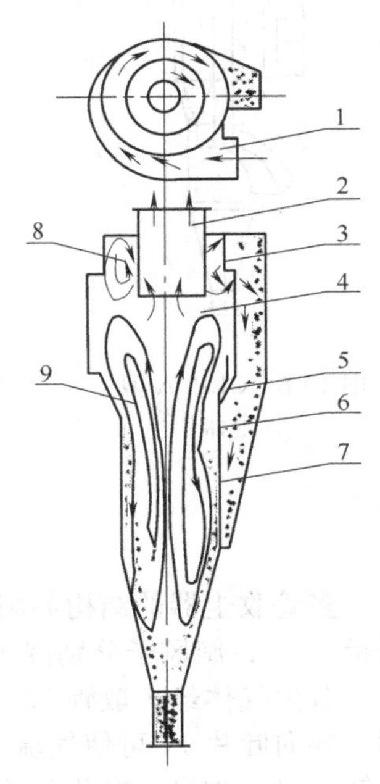

图 10-7　旁路式旋风收尘器工作原理
1—进风管；2—排风管；
3—切向狭缝；4—粉尘环分界面；
5—锥体旁路口；6—旁路；
7—回风狭缝；8—上旋流；
9—下旋流

为了加强引入气体的离心力，进气口采用半圆周型蜗壳入口方式，同时增大了入口面积，提高了收尘器的处理能力。

CLP型收尘器根据旁路的形式不同，又分为CLP/A型和CLP/B型两种，如图10-8、图10-9所示。前者的特点是筒体由二段圆筒和锥体组成，上部圆筒部分的旁路室为直形，下部圆筒部分的旁路室则是螺旋形。后者将双锥改为锥角较小的单锥，筒体外形与前者相似，圆筒部分的旁路室做成螺旋型槽。

⑤ CLG型（多管）旋风收尘器　将多个直径较小的旋风筒（也称旋风子）组合在一个壳体内，形成一个整体的收尘器，称为多管收尘器。这种组合方式体形布置紧凑，主要用于含尘浓度高、风量大、收尘效率要求高的情形。

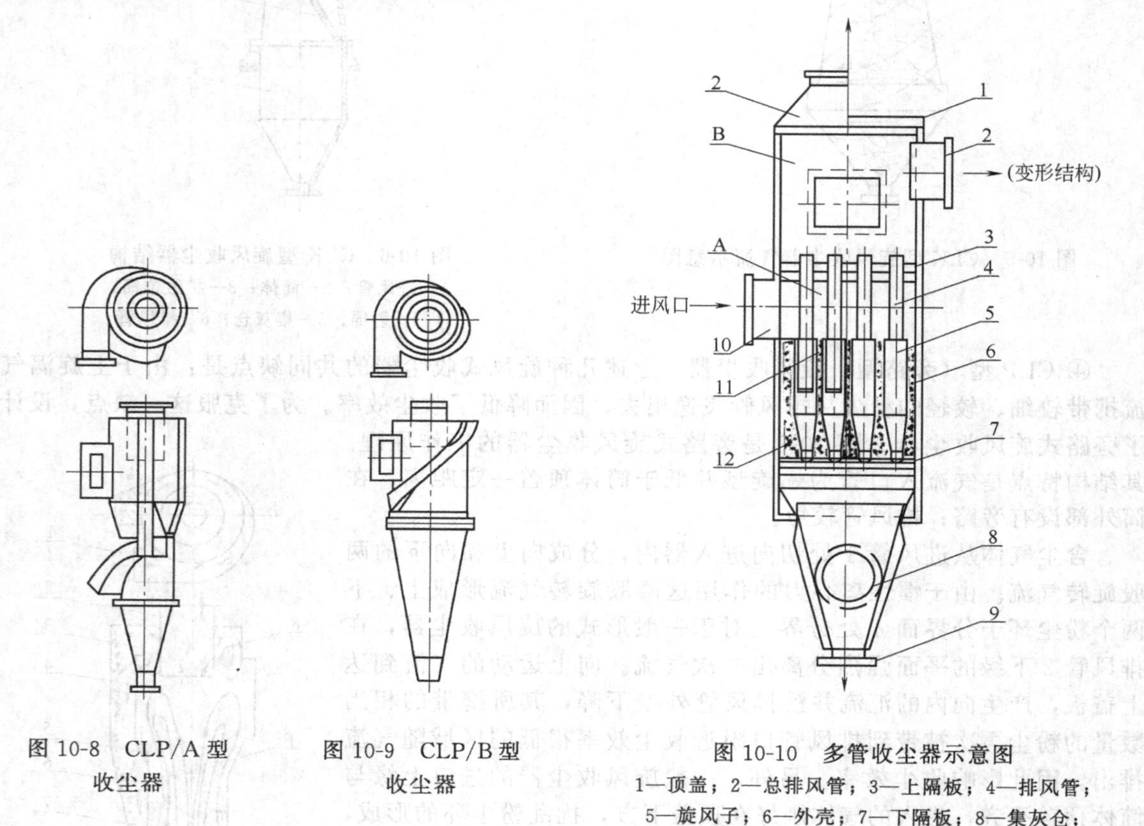

图10-8　CLP/A型收尘器

图10-9　CLP/B型收尘器

图10-10　多管收尘器示意图

1—顶盖；2—总排风管；3—上隔板；4—排风管；5—旋风子；6—外壳；7—下隔板；8—集灰仓；9—卸料口；10—进气扩散管；11—导向叶片；12—填料；A—配气室；B—集气室

多管收尘器的结构如图10-10所示。旋风子整齐排列在外壳6内，其中上下安装两个支承隔板3、7，旋风子分别嵌于隔板的孔上，旋风子和外壳之间用填料（如矿渣）12填充。

含尘气体经扩散管10和配气室A均匀地分布到各个旋风子内。在内筒（排风管）的外表面，导向叶片11可使气流在内、外筒之间作旋转运动使颗粒分离出来，粉尘落入集灰仓8，经卸料口9排出，净化后的气体从排风管4经集气室B和总热电厂风管2排出。

多管收尘器内的旋风子个数有10、12、16等。旋风子多为铸铁制成，其直径为100mm、150mm、200mm、250mm四种。旋风子导向叶片结构有螺旋式和花瓣式两种，如图10-11和图10-12所示。

多管收尘器的净化效率与旋风子的直径D和气流对旋风子断面而言的假想速度v（其方向垂直于筒体横断面）有直接关系。但直径D过小时，易造成堵塞。假想速度一般为2.2～5m/s。

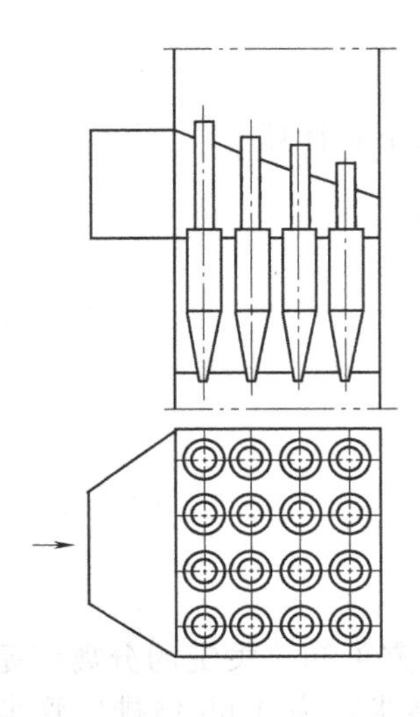

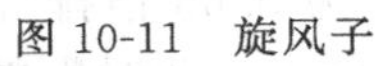

图 10-11　旋风子

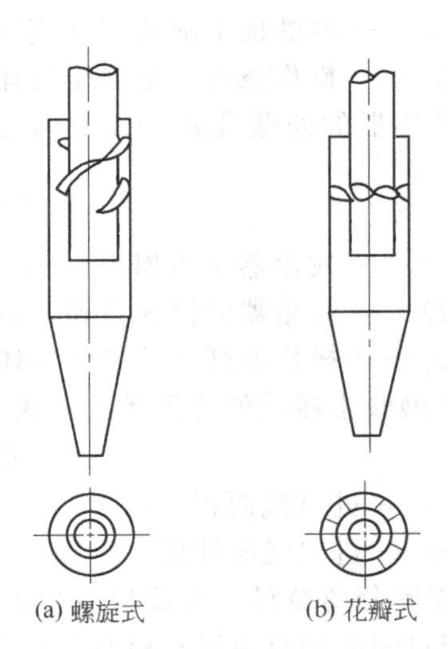

图 10-12　旋风子分布示意图

(3) 旋风收尘器的排灰装置　排灰装置包括集灰仓和锁风阀门，是旋风收尘器的重要组成部分，它对收尘效率具有重要影响。由于收尘器轴心处是负压，若排灰口有漏风，则上升的内旋气流将会带走大量粉尘，大大降低收尘效率。实践证明，若排灰口漏风 1%，则收尘效率降低 5%～10%；漏风 5%时收尘效率降低 50%；若漏风达 15%，则收尘效率可降至零。因此，在收尘器下部设置贮灰箱和锁风阀门以防漏风是非常必要的。

常用的锁风阀门有重力式和机动式两种。重力式又分为翻板阀和闪动阀两种，如图 10-13 所示。靠重锤 1 压住翻板 2 或锥形阀 3，当上面积灰质量超过重锤的平衡作用时，翻板或锤阀动作，将粉尘卸出，之后又回复原位，将排灰口封住。重力式锁风装置较简单，但密封性能较差。机动阀是由专门电机驱动卸料设备，图 10-14 所示的是叶轮式卸料机，1 是外壳，2 是橡胶，3 是转子，橡胶紧贴外壳的内缘，转子由电动机驱动回转。转速可根据转阀大小及排灰量而定，当格槽向上时，粉尘从贮灰箱落至该槽；当格槽转至下方时，粉尘卸出。

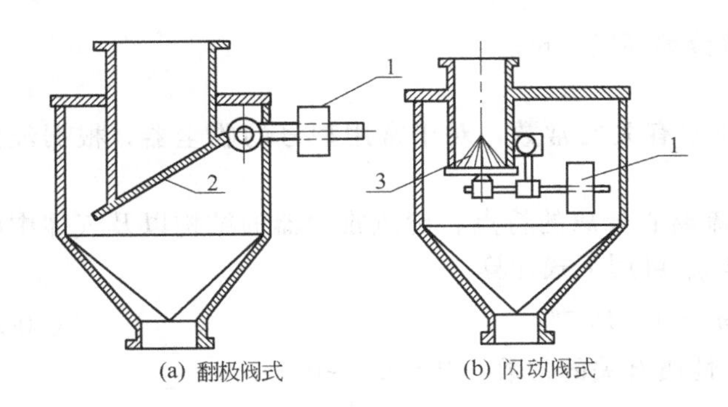

图 10-13　重力式锁风阀门
1—重锤；2—翻板；3—锥形阀

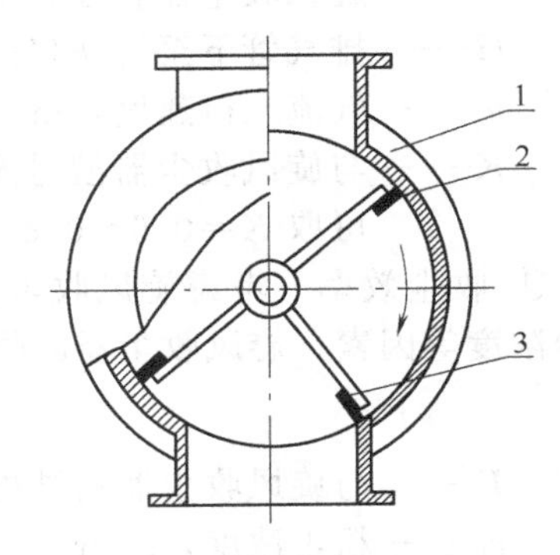

图 10-14　叶轮式卸料机
1—外壳；2—橡胶；3—转子

(4) 旋风收尘器的主要工作参数

① 压力损失　不同形式的旋风收尘器压力损失也不同，一般为 1000～2000Pa。压力损失一般可按局部阻力损失计算

$$\Delta P=\zeta v^2 \gamma_i/2 \ (\mathrm{Pa}) \tag{10-4}$$

式中　ΔP—— 局部阻力损失，Pa；

ζ—— 阻力系数，由试验确定；

v—— 横断面上的假想气流速度，m/s；

γ_i—— 操作条件下的含尘气体的密度，kg/m³。

② 收尘器的处理风量　CLT/A 型收尘器的处理风量按下式计算

$$Q=3867D\sqrt{\frac{\Delta P}{\gamma_i}}\ (m^3/h) \tag{10-5}$$

式中　ΔP—— 收尘器压力损失，Pa；

D—— 收尘器的筒体直径，m；

γ_i—— 操作温度下的含尘气体的密度，kg/m³。

CLP 型收尘器的处理风量按下式计算

$$Q=3600Av_i\ (m^3/h) \tag{10-6}$$

式中　A—— 进口截面积，m²；

v_i—— 进口气流速度，m/s。

③ 临界分离粒径　对旋风收尘器内气体流动状态的研究可知，关键的分离区是从排气管下至排灰口间的准自由涡与核心气流交界处，即大致在旋转半径为 0.65 倍排气管半径 r_1（即 $r_0=0.65r_1$）处有最大的圆周速度，在此假想的圆筒面上离心力最大，此时颗粒的离心沉降速度 u_r 与粒径 d_p 的关系可用下式表示

$$d_p^2=\frac{18\mu u_r r_0}{(\rho_p-\rho)u_t} \tag{10-7}$$

式中　u_r—— 颗粒的径向沉降速度，m/s；

u_t—— 气流的圆周（切向）速度，m/s；

r_0—— 排气管的半径，m。

对于一定型号的旋风收尘器，在正常操作风速范围（一般为 14～20m/s）内，临界分离粒径 d_k 可用下式计算

$$d_k=K\sqrt{\frac{9\mu D^2}{\pi H(\rho_p-\rho)u_i}}\ (m) \tag{10-8}$$

式中　D—— 旋风收尘器直径，m；

H—— 排气管下至排灰口间的有效分离高度，m；

u_i—— 气流入口速度，m/s；

K—— 与旋风收尘器型号及操作风速有关的常数，对于常用型号的收尘器，根据经验可取 $K=0.6$～0.8。

④ 收尘效率　考虑旋风收尘器内旋流离心分离的特点、旋风收尘器的结构以及气体中的粉尘浓度等因素，旋风收尘器的收尘效率 η_T 可用下式计算

$$\eta_T=1-Pc_i^{-q} \tag{10-9}$$

式中　P—— 与旋风收尘器的结构和粉尘性质有关的常数，$P=0.1$～0.3；

c_i—— 粉尘浓度，g/m³；

q—— 与操作条件有关的常数，一般，取 $q=0.046$～0.48。

10.1.3　袋式收尘器

(1) 概述

① 袋式收尘器的工作原理及特点　袋式收尘器是一种利用多孔纤维滤布将含尘气体中的粉尘过滤出来的收尘设备。因为滤布做成袋形，故一般称为袋式收尘器或袋式除尘器。

袋式收尘器已广泛应用于许多工业生产及环保过程中的非黏结性、非纤维粉尘的捕集。与旋风收尘器相比，其优点是收尘效率高，对于 5μm 的颗粒，收尘效率可达 99%以上；可捕集

1μm 的颗粒。与高效电收尘器相比，袋式收尘器的结构简单，技术要求不高，投资费用低，操作简单可靠。其缺点是耗费较多的织物，允许的气体温度较低，若气体中湿含量高或含有吸水性较强的粉尘，会导致滤布堵塞，因此其应用受到一定限制。

含尘气体通过滤布层时，粉尘被阻留，空气则通过滤布纤维间的微孔排走。其除尘原理如图 10-15 所示。气体中大于滤布孔眼的尘粒被滤布阻留，这与筛分作用相同。对于 1～10μm 的小于滤布孔径的颗粒，当气体沿着曲折的织物毛孔通过时，尘粒由于本身的惯性作用撞击于纤维上失去能量而黏附在滤布上。小于 1μm 的微细颗粒则由于尘粒本身的扩散作用及静电作用，通过滤布时，因孔径小于热运动的自由径，使尘粒与滤布纤维碰撞而黏附于滤布上，因此，微小的颗粒也能被捕集下来。

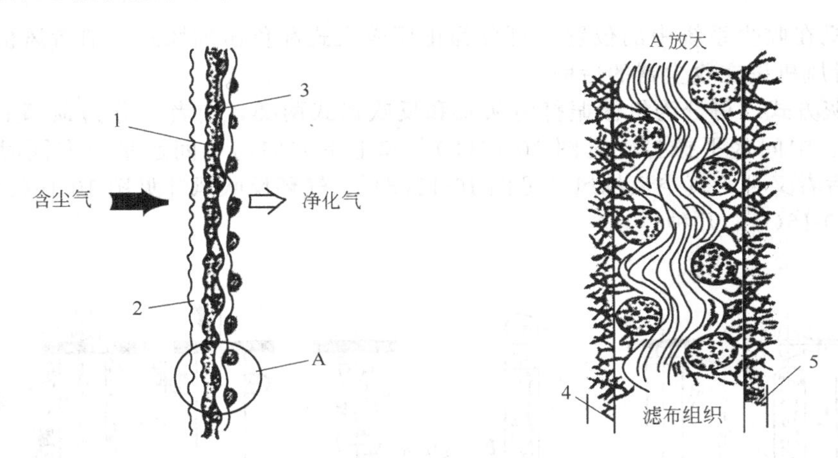

图 10-15 滤布的过滤原理

1—尘粒层；2—粉尘；3—滤布；4，5—起毛层

在过滤过程中，由于滤布表面及内部粉尘搭拱，不断堆积，形成一层由尘粒组成的粉尘料层，显著地强化了过滤作用，气体中的粉尘几乎被全部过滤下来。

随着粉尘的厚度增加，滤布阻力增大，使处理能力降低。为了保持稳定的处理能力，必须定期清除滤布上的部分粉尘层。由于滤布绒毛的支承作用，滤布上总有一定厚度的粉尘层清理不下来成为滤布外的第二过滤介质。

② 滤布材料 滤布材料的选择需要考虑含尘气体性质、含尘浓度、粉尘颗粒大小及其化学性质、湿含量和气体温度等因素。总的要求是滤布均匀致密、透气性好、耐热、耐磨、耐腐蚀和憎水，具有较高的收尘效率。常用的滤布材料如下。

① 棉织滤布 造价较低，耐高温性能差，只能在 60～80℃以下工作。现已很少采用。

② 毛织滤布 造价较高，耐热性能较好，可在 105℃以下工作，通常是用羊毛织成，透气性好，阻力小，且耐酸、碱。

③ 合成纤维 聚酰胺纤维（尼龙、锦纶等），耐磨性好，耐碱但不耐酸，可在 80℃气温下工作；聚丙烯腈纤维（腈纶、奥纶等），可在 110～130℃气温下工作，强度高，耐酸但不耐碱；聚酯纤维，耐热、耐酸碱性能均较好，可在 140～160℃气温下工作；玻璃纤维，过滤性能好，阻力小，化学稳定性好，造价低。

各种滤布材料的性能及适宜过滤风速见表 10-2。

(2) 袋式收尘器的分类

① 按滤袋形状 分为袖袋式（圆筒形）和扁袋式两种。

② 按过滤方式 分为外滤式和内滤式，对于袖袋，内外过滤两种方式均可采用，而扁袋式多采用外滤式。

表 10-2 常用滤布材料的性能及适宜过滤风速

滤布材料		密度 /(kg/dm³)	抗拉强度 /MPa	耐腐蚀性		耐热性/℃		耐磨性	吸湿率 /%	过滤风速 /(m/min)
				耐酸	耐碱	经常	最高			
天然纤维	棉、毛	1.5～1.6	345	差	好	70～80	80	好	8～10	0.6～1.5
		1.28～1.33	110	好	差	80～100	105	好	10～15	
合成纤维	尼龙	1.14	300～600	中	好	75～85	105	好	4～4.5	0.5～1.3
	奥纶			好	中	125～135	140	好	1.3～20	
	涤纶			好	好	140～160	170	好	0.4	
无机纤维	玻璃纤维	2.4～2.7	1000～3000	好	好	200～260	280	差	0	0.3～0.10

③ 按风机在收尘系统中的位置　可分为正压鼓入式和负压抽风式，前者风机设在收尘器的前面，后者风机设在收尘器的后面。

④ 按清灰方式　可分为机械振打清灰式和反吹风式两类，前者又分为顶部上下振打［见图 10-16(a)］、中间水平振打［见图 10-16(b)］和上下方向与中间水平方向同时振打［见图 10-16(c)］；后者又分为真空反抽风［见图 10-16(d)］、气环反吹风［见图 10-16(e)］和脉冲反吹风［见图 10-16(f)］几种。

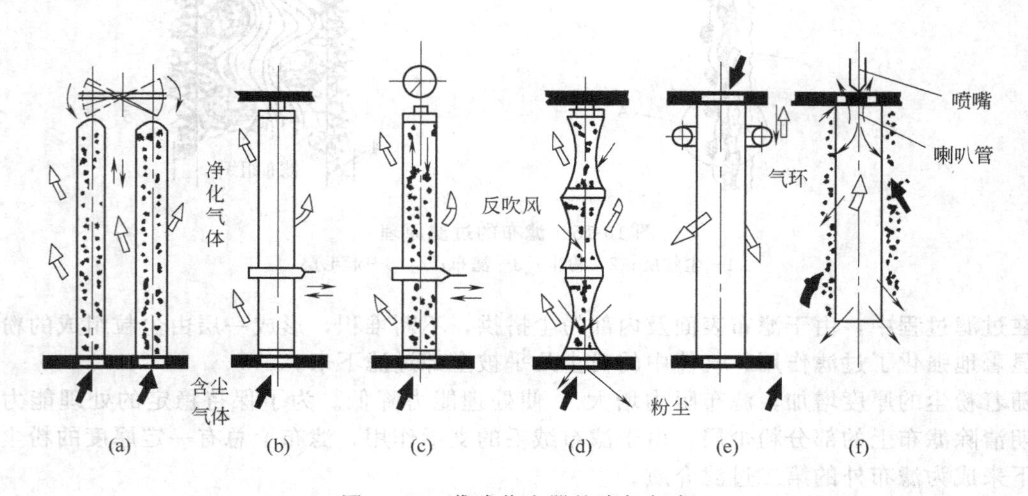

图 10-16　袋式收尘器的清灰方式

按气体入口位置可分为下进气式和上进气式两种。

a. 机械振打袋式收尘器　图 10-17 为中部振打袋式收尘器的结构示意图。过滤室 4 根据收尘器的规格不同分成 2～10 个分室，每个室内挂有 14 个滤袋 5，含尘气体由进风口 8 进入，经过隔风板 9 分别进入各室的滤袋中，气体经过滤袋后通过排气管 10 排出。排气时，排气管阀门 12 打开，回风管阀门 13 关闭。气体的流动是靠排风机的抽吸作用。滤袋的上口呈封闭状态悬挂在支架 14 上，滤袋下口固定在底板 7 的花板孔上。振打装置 2 设在顶部，通过摇杆 1、振打棒 3 与框架 6 相连接，在收尘器的中部摇晃滤袋达到清灰的目的。

含尘气体从进风口 8 进入收尘器内，当由内向外经过滤袋时，气体中的粉尘大部分吸附在滤袋的内壁上，一小部分滞留在滤袋的纤维缝中。振打装置 2 按一定周期循环振打。

在振打前为了使振打抖落的粉尘土不致被进入的含尘空气吹起，通过摇杆先将排风管的阀门 12 关闭，切断含尘气体通路并将阀门 13 打开，同时摇杆通过打棒带动框架前后摇动（时间约 10s)，袋上附着的粉尘随之脱落。又由于回风管 11 的阀门 12 打开后，利用通风机的压力使气体以较高的速度从滤袋外向内反吹，滤袋纤维内滞留的粉尘便被吹出并与振打掉落的粉尘一起落入下部的集灰斗中，由螺旋输送机 16 和分格轮 17 送走。振打结束后，回风管阀门自动关闭，排气管阀门自动开启，该室滤袋又开始过滤工作。

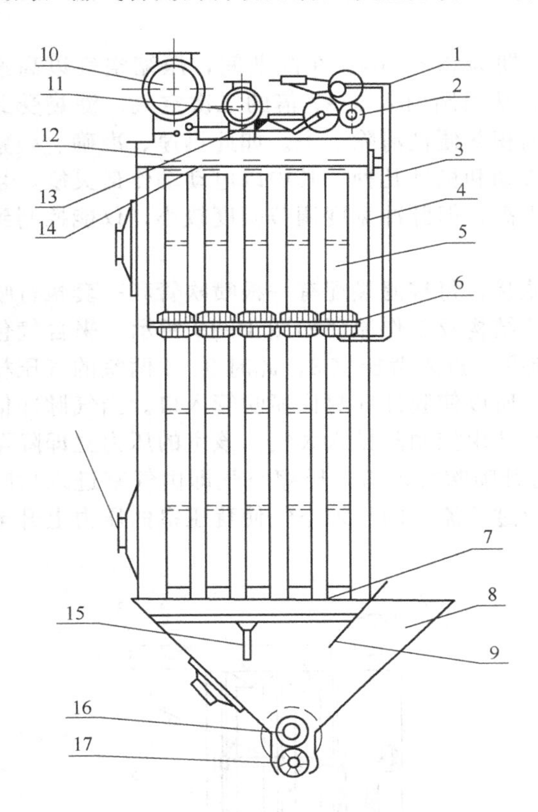

图 10-17　中部振打袋式收尘器

1—摇杆；2—振打装置；3—振打棒；4—过滤室；5—滤袋；6—框架；7—底板；8—进风口；9—隔风板；10—排气管；11—回风管；12，13—阀门；14—支架；15—电热器；16—螺旋输送机；17—分格轮

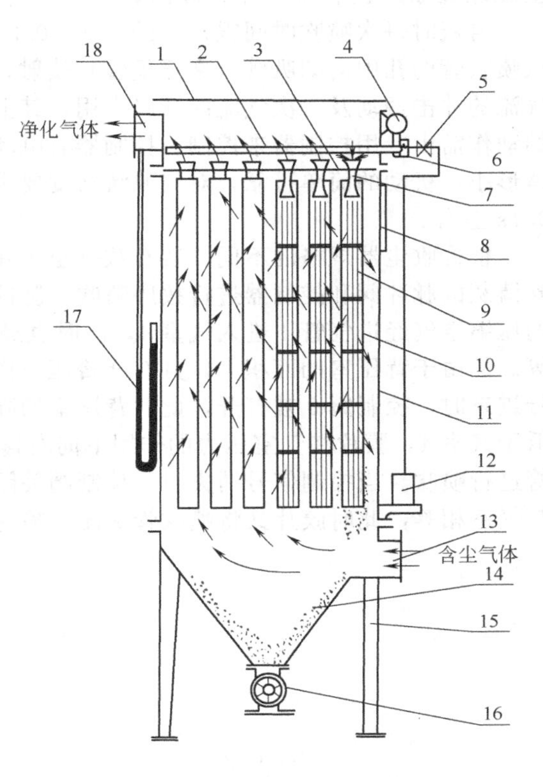

图 10-18　脉冲反吹风袋式收尘器

1—喷吹排气管；2—喷吹管；3—花板；4—压缩空气包；5—压缩空气控制阀；6—脉冲阀；7—喇叭口；8—备用进气口；9—滤袋骨架；10—滤袋；11—除尘箱；12—脉冲信号发生器；13—进气管；14—灰斗；15—机架；16—排灰叶轮；17—压力计；18—净化气体出口

各室的滤袋是轮流振打的，即在其中一个室振打清灰时，含尘气体通过其他各室。因此，每个室的滤袋虽然间歇地进行振打，但整个收尘器是在连续地进行工作。

收尘器中还装有电热器 15，以便在气体温度低时使用。

这种收尘器振打装置结构简单，故障少，易维修，但滤袋损坏较快。

b. 脉冲反吹风袋式收尘器　脉冲反吹风袋式收尘器是一种新型高效袋式收尘器。它采用 0.6～0.8MPa 的压缩空气脉冲喷吹方式，可通过调节脉冲周期和脉冲时间使滤袋保持良好的过滤状态，所以过滤风速高，为 3～6m/min，因而可缩小体积；同时无运动部件，滤袋不受机械力作用，寿命长。主要缺点是脉冲控制仪较复杂，技术要求高，对高浓度、高湿度的粉尘捕集效果不太理想。

脉冲反吹风袋式收尘器的基本构造和工作原理如图 10-18 所示。机体由三部分组成：中箱包括除尘箱 11、滤袋 10、支承滤袋的骨架 9 及花板 3；上箱包括喷吹排气管 1、喷吹管 2、喇叭管 7、压缩空气包 4、脉冲阀 6 及净化气体出口 18；灰斗包括进气管 13、下部卸灰用的螺旋输送机和排灰叶轮 16。

工作过程如下：含尘气体由进气管进入除尘箱，然后由外向内进入滤袋。净化后的气体由袋上部的喇叭管进入喷吹排气箱，净化气体由出口管排出。粉尘阻留在袋外侧，一部分可借重力作用掉落，其余部分则每隔一定时间用压缩空气进行喷吹。落至灰斗底部的粉尘经螺旋输送机和排灰叶轮卸出。

清灰时每次喷吹时间很短，约 0.1～0.2s，周期为 30～60s。在此期间，压缩空气以高速从喷吹管的孔中向喇叭管（文丘里管）喷射，同时从周围引入 5～7 倍的二次空气。滤袋受此气流的冲击振动及二次气流的膨胀作用，其上面的积灰便被清除下来。如此迅速、准确、频繁的动作需由专用控制器来控制。控制器有电动、气动和机动几种，其中以电动动作最灵敏，且体形小；机动的简单可靠，对气源清洁度要求也不高，但脉冲宽度调节幅度较小，仅能控制到 0.1s 左右。

根据收尘器规格的不同，装有数排至十几排滤袋，每排滤袋配有一根喷吹管和一套执行喷吹清灰的脉冲阀和控制器进行按序喷吹。脉冲阀的结构及工作原理如图 10-19 所示。来自气包的压缩空气经进气管 1 进入气室 4，同时也经节流孔 2 进入背压室 3，此时 3、4 两室的气压相等。但由于背压室的面积大，且有弹簧压力作用，所以使膜片 5 封住喷吹管入口。当气脉冲信号进来时，控制阀 6 被打开，此时背压室的高压空气由控制阀排入大气。该室的压力立即降至低于气室 4，膜片在气室压力的作用下向右移，打开喷吹管入口，压缩空气即由气室进入喷吹管进行喷吹。当控制信号消失时，控制阀关闭，通过节流孔的压缩空气使背压室的压力上升至与气室相等，此时膜片又将喷吹管封闭，喷射停止。

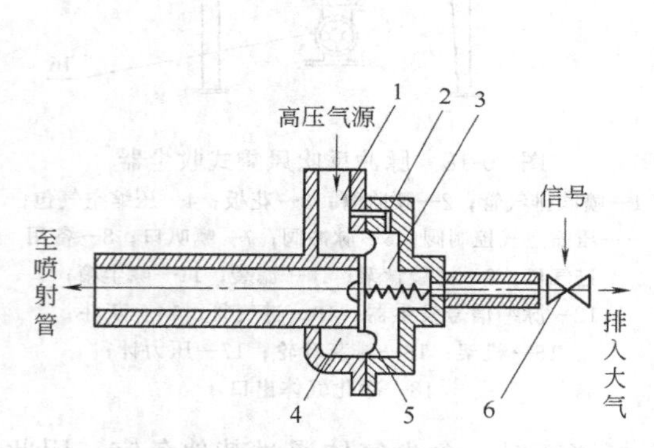

图 10-19 脉冲阀结构原理

1—进气管；2—节流孔；3—背压室；4—气室；5—膜片；6—控制阀

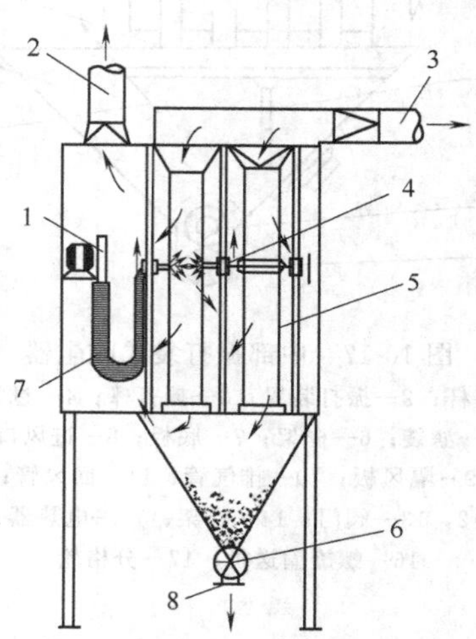

图 10-20 气环反吹风袋式收尘器

1—反吹风机；2—出风口；3—进风口；4—反吹喷嘴；5—滤袋；6—排灰叶轮；7—软风管；8—排灰口

脉冲反吹风袋式收尘器称为 MC 型袋式收尘器。其中，气动控制的为 QMC 型，电动控制的为 DMC 型，机动控制的为 JMC 型。

c. 气环反吹风袋式收尘器　气环反吹风袋式收尘器也是高效收尘器之一。其突出特点是：适用于捕集高浓度和较潮湿的粉尘，且采用小型高压风机作反吹气源，必要时可将反吹风加热至 40～60℃。与脉冲式相比，具有过滤风速大、投资省、反吹气源易解决等优点，同时也不需要高精度控制仪器，制造方便。其缺点是气环箱紧贴滤袋上下往复运动因而使滤袋磨损加快，气环箱及其传动部件也易发生故障。

气环反吹风袋式收尘器的工作过程如图 10-20 所示。它由机体、气环箱反吹风装置、滤袋及排尘装置组成。气环箱紧贴压滤袋外侧作上下往复运动，箱内紧贴滤袋处开有一条环形细缝，称为气环喷管。含尘气体由进口引入机体后流入滤袋内部，粉尘被阻留在滤袋内表面。净化后的气体穿过滤袋经出口管排出机外。黏附在滤袋内表面的粉尘由气环喷出的高压气流吹落。目前，反吹风机多装在机体外部以便于操作和维护。反吹风量约为收尘器处理风量的8%～10%，风压为5000～15000Pa。

(3) 清灰方式和清灰周期　在袋式收尘器工作过程中，滤袋内壁的积灰若不及时清除，则随着时间的增长，灰层变厚，使滤袋阻力不断增加，风机的风量也因之下降，影响收尘器的正常工作。因此，袋式收尘器必须定期清灰，使滤布保持通风顺畅，从而保证有效地连续过滤。从此意义上讲，清灰是袋式收尘器管理工作和结构设计中的一个重要部分。

清灰周期对滤袋阻力和风量有明显影响，最终影响收尘效率，其关系见图10-21。

曲线1、2分别表示风量和阻力与清灰周期的关系。由曲线可看出，当收尘器运行150min时，过滤阻力从300Pa增大到820Pa，通风量则从100%降至72%。虚线3、4表明，当清灰周期为60min时，滤袋阻力和通风量可立即恢复到原来数值。清灰周期越短，收尘器的风量和风压越稳定。所以，清灰装置的清灰周期应有合适的值，如机械振打式、气环反吹式和脉冲反吹式的清灰周期分别为6min、1min和30～60s。

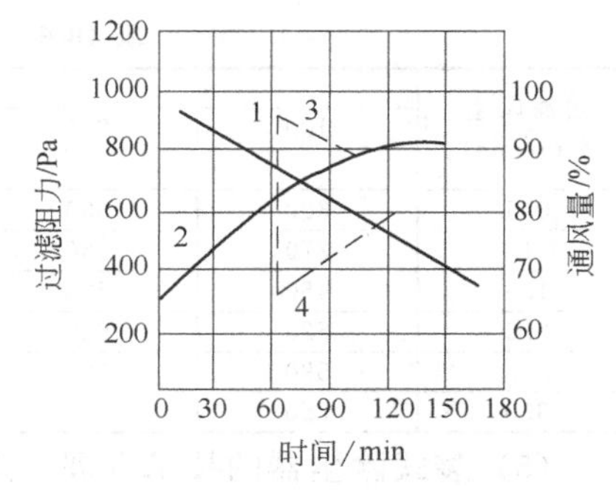

图10-21　通风量和过滤阻力与清灰周期的关系

(4) 袋式收尘器的选型计算　选型前首先要弄清楚需处理的含尘气体量、含尘浓度、温度、湿度及对收尘效率的要求等，以便选择和计算合理的过滤风速、过滤面积、滤袋数目，从而选择合适的收尘器型号和台数。

① 过滤面积　过滤面积可按下式计算

$$F = F_1 + F_2 = \frac{Q}{60v} + F_2 \ (\mathrm{m^2}) \tag{10-10}$$

式中 F_1—— 滤袋工作部分的过滤面积，m^2；

F_2—— 滤袋清灰部分的过滤面积，m^2；

Q—— 处理风量，m^3/h；

v—— 过滤风速，m/min。

处理风量包括设备的通风量和系统的漏风量。漏风量一般为设备通风量的10%～30%。此外，处理量还应包括反吹风量，对于气环反吹风和脉冲反吹风，这部分风量约为总通风量的4%～10%。

通风量可按有关公式计算或从有关手册查得。过滤风速与滤袋材料、清灰方式和气体含尘浓度等有关，一般可按含尘浓度确定过滤风速，见表10-3。

表10-3　袋式收尘器的过滤风速

类　型	中部振打袋式收尘器	气环反吹风袋式收尘器	脉冲反吹风袋式收尘器	玻璃纤维袋式收尘器
含尘浓度/(g/m^3)	50～70	15～30	3～5	<100
过滤风速/(m/min)	1～1.5	2～4	3～4	0.3～0.9

② 滤袋数量　根据总过滤面积即可从产品目录查出所需要的滤袋规格及数量，也可按下式计算

$$m = F/f \tag{10-11}$$

式中 m—— 滤袋的数量，个；

F—— 总过滤面积，m^2；

f—— 每个滤袋的过滤面积，m^2。

③ 收尘器阻力的计算　袋式收尘器的阻力包括过滤阻力和机体阻力两部分。过滤阻力与滤袋的材料、滤尘量、气体含尘浓度、过滤风量及清灰周期等因素有关。准确的数据应通过试验确定，实际中一般用查表法。首先计算滤袋的滤尘量，计算公式为

$$G=C_0vT \tag{10-12}$$

式中　G—— 滤袋的滤尘量，g/m^2；

C_0——气体的含尘浓度，g/m^3；

v—— 过滤风速，m/min；

T—— 清灰周期，min。

根据滤尘量和过滤风速可从表 10-4 中查得过滤阻力 Δp_1 和机体阻力 Δp_2。

$$\Delta p=\Delta p_1+\Delta p_2 \text{ (Pa)} \tag{10-13}$$

表 10-4　滤尘量、过滤风速与过滤阻力的关系

过滤风速/(m/min)	滤袋滤尘量/(g/m²)						Δp_2/Pa
	100	200	300	400	500	600	
	Δp_1/Pa						
0.5	300	360	410	460	500	54	—
1	370	460	520	580	630	690	80
1.5	450	530	610	680	750	820	100
2.0	520	620	710	790	880	970	150
2.5	590	700	810	900	1000	—	250
3.0	650	770	1000	1000	—	—	—

(5) 袋式除尘器的技术发展　近年来，由于袋式除尘器主机、过滤材料、清灰方式及自动控制装置的不断改进，袋式除尘技术水平也在不断提高，袋式除尘器对于气体的高温、高湿、高浓度、微细粉尘、吸湿性粉尘、易燃易爆粉尘等不利工况条件有了更强的适应性，并且在加强清灰、提高效率、降低消耗、减少故障、方便维修方面达到一个新的高度，其突出表现是大型化和能够适应高含尘浓度的气固分离。目前，袋式除尘器已能够直接处理含尘浓度 1400g/m³ 的气体，比以往提高数十倍，并达标排放。因此，许多物料回收系统抛弃了原来的多级收尘工艺，代之以一级收尘工艺。例如，以长袋脉冲袋式除尘器的核心技术为基础，强化过滤、清灰和安全防爆功能，形成高浓度煤粉收集技术，已成功用于煤磨系统的气固分离工艺，并获得了日益广泛的应用。在水泥工业中，用立式磨磨制生料、煤粉，经 O-Sepa 选粉机选出合格水泥或煤粉，排出气体粉尘浓度高达 1000g/m³ 以上。袋式除尘器巧妙的本体结构把重力除尘和过滤除尘的机理结合在一起，将排出气体中的产品收集下来，简化了粉磨工艺流程，减小了系统阻力，成为粉磨系统中必不可少的一个工艺设备。

① 高效过滤材料　过滤材料是袋式除尘器的心脏，其性能在很大程度上决定着除尘器的效率。第一代滤布材料（天然织物）的除尘效率一般不超过 99%，现已很少采用；第二代滤布材料（合成纤维布）的除尘效率可超过 99%；第三代过滤材料（合成纤维针刺毡）的除尘效率可超过 99.9%；第四代过滤材料（表面处理或覆膜的毡式滤料）的除尘效率可超过 99.99%。

第二代过滤材料 729 型滤布与第三代过滤材料 ZLN-D 型针刺毡的过滤性能比较见表 10-5。

表 10-5　729 型滤布与 ZLN-D 型针刺毡的过滤性能比较

滤布名称	洁净滤布阻力系数	透气率/[L/(m²·s)]	孔隙率/%	净态过滤效率/%	动态过滤效率/%
729 型滤布	1.85	120	35	99.00	99.10
ZLN-D 型针刺毡	0.725	330	82	99.97	99.98

表 10-5 中数据清楚地表明，针刺毡的过滤性能明显优于 729 型滤布，在相同的使用条件下，阻力更低，效率更高，寿命更长。第四代过滤材料如表面覆聚四氟乙烯膜的针刺毡与未覆膜的针刺毡相比，其过滤效率从 99.98%提高到 99.998%。第三、四代针刺毡滤料及针刺毡覆膜滤料应用于袋式除尘器使其排放浓度可降到 10mg/m³ 以下。

目前我国水泥工业中大多采用第三代的涤纶针刺毡，也有开始选用覆膜的第四代滤料的实例，虽然造价相对贵些，但具有其他滤料难以比拟的优越性。

袋式除尘器过滤材料的进步还表现在能够适应较高的气体体温度。由微细玻璃纤维与耐高温 P84 等化学纤维复合，利用特殊工艺制成的新型 FMS——氟美斯耐高温针刺毡的连续使用温度高于 200℃，已在钢铁、水泥、天然气、化工等行业获得了成功的应用。

② 滤袋接口技术　袋式除尘器的滤袋接口技术有了长足进步，使除尘效率更加提高。过去采取绑扎或螺栓压紧的固袋方式，滤袋接口存在泄漏，使除尘器的除尘效率同滤料相差 1～2 个数量级。新的固定方式是严格控制花板的袋孔以及袋口的加工尺寸，依靠弹性元件使袋口外侧的凹槽嵌入袋孔内，二者公差配合，密封性好，消除了接口处的泄漏。

③ 高能量脉冲清灰方式　近年来，随着脉冲阀、滤料等技术的发展，脉冲袋除尘器特别是气箱脉冲袋式除尘器（如图 10-22 所示）已逐步开始替代反吹风袋除尘器，其主要原因如下。

a. 脉冲袋除尘器体积小，重量轻。脉冲清灰袋除尘器采用的滤料为针刺毡，其过滤风速可提高一倍左右，体积减小一半。

b. 维修方便、简单。脉冲式袋除尘器采用外滤式清灰结构，换袋时只需在机外抽袋更换，可免去像反吹风袋除尘器那样进入袋室检查换袋的烦琐，无须设检查走道。

c. 除尘效率提高。反吹风袋除尘器是靠滤袋内外压差的作用，形成缩袋抖动而实现清灰的，清灰强度低，且每次清灰后，滤袋上的第二过滤层也随之被清掉，反而影响了除尘效率。而脉冲袋式除尘器采用压缩空气、三维过滤清灰，无需第二过滤层，所以排放受清灰动作的影响小。

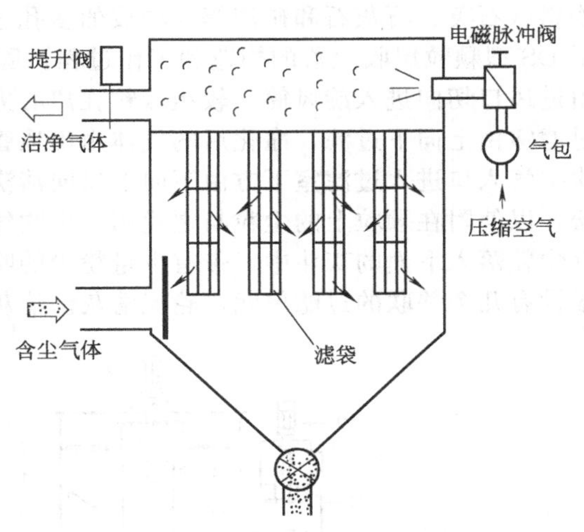

图 10-22　气箱脉冲袋式除尘器

脉冲清灰的脉冲宽度为 0. 1～0.2s，试验证明，脉冲清灰过程从 0.06s 开始，粉尘层从上部开始剥离，到 0.16s 时，剥离干净。若滤料经过喷涂或覆膜等表面处理，脱离过程可进一步缩短。

喷吹脉冲为在线清灰，清灰期间滤袋不停止工作，一组一组滤袋按时间顺序依次进行清灰。其优点是没有切换阀等装置，设备比较简单，且气流与阻力的波动不大。缺点是存在二次吸附现象，即一部分抖落下来的粉尘重返滤袋。过滤风速越高，这种现象就越严重。因而难以彻底清灰。如过滤风速为 3m/min 时，再吸附率可达 38%。而气箱脉冲是离线清灰，清灰过程中，首先将气流截断，停止被清灰箱室的过滤工作，然后对该箱室喷吹。在完成剥离、沉降等过程后再重新投入工作，所以清灰较彻底。

气箱脉冲清灰大致可分为三个阶段：第一阶段，脉冲阀打开时压缩空气瞬间喷入洁净气室，进而涌入滤袋使滤袋发生高频低幅的振动；第二阶段，压缩空气产生的脉冲使滤袋从原过滤时以星状依附在骨架上面而向外弹出，从而喷吹掉沉积在袋面上的粉尘；第三阶段；随着压缩空气的不断涌入，继续清掉滤袋上的残留粉尘，直至“清灰彻底”为止。上述三个阶段仅需 0.15～0.2s（脉冲宽度）。

④ 袋式除尘器自动控制系统　袋式除尘器的自动控制已普遍采用 PLC 机，工控机 IPC 也已进入这一领域。中、小型设备多采用单片机或集成电路为核心的控制技术。自控系统的功能更为齐全，对清灰进行程控，自动监测除尘设备和系统的温度、压力、压差、流量参数、超限报警；对脉冲喷吹装置、切换阀门、卸灰阀等有关设备和部件的工况进行监视、故障报警；对清灰参数（周期持续时间等）进行显示。对各控制参数的调节更加方便。大型脉冲式袋除除尘器已成为发展趋势。

⑤ 袋式除尘器的大型化　目前，大型分箱脉冲袋式除尘器已成为发展趋势。上钢五厂100t电炉采用的新型袋除尘器的过滤面积为11716m^2，处理风量为967000m^3/h，排放浓度为8～12mg/m^3，设备阻力低于1200Pa，喷吹压力≤0.2MPa，清灰周期长达75min。随后建设的一批超高功率电炉也都竞相采用大型脉冲袋式除尘器。近几年，炼钢转炉的二次烟尘治理使用的大型袋除尘器的过滤面积达15580m^2，处理风量为1500000m^3/h。滤袋直径可达ϕ250～300mm，长径比达40。

10.1.4 颗粒层收尘器

颗粒层收尘器是20世纪60年代发展起来的一种过滤式收尘器，其除尘方法和机理与袋式收尘器基本属同一种多孔过滤器，所不同的是颗粒层收尘器的过滤介质不是滤布而是细小颗粒物料（石英、石灰石和矿渣等）构成的多孔过滤层，因而也称为填料式收尘器。图10-23表示了DS型颗粒层收尘器的构造和工作过程。固定的颗粒过滤层下面实际上是旋风筒，含尘气体由进风口切向进入旋风筒，较粗颗粒在离心力的作用下首先被分离出来。细颗粒经插入管进入过滤室由上向下过滤，净化后的气体由出风管排出。清灰时，截流阀将出风口封闭，空气从反吹空气入口进入过滤室下方由下向上反向清洗，同时启动顶部电动机带动梳耙转动将颗粒层搅松，以使附在颗粒上的尘粒与之脱离。反吹气体携带细尘粒通过插入管进入下部旋风筒，大部分尘粒落入下面的灰斗中，带有少量粉尘的吹洗空气最后经进风口排出进入其他过滤单元。一般设有几个并联的过滤单元，轮流清灰。清灰结束后，截流阀复原，收尘器恢复工作。

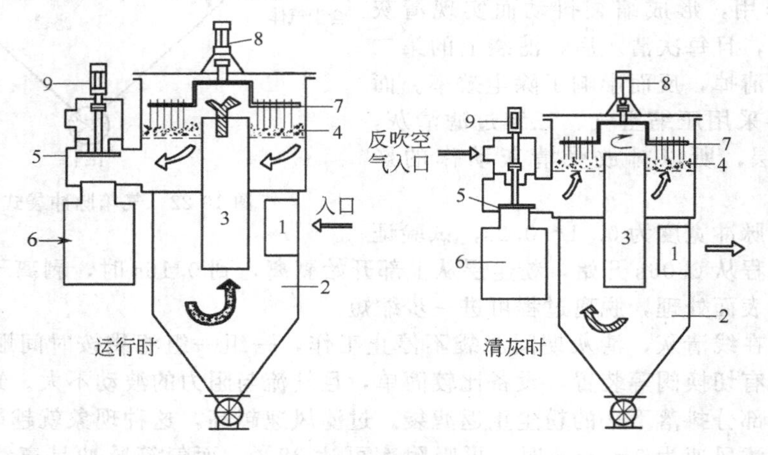

图10-23　带梳耙的旋风式颗粒层收尘器
1—进风口；2—旋风筒；3—插入管；4—颗粒层过滤室；
5—截流阀；6—净风出口；7—梳耙；8—驱动电动机；9—油缸

颗粒层收尘器目前多用于水泥厂熟料冷却机的余气收尘。

颗粒层收尘器的主要参数是：过滤风速为0.4～0.8m/s；填充层颗粒物料的粒径为1.5～6mm；颗粒层厚度为100～200mm；收尘效率可达85%～95%。清洗用的反吹风量约为过滤风量的10%。该收尘器的主要优点是：可在较高温度下运行（一般可在350℃下工作，用耐热钢制的可在450～550℃下工作）；耐腐蚀；比旋风收尘器收尘效率高，结构比电收尘器简单，又比袋式收尘器耐用。主要缺点是不适用于潮湿、黏性粉尘的捕集，占地面积较大。

10.1.5 电收尘器

电收尘器是一种高效率收尘装置，能收下极微小的尘粒。它是以高压直流电的正负两极间维持一个足以使气体电离的静电场，气体电离所产生的正负离子作用于通过静电场的粉尘表面而使粉尘荷电。根据库仑定律，荷电粉尘分别向极性相反的电极移动而沉积在电极上，达到粉尘与气体分离的目的。电收尘器已广泛用于工业生产中，它具有以下优点：收尘效率高，可达 99%以上；能处理较大的气体量；能处理高温、高压、高湿和腐蚀性气体；能量消耗少，一般阻力损失不超过 30～150Pa，电能消耗仅为 0.1～0.8kW・h/1000m^3；操作过程可实现完全自动化。

电收尘器的缺点是一次投资大，占空间大，钢材消耗多，捕集高电阻率的细粉尘时需要进行增湿处理等。

(1) 工作原理、构造和类型　电收尘器的工作原理如图 10-24 所示。将平板（或圆管壁）和导线分别接至高压直流电源的正极（阳极）和负极（阴极）。电收尘器上的正极称为沉积极或集尘极，负极称为电晕极。在两极间产生不均匀电场。当电压升高至一定值时，在阴极附近的电场强度促使气体发生碰撞电离，形成正、负离子。随着电压继续增大，在阴极导线周围 2～3mm 范围内发生电晕放电，这时，气体生成大量离子。由于在电晕极附近的阳离子趋向电晕极的路程极短，速度低，碰到粉尘的机会较少，因此绝大部分粉尘与飞翔的阴离子相撞而带负电，飞向集尘极（见图 10-25），只有极少量的尘粒沉积于电晕极。定期振打集尘极及电晕极使积尘掉落，最后从下部灰斗排出。

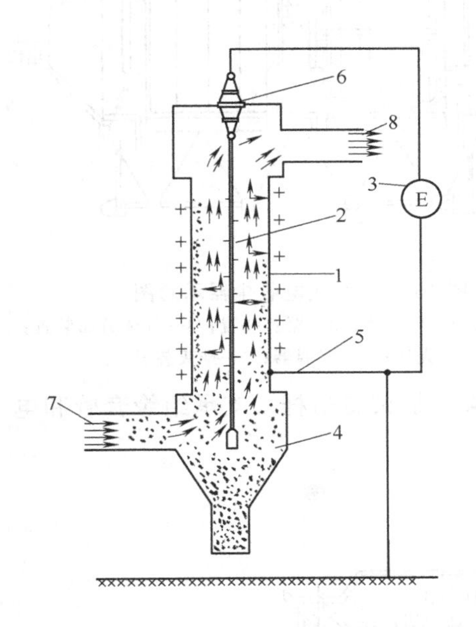

图 10-24　电收尘器工作原理

1—集尘极；2—电晕极；3—电源；4—灰斗；5—正极线；6—负极绝缘子；7—气体入口；8—气体出口

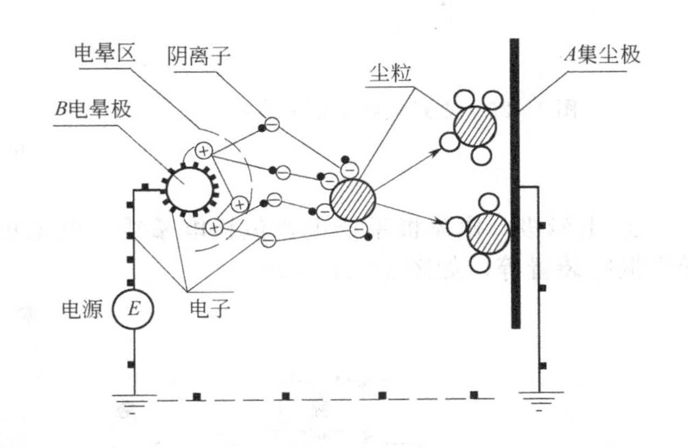

图 10-25　静电收尘过程示意图

(2) 收尘器的类型

① 按含尘气体运动方向　可分为立式和卧式两种。

② 按处理方式　可分为干式和湿式两种。

③ 按集尘极形式　可分为管式和板式两种。

④ 按集尘极和电晕极在收尘器中的位置配置　可分为单区式和双区式。

工业用的电收尘器由许多组阳极板或管和阴极组成，上述各种收尘器中二者均垂直于地面放置，再配以外壳、集灰斗、进出口气体分布板、振打机构绝缘装置及供电设施等组成一套系统。

含尘气体由下垂直向上经过电场的称为立式收尘器，如图 10-26 所示。优点是占地面积小。但由于气流方向与尘粒自然沉落方向相反，因而收尘效率稍低；另外，高度较大，安装维修不方便，采用正压操作，风机布置在收尘器之前，磨损较快。

图 10-27 所示为卧式电收尘器，气体水平通过电场，按需要可分成几个室，每室又分成几个具有不同电压的电场。其优点是：可按粉尘的性质和净化要求增加电场数目，同时可按气体处理量增加除尘室数目，这样既可保证收尘效率，又可适应不同处理量的要求。卧式收尘器可负压操作，因而延长风机使用寿命，节省动力，高度也不大，安装维修较方便。但占地面积较大。

(3) 电收尘器的构造　电收尘器是由高压整流机组和收尘器本体两大部分所组成，本节只重点介绍收尘器本体的构造。电收尘器本体主要由电晕极、集尘极、振打装置、气体均布装置、壳体、保温箱和排灰装置等组成。

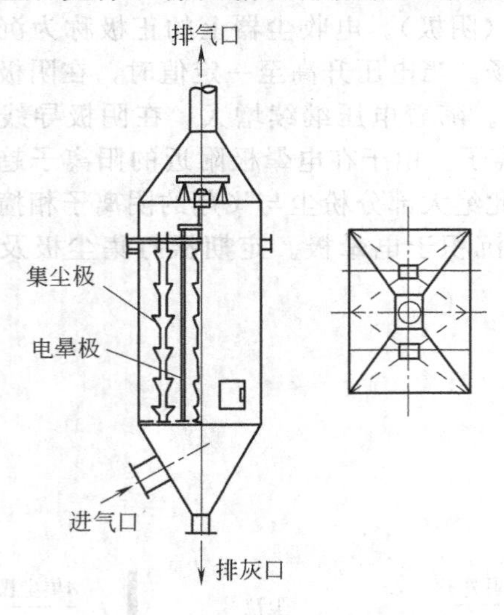

图 10-26　立式电收尘器示意图

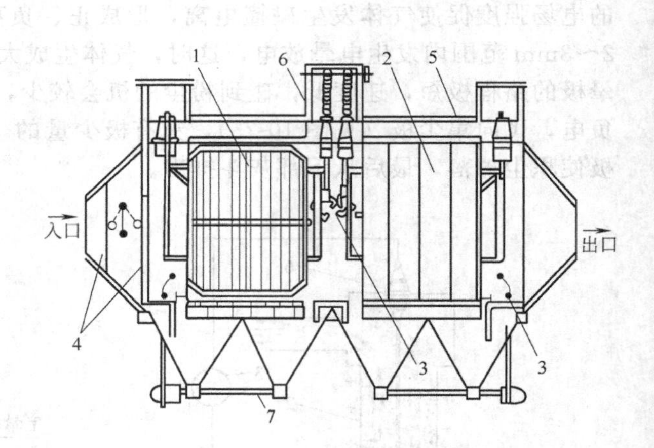

图 10-27　卧式电收尘器示意图

1—电晕极；2—收尘器；3—振打装置；4—气体分布装置；5—壳体；6—保温器；7—排灰装置

① 电晕极　电晕极系统主要包括电晕线、电晕极框架、框架悬吊杆、支承绝缘套管和电晕极振打装置等，如图 10-28 所示。

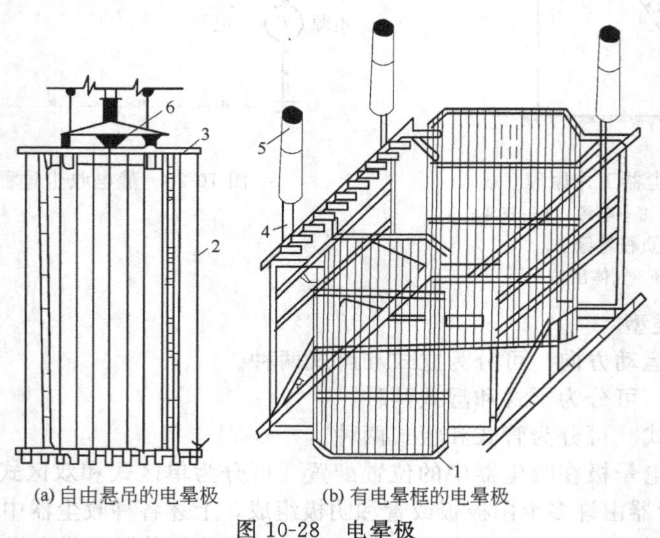

图 10-28　电晕极

1—电晕极框架；2—电晕线；3—电晕线悬吊架；4—悬吊杆；5—石英套管；6—振打装置

电晕线放电性能的好坏直接影响到收尘效果。就其电晕现象而言，电晕线越细越好。在同样荷电条件下，电晕线越细，其表面电场强度就越大，电晕放电的效果也越好。但电晕线太细时，不仅机械强度低，而且也容易锈断或可能被放电电弧烧断。此外，在使用中还要求电晕线上的积灰容易振落，维护安装方便。为保证电晕线既有一定的机械强度，又有较高的放电效率，可制成各种形式，如图 10-29 所示。

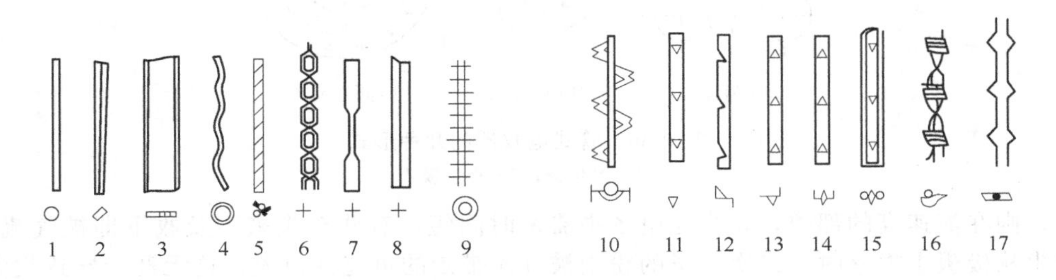

图 10-29　几种不同的电晕线

1—圆形；2—星形；3—带形；4—螺旋形；5—钢丝绳形；6—链条形；7—纽带形；8—十字形；9—圆盘形；10—芒刺管形；11～15—芒刺带形；16—芒刺钢丝；17—锯齿形

常用的电晕线有圆形、星形和芒刺形等。圆形的特点是：表面光滑，有利于积灰的振落，使用寿命长，常用于处理高温或腐蚀性气体；星形电晕线的特点是放电性能好，使用寿命长。芒刺形电晕线由于线上有易于放电的尖端，故在正常情况下，电晕极产生的电流比星形的高约 1 倍，而电晕起始电压比其他形式的低，因此，在同样的电压下，电晕更强烈，这对提高收尘效率有利。这种电晕线适用于含尘浓度较大的气体。

电晕极框架借助吊杆支承在绝缘套管上，绝缘套管一方面起电晕极和外壳间良好的绝缘作用，另一方面承受电晕极的荷重。常用的绝缘套管有瓷质和石英玻璃两种。前者易制造，造价低，一般用于气体温度低于 120℃的情形。当气体温度高于 120℃时，需用石英套管，它不仅耐高温，而且绝缘性能良好。

② 集尘极　根据结构的不同，集尘极可分为板式和管式两种类型。

a. 板式集尘极　板式集尘极是最常见的一种集尘极。极板通常制成各种不同形状的长条形，若干块极板安装在一个悬挂架上组合成一排。收尘器内装有许多排极板，相邻两排极板间中心距为 250～350mm 。集尘极的材料一般采用普通碳素钢，若对极板有耐酸、耐腐蚀等特殊要求时，可采用其他耐腐蚀材料制作。极板的厚度为 1.2～2mm，需轧制成形，不允许有焊接接缝，以防焊接处的残存热应力导致挠曲而影响极间距离。

板式集尘极也有平板形、Z 形、C 形、CS 形及板式槽形等多种。平板形的特点是结构简单，表面平整光滑，制作容易，成本低。其他几种均属平板形的改进型，其共同特点是：极板面形成落灰凹槽，振打落下的积灰可顺凹槽下落而不致向外飞扬，同时减小极板面附近区域的气流速度以减少二次飞扬；极板的刚度较大，不易变形；有利于振打加速度沿整个极板面的传递，加强振打效果；空间电场分布较合理，电场的击穿电压较高；形状简单，易制作，质量轻，钢材消耗少。

b. 管式集尘极　管式集尘极的形状有圆形、六角形和同心圆形。圆形集尘极的内径一般为 200～300mm，管长 3～4 m；新型收尘器的管径可达 700mm，管长达 6～7m。六角形（蜂房式）集尘极能充分利用收尘器空间，但制作较困难。同心圆极板是用半径相差一个极距的几个不同管式电极套在一起组成集尘极，各圆管形极板间隔的中间按一定距离装设电晕线。它的特点是：充分利用空间，结构简单，制作方便。管式集尘极的几种基本形式如图 10-30 所示。

③ 振打装置　电收尘器的电极清灰通常采用机械振打方法，常用的振打装置有锤击振打装置、弹簧-凸轮振打装置和电磁脉冲振打装置三种。

④ 气体均布装置　在电收尘器的各个工作横断面上，要求气流速度均匀。若气流速度相

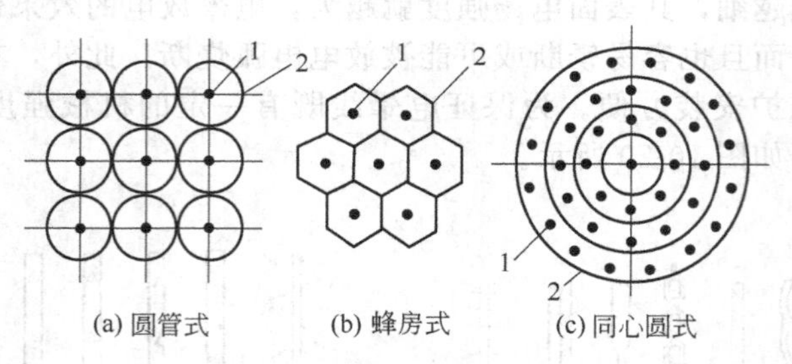

图 10-30　管式电收器的几种形式

1—电晕极；2—集尘极

差太大，则在流速高的部位，粉尘在电场中滞留时间短，有些粉尘来不及收下即被气流带走，并且粉尘从极板上振落时，二次飞扬的粉尘被气流带走的可能性也大，这无疑会导致收尘效率下降。因此，使气流均匀分布对提高收尘器的效率具有重要意义。

气体均布装置主要由气体导流板和气体均布器组成。立式电收尘器的气体均布装置如图 10-31 所示，气体进入电收尘器后，首先经气体导流板将其导向至收尘器的整个底部，避免气体冲向一侧。导流板叶片方向可视具体情况进行调整。卧式电收尘器的气体均布装置有多孔板、直立安装的槽形板和百叶窗式栅板等，其中以多孔板为多，如图 10-32 所示。多孔板层数越多，气流分布均匀性越好。通常不少于两层，圆孔直径为 30～50mm，中间部位由于风速较高，故孔径较小；四周的孔径较大些。在两层多孔板中间常装有手动振打锤，以振落附着在分布板上的粉尘。若气流由管道进入喇叭口前有急弯时，应在弯道内加装导向叶片以使气流均匀分布。

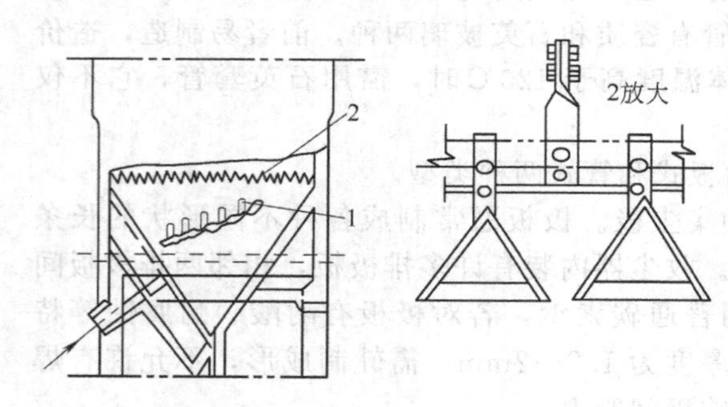

图 10-31　立式电收尘器气体均布装置

1—导流板；2—均布装置

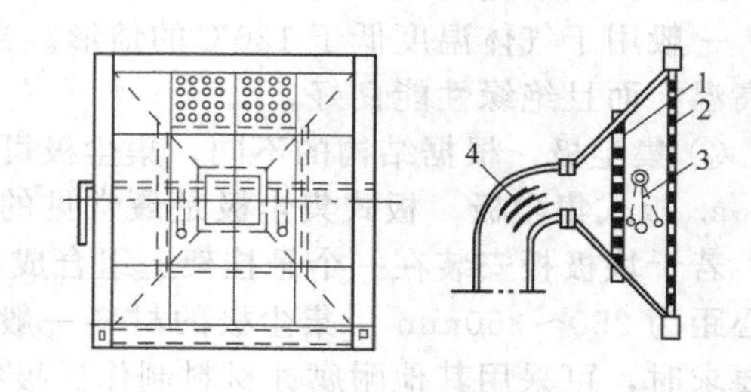

图 10-32　卧式电收尘器气体均布装置多孔板

1—第一层多孔板；2—第二层多孔板；3—分布板振打装置；4—导流板

⑤ 壳体、保温箱及排灰装置

a. 壳体　收尘器的壳体有钢结构、钢筋混凝土结构和砖结构几种，材质的选择主要根据气体温度及有否腐蚀性而定。壳体的下部为灰斗，中部为收尘器，上部安装石英套管、绝缘瓷件和振打机构，为便于安装和检修，在侧面设有人孔门，壳体旁边设有扶梯及检修平台。壳体要注意防止漏风并要有保温设施，以确保收尘室内温度高于废气露点 15～20℃。保温材料常为矿渣棉。

b. 保温箱　当绝缘套管周围温度过低时，其表面会产生冷凝水。收尘器工作时，容易引起绝缘套管沿面放电，影响收尘器电压的升高，以致不能正常工作。所以，通常将绝缘套管或绝缘瓷件安装在保温箱内。保温箱内的温度应高于收尘器内气体露点 20～30℃，故在保温箱内装有加热器和恒温控制器。

c. 排灰装置　电收尘器常用的排灰装置有闪动阀、叶轮卸料器和双级重锤翻板阀。闪动阀结构简单，维修容易，双瓣阀比单瓣阀的密封性能更好；叶轮卸料器有刚性和弹性两种，弹性叶轮卸料器的叶片有较大弹性，运行较可靠，密封性能也较好；双级重锤翻板阀具有良好的排料和密封性能。

(4) 主要参数的计算和选型

① 临界电压V_k 电晕极发生电晕放电时的最低电压称为临界电压。它可从圆管内各点电场强度推得。其计算公式为

$$V_k = E_k r\ln(R/r) = 3.1\left(1+61.6\sqrt{\frac{p}{rt}}\times10^{-6}\right)r\ln(R/r)\ (\text{kV}) \tag{10-14}$$

式中 E_k——临界电场强度，V/m；

r——电晕极半径，m；

R——圆管半径，m；

p——气体压力，Pa；

t——气体温度，K。

上式也适用于板式集尘极电收尘器。实际操作电压一般为临界电压的2～3倍。由上式可知，R/r越小，临界电压越低，但易于短路，一般取$R/r\geqslant2.718$。实际操作电压为50～60kV。

② 尘粒沉降速度 此处的尘粒沉降速度指的是带电粉尘颗粒在电场力的作用下向集尘极均匀移动的速度，也称为驱进速度。当带电尘粒的电场力与含气体相对运动时的气体阻力相平衡时，带电尘粒具有均匀的驱进速度。设尘粒粒径为1～100μm，且属于斯托克斯定律适用范围，并忽略重力的影响，则当电场力与气体阻力相平衡时，尘粒的驱进速度为（推导过程略）

$$u_e = \frac{neE_p}{3\pi\mu d_p} = \frac{k_0E_eE_pr_p^2}{3\pi\mu d_p} = \frac{k_0E_eE_pd_p}{12\pi\mu}\ (\text{cm/s}) \tag{10-15}$$

式中 n——尘粒所带电荷数；

e——单位电荷静电单位；

E_p——尘粒所在处电场强度；

μ——气体黏度，Pa·s；

d_p——尘粒粒径，cm；

E_e——尘粒荷电处电场强度；

k_0——尘粒诱电系数。

此式即为尘粒在电场中的驱进速度计算式。若设$E_e=E_p=E$，对一般非导电尘粒，$k_0=2$，则上式可简化为

$$u_e = 0.053E^2d_p/\mu\ (\text{cm/s}) \tag{10-16}$$

由上式可知，尘粒的驱进速度与电场强度平方成正比，也与尘粒直径和气体黏度有关。实际上，因电收尘器中电场强度不均匀，故尘粒的荷电量及所受引力在各点也是不同的，只能作粗略的估计。同时还由于电收尘器中气流分布不均匀、电晕极肥大、集尘极积灰、粉尘二次飞扬等原因。实际驱进速度约比公式计算的速度低一半。

③ 气体在电场中的流动速度 气体在电场中的流动速度，主要是考虑在气流通过收尘器的时间内尘粒是否来得及沉降。位于距集尘极最远处R（即正负极间距离）的尘粒，移动到集尘极所需要的时间为R/u_e，必须小于或等于含尘气体通过电收尘器的时间L/u即

$$R/u_e < L/u \tag{10-17}$$

式中 R——正负电极间的距离，m；

u_e——尘粒驱进速度，m/s；

L——气体沿流动方向所走的距离，即电场长度，m；

u——气流速度，m/s。

上式中气流速度 u 是可以适当选择的操作参数。流速低固然可以满足沉降时间要求，但这样使收尘器断面积增大，设备体积增大，气流分布也不易均匀；若气流过大，则需增大电场强度，同时还会引起大量二次飞扬，所以一般选用气流速度 u 为 0.4～1.3m/s。

④ 收尘效率　收尘效率是衡量电收尘器性能的主要指标，也是设计电收尘器的主要依据。欲从理论上推导收尘效率与某些重要参数之间的关系，目前有两种考虑方法：一是尘粒运动轨迹与气流分布情况相一致，并不考虑其他任何干扰影响而求得；另一方面是从概率的角度出发加以推导。由后一观点出发推导出的收尘率与各参数间的关系式为

$$\eta=1-\exp(-\frac{A_e u_e}{A_c u}) \tag{10-18}$$

式中　A_e——集尘极面积，m^2；

u_e——尘粒驱进速度，m/s；

A_c——收尘器垂直于气流方向的有效面积，m^2。

(5) 影响电收尘器收尘性能的因素　电收尘器的性能除了与结构有关外，很大程度上还取决于含尘气体的性能和操作条件。主要影响因素有粉尘的比电阻、气体的含尘浓度、粉尘颗粒组成、气体成分、温度、湿度、露点、硫含量、收尘器的漏风、电极肥大、电极积灰、操作电压等。

① 粉尘比电阻的影响　每 $1cm^2$ 面积上高 1 cm 的粉料柱沿高度方向测定的电阻值称为粉尘的比电阻，单位为 Ω·cm。粉尘的比电阻是衡量粉尘导电性能的指标，它对电收尘器性能的影响很大。图 10-33 所示的是粉尘比电阻与电收尘器收尘效率的关系曲线。可以看出，粉尘的比电阻在 10^4～10^{11} Ω·cm 范围内时收尘效率最高。

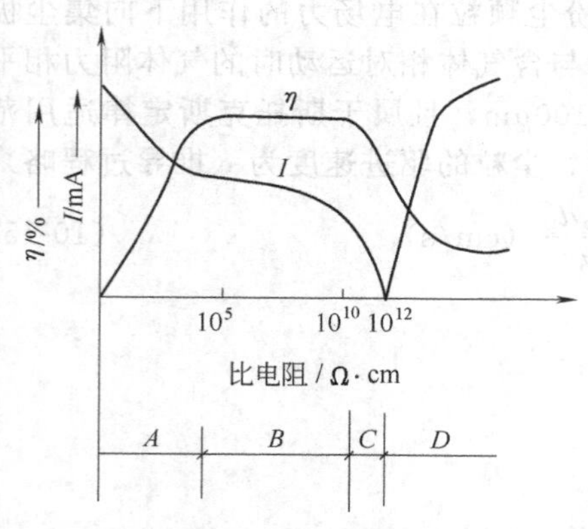

图 10-33　电收尘器中粉尘比电阻与收尘效率的关系

当粉尘电阻率小于 10^4 Ω·cm 时，带电尘粒在到达极板的瞬间即被中和，甚至带正电荷，这样便很容易脱离集尘极而重新进入气流中，因而大大降低收尘效率。

电阻率大于 10^{11} Ω·cm 时，当粉尘沉积到集尘极板时，其所带电荷很难被中和，而且会逐渐在沉积的颗粒层上形成负电场，电场逐渐升高，以致在充满气体的疏松的覆盖层孔隙中发生电击穿，并伴随着向电晕极方向发射正离子，中和了部分带负电荷的尘粒，此即所谓“反电晕”现象。与此同时，由于集尘极放出正离子使电收尘器之间的电场改变为类似于两个尖端所构成的电场，这种电场在不高的电压下很容易击穿。因此，当粉尘电阻率大于 10^{11} Ω·cm 时，电收尘器的收尘效率将明显降低。

所以，只有在粉尘电阻率在 10^4～10^{11} Ω·cm 范围内时，带负电的尘粒到达集尘极板后中和并以适当的速度进行，收尘效率高。这是电收尘器运行最大理想的区域，在此区域内收尘器的收尘效率与比电阻率值的变化基本无多大的关系。

② 含尘浓度的影响　气体含尘浓度增大使粉尘离子也增多，尽管它们形成的电晕电流不大，但其形成的空间电荷却很大，严重抑制了电晕电流的产生，使粉尘粒子不能获得足够的电荷，导致收尘效率降低，尤其是粒径在 1μm 左右的粉尘越多，影响也越严重。当气体含尘浓度大至一定值时，电晕电流会减小至零，这种现象称为电晕封闭，此时的气体净化效果显著下降。

为了防止电晕封闭现象的发生，应限制进入电收尘器气体的含尘浓度。为此，有时在电收尘器前设置旋风收尘器进行预收尘，以保证进入电收尘器气体的含尘浓度低于规定值。

③ 粉尘颗粒组成的影响　对于电收尘器，最有效的粉尘粒径范围是 0.01～20μm。小于 0.01μm 的尘粒受布朗运动的影响不易收集下来；大于 20μm 的尘粒由附着荷电量计算可知是不经济的。

④ 含尘气体温度的影响　气体温度对电收尘器工作性能的影响很大，主要表现在以下三个方面。

a. 温度对粉尘电阻率的影响　气体温度对粉尘电阻率的影响如图 10-34 所示。气体温度的变化会引起粉尘电阻率值的波动，从而影响收尘效果。因此，电收尘器工作时，应使气体温度保持较小的波动范围，以保证收尘器的正常工作。

b. 温度对气体黏度的影响　众所周知，当气体温度上升时，气体分子的热运动加剧，运动着的分子层之间的内摩擦增大，从而使气体黏度增加。在电收尘器运行时，电场中的带电粉尘受电场力作用向集尘极驱进的速度与含尘气体的黏度有一定的关系。气体温度越高，其黏度越大，荷电尘粒的驱进速度越低，收尘效率也就越低；反之亦然。

c. 温度对气体击穿电压的影响　气体的击穿电压与其密度成正比，而气体密度在很大程度上取决于其温度。当气体压力不变时，密度与其绝对温度成反比，因此，当气体温度降低时，密度增加，气体的击穿电压也相应增加。由于击穿电压的增高，使收尘器电场所承受的电压更高，从而大大提高了收尘效率。

由以上分析可看出，气体温度低些为宜。所以有的电收尘器配有气体冷却装置，不但降低了气体的温度，而且利用了其余热。但应注意，气体的温度不能太低，否则其中的水汽和三氧化硫会冷凝结露，收集的粉尘会糊住电极，使工作状况恶化。同时设备冷凝结露易使钢质材料锈蚀，损坏设备。当石英套管低于结露温度时，冷凝物质将导致套管内部泄漏放电，使电收尘器不能正常运行。所以，一般要求气体温度低于露点温度 20～30℃。

⑤ 气流速度的影响　在电收尘器中，通过电场的气流速度越高，则收尘效率越低；反之，收尘效率提高。如果气流速度过高，则含尘气流通过电场的时间短，有些粉尘尚未来得及收下即被气流带出收尘器；粉尘的二次飞扬加大，即已被捕集到电极上的粉尘在振落时会被高速气流重新带走。因此，避免电场风速过高对提高收尘效率有重要意义。图 10-35 所示为某厂电收尘器中的气流速度与收尘效率的关系曲线。

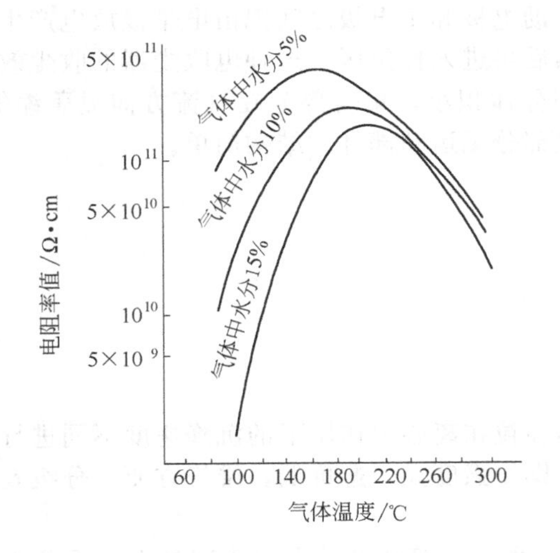

图 10-34　水泥窑粉尘电阻率与气流温度、气体中水分的关系

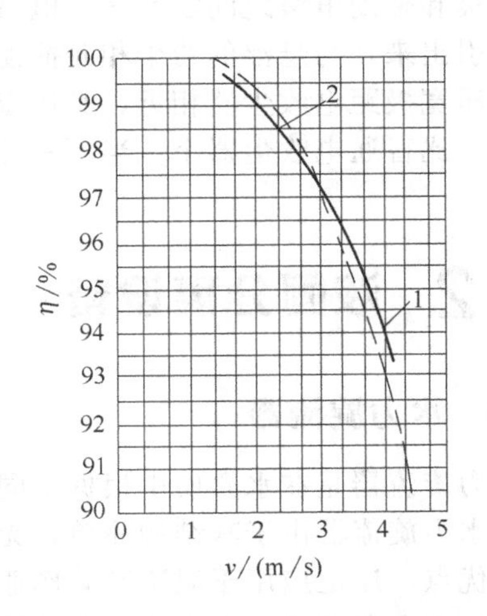

图 10-35　气流速度与收尘效率关系
1—试验曲线；2—计算曲线

⑥ 气体湿度的影响　含尘气体湿度大小直接影响电场电压、粉尘电阻率和收尘效率。

a. 烟气湿度对空气击穿电压的影响　烟气湿度增加，空气击穿电压增高，其主要原因是：第一，由于电场中水分子能大量吸收电子，使水分子带电转变为行动缓慢的负离子，因而使电场空间的电子数目显著减少，电离强度减弱；第二，由于水分子比空气分子质量大、体积大且结构复杂，在气体游离发展过程中与自由电子碰撞的机会多，这就使自由电子在电场中加速的平均自由行程缩短，并且在相互碰撞时将电子的动能消耗转化为热能，使碰撞电离难以发展；第三，由于吸收电子而形成的行动缓慢的水汽负离子在电晕区内与正离子结合的机会比快速逸出的电子多，因而使正负电荷的复合加剧，使气体的电离减弱，电晕电流减小，空气间隙的耐压强度增加，击穿电压升高。

由于电场电压升高不但使电晕放电强烈，而且由于电压升高电场强度增大，使得电收尘器在提高电压情况下稳定运行。因此，增大气体的湿含量可以在很大程度上补偿由于气体温度高或气压低造成的气体密度减小、击穿电压降低、收尘效率不高的缺点。

b. 气体湿度对粉尘比电阻的影响　气体湿度对粉尘电阻率的影响很大。对于粉尘电阻率过高情形，增大气体的湿度使水分子黏附在导电性较差的粉尘上，可降低粉尘的电阻率，不易产生反电晕，从而提高收尘效率。对于粉尘比电阻过小情形，增加湿度时水分子黏附在导电性良好的粉尘上可提高其电阻率值。因此，电收尘器在处理不同的含尘气体时都有最低的湿含量要求。如水泥预分解窑尾出预热系统的废气在进电收尘器之前先经增湿塔增湿，即是为了改变粉尘的比电阻以使电收尘器获得最高的收尘效率。

(6) 新型电收尘器　电收尘器收尘效率高，耐高温，阻力小，因而在工业中得到广泛的应用。但其主要问题是对粉尘电阻率有一定要求，集尘极间距小，检修极其不便；随着工艺设备的大型化，其体积和钢材用量也相当大。为此，发展了一些新型电收尘器。

① 超高压宽极距电收尘器　这种电收尘器正负极间距增大至400～500mm，采用20万伏超高压，其电晕线直径仅为一般电收尘的1/10，在电晕线附近的电位梯度为一般电收尘器的1.5倍。国外已用在电阻率较高的水泥熟料冷却机上，收尘效率达99.9%，最大处理风量达近20000m³/min。其优点是对高电阻率的粉尘同样具有较高的收尘效率，且维护检修方便，质量轻，体积小。

② 电场屏蔽式电收尘器　这类电收尘器是将粉尘的荷电过程和捕集过程分区进行。荷电部分利用电晕放电使粉尘荷电和凝聚，凝聚至一定尺寸后便随气体流入捕集区。另一种方式是在放电极和辅助电极之间断续产生电晕放电，在辅助电极和主电极之间把由电晕极放电产生的离子吸引出来，与悬浮的粉尘相碰撞使之荷电，然后再进入捕集区。这种电收尘器的收尘效果与超高压宽极距电收尘器相近，其优点是：荷电部分体积小，集尘部分在气流方向显著缩短，因而体形比普通电收尘器小一半。另外，荷电集尘部分无运动部件，结构简单。

10.2 液固分离设备

10.2.1 水力旋流器

水力旋流器是在水介质中根据不同大小的固体颗粒在离心力作用下的沉降速度不同进行分级的。水力旋流器由于其结构简单，无运动部件，操作强度大，造价低，维修方便，分级效率较高等优点，广泛应用于湿法磨矿作业。

(1) 构造和原理　水力旋流器的结构如图10-36所示。筒体2的上部为圆柱形、下部为圆锥体，中间插入溢流管1。在筒体的上部，沿圆柱的切线方向有进料管4，圆锥形的出口为底流管3。料浆在压力作用下经进料管沿切线方向进入筒体，在筒体中，料浆作旋转运动，其中的固体颗粒在离心力作用下除随料浆一起旋转外，还沿半径方向发生离心沉降，粗颗粒的沉降速度大，很快即到达筒体内壁并沿内壁下落至圆锥部分，最后从底流管排出，称为沉砂。细颗粒的沉降速度小，它们尚未接近筒壁仍处于筒体的中心附近时即被后来的料浆所排挤，被迫上升至溢流管排出，称为溢流。如此，粗细不同的颗粒分别从底流和溢流中收集，从而实现了粗细颗粒的分级。

(2) 水力旋流器中料浆的运动　料浆经进料管沿切线方向进入旋流器后形成三种不同的运动：绕旋流器中心旋转的切向运动；由周边向中心移动的径向运动以及从底流管和溢流管排出的轴向运动。料浆的运动速度也可分解为切向速度、径向速度和轴向速度。

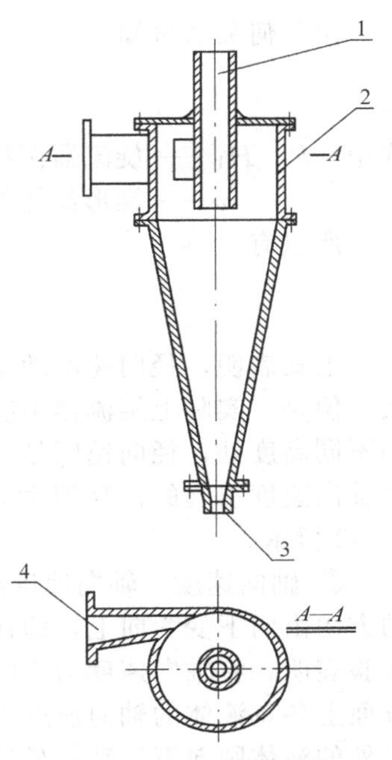

图 10-36　水力旋流器
1—溢流管；2—筒体；
3—底流管；4—进料管

① 切向速度 v_t　液体的旋转运动称为涡流。按形成涡流的条件不同有两种典型的形式：一种是在外力矩的作用下液体整体像刚体一样绕转动中心以一定的角速度旋转，这种涡流称为强制涡流。强制涡流各点的切向速度 v_t 与其所在位置的圆周半径有如下关系

$$v_t/r=\text{常数} \tag{10-19}$$

该式称为强制涡流的运动方程式。

另一种是具有初速度的理想流体沿切线方向进入圆筒后由于筒壁限制产生旋转运动而形成涡流，这种涡流称为自由涡流。因为是理想液体，所以作用在涡流中各液体层上的切向力等于零。根据动量矩定理，有

$$\frac{d(mv_t r)}{dt}=Tr \tag{10-20}$$

因为 $T=0$，则

$$mv_t r=\text{常数} \tag{10-21}$$

或

$$v_t r=\text{常数}$$

上式称为自由涡流的运动方程式。

旋流器的工作情况接近于自由涡流。因此，越靠近旋流器的中心，料浆中液体的切向速度越大。由于液体的动压头与静压头之和在任一半径上都近似相等，当动压头随半径的减小而增大时，静压头必然减小，因此，越靠近旋流器的中心，液体的压力越小。在旋流器的中心附近，液体的切向速度以及相应的离心力非常之大以致使此处的液体发生破裂，在中心处形成一空气柱。空气柱的圆柱形表面应看成是在离心力作用下液体的自由表面，而溢流可看成是经溢流堰流出来的，溢流堰的顶即是溢流管的管壁，这同液体从沉淀池的溢流挡板上流出的情况相似，所不同的是，在旋流器中用离心力代替了重力。

空气柱在液体的带动下也产生旋转运动而形成涡流，显然，这种涡流属于强制涡流。

实际上，任何液体都不是理想流体，各层流体之间有摩擦力作用，切向速度的分布不会完全遵守自由涡流的运动方程式。研究表明，在旋流器中，切向速度与半径的关系可用下式表示

$$v_t r^n=\text{常数} \tag{10-22}$$

式中，指数 n 在不同半径处有不同的数值，一般为 $n=0.3\sim0.10$。

实验还证明，切向速度随半径减小而增大，在接近溢流管半径处达到最大值，随后又急剧减小，如图 10-37 所示。这是因为随着切向速度的不断增大，至中心附近时，液体的能量已消耗很多，须靠外层液体的作用方能保持转动，即从自由涡流转变为强制涡流，这样，随着半径的减小，切向速度也降低。

② 径向速度 v_r　假设在同一半径处液体以相同的速度由周边向中心运动，则有

$$v_r=\frac{Q}{2\pi rh} \tag{10-23}$$

式中　v_r——半径 r 处液体的径向速度；

Q——液体的流量，近似等于料浆的流量，即旋流器的生产能力；

h——旋流器半径为 r 处的圆柱面高度。

由几何关系可知

$$h=\frac{R-r}{\tan(\alpha/2)}+H_1 \tag{10-24}$$

式中 R，H_1——旋流器圆柱形筒体的半径和高度；

α——锥形筒体的锥角。

所以有

$$v_r=\frac{Q\tan(\alpha/2)}{2\pi r[R-r+H_1\tan(\alpha/2)]} \tag{10-25}$$

上式表明，径向速度随半径的减小开始时降低，在 $r=0.5R$ 处达到最小，随后又重新增大，但是，实际上旋流器中有轴向速度存在，径向速度的分布并不完全符合上式，在同一半径的不同高度处，径向速度是不同的，在下部，径向速度较大，而在高于溢流管进口的上部，由于轴向速度引起的循环流动，径向速度甚至出现负值，即液体沿半径向远心方向运动，如图10-38所示。

③ 轴向速度　轴向速度随半径的减小平稳而迅速地增大，在某一中间位置上，轴向速度的方向由向下变为向上，即速度的符号由负变为正。那么，在此位置上，轴向速度应等于零。实验表明，将轴向速度为零的各点连成的曲面是一个与圆锥形筒体近似平行的圆锥面。显然，锥面上各点液体的轴向速度均为零，在锥面以内的液体应向上运动，从溢流管排出，而在锥面以外的液体则向下运动，最后经底流管排出，如图10-39所示。

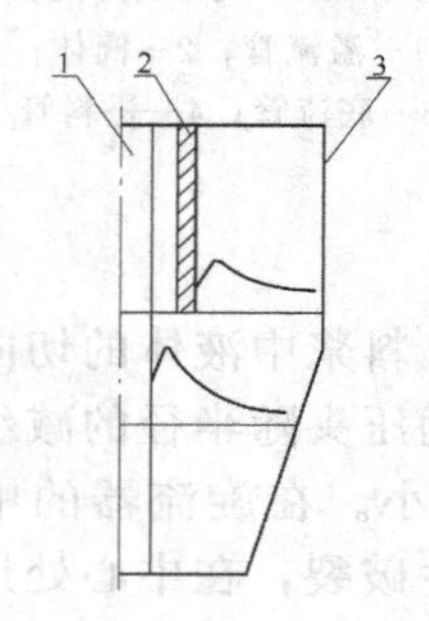

图 10-37　旋流器内的切向速度

1—空气柱；2—溢流管；3—筒体

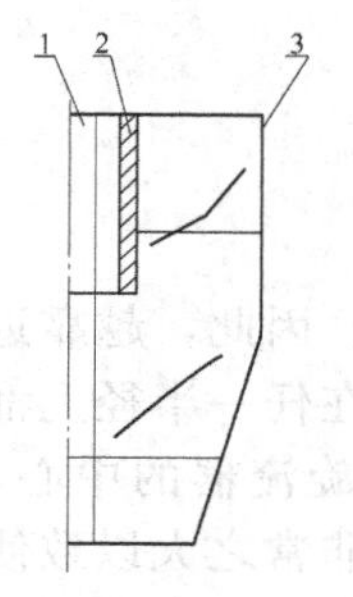

图 10-38　旋流器内的径向速度

1—空气柱；2—溢流管；3—筒体

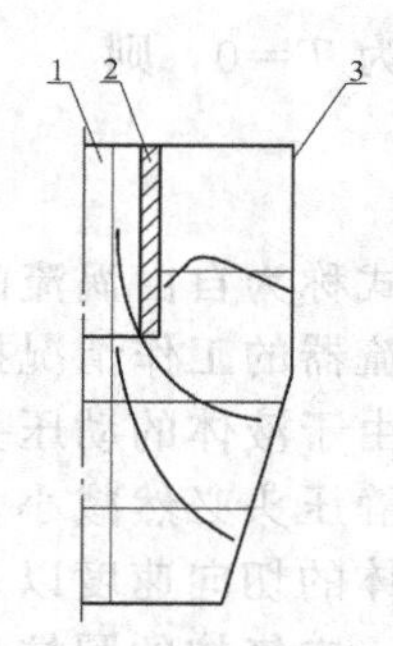

图 10-39　旋流器内的轴向速度

1—空气柱；2—溢流管；3—筒体

(3) 旋流器中固体颗粒的运动　在旋流器中，固体颗粒也有三种不同的运动，即切向运动、径向运动和轴向运动。其中切向运动和轴向运动的速度及其分布可视为与液体的情况一样，只有径向运动不同。固体颗粒的径向运动是由液体的径向运动以及颗粒在离心力作用下沿半径朝远心方向的沉降运动而合成的。作用于颗粒上的离心力随颗粒所在位置的半径的增大而减小，而液体的径向速度则随半径的增大而增大。由于随着半径的变化，离心力的变化较大而液体径向速度的变化较小，因而在离心力较小的周边将留下粗的颗粒，细颗粒则被液体的径向流动带至半径较小处，在那里，颗粒的沉降速度与液体的径向速度大致相等，方向相反。因此，在旋流器中就出现按其粗细不同而分布在不同半径处的现象，最粗的颗粒靠近器壁积聚，较细的颗粒则离开器壁并按其粒度不同相应地分布在不同半径处。此外，不同密度的颗粒也要分离，密度大的颗粒集中在近器壁处，密度小的颗粒则分布在中心附近。

由于轴向运动的存在，分布在轴向速度为零的锥面以外的颗粒将下行至底流管而成为沉砂，而锥面内的颗粒作为溢流从溢流管排出。

(4) 主要参数

① 生产能力　根据生产实践，对于锥角为20°的水力旋流器，其生产能力为

$$Q=29.7d_id_0\sqrt{\Delta p}\quad (\mathrm{m^3/h}) \tag{10-26}$$

式中　d_i——溢流管直径，m；

d_0——进料管当量直径，m；

Δp——进料管与溢流管中料浆的压力差，Pa。

所谓进料管的当量直径是指与进料口截面积相等的圆的直径。设进料口的截面积为 F，则有

$$F=\frac{\pi}{4}d_i^2 \tag{10-27}$$

对于锥角不是 20°的旋流器，应乘以校正系数

$$k=0.81/\alpha^2 \tag{10-28}$$

② 临界分离粒径　根据与旋风分离器类似的原理，经推导可得临界分离粒径 d_c为

$$d_c=\frac{3}{4}\sqrt{\frac{\pi\mu}{(\rho_p-\rho)hQ}d_i^2}\left(\frac{R}{r}\right)^n \tag{10-29}$$

如果在半径为 r 高度为 h 的圆柱面上，液体的轴向速度为零，则凡大于 d_c的颗粒均成为沉砂，小于 d_c的颗粒进入溢流，粒径等于 d_c的颗粒为旋流器的临界分离粒径。

通常以位于半径等于溢流管半径处的颗粒作为临界粒径，同时考虑到实际上在旋流器底部液体的径向速度较大，以致有些较粗颗粒可能进入溢流，因此一般取 h 为锥筒高度 H_2的 2/3。

旋液器底流管的直径比其本身的直径小得多，锥筒高度可近似表示为

$$H_2=\frac{D}{2\tan(\alpha/2)}$$

若取 $H=2H_2/3$，则有

$$H=\frac{D}{3\tan(\alpha/2)} \tag{10-30}$$

将上述有关各式整理可得自由沉降条件下的临界分离粒径为

$$d_c=1.61\sqrt{\frac{Dd_0\mu\tan\frac{\alpha}{2}}{d_i\sqrt{\Delta p}\sqrt[5]{\alpha^2}(\rho_p-\rho)}}\quad (\mathrm{m}) \tag{10-31}$$

式中　μ——液体的黏度，Pa. s；

Δp——进料管与溢流管中液体的压力差，Pa；

ρ_p——颗粒的密度，$\mathrm{kg/m^3}$；

ρ——液体的密度，$\mathrm{kg/m^3}$。

对于锥角为 20°的旋流器，水的黏度以 $1.005\times10^{-3}\mathrm{Pa\cdot s}$ 计，上式则可写成

$$d_c=26.4\sqrt{\frac{Dd_0}{d_i\sqrt{\Delta p}(\rho_p-\rho)}}\times10^{-3}\quad (\mathrm{m}) \tag{10-32}$$

应该指出，实际上溢流中还有约 5%的颗粒的粒径大于计算值，其中最粗的可达计算值的 1.5～2 倍。

由前述可知，水力旋流器的进口压力对其生产能力和临界分离粒径有较大影响。进口压力增大，则生产能力增大，分离粒径减小。为了得到细颗粒的溢流，有时会用较大的进口压力。但随着进口压力的增大，动力消耗增加很多，会加剧旋流器的磨损。实际上，通过增大进口压力的方法来满足生产能力和分离粒径的要求是不经济的。

根据分离粒径的大小不同，进口压力一般为 30～200kPa。为了获得良好的分离效果，最重要的是保持稳定的进口压力。进口压力的波动会引起分离效率的降低，在沉砂中会混入大量的细小颗粒，进口压力越低，压力波动的影响越大。

③ 直径　水力旋流器的直径与生产能力、分离粒径有关，直径的选择应根据分离粒径的

大小而定。大直径旋流器溢流中的颗粒相对较粗，若要求获得细颗粒溢流，应采用小直径旋流器。此种情况下，为满足生产能力的需要，可将几个旋流器并联使用。

作为细粒物料分级的旋流器其直径通常为 50～100mm。水力旋流器直筒高度一般为其直径的 0.5～1.5 倍。

④ 溢流管直径　溢流管直径的变化会影响旋流器的所有工作参数，一般取旋流器直径的 0.2～0.4 倍。溢流管插入深度会影响其溢流粒度。插入深度增大，溢流粒度变细，但插入深度以直筒的下部边缘为界，若超过下部边缘，反会使溢流变粗。

⑤ 底流管直径　底流管直径为溢流管直径的 0.2～0.7 倍。应设计一个可调节孔径的底流管，以便调整至分级效率最佳的合适尺寸。

进料管的当量直径可在下述范围内选取

$$0.5d_0 < d_i < d_0 \tag{10-33}$$

⑥ 锥角　实践表明，作为分级用的水力旋流器，合适的锥角为 20°左右。对于浓度较小的料浆，为了获得细粒溢流可用较小的锥角。

10.2.2 压滤机

在陶瓷和耐火材料生产过程中，湿法粉磨的料浆的含水量往往高达 40%以上，不符合成型工艺的要求。例如，可塑成型的物料水分为 20%～26%，干压和半干压成型要求的水分更低，约 7%左右，因此，必须将料浆中过多的水分除去。将料浆中水分除去的操作称为脱水，实际上就是液-固分离过程。压滤机即是常用的脱水设备之一。

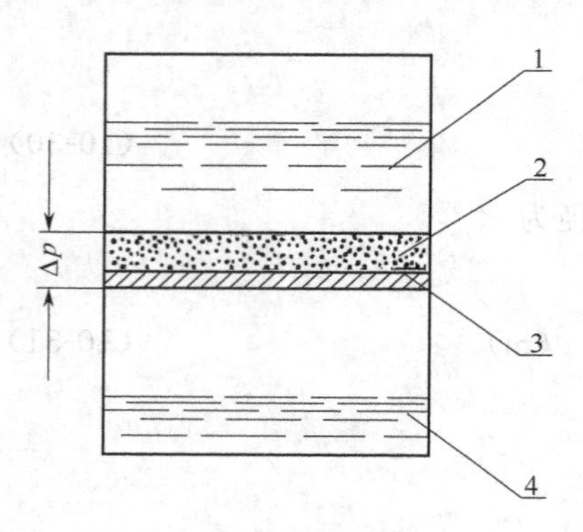

图 10-40　过滤操作
1—滤浆；2—滤饼；3—过滤介质；4—滤液

(1) 过滤操作的基本原理　过滤操作是利用具有大量毛细孔的材料作为介质，在压力作用下，使料浆中的水分自毛细孔通过，将固体物料截留在介质上，从而将料浆中的水分除去的操作，如图 10-40 所示。

在过滤操作中，需要过滤的料浆称为滤浆，作为过滤用的多孔材料称为过滤介质，通过过滤介质的清水称为滤液，截留在过滤介质上的含少量水分的固体物料称为滤饼。压滤机上使用的过滤介质是各种不同纤维编织的布，称为滤布。

由图 10-40 可看出，过滤的推动力为压力差，过滤阻力为滤液通过过滤介质及其上面的滤饼时的阻力。过滤开始时，滤饼尚未形成，过滤阻力即是介质阻力，随着过滤操作的进行，滤饼逐渐形成，过滤阻力也随之增大。所以，过滤阻力是随时间而变化的。

单位时间内通过单位过滤面积滤出的滤液体积称为过滤速度，以 w 表示。

$$w=\frac{1}{F}\times\frac{\mathrm{d}V}{\mathrm{d}t} \tag{10-34}$$

式中　w——过滤速度，m/s；

V——滤液体积，m^3；

F——过滤面积，m^2；

t——过滤时间，s。

无论过滤介质的结构和过滤的推动力如何，过滤速度取决于滤液通过过滤介质和滤饼的速度。因为过滤介质和滤饼中的通道很小，滤液在这些通道内的流态属层流。根据水力学原理，液体在通道中作层流流动时，对一条通道而言，在 $\mathrm{d}t$ 时间内通过的液体体积为 $\frac{\pi r^4 \Delta p \mathrm{d}t}{8\mu l}$。事实上，过滤介质是多孔材料，通道有若干条，设单位过滤面积的通道数目为 n，这些通道的半径和长度的平均值分别为 r 和 l，则从这些通道滤出的液体体积为

$$dV=\frac{\pi r^4 nF\Delta p dt}{8\mu l} \tag{10-35}$$

过滤速度为

$$w=\frac{\pi r^4 n\Delta p}{8\mu l}$$

因为通道是弯曲的，令 h 为过滤介质的厚度，α 为考虑通道弯曲程度的校正系数，即 $l=\alpha h$，则过滤速度

$$w=\frac{\pi r^4 n\Delta p}{8\mu\alpha h} \tag{10-36}$$

由上式可看出，过滤速度 w 与压力差 Δp 成正比，与 $8\mu\alpha h/\pi r^4 n$ 成反比，前者为过滤的推动力，后者为过滤的阻力。令 $\rho=8\alpha/\pi r^4 n$ 称为过滤介质的比阻，于是上式可写成

$$w=\frac{\Delta p}{\mu\rho h} \tag{10-37}$$

以上只是一般地叙述过滤介质的性质，实际上，如前所述，滤液要同时通过滤布和滤饼，以下标 1 表示滤布各量，下标 2 表示滤饼各量，因为滤饼和滤布是串联的，过滤面积相等，在同一时间内通过滤布和滤饼的滤液体积也相等，故二者的过滤速度相等。因此有

$$w=\frac{\Delta p_1}{\mu\rho_1 h_1}=\frac{\Delta p_2}{\mu\rho_2 h_2} \tag{10-38}$$

在上式中，Δp_1 和 Δp_2 分别为滤布和滤饼两侧的压力差，总压差为

$$\Delta p=\Delta p_1+\Delta p_2=w\mu(\rho_1 h_1+\rho_2 h_2) \tag{10-39}$$

所以，过滤速度为

$$\frac{dV}{dt}=\frac{\Delta pF}{\mu(\rho_1 h_1+\rho_2 h_2)} \tag{10-40}$$

式 (10-40) 称为过滤的基本方程式。

过滤操作有两种不同的典型方式：一是恒压过滤，即在过滤过程中压力差保持不变；一是恒速过滤，即在过滤过程中过滤速度保持不变。

恒压过滤方程式：令 $v=V/F$，推导得

$$v^2+2\frac{\rho_1 h_1}{\rho_2 x}v=\frac{2\Delta p}{\mu\rho_2 x}t \tag{10-41}$$

或

$$v^2+2Cv=Kt \tag{10-42}$$

式中，$C=\dfrac{\rho_1 h_1}{\rho_2 x}$，$K=\dfrac{2\Delta p}{\mu\rho_2 x}$称为过滤系数，可通过试验确定。

上式表示了恒压过滤时滤出的滤液体积与过滤时间的关系，称为恒压过滤方程式。

恒速过滤方程式：恒速过滤是过滤速度保持恒定，即 $w=\dfrac{dv}{dt}=$常数。积分得

$$v=wt \tag{10-43}$$

此式称为恒速过滤方程式。

(2) 厢式压滤机的构造和工作原理　厢式压滤机由许多块形状相等的滤板、机架、前座、横梁、活动顶板、固定顶板和压紧装置组成，如图 10-41 所示。

滤板形状主要有圆形和方形两种，材质有灰口铁、球墨铸铁、钢铁芯子外面包覆橡胶或树脂、铝合金及工程塑料等。滤板两边边缘凸起，中间凹入，中心处有一圆孔作为进浆口。在凹进去的表面上有许多沟槽，这些沟槽称为排水槽。排水槽与滤板下部的滤液出口相通。排水槽的形状有同心圆、螺旋线和直线网格状等多种。用铸铁或铝合金制造的滤板在其一面的凸缘上有放置密封件的环形槽，槽内嵌入橡胶垫圈。工程塑料滤板在凸缘上一般不设置密封槽。作为

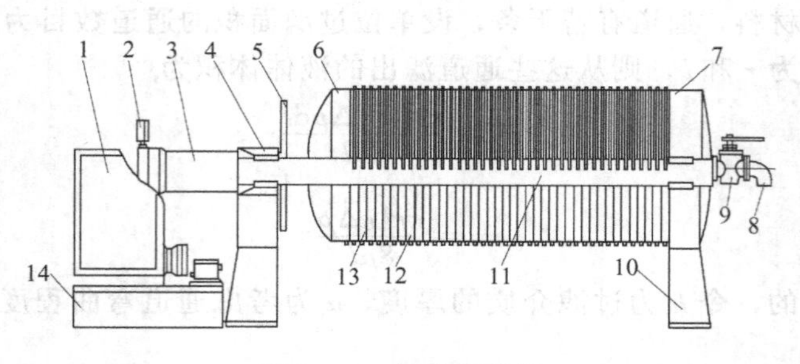

图 10-41　厢式压滤机

1—电气箱；2—电接点压力表；3—油缸；4—前座；5—锁紧手轮；
6—活动顶板；7—固定顶板；8—料浆进口；9—旋塞；10—机架；
11—横梁；12—滤液出口；13—滤板；14—油箱

滤布托板的铝质筛板和滤布贴于滤板的两面，中间用铜质空心螺栓夹紧在进浆口上，如图10-42所示。

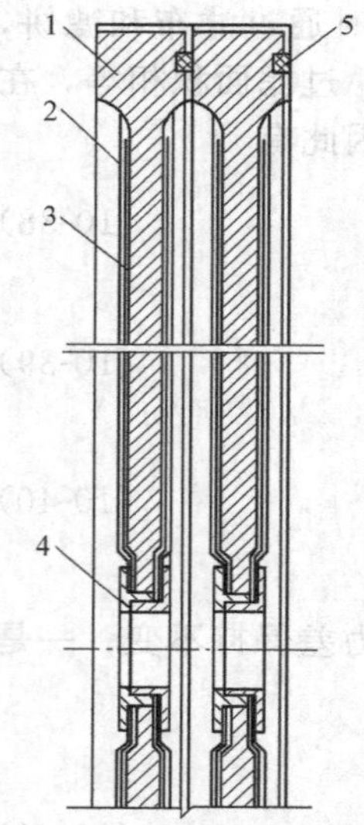

图 10-42　滤板组装图

1—滤板；2—滤布；
3—滤布垫板；
4—空心螺栓；5—橡胶垫圈

活动顶板和固定顶板实际上相当于单面滤板，又称活动堵头和固定堵头。固定顶板中心有进浆口，用管子与料浆泵相连。活动顶板中心无孔，直接承受压紧装置的作用力。

横梁用于支承全部滤板和滤饼的重量，并承受压紧和过滤时的拉力作用，应有足够的强度和刚度。横梁截面形状有圆形和矩形两种，后者的抗弯刚度较好，被广泛采用。

压滤机操作时，首先将装好滤布的滤板全部放置在机架的横梁上，然后用压紧装置压紧，这样在每两块滤板之间构成了一个个滤室。滤浆用泵送入，经由固定顶板的进浆口后分别进入每个滤室。在压力作用下，滤液通过滤布、筛板和滤板上的排水槽，最后汇于滤液出口流出。固体物料则由于滤布的阻拦而在滤室中形成滤饼。当滤室中充满滤饼、滤液流出速度很慢时即可停止送浆。排除余浆，松开滤板取出滤饼，然后再装好使用。

在过滤过程中，如发现某一滤液出口流出的滤液混浊不清，则说明该处滤布安装不好或有破损，应将该出口关闭，以免损失滤浆。

(3) 操作制度　恒压过滤是较简单的过滤操作，但因开始时的过滤速度很大，需配用大流量的料浆泵，同时，由于滤布表面还没有料饼生成，往往因为滤浆来势过猛，其中的固体颗粒会塞进滤布的毛细孔中，接着又会在滤布表面形成较致密的初期料饼，这些都会使过滤阻力增大，给后来的过滤操作带来困难。因此，实际上，在过滤的开始阶段，通常采用恒速过滤，随着过滤操作的进行，滤饼逐渐增厚，阻力随之增大，过滤的压力差也不断增大。当压力差增大至预定数值时，过程转入恒压过滤，直至过滤操作结束为止。开始的恒速过滤和后来的恒压过滤构成了两阶段的过滤操作。

在两阶段的过滤操作中，滤出的滤液体积和过滤时间的关系如图 10-43 所示。图中横坐标表示过滤时间，纵坐标表示滤出的滤液体积。在恒速过滤阶段，过滤速度不变，即 V/t 为常数，图中以直线 OA 表示；在恒压过滤阶段，由式（10-95）可知，过程沿抛物线 AB 进行。

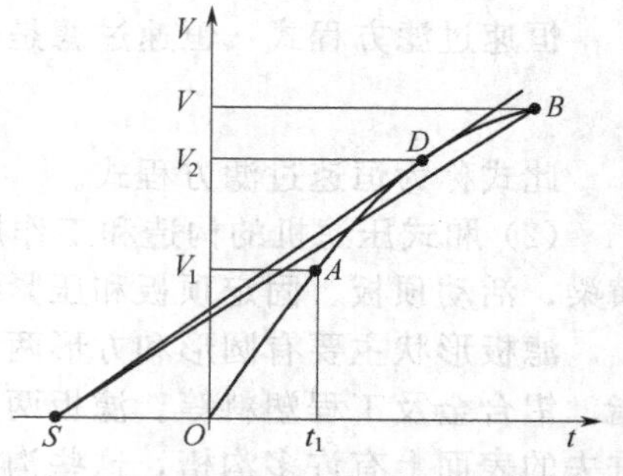

图 10-43　两阶段过滤操作滤液体积与过滤时间的关系

因为压滤机是间歇工作的，每个工作循环包括装机、过滤、拆机和取出滤饼等几项操作，工作周期等于过滤时间和辅助操作时间之和。

压滤机的生产能力为

$$Q=60\frac{VA}{t+t_s}\quad (m^3/h) \tag{10-44}$$

式中　V——在一个工作循环中单位过滤面积滤出的滤液体积，m^3/m^2；

A——过滤机有效过滤面积，m^2；

t——过滤时间，min；

t_s——辅助操作时间，s。

生产能力可用图解法求得。在图 10-43 中，若在原点左边的 t 轴上取一点 S，使 OS 等于辅助操作时间 t_s，设过滤操作的终点为 B，连接 SB，则直线 SB 的斜率即为以 B 为过滤终点的生产能力。

要使生产能力最大，可过 S 点作曲线 OB 的切线，切点为 D，则切线 SD 为从 S 点向曲线上各点所作连线中斜率最大的一条直线。如以 D 为过滤终点，压滤机有最大生产能力。

应该指出的是，压滤机生产能力最大的操作制度，往往是过滤时间短、辅助操作频繁。辅助操作需要耗费较多的劳动力和材料，因此，生产费用较高，压滤机在这种操作制度下工作，经济性并不是最好的。为了降低生产费用，应使压滤机在生产能力接近最大、辅助操作次数较少的制度下工作。实践证明，当滤布阻力很小时，恒压过滤时间为辅助操作时间的 5～6 倍时，压滤机的经济性最好。

(4) 压紧力　如前所述，厢式压滤机需要压紧装置把滤板压紧。在滤板与滤板的接合面的四周，通常装有橡胶垫圈，在压紧力的作用下，垫圈中产生应力，发生变形，从而将接合面上凹凸不平之处填满，起到密封作用，以防止滤浆泄漏。一般来说，只要垫圈中的压应力等于过滤压力，就能保持接合面良好的密封性。

压紧装置的压紧力计算式如下式

$$W=W_1+W_2\quad (N)$$

或

$$W=f\Delta p+F\Delta p\quad (N) \tag{10-45}$$

式中　W_1——预压力，N；

W_2——克服滤浆压力所需的压紧力，N；

Δp——过滤压力，Pa；

f——垫圈面积，m^2；

F——垫圈内孔面积，等于每个滤室单面的过滤面积，m^2。

(5) 压紧装置　厢式压滤机的压紧装置大体上分为螺旋式和液压式两类。

螺旋式压紧装置有手动和机动两种。手动螺旋压紧装置靠人力操作，劳动强度大，工作速度低，现已很少使用。机动螺旋压紧装置主要由电动机、减速装置、螺母和螺杆组成，如图 10-44 所示。螺母 8 固定在前座 7 上，中间装有螺杆 1，螺杆上有一长键槽，大齿轮 6 用滑键 9 套装在螺杆上。当电动机 4 通过 V 带（V 带轮 3 和 2）和小齿轮 5 带动大齿轮旋转时，螺杆随之转动并前进或后退，从而可压紧或松开滤板。

液压压紧装置有半自动和全自动两种。图 10-45 为一种半自动液压压紧装置，油缸 8 固定在前座 4 上，大活塞杆 3 制成丝杆并套入带螺母的锁紧手轮 2。滤板装好后，启动油泵，压力油经手动换向阀中位流回油箱；油泵卸荷待油运转平稳后，将手动换向阀的操纵手柄推至前进位置，压力油经换向阀进入油缸。在压力油的作用下，大活塞 7 连同大活塞杆将滤板压紧。当油压达到额定数值时，油泵电动机自动停止运转，转动手轮，用锁紧手轮把大活塞杆锁紧在前座上，压紧工作即告结束。此时，应将换向阀操纵手柄退回中间位置，为油泵的再次启动作准备。过滤完毕后，为了把锁紧手轮旋松，需再次启动油泵。油泵运转平稳后，将操纵手柄推至前进位置，待大活塞杆稍稍前进时，转动手轮，让锁紧手轮退离前座，然后将操纵手柄退回中

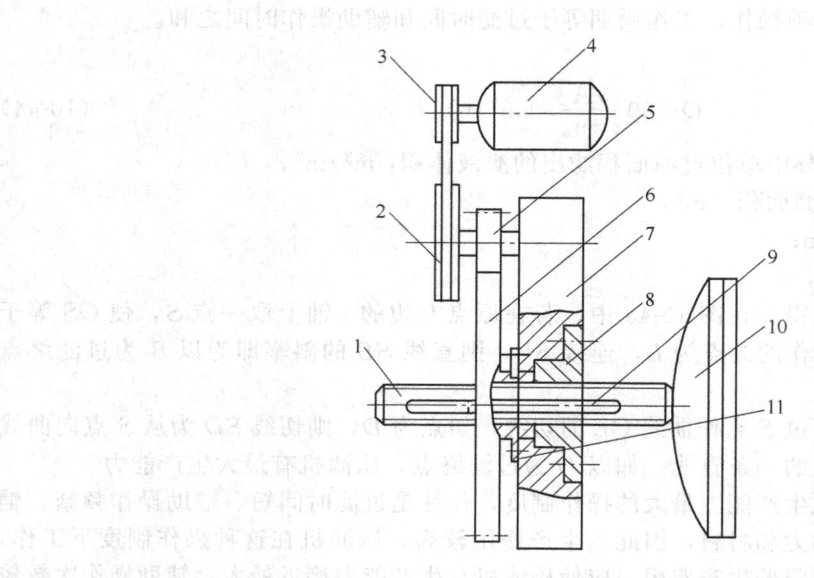

图 10-44 机动螺旋压紧装置

1—螺杆；2—大带轮；3—小带轮；4—电动机；
5—小齿轮；6—大齿轮；7—前座；8—螺母；
9—滑键；10—滤板；11—压环

间位置。松开锁紧手轮后，启动油泵，把操纵手柄扳至后退位置，此时压力油经小活塞杆 5 的空腔进入大活塞杆的空腔。在压力油的作用下，大活塞杆带动活动顶板 1 后退，当锁紧手轮碰到前座下面的行程开关 11 时，电动机停止运转。停机后，将操纵手柄推至换向阀的中间位置，这样即可一块一块地拖开滤板，卸下滤饼。

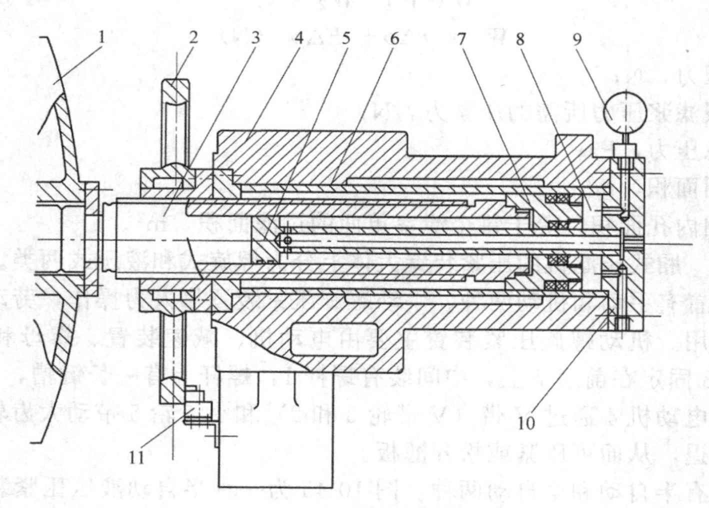

图 10-45 半自动液压压紧装置

1—活动顶板；2—锁紧手轮；3—大活塞杆；4—前座；5—小活塞杆；
6—缸套；7—大活塞；8—油缸；9—电接点压力表；10—后端盘；11—行程开关

在半自动液压压紧装置中，工作油缸只需提供密封所需的预压力而不承受滤浆的作用，滤浆的压力是由锁紧螺母支承的，因此，工作油缸及整个液压回路的载荷较轻。缺点是还需要少量的手工操作。

为了缩短过滤时间，提高产量，应尽量减小滤浆的含水量。此外，将滤浆加热可降低水的黏度，并使部分空气从滤浆中排出，防止在滤布和滤饼中析出气泡，这样可减小过滤阻力，加快过滤速度，缩短过滤时间。但为了便于操作，滤浆的温度一般不应超过 60℃。过滤时间可根据实际情况由实验确定，通常在 30～60min 范围内。

表 10-6 列出了厢式过滤机的规格和主要技术性能。

表 10-6 厢式过滤机的规格和主要技术性能

型号	滤板		过滤面积/m²	最高过滤压力	生产能力	外形尺寸	设备质量
	直径/mm	数量/块		/MPa	/(kg 泥饼/次)	(长×宽×高)/mm	/kg
TCLJ360A	400	25	5	1.2	70	2200×580×860	900
TCLTϕ400/25	440	25	6.5	0.8	100	1780×620×880	1400
YLϕ600A	610	40	18	1	460	4126×845×1020	4320
TCYL650	720	60	40	2	850	5360×1160×1170	9000
BMY730	730	50	30	1	800～1000	4350×970×1240	6000
ϕ800A	800	50	43.3	1.6	850～1100	4580×1260×1000	5100
YL-ϕ800	800	80	68.7	2	2000	7190×1100×1277	10000

10.2.3 喷雾干燥器

喷雾干燥器早在 20 世纪 50～60 年代就开始应用于陶瓷工业中的面砖粉料制备。

用喷雾干燥的方法脱水可使操作过程自动化、连续化，减少操作人员。同时，泥料质量稳定，操作可靠。但是，由于喷雾干燥是用物理方法脱水，需要供给热量以蒸发水分；另外，设备较复杂和庞大。尽管如此，对于大规模工业生产，特别是用于生产干压粉料，还是比较经济的。

（1）构造和工作原理　图 10-46（a）为采用离心雾化器的喷雾干燥器，干燥塔 6 为一个上部为圆柱形、下部为圆锥形的圆筒。圆筒的顶上有进气管 5 和热空气分配器 8，底部为粉料出口。粉料出口的上方有排气管 11，排气管与捕集细粉的旋风分离器 12 和袋式收尘器 13（或其他形式的收尘器）相连，在筒体的中间装有泥浆离心雾化器 9。

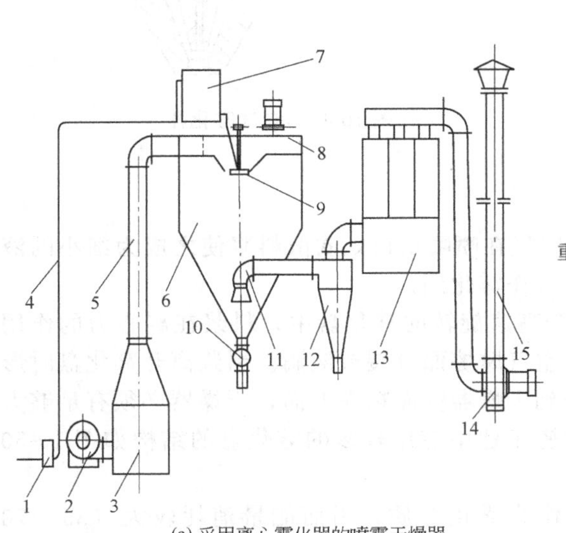

(a) 采用离心雾化器的喷雾干燥器

1—泥浆泵；2—送风风机；3—热风炉；4—泥浆管；5—进气管；6—干燥塔；7—高位槽；8—热空气分配器；9—离心雾化器；10—叶轮给料机；11—排气管；12—旋风分离器；13—袋式收尘器；14—排风风机；15—放空风管

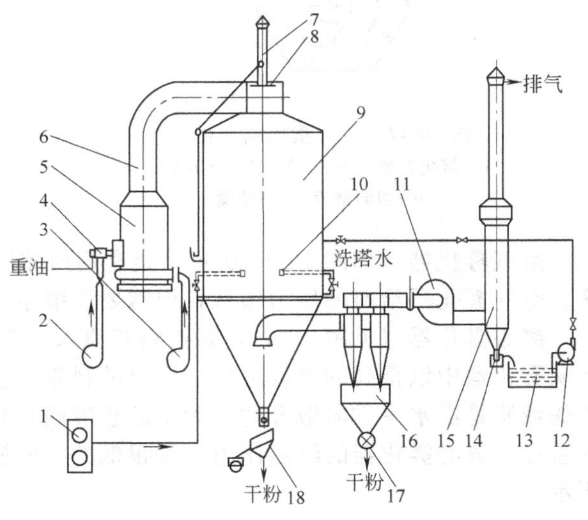

(b) 采用压力喷嘴式雾化器的喷雾干燥器

1—泥浆泵；2—雾化风机；3—配温风机；4—烧嘴；5—热风炉；6—热风风管；7—废气烟囱；8—升降阀门；9—干燥塔；10—压力喷嘴式雾化器；11—排风风机；12—循环水泵；13—沉淀池；14—水封器；15—洗涤塔；16—旋风分离器；17—叶轮给料机；18—振动筛

图 10-46 喷雾干燥器及其附属设备

工作时，泥浆经管道 4、高位槽 7 送入，在雾化器中，泥浆被分散成许多细小的液滴，热空气从顶上经进气管和热空气分配器进入圆筒内，当热空气与液滴相遇时，彼此之间产生强烈的热量和质量传递，液滴中的水分迅速蒸发，很快成为干燥的粉料，最后沉降至筒体底部，从粉料出口排出。带有少量细粉的干燥尾气则经过旋风分离器等收尘设备将其中的细粉收集后排入大气中。整个系统在负压下操作，可防止粉尘外逸。

图 10-46（b）为采用喷嘴式雾化器的喷雾干燥器，其工作原理与上述基本相同。

（2）雾化器　为了提高喷雾干燥器的干燥效率，要求首先将液态料浆雾化，形成平均直径为几十至几百微米的液滴。这是喷雾干燥的重要环节之一。为此，需要适当的雾化装置，这种能够将液态料浆分散成细小液滴的雾化装置称为雾化器。常用的雾化器有压力喷嘴式雾化器、空气雾化器和离心雾化器三种。

压力喷嘴式雾化器的构造如图 10-47 所示。用压力泵在较高的压力（通常为 2MPa 左右）下将料浆沿切线方向送入雾化器，在雾化器的旋流室中，料浆产生强烈的旋转运动，然后从喷嘴高速喷出，喷出的料浆在空气中由于摩擦作用而被撕裂成若干细小的液滴。

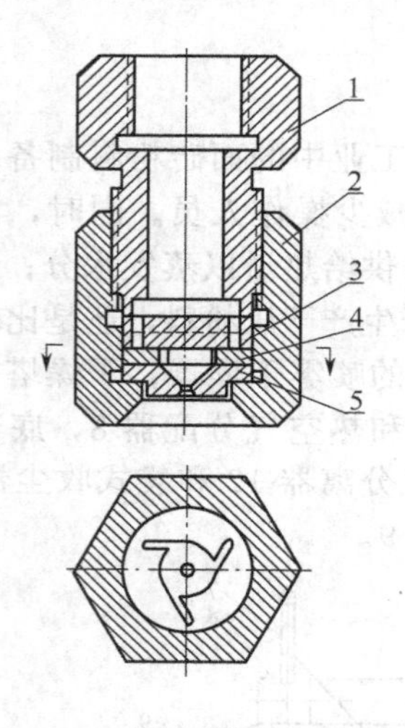

图 10-47　压力喷嘴式雾化器

1—雾化器座；2—压盖；3—导流板；4—切向槽板；5—喷嘴

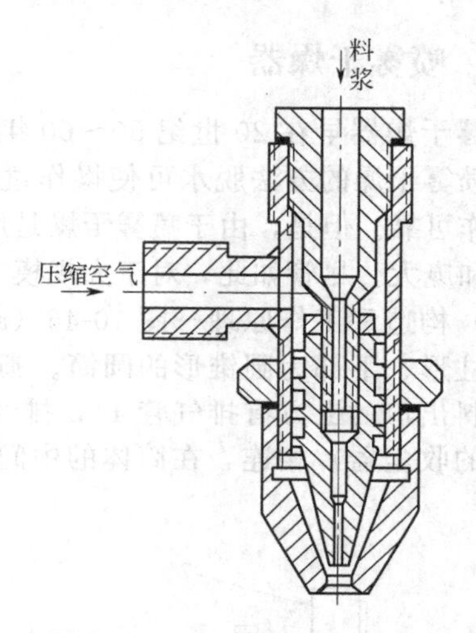

图 10-48　空气雾化器

空气雾化器（如图 10-48 所示）是利用压缩空气在喷嘴出口处吹散料浆使之成为细小的液滴。空气雾化器给料的压力很低，但需要压缩空气作雾化用。

离心雾化器（见图 10-49）是使料浆流入一个高速旋转的雾化盘中，料浆在离心力的作用下从雾化盘中以很高的速度甩出，甩出的料浆与空气摩擦而分裂成液滴。料浆离开雾化盘时形成的液滴是沿水平方向散开的，为了防止液滴碰到干燥器壁而粘在上面，干燥器必须有足够大的直径。离心雾化器的给料压力也是很低的。陶瓷工业中应用较多的雾化盘的结构如图 10-50 所示。

空气雾化器由于需要供给较多的压缩空气作为雾化介质，因而能量消耗较大（35～70 kW·h/t料浆），一般情况下很少采用。陶瓷工业中主要采用压力喷嘴式雾化器。

① 离心雾化器

a. 雾化机理　料浆被送到高速旋转的雾化盘后，在离心力等外力作用下被拉成薄膜，同时速度不断增大，最后从盘边缘甩出而成为液滴。

从雾化盘甩出的料浆受两种力的作用而雾化：一种是离心力，一种是空气的摩擦力。

当料浆流量小、雾化盘转速低时，料浆在盘边缘隆起成半球形，球的直径取决于离心力及料浆的黏度和表面张力。当离心力超过料浆的表面张力时，盘边各料浆球直接甩出成为雾状液滴，雾滴中含有大量的大颗粒液滴，如图 10-51（a）所示。

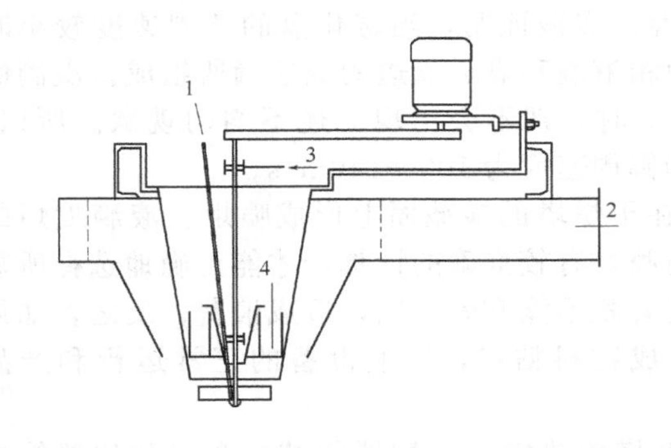

图 10-49　离心雾化器和热空气分配器结构示意图
1—料浆进口；2—热空气进口；
3—润滑油进口；4—润滑油出口

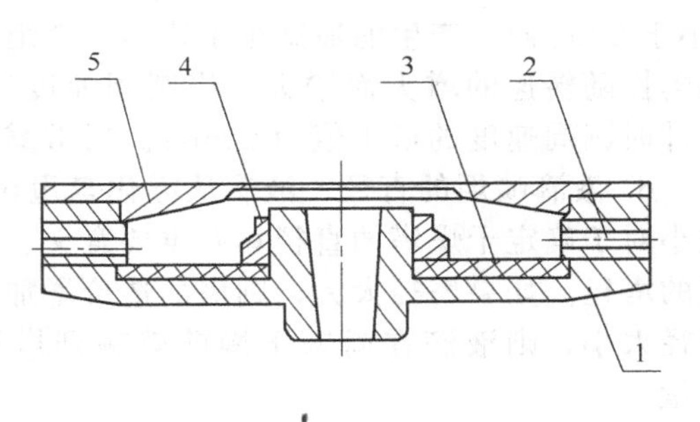

图 10-50　离心雾化器的雾化盘
1—盘体；2—喷嘴（20～24 个）；
3—衬板；4—螺母；5—盘盖

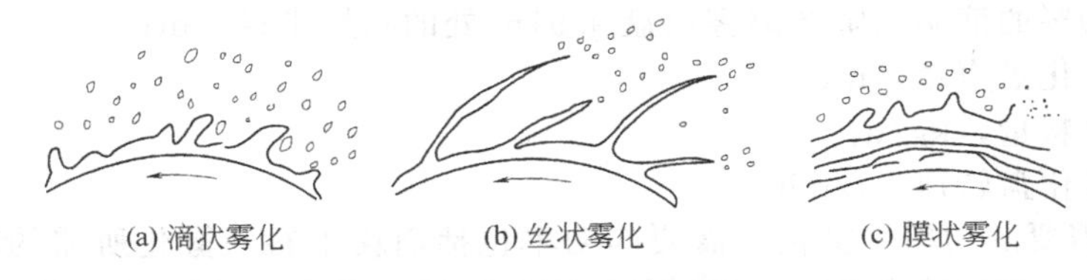

图 10-51　离心雾化器的雾化过程

当料浆流量增大、雾化盘转速增高时，盘边上半球形料浆被拉成许多液丝。随着料浆流量的继续增大，盘边液丝数目也增多，但至一定数量后再增大料浆流量，液丝只是直径变大，数目却不再增多。在离心力和空气摩擦力的作用下，这些液丝很不稳定，在伸延到离盘边不远处即迅速断裂，成为雾状的细微液滴和许多球形的小液滴，如图 10-51（b）所示。料浆的黏度和表面张力越大，产生的液滴直径越大，且粗粒液滴所占的比例也越大。

当料浆流量继续增大时，液丝的数目和直径均不再增加，液丝间互相溶合成为连续的液膜，液膜由盘边延伸到一定距离后破裂，分散成直径分布较广的液滴，如图 10-51（c）所示。若雾化盘的转速继续提高，液膜延伸的距离缩短，料浆高速甩出，在盘边附近即与空气强烈摩擦而分裂成雾状液滴。

b. 结构形式　雾化盘的结构形式很多，料浆流量不大时，可采用碟形或倒杯形结构。在这种雾化盘中，由于料浆在盘上的滑动较大，料浆不能得到高的速度，产生的液滴较粗，但较均匀。在流量大、转速高的操作条件下，为了减小盘面上料浆的滑动，可在盘面上作出径向浅槽或装上辐射状的径向叶片，这样会使液滴变小，但同时也增大雾化的不均匀性。

当生产能力较大时，合理选择雾化器的结构形式是很重要的。目前常用的形式是在盘上开浅槽或装设喷孔，有时还有采用多层喷孔，以满足大产量的要求。多层孔的结构可保证在喷炬直径不大的条件下增大雾化料浆的数量。

c. 转速　当料浆进入高速旋转的雾化盘时，由于料浆与盘面之间的摩擦作用，料浆被带着一起作旋转运动。与此同时，在离心力的作用下，料浆还从盘的中心移向边缘，因此，料浆离开雾化盘时，其绝对速度为切向速度与径向速度的矢量和。然而，对于工业生产实际使用的雾化盘，料浆的径向速度远小于切向速度，故可近似认为，料浆离开雾化盘时的绝对速度等于其切向速度。

对于盘面上有浅槽或叶片的雾化盘，由于浅槽和叶片阻止了料浆的滑动，故料浆的切向速度等于雾化盘的圆周速度。对于平滑的雾化盘，由于料浆在盘面上的滑动，切向速度小于雾化盘的圆周速度。浅槽或叶片随着料浆流量的增大而增大，随料浆黏度和雾化盘直径的增大而减小。

雾化盘转速的大小会影响液滴的大小和均匀性。实践证明，当雾化盘的圆周速度较小时(小于 50m/s)，产生的液滴很不均匀，喷炬主要由粗液滴和靠近盘边的细液滴所组成。溢滴的均匀性随转速的增大而增大，当圆周速度达 60m/s 时，则不会出现上述不均匀现象。所以，设计时圆周速度的最小值为 60m/s。通常雾化盘的圆周速度为 100～140m/s。

d. 液滴喷炬的直径　液滴从雾化盘甩出后，在干燥塔的横截面上形成喷炬。液滴喷炬的大小对于确定干燥塔的直径具有重要意义。只有对喷炬有较准确的计算，才能正确地选择所需要的塔径。如果塔径太大，则塔的造价增加，塔的容积不能有效利用，造成浪费；反之，如果塔径太小，则液滴在尚未干燥前就碰到塔壁，造成物料粘壁，影响设备的正常运行和产品质量。

液滴喷炬的直径与雾化盘的构造、进料量以及塔内热空气分配器的结构和安装位置等有关，其中雾化盘直径、转速和进料量对喷炬直径的影响可用下面的经验公式计算

$$R_{\max}=\frac{3.31d^{0.21}G^{0.2}}{n^{0.16}}\ (\mathrm{m}) \tag{10-46}$$

式中　$R_{\max}$——99%的液滴沉降至离雾化盘 0.91m 处的喷炬半径，m；

d——雾化盘直径，m；

G——进料量，kg/h；

n——雾化盘转速，r/min。

e. 雾化盘所需要的功率　雾化盘需要的功率包括消耗于料浆雾化所需的功率和克服空气摩擦力所需的功率。设料浆离开雾化盘时的切向速度等于雾化盘的圆周速度，雾化盘的效率为 0.5，则消耗于料浆雾化的功率为

$$N_{\mathrm{k}}=7.6Gn^2d^2\times10^{-10}\ (\mathrm{kW}) \tag{10-47}$$

式中各符号意义如前相同。

消耗于克服空气摩擦力的功率为

$$n_{\mathrm{m}}=\frac{d^2}{v}\left(\frac{u}{100}\right)^3\ (\mathrm{kW}) \tag{10-48}$$

式中　u——雾化盘的圆周速度，m/s；

v——空气的比容，m^3/kg。

f. 离心雾化器的技术要求　离心雾化器的转速很高，为了防止振动，雾化器应有平衡要求。

转动零部件的平衡等级用平衡精度来表示。平衡精度相当于其质心的线速度，用下式表示

$$A=e\omega\ (\mathrm{mm/s}) \tag{10-49}$$

式中　e——转动零部件的偏心距，mm；

ω——转动零部件的角速度，rad/s。

为了保证离心雾化器运转平稳，雾化器的推荐平衡等级为 G6.3，其意义是平衡精度的许用值为 6.3mm/s。为避免动不平衡对雾化器运转的影响，雾化盘的直径 D 与长度 L 之比应大于或等于 5。

离心雾化器的雾化盘与轴组成了一个弹性系统，系统的力学模型如图 10-52 所示。由机械振动学可知，该系统的各阶临界转速为

$$n_{\mathrm{cK}}=0.3\lambda\sqrt{\frac{EJ}{(W_0+\beta W)L^3}}\kappa^2\ (\mathrm{r/min}) \tag{10-50}$$

$$\beta=\frac{1}{3}(1-\mu)^2\lambda^2$$

式中　$n_{c\kappa}$——系统的 κ 阶临界转速，r/min；

λ——与 μ 有关的系数，由表 10-7 查得；

E——轴的弹性模量，Pa；

J——轴的截面惯性矩，m^4；

L——轴的长度，m；

W——轴的质量，kg；

W_0——雾化盘的质量，kg；

κ——临界转速的阶数，$\kappa=1$，2，…。

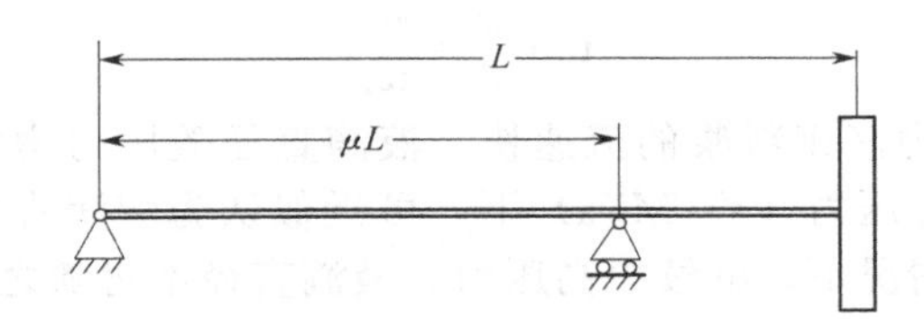

图 10-52　离心雾化器的力学模型

表 10-7　λ 与 μ 的关系

μ	0.5	0.55	0.6	0.65	0.7	0.75	0.8	0.85	1.0	1.05	1.1
λ	8.716	9.983	11.50	13.13	14.57	15.06	14.44	13.34	12.11	10.92	9.87

为了确保安全运转，防止发生共振，轴的工作转速必须在各临界转速的一定范围以外。一般而言，对于工作转速低于一阶临界转速 n_{c1} 的轴，$n< n_{c1}$；工作转速高于 n_{c1} 而低于 n_{c2} 的轴，$1.4n_{c1}<n< 0.7n_{c2}$，其余类推。

对于高于一阶临界转速的轴，在启动和停机过程中要通过共振区，因此，需要从结构上采取保证顺利通过共振区的措施，如在适当位置加装一档间隙较大的滑动轴承，可以防止通过共振区时产生振幅很大的振动。

高速运转的离心雾化器轴承的润滑非常重要，一般应采用压力润滑，在润滑油的循环回路中要装设过滤器和冷却装置，以保证润滑油的清洁和防止油温过高。

雾化盘承受料浆的强烈磨蚀作用，极易损坏。有关资料介绍，内部衬以耐磨橡胶的雾化盘比铁质的耐磨，使用寿命可达 200h 以上，盘内衬以烧结氧化铝片和采用内伸喷嘴时，使用寿命更长。

离心雾化器是精密的高速设备，造价较高，装拆时不允许用手锤敲打，以免影响精度和造成损坏。

② 压力喷嘴式雾化器　压力喷嘴式雾化器是一种旋转型的压力喷嘴，故又称为压力喷嘴。压力喷嘴雾化器主要由旋流室中喷嘴两部分组成。沿着旋流室周边的切线方向开有 2～6 条切向槽，料浆用泵以较高的压力沿切向槽送入旋流室，在旋流室中，料浆高速旋转形成近似的自由涡流，因而愈靠近中心，流速愈大而压力愈小，使得在喷嘴的中心附近料浆破裂形成一根压力等于大气压力的空气柱，料浆在喷嘴内壁与空气柱之间的环形截面中以薄膜的形式喷出。喷出后，随着薄膜的伸长、变薄，拉成细丝，最后细丝断裂面成为液滴。从喷嘴出来的液滴喷炬的形状近似为一个空心圆锥，其锥角称为雾化角。

a. 料浆的流量　喷嘴出口处的料浆流速可用下面的水力学中液体从喷嘴流出的公式计算

$$w=\phi\sqrt{\frac{2\Delta p}{\rho}} \tag{10-51}$$

式中　w——喷嘴出口处料浆的流速，m/s；

ϕ——喷嘴的速度系数，可近似地取 $\phi=1$；

Δp——雾化器进出口处料浆的压力差，Pa；

ρ——料浆的密度，kg/m^3。

则料浆的流量为

$$Q=\mu A\sqrt{\frac{2\Delta p}{\rho}}\ (m^3/s) \tag{10-52}$$

式中 μ——喷嘴的流量系数，其大小与喷嘴的几何特性参数有关，$\mu=0.2\sim0.8$；

A——喷嘴的横截面积，m^2。

b. 雾化角 料浆从喷嘴喷出的速度 w 可分解为轴向速度 w_a 和切向速度 w_t，雾化角 θ 可由下式求得

$$\tan\frac{\theta}{2}=\frac{w_t}{w_a} \tag{10-53}$$

c. 雾化压力 雾化压力高则料浆的流速快，液滴直径随压力增大而减小。同时，压力增大，液滴趋于均匀。在中等压力（<2MPa）下，可近似认为液滴直径与雾化压力的 0.3 次方成反比。但在压力很高的情况下，继续提高压力，液滴直径不再随之减小，反而由于液滴离开喷嘴后互相剧烈碰撞，小液滴溶合成大液滴，使液滴直径增大。

对于一定形式和大小的喷嘴，雾化压力在很大的范围内变化，而空气柱直径与喷嘴出口直径之比几乎是不变的，即空气柱的直径不受雾化压力的影响。常用的雾化压力为 2～3MPa。

d. 需要的功率 机械雾化器所需的功率为

$$N_k = Q\Delta p/1000\ (kW) \tag{10-54}$$

式中 Q——料浆的流量，m^3/s；

Δp——雾化压力差，Pa。

e. 雾化器的几何尺寸

(a) 喷嘴直径 d：雾化器产生的液滴直径与喷嘴的直径有关，在其他条件相同的情况下，喷嘴直径越大，液滴直径也越大。为了得到较细的液滴，喷嘴直径不宜过大，但喷嘴直径过小时，易发生堵塞。喷嘴直径通常为 1.5～2.5mm。

(b) 喷孔长度 l：喷孔长度增加时，会增大料浆的流动阻力，一般取 $l/d = 0.5\sim1.0$。

(c) 切向槽宽度 b：切向槽宽度大，则旋流室中自由涡流的平均速度小，料浆流线紊乱，雾化质量较差；宽度小时，易堵塞，阻力也大。通常可按 $b = (0.5\sim1.0)d$ 选取。

(d) 切向槽深度 h：切向槽深度小，则阻力大；浓度大时，流线紊乱，影响雾化质量。一般取 $h/b = 1.3\sim3$。

(e) 切向槽长度 L：切向槽长度太大时，料浆流动阻力大；长度太小时，料浆进入旋流室后流线紊乱，雾化效果不好。通常取 $L/d = 3$ 左右。

(f) 切向槽数目 n：切向槽数目过多时，由于加工时分度不均匀和角度有偏差，会使料浆不能在旋流室中均匀旋转，影响雾化质量。一般取 $n = 2\sim6$。

(g) 旋流室直径 d_0：旋流室的形状有圆柱形和圆锥形两种，前者应用更普遍些。旋流室直径与切向槽宽度之比一般为 $d_0/b = 10\sim10$。

压力喷嘴式喷雾干燥器的规格及主要性能见表 10-8。

表 10-8 喷雾干燥器的规格和主要技术性能

型号	干燥塔尺寸				料浆压强/MPa	料浆含水量/%	粉料含水量/%	进气温度/℃	排气温度/℃	单位热耗/(kJ/kg 水)	蒸发率/(kg 水/h)
	内径/mm	高度/mm		容积/m^3							
		圆柱	圆锥								
TCIP100	2000	6000	1700	20	2					4400～4610	100
TCIP150	2200	6000	11000	35	2					41100～4400	150
TCIP300	2500	6600	2000	80	2	35	1	450	85	31080～41100	300
TCIP500	4000	6600	3000	100	2					3770～31080	500
TCIP1000	5500	7000	3500	180	2	～	～	～	～	3560～3770	1000

续表

型号	干燥塔尺寸				料浆压强/MPa	料浆含水量/%	粉料含水量/%	进气温度/℃	排气温度/℃	单位热耗/(kJ/kg 水)	蒸发率/(kg 水/h)
	内径/mm	高度/mm 圆柱	高度/mm 圆锥	容积/m^3							
TCIP1500	6000	7000	4800	240	2					3440～3600	1500
TCIP2000	6500	7000	5500	300	2					3400～3560	2000
TCIP2500	7000	7000	5800	350	2	55	8	550	100	3350～3560	2500
TCIP3200	7500	7000	6000	410	2					3270～3350	3200

表 10-9 列出了离心雾化器与压力喷嘴雾化器的有关性能对比。

表 10-9　离心雾化器与压力喷嘴雾化器的性能对比

项　目	离心雾化器	压力喷嘴雾化器
干燥塔直径	大	小
干燥塔高度	小	大
供料压力	低	高
产品粒度	较小	较大
产品容积密度	较小	较大
产品温度	较低,低于干燥尾气温度	较高,高于干燥尾气温度
生产能力	大	小
操作弹性	大	小
操作可靠性	较好	较差,喷嘴易磨损和堵塞

③ 干燥塔的结构尺寸　干燥塔的几何形状基本上是一样的，上部为圆柱形，下部为锥角为 60°的圆锥形。

塔的外壳由普通钢板制成，内部为耐热、耐腐蚀材料制作的内筒，在外壳与内筒之间充以矿渣棉或珍珠岩保温材料。

塔的直径应大于液滴喷炬的最大直径，以防止物料粘壁。同时，还要使塔内空气流速控制在 0.2～0.5m/s 范围内。

塔的高度应保证液滴与热空气有足够的接触时间，使之成为含水量合乎要求的产品。

一般而言，假定液滴在塔内的停留时间等于热空气在塔内的平均停留时间。热空气在塔内的平均停留时间为

$$t = V/Q \text{ (s)} \tag{10-55}$$

式中　Q——热空气的流量，以排气状态计，m^3/s；

V——塔的有效容积，m^3。

热空气在塔内的停留时间应大于液滴干燥所需时间。根据产品的性质和液滴大小的不同，设计时可取 $t=8\sim15s$。

如图 10-53 所示，干燥塔圆锥部分的高度为

$$H=\frac{D-d}{2}\tan 60°=\frac{\sqrt{3}(D-d)}{2} \tag{10-56}$$

容积为

$$V_1'=\frac{\pi}{12}(d^2+dD+D^2) \tag{10-57}$$

由于排气管一般装在产品出口的上部，热空气并未通过塔的全部容积就已进入排气管，塔的容积未全部利用，有效容积 V_1 为

$$V_1=\eta_v V_1' \tag{10-58}$$

式中　η_v——干燥塔的容积利用系数，随排气管的装设情况而定，计算时可取 $\eta_v=0.5\sim0.8$。

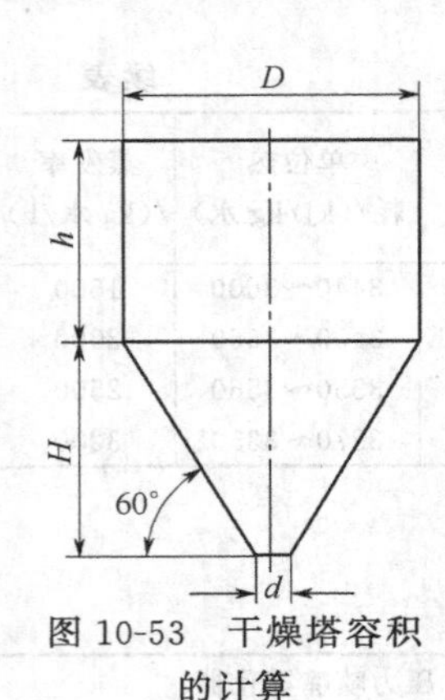

图 10-53 干燥塔容积的计算

圆柱形部分的有效容积 V_2 为

$$V_2 = V - V_1$$

有效高度 h 为

$$h = \frac{4V_2}{\pi D^2} \tag{10-59}$$

对于采用离心雾化器的干燥塔，圆柱部分的实际高度要适当增大；对于采用压力喷嘴式雾化器的干燥塔，塔的高度应大于喷炬长度，以防物料粘壁。

比较简单而实用的确定干燥塔容积的方法是根据干燥塔中蒸发强度的经验值来计算。蒸发强度是指干燥塔内单位容积单位时间内蒸发的水分。干燥塔的蒸发强度随进气温度的增高而增大，见表 10-10。

表 10-10 干燥塔的蒸发强度

进气温度/℃	蒸发强度/[kg 水/(h・m³)]
130～150	2～4
300～400	8～12
500～700	15～25

干燥塔的容积

$$V = G_w / A \quad (\mathrm{m^3}) \tag{10-60}$$

式中 G_w——蒸发率，kg 水/h；

A——蒸发强度，kg 水/（h・m³）。

④ 热空气分配器 热空气分配器对设备的操作和产品的质量有较大影响。离心喷雾干燥器中热空气分配器的设计应注意以下几点。

a. 分配器应向液滴喷炬的根部送入热空气。其好处是：温度最高的热空气与含水量最大的液滴相遇，水分急剧蒸发，干燥速度快；热气流调节了喷炬的形状和尺寸，使物料迅速转为向下运动，不易发生物料粘壁的现象；热空气与物料混合得较均匀。

b. 热空气要均匀地送入塔内，防止造成涡流。为此，在进口处可考虑装设导流板。

c. 热空气最好以轻度旋转进入塔内，这样可减少气流与喷炬相碰撞而产生扰动和造成旋涡，从而减少物料黏结在塔顶的现象发生。

d. 热空气不要沿径向或切向送入塔内。

⑤ 排气管的装设形式 排气管的装设形式一般有两种，一种是中心排气，一种是环状排气，如图 10-54 所示。中心排气的排气管深入锥底，进口处空气中粉料含量高，气流速度也高，故排气中夹带较多的粉尘，但由于排气管的进口向下，位置很低，对塔内空气流动的影响较小，塔容积利用率也较高。环状排气时，空气经塔底的环形出口进入排气管，空气速度较低，夹带粉尘较少，但塔的容积利用率较低。选择何种排气形式应根据产品性质及设置在干燥塔后面的收尘器的能力而定。

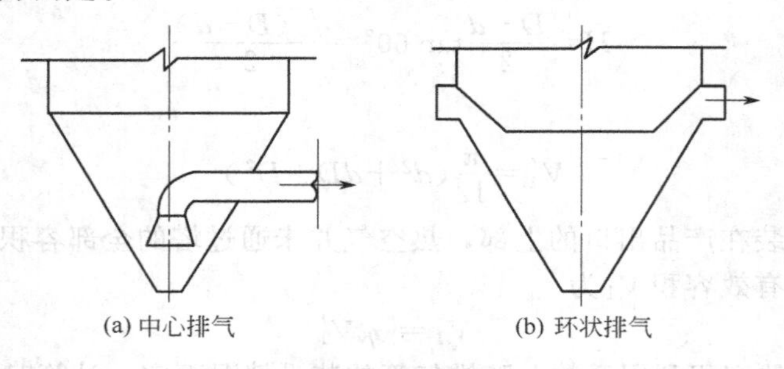

图 10-54 排气管装设的基本形式

参考文献

[1]　潘孝良．水泥生产机械设备．北京：中国建筑工业出版社，1981.
[2]　丁志华．玻璃机械．武汉：武汉工业大学出版社，1994.
[3]　林云万．陶瓷工业机械设备（上册）．武汉：武汉工业大学出版社，1993.
[4]　盖国胜．超细粉碎分级技术．北京：中国轻工业出版社，2000.
[5]　卢寿慈．粉体加工技术．北京：中国轻工业出版社，1999.
[6]　陆厚根．粉体工程导论．上海：同济大学出版社，1993.
[7]　[日] 小川明．气体中固体颗粒的分离．北京：化学工业出版社，1991.
[8]　陈甘棠．流态化技术的理论和应用．北京：中国石化出版社，1996.
[9]　黎强．流态化原理及其应用．徐州：中国矿业大学出版社，1994.
[10]　王浩明．水泥工业袋式除尘技术及应用．中国建材工业出版社，2001.
[11]　第二届全国颗粒制备与处理学术会议论文集．1990，上海．
[12]　第三届全国颗粒制备与处理学术会议论文集．1992，青岛．
[13]　第四届全国颗粒制备与处理学术会议论文集．1994，徐州．
[14]　李隆然．干式气流粉碎．化工装备技术，1991，(3)：28-36.
[15]　余加耕等．超微细粉的分级研究．建筑热能通风空调，1994，(3)：35-36.
[16]　裴重华等．超细粉体分级技术的现状及进展．化工进展，1994，(5)：1-5.
[17]　陆厚根．涡轮式超细气流分级技术研究及设备研制．中国粉体技术，1995，1 (5)：1-6.
[18]　陶珍东等．用旋风分离器进行微细粉分级的可行性．化工装备技术，1996，16 (1)：14-16.
[19]　梅芳等．湍流对气流分级效率影响的研究．中国粉体技术，1996，2 (2)：1-6.
[20]　盖国胜．超细粉碎/分级系统设计要点．粉体技术，1996，2 (4)：36-38.
[21]　梅芳等．气流分级“鱼钩效应”的研究．硅酸盐学报，1996，24 (6)：216-221.
[22]　汤义武等．新型旋流分级机的分级研究．化工装备技术，1996，17 (5)：1-6.
[23]　黎国华等．微粒分级的特性研究．华中理工大学学报，1997，25 (5)：50-52.
[24]　吴其胜等．超细分级技术的现状及发展．硅酸盐通报，1997，(6)：45-50.
[25]　方苍舟．新型亚微米分级技术的研究及应用．非金属矿，1997，119 (5)：32-35.
[26]　王京刚等．超细气力分级设备的研究现状及发展．国外金属矿选矿，1997，(3)：14-19.
[27]　冯平仓．气流分级原理及分级设备的最新发展．非金属矿，1997，120 (6)：36-39.
[28]　李玉琴．振动粉磨-分级系统设计．矿山机械，1997，(10)：44-45.
[29]　王晓燕等．流化床式气流粉碎机粉碎分级性能研究．非金属矿，1998，21 (5)：15-19.
[30]　吉晓莉等．离心式微粉分级机分级性能的研究．华中理工大学学报，1998，26 (12)：40-43.
[31]　盖国胜．超细分级技术的工业应用．金属矿山，1998，269 (11)：12-16.
[32]　陆雷等．旋风筒的分级分离效率与其入口风速的关系．硅酸盐学报，1999，27 (4)：415-419.
[33]　蒋建洪等．干法离心式分级机的分级性能研究．江苏化工，1999，27 (4)：35-37.
[34]　方莹等．离心转子式选粉机的分级性能．南京化工大学学报，1999，21 (4)：22-26.
[35]　盖国胜．超细粉碎与分级技术进展．中国粉体技术，1999，5 (1)：22-26.
[36]　左建华．NHX500 高效选粉机分级圈的改进．水泥，2001，(1)：38.
[37]　刘金红．旋风分离器的发展及理论研究现状．化工装备技术，1998，19 (5)：49-50.
[38]　刁永发等．多管气固分离技术的研究进展．工业炉，2000，22 (3)：37-40.
[39]　潘孝良等．螺线型旋风收尘器的研究．山东建材，1995，(4)：20-23.
[40]　阎志春．新型高效电收尘器．水泥技术，1996，(3)：51-53.
[41]　李铨．高浓度高效袋收尘器的技术特点．中国建材装备，1997，(11)：17-18.
[42]　李铨．高浓度高效袋收尘器的技术特点．中国建材装备，1997，(12)：3-6.
[43]　苏梁．袋收尘的技术问题及对策．水泥技术，1997，(1)：34-40.
[44]　杨清泉．宽极距高压静电收尘器驱进速度的设计计算．水泥技术，1998，(3)：18-21.
[45]　吕红明．旋风收尘器的改进与分析．矿山机械，2000，(9)：49-50.
[46]　李尚才．袋收尘器滤料的选择．建材技术与应用，2001，(4)：17-21.
[47]　舒畅．收尘器的设计、改造思路．水泥技术，2001，(6)：37-38.
[48]　许显群．XMZ (SLZ) 型厢式自动压滤机．纯碱工业，1996，(4)：57.
[49]　杨雄辉．新型厢式压滤机自动开板机构研制及应用．有色冶炼，1999，(4)：31-32.
[50]　马星民．XAZG 型高效厢式压滤机．过滤与分离，2000，9 (4)：47-48.
[51]　吴阳．压滤机的发展趋势．中国煤炭，2000，26 (5)：22-25.

[52] 贺世正．厢式压滤机滤板的有限元应力分析．流体机械，2000，30（1）：26-28.
[53] 王泽等．喷雾干燥器的改进与应用．新型建筑材料，1996，（1）：46-47.
[54] 陈亦可等．离心式喷雾干燥器耐磨喷头的研制．化工装备技术，1997，18（3）：27-29.
[55] 廖建洪．压力式喷雾干燥器工艺原理及提高效率的探讨．陶瓷工程，1999，33（2）：31-32.
[56] 邱家山等．固体浓度、颗粒大小及安装倾角对水力旋流器分离性能的影响．过滤与分离，1995，（2）：3-6.
[57] 李建明等．旋流器排口比对固粒轴向流场的影响．化工机械，1995，22（3）：132-136.
[58] 庞学诗．水力旋流器的发展特点．国外金属矿选矿，1996，（5）：33-35.
[59] 奚致中．水力旋流器内的流动分析．油气田地面分析，1996，19（3）：49-52.
[60] 程兴华．水力旋流器的理论探讨及应用实践．矿冶，1997，6（2）：39-42.
[61] 陈文梅等．水力旋流器流场研究及其应用．中国粉体技术，1997，3（3）：20-24.
[62] 蒋明虎．水力旋流器压力场分布规律研究．高技术通讯，2000，（11）：78-80.
[63] 李晓钟等．水力旋流器压力场测试及能耗机理研究．流体机械，2000，28（10）：11-14.
[64] 林高平等．水力旋流器分离效率计算．有色金属，2002，54（2）：74-77.
[65] 喻炜等．高效节能水力旋流器研究进展．过滤与分离，2002，12（3）：1-3.
[66] 周景伟，汪莉，宋存义等．处理高浓度粉尘的除尘器的选择．工业安全与环保，2006，32（6）：6-8.
[67] 毛志伟，孔庆东．袋除尘器在水泥行业中的应用趋势．水泥工程，2002，（1）：53-56.
[68] 李铨．高浓度高效袋收尘器的技术特点（二）．中国建材装备，1997，（12）：3-6.
[69] 李尚才．袋式除尘器的发发展及其结构性能介绍．水泥工程，1999，（5）：47-51.

第11章 混合与造粒

11.1 粉体的混合

11.1.1 概述

在生产实践中，往往需要多种不同成分的粉体物料按一定比例配合在一起通过一定工序加工成为最终产品。在此过程中，各种成分的粉体的均匀分布对产品的性能具有直接的重要影响。因此，需要进行必要的均化，即混合处理。所谓混合，即是物料在外力（重力或机械力等）作用下发生运动速度和运动方向的改变，使各组分颗粒均匀分布的操作过程。

在不同产品的生产过程中，混合操作的方式多种多样，但其共同目的是通过混合过程获得组成和性质均匀的混合物，以保证产品组成、结构和性能的均匀一致性。例如，在水泥和陶瓷生产过程中，各种原料的均匀混合是为提高高温固相反应程度创造良好条件；玻璃原料的混合是使窑内物料熔化后形成均匀的熔液，为玻璃的成型奠定基础；颜料和着色剂在混合料中的混合是为了获得均匀一致的产品外观色调；饲料、医药和农药中极微量的药效成分与载体的混合以及各种外加剂在混合物料中的混合目的是使微量成分形成高度均匀分布。

11.1.2 混合机理和混合效果评价

11.1.2.1 混合机理

关于固体颗粒混合的机理，一般认为有如下三种：

（1）扩散混合——颗粒小规模随机移动　分离的颗粒撒布在不断展现的新生料面上并作微弱的移动，使各组分颗粒在局部范围内扩散实现均匀分布。扩散混合的条件是：颗粒分布在新出现的表面上，或单个颗粒能增大内在的活动性。

（2）对流混合——颗粒大规模随机移动　物料在外力的作用下产生类似流体的运动，颗粒从物料的一处位移至另一处，所有颗粒在混合设备中整体混合。

（3）剪切混合——在粉体物料团内部，由于颗粒间的相互滑移，如同薄层状流体运动一样，形成滑移面，导致局部混合。

上述三种混合机理虽各有不同，但其共同的本质则是施加适当形式的外力使混合物中各种组分颗粒产生相互间的相对位移，这是发生混合的必要条件。

各种混合机进行混合时，并非单纯利用某种机理，而是以上三种机理均起作用，只不过以某一种机理起主导作用。

各种混合设备的混合作用见表11-1。

表 11-1 不同混合机的混合作用

混合机类型	对流混合	扩散混合	剪切混合
重力式(容器旋转式)	大	中	小
强制式(容器固定式)	大	中	中
气力式	大	小	小

11.1.2.2 混合效果评价

混合效果的好坏实质上是指混合程度的高低，但这是比较笼统的。通常混合效果的量化评价指标是：标准偏差、混合度、均匀度和混合指数。

（1）标准偏差　对于一组测定数据，若试样个数为 n，则其算术平均值为

$$\overline{x}=\frac{1}{n}\sum_{i=1}^{n}x_i \tag{11-1}$$

当测量次数有限时，各测定值 x_i 对 $\overline{x}$ 的标准偏差为

$$S=\sqrt{\frac{1}{n-1}\sum_{i=1}^{n}(x_i-\overline{x})^2} \tag{11-2}$$

有时也以混合前后物料的标准偏差之比表示混合效果，即

$$H=S_1/S_2 \tag{11-3}$$

式中，S_1、S_2 分别为混合前、后物料的标准偏差。显然，H 值越大，意味着混合效果越好。

应该指出，当混合物料中的组分含量相差悬殊时，仅用标准偏差还不足以充分说明混合的程度。譬如，某组分在一种混合物料中的含量为 50%，在另一种混合物料中的含量为 5%，测定值的标准偏差均为 0.5，尽管二者的标准偏差相同，但实际上两种情形的混合效果是不同的。

（2）离散度和均匀度　为了客观地反映混合程度，同时考虑标准偏差和平均值两个参数。

① 离散度（变异系数）C_v　标准偏差与测定平均值的比值，用百分数表示。

$$C_v=\frac{S}{\overline{x}}\times 100\% \tag{11-4}$$

C_v 越小，混合效果越好。由式（11-4）不难看出，上述两种混合物料中，第一种物料的离散度为 1%，而第二种物料的离散度则是 10%，混合程度的差别是显而易见的。

② 均匀度 H_s　一组测定值接近测定平均值的程度。数学表示式为

$$H_s=1-C_v \tag{11-5}$$

（3）混合指数　设物料混合前某组分的标准偏差为 S_0，达到随机完全混合状态时的标准偏差为 S_r、混合过程中某一瞬时的标准偏差为 S，则混合指数定义为

$$M=\frac{S_0^2-S^2}{S_0^2-S_r{}^2} \tag{11-6}$$

M 为无因次量。混合之前，$M=0$；达到随机完全混合状态时，$M=1$；实际随机混合时，$1<M<0$。

上式的缺点是即使物料稍加混合，M 值也接近于 1，因而无法表示混合的微量程度。为此，将上式变为如下形式

$$M=\frac{\ln(S_0/S)}{\ln(S_0/S_r)} \tag{11-7}$$

11.1.3 混合过程与混合速度

混合过程中，标准偏差随混合时间的变化如图 11-1 所示。物料混合前期，$\ln S$ 线性减小，混合速度较快，直至达到最佳混合状态；随后继续混合时，一般再难以达到最初的最佳混合状

态。这是因为混合进行至一定程度时，总是伴随着另一个相反的过程——逆混合过程或偏析过程。混合过程与偏析过程反复地交替进行，即混合$\rightleftharpoons$偏析。当二者的速度相等时，混合达到平衡状态。因此，对于不同的混合物料，掌握其最佳混合时间是至关重要的。

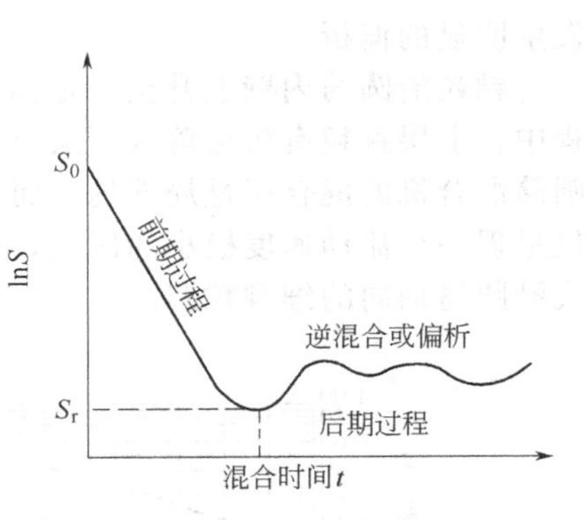

图 11-1　混合过程曲线

由图 11-1 可以看出，标准偏差是混合时间的函数。因此，用方差对时间的导数与瞬时方差 S^2 和随机完全混合状态的方差 S_r^2 之差来表示混合速度

$$\frac{dS^2}{dt}=-\phi(S^2-S_r^2) \tag{11-8}$$

上式积分并考虑初始条件可得

$$\ln\frac{S^2-S_r^2}{S_0^2-S_r^2}=\ln(1-M)=-\phi t \tag{11-9}$$

$$M=1-e^{-\phi t} \tag{11-10}$$

式中，ϕ 为混合速度系数，与混合机结构形式和尺寸、物料性质及混合条件等因素有关。当 S_0 和 S_r 已知时，$(S_0^2-S_r^2)=K$ 为常数，故上式可写成

$$S^2-S_r^2=Ke^{-\phi t} \tag{11-11}$$

11.1.4　影响粉体混合的因素

影响混合过程的因素主要有物料的物理性质、混合机的结构形式和操作条件三个方面。

11.1.4.1　物料的物理性质

物料颗粒所具有的形状、粒度及粒度分布、密度、表面性质、休止角、流动性、含水量、黏结性等都会影响混合过程。

在混合过程中，总是伴随着混合与逆混合两种作用。颗粒被混合的同时，偏析作用又使物料进行逆混合，混合状态是偏析与混合之间的平衡。适当改变这些条件，就可使平衡向有利于混合方向转化，从而改善混合操作的效果。

物料颗粒的粒度、密度、形状、粗糙度、休止角等物理性质的差异将会引起偏析，其中以混合料的粒度和密度差影响较大。偏析作用有以下三个方面。

① 堆积偏析　具有粒度差（或密度差）的混合料，在倒泻堆积时就会产生偏析，细（或密度小）颗粒集中在料堆中心部分，而粒度大（或密度大）的颗粒则在其外围。

② 振动偏析　具有粒度差和密度差的薄料层在受到振动时，也会产生偏析。即使是埋陷在小密度细颗粒料层中的大密度粗颗粒，仍能上升到料层的表面。

③ 搅拌偏析　采用液体搅拌方式来强烈搅拌具有粒度差的混合料，也会出现偏析，往往难以获得良好的混合效果。一种混合方法对液体混合可能很有效，但未必适合于固体粉料的混合，甚至会导致严重的逆混合。

在实际混合过程中，应针对不同情况，选取相应的防止偏析措施。从混合作用来看，对流混合偏析程度最小，而扩散混合则有利于偏析。因此，对于具有较大偏析倾向的物料，应选用以对流混合为主的混合设备。

11.1.4.2　混合机结构形式

混合机机身的形状和尺寸、所用搅拌部件的几何形状和尺寸、结构材料及其表面加工质量、进料和卸料的设置形式等都会影响混合过程。设备的几何形状和尺寸影响物料颗粒的流动方向和速度。

图 11-2 所示为粒度为 80～100 目和 35～42 目的砂各 2.5kg，在水平圆筒混合机内水平装填物料后进行混合的偏析现象。可以发现，混合 2min 后，$1-M$ 值降至最小，之后开始回升，

发生明显的偏析。

颗粒沿圆筒内壁上升至一定高度，然后沿着混合区斜面滚落，如图 11-3 所示。在滚落过程中，上层颗粒有机会落入下层出现的空穴中去，这种颗粒层位的变更即产生混合作用。水平圆筒混合机的混合区是局部的，而且径向混合是主要的。但是，由于在物料流线包围的中心部位呈现一个流动速度极小的区域，微细颗粒就可能穿过大颗粒的间隙集中到这个区域中来，形成沿圆筒轴向的细颗粒芯。

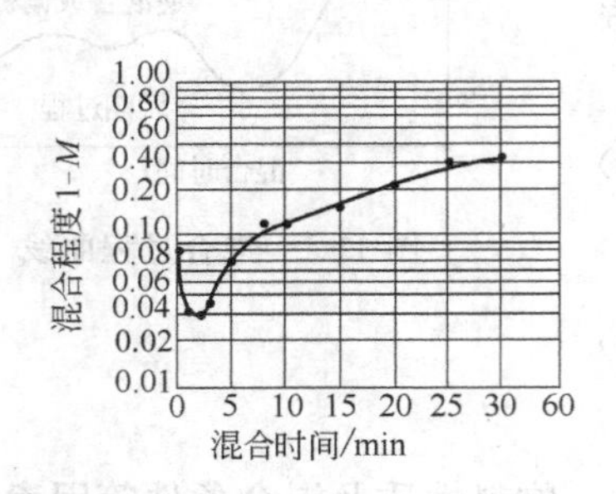

图 11-2 水平圆筒混合机中的偏析现象

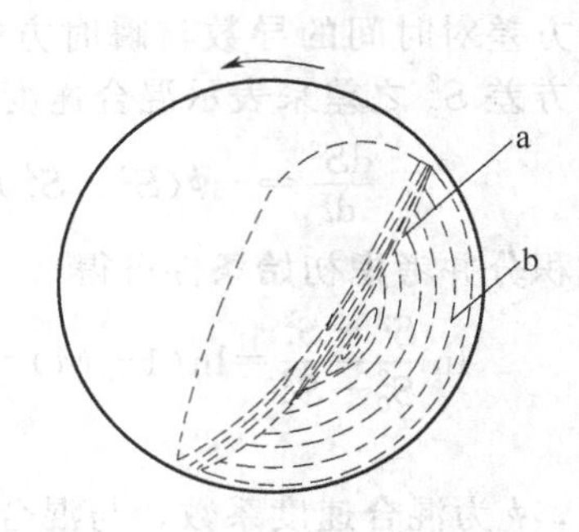

图 11-3 物料在回转筒中的径向运动

a—混合区；b—静聚区

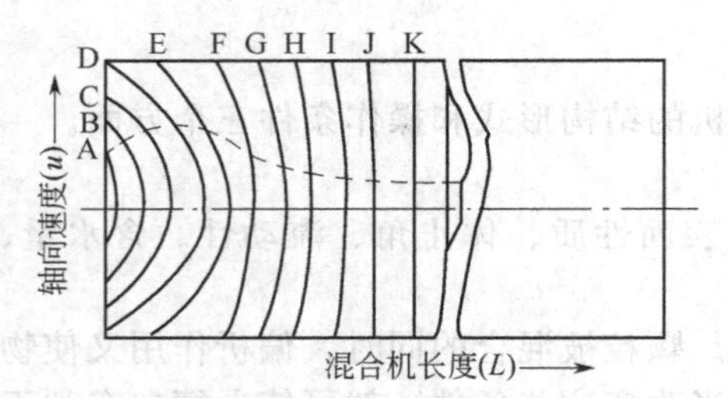

图 11-4 物料在回转圆筒中的轴向运动

（虚线表示速度分布）

颗粒的轴向运动情况如图 11-4 所示。图中标出物料沿轴向流动速度的梯度，曲率最大的 D 处表示其轴向速度为最大，距离混合机端面愈远，由于端面的影响愈小，而使轴向速度趋于一恒定值。这说明在径向混合时，颗粒也有沿轴向运动。由于在流动速度大的 D 处出现颗粒的空隙区域，细颗粒就可能穿过相邻的料带集中在这个区域中。料带 D 两侧的料带 C 与 E，较小的颗粒有轴向移入轴向速度料带 D 中去的倾向。但是，在外两侧的料带 B 与 F，它们的颗粒向 C 与 E 的轴向移动都比较缓慢。这种轴向物料运动的不平衡性，使料带 D 中的细粒芯不断壮大，形成与轴向垂直的料带。当较小颗粒具有较高的休止角时，则轴向速度的速度梯度会更大，甚至有可能达到在整个纵向上全部形成较小（或较重）和较大（或较轻）颗粒集积层相间隔的状态。这是在轴向的偏析现象，与依靠重力的径向混合相比，轴向混合是次要的。因此，采用长径比 $L/D<1$ 的鼓式混合机较有利于混合。

11.1.4.3 操作条件

操作条件包括混合料内各组分的多少及其所占据混合机体积的比率、各组分进入混合机的方式、顺序和速率、搅拌部件或混合机容器的旋转速度等。

对于回转容器型混合机，物料在容器内受重力、惯性离心力、摩擦力作用产生流动而混合。当重力与惯性离心力平衡时，物料随容器以同样速度旋转，物料间失去相对流动不发生混合，此时的回转速度为临界转速。惯性离心力与重力之比称为重力特征数

$$F_r=\frac{\omega^2 R}{g} \tag{11-12}$$

式中 ω——容器旋转角速度，rad/s；

R——容器最大回转半径，m；

g——重力加速度，m/s²。

显然，F_r 应小于 1。一般而言，对于圆筒型混合机，$F_r=0.7\sim0.9$；对于 V 型混合机，$F_r=0.3\sim0.4$。由给定的 F_r 值确定转速 ω 值的大小。

实验表明，最佳转速 n 与容器最大回转半径及混合料的平均粒径有关，一般有如下关系

$$n=\sqrt{Cg}\sqrt{\frac{d}{R}} \tag{11-13}$$

式中　C——实验常数，m^{-1}，对于水平圆筒混合机，一般取 $C=15$；对于 V 型、二重圆锥型和正立方体型混合机，$C=6\sim7$；

d——混合料平均粒径，m；

R——容器最大回转半径，m；

g——重力加速度，m/s^2。

对于固定容器型混合机，桨叶式混合机的桨叶直径 d 与回转速度 n 成反比关系

$$nd=K \tag{11-14}$$

11.1.5　混合设备

11.1.5.1　混合机的类型

（1）按操作方式分　分为间歇式和连续式。

连续混合时，应选取合适的喂料机，既能给料又能连续称量。出口处物料的均匀度应该做连续测定，应及时反馈信号调节喂入量，以便获得最佳的均匀度。连续式混合机的优点是：可放置在紧靠下一工序的前面，因而大大减少混合料在输送和中间储存中出现的偏析现象；设备紧凑，且易于获得较高的均匀度；可使整个生产过程实现连续化、自动化，减少环境污染以及提高处理水平。其缺点是：参与混合的物料组分不宜过多；微量组分物料的加料不易计量精确；对工艺过程变化的适应性较差；设备价格较高；维修不便。

（2）按设备运转形式分　分为旋转容器式和固定容器式。

旋转容器式混合机的特点是：几乎全部为间歇操作；装料比较固定容器式为小；当流动性较好而其他物理性质差异不大时，可得到较好的均匀度，其中尤以 V 型混合机的混合均匀度较高；容器内部易清扫；可用于腐蚀性强的物料混合，多用于品种多而批量较小的生产。缺点是：混合机的加料和卸料，都要求容器停止在固定的位置上，故需加装定位机构，加卸料时容易发生粉尘，需要采取防尘措施。

固定容器式混合机的特点是：在搅拌桨叶强制作用下使物料循环对流和剪切位移而达到均匀混合，混合速度较高，可得到较满意的混合均匀度；由于混合时可适当加水，因而防止粉尘飞扬和偏析。缺点是：容器内部较难清理；搅拌部件磨损较大，玻璃工厂常用的多是固定容器式混合机。

（3）按工作原理分　分为重力式和强制式。

重力式混合机是物料在绕水平轴（个别也有倾斜轴）转动的容器内，主要受重力作用产生复杂运动而相互混合。重力式混合机根据容器外形有圆筒式、鼓式、立方体式、双锥式和 V 式等，这类混合机易使粒度差或密度差较大的物料趋向偏析。为了减少物料结团，有些重力式混合机（如 V 式）内还设有高速旋转桨叶。

强制式混合机是物料在旋转桨叶的强制推动下，或在气流作用下产生复杂运动而强行混合。强制式混合机按轴的传动形式有水平轴（桨叶式、带式等）式、垂直轴（盘式）式、斜轴式（螺旋叶片式）等。强制式混合机的混合强度比重力式大，且可大大减少物料特性对混合的影响。

（4）按混合方式分　分为机械混合式和气力混合式。

机械混合机在工作原理上大致分为重力式（转动容器型）和强制式（固定容器型）两类。气力混合设备用脉冲高速气流使物料受到强烈翻动或由于高压气流在容器中形成对流流动而使物料混合，主要有重力式（包括外管式、内管式和旋管式等）、流化式和脉冲旋流式等。

机械混合机多数有机械部件直接与物料接触，尤其是强制式混合机，机械磨损较大。机械

混合的设备容积一般不超过 20～110m³，而气力混合设备却可高达数百立方米，这是因为它没有运动部件，限制性较小。此外，气力混合还有结构简单、混合速度快、混合均匀度较高、动力消耗低、易密闭防尘、维修方便等优点。但是它不适合黏结性物料的混合。

(5) 按混合与偏析机理分　分为偏析型混合机和非偏析型混合机。

偏析型混合机以扩散混合为主，属重力式混合机；非偏析型混合机以对流混合为主，属强制式混合机。

(6) 按混合物料分　分为混合机和搅拌机。

11.1.5.2　混合机械及设备

搅拌机有机械搅拌和气力搅拌两类，前者利用适当形状的桨叶在料浆中的运动来达到搅拌的目的，后者利用压缩空气通入浆池使料浆受到搅拌。搅拌桨叶有水平桨叶和立式桨叶两种，桨叶形状有桨式、框式、螺旋桨式、锚式和涡轮式等，如图 11-5 所示。桨叶运动方式有定轴转动和行星运动。水平桨叶多用于混合或碎解物料；立式桨叶多用于搅拌。

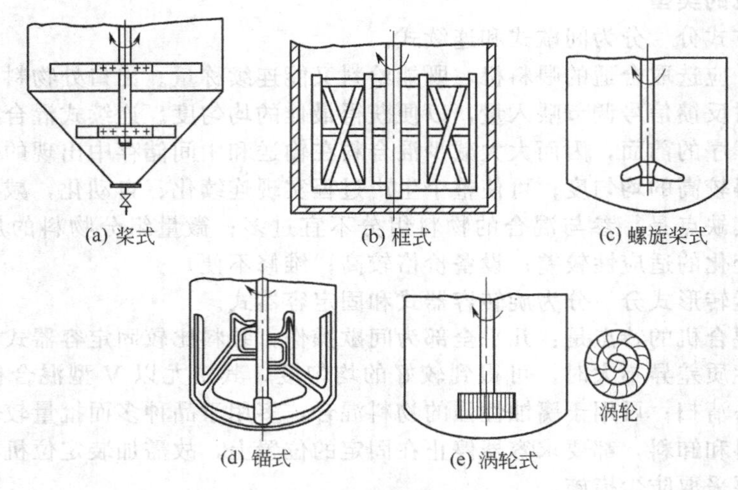

图 11-5　搅拌机类型

(1) 机械搅拌机

① 水平桨式搅拌机　水平桨式搅拌机如图 11-6 所示。贮浆池 1 用木材、混凝土或钢板制造，内表面衬有瓷板。水平轴 2 从贮浆池中间穿过，轴上装有十字形搭板 4，用橡木条制造的

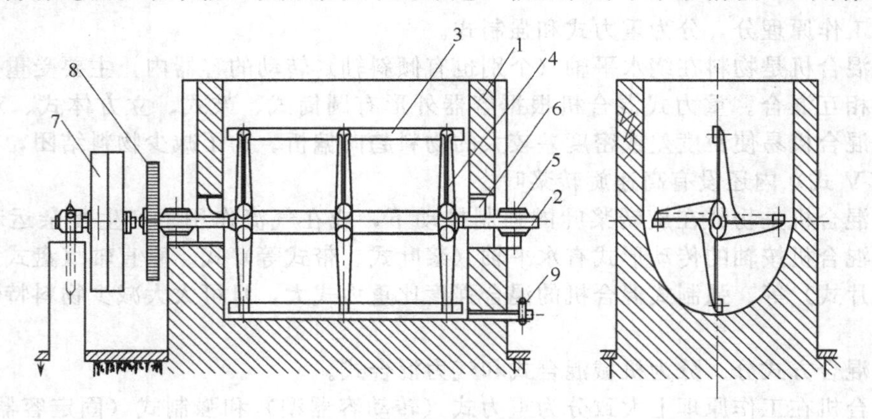

图 11-6　水平桨式搅拌机

1—贮浆池；2—水平轴；3—桨叶；4—十字形搭板；
5—轴承；6—填料函；7—胶带轮；8—齿轮；9—旋塞

浆叶 3 固定在搭板上。水平轴的轴承 5 安装在贮浆池外面的支架或基础上。在轴穿过贮浆池端壁处设有填料函 6，以防料浆泄漏。搅拌浆叶由电动机通过胶带轮传动装置 7 和齿轮传动装置 8 带动。搅拌机底部的物料开始时被浆叶端搅拌，然后被其中部，最后被整个浆叶所搅拌。该搅拌机是间歇工作的，为了使电动机的负载均匀和防止浆叶损坏，每批原料应逐渐加入贮浆池中，每次不能过多。搅拌好的料浆通过装设在池端底部的旋塞 9 放出。

② 行星式搅拌机　行星式搅拌机属立式搅拌机，如图 11-7 所示，搅拌机构为两副装成框架的桨叶 1。桨叶的轴 5 在水平导架（或称行星架）3 的轴承 2 中转动。立轴 5 上装有齿轮 4，当导架由传动机构带动旋转时，它就在装在空心支柱 7 上的固定齿轮 6 上滚动。于是桨叶一方面绕支柱 7 公转，同时又绕自身的立轴 5 自转，作出行星运动。这种行星运动能引起料浆激烈的湍流运动，有利于搅拌的进行。在不大的圆形贮浆池里装设一套行星式搅拌机；在大的椭圆形贮浆池里，装设两套；而在更大的正方形贮浆池里则装四套。

行星式搅拌机在陶瓷厂中用来搅拌泥浆及釉料，以防止固体颗粒的沉淀。但不宜用于碎解黏土，因为沉积在池底部的泥团会使桨叶受到很大的弯矩，容易损坏。

③ 旋桨式搅拌机　旋桨式搅拌机如图 11-8 所示，搅拌机构是用青铜或钢材制造的带有 2～4 片桨叶的螺旋桨 1。螺旋桨安装在立轴 2 上，整套搅拌机构，包括传动机构在内，都安装在贮浆池 6 上面的横梁 3 上。立轴由电动机经 V 带 5 来传动，靠桨叶转动产生强烈的湍流运动来搅拌、混合及潮解黏土。贮浆池一般为就地混凝土砌筑，通常制成三角形或八角形，以消除料浆的旋回运动，从而提高搅拌效率。

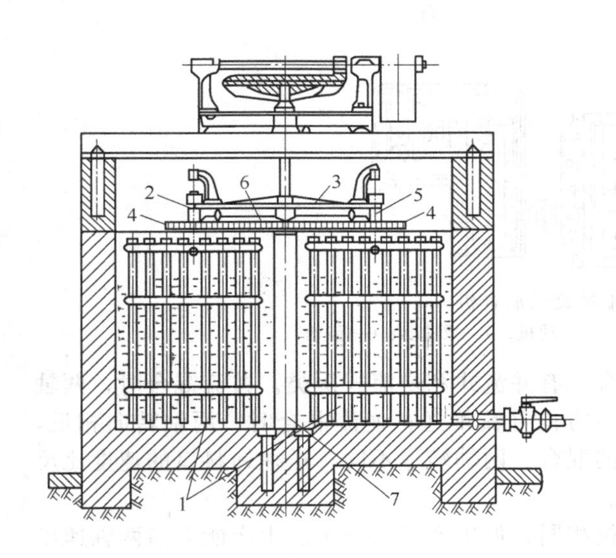

图 11-7　行星式搅拌机

1—桨叶；2—轴承；3—水平导架；4—齿轮；5—立轴；6—固定齿轮；7—支柱

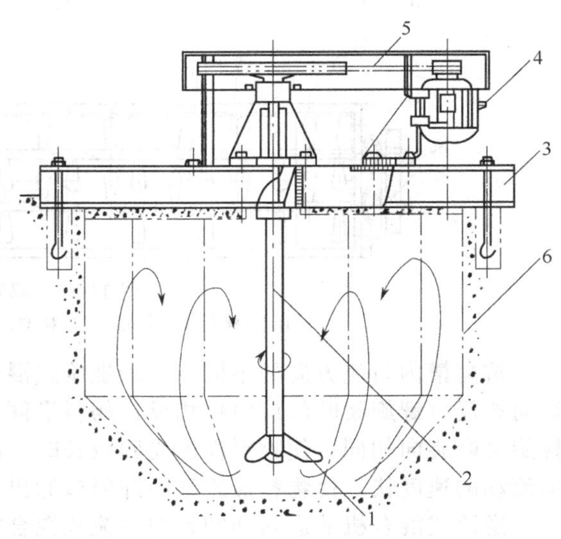

图 11-8　旋桨式搅拌机

1—螺旋桨；2—立轴；3—横梁；4—电动机；5—V 带；6—贮浆池

(2) 粉料混合机

① 螺旋式混合机　螺旋式混合机用于干粉料的混合、增湿或潮解黏土等，有单轴和双轴两种类型。单轴螺旋式混合机如图 11-9 所示。它由 U 形料槽 1、主轴 2、紧固在主轴的不连续螺旋桨叶 3（或带式螺旋叶）以及带动主轴转动的驱动装置组成。单轴螺旋式混合机可制成不同的长度，一般安放在料斗或配料机的下面。为了便于调节桨叶的倾角和磨损后更换桨叶，如图 11-10 所示，常常借助桨叶末端具有螺纹的销轴 3 使桨叶 1 固定在轴 2 的小孔里，销轴用螺母 4 拧紧。为了避免桨叶很快磨损，采用合金钢或耐磨铸铁制造的可拆换的桨叶拧紧。

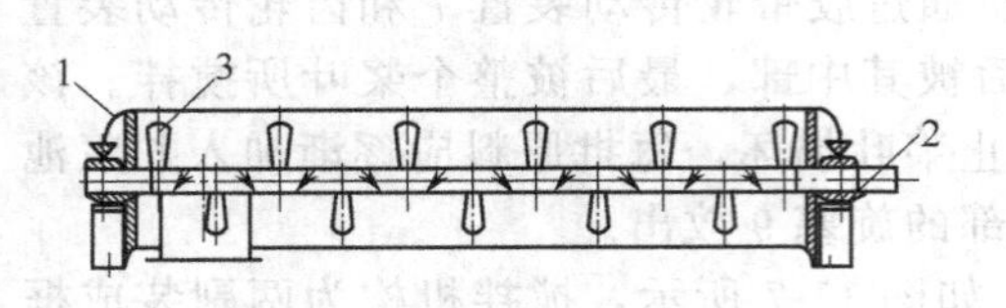

图 11-9 单轴螺旋式搅拌机

1—料槽；2—主轴；3—桨叶

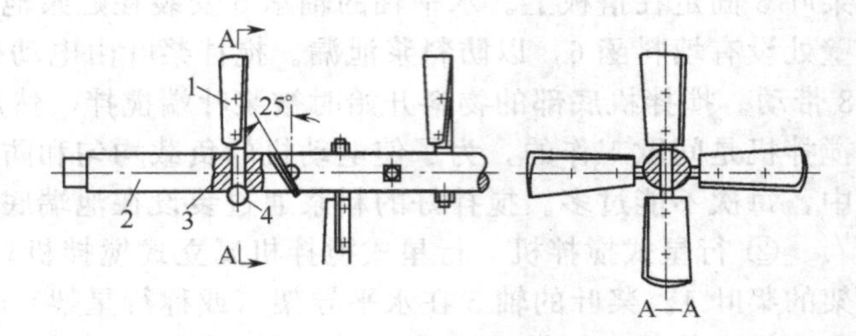

图 11-10 桨叶的安装

1—桨叶；2—转轴；3—销轴；4—螺母

双轴螺旋式混合机如图 11-11 所示。料槽 3 内安装有两根带有螺旋桨叶的轴 1 及 2。主动轴 1 由电动机 4 通过减速器 5 带动，而从动轴 2 通过齿数相同的齿轮 6 传动。螺旋轴转速一般为 20～40 r/min。

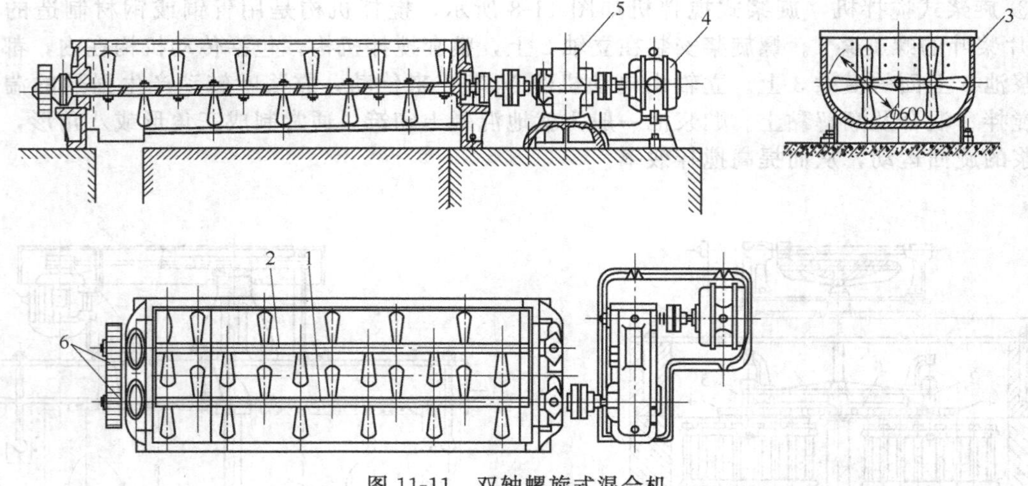

图 11-11 双轴螺旋式混合机

1,2—螺旋桨叶转轴；3—料槽；4—电动机；5—减速器；6—齿轮

按料槽内料流方向的不同，双轴螺旋式混合机有并流式和逆流式两类。并流混合时，两轴转向相反，螺旋桨叶的旋向也相反，物料沿同一方向并流推送；逆流混合时，两轴转向相反，螺旋桨叶旋向相同，使物料往返受到较长时间的混合。两轴转速不同，送往卸料口的速度比反向流动的速度快，使物料最终移向卸料口卸出。

逆流式混合机的进料和卸料与并流式混合机相同，但生产能力较小。生产能力与两轴速度差成正比。混合时间和质量可通过改变齿轮的传动比来调节。最适宜的混合时间及相应的生产能力应根据试验及每种物料的实际数据来确定。

可用改变桨叶角度来调节物料通过混合机的速度，从而调节混合程度。当需要充分混合时，则采用逆流式混合机。当用于干料混合时桨叶转向宜由里向外壁方向转动，增湿混合则宜由外壁向里转。

② 轮碾式混合机　轮碾式混合机的构造与轮碾机相似，有盘转式和轮转式两种。盘转式混合机如图 11-12(a) 所示。碾盘 2 旋转，通过物料的摩擦作用，使碾轮绕固定横梁自转。作为混合用的轮碾机，不仅能粉碎一些物料中较大的颗粒，而且可以保证物料的水分和粒度均匀分布。碾盘上装有可拆换的衬板，碾轮直接在衬板上对物料进行碾压。轮碾式混合机碾轮的质量比相应规格的干式轮碾机约轻 25%～30%。混合机间歇操作，碾盘上无筛孔，依靠刮板和卸料门卸料。

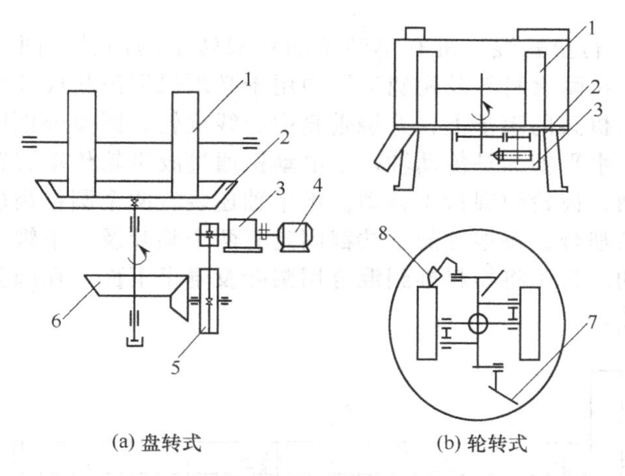

(a) 盘转式　　(b) 轮转式

图 11-12　转碾式混合机

1—碾轮；2—碾盘；3—减速器；4—电动机；
5—胶带轮；6—圆锥齿轮；7—刮板；8—铲刀

轮转式混合机如图 11-12(b) 所示，电动机通过减速器 3 带动固装在主轴上的横梁，使碾轮 1 产生公转和自转。在横梁上固装的铲刀 8 把被碾轮压紧在碾盘 2 上的物料铲净。内外导向刮板 7 使物料受到翻搅混合，并使物料集中在碾轮转过的圆环区域内。物料在碾压和搅拌作用下，各组分得到均匀混合，一般混合时间较长（约 5～15min），故电耗较大。

轮转式混合机结构简单、维修方便，混合均匀度可达 95%～98%。

③ 桨叶式混合机　桨叶式混合机如图 11-13 所示。机壳 1 为水平设置的圆筒，其中心装有六角轴 2；由主电动机 6 通过主减速器 5 和联轴器带动六角轴转动。轴上均分地装有三对桨叶 3 及 4，相对的桨叶刮刀互成反向安装，以利于混合，靠近机壳两侧的桨叶 4 形状近似 L 形，用于刮铲端壁上的物料。加料口 7 为长方形孔，设于容器上方，卸料口 8 装于侧下方。卸料门 9 由曲柄连杆机构与链轮 12 及 13 操纵其启闭，曲柄连杆机构的往复动作是由限位开关 16 与固定于链轮上的凸块控制料门电动机 15 的正反转实现的。机壳上有 1/4 的部分可以打开，以便检修、更换桨叶及清理内部。

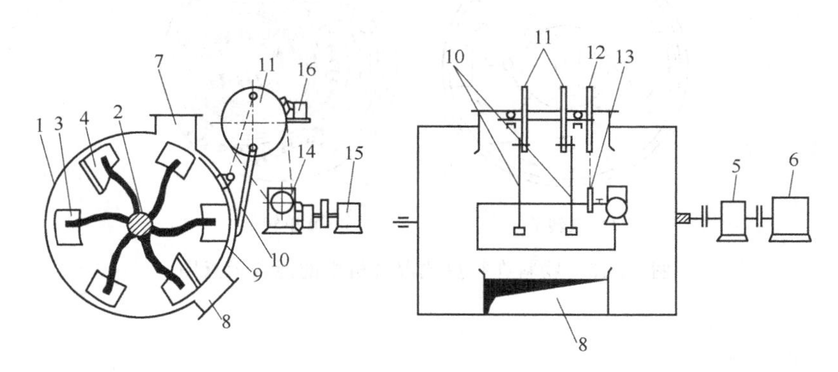

图 11-13　桨叶式混合机

1—机壳；2—六角轴；3—桨叶；4—端部桨叶；5—主减速器；
6—主电动机；7—加料口；8—卸料口；9—卸料门；10—连杆；
11—圆盘；12,13—链轮；14—料门减速器；
15—料门电动机；16—限位开关；

桨叶式混合机的混合机理与圆筒式混合机相似，在轴向上的混合强度不够，造成混合均匀度不很高。

④ 行星式混合机 行星式混合机有单转子的和双转子的两种。图 11-14 所示为带辊子的双转子行星式混合机，在耐火材料及陶瓷工厂中用于必须保证泥料成分和水分均一时的混合和增湿。筒形圆盘 1 装在机架的滚子上，并绕垂直中心线旋转。圆盘外面固装有齿圈 2 与圆盘两侧的两个齿轮 3 啮合。水平轴 5 是传动轴，由电动机通过胶带轮传动装置 7 传动。当轴 5 转动时，经圆锥齿轮、立轴、齿轮使圆盘 1 转动。水平轴还装有两个圆锥齿轮 8，与装在立轴 9 上端的另外两个圆锥齿轮啮合。每根轴的下端都固定有两个桨叶及一个辊子。水平轴转动时，圆盘、辊子及刮板均转动。为了将物料推到混合用桨叶及辊子下面，在圆盘底附近的支撑架上还固定有六个不动的桨叶。

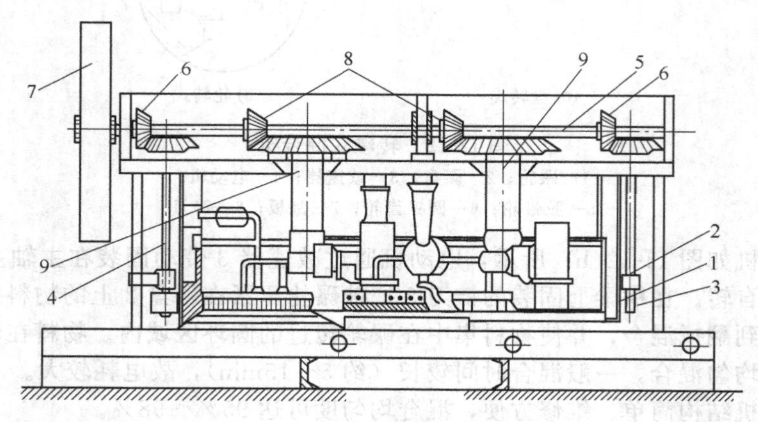

图 11-14 双转子行星式混合机

1—圆盘；2—齿圈；3—齿轮；4,9—立轴；5—水平轴；6，8—圆锥齿轮；7—胶带轮

混合机是间歇操作的，需要将混合和增湿的物料分批送入。当圆盘与进行混合用的桨叶和辊子相逆旋转时，物料在固定桨叶的作用下沿着复杂的螺旋线由周边向中心移动而被充分混合(图 11-15)。混合好的物料由刮板拨入圆盘上的卸料口卸出，由混合机下面的输送机运走。

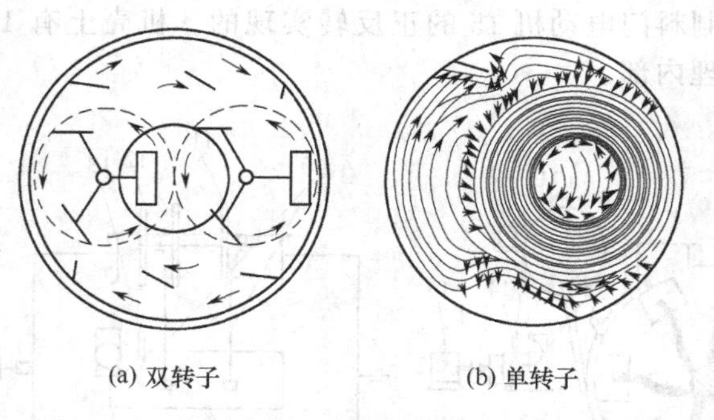

(a) 双转子　　(b) 单转子

图 11-15 物料在行星式混合机中的混合示意图

11.2 粉体的造粒

11.2.1 粉体的凝聚机理

所谓凝聚，是指许多颗粒相互黏结形成二次颗粒，并结成团快的现象。为使颗粒凝聚，颗粒之间必须作用有某种结合力，可能存在的结合力如下。

① 固体架桥　由于烧结、熔融、化学反应而使一个颗粒的分子向另一个颗粒扩散。

② 液体架桥和毛细管压力　在液体架桥中，界面力和毛细管压力可产生强健合作用，但如果液体蒸发则此种结合会消失。

③ 不可自由移动结合剂架桥处的黏附和内聚力　如焦油等高黏度结合介质能形成和固体架桥非常相似的结合力，其吸附层是固定的并在某些环境下能促进细粉粒的结合。

④ 固体粒子间的吸引力　如固体颗粒间距离足够短，则静电力、磁力、范德华力可以导致粉粒黏附在一起。

⑤ 封闭型结合　如小片状细粒，可相互交叉或重叠而形成“封闭型”结合。

上述作用力是造粒过程中的内因作用，凝聚而成的颗粒，其强度是评价凝聚的重要指标。强度分为抗压强度和抗拉强度，抗拉强度可以从理论上进行分析，而抗压强度则可由试验测定。

常用的造粒方法有：压缩法、挤出法、滚动法、喷浆法和流化法等。

11.2.2　压缩造粒

（1）影响压缩造粒的因素　压缩造粒的影响因素很多，须根据原料粒度及分布、湿度、操作温度、黏结剂及润滑剂的添加量等条件，并通过大量试验所反映的变化趋势来确定最佳条件。原料粉体的粒度分布是决定颗粒填充状态和造粒后的孔隙率的重要因素。一般来说，颗粒界面接触面积越大，颗粒凝聚的可能性也越大。因此，原料越细，则造粒强度越高。原料粒度的分布上限取决于产品粒度的大小。然而，粉体越细，体积质量越小，原料的压缩度（自然堆积与压缩后的体积比）限制了原料粉体不能过细，因为细粉体在压缩过程中夹带的空气较多，势必减缓压缩速度，从而降低生产能力。

（2）压缩造粒设备

① 压粒机　压粒机是借助于由偏心曲轴带动的上下冲头在压模内的相对运动来完成压粒过程的。有单冲头压粒机和转盘式压粒机两种。目前，单冲头压粒机的最大生产能力为 200 粒/min，转盘式的生产能力高达 10000 粒/min，且产品颗粒特性易于控制。

② 辊式压粒机　这类造料机的主要组成部分是两个等速相向转动的辊子，在螺旋给料机的推送下将原料强制压入二辊间隙中，随着辊子转动，原料逐渐进入辊间最狭窄部位。根据辊表面形式的不同，可直接得到颗粒或片状压饼，再将其破碎筛分即可获得各种粒度的不规则颗粒。

辊式压粒机生产的颗粒形状可灵活调整且处理量大，大多数粉体都可采用此方法进行造粒。其缺点是：颗粒表面不如压粒机制得的颗粒精细。

11.2.3　挤出造粒

挤出造粒是将与黏合剂捏合好的粉状物料投入带多孔模具的挤出机中，在外部挤压力的作用下，原料以与模具开孔相同的截面形状从另一端排出，再经适当的切粒和整形即可获得各种形状的颗粒制品。该方法要求原料粉体能与黏结剂混成较好的塑性体，适合于黏性物料的加工。制得的颗粒截面规则均一，但长度和端面形状不易精确控制；颗粒致密度比压缩造粒低，黏结剂和润滑剂用量大，水分较高，模具磨损较严重。

（1）挤出造料的工艺因素　从机理上来说，挤出造粒是压缩造粒的特殊形式，其过程都是在外力作用下原料颗粒间重排而达到致密化，所不同的是挤出造粒需要先将原始物料进行塑性化处理。挤出过程中，随着模具通道截面的变小，内部压应力逐渐增大，相邻微粒界面上在黏结剂的作用下形成牢固地结合。该过程可分为四个阶段：输送、压缩、挤出、切粒。物料与模具表面在高压下摩擦产生大量热量，物料温度升高有利于塑化成型，如饲料挤出造粒过程中借助于这部分热量可使淀粉质粉料熟化，从而提高制品的强度。

挤出造粒的影响因素主要有原料粒度、水分、温度和外加剂。

为了使物料有较好的塑性，需对原料进行预混合处理。在此过程中，将水和黏结剂加入粉料内用捏合机充分捏合，黏结剂的选择与压缩造粒相同。捏合效果直接影响着挤出过程的稳定性和产品质量。一般来说，捏合时间越长，泥料的流动性越好，产品强度越高。与压缩造粒相同，原料粉体适当细化会提高捏合后泥团的塑性，有利于挤出过程的进行，同时细颗粒使粒间界面增大也有利于提高产品的强度。

(2) 挤出造粒设备　挤出机的种类很多，基本上都由进料、挤压、模具和切粒四部分装置组成。处理能力为25～30t/h。

螺杆挤出机是应用较广泛的挤出设备之一。螺杆在旋转过程中产生挤压作用，将物料推向挤压筒端部或侧壁上的模孔，从而实现挤压造粒（如图11-16所示）。模孔的孔径和模板开孔率对产品质量有较大的影响。

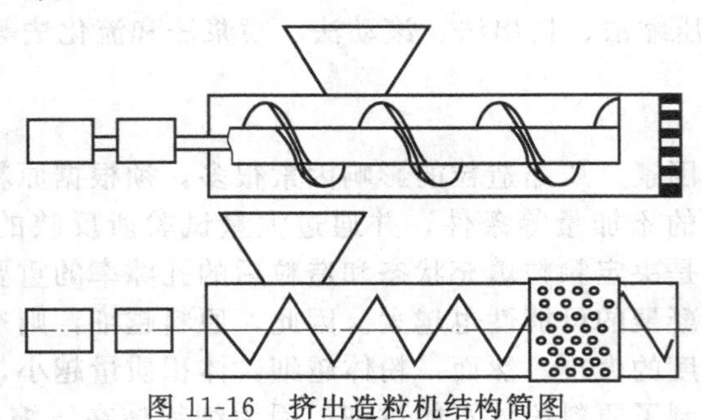

图11-16　挤出造粒机结构简图

辊式挤压机主要工作部分是两处相向转动的辊子。物料在辊子的压力作用下被挤入辊上的模孔，经挤压和切割形成所需要的颗粒。不同形式的辊式挤出机的造粒形式如图11-17所示。

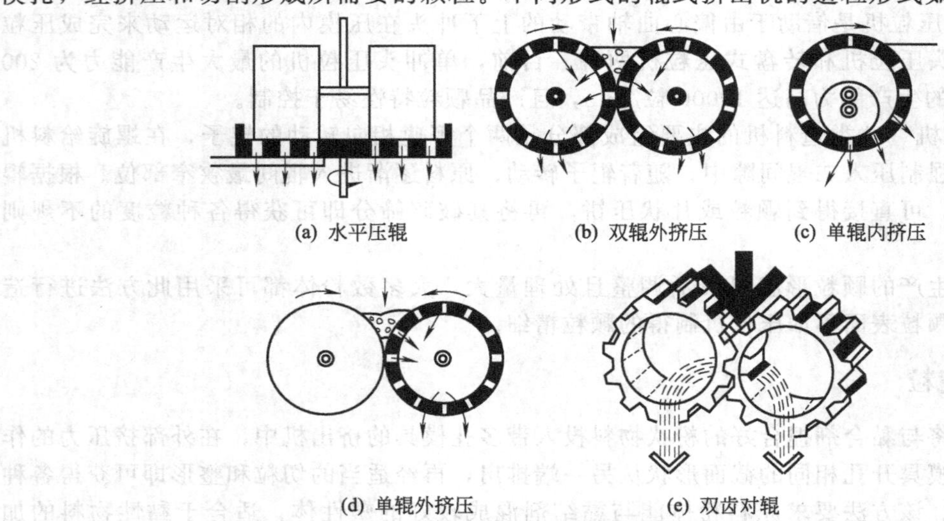

(a) 水平压辊　(b) 双辊外挤压　(c) 单辊内挤压

(d) 单辊外挤压　(e) 双齿对辊

图11-17　辊式挤出造粒形式

由于挤出造粒产品的水分较高，为防止刚挤出的颗粒发生堆积粘连，需进行后续干燥。通常采用热空气风扫干燥方式，使颗粒表面迅速脱水，然后再进行流化干燥。

挤出造粒的优点是产量高，但产品颗粒为短柱状，通过整形机处理后可获得球形颗粒。用此方法生产的球形颗粒密度较高。

11.2.4 滚动造粒

如果工艺要求颗粒形状为球形，且对颗粒密度要求不高，多采用滚动造粒方法造粒。造粒过程中，粉料颗粒在液桥和毛细管力作用下团聚在一起，形成球核。团聚的球核在容器低速转动时所产生的摩擦和滚动冲击作用下不断地在粉料层中回转、长大，最后成为一定大小的球形颗粒而滚出容器。该方法的优点是：处理量大、设备投资少、运转率高。缺点是：颗粒密度较低，难以制备粒径较小的颗粒。该方法多用于食品生产，也广泛用于颗粒多层包覆工艺制备功能性颗粒。

（1）滚动造粒机理　湿润粉体团聚成许多微球核是滚动造粒的基本条件。成核动力来自液体的表面张力和气-液-固三相界面上表面自由能的降低。颗粒越小，这种成核现象越明显。球核在一定条件下可长大至 1～2mm。微核的聚并和包层则是颗粒进一步长大的主要机制。这些机制表现程度如何取决于操作形式、原料粒度分布、液体表面张力和黏度等因素。

在批次作业中，结合力较弱的小颗粒在滚动中常常发生破裂现象。大颗粒的形成多是通过这些破裂物进一步包层来完成的。当原料平均粒径大于 70μm 且分布较集中时，上述现象表现突出。与此相反，当平均粒径小于 40μm 且粒度分布较宽时，颗粒的聚并则成为颗粒长大的主要原因。这类颗粒不仅因强度高而不易破裂，而且经一定时间滚动固化后，过多的水分渗出颗粒表面，更易在颗粒间形成液桥而使表面塑化。这些因素都会促进聚并过程的进行。

随着颗粒长大，聚并在一起的小颗粒之间分离力增大，从而降低了聚并过程的效率。因此，难以以聚并机制来提高形成大颗粒的速度。

（2）滚动造粒设备　成球盘是最常见的滚动造粒设备。该装置主要是由一个倾角可调的转动圆盘组成，盘中的粉料在喷入的水或黏结剂的作用下形成微粒并在转盘的带动下升至高处，然后借助于重力向下滚动。这样反复运动，颗粒不断增大至一定粒径后从下边缘滚出（图 11-18）。

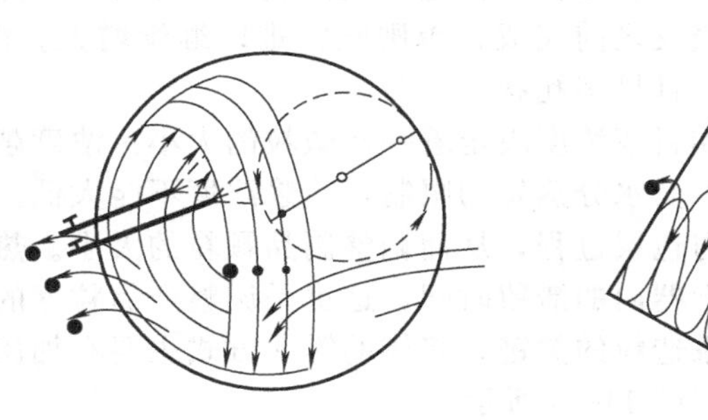
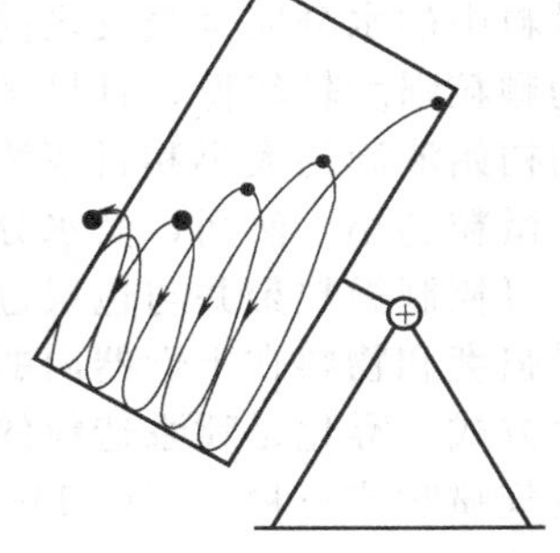

图 11-18　成球盘造粒机理

转盘直径越大，颗粒滚动时的动能越大，越有利于颗粒的密实化。转速越快，带动颗粒提升的能力越大，越容易促使颗粒密实。

成球盘的生产能力大，产品外表光滑且粒度大小均匀。盘面敞开，便于操作观察；但作业时粉尘飞扬严重，工作环境不良。由于各种随机因素的影响，操作的经验性较强。最大的成球盘直径可达 11m，处理能力 50t/h 以上。

图 11-19 为搅拌混合造粒机的示意图。该设备造粒时，其微核生成和长大的机理与滚动造粒基本相同，只是颗粒长大过程不是在重力作用下自由滚动，而是通过搅拌棒驱使微颗粒在无规则翻滚中完成聚并和包层。部分结合力弱的大颗粒不断地被搅拌棒打碎，碎片又作为核心颗粒经过包层进一步增大。伴随着物料从给料端向排料端的移动，颗粒增大与破碎的动态平衡逐渐趋于稳定。搅拌混合造粒所制备的颗粒的粒度均匀性、球形度、颗粒密度等指标均不及成球盘造粒。该方法处理量大，造粒又是在密闭的容器中进行，工作环境好，故多用于矿粉和复合肥料的造粒。

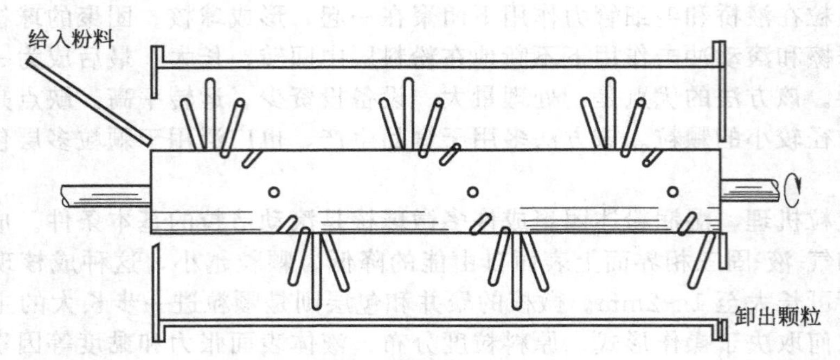

图 11-19 搅拌混合造粒机结构

11.2.5 喷浆造粒

喷浆造粒是借助于蒸发直接从溶液或浆体制取细小颗粒的方法，包括喷雾和干燥两个过程。料浆首先被喷洒成雾状微液滴，水分被热空气蒸发带走后，液滴内的固相物聚集成为干燥的微粒。对用微米或亚微米级超细颗粒制备平均粒径为数十微米至数百微米的细小颗粒而言，喷浆造粒几乎是唯一的有效方法。所制备的颗粒近似球形，有一定的粒度分布。整个造粒过程中全部在密闭系统中进行，无粉尘和杂质污染，因此，该方法多被食品、医药、染料、非金属矿加工、催化剂和洗衣粉等行业采用。其缺点是：水分蒸发量大，喷嘴磨损严重。

(1) 喷浆造粒机理　雾滴经受热蒸发，水分逐渐消失，同时，包含在其中的固相微粒逐渐浓缩，最后在液桥力的作用下团聚成微小颗粒。在雾滴向微粒变化的过程中，也会发生相互碰撞，聚并成较大的微核，微核间的聚并和微粒在核上的吸附包层是形成较大颗粒的主要机制。上述过程必须在微粒中的水分完全蒸发之前完成，否则颗粒难以继续增大。由于无外力作用，喷浆造粒所制取的颗粒强度较较低，且呈多孔状。

喷浆雾化后的初始液滴的大小和料浆浓度决定着一次微粒的大小。浓度越低，雾化效果越好，所形成的一次微粒越小。然而，受水分蒸发的限制，喷浆浓度不能太低。改变干燥室内的热气流运动规律，可控制微粒聚并与包层过程，从而调整制品颗粒的大小。热风的吹入量和温度可直接影响干燥强度和物料在干燥器内的滞留时间，这也是调整产品粒度的手段。

(2) 浆体雾化方式　雾化是喷浆造粒的关键。浆体的雾化方式主要有加压自喷式、高速离心抛散式和压缩空气喷吹式三种，如图 11-20 所示。

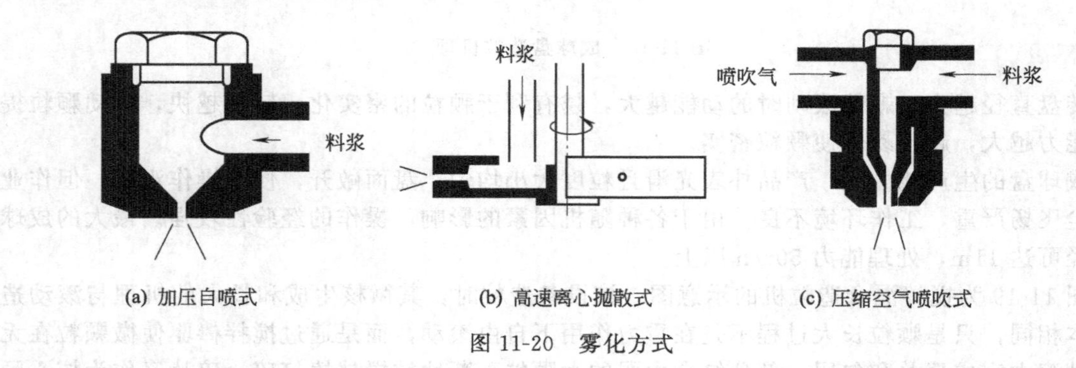

(a) 加压自喷式　(b) 高速离心抛散式　(c) 压缩空气喷吹式

图 11-20 雾化方式

加压自喷式雾化是用高压泵将浆体以数十兆帕的压力挤入喷嘴，经喷嘴导流槽后变为高速旋转的液膜射出喷孔，形成锥状雾化层。欲获得微小液滴，除提高压力外，喷孔直径不能过大，浆体黏度的大小也影响着雾化效果，有些浆体需升温和降低黏度后再进行雾化。这种雾化喷嘴结构简单，可在干燥器内的不同位置上多处设置，以使雾滴在其中均匀分布。缺点是：喷嘴磨损较快，浆体的喷射量和压力也随喷嘴的磨损而变化，作业不稳定，与其他雾化方式相比，制备的颗粒偏粗。

高速离心抛散式雾化是利用散料高速旋转的离心力将浆体抛散成非常薄的液膜后在撒料盘的边缘与空气作高速相对运动的摩擦中雾化散出。因撒料盘高速旋转，故对机械加工和其他质量要求较高。为了能获得均匀的雾滴，撒料盘表面要光洁平滑，运转平稳，在高速下无动态不平衡造成的振动。

压缩空气喷吹式雾化是利用压缩空气的高速射流对料浆进行冲击粉碎，从而使料浆雾化。雾化效果主要受空气喷射速度和料浆浓度的影响。气流速度越高，料浆黏度越低，形成的雾滴就越小、越均匀。按空气与料浆在喷嘴内的混合方式不同，有多种喷嘴形式。该方法可处理黏度较高的物料，并可制备较细的产品，但因动力消耗较大，仅适合于小型设备。

（3）干燥器　喷浆造粒包括喷雾和干燥两个过程，其工业化生产系统是由热内源、干燥器、雾化装置和产品捕集设备所组成。系统的前后两设备可分别选用定型化的热风炉和除尘器。对喷浆造粒过程影响较大的设备是干燥器。干燥器的结构比较简单，一般是根据雾化方式的特点设计成一个普通的容器，但作为一个有传热、传质过程的流体设备，其内部流型的合理设计尤为关键。干燥器必须具有以下功能：

① 对已雾化的液体浆滴进行分散；

② 使雾滴迅速与热空气混合干燥；

③ 及时将颗粒产品和潮湿气体分离；

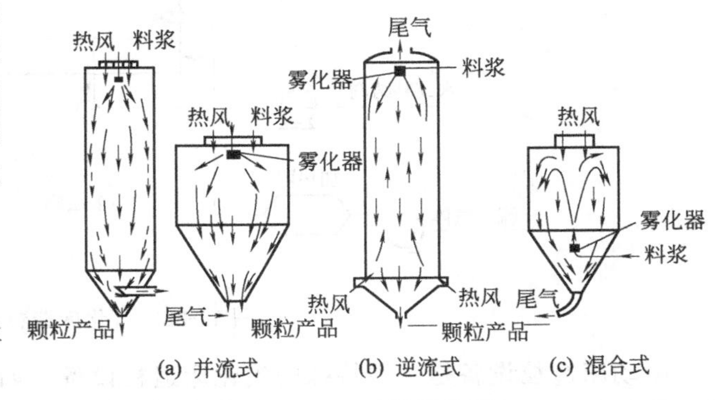

图 11-21　干燥器类型

干燥器要蒸发掉料浆中的大量水分，追求尽可能高的热效率是干燥器设计的主要目的，因此，多取塔状结构。图 11-21 表示了几种典型干燥器结构。

11.2.6　流化造粒

流化造粒是使粉体在流化床床层底部空气的吹动下处于流态化，再将水或其他黏合剂雾化后喷入床层中，粉料经沸腾翻滚逐渐形成较大的颗粒。这种方法的优点是混合、捏合、造粒和干燥等工序在一个密闭的流化床中一次完成，操作安全、卫生、方便。

（1）流化造粒机理与影响因素　流化造粒过程与滚动造粒机理相似，在黏结剂的促进下，粉体原始颗粒以气-液-固三相的界面能作为原动力团聚成微核，在气流的搅拌、混合作用下，微核通过聚并、包层逐渐形成较大的颗粒。在带筛分设备的闭路循环系统中，返回床内的细碎颗粒也常作为种核来源，这对于提高处理能力和产品质量是一项重要措施。调节气流速度和黏结剂喷入状态，可控制产品颗粒的大小，并对产品进行分级处理。雾滴大时，产品颗粒也大；反之亦然。由于缺少较强的外部压力作用，成品颗粒虽为球形，但致密度不高，经连续的干燥过程，水分蒸发后留下了大量内部孔隙。

（2）流化造粒设备　流化造粒系统是由流化床筒体、气体分布板、冷热风源、黏结剂喷射装置和除尘器组成，如图 11-22 所示。根据处理量和用途的不同，有连续作业和批次作业两种形式。

处理批量小、产品期望粒径为数百微米的造粒过程可采用批次作业方式的流化造粒设备。该设备的运转特点是先将原料粉流态化，然后定量喷入黏结剂，使粉料在流态化的同时团聚成所希望的颗粒，原始颗粒的聚并是该过程的主要机制。

处理量较大时，宜选用连续式流化造粒设备。它是在原料粉处于流态化时，连续喷入黏结剂，颗粒在床内翻滚长大后排出机外。这类装置多由数个相互连通的流化室组成。多室流化床可提供不同的工艺条件，使造粒的增湿、成核、滚球、包覆、分组合、干燥等不同阶段在各自的最佳条件下完成。在某些情况下，这种设备可用于对已有的颗粒进行表面包层处理，如药粒表面的包衣和细小种子的丸粒化处理。这种造粒设备强调原始颗粒的表面浸润和包覆物细粉在颗粒表面吸附聚集。颗粒在床内流化状态的稳定性和滞留时间决定着包覆层的均匀性和厚度。

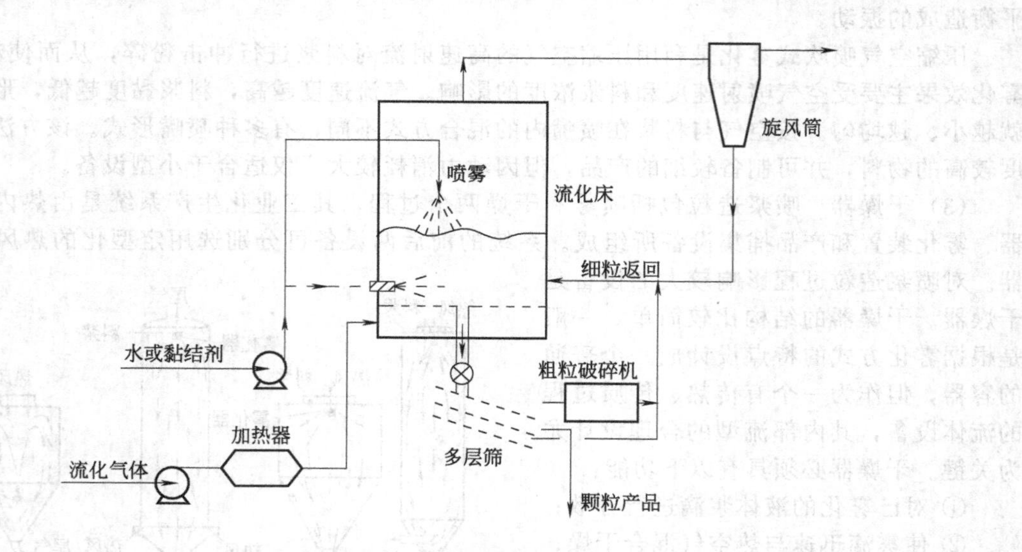

图 11-22　流化床造粒系统

喷动床造粒设备是一种特殊的流化床造粒设备，如图 11-23 所示。在这类设备中，床体下端锥体收缩为一个喷口，而不设气体分布板，其造粒过程也是喷浆和干燥相结合。热空气从喷口射入床层，粉料和颗粒如同喷泉一样涌起，当它们失去动能后在床层的周围落下。热气体和雾化后的黏结剂由下口向上喷入，在小颗粒表面沉积成一薄层，这样反复循环直至达到所要求的粒径。喷动床克服了流化床容易产生气泡、气固接触条件差的缺点，特别适合于生产大颗粒。

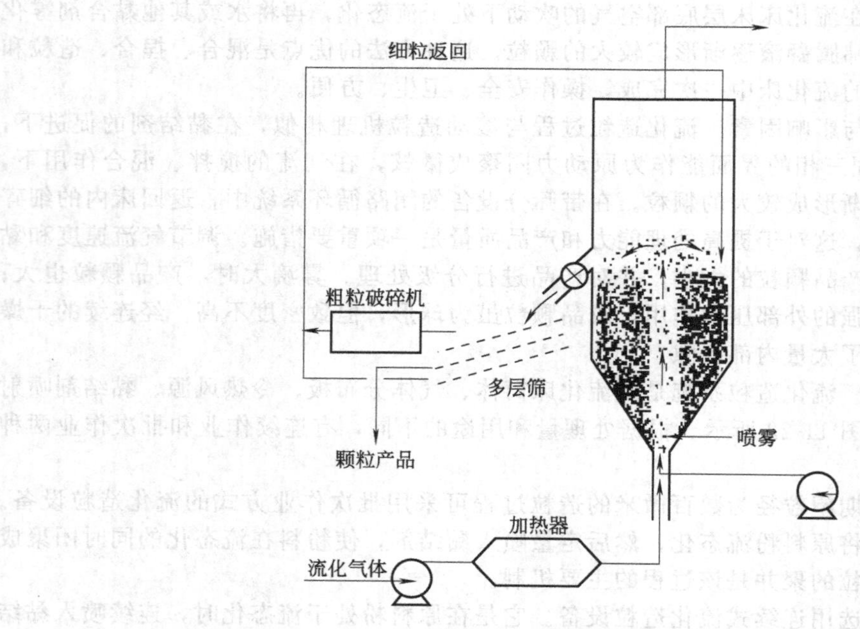

图 11-23　喷动床造粒系统

参考文献

[1]　卢寿慈．粉体加工技术．北京：中国轻工业出版社，1999.
[2]　李建平等．我国粉体造粒技术的现状及展望．化工机械，2001，28（5）：295-299.
[3]　张毅民，尹晓鹏．混合造粒的机理及其控制条件．化学工业与工程，2003，20（11）：471-475.
[4]　章登宏等．喷雾造粒因素对粉体颗粒形状的影响．中国陶瓷，2000，311（11）：7-10.
[5]　李望昌等．高效粉体混合机的进展．浙江化工，2001，28（1）：8-12.
[6]　邓玉良等．转鼓式造粒机的研究．化工装备技术，2002，23（3）：9-11.
[7]　宋志军，程榕，郑燕萍等．流化床喷雾造粒产品粒度分布的影响因素研究．中国粉体技术，2005，（2）：34-37.

第12章 粉体输送设备

粉体输送设备种类繁多，可分为机械输送设备、气力输送设备和交通运输工具（汽车、火车和船舶）三大类。本章主要介绍生产线中广泛应用的机械输送设备和气力输送设备。

12.1 胶带输送机

胶带输送机是工业中应用最为普遍的一种连续输送机械，可用于水平方向和坡度不大的倾斜方向的粉体和成件物品的输送。例如，在水泥厂中通常用于矿山、破碎、包装、堆存之间运送各种原料、半成品和成件物品。有时还可作为某些复杂机械如大型预均化堆场中的堆料机、卸车机、装卸桥等，胶带输送机均作为其组成部分。胶带输送机之所以获得如此广泛的应用，主要是由于它具有生产效率高、运输距离长、工作平稳可靠、结构简单、操作方便等优点。

胶带输送机按机架结构形式不同可分为固定式、可搬式、运行式三种。三者的工作部分是相同的，所不同的只是机架部分，因此，本节将只讨论固定式胶带输送机的构造、性能及选型计算。其他类型可仿此类推。

12.1.1 胶带输送机的构造

胶带输送机的构造如图12-1所示，一条无端的胶带1绕在改向辊筒14和传动辊筒6上，并由固定在机架上的上托辊2和下托辊10支承。驱动装置带动传动辊筒回转时，由于胶带通过拉紧装置7张紧在两辊筒之间，便由传动辊筒与胶带间的摩擦力带动胶带运行。物料由漏斗4加至胶带上，由传动辊筒处卸出。加料点和卸料点可根据工艺过程要求设在相应的位置。

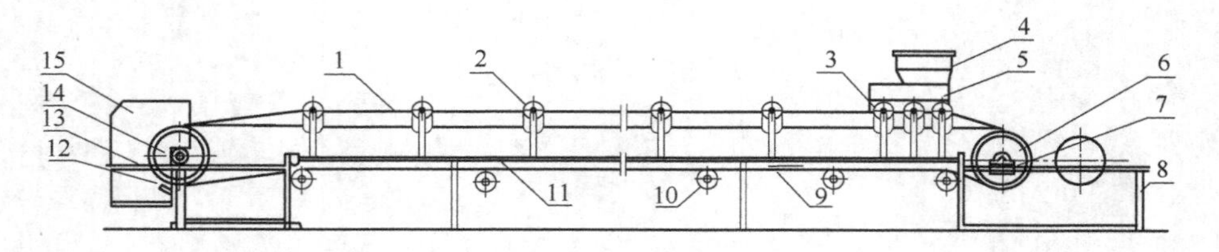

图12-1 胶带输送机的构造

1—胶带；2—上托辊；3—缓冲托辊；4—漏斗；5—导料槽；6—传动辊筒；7—螺旋拉紧装置；8—尾架；9—空段清扫器；10—下托辊；11—中间架；12—弹簧清扫器；13—头架；14—改向辊筒；15—头罩

12.1.1.1　输送带

输送带起牵引和承载作用。输送带主要有织物芯胶带和钢绳芯胶带两大类。织物芯胶带中的衬垫材料通常用棉织物，近年来也用化纤织物衬垫，如人造棉、人造丝、尼龙、聚氨酯纤维和聚酯纤维等。目前用于输送带的有橡胶带和聚氯乙烯塑料输送带两种。其中橡胶带应用广泛，而塑料带由于除了具有橡胶带的耐磨、弹性等特点外，还具有优良的化学稳定性、耐酸性、耐碱性及一定的耐油性等，也具有较好的应用前景。

橡胶带是由若干层帆布组成的，帆布层之间用硫化方法浇上一层薄的橡胶，带的上表面及左右两侧都覆以橡胶保护层。如图 12-2 所示。

图 12-2　橡胶带断面图

帆布层的作用是承受拉力。显然，胶带越宽，帆布层也越宽，能承受的拉力也越大；帆布层越多，能承受的拉力也越大。但带的横向柔韧性越小，难以与支承它的托辊平服地接触，可能导致使胶带走偏。常用橡胶带的帆布层数如表 12-1 所示。

表 12-1　橡胶带的宽度和帆布层数的关系

B/mm	500	650	800	1000
Z	3～4	4～5	4～6	5～8

帆布层数可根据带的最大张力计算

$$Z=\frac{S_{\max}m}{B\sigma} \tag{12-1}$$

式中　Z——帆布层数；

$S_{\max}$——输送带的最大张力，N；

m——安全系数，硫化接头取 8～10，机械接头取 10～12。

B——带宽，cm；

σ——输送带的径向扯断张力，普通型橡胶带 $\sigma=560$N/(cm・层)；强力型橡胶带 $\sigma=960$N/(cm・层)。

橡胶层的作用一方面是保护帆布不致受潮腐烂，另一方面是防止物料对帆布的摩擦作用。因此，胶带工作面（即与物料相接触的面）和非工作面（即不与物料相接触的面）的橡胶层厚度是不同的。工作面橡胶层的厚度有 1.5mm、2.0mm、3.0mm、4.5mm、6.0mm 五种，非工作面橡胶层的厚度有 1.0mm、1.5mm、3.0mm 三种。橡胶层厚度根据物品的尺寸及物理性质而定。通常情况下多选用 1.5mm～3.0mm 的橡胶层。

橡胶带的连接是影响胶带使用寿命的关键之一，由于接头处强度较弱，计算时橡胶带的安全系数势必取得较大，因此影响胶带能力的充分发挥。为了保证胶带正常运转和节约橡胶，必须合理地解决连接问题。

橡胶带的连接方法有硫化胶结法和机械连接法。硫化胶结法是将胶带接头部位的帆布和胶层，按一定形式和角度割切成对称差级，涂以胶浆使其黏着，然后在一定的压力、温度条件下加热一定时间，经过硫化反应，使生橡胶变成硫化橡胶，以使接头部位获得黏着强度。

塑料输送带有多层芯和整芯两种。多层芯塑料带和普通橡胶带相似，其径向扯断张力为 560N/(cm・层)。整芯塑料带的生产工艺简单，生产率高，成本低，质量好。整芯塑料带厚度有 4mm、5mm、6mm 三种。塑料带的接头方法有机械和塑化两种。机械接头的安全系数与橡胶带相似，塑化接头能达到塑料本身强度的 70%～80%。安全系数取 $m=9$，因此，整芯塑料带宜采用塑化接头方式。橡胶带和塑料带的单位长度质量分别列于表 12-2 和表 12-3。

表 12-2 橡胶带的质量

帆布层数 Z	上胶＋下胶厚度/mm	带宽度 B/mm			
		500	650	800	1000
		胶带每米长度的质量 W_0/(kg/m)			
3	3.0＋1.5	5.02			
	4.5＋1.5	5.88			
	6.0＋1.5	6.74			
4	3.0＋1.5	5.82	7.57	9.31	
	4.5＋1.5	6.68	8.70	10.70	
	6.0＋1.5	7.55	9.82	12.10	
5	3.0＋1.5		8.62	10.60	13.25
	4.5＋1.5		9.73	11.98	14.98
	6.0＋1.5		10.87	13.38	16.71
6	3.0＋1.5			11.80	14.86
	4.5＋1.5			13.28	16.59
	6.0＋1.5			14.65	18.32
7	3.0＋1.5				16.47
	4.5＋1.5				18.20
	6.0＋1.5				19.93
8	3.0＋1.5				18.08
	4.5＋1.5				19.81
	6.0＋1.5				21.54

表 12-3 塑料带的质量

带宽 B/mm	500	650	800
芯层厚度/mm		3	
上下塑料层厚度/mm		4＋3	
每米长度质量 W_0/(kg/m)	6.75	8.75	10.75

夹钢绳芯橡胶带是以平行排列在同一平面上的许多条钢绳芯代替多层织物芯层的输送带。钢绳以很细的钢丝捻成，直径为 2.0～10.3mm。钢绳的材料为直径 1mm 的钢丝，这些钢丝经淬火处理后表面镀铜，以提高橡胶与钢绳的黏着力。经处理后的钢丝再冷拉至直径为 0.25mm 的细丝。夹钢丝芯橡胶输送带的主要优点是抗拉强度高，适用于长距离和陡坡输送；伸长率小(约为普通胶带的 1/10～1/5)，因而可缩短张紧行程；带芯较薄，纵向挠曲性能好，易于成槽(槽角为 35°)，因而不仅能提高输送能力，还可防止皮带跑偏；横向挠曲性能好，因而可使用直径较小的辊筒；动态性能好，耐冲击、耐弯曲疲劳，破损后易修补，因而可提高作业速度；接头强度高，安全性较高；使用寿命长，是普通胶带使用寿命的 2～3 倍。其缺点是：当覆盖胶损坏后，钢丝易腐蚀，使用时要防止物料卡入滚筒与胶带之间，因其伸长率小而容易使钢绳拉断。带式输送机已向长距离、大输送量、高速度方向发展。目前各国使用的长距离、大输送量、输送机上多数采用夹钢绳芯橡胶带。

12.1.1.2 托辊

托辊用于支承运输带和带上物料的质量，减小输送带的下垂度，以保证稳定运行。托辊可分为如下几种。

(1) 平形托辊 如图 12-3(a) 所示，一般用于输送成件物品和无载区，以及固定犁式卸料器处。

(2) 槽形托辊 如图 12-3(b) 所示，一般用于输送散状物料，其输送能力要比平形托辊用于输送散状物料提高 20%以上。旧系列的槽角一般采用 20°，30°，目前都采用 35°、45°。

(3) 调心托辊 由于运输带的不均质性，使带的伸长率不同，以及托辊安装不准确和载荷在带的宽度上分布不均等原因，都会使输送带产生跑偏现象。为了避免这种趋向，承载段每隔 10 组托辊设置一组槽形调心托辊或平形调心托辊；无载段每隔 6～10 组，设置一组平形调心托辊。

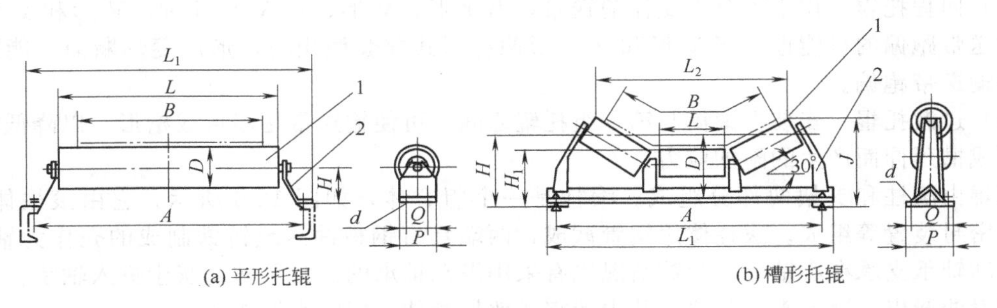

图 12-3 平形托辊和槽形托辊

1—滚柱；2—支架

槽形调心托辊的结构如图 12-4 所示。托辊支架 2 装在一有滚动止推轴承的主轴 3 上，使整个托辊能绕垂直轴旋转。当输送带跑偏而碰到导向滚柱 8 时，由于阻力增加而产生的力矩使整个托辊支架旋转。于是，托辊的几何中心便与带的运动中心线不相垂直，胶带和托辊之间产生一滑动摩擦力，此力可使输送带和托辊恢复正常运行位置。

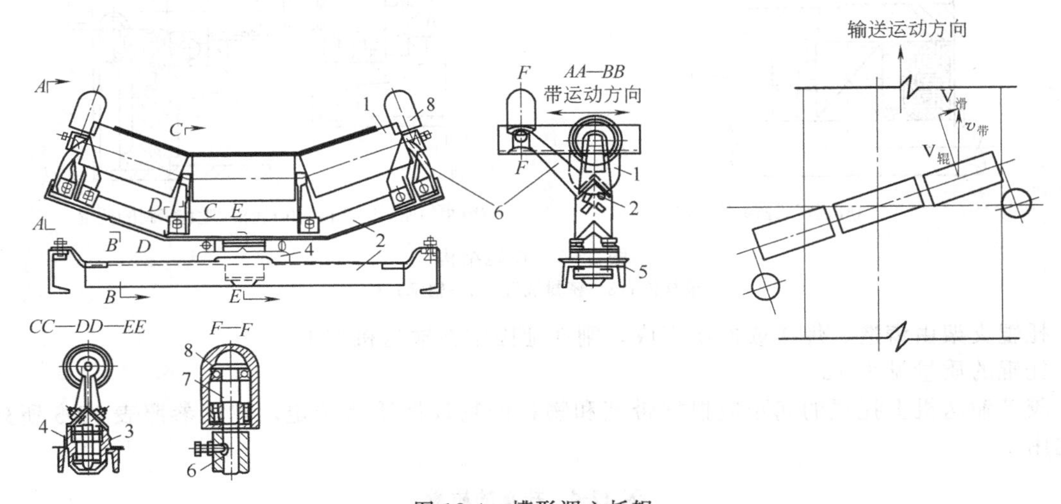

图 12-4 槽形调心托辊

1—托辊；2—托辊支架；3—主轴；4—轴承座；5—槽钢；6—杠杆；7—立辊轴；8—导向滚柱

(4) 缓冲托辊 在受料处，为了减少物料对输送带的冲击，可以设置缓冲托辊，如图 12-5 所示，其滚柱是采用管形断面的特制橡胶制成的。

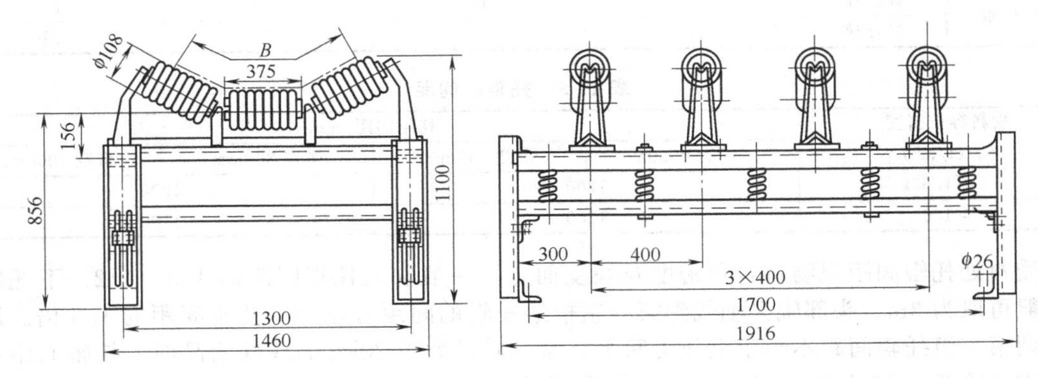

图 12-5 缓冲托辊

（5）回程托辊　用于下分支支撑输送带，有平形、V形、反V形几种，V形和反V形能降低输送带跑偏的可能性。当V形和反V形两种形式配套使用时，形成菱形断面，能更有效地防止输送带跑偏。

（6）过渡托辊　安装在滚筒与第一组托辊之间，可使输送带逐步形成槽形，以降低输送带边缘因成槽延伸而产生的附加应力。

托辊由滚柱和支架两部分组成。滚柱是一个组合体，如图12-6所示，它由滚柱体、轴、轴承、密封装置等组成。滚柱体用钢管截成，两端具有钢板冲压或铸铁制成的壳作为轴承座，通过滚动轴承支承在心轴上。少数情况也有采用滑动轴承的。为了防止灰尘进入轴承，也为了防止润滑油漏出，装有密封装置。其中迷宫式效果最佳，但防水性能差。

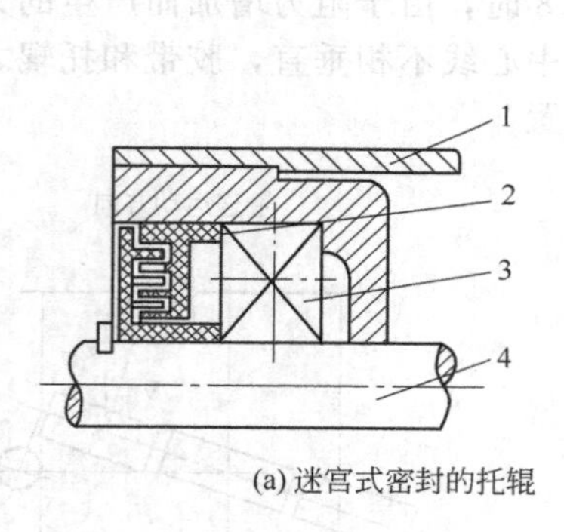

(a) 迷宫式密封的托辊　(b) 填料密封的托辊　(c) 迷宫-毛毡密封的托辊

图12-6　托辊结构

1—滚柱体；2—密封装置；3—轴承；4—轴

托辊支架由铸造、焊接或冲压而成，刚性地固定在输送机架上。

托辊的质量见表12-4。

胶带输送机上托辊的间距应根据带宽和物料的物理性质所选定，建议参照表12-5所列范围选用。

表12-4　托辊的质量

托辊形式		带宽500	带宽650	带宽800	带宽1000
		托辊转动部分质量 g/kg			
槽形托辊	铸铁座	11	12	14	22
	冲压座	8	9	11	17
平形托辊	铸铁座	8	10	12	17
	冲压座	7	9	11	15

表12-5　托辊的间距

物料容积密度 γ_v/(t/m³)	托辊间距/mm			
	带宽500mm	带宽650mm	带宽800mm	带宽1000mm
≤1.6	1200		1200	
＞1.6	1200		1100	

受料处托辊间距视物料容积密度及块度而定，一般取上托辊间距的1/3～1/2。下托辊间距一般可取为3m。头部辊筒轴线到第一组槽形托辊的间距可取为上托辊间距的1.3倍。尾部滚筒到第一组托辊间距不小于上托辊间距。输送质量大于20kg的成件物品时，托辊间距不应大于物品输送方向上长度的1/2。输送质量小于20kg以下的成件物品时，托辊间距可取为1m。

12.1.1.3　驱动装置

驱动装置的作用是通过传动辊筒和输送带的摩擦传动，将牵引力传给输送带，以牵引输送带运动。胶带输送机的驱动装置典型结构如图 12-7 所示。传动辊筒由电动机经减速装置而驱动。对于倾斜布置的胶带输送机，驱动装置中还设有制动装置，以防止突然停电时，由于物料的作用而产生胶带的下滑。

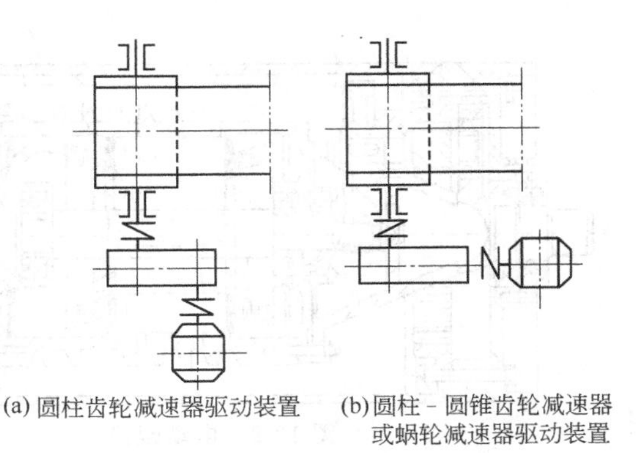

(a) 圆柱齿轮减速器驱动装置　(b) 圆柱 - 圆锥齿轮减速器或蜗轮减速器驱动装置

图 12-7　驱动装置

最常用的减速器是圆柱齿轮减速器和圆锥齿轮减速器。另外，还采用有圆柱-圆锥齿轮减速器和蜗轮减速器。

传动辊筒的结构如图 12-8 所示，它由铸铁制成或钢板焊接而成。辊筒为中部稍带突起的圆柱形，即呈鼓形，其目的是胶带运动时有自动定心的作用。突起部分达到的高度（中间部分的半径和边缘部分半径之差）通常为直径的 0.5%，但不小于 4mm。

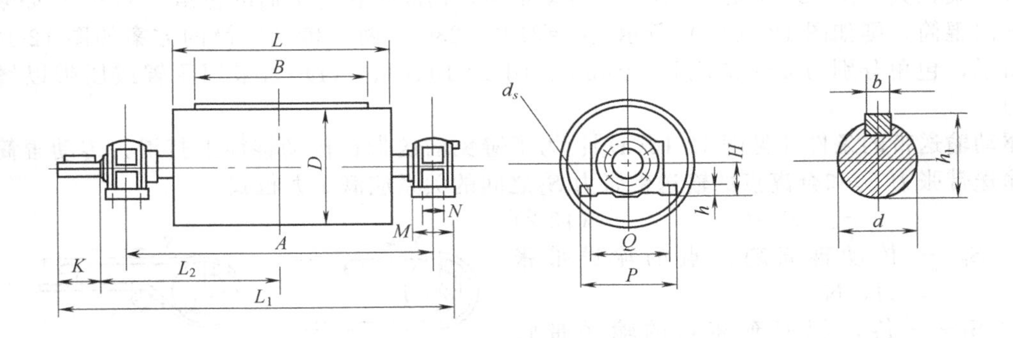

图 12-8　传动辊筒

辊筒的宽度应比带宽大 100～200mm。辊筒的直径由胶带内帆布层数所决定。对于普通型胶带，传动滚筒直径与帆布层数之比，对于硫化接头取 $D/Z=125$；对于机械接头取 $D/Z=100$；对于强力形胶带取 $D/Z=200$。

已系列化的传动辊筒直径与胶带层数之间的关系见表 12-6，带宽与传动辊筒直径的关系见表 12-7。

表 12-6　传动辊筒直径与胶带帆布层数的关系

传动辊筒直径 D/mm		500	650	800	1000
Z	硫化接头	4	5	6	7～8
	机械接头	5	6	7～8	9～10

表 12-7　带宽与传动辊筒直径的关系

带宽 B/mm	500	650	800	1000
传动辊筒直径 D/mm	500	500 630	500 630 800	620 800 1000

传动辊筒分光面和胶面辊筒两种。光面辊筒的摩擦系数一般为 0.20～0.25，适用于功率不大、环境湿度小的场合。反之，则采用辊筒外敷一层橡胶的胶面辊筒，以增大摩擦系数。

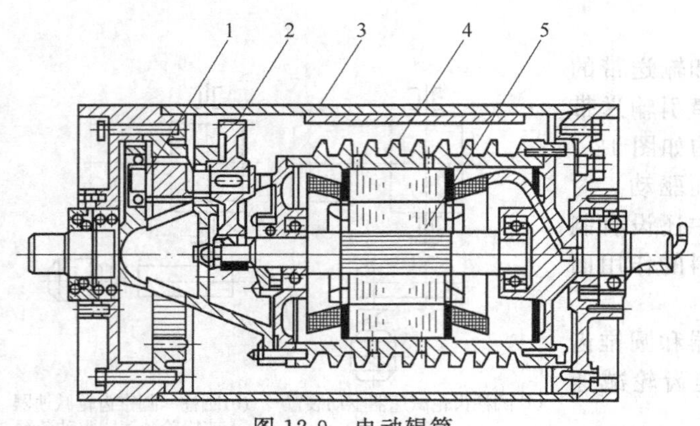

图 12-9 电动辊筒

1—内啮合齿轮传动；2—外啮合齿轮传动；3—辊筒；4—电动机定子；5—电动机转子

在胶带输送机中，当需要很紧凑的驱动装置时，可以采用电动辊筒作为驱动装置。图 12-9所示为油冷式电动辊筒，它把电动机和减速装置都装在传动辊筒之内。该电动辊筒具有以下优点：结构简单、紧凑、占有空间位置小；操作安全；整机操作方便，减少停机时间；与同规格的外部驱动装置相比，电动辊筒质量约减轻 60%～70%，节约金属材料 58%。根据 JB/T 7330—2008 规定，电动辊筒的直径有 112～1000mm 共 11 个规格，其功率有 0.12～45.0kW、55.0kW 共 21 个规格。一般使用于环境温度不超过 40℃的场合。

胶带输送机驱动装置的一个重要问题是输送带绕过传动辊筒的方式问题。图 12-10 中列出了几种方案，其中图 12-10(a) 只有一个传动辊筒，而胶带在它上面的包角 $\alpha=180°$；如果采用一个导向辊筒，则如图 12-10(b) 所示，$\alpha=210°\sim230°$；两个传动辊筒的方案如图 12-10(c)、(d) 所示，包角分别为 $\alpha=350°$ 及 $\alpha=430°$；图 12-10(e)、(f) 为采用压辊或压带以增加附加压力。

驱动输送带的条件［见图 12-10(a)］：为了避免输送带在传动辊筒上打滑，传动辊筒趋入点的输送带张力 S_n和奔离点的输送带张力 S_1之间的关系应满足尤拉式

$$S_n \leqslant S_1 e^{\mu\alpha} \quad (12\text{-}2)$$

式中 S_n——传动辊筒趋入点的输送带张力，N；

S_1——传动辊筒奔离点的输送带张力，N；

μ——传动辊筒与输送带间的摩擦系数；

α——输送带与传动辊筒的包角，(°)。

$e^{\mu\alpha}$的值见表 12-8。

如果不计输送带僵性所造成的阻力，传动辊筒上的牵引力为

$$P_y = S_n - S_1 \quad (12\text{-}3)$$

又可写成$P_y \leqslant S_1 e^{\mu\alpha} - S_1 = S_1(e^{\mu\alpha}-1)$

或
$$P_y \leqslant \frac{e^{\mu\alpha}-1}{e^{\mu\alpha}} S_n \quad (12\text{-}4)$$

由上式可以看出，输送带的牵引力随 μ、α 及 S_n的增加而增加，因此当需要增大输送带牵引力时可增加上述三个因素中的任一个，但 S_n 的增加受带的强度限制；μ 的增加受辊筒表面材料及工作条件的影响；α 的增加将影响结构方案。为了在 μ、α、S_n一定的情况下增加牵引力，则宜采用压辊或压带产生附加压力的办法。

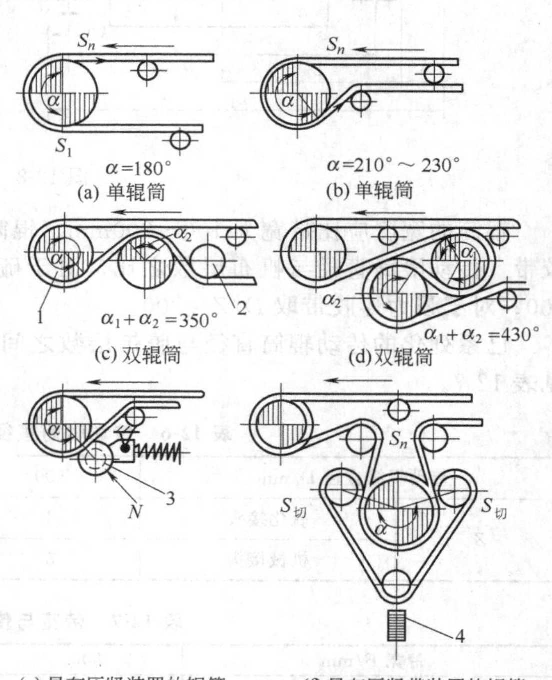

图 12-10 胶带输送机驱动辊筒形式

1—传动辊筒；2—改向辊筒；3—弹簧压紧装置；4—坠重式压紧装置

表 12-8　$e^{\mu\alpha}$ 值

传动辊筒情况及 μ 值		包角 α/(°)			
		200	210	240	400
		$e^{\mu\alpha}$ 值			
光面辊筒	环境潮湿 $\mu=0.2$	2.01	2.09	2.31	4.04
	环境干燥 $\mu=0.25$	2.39	2.50	2.85	5.74
胶面辊筒	环境潮湿 $\mu=0.35$	2.39	3.60	4.34	12.47
	环境干燥 $\mu=0.4$	4.04	4.35	5.35	16.40

采用压辊时

$$S_n \leqslant (S_1 + N\mu)e^{\mu\alpha}$$
$$P_y \leqslant S_1(e^{\mu\alpha} - 1) + N\mu e^{\mu\alpha} \tag{12-5}$$

式中　N——由压辊所产生的压力，N。

采用压带时

$$S_n + S_q \leqslant (S_1 + S_q)e^{\mu\alpha}$$
$$P_y \leqslant (S_1 + S_q)(e^{\mu\alpha} - 1) \tag{12-6}$$

式中　S_q——压紧带与输送带相切点的张力，N。

12.1.1.4　改向装置

胶带输送机在垂直平面内的改向一般采用改向辊筒。改向辊筒的结构与传动辊筒的结构基本相同，但其直径比传动辊筒略小一些。改向辊筒直径与胶带帆布层之比，一般可取 $D/Z=80\sim100$。

用 180°改向者一般用作尾部辊筒或垂直拉紧辊筒；用 90°改向者一般用于垂直拉紧装置上方的改向轮；用小于 45°改向者一般用于增面轮。

此外，尚可采用一系列的托辊达到改向的目的。如输送带由倾斜方向转为水平（或减小倾斜角)，即可用一系列的托辊来实现改向，其托辊间距可取正常情况的一半。此时输送机的曲线是向上凸起的，其凸弧段的曲率半径可按下式计算

$$R_1 \geqslant 18B \tag{12-7}$$

式中　B——带宽，m。

有时可不用任何改向装置，而让输送带自由悬垂成一曲线来改向。如输送带由水平方向转为向上倾斜方向时（或增大倾斜角)，即可采用这种方法，但输送带下仍需要设置一系列托辊。此时凹弧段的曲率半径可按下式计算

$$R_2 \geqslant \frac{s}{10w_0} \tag{12-8}$$

式中　S——凹弧段输送带的最大张力，N；

　　w_0——每米输送带质量，kg/m。

R_2 推荐值见表 12-9。

表 12-9　R_2 推荐值

带宽/mm	R_2/mm	
	$\gamma_v \leqslant 1.6\text{t/m}^3$	$\gamma_v > 1.6\text{t/m}^3$
500、650	80	100
800、1000	100	120

12.1.1.5　拉紧装置

拉紧装置的作用是拉紧胶带输送机的胶带，限制在各支承托辊间的垂度和保证带中有必要的张力，使带与传动辊筒之间产生足够的摩擦牵引力，以保证正常工作。

拉紧装置分螺旋式、车式、垂直式三种。

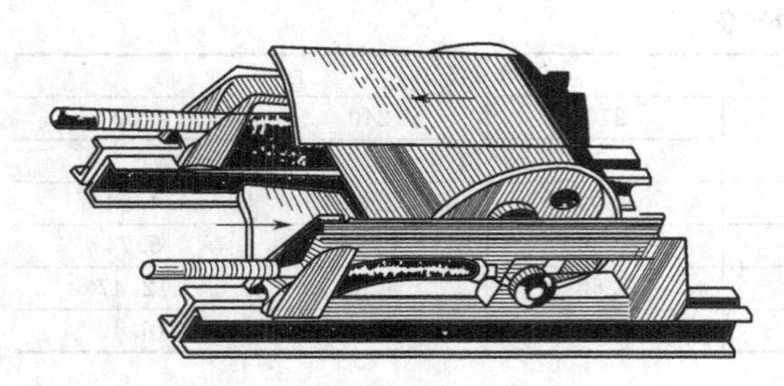
图 12-11　螺旋式拉紧装置

(1) 螺旋式拉紧装置　螺旋式拉紧装置如图 12-11 所示，由调节螺旋和导架等组成。回转螺旋即可移动轴承座沿导向架滑动，以调节带的张力。但螺旋应能自锁，以防松动。这种拉紧装置紧凑、轻巧，但不能自动调节。它速用于输送距离短（一般小于 100m），功率较小的输送机上。

该拉紧装置的螺旋拉紧行程有 500mm、800mm、1000mm 三种。

(2) 车式拉紧装置　车式拉紧装置又分为重锤车式拉紧装置和固定绞车式拉紧装置。重锤车式拉紧装置如图 12-12(a) 所示，这种拉紧装置适用于输送距离较长、功率较大的输送机。其拉紧行程有 2m、3m、4m 三挡。

固定绞车式拉紧装置用于大行程、大拉紧力（30～150kN）、长距离、大运输量的带式输送机，最大拉紧行程可达 17m。

(3) 垂直式拉紧装置　垂直式拉紧装置如图 12-12(b) 所示，其拉紧原理与车式相同。它适用于采用车式拉紧装置布置较困难的场合。可利用输送机走廊的空间位置进行布置。可随着张力的变化靠重力自动补偿输送带的伸长，重锤箱内装入每块 15kg 重的铸铁块调节拉紧张力。该拉紧装置的缺点是改向辊筒多，且物料易掉入输送带与拉紧辊筒之间而损坏输送带，特别是输送潮湿物料或黏湿性物料时，由于清扫不干净，这种现象更为严重。

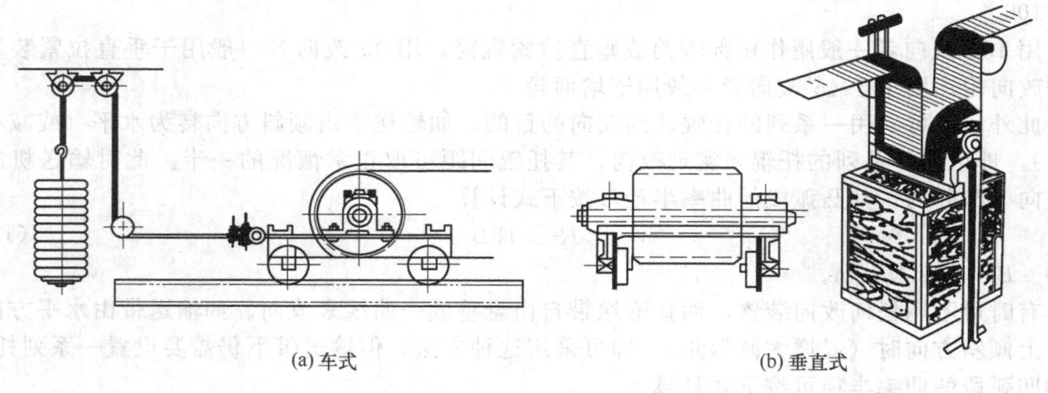
(a) 车式　　(b) 垂直式

图 12-12　车式和垂直式拉紧装置

12.1.1.6　装料及卸料装置

装料装置的形式决定于被运物料的特性。成件物品通常用倾斜槽、滑板来装载或直接装到输送机上；粒状物料则用装料漏斗来装载。

装料装置除了要保证均匀地供给输送机定量的被输送物料外，还要保证这些物品在输送带上分布均匀，减少或消除装载时物料对带的冲击。因此，装料装置的倾斜度最好能使物料在离开装料装置时的速度能接近带的运动速度。

卸料装置的形式由卸料位置和卸料方式所决定，最简单的卸料位置是在皮带机的末端，即头部，这时除了导向卸料槽之外，不需要任何其他装置。如需要从输送机上任意一处卸料，则需要采用犁式卸料器和电动小车。如图 12-13 所示。

12.1.1.7　清扫装置

清扫器的作用是清扫输送带上黏附的物料，以保证有效地输送物料，同时也为了保护输送带。尤其在输送黏湿性物料时，清扫器的作用显得更为重要。

清扫器分头部清扫器和空段清扫器两种。

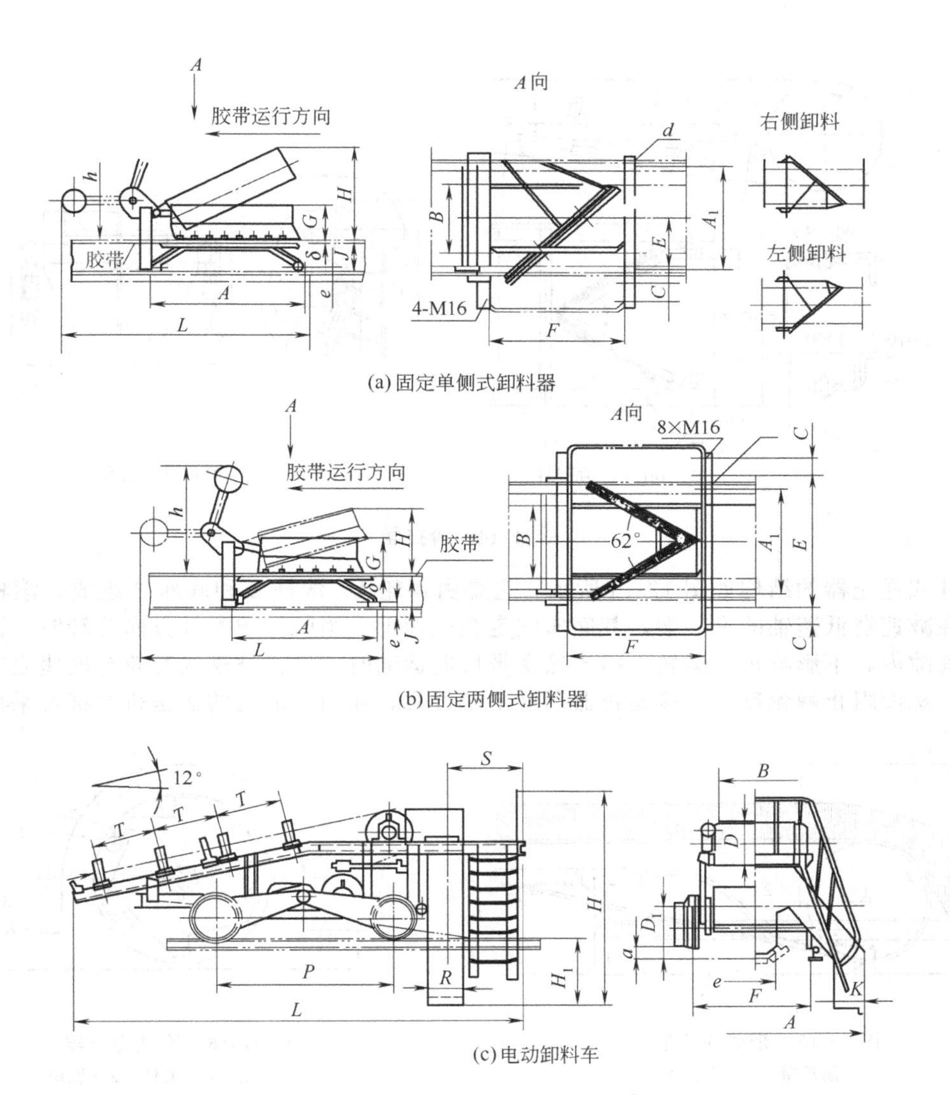

图 12-13　犁式卸料器和电动小车

头部清扫器又分重锤刮板式清扫器和弹簧清扫器，装于卸料辊筒处，清扫输送带工作面的黏料。弹簧清扫器的结构如图 12-14（b）所示。

空段清扫器装在尾部辊筒前，用以清扫黏附于输送带非工作面的物料。空段清扫器的结构如图 12-14（a）所示。

12.1.1.8　制动装置

倾斜布置的胶带输送机在运行过程中如遇到突然停电或其他事故而引起突然停机，则会由于输送带上物料的自重作用而引起输送机的反向运转。这在胶带输送机的运行中是不允许的。为了避免这一现象的发生，可设置制动装置。常见的制动装置有三种：带式逆止器、滚柱逆止器和电磁闸瓦式制动器。

带式逆止器的结构如图 12-15 所示。输送带正常运行时，制动带 1 被卷缩，因此，不影响输送带的运行。若输送带突然反向运行时，则制动带的自由端被卷夹在传动辊筒与输送带之间，就阻止了胶带的反向运动。该带式逆止器的优点是结构简单、造价低廉、在倾斜角小于 18°时制动可靠。缺点是：制动时必须有一段倒转，造成尾部装料处堵塞溢料。头部辊筒直径越大，倒转距离越长，因此，对功率较大的胶带输送机不宜采用这种逆止器。

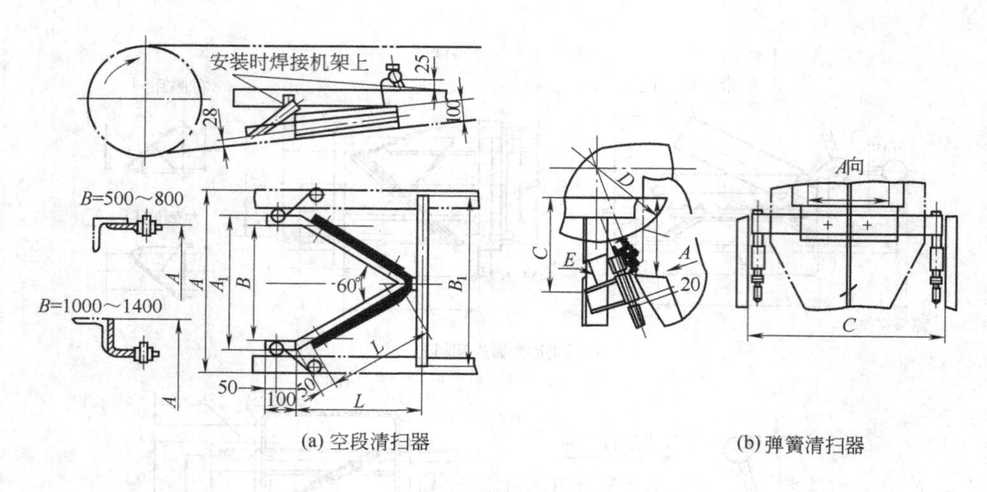

(a) 空段清扫器　　(b) 弹簧清扫器

图 12-14　清扫器

滚柱式逆止器的结构如图 12-16 所示，它是由棘轮 1、滚柱 2 和底座 3 组成。滚柱式逆止器安装在减速器低速轴的另一端，其底座固定在机架上。当棘轮顺时针方向旋转时，滚柱处于较大的间隙内，不影响正常运转。但当输送带反向运动时，滚柱被楔入棘轮与底座之间的狭小间隙内，从而阻止棘轮反转。该逆止器制动平稳可靠，在向上输送的输送机中都可采用。

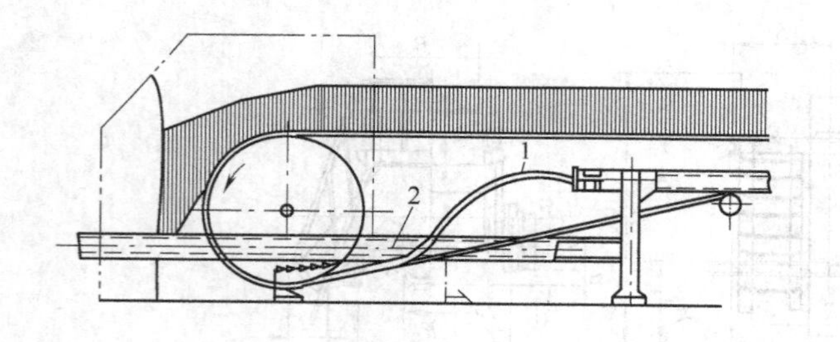

图 12-15　带式逆止器

1—制动带；2—小链条

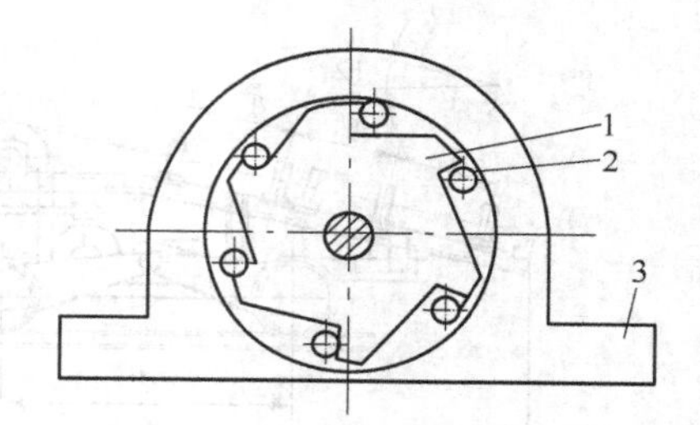

图 12-16　滚柱逆止器

1—棘轮；2—滚柱；3—底座

电磁闸瓦式制动器因消耗大量电力，且经常因发热而失灵，所以一般情况下尽量不用，只是在向下输送时才采用。

12.1.2　胶带输送机的应用

12.1.2.1　胶带输送机的使用范围

① 输送容积密度为 500～2500kg/m³ 的各种块状、粒状物料，也可用于输送成件物品。

② 带式输送机的种类有 TD75 型、QB80 型、DX 型、GH69 型高倾角花纹带式等。其中 TD75 型在硅酸盐行业应用较广泛，目前已有其替代产品 DTⅡ型投入应用。其规格从 500mm 到 2400mm 共 12 种宽度。

③ DTⅡ型固定带式输送机使用于工作环境温度一般为－25～40℃。对于在特殊环境中工作的带式输送机，如要求有耐寒、耐热、防水、阻燃等条件，应采取响应的防护措施。

④ DTⅡ型固定带式输送机可满足水平及倾斜输送的要求。也可采用带凸弧、凹弧段与水平直线段组合的输送形式。

⑤ 各种带宽使用的物料最大粒度如表 12-10 所示。当带宽超过 1200mm 时，其输送物料的最大粒度应不超过 350mm，其输送物料的最大粒度不是随带宽的增大而加大。

表 12-10　各种带宽适用的最大粒度

带宽/mm	500	650	800	1000	1200	1400
最大粒度/mm	100	150	200	300	350	350

⑥ 当胶带输送机倾斜布置时，不同的物料其允许的最大倾角不同。见表 12-11。

表 12-11　各种物料的特性及倾斜输送时的最大允许倾角

物料名称	松密度/(t/m³)	安息角/(°)	允许最大倾角/(°)
块状无烟煤	0.9～1.0	27	15～16
细碎无烟煤	1.0	27	18
褐煤块	0.7～0.9	35～45	18
粉煤、精煤、中煤、尾煤	0.6～0.85	45	20～21
原煤	0.85～1.0	50	18～20
焦炭	0.5～0.7	50	17～18
粉状焦炭	0.4～0.56	30～45	20
铁矿石、石灰石	1.6	35	14～16
大块破碎的石灰石	1.6～2.0	38	18
小块破碎的石灰石	1.2～1.5	30	15
干砂	1.3～1.4	30～35	16
废型砂	1.2～1.3	39	20
混有砾石的湿砂	2.0～2.4	30～35	18～20
干松泥土	1.2～1.4	35	20
湿土	1.7～2.0	30～45	20～23
高炉渣	1.3	35	18～20
水泥	1.2～1.5	30～40	15～20
盐	0.8～1.3	25	20
谷物	0.7～0.85	24	16
化肥	0.9～1.2	18	15

⑦ DTⅡ型固定带式输送机的规格用带宽的毫米数表示，其代码见表 12-12。

表 12-12　DTⅡ型固定带式输送机产品规格和代码

带宽/mm	500	650	800	1000	00	1400
代码	01	02	03	04	05	06

选型订货时可用代码表示，其形式为 DTⅡ03C02。其中，DTⅡ为型号，D 为带式输送机；T 为通用型；Ⅱ为新系列号；03 为产品代码，即带宽为 800mm；C 为托辊的代码（部件分类代码见表 12-13)；01 为部件类型代码，此处表示槽角为 35°的槽形托辊；22 为部件规格代码，此处表示托辊辊径为 108，轴承 205（部件类型代码和部件规格代码可参见有关手册)。

表 12-13　部件分类代码

代码	部件名称	代码	部件名称	代码	部件名称
A	传动辊筒	H	滑轮组	J08	支腿
B	改向辊筒	J01	机架	J21	导料槽
C	托辊	J02	螺旋拉紧装置尾架	J22	头部漏斗
D	拉紧装置	J03	车式拉紧尾架	Q	驱动装置
E	清扫器	J04	塔架	J	驱动装置架
F	卸料装置	J05	垂直拉紧尾架	N	逆止器
G	辊子	J07	中间架	XF	护罩

⑧ 带式输送机的布置形式有多种，应用时可根据工艺过程要求布置。带式输送机的典型布置如图 12-17 所示。

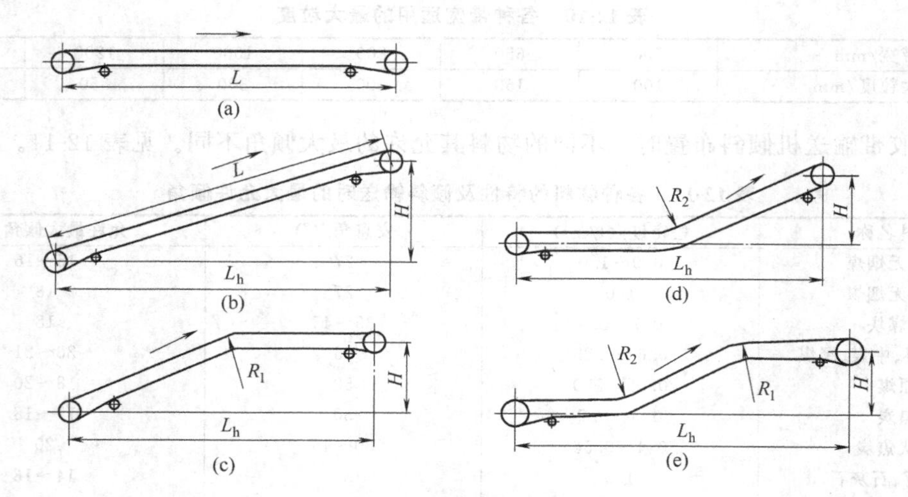

图 12-17　带式输送机的典型布置

设计时应注意在曲线段内不要设置给料和卸料装置。给料点最好设在水平段内，也可设在倾斜段。但倾角越大时，给料点设在倾斜段内越容易掉料。因此在设计大倾角输送机时，最好将给料区段设计成水平，或将该区段的倾角适当减小。各种卸料装置一般设在水平段。

12.1.2.2　胶带输送机的运行技术要求

按照带式输送机 GB/T 10595—2009，对整机性能的技术要求如下：

① 输送机应运转平稳，所有辊子应运转灵活；

② 输送带应在全长范围内对中运行；

③ 输送机空载噪声应控制在合理范围内；

④ 拉紧装置应调整方便、动作灵活；

⑤ 输送机运行时，清扫器应清扫效果好、性能稳定；

⑥ 卸料装置不应出现颤、条、抖动和散撒现象；

⑦ 各种机电保护装置应反应灵敏、动作准确可靠。

⑧ 漏斗和导料板应保证输送机在满负荷运行时，不应出现堵塞和撒料现象；

⑨ 输送机运行时，运行速度不应低于额定速度的 95%；

⑩ 输送机运行时，输送量不应低于额定值。

12.1.2.3　胶带输送机的安全要求

带式输送机是一种安全隐患较多的设备。为了保证在使用过程中安全运行，国家专门颁布了带式输送机安全规范（GB 14784—1993）。其一般规定如下。

① 输送机正常工作时，应具有足够的稳定性和强度。

② 电气装置的设置应符合 GB 4064 和 GBJ 232 的规定。

③ 未经设计单位或制造单位同意，用户不应进行影响输送机原设计、制造、安装要求的变动。

④ 输送机必须按物料特性与输送量要求选用，不得超载使用，必须防止堵塞和溢料，保持输送畅通。

⑤ 输送黏性物料时，辊筒表面、回程段带面应设相适应的清扫装置。倾斜段输送带尾部辊筒前宜设挡料刮板。消除一切可能导致引起输送带跑偏的隐患。

⑥ 倾斜的输送机应装设防止超速或逆转的安全装置。

⑦ 输送机上的移动部件无论是手动或自行式都应装设停车后的限位装置。

⑧ 严禁人员从无专门通道的输送机上跨越或从下面通过。

⑨ 输送机跨越工作台或通道上方应装设防止物料掉落的防护装置。

⑩ 高强度螺栓连接必须按设计要求处理，并用专用工具拧紧。

⑪ 输送机易夹部位经常有人接近时应加强防护措施。

12.1.3 胶带输送机的选型计算

12.1.3.1 输送能力

胶带输送机的输送能力取决于单位长度的载荷和带的速度，即

$$G=3.6W_m v \tag{12-9}$$

式中 G——输送能力，t/h；

W_m——线载荷量，kg/m；

v——带速，m/s。

(1) 线载荷 W_m 的计算

① 输送成件物品

$$W_m=W/t \tag{12-10}$$

式中 W——单件物品重，kg；

t——物件在输送机上的间距，m。

② 输送散状物料

$$W_m=1000F\gamma_v \tag{12-11}$$

式中 F——物料在带上的横截面积，m^2；

γ_v——物料容积密度，t/m^3，见表 12-14。

表 12-14 物料的容积密度在带上的堆积角

物料名称	容积密度 γ_v /(t/m)	堆积角 ρ /(°)	物料名称	容积密度 γ_v /(t/m)	堆积角 ρ /(°)
煤	0.8～1.0	30	砂	1.6	30
矿渣	0.6～0.9	35	碎石或砾石	1.8	20
焦炭	0.5～0.7	35	干松泥土	1.2	20
石灰石	1.6～2.0	25	湿松泥土	1.7	30
小块石灰石	1.2～1.5	25	黏土	1.8～2.0	35

物料的横截面积可按下述方法确定。

物料在输送带上的横截面形状如图 12-18 所示。输送带在静止时可认为是三角形的，但在输送机运行时，由于带的振动或偶然的冲击，实际上呈如图 12-18 所示的形状。

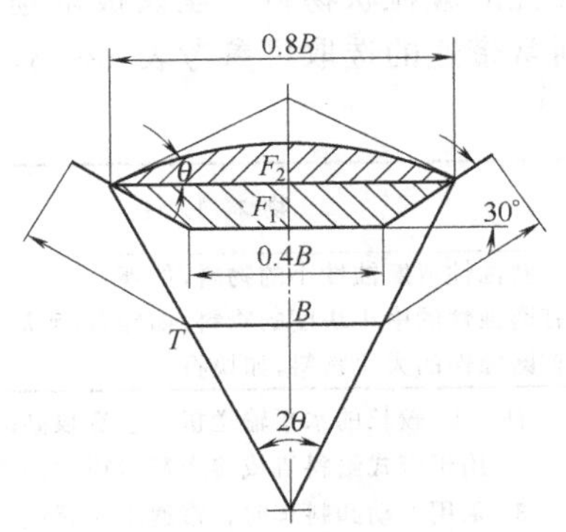

图 12-18　物料在输送带上的横截面积

设带宽为 B，槽形托架的中间托辊长度为 $0.4B$，物料横截面的宽度 $0.8B$，物料在带上的堆积角 θ，胶带的槽角 30°，则物料在带上的横截面积可看成为梯形面积 F_1 和弓形面积 F_2 之和，即

$$F_1=\frac{(0.4B+0.8B)\times 0.2B\tan 30^\circ}{2}=0.069B^2 \tag{12-12}$$

$$F_2=r^2(2\theta-\sin 2\theta)/2 \tag{12-13}$$

$$r=0.4B/\sin\theta \tag{12-14}$$

$$F_2=\frac{1}{2}r^2(2\theta-\sin 2\theta)=\frac{0.08B^2}{\sin^2\rho}(2\theta-\sin 2\theta) \tag{12-15}$$

根据不同的物料和不同的带宽可分别计算出物料在带上的横截面积，根据式 (12-9) 计算

出输送能力。为了使用方便，可考虑到式（12-12）～式（12-15）把式（12-9）写成

$$G=KB^2 \upsilon\gamma_v C_1 C_2 \tag{12-16}$$

式中 K——断面系数，见表 12-15；

C_1——倾角系数，见表 12-16；

C_2——速度系数，见表 12-17。

其他符号意义同前。

表 12-15 断面系数 *K* 值

带宽 B/mm	堆积角									
	15°		20°		25°		30°		35°	
	槽形	平形	槽形	平形	槽形	平形	槽形	平形	槽形	平形
	K 值									
500～650	300	105	320	130	355	170	390	210	420	250
800～1000	335	125	360	145	400	190	435	230	470	270

表 12-16 倾角系数 C_1 值

倾斜角 β	≤6°	8°	10°	12°	14°	16°	18°	20°	22°	24°	25°
C_1 值	1.0	0.96	0.94	0.92	0.90	0.88	0.85	0.81	0.76	0.74	0.72

表 12-17 速度系数 C_2 值

带速/(m/s)	≤1.6	≤2.5	≤3.15	≤4.0
C_2 值	1.0	0.95～0.98	0.90～0.94	0.80～0.84

（2）带速的选取　所谓带速即胶带输送机上胶带的运行线速度。胶带输送机的带速不能过小，也不能过大，因带速低，运输能力就小，能耗就大。而带速太大，输送带的运行就不平稳，易引起较大的振动，物料易从带上抖落，且易损坏胶带。因此，胶带输送机要有一个较合理的运行速度。当然，当输送成件物品时，为了装卸的方便，往往采用较小的带速。如水泥厂袋装水泥输送带的速度一般取 0.8m/s。

对散粒状物料的输送，其带速应根据物料的性质、带宽、输送机的倾角以及装载、卸载方式确定。对于密度大、磨蚀性强的大块物料，建议采用极限速度为 2m/s；对于密度小、无磨蚀性的颗粒状物料，建议极限速度为 4m/s；对于输送散状物料，一般带速不小于 1.25m/s。通常带速的选取可参考表 12-18。

表 12-18 胶带输送机的带速

物料特性	带速/(m/s)	
	带宽 500mm、650mm	带宽 800mm、1000mm
无磨蚀性或磨蚀性小的物料，如煤	1.0～2.5	1.0～3.15
有磨蚀性的中小块度的物料，如碎石、矿渣	1.0～2.0	1.25～2.5
有磨蚀性的大块物料，如块石	—	1.25～2.0

注：1. 较长的水平输送机，应选较高的带速。输送倾角越大，输送距离越短，则带速应越低。

2. 用于带式给料机或输送灰尘很大的物料时，带速可选用 0.8～1.0m/s。

3. 采用电动卸料车时，带速不应超过 2.5～3.15m/s。

4. 采用犁式卸料器时，带速不应超过 2.0m/s。

12.1.3.2 输送带的宽度

（1）输送散状物料　可根据下式计算

$$B=\sqrt{\frac{G}{K\upsilon\gamma_v C_1 C_2}} \tag{12-17}$$

按式（12-17）求得带宽后，再按物料粒度校核带宽值。

对于未分选的物料　$B \geqslant 2a_{max}+200\text{mm}$　(12-18)

对于已分选的物料　　　　　　$B \geqslant 3.3a_m + 200mm$　　　　　　(12-19)

式中　a_{max}——物料的最大粒度，mm；

a_m——物料的平均粒度，mm。

不同带宽推荐输送物料的最大粒度见表 12-19。

表 12-19　输送物料的最大粒度

带宽/mm		500	650	800	1000
粒度/mm	分选过	100	130	180	250
	未分选	150	200	300	400

(2) 输送成件物品　输送成件物品时带宽应比物品的横向尺寸大 50～100mm，物品在输送带上的单位面积压力应小于 5kPa。

12.1.3.3　张力和功率计算

胶带输送机的需用功率是一个重要的参数，在做胶带输送机的设计选型时必须准确知道系统所需功率，才能做到既不浪费能量又能满足系统要求的设计目标。要计算胶带输送机的需用功率，必须先确定作用于传动辊筒上的圆周力。圆周力是传动辊筒趋入点张力与奔离点张力之差，即式 (12-3)。因此，必须先讨论张力的计算。

(1) 张力的计算　输送带的张力计算是利用所谓的逐点计算法来确定的。如图 12-19 所示，将整个输送机的轮廓划分成若干直线段和曲线段，段与段之间的连接点依次标以一定的号码，然后从传动辊筒上奔离点的输送带张力 S_1 开始，沿输送带运行方向进行计算，任一点的张力等于前一点的张力和该两点间阻力之和，即

$$S_i = S_{i-1} + P_{(i-1)\sim i} \tag{12-20}$$

式中　$S_{i-1} \sim S_i$——点 $i-1$ 及点 i 的张力；

$P_{(i-1)\sim i}$——点 $i-1$ 及点 i 区段的阻力。

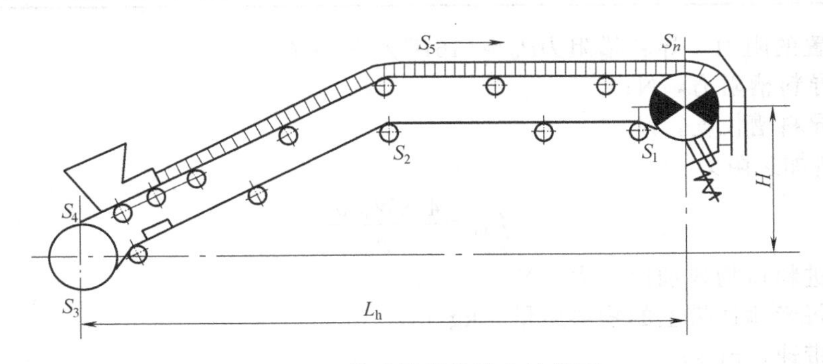

图 12-19　带式输送机张力计算图

输送带的运行阻力主要分为三部分：直线段上的运行阻力；绕过改向辊筒时的运行阻力；装料和卸料处引起的局部阻力。

① 直线区段的运行阻力　在输送机的直线区段上，当输送带在托辊上运行时，由于滚柱内轴承的摩擦、胶带沿滚柱的滚动以及带在滚柱上的弯折而产生阻力。输送机倾斜直线区段上的阻力可按下式计算

承载段　　　　$P = 10(W_0 + W_m + W')L_h\zeta \pm 10(W_0 + W_m)H$　　　　(12-21)

向上输送时取“+”；向下输送时取“－”。

空载段　　　　$P' = 10(W_0 + W')L_h\zeta' \pm 10W_0H$　　　　(12-22)

向上输送时取“－”；向下输送时取“+”。

式中　P——承载段运行阻力，N；

P'——空载段运行阻力，N；

L_h——直线段的水平投影长度，m；

ζ'——托辊的阻力系数，见表 12-20；

W_0——输送带的线载荷，kg/m；

W_m——物品的线载荷，即单位长度输送带上的物料质量，kg/m；

W'——输送机上托辊转动部分的单位长度质量，kg/m。

$$W'=g'/l' \tag{12-23}$$

式中 g'——托辊转动部分的质量，kg；

l'——托辊间距，m。

表 12-20 托辊阻力系数

工作条件	清洁、干燥		少量尘埃、正常湿度		大量尘埃、湿度大	
	平形	槽形	平形	槽形	平形	槽形
托辊阻力系数 ζ'	0.018	0.020	0.025	0.030	0.035	0.040

② 改向辊筒的阻力 当输送带绕过改向辊筒时，由于输送带绕入时的折曲僵性和绕出时的伸直僵性，以及改向辊筒轴径上的摩擦而产生的阻力，这些阻力的大小基本上与改向辊筒趋入点张力成比例。因此，改向辊筒上奔离点的张力为

$$S_i=K'S_{i-1} \tag{12-24}$$

式中 S_i——改向辊筒奔离点的张力，N；

S_{i-1}——改向辊筒趋入点的张力，N；

K'——改向辊筒阻力系数，见表 12-21。

表 12-21 改向辊筒阻力系数

胶带在辊筒上的包角 α	约 45°	约 90°	约 180°
改向辊筒阻力系数 K'	1.02	1.03	1.04

③ 装料装置的阻力 导料槽阻力$P_d=(16B^2\gamma_v+70)l$ (12-25)

式中 P_d——导料槽阻力，N；

l——导料槽长度，N。

进料口物料加速阻力

$$P_m=\frac{4.9W_m v^2}{g} \tag{12-26}$$

式中 P_m——进料口物料加速阻力，N；

W_m——每米输送带上的物料质量，kg/m；

v——带速，m/s；

g——重力加速度，m/s²。

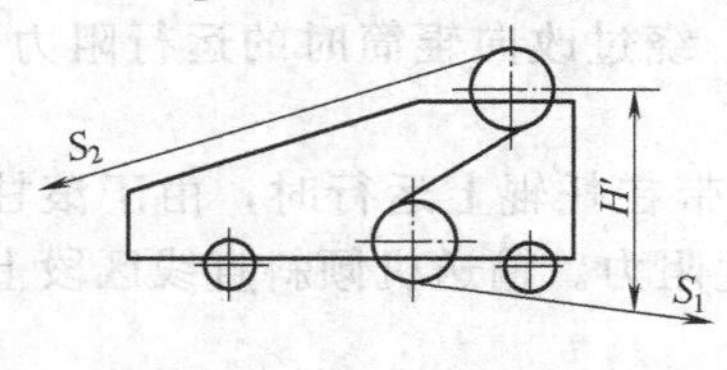

图 12-20 卸料车的提升高度

④ 卸料装置的阻力 卸料车的阻力按下式计算

$$S_1=1.1S_2+10W_mH' \tag{12-27}$$

式中 S_1——卸料车前轮输送带的张力，N；

S_2——卸料车后轮输送带的张力，N；

H'——卸料车提升高度，m。

S_1、S_2 和 H'见图 12-20。H'值见表 12-22。

表 12-22 H'和 C 值

B/mm	500	650	800	1000
H'/m	1.7	1.8	1.96	2
C/N	250	300	350	600

犁式卸料器的总阻力

$$P_l = 1.25BW_m + C \tag{12-28}$$

式中 P_l——犁式卸料器的总阻力，N；

C——犁式卸料器的阻力（见表 12-22），N。

⑤ 清扫器的阻力

弹簧清扫器 $$P_q = (700 \sim 1000)B \tag{12-29}$$

空段清扫器 $$P'_q = 200B \tag{12-30}$$

式中 P_q, P'_q——清扫器的阻力。

由上述可知，通过逐点计算法可得到传动辊筒趋入点输送带张力与奔离点输送带张力之间的关系式

$$S_n = f(S_1) \tag{12-31}$$

为了保证输送带不打滑，还应满足尤拉式（12-2）

$$S_n \leqslant S_1 e^{\mu\alpha}$$

通过式（12-31）和式（12-2）联立求解，即可求得张力 S_1 和 S_n 的值。

上述计算所求得的传动辊筒输送带奔离点的张力 S_1 值，应保证带在托辊间的垂度不超过允许的数值，以保证带的实际倾角不超过允许的程度。一般是按照承载段输送带允许垂度进行验算，即最小张力应符合下式要求

$$S_1 \geqslant 50(W_0 + W_m)l'\cos\beta \tag{12-32}$$

式中 l'——上托辊间距，m；

W_0——输送带的单位长度质量，kg/m；

W_m——每米输送带上物料的质量，kg/m；

β——输送机倾角，(°)。

若计算所得的 S_1 值不能满足承载段的最小张力要求时，则必须加大 S_1 值，使它满足承载段输送带垂度不超过允许值的要求。

（2）功率计算　根据式（12-3），传动辊筒上的牵引力为

$$P_y = S_n - S_1$$

因此，传动辊筒所需轴功率为

$$N_0 = (S_n - S_1)v/1000 \tag{12-33}$$

式中 N_0——传动辊筒的轴功率，kW；

电动机功率为

$$N = KN_0/\eta \tag{12-34}$$

式中 N——电动机功率；

K——满载启动系数，$K=1.3 \sim 1.7$；

η——总传动效率，对于光面传动辊筒取 0.88；对于胶面辊筒取 0.90。

12.1.3.4 拉紧装置计算

（1）拉紧力计算

$$P_0 = S_i + S_{i-1} \tag{12-35}$$

式中 P_0——拉紧力，N。

（2）车式拉紧装置的重锤质量

$$W_h = \frac{(P_0 + 0.04W_L\cos\beta - W_L\sin\beta)}{\eta^n} \tag{12-36}$$

式中 W_L——车式拉紧装置（包括改向辊筒）的质量，kg；

β——输送机的倾角，(°)；

η——拉紧绳轮效率，一般可取 $\eta=0.9$；

n——绳轮数目。

(3) 垂直拉紧装置的重锤质量

$$W_v = P_0 - W_L \tag{12-37}$$

式中 W_v——垂直拉紧装置所需重锤的质量，kg；

W_L——垂直拉紧装置（包括改向辊筒）的质量，kg。

12.1.3.5 制动力矩

为了选择逆止器，应计算制动力矩。驱动辊筒轴上的制动力矩可按下式计算

向上输送时 $$M_0 = \frac{660D(0.00546GH - N_0)}{v} \tag{12-38}$$

向下输送时 $$M_0 = 1000DN_0/v \tag{12-39}$$

式中 D——驱动辊筒的直径，m；

H——输送机的提升高度，m；

电动机上的轴制动力矩为

$$M = M_0\eta/i_0 \tag{12-40}$$

式中 M_0——驱动辊筒上的制动力矩，N·m；

η——电动机到驱动辊筒轴的传动效率，可取 $\eta=0.95$；

i_0——电动机到驱动辊筒的减速比。

胶带输送机选型计算举例如下。

【例 12-1】 已知原始数据及工作条件如下。

① 胶带输送机布置形式及尺寸如图 12-21 所示。

② 输送物料：石灰石，粒度 0～60mm，容积密度 $\gamma_v=1.6\text{t/m}^3$，堆积角 $\theta=25°$。

③ 输送量：$G=550\text{t/h}$。

④ 工作环境：干燥、有尘的通廊内。

⑤ 尾部喂料，头部卸料，导料槽长 3m，设有弹簧清扫器和空段清扫器。

试计算输送机的参数。

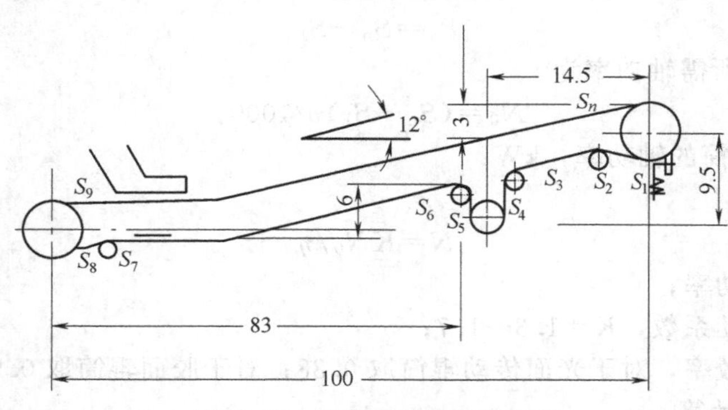

图 12-21 胶带输送机布置简图

解：(1) 输送带的宽度计算 根据式 (12-17)

$$B = \sqrt{\frac{G}{Kv\gamma_v C_1 C_2}}$$

已知 $G=550\text{t/h}$，$\gamma_v=1.6\text{t/m}^3$

选取 $v=1.6\text{m/s}$；$K=400$；$C_1=0.92$；$C_2=1.0$，则

$$B = \sqrt{\frac{550}{400\times1.6\times1.6\times0.92\times1.0}} = 0.766\ (\text{m})$$

按标准选用800mm的胶带。

根据式（12-18）有

$$B \geqslant 2a_{max}+200mm=2\times60+200=320\ (mm)$$

$B=800>320mm$，可以满足要求。

（2）张力计算　根据例题图中，各点张力关系为

$$S_2=S_1+P_q \quad (1)$$

$$S_3=K'S_2 \quad (2)$$

$$S_4=K'S_3 \quad (3)$$

$$S_5=K'S_4 \quad (4)$$

$$S_6=K'S_5 \quad (5)$$

$$S_7=S_6+P'+P_q' \quad (6)$$

$$S_8=K'S_7 \quad (7)$$

$$S_9=K'S_8 \quad (8)$$

$$S_n=S_9+P_d+P_m+P \quad (9)$$

根据式（12-29），弹簧清扫器的阻力为：$P_q=(700\sim800)B$

取：

$$P_q=800B=800\times0.8=640(N), S_2=S_1+640$$

根据表12-21查得改向辊筒的阻力系数K'，则式（2）～式（5）可写成

$$S_3=1.02(S_1+640)=1.02S_1+650$$

$$S_4=1.03(1.02S_1+650)=1.05S_1+670$$

$$S_5=1.04(1.05S_1+670)=1.09S_1+700$$

$$S_6=1.04(1.09S_1+700)=1.13S_1+730$$

根据式（12-22），空载运行段的阻力P'为

$$P'=10(W_0+W')L_h\zeta'\pm10W_0\ H$$

根据表12-1查得胶带帆布层数，取$Z=6$；根据表12-2，取上、下胶层厚度分别为3.0mm和1.5mm，并查得每米胶带的质量为：$W_0=11.8kg/m$。

根据表12-4查得：带宽为800mm的铸铁座平形下托辊转动部分质量为12kg，取下托辊间距为$l'=3m$，则每米托辊转动部分质量为：$W'=12/3=4kg/m$。

由例题图知：空载段水平投影长度为$L_h=83m$，提升高度$H=6m$。

查表12-20，取平形托辊阻力系数为：$\zeta'=0.025$。

则：$$P'=10(11.8+4)\times83\times0.025-10\times11.8\times6=-380\ (N)$$

根据式（12-30），空段清扫器的阻力P_q'为

$$P_q'=200\times0.8=160\ (N)$$

则（6）式可写成：$S_7=1.13S_1+730-380+160=1.13S_1+510$

根据表12-21

$$S_8=1.02(1.13S_1+510)=1.15S_1+520$$

$$S_9=1.04(1.15S_1+520)=1.20S_1+540$$

根据式（12-25），导料槽的阻力为

$$P_d=(16B^2\gamma_v+70)l$$

$$P_d=(16\times0.8^2\times1.6+70)\times3=259\ (N)$$

根据式（12-26），进料口物料加速阻力

$$P_m=\frac{4.9W_m v^2}{g}$$

根据式（12-9），每米输送带长度上物料的质量为

$$W_m=\frac{G}{3.6v}=\frac{550}{3.6\times1.6}=95.5\ (\text{kg/m})$$

则
$$p_m=\frac{4.9\times95.5\times1.6^2}{9.81}=124\ (\text{N})$$

根据式（12-21），承载运行阻力为

$$P=10(W_0+W_m+W')L_h\zeta'\pm10(W_0+W_m)H$$

查表 12-4：带宽 800mm 的铸铁座槽形上托辊的转动部分质量为 14kg，上托辊间距 $l'=1.2$m，输送机每米长度上托辊转动部分质量：$w'=14/1.2=11.7$kg/m。

查表 12-20，槽型托辊的阻力系数 $\zeta'=0.030$。

则 $P=10\times(11.8+95.5+11.7)\times100\times0.030+10\times(11.8+95.5)\times9.5=13760$ (N)

式（9）可写成

$$S_n=1.20S_1+540+259+124+13760=1.20S_1+14683$$

按照不打滑条件，S_n 和 S_1 应满足式（12-2）的要求：$S_n\leqslant S_1e^{\mu\alpha}$

查表 12-8，取 $e^{\mu\alpha}=3.52$，并将下列两式联立求解

$$\begin{cases}S_n=3.52S_1\\S_n=1.2S_1+14683\end{cases}$$

求得 $S_n=22220$N；$S_1=6320$N。

根据式（12-32）核算承载段输送带允许垂度，S_1 应满足下式要求

$$S_1\geqslant50(W_0+W_m)l'\cos\beta$$

$$上式右边=50\times(11.8+95.5)\times1.2\times\cos12°=6296<6320=S_1$$

所以，可以满足要求。

（3）功率计算　根据式（12-33）

$$N_0=(S_n-S_1)v/1000=(22220-6320)\times1.6/1000=25.3\ (\text{kW})$$

则电动机功率为

$$N=KN_0/\eta=1.0\times25.3/0.9=28.1\ (\text{kW})$$

（4）拉紧装置重锤质量计算　根据式（12-35），拉紧装置的拉紧力为

$$P_0=S_i+S_{i-1}$$

$$P_0=S_4+S_5=1.05S_1+670+1.09S_1+700=14895\ (\text{N})$$

查有关带式输送机的设计手册可知：$W_L=68$kg。

根据式（12-37），垂直拉紧装置所需重锤质量为

$$W_v=P_0-W_L=14895/10-68=1421(\text{kg})$$

在实际工艺设计中，还应填写带式输送机设备订货要求单。该订货单必须与实际工艺布置相一致。该订货单形式和内容见表 12-23。

带式输送机技术的发展很快，其主要表现在两个方面：一方面是带式输送机的功能多元化、应用范围扩大化，如高倾角带输送机、管状带式输送机、空间转弯带式输送机等各种机型；另一方面是带式输送机本身的技术与装备的发展，尤其是长距离、大运量、高带速等大型带式输送机已成为发展的主要方向，其核心技术是开发应用了带式输送机动态分析与监控技术，提高了带式输送机的运行性能和可靠性。其关键技术与装备有以下特点。

① 设备大型化。其主要技术参数与装备均向着大型化发展。

② 应用动态分析技术和机电一体化、计算机监控等高新技术，采用大功率软启动与自动张紧技术，对输送机进行动态监测与监控，大大降低了输送带的动张力，设备运行性能好，运

输效率高。

③ 采用多机驱动与中间驱动及其功率平衡、输送机变向运行等技术，确保了输送系统设备的通用性、互换性及其单元驱动的可靠性。

④ 新型、高可靠性关键部件技术。

表 12-23 带式输送机设备订货要求单

订货单位		合同号	
输送机规格		台数	
输送机布置图			
提升高度/m		倾斜角/(°)	
输送量/(t/h)		带速/(m/s)	

设备名称	图号	数量	重量/kg	附 注
传动辊筒				
改向辊筒				
托辊				
拉紧装置				螺旋式，要注明行程
重锤块				
重锤吊架				注明螺杆长度
钢绳				注明规格、长度
改向绳轮				
卸料装置				选用可逆配合胶带机时，注明长度、电动辊筒型号、功率、速度、输送带等
制动装置				

设备名称		图号	数量	重量	附注
清扫装置					
电动辊筒					注明功率、带宽
驱动装置	电动机				注明功率、转速和速比
	减速机				
驱动装置架					注明高度
头架					注明高度和倾角
尾架					注明倾角
垂直拉紧支架					注明高度
改向辊筒支架、吊架					
中间架					注明高度
卸料中间架					
头部漏斗					
头部护罩					
导料槽					
输送带	胶带				
	塑料带				
其他					

订货单号		编 制	（签字）	审 核	（签字）

12.1.4 管形胶带输送机

12.1.4.1 概述

管形胶带输送机是在槽形胶带输送机基础上发展起来的一种新型带式输送设备。它既保留了普通带式输送机输送能力大、结构简单、使用方便、适应性强等特征，又具有以下突出特点。

① 能输送各种物料。目前管形胶带输送机广泛地应用于钢铁、建材、陶瓷、造纸，粮食、制盐和化工等行业。

② 密闭输送物料，可减轻对环境的污染。物料被围包在管状胶带内与后者一起运行，因此物料不会散落和飞扬，也不受外界环境的影响。管状胶带还可防止物料黏附在胶带上；因为在过渡段胶带的反复变形使物料不易黏附在其上面。因而，在环境污染问题越来越引起人们重视的今天，管形胶带输送机的这个特点使它成为一种很有发展前景的运输机械。

③ 能以较小的曲率半径在水平弯曲平面内运行。普通胶带输送机虽可实现弯曲运行，但其曲率半径很小，而管形胶带输送机能以较小的曲率半径很方便地绕过障碍物，充分利用场地，完成输送任务。

④ 可实现大倾角输送。由于物料受卷成管状的胶带侧压力作用，使物料与胶带间的摩擦力大大增加，因而可实现大倾角输送物料：根据输送物料的不同，管形胶带输送机的倾角在27°～47°范围内变化，而普通胶带输送机仅为16°～27°。如果在胶带上硫化有花纹或凸台，则倾角可达60°以上，加隔板可达90°。这一特点对于大高差输送物料极为重要。因为此时它可减少输送长度、节省空间、降低设备成本。

⑤ 可分别利用胶带的上、下分支同时输送物料。由于胶带的上分支和下分支均可形成圆管状，因此可以利用下分支反向输送物料（但要设置特殊的给料装置）。当无须反向输送物料时，空载分支的托辊也可采用普通胶带输送机的平托辊，但此时空载分支的截面将比圆管形的增大。

管形胶带输送机虽有很多优点，但它的使用范围亦有一定的限制。例如，要求将物料敞开输送的场合，不宜选用。另外，管形胶带输送机的给料和卸料都是将胶带恢复成平形之后进行的，因而每有一个给料点胶带都要放平一次，然后再卷起来。从放平到卷成管状需要一定距离，所以对于多点给料，尤其是各给料点距离较小的输送线路，同样不宜选用。

12.1.4.2 管形胶带输送机的形式

管形胶带输送机按当前国内现有的结构及其形成管状的方式，有下列四种基本形式。

(1) 吊挂托辊式管形胶带输送机　它利用两个吊挂托辊和一个压辊使胶带形成管状，并利用胶带的凸状边缘把胶带吊挂起来，如图12-22所示。然后像普通胶带输送机那样依靠摩擦传动原理运行，由驱动辊筒带动输送带实现物料的输送。

(2) 滑车夹钩式管形胶带输送机　利用按一定间距布置的滑车将胶带用挂钩夹住，使胶带两个边缘的凸凹部相互咬合，由钢绳牵引沿工字钢轨道运行（如图12-23所示）。这是一种无托辊的管形胶带输送机。

(3) 导轨式管形胶带输送机　它的胶带与轮子连在一起，轮子可以沿槽形导轨自由运行，这种管形胶带输送机是靠改变两导轨的间距，使胶带由槽形变成管形的（如图12-24所示）。

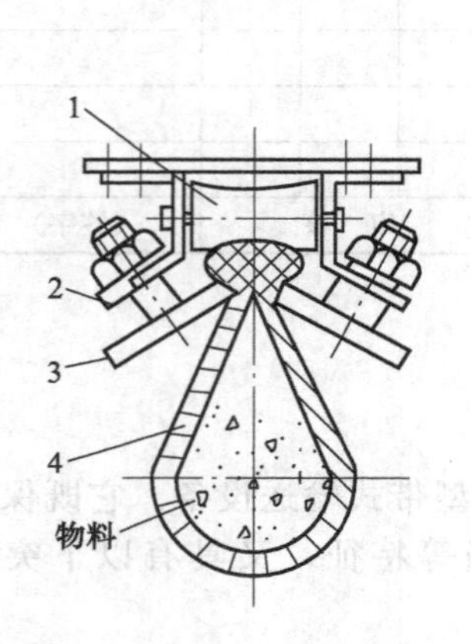

图12-22 吊挂托辊式

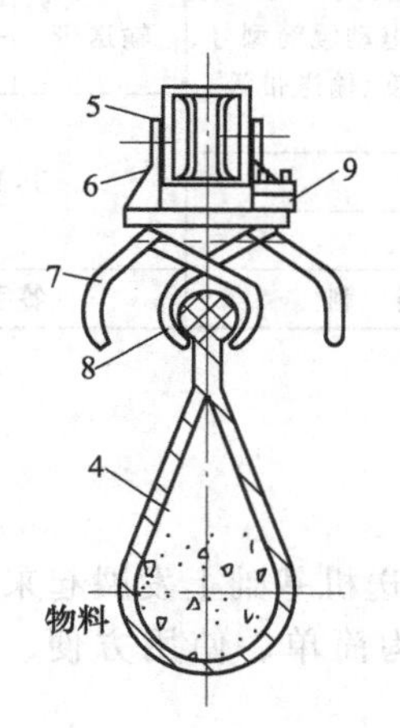

图12-23 滑车夹钩式

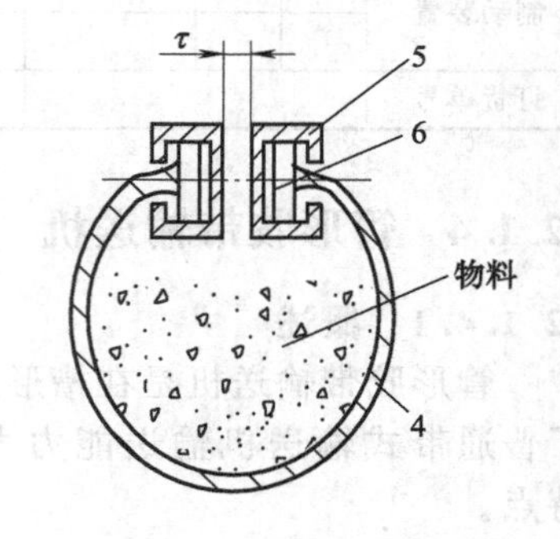

图12-24 导轨式

1—压辊；2—防尘盖；3—吊挂托辊；4—胶带；5—导轨；6—滚轮；7—夹壁；8—挂钩；9—钢绳

(4) 圆管式胶带输送机　它是借助由6个或8个普通托辊组成的多边形托辊组，将胶带围包而形成管状的（如图12-25所示）。

上述四种管形胶带输送机都具有密闭输送、布置方便、可沿空间曲线和大倾角线路输送物

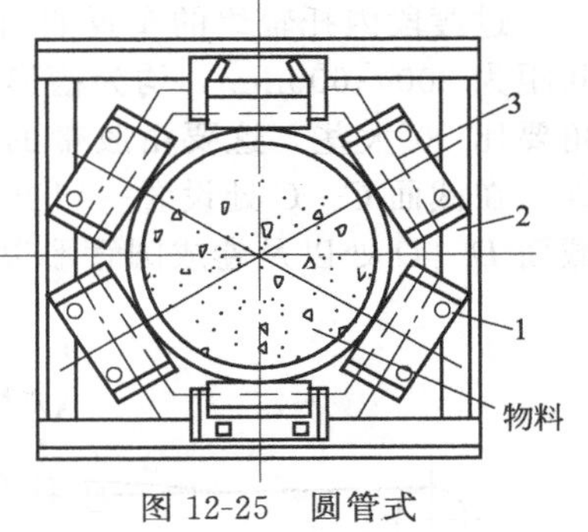

图 12-25　圆管式
1—胶带；2—托辊组；3—机架

料等特点。但前三种结构都需要制造特殊类型的托辊、压辊、滑车、滚轮和吊钩等零部件。特别是前两种的胶带结构与普通胶带有很大区别，而且由于重力作用使胶带不能完全形成圆管状而降低其输送能力。有时由于夹紧力不足，还会出现胶带脱落现象。

12.1.4.3　圆管形胶带输送机的结构

像普通胶带输送机一样，圆管形胶带输送机也是由驱动装置、传动辊筒、改向辊筒、托辊、拉紧装置及机架等部分组成，如图 12-26 所示。

从尾部辊筒至胶带形成管状这段距离称为过渡段。加料口一般设在此段范围内。在过渡段内，胶带由原来的平形变为槽形，最后胶带同物料一起卷成圆管状。在输送段，胶带同物料一起稳定运行。当到达卸料段时，胶带同物料一起由圆形过渡为槽形，并在头部辊筒处变为平形而卸料。在回程分支上也是如此。所以，胶带是以打开装料、封闭输送、再打开卸料依次循环而稳定地运行。

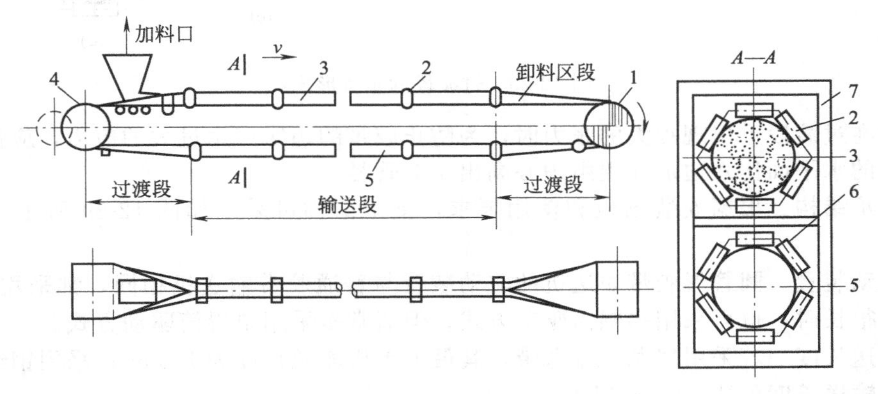

图 12-26　圆管形胶带输送机结构简图
1—驱动辊筒；2—六边形辊筒；3—承载辊筒；4—尾部辊筒；5— 空载分支；6—胶带；7—机架

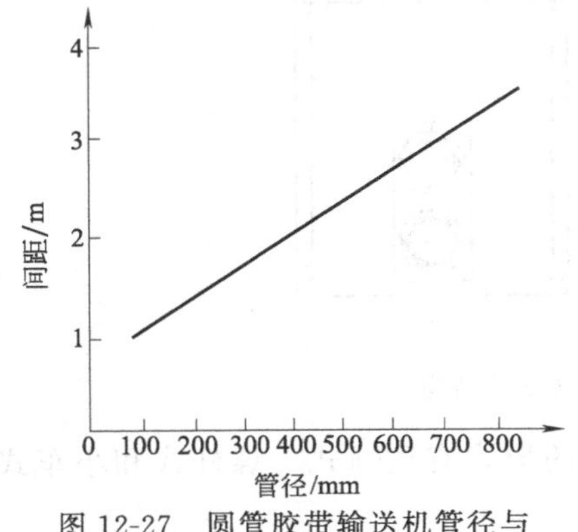

图 12-27　圆管胶带输送机管径与托辊间距

(1) 胶带的构造　圆管形输送机的胶带主要有两种：尼龙芯胶带和钢绳芯胶带。在环境温度不太低的情况下，也可选用塑料输送带。物料在管内的充填系数为 0.75～0.80。

(2) 输送机托辊的结构与间距　普通胶带输送机托辊的标准间距为 1～1.2m，而圆管形胶带输送机托辊的间距是随着圆管直径的增大而增加的（如图 12-27 所示）。托辊的结构与普通胶带输送机托辊相同，但其直径和长度均不相同。

(3) 过渡段长度与托辊的布置形式　过渡段的长度主要决定于胶带的允许伸长率。在过渡段上，胶带由平形变成圆形。此时胶带的边缘被拉伸，并由此产生附加拉应力。如果过渡段很短，则其边缘特产生很大的附加应力，使胶带过早地疲劳损坏。严重者甚至使胶带边缘拉裂；过渡段很长，又将缩短整个线路的密封长度。

通常按下式确定过渡段长度：

$$L_n = 25d_n \tag{12-41}$$

式中　d_n——圆管形胶带直径。

过渡段内托辊组的布置如图 12-28 所示。在截面 $A—A$ 和 $B—B$ 之间设三组缓冲托辊，其间距为 300～600mm，均为槽形，其槽角是变化的：第一组的槽角为 30°，第二、第三组的槽角要比 30°大些，这要由胶带的成形曲线来决定。在截面 $B—B$ 处设置一组槽角为 45°的托辊组。在截面 $C—C$ 处设置一组五边形托辊组，其目的是为了使胶带能顺利地过渡成圆管形。在截面 $D—D$ 处以及卷成圆管形以后的区段均布置六边形托辊组。

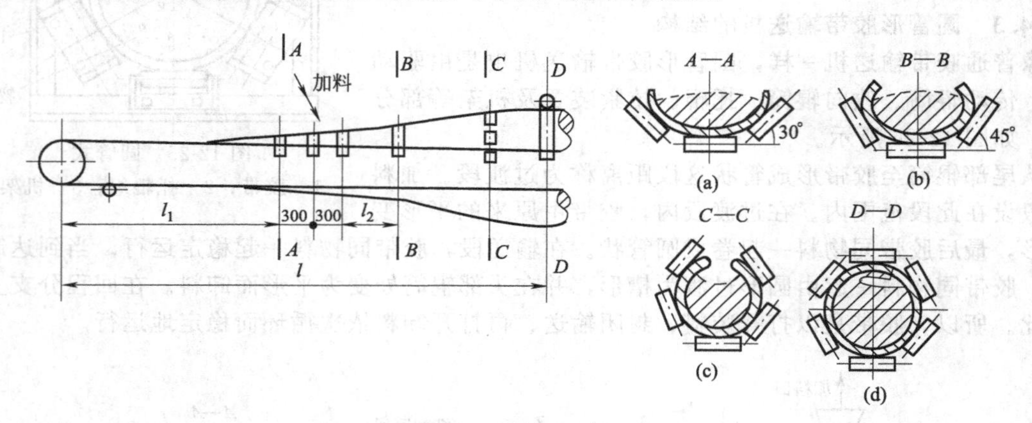

图 12-28 过渡段的布置形式

当胶带在过渡段上出现很大的张力时，为防止胶带的边缘产生过大的应力，应使驱动（或改向）辊筒的水平面比六边形托辊组中心高出 1/2 管径。

（4）支承结构 根据安装场地和使用要求，支承结构可采用如图 12-29 所示的三种常用形式。

（5）驱动装置 圆管形胶带输送机的驱动装置与普通胶带输送机相同，都采用摩擦驱动。当输送距离很长时，也可采用多辊筒驱动方式。但通常多采用单辊筒驱动方式。

（6）输送长度 若采用尼龙芯输送带，其最大单机输送长度为 1000m；采用钢绳芯输送带时，其单机输送长度可达 3000m 以上。

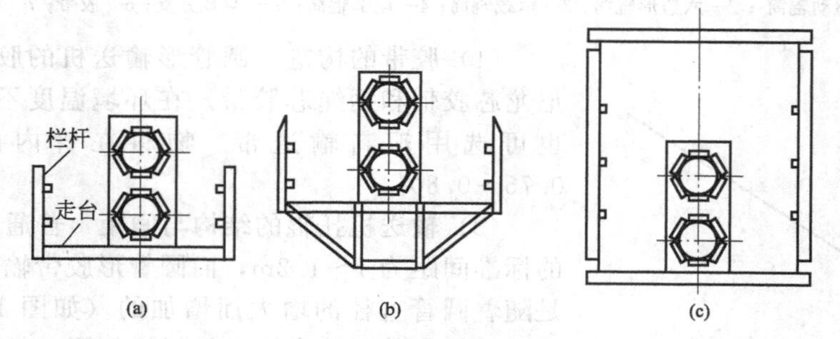

图 12-29 圆管形胶带输送机常用的三种支承结构

（7）拉紧装置 与普通胶带输送机的相同。拉紧装置的形式有重锤式、螺杆式和小车式三种。

12.1.4.4 圆管形胶带输送机的设计计算

圆管形胶带输送机的标准参数见表 12-24。

（1）基本参数的选择与输送能力的计算 输送能力 Q 可按下式计算：

$$Q=3600vF\gamma\psi \text{ (t/h)} \tag{12-42}$$

式中 v——胶带运行速度，m/s；

F——圆管形胶带所包围的面积，m^2；

γ——物料容重，t/m^3；

ψ——填充系数，可取 0.75。

(2) 阻力计算

① 直线段阻力计算

承载分支和空载分支的阻力分别按下列公式计算

$$W_r=(q_r+q_n+q'_p)\omega L\cos\beta\pm(q_r+q_n)L\sin\beta\ (N) \tag{12-43}$$

$$W_n=(q_n+q''_p)\omega L\cos\beta\pm q_n L\sin\beta\ (N) \tag{12-44}$$

式中　q_r——物料质量产生的均布载荷，$q_r=Qg/3.6v$ (N/m)；

q_n——胶带质量产生的均布载荷，N/m；

q'_p, q''_p——胶带承载分支、空载分支托辊组转动部分质量产生的均布载荷，N/m；

L——输送机长度，m；

β——输送机倾角，(°)；

ω——直线段的阻力系数，按表 12-25 选取。

表 12-24　圆管形胶带输送机的标准参数

管径/mm	100	150	200	250	300	350	400	500	600	700	850
带宽/mm	400	600	750	950	1100	1300	1500	1850	2200	2550	3100
带速/(m/min)	100	120	130	140	150	175	200	225	250	275	300
输送能力/(m^3/h)	36	95	185	310	475	750	1140	2000	3200	4700	7650
最大块尺寸/mm	30	30～50	50～70	70～90	90～100	100～120	120～150	150～200	200～250	250～300	300～400
最小水平长度/m	15	18	20	23	25	30	35	40	50	60	70

表 12-25　圆管形胶带输送机直线段的阻力系数 ω

工作条件	平托辊	槽形托辊	六边形托辊
室内清洁、干燥、无磨损粉尘	0.018	0.02	0.035～0.045
室内潮湿、常温、有少量磨损粉尘	0.025	0.03	0.045～0.055
室外、有大量磨损粉尘	0.035	0.04	0.055～0.075

式 (12-43) 和 (12-44) 中的正、负号根据物料的输送方向确定：向上输送时取正号；反之取负号。当双向输送物料时，两个分支的阻力均用式 (12-43) 计算。

② 曲线段阻力　曲线段阻力的大小主要取决于弯道的曲率半径以及弯道中心角的大小。通常以张力增大系数表示，其值一般可取 $C=1.08$～1.15；改向辊筒处的值可取 $C=1.03$～1.06。

③ 局部阻力　局部阻力主要有给料阻力和清扫器阻力，可按普通胶带输送机局部阻力公式计算。

(3) 张力计算　圆管形输送机的胶带既是承载构件，又是牵引构件，其工作原理与普通胶带输送机一样。所以其张力同样可用逐点计算法。

(4) 功率计算　驱动滚筒的轴功率与普通胶带输送机计算相同。

12.1.5　气垫式胶带输送机

如前所述，带式输送机是利用托辊来支承输送带，这样的支承形式为间断接触支承，因而输送物料时会引起振动，且运输阻力相对较大。近年来，人们致力研究新型带式输送机，以克服通用带式输送引起振动的缺点，也就出现了气垫、磁垫和水垫带式输送机。本节介绍气垫式胶带输送机。

20 世纪 70 年代，荷兰首先研制成功了气垫式胶带输送机。近年来气垫式胶带输送机日益引起人们的重视，美国、英国、俄罗斯、日本和加拿大等国都已投入生产。我国天津港和大连港于 1985 年分别从英国 Simon-Carves 公司引进了气垫带式输送机。

12.1.5.1 工作原理

气垫式胶带输送机的结构原理如图 12-30 所示。输送带 5 绕改向辊筒 7 和驱动辊筒 1 运行；输送机的承载段支体是封闭的箱体 6，箱体上部有槽，承载带在槽里运行；输送带的下分支采用托辊 9 支承；鼓风机 10 产生的空气送入气箱 6，气体沿气箱纵向散布，并通过气孔进入槽面，在输送带与槽体之间形成气垫 4，然后进入大气。

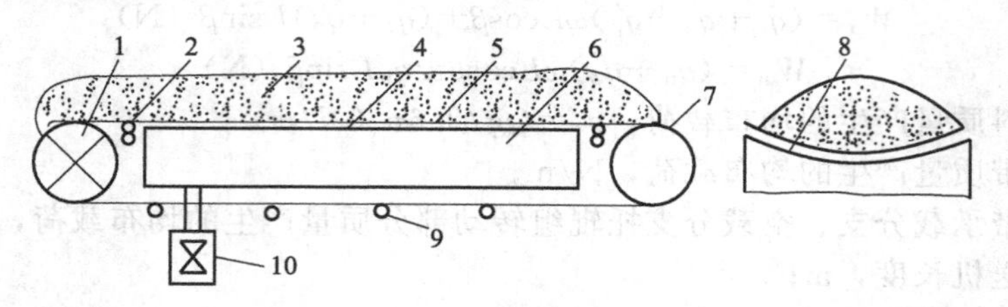

图 12-30 气垫式胶带输送机原理

1—驱动辊筒；2—过渡托辊；3—物料；4—气垫；5—输送带；
6—气箱；7—改向辊筒；8—气孔；9—下托辊；10—鼓风机

气垫式胶带输送机以气垫代替托辊支承，变滚动摩擦为流体摩擦，大大减少了牵引力和运行阻力，在输送量和工艺条件相同的情况下，功率消耗比托辊输送机节约 10%～25%，输送量越大，输送距离越长，节能效果越显著。

12.1.5.2 类型

目前已投入使用的气垫带式输送机有两种。第一种是输送带放在构成压缩空气腔的上表面槽道中，间隔开的小孔使空气逸出，以便使输送带底面与槽体之间产生几乎没有摩擦的空气膜；第二种也是用空气作为输送带的支承，但是用平面而不用凹槽，压缩空气直接由管道送到支承平面。目前，第一种主要用于轻载、易装卸物料和运输量不大的情况；第二种则作为给料机，用于重载、难装卸物料和大运量的情况。

(1) 气垫槽式带式输送机　这种输送机应用最为广泛，可用于水平和倾斜运输场合，其结构见图 12-30。

(2) 夹带气垫带式输送机　该输送机用气垫支承输送带，用另一条输送带保护物料，用压缩空气将物料夹住。夹在两条输送机中的物料可大倾角、甚至垂直运输送，故又称为"简易提升机"。它是为取代斗式提升机而设计的，是气垫槽式胶带输送机的发展。一般来说，物料装在短的水平段上，在引入保护输送带的改向辊筒处开始垂直运输，达到要求的高度，再通过另一个改向辊筒水平输送到卸载点。值得注意的是提升机有 Z 型和 C 型两种，前者装料点的承载带在卸料点仍然是承载带，后者保护带在水平卸料段变成了承载带。见图 12-31。

这种系统的另一特点是可以延伸水平卸料和装料段，因此，可消除两个转载点和分别装料、卸料输送机的需要。

该系统的变形是柱式卸船机，它用多片叶片浆轮取料，将物料输送到夹带提升段上。提升臂可绕垂直轴移动 40°立面角。气垫带式提升机改进了用斗提与输送带连接的斗式提升机，可以消除大部分物料损失和由料斗挖取作业而引起的灰尘。其突出的优点在于布置灵活，可与倾斜输送机或水平输送机与斗式提升机相结合的运输方式相匹配。

(3) 气垫带式给料机　塞柯 (Secal) 给料机是应用气垫带式输送机的又一方式。轨道漏斗车把矿石卸入漏矿槽，漏槽有一条带式输送机。不工作时输送带放在平台上，工作时引入压缩空气托起输送带，以减小接触和摩擦。这种新产品是在 20 世纪 70 年代中期由加拿大人设计的，其设计思想是从使用盘式给料机遇到的灰尘、噪声和故障中得来的。如图 12-32 所示，从漏斗车到给料平台落差约 5m，给料机两侧的密封效果良好，可以大大减少卸载时逸出的灰尘和物料撒落。

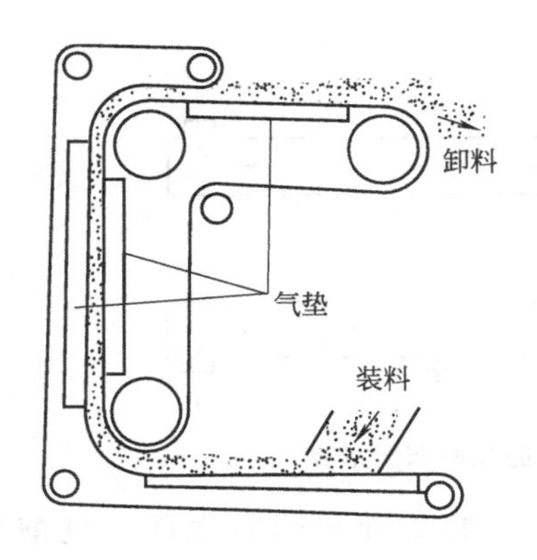

图 12-31 C型结构双层胶带提升机

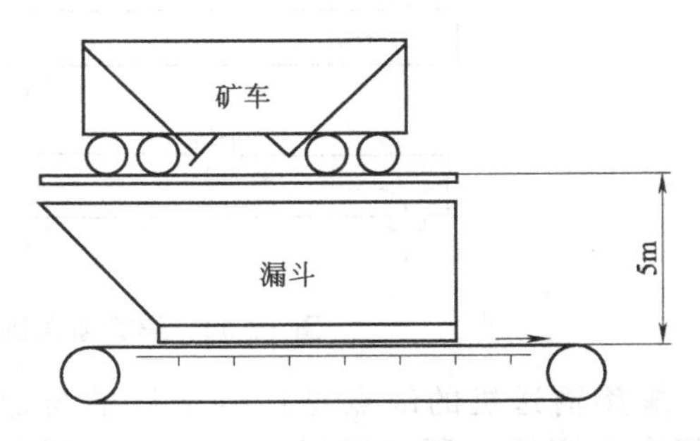

图 12-32 塞柯给料机配置

12.1.5.3 气垫带式输送机的特性

（1）耗能少 气垫带式输送机以气垫代替托辊支承，变滚动摩擦为流体摩擦，大大减少了牵引力和运行阻力，在输送量和工艺条件相同的情况下，功率消耗比托辊输送机节约10%～25%，输送量越大，输送距离越长，节能效果越显著。

（2）重量轻 由于气箱采用箱形断面，气垫带式输送机的纵向支架可承受较大弯矩和扭矩；又因托辊数量极少（仅在输送机两端各设几套过渡托辊），胶带层数和厚度较少，自重较轻，单位自重的强度系数与刚度系数比较大，从而大大提高了设备的超载能力。

（3）寿命长 气垫带式输送机便于实现全线防护式密封，同时由于胶带张力小，磨损少、不跑偏，不撕带，加之气垫对胶带有冷却作用，故而胶带寿命可延长1～2倍，设备使用寿命也比托辊输送机长得多。

（4）维修费用低 气垫带式输送机用气垫代替了托辊支承，转动部件少，事故点少，可靠性强，磨损小，从而大大减少了维修工作量和维修费用。实践证明，气垫带式输送机比托辊输送机节约维修费用60%～75%。

（5）输送平稳 托辊输送机运行中，输送带是波浪式向前运行，物料颠簸、撒料严重，胶带跑偏、磨损大。气垫带式输送机完全克服了上述缺点，运行十分平稳，不颠簸，不撒料，不跑偏，不扬尘，不会把散料的粒度自动分级，特别适宜输送按工艺比例配制好的混合散料。

（6）启动功率低 托辊输送机的启动功率大，一般约为运行功率的1.5～2.5倍，并且难以实现全线满载启动。气垫带式输送机只要形成稳定的气垫层之后，驱动电机的启动功率与运行功率相差甚微，并且在全线满载时，无须采取任何辅助措施便可轻易直接启动。

（7）输送能力大 气垫带式输送机最佳运行速度为3～4m/s，最低运行速度为0.8m/s，最高可达12m/s。因此，可大大提高输送能力。加之其装料断面大，平稳性好，在同一输送量和工艺条件下，气垫机可减少1～2级型号，即托辊输送机需采用B1200时，气垫带式输送机只需采用B1000或B800；托辊机采用6层强力带，气垫带式输送机只需用3～4层普通胶带或轻型带，从而大大节约了投资。

（8）宜于密封 气垫带式输送机沿机长设有密闭气箱，可全线密封，易于安装防护罩及安全设施，宜于密闭输送和安装吸尘装置，污染少，噪声小，净化环境，实现文明生产。

12.2 螺旋输送机

螺旋输送机是一种最常用的粉体连续输送设备。其优点是构造简单，机槽外部除传动装置外，无其他转动部件；占地面积小；容易密封；管理、维护、操作简单；便于多点装料和多点卸料。其装料和卸料方式如图 12-33 所示。

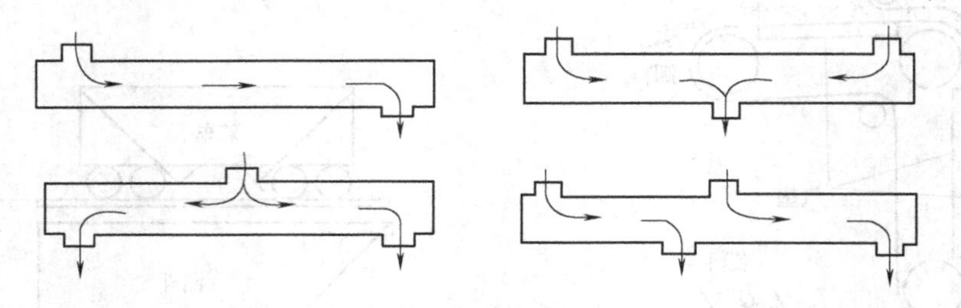

图 12-33 螺旋输送机的装料和卸料的几种布置形式

螺旋输送机的缺点是：由于机槽与螺旋叶片之间、螺旋面与物料之间、机槽与物料之间存在摩擦，所以运行阻力较大，因而比其他输送机的动力消耗大，而且机件磨损较快。因此，该输送机不适宜输送块状、磨蚀性大的物料；由于摩擦大，所以在输送过程中物料有较大的粉碎作用，因此，需要保持物料粒度稳定时，不宜采用这种输送机；由于各部件有较大的磨损，所以这种输送设备只用于较低或中等生产率（$100m^3/h$）的物料输送，且输送距离不宜太长。

12.2.1 螺旋输送机的构造

螺旋输送机的结构如图 12-34 所示，内部结构如图 12-35 所示。它主要由螺旋轴、料槽和驱动装置组成。料槽的下半部是半圆形，螺旋轴沿纵向放在槽内。当螺旋轴转动时，由于物料与槽壁之间摩擦力的作用，并不随同螺旋一起转动，这样由螺旋轴旋转而产生的轴向推力就直接作用到物料上而成为物料运动的推动力，使物料沿轴向滑动。物料沿轴向的滑动，就像螺杆上的螺母，当螺母沿周向被持住而不能旋转时，螺杆的旋转就使螺母沿螺杆作平移。物料就是在螺旋轴的旋转过程中朝着一个方向推进到卸料口处卸出的。

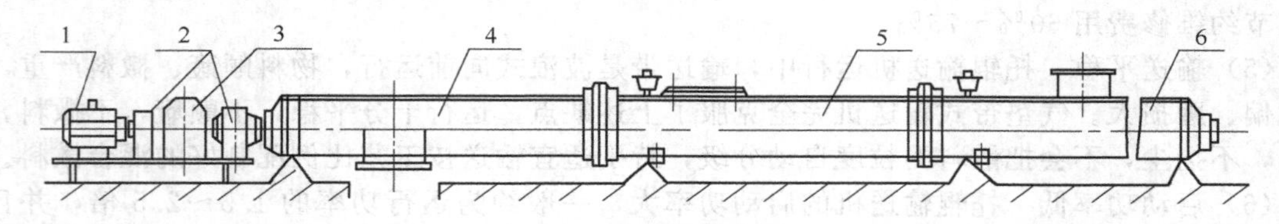

图 12-34 螺旋输送机的结构

1—电动机；2—联轴器；3—减速器；4—头节；5—中间节；6—尾节

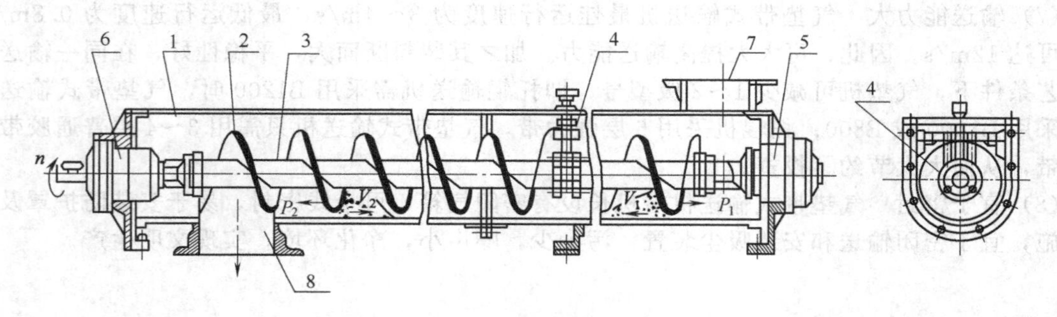

图 12-35 螺旋输送机的内部结构

1—料槽；2—叶片；3—转轴；4—悬挂轴；5，6—端部轴承；7—进料口；8—出料口

12.2.1.1 螺旋

螺旋由转轴和装在上面的叶片组成。转轴用无缝钢管制成，有实心和空心轴两种。在强度

相同的情况下，空心轴较实心轴质量轻，连接方便，所以比较常用。轴径一般为 50～100mm，为便于逐段安装，每根轴的长度一般在 3m 以下。

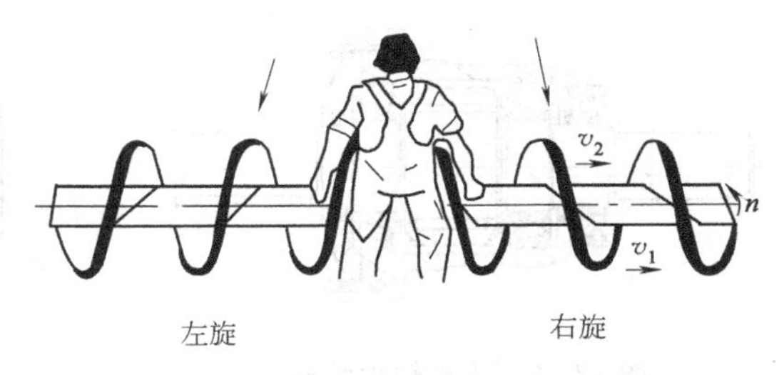

图 12-36　确定螺旋旋向的方法

螺旋叶片有左旋和右旋之分，物料被推送方向由叶片的方向和螺旋的转向所决定。确定旋向的方法如图 12-36 所示。图中右侧为右旋螺旋，当螺旋按 n 方向旋转时，物料沿 v_1 的方向推送到卸料口处；当螺旋反向旋转时，物料沿 v_2 的方向被推送。若采用左旋螺旋，物料被推送的方向则相反。

根据被输送物料的性质不同，螺旋有各种形状，如图 12-37 所示。在输送干燥的小颗粒物料时，可采用全叶式［图 12-37(a)］；当输送块状或黏湿性物料时，可采用桨式［图 12-37(c)］或型叶式［图 12-37(d)］螺旋。采用桨式或型叶式螺旋除了输送物料外，还兼有搅拌、混合及松散物料等作用。

叶片一般采用 3～8mm 厚的钢板冲压而成，焊接在转轴上。对于输送磨蚀性大的物料和黏性大的物料，叶片用扁钢轧成或用铸铁铸成。

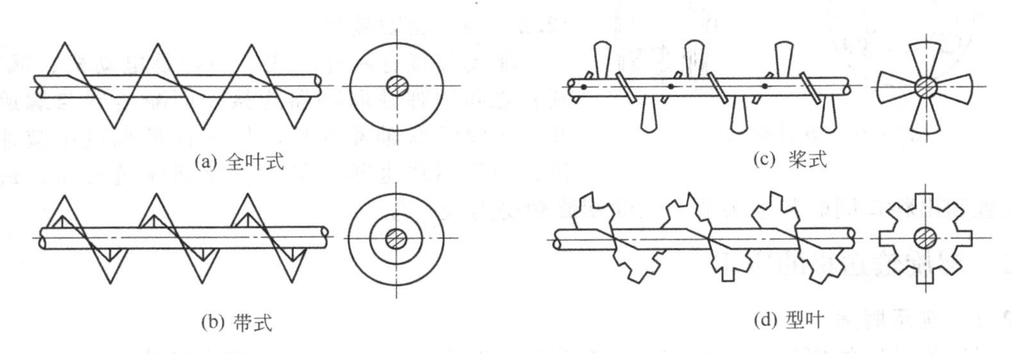

图 12-37　螺旋形式

12.2.1.2　料槽

料槽由头节、中间节和尾节组成，各节之间用法兰通过螺栓连接。每节料槽的标准长度为 1～3m。常用 3～6mm 的钢板制成。料槽上部用可拆盖板封闭，进料口设在盖板上，出料口则设在料槽的底部，有时沿长度方向开数个卸料口，以便在中间卸料。在进出料口处均配有闸门。料槽的上盖还设有观察孔，以观察物料的输送情况。料槽安装在用铸铁制成或用钢板焊接成的支架上，然后紧固在地面上。螺旋与料槽之间的间隙为 5～15mm。间隙太大会降低输送效率，太小则运行阻力增大，甚至扭坏或折断螺旋叶片及轴等机件。

12.2.1.3　轴承

螺旋通过头、尾端的轴承和中间轴承安装在料槽上。螺旋轴的头、尾端分别由止推轴承和径向轴承支承。止推轴承一般采用圆锥滚子轴承，如图 12-38 所示。止推轴承可承受螺旋轴输送物料时的轴向力。设于头节端可使螺旋轴仅受拉力，这种受力状态比较有利。止推轴承安装在头节料槽的端板上，它又是螺旋轴的支承架。尾节装置与头节装置的主要区别在于尾节料槽的端板上安装的是双列向心球面轴承或滑动轴承。如图 12-39 所示。

当螺旋输送机的长度超过 3～4m 时，除在槽端设置轴承外，还要安装中间轴承，以承受螺旋轴的一部分质量和运转时所产生的力。中间轴承上部悬挂在横向板条上，板条则固定在料槽的凸缘或加固角钢上，因此，称为悬挂轴承，又称吊轴承。悬挂轴承的种类很多。图 12-40 所示为 GX 型螺旋输送机的悬挂轴承。

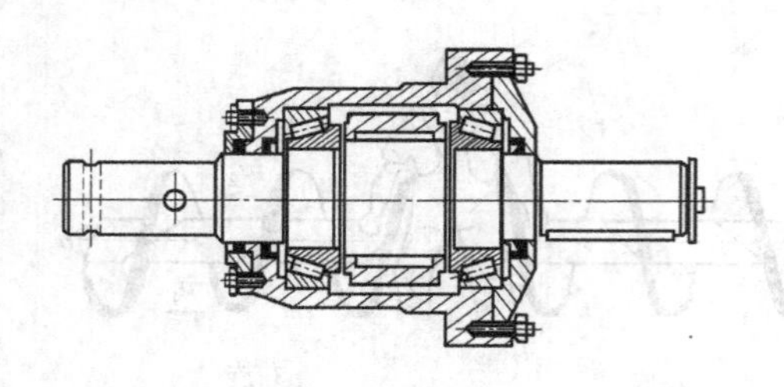

图 12-38 止推轴承结构

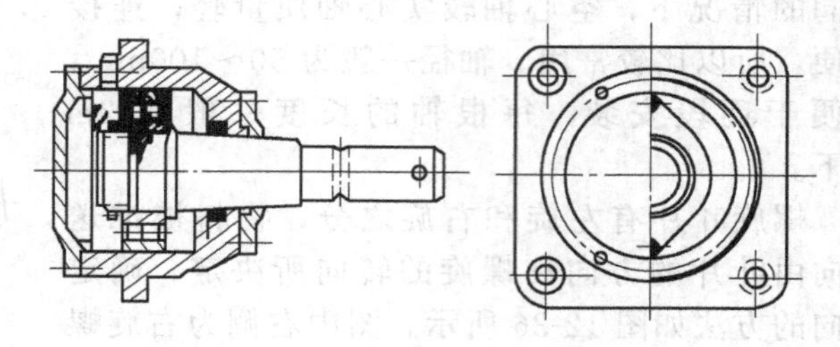

图 12-39 平轴承

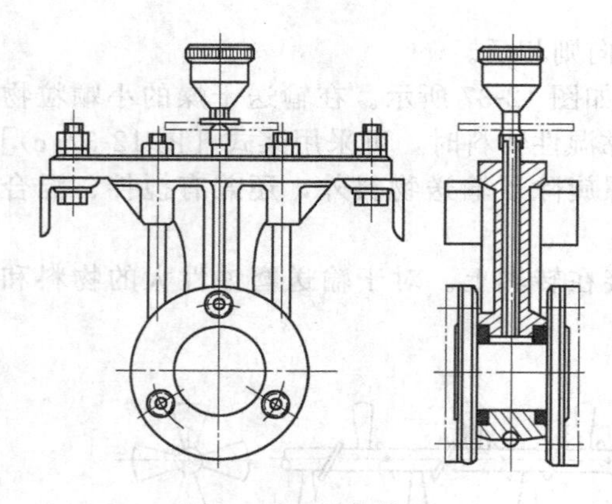

图 12-40 悬挂轴承

由于悬挂轴承处螺旋叶片中断，物料容易在此处堆积，因此悬挂轴承的尺寸应尽量紧凑，而且不能装得太密，一般每隔 2～3m 长安装一个悬挂轴承。一段螺旋的标准长度为 2～3m，欲将数段标准螺旋连接成要求的长度，各段之间的连接需靠连接轴装在悬挂轴承上。连接轴和轴瓦都是易磨损部件。轴瓦多用耐磨铸铁或巴氏合金制造。轴承上还设有密封和润滑装置。

12. 2. 1. 4 驱动装置

驱动装置有两种形式：一种是电动机、减速器，两者之间用弹性联轴器连接，而减速器与螺旋轴之间常用浮动联轴器连接，另一种是直接用减速电动机，而不用减速器。在布置螺旋输送机时，最好将驱动装置和出料口同时装在头节，以使螺旋轴受力较合理。

12. 2. 2 螺旋输送机的应用

12. 2. 2. 1 应用概述

我国目前采用的螺旋输送机有 GX 系列和 LS 系列。GX 系列螺旋直径从 150～600mm 共有七种规格，长度一般为 3～70m，每隔 0.5m 为一挡。螺旋轴的各段长度分别有 1500mm、2000mm、2500mm 和 3000mm 四种。设计时可根据物料的输送距离进行组合。驱动方式分单端驱动和双端驱动两种。传动装置可采用电动机、减速器组合，也可采用减速电动机。

LS 系列是近年设计并已投入使用的一种新型螺旋输送机，它采用国际标准设计，等效采用 ISO1050—75 标准。它与 GX 系列的主要区别如下。

① 头、尾部轴承移至壳体外。

② 中间吊轴承采用滚动、滑动可以互换的两种结构，滑动瓦的轴瓦材料有铸铜瓦、合金耐磨铸铁瓦、铜基石墨瓦等。设置的防尘密封材料采用尼龙和聚四氟乙烯树脂类，具有阻力小、密封好、耐磨性强的特点。

③ 出料端设有清扫装置。

④ 进、出料口布置灵活。

⑤ 整机噪声低、适应性强。

LS 系列螺旋输送机的规格有 LS100、LS125、LS160、LS200、LS250、LS315、LS400、LS500、LS630、LS800、LS1000、LS1250 共 12 种规格可供选用。

12. 2. 2. 2 应用特点

这两种类型的螺旋输送机的应用特点基本一致，大致可归纳如下几点。

① 由于机壳内物料的有效断面较小，所以不宜输送大块物料。可输送各种粉状、小颗粒状的物料。

② 不宜输送容易变质的、黏性大的、易结块的物料。这类物料在输送时会黏结在螺旋上，造成物料积塞而使输送机无法工作。

③ 由于功率消耗大，因此输送长度一般小于 70m。当输送距离大于 35m 时应采用双端驱动。

④ 可用于水平或倾斜输送，一般输送倾角要小于 20°，且只能单向输送。

⑤ 工作环境温度为－20～50℃；被输送物料的温度应小于 200℃。

12.2.2.3　各种制法说明

(1) 按输送机的驱动方式分

① C_1 制法　单端驱动，即在止推轴承上有一伸出的轴端，驱动装置与此相连。

② C_2 制法　双端驱动，即两端均有伸出的轴端，螺旋输送机可在两端同时被驱动。

(2) 按输送机螺旋形式分

① B_1 制法　螺旋为全叶式，其螺距等于 0.8 倍的螺旋直径。

② B_2 制法　螺旋叶片为带式，其螺距等于 1 倍的螺旋直径。

(3) 按中间悬挂轴承的材料分

① M_1 制法　中间悬挂轴承装置中，轴瓦的轴衬材料为巴氏合金（铜、锑、锡的合金）；LS 系列为滚动悬挂轴承。

② M_2 制法　中间悬挂轴承装置中，轴瓦的轴衬材料为耐磨铸铁。LS 系列为滑动悬挂轴承。

(4) 按驱动装置的装配方式分

① 右装　站在电动机尾部向前看，减速器低速轴在电动机右侧。

② 左装　站在电动机尾部向前看，减速器低速轴在电动机左侧。

螺旋输送机的规格用下列形式表示：

公称直径×公称长度-螺旋形式-驱动方式-轴衬材料。

螺旋公称直径为 600mm，公称长度为 22m，全叶式螺旋，单端驱动，巴氏合金轴衬的系列螺旋输送机。则可用下列代号表示：

$$GX600\times22\text{-}B_1\text{-}C_1\text{-}M_1$$

螺旋公称直径为 600mm，公称长度为 22m，全叶式螺旋，单端驱动，滑动悬挂轴承的，转速为 50r/min 的 LS 系列螺旋输送机。则可用下列代号表示：

$$LS600\times22\times50\text{-}M_2$$

12.2.3　螺旋输送机的选型计算

12.2.3.1　输送能力的计算

螺旋输送机输送能力与螺旋的直径、螺距、转速和物料的填充系数有关。具有全叶式螺旋面的螺旋输送机输送能力为

$$G=60\frac{\pi D^2}{4}Sn\varphi\gamma_v C \tag{12-45}$$

式中　G——螺旋输送机输送能力，t/h；

D——螺旋直径，m；

S——螺距，m，全叶式螺旋 $S=0.8D$，带式螺旋 $S=D$；

n——螺旋转速，r/min；

φ——物料填充系数，见表 12-26；

γ_v——物料容积密度，t/m³，见表 12-26；

C——倾斜系数，见表 12-27。

表 12-26 螺旋输送机内的物料参数

物料	煤粉	水泥	生料	碎石膏	石灰
容积密度 $\gamma_v/(t/m^3)$	0.6	1.25	1.1	1.3	0.9
填充系数 φ	0.4	0.25～0.3	0.25～0.3	0.25～0.3	0.35～0.4
物料特性系数 K_1	0.0415	0.0565	0.0565	0.0565	0.0415
物料特性系数 K_2	75	35	35	35	75
物料阻力系数 ζ	1.2	2.5	1.5	3.5	

注：容积密度 γ_v 仅供计算螺旋输送机输送能力时用。

表 12-27 螺旋输送机的倾斜系数

倾斜角	0°	≤5°	≤10°	≤15°	≤20°
倾斜系数 C	1.0	0.9	0.8	0.7	0.65

12.2.3.2 螺旋轴的极限转速

螺旋轴的转速随输送能力、螺旋直径及被输送物料的特性而不同。为保证在一定的输送能力下，物料不因受太大的切向力而被抛起，螺旋轴转速有一定的极限，一般可按经验公式计算

$$n = K_2 / \sqrt{D} \tag{12-46}$$

式中 n——螺旋轴的极限转速，r/min；

K_2——物料特性系数，见表 12-26。

根据式(12-46) 计算出的螺旋轴转速应圆整为下列标准转速之一：20r/min、30r/min、35r/min、45r/min、60r/min、75r/min、90r/min、120r/min、150r/min、190r/min。

12.2.3.3 螺旋直径的确定

如果已知输送量及物料特性，则螺旋直径可由式(12-45) 和式(12-46) 求得

$$D = K_1 \sqrt[2.5]{\frac{G}{\varphi\gamma_v C}} \tag{12-47}$$

式中 K_1——物料特性系数，见表 12-26，其他符号意义同前。

由上式求得的螺旋直径，尚应根据下式进行校核

对于已分选物料 $$D \geqslant (4\sim6) d_k \tag{12-48}$$

对于一般物料 $$D \geqslant (8\sim10) d_k \tag{12-49}$$

式中 d_k——被输送物料的最大尺寸。

如果根据输送物料的块度，需选择较大的螺旋直径，则在维持输送量不变的情况下，可以选择较低的螺旋轴转速，以延长其使用寿命。

按上述求得的螺旋直径应圆整为下列标准直径系列中的一种：150mm、200mm、250mm、300mm、400mm、500mm、600mm。

无论是螺旋直径，还是螺旋轴转速，在圆整为其相近的标准值之后，其填充系数可能不同于原来从表 12-26 中所取的 φ 值，所以应按下式再进行校验

$$\varphi = \frac{G}{47D^2 n\gamma_v SC} \tag{12-50}$$

假如计算的值仍在表 12-26 推荐的范围之内，则圆整得合适。圆整后计算的值允许低于表 12-26 所列的下限，但不得高于表列上限。

12.2.3.4 功率计算

螺旋输送机工作时所产生的阻力包括：

① 物料和料槽的摩擦阻力；

② 物料和螺旋的摩擦阻力；

③ 轴承的摩擦阻力；

④ 倾斜输送时，提升物料的阻力；

⑤ 中间轴承所产生的阻碍物料运动的阻力；

⑥ 物料的搅拌及部分被破碎所产生的阻力；

⑦ 安装、操作不当而产生的螺旋与槽壁之间的摩擦阻力。

在上述各项阻力中，除了输送和提升物料的阻力可以精确计算外，其他各项要逐项计算是困难的。因此在一般计算时就认为，螺旋输送机的动力消耗与输送量及机长成正比，而把所有的损失都归入一个总系数内，即阻力系数。显然，此阻力系数与物料特性的关系最大，其值可由实验方法加以确定。因此螺旋输送机的轴功率可按下式计算（参照图12-41）

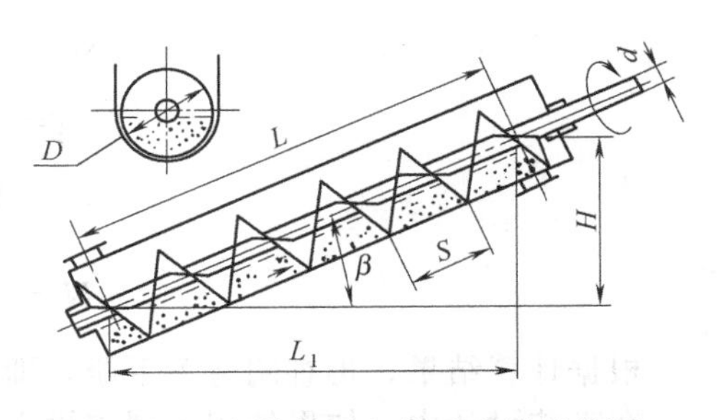

图12-41　螺旋输送机的功率计算简图

$$N_0=\frac{GL(\zeta\cos\beta\pm\sin\beta)K_3}{367} \tag{12-51}$$

即

$$N_0=K_3\frac{G}{367}(\zeta L_h\pm H) \tag{12-52}$$

式中　N_0——螺旋轴上所需功率，kW；

G——输送机的输送量，t/h；

K_3——功率储备系数，$K_3=1.2\sim1.4$；

ζ——物料的阻力系数，见表12-26；

L_h——螺旋输送机的水平投影长度，m；

H——螺旋输送机的垂直投影高度，m。

当向上输送时取“+”号，向下输送时取“－”号。所需的电动机功率为

$$N=N_0/\eta \tag{12-53}$$

式中　N——螺旋输送机所需的电动机功率，kW；

η——驱动装置传动效率，$\eta=0.94$。

12.2.4 螺旋输送机选型计算举例

【例12-2】　某水泥厂拟采用螺旋输送机输送生料，已知条件如下。

(1) 生料的容积密度为$\gamma_v=1.1\text{t/m}^3$，温度不超过100℃。

(2) 输送量=45t/h。

(3) 水平布置，输送距离为20m。

解： 查表12-26得$\varphi=0.25$，$K_1=0.565$，$K_2=35$；查表12-27得$C=1.0$

由式（12-47）得

$$D=K_1\sqrt[2.5]{\frac{G}{\varphi\gamma_v C}}=0.0565\sqrt[2.5]{\frac{45}{0.25\times1.1\times1.0}}=0.434$$

可选用螺旋输送机$D=0.4$m。

螺旋轴的极限转速，根据公式（12-46），得

$$n=\frac{K_2}{\sqrt{D}}=\frac{35}{\sqrt{0.4}}=55.34\ (\text{r/min})$$

按标准转速取$n=60$r/min。

根据式（12-50）校验填充系数值

$$\varphi=\frac{45}{47\times0.4^3\times60\times1.1\times0.8\times1.0}=0.283$$

填充系数值在推荐范围之内，因此确定$D=400$mm，$n=60$r/min。

根据式(12-52) 和式(12-53)，螺旋输送机所需功率为

$$N_0 = K_3 \frac{G}{367}(\zeta L_h \pm H)$$

$$\zeta = 1.5; K_3 = 1.2$$

$$N_0 = 1.2 \times \frac{45}{367} \times (1.5 \times 20) = 4.4\ (\text{kW})$$

$$N = \frac{4.4}{0.94} = 4.7\ (\text{kW})$$

根据计算结果，再查阅有关手册，即可得到选型结论。

在工艺设计中，如果使用了螺旋输送机，还应根据选型结果，填写设备订货要求单，其内容见表 12-28。

表 12-28　螺旋输送机订货要求单

名称规格								
订货代号								
布置简图								
主要技术参数	名称	数量	单位	部件清单	名称	图号	数量	附注
	螺旋直径		mm		驱动装置			
	输送量		t/h		进料装置			
	输送长度		m		出料装置			
	倾斜角度		(°)		联轴器			
	输送物料				联轴器外壳			
	螺旋轴转速		r/min		螺旋节 头节			
	驱动装置功率		kW		螺旋节 中间节			
	螺旋形式				螺旋节 尾节			
订货单号		编制	(签字)	校对	(签字)	编制日期		

12.3 斗式提升机

斗式提升机是一种应用极为广泛的粉体垂直输送设备，由于其结构简单、外形尺寸小、占地面积小、系统布置紧凑、密封性良好、提升高度大等特点，在现代工业的粉体垂直输送中得到普遍应用。

12.3.1 斗式提升机构造

图 12-42 是一种常见的斗式提升机，它由环形链条 10、连接在链条上的料斗 6、驱动链轮 2、张紧链轮 11 等主要部件组成。斗式提升机的所有运动部件一般都罩在机壳里。机壳上部与传动装置（电动机 1、减速器 4 及 V 带传动 3）及链轮 2 组成提升机的机头。机壳下部与张紧装置 8、链轮 11 组成提升机机座。机壳的中部由若干节连接而成。

为防止运行时由于偶然原因（如突然停电）产生链轮和料斗反向坠落，在传动装置上设有逆止联轴器。物料由进料口 9 喂入后，被连续向上的料斗舀取、提升，由机头出料口 5 卸出。

按照牵引构件的形式，斗式提升机可分为带式提升机和链式提升机。根据我国机械行业标准（JB/T 3926.1—1999）规定，带式提升机以胶带为牵引构件，代号为 TD，T 代表提升机，D 代表带式。TD 型斗式提升机备有四种料斗，即 Q 型（浅斗）、H 型（弧底斗）、Zd 型（中深斗）、Sd 型（深斗）。TD 型斗式提升机的规格性能见表 12-29。根据建材行业标准（JC/T 460.1—2006）规定，带式提升机的代号为 THD，其中 H 代表混合式卸料。THD 型斗式提升机的规格性能见表 12-30。带式提升机的优点是成本低，自重小，工作平稳无噪声，并可采用较高的运行速度，因此有较大的生产率。其主要缺点是：料斗在胶带上固定较弱，因此在输送难于舀取的物料时，不宜采用。

链式提升机是以链条为牵引构件。根据链条的结构又分为圆环链斗式提升机和板式套筒滚子链斗式提升机两种，根据我国机械行业标准（JB/T 3926.1—1999），其代号分别为 TH 和 TB，H 代表环链，B 代表板链。

圆环链斗式提升机采用混合式或重力式方式卸料，适用于输送堆积密度小于 1.5 t/m³ 的粉状、粒状、小块状的磨蚀性较小的物料，物料温度不超过 250℃。TH 型斗式提升机备有两种料斗，ZH 型（中深）和 SH 型（深）。TH 型斗式提升机的规格性能见表 12-31。根据建材行业标准（JC/T460.1—2006）规定，圆环链式提升机的代号为 TZH，其中 Z 代表重力式卸料。TZH 型斗式提升机的规格性能见表 12-32。

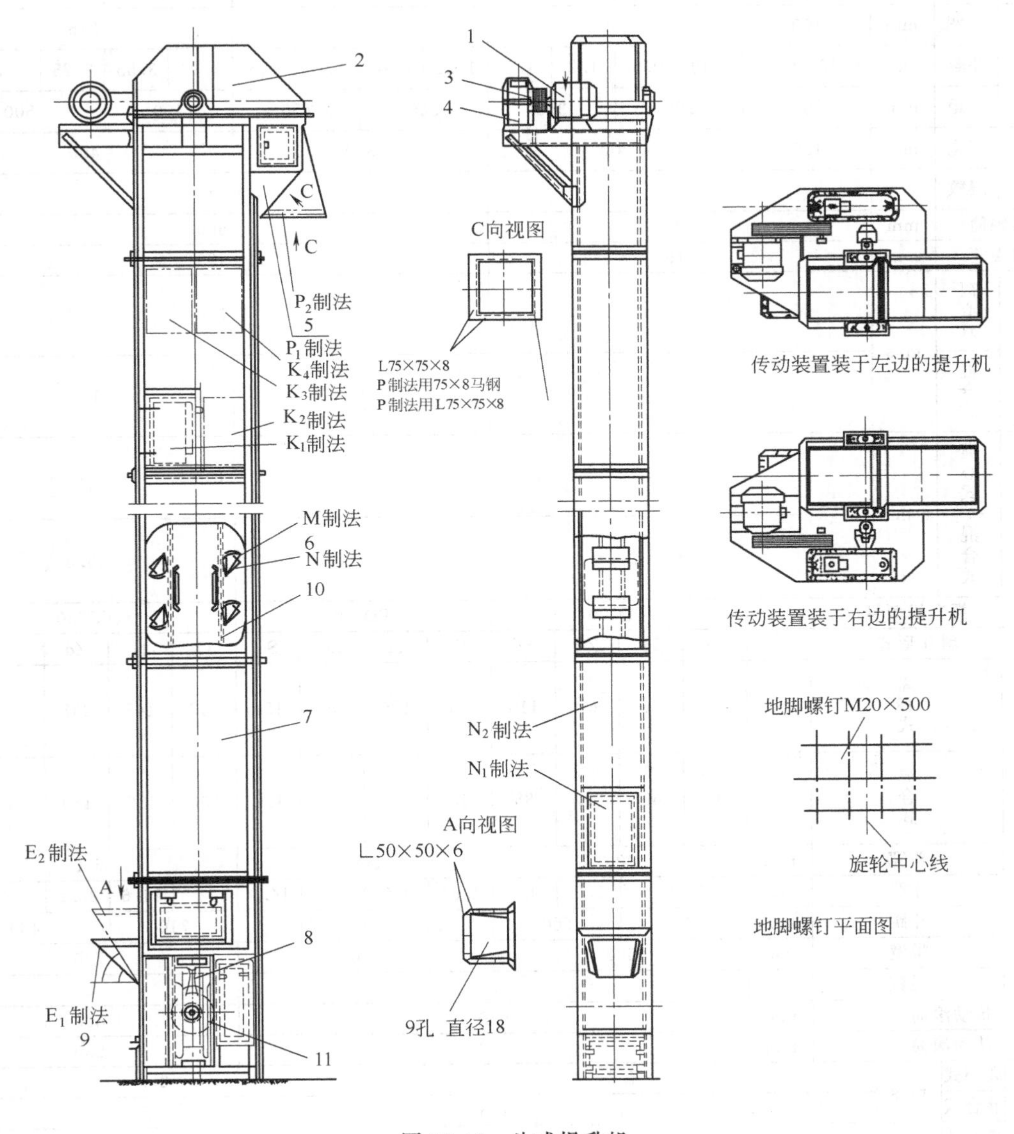

图 12-42　斗式提升机

1—电动机；2—驱动链轮；3—V 带传动（包括逆止联轴器）；4—减速器；
5—出料口；6—料斗；7—机壳；8—张紧装置；9—进料口；10—链条；11—张紧链轮

板式套筒滚子链斗式提升机采用重力式方式卸料，适用于输送堆积密度小于 2t/m³ 的中、大块状的磨蚀性物料；物料温度不超过 250℃。TB 型斗式提升机备有两种料斗，J 型（角形料斗）和 T 型（梯形料斗）。TB 型斗式提升机的规格性能见表 12-33。

表 12-29　TD 型斗式提升机的规格性能

提升机型号			TD100		TD160				TD250				TD315			
料斗形式			Q	H	Q	H	Zd	Sd	Q	H	Zd	Sd	Q	H	Zd	Sd
输送量	离心式	m³/h	4	7.6	9	16	16	27	20	36	38	59	28	50	42	67
	混合式		—	—	—	—	—	—	—	—	—	—	20	28	32	50
料斗	斗宽	mm	100		160				250				315			
	斗容	L	0.15	0.30	0.49	0.9	1.2	1.9	1.22	2.24	3.0	4.6	1.95	3.55	3.75	5.8
	斗距	mm	200		280		360		360		450		400		500	
输送带	带宽	mm	150		200				300				400			
	层数		3						4							
传动辊筒		mm	400						500							
从动辊筒		mm	315						400							
料斗运行速度	离心式	m/s	1.4						1.6							
	混合式		—						—				1.2			
主轴转速	离心式	r/min	67						61							
	混合式		—						—				45.8			

提升机型号			TD400				TD500				TD630			
料斗形式			Q	H	Zd	Sd	Q	H	Zd	Sd	Q	H	Zd	Sd
输送量	离心式	m³/h	40	76	68	110	63	116	96	154	142	148	238	40
	混合式		32	60	54	85	45	84	70	112	106	110	180	32
料斗	斗宽	mm	400				500				630			
	斗容	L	3.07	5.6	5.9	9.4	4.84	9.0	9.3	14.9	14	14.6	23.5	3.07
	斗距	mm	480		560		500		625		710		480	
输送带	带宽	mm	500				600				700			
	层数		5								6			
传动滚筒		mm	630								800			
从动滚筒		mm	500								630			
料斗运行速度	离心式	m/s	1.8								2.0			
	混合式		1.4				1.3				1.5			
主轴转速	离心式	r/min	54.6								48			
	混合式		42.5				40				36			

注：1. 斗容为计算斗容。见 JB/T 3926.3～3926.5，JB/T 3926.7。

2. 本表取自：JB/T 3926.1－1999

表 12-30　THD 型斗式提升机的规格性能

基本参数		单位	型号					
			THD160	THD200	THD250	THD315	THD400	THD500
提升量①		m³/h	37	43	78	100	158	220
料斗	斗宽	mm	160	200	250	315	400	500
	斗容	L	3	4	7	10	16	25
	斗距	mm	260	300	325	360	410	460
料斗速度		m/s	1.20		1.34		2.50	
胶带宽度		mm	200	250	300	350	450	550
头部滚筒直径		mm	500		630		710	800
最大提升高度②		m	120					
基本参数		单位	型号					
			THD630	THD800	THD1000	THD1250	THD1400	THD1600
提升量①		m³/h	340	499	788	1102	1234	1543
料斗	斗宽	mm	630	800	1000	1250	1400	1600
	斗容	L	39	65	102	158	177	252
	斗距	mm	520	580	650	720	720	820
料斗速度		m/s	1.68　1.65	1.86				
胶带宽度		mm	680	850	1050	1300	1450	1650
头部滚筒直径		mm	900　1000	1250				
最大提升高度②		m	120					

① 提升量按斗容 75%计算。

② 最大提升高度即头、尾滚筒轴中心距。

注：本表取自：JC/T 460.1—2006

表 12-31　TH 型斗式提升机的规格性能

提升机型号			TH315		TH400		TH500		TH630		TH800		TH1000	
料斗形式			Zh	Sh	Zh	Sh	Zh	Sh	Zh	Sh	Zh	Sh	Zh	Sh
输送量		m³/h	35	60	60	94	75	118	114	185	146	235	235	365
料斗	斗宽	mm	315		400		500		630		800		1000	
	斗容	L	3.75	6	5.9	9.5	9.3	15	14.6	23.6	23.3	37.5	37.6	58
	斗距	mm	512				688				920			
料斗	圆钢直径×节距	mm	18×64				22×86				26×			
	环数		7								9			
	条数		2											
	单条破断载荷	kN	≥320				≥480				≥570			
链轮节圆直径		mm	630		710		800		900		1000		1250	
料斗运行速度		m/s	1.4				1.5				1.6			
主轴转速		r/min	42.5		37.6		35.8		31.8		30.5		24.4	

注：1. 斗容为计算斗容（见 JB/T 3926.6，JB/T 3926.8）。

2. 本表取自 JB/T 3926.1—1999。

表 12-32　TZH 型斗式提升机的规格性能

基本参数		单位	型号					
			TZH160	TZH200	TZH250	TZH315	TZH400	TZH500
提升量①		m³/h	28	37	58	74	120	164
料斗	斗宽	mm	160	200	250	315	400	500
	斗容	L	3	4	7	10	16	25
	斗距	mm	270	270	336	378	420	480
料斗速度		m/s	0.93		1.04		1.17	
圆钢直径×节距		mm	13×15		16×56	18×63	20×70	22×80
链轮节圆直径		mm	500		630		710	800

续表

基本参数		单位	型号								
			TZH160	TZH200	TZH250	TZH315		TZH400		TZH500	
最大提升高度②		m	50	44	50			45			
基本参数		单位	型号								
			TZH630	TZH800	TZH1000	TZH1250		TZH1400		TZH1600	
提升量①		m³/h	254	365	535	829	711	925	790	1134	
料斗	斗宽	mm	630	800	1000	1250		1400		1600	
	斗容	L	39	65	102	158		177		252	
	斗距	mm	546	630	756	756		882	756	882	882
料斗速度		m/s	1.32	1.31	1.47						
圆钢直径×节距		mm	26×91	30×105	36×126			42×147	32×126	42×147	
链轮节圆直径		mm	900	1000				1250			
最大提升高度②		m	50		40	50		35		50	40

① 提升量按斗容75%计算。

② 最大提升高度即头、尾滚筒轴中心距。

注：本表取自JC/T 460.1—2006。

表12-33 TB型斗式提升机的规格性能

提升机型号			TB250	TB315	TB400	TB500	TB630	TB800	TB1000
料斗形式			J	T					
输送量		m³/h	16～25	32～46	50～75	84～120	135～190	216～310	340～480
料斗	斗宽	mm	250	315	400	500	630	800	1000
	斗容	L	3	6	12	25	50	100	200
	斗距	mm	200		250	320	400	500	630
链条	节距	mm	100		125	160	200	250	315
	条数		1		2				
	单条破断载荷	kN	112/160		160/224	224/315	315/450	450/630	630/900
链轮	齿数		12						
	节圆直径	mm	386.37		482.96	618.19	772.74	965.92	1217.06
料斗运行速度		m/s	0.5						
主轴转速		r/min	24.71		19.78	15.45	13.36	9.89	7.85

注：1. 表中输送量按填充系数 $\varphi=0.6\sim0.85$ 计算。

2 链条单条破断载荷，提升高度在20m以下用分子值，20～40m用分母值。

3. 本表取自：JB/T 3926.1—1999。

链式提升机的优点是不受物料种类的限制，而且提升高度大。其缺点是运转时，链节之间由于进入灰尘而磨损甚剧，影响使用寿命，增加检修次数。

12.3.1.1 牵引构件

带式提升机胶带与前述胶带输送机用的胶带是相同的。不过选择的带宽应比料斗宽度大30～40mm。胶带中帆布的层数按照胶带输送机的计算方法确定，但考虑到带上连接料斗时所穿的孔会降低胶带的强度，因此应将胶带输送机验算的安全系数增大10%左右。

链式提升机用的链条是锻造环链和板链。图12-43为环链结构；图12-44是极链结构

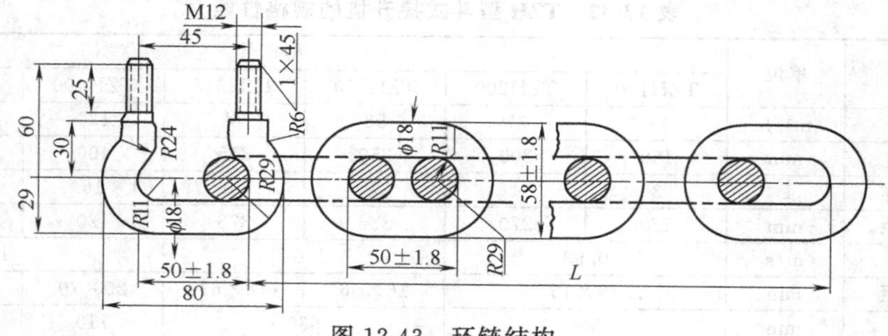

图12-43 环链结构

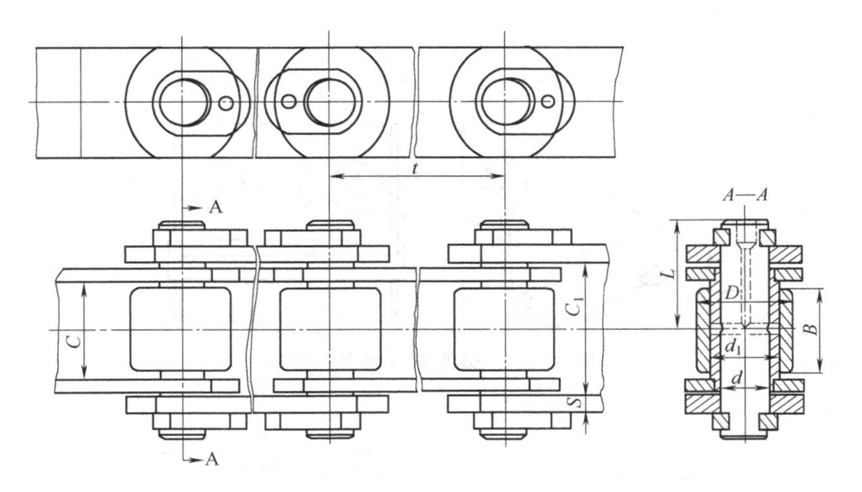

图 12-44　板链

12.3.1.2　料斗

料斗是斗式提升机的承载构件。根据物料特性以及装载、卸载的不同，各提升机的料斗各有不同。带式提升机的料斗有如下四种。

(1) Q 型（浅斗）　Q 型料斗的几何形状如图 12-45 所示。图中阴影为物料填充部分。

(2) H 型（弧底斗）　H 型料斗的几何形状如图 12-46 所示。

(3) Zd 型（中深斗）　Zd 型料斗的几何形状如图 12-47 所示。

(4) Sd 型（深斗）　Sd 型料斗的几何形状如图 12-48 所示。

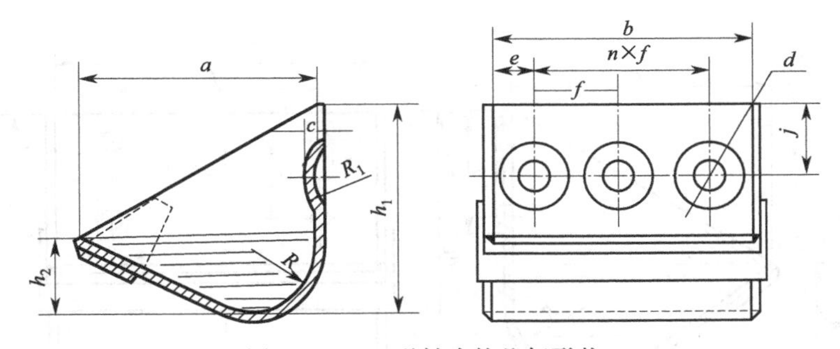

图 12-45　Q 型料斗的几何形状

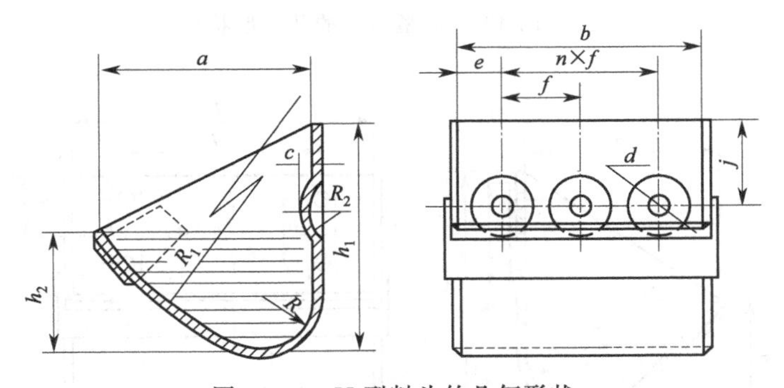

图 12-46　H 型料斗的几何形状

圆环链（TH 型）斗式提升机备有两种料斗，Zh 型（中深）和 Sh 型（深）。其几何形状分别如图 12-49 和图 12-50 所示。

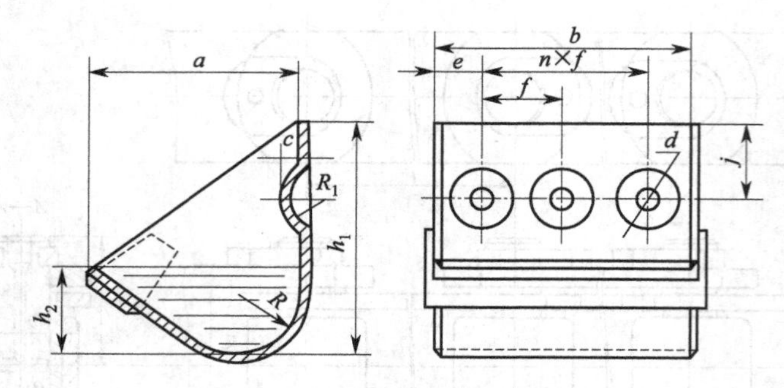

图 12-47 Zd 型料斗的几何形状

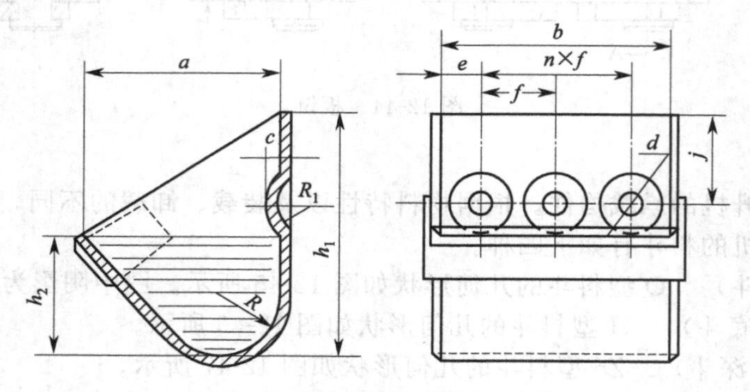

图 12-48 Sd 型料斗的几何形状

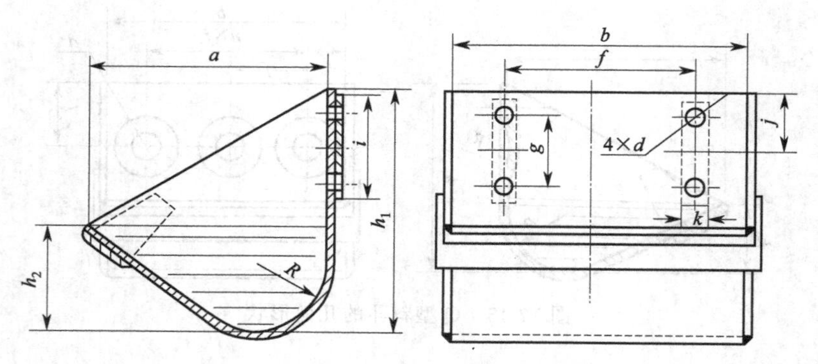

图 12-49 Zh 型料斗的几何形状

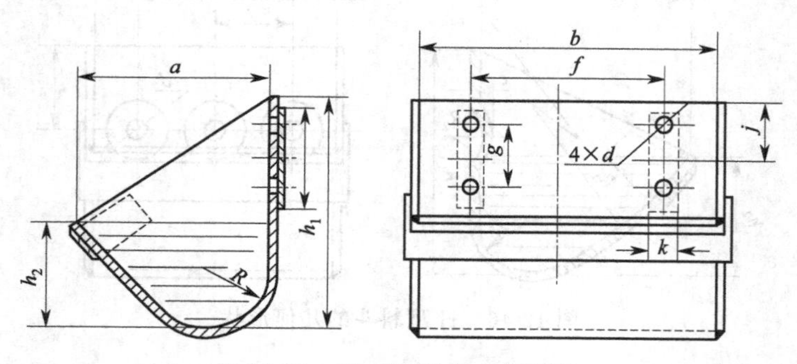

图 12-50 Sh 型料斗的几何形状

一般浅斗的边唇倾斜角度大，深度小，因此适应于输送潮湿、容易结块、难于投出的物料，如湿砂、黏土等。深斗的边唇倾斜角度小，深度大，因此适应于输送干燥、松散、易于投出的物料，如水泥、碎煤块、干砂、碎石等。

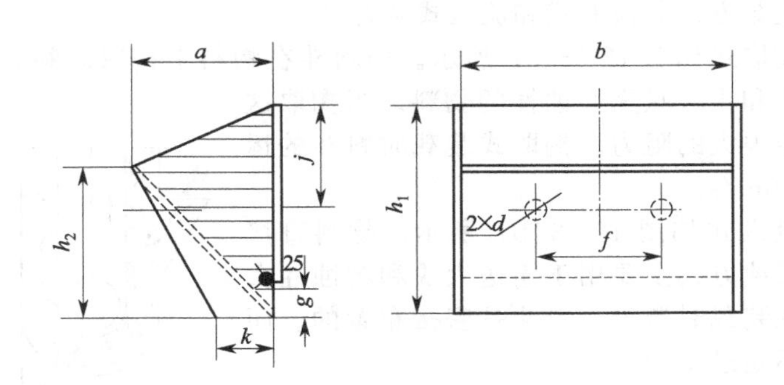

图 12-51 J 型料斗的几何形状

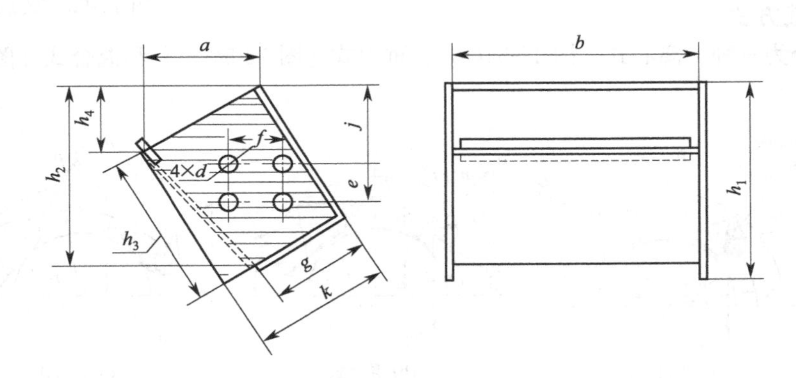

图 12-52 T 型料斗的几何形状

TB 型斗式提升机备有两种料斗，J 型（角形料斗）和 T 型（梯形料斗），其几何形状分别如图 12-51 和图 12-52 所示，这两种料斗均具有导向的侧边，在牵引构件上是连续布置的，因此卸料时物料沿着斗背溜下。这种料斗适用于输送较重的、半磨蚀性的大块物料，同时，适用于低速运行的提升机。

12.3.1.3 传动装置

环链斗式提升机的传动装置如图 12-42 所示，电动机通过 V 带传动减速器，带动驱动链轮回转。驱动链轮和环形链条之间通过摩擦传动，因此链轮只有槽而无齿。

板式斗式提升机的传动装置基本与环链式相同，其区别是用一对开式齿轮传动代替 V 带传动；驱动链轮与板链之间为齿轮啮合传动，因此链轮有齿。链轮的齿数通常为 6～20 个，取偶数。按机械行业标准（JB/T 3926.1—1999）规定，链轮的齿数为 12。

带式提升机的传动装置与环链式基本相同，只是用鼓轮代替了环链式的槽轮。传动装置中的逆止制动器通常采用逆止联轴器。

12.3.1.4 张紧装置

与胶带输送机的张紧装置基本相同。有弹簧式、螺旋式及重锤式三种。

12.3.1.5 机壳

提升机的机壳一般由厚 2～4mm 的钢板焊成，并以角钢为骨架制成一定高度的标准段节，选型时必须符合标准节的公称长度。同时，机壳必须密封以防止操作时扬尘。

12.3.2 斗式提升机的装载和卸载方式

12.3.2.1 装载方式

斗式提升机的装载方式分掏取式和流入式两种。

(1) 掏取式　掏取式如图 12-53(a) 所示。由料斗在物料中掏取装料。这种装载方式主要用于输送粉状、粒状和小块状无磨蚀性的物料。当掏取这些物料时，不会产生很大的阻力。掏取式装载时料斗的运行速度可为 0.8～2.0m/s。

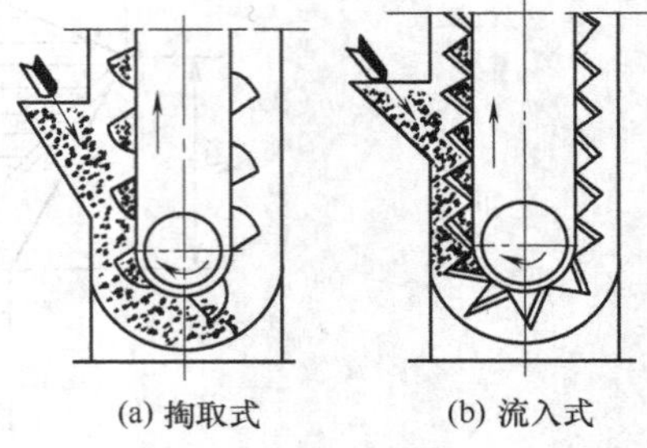

(a) 掏取式　(b) 流入式

图 12-53　装载方式

(2) 流入式　流入式如图 12-53(b) 所示。物料直接流入料斗内。这种装载方式主要用于输送大块和磨蚀性大的物料。为了防止在装载时撒落，料斗是密接布置的。而且料斗的运行速度不超过 1m/s。

实际应用中往往是两种方法兼有，仅以一种方法为主而已。

12.3.2.2 卸载方式

卸载方式分为三种：离心式［图 12-54(a)］、重力式［图 12-54(c)］和混合式［图 12-54(b)］。

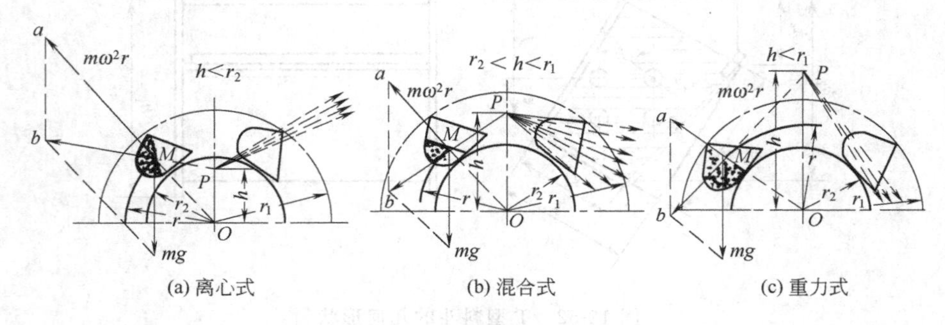

(a) 离心式　(b) 混合式　(c) 重力式

图 12-54　卸料方式

当料斗在直线段等速上升时，只受到重力的作用。当料斗绕驱动轮一起旋转时，料斗内物料除了受到重力 G 作用外，还受到惯性离心力 F_c 的作用。

$$G=mg \tag{12-54}$$

$$F_c=m\omega^2 r \tag{12-55}$$

式中　m——料斗内物料的质量，kg；

ω——料斗内物料重心的角速度，rad/s；

r——回转半径，m；

g——重力加速度，m/s²。

重力和惯性离心力的合力 N 的大小和方向随料斗的位置而改变，但其作用线与驱动轮中心垂直线始终交于同一点 P，P 点称为极点。极点到回转中心的距离 $OP=h$ 称为极距。连接 M 及 O 得到相似三角形△MPO 和△Mab。由相似关系得

$$\frac{h}{r}=\frac{G}{F_c}=\frac{mg}{m\omega^2 r} \tag{12-56}$$

以 $\omega=\pi n/30$ 代入得

$$h=\frac{g}{\omega}=\frac{30^2 g}{\pi^2 n^2}=\frac{895}{n^2} \tag{12-57}$$

式中，n 为驱动轮转速。由上式可知，极距 h 只与驱动轮的转速有关，而与料斗在驱动轮上的位置无关。随着转速 n 的增大，极距减小，惯性力增大；当转速 n 减小时，则极距增大，

惯性力减小。当驱动轮转速一定时，极距 h 为定值，极点也就固定了。

根据极点位置的不同，可得到不同的卸料方式。设驱动轮半径为 r_2，料斗外缘半径为 r_1。当 $h<r_2$ 时，极点 P 位于驱动轮的圆周内时，惯性离心力大于重力，料斗内的物料沿着斗的外壁曲线抛出，这种卸料方式称为离心式卸料。常采用胶带作为牵引构件，料斗运行速度一般为1～5m/s，适用于干燥和流动性好的粉体。为了使各个料斗抛出的物料不致互相干扰，各个料斗应保持一定的距离。

当 $h>r_1$ 时，极点 P 位于料斗外部边缘时，重力大于惯性离心力，料斗内的物料沿着斗的内壁曲线抛出，这种卸料方式称为重力式卸料。常采用链板作为牵引构件，料斗运行速度一般为0.4～0.8m/s，输送比较沉重、磨蚀性大及脆性的物料。

当极点位于两圆周之间时，料斗内的物料同时按重力式和离心式的混合方式进行卸料，也即从料斗的整个物料面倾卸出来。这种卸料方式称为混合式卸料。常采用链条作为牵引构件用于中速下输送潮湿的流动性较差的物料。

12.3.3 斗式提升机的应用

TD型带式斗式提升机，采用离心式或混合式方式卸料，适用于输送堆积密度小于1.5t/m^{3}的粉状、粒状、小块状的无磨蚀性、半磨蚀性物料；物料温度不超过60℃，采用耐热橡胶带时温度不超过200℃。水泥工业用胶带斗式提升机用于粒度小于25mm、温度低于120℃的物料。

TH型圆环链斗式提升机，采用混合式或重力式方式卸料，适用于输送堆积密度小于1.5t/m^{3}的粉状、粒状、小块状的无磨蚀性、半磨蚀性物料，物料温度不超过250℃。

TB型板式套筒滚子链斗式提升机，采用重力式HL型环链形斗式提升机。适用于输送磨蚀性较大的块状物料，被输送物料的温度不应超过250℃。

斗式提升机规格用料斗的宽度表示，其规格形式代号可表示为：

代号-料斗宽×提升高度-驱动装置安装形式。

其中料斗宽用毫米数表示，提升高度按建材工业标准（JC 459.1—2006）和（JC 460.1—2006）中规定用毫米表示。实际应用中也常用米。传动方式分左装和右装。其规定如下。

左装：正面对着进料口，驱动装置装于左边为左装。见图12-42。

右装：正面对着进料口，驱动装置装于右边为右装。见图12-42。

如料斗宽630mm、提升高度29436mm安装的传动装置为左装，重力式卸料的环链斗式提升机可表示为：TZH630×29436左。

12.3.4 斗式提升机的选型及使用注意事项

斗式提升机的选型一般是选择提升机的形式、型号规格、料斗形式和驱动功率。其选型步骤一般如下。

① 根据物料的湿度、黏度选择斗型。

② 根据物料的粒度、输送量确定提升机型号，因提升机的型号用料斗宽度表示，所以选择型号也就是确定料斗的宽度。

③ 根据工艺过程要求的物料提升高度，作出工艺布置图，确定提升机输送高度。

④ 按提升机的输送高度查有关手册或产品样本的成套表，查出适当的高度，确定各节的组合，并根据方便的位置确定监视门的位置。

⑤ 根据提升机的输送量、提升机轴距由专门的表查出输送功率。如图12-55为斗式提升机的传动装置功率图。也可用逐点计算法确定牵引力的张力，进而计算其功率。计算原理同胶带输送机功率的计算相同。

斗式提升机在使用过程中应注意下列事项：

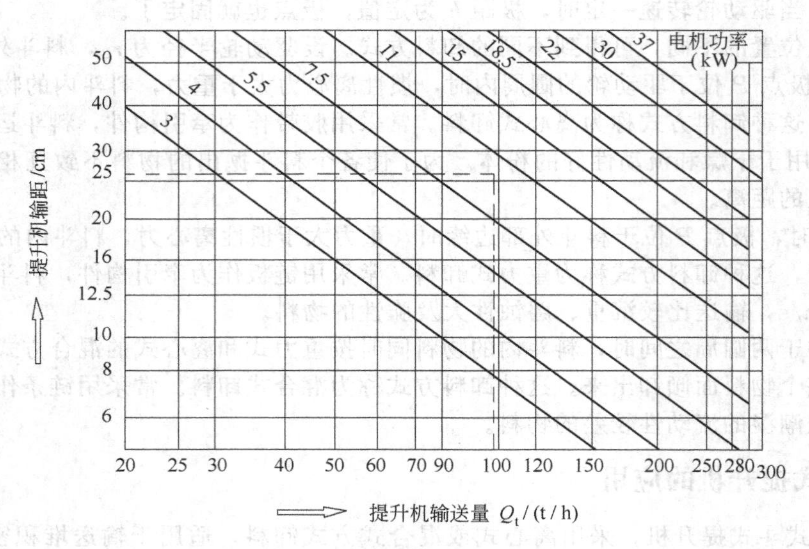

图 12-55 提升机输送功率图

① 斗式提升机在工作过程中应有固定人员看管。看管人员必须具有一般技术常识并熟悉本机性能。

② 斗式提升机的使用应严格遵守斗式提升机使用说明书的一切规定。

③ 应制订设备维护、检修安全操作规程，交看管人员遵守。

④ 应有固定的给料装置向机内均匀给料。不得给料过多而使下部区段被输送物料阻塞。

⑤ 在工作时，所有门必须完全关闭。在上、下部区段及经常打开的检视门处应安设适当的照明设备。工作过程中发生故障，必须立即停止运转，消除故障。

⑥ 操作人员应经常检查各部分的工作情况，经常观察料斗胶带的工作情况，损坏的料斗应拆除，但绝对禁止在运转时对本机的运动部分进行清扫和修理。

⑦ 斗式提升机必须在空载下启动，卸料完毕后停车。

⑧ 提升机除在使用过程中保持正常润滑及拆换损坏的零件外，检修时必须消除在使用中记载的缺陷，拆除损废零部件及更换润滑油。使用单位可根据提升机工作条件制定检修周期。

12.4 链板输送机

链板输送机也是一种应用较广泛的粉体连续输送设备。这类输送设备的主要特点是以链条作为牵引构件，另以板片作为承载构件，板片安装在链条上，借助链条的牵引，达到输送物料的目的。

根据输送物料种类和承载构件的不同，链板输送机主要有板式输送机，刮板输送机和埋刮板输送机三种。

12.4.1 板式输送机

板式输送机的构造如图 12-56 所示，它用两条平行的闭合链条作牵引构件，链条上连接有横向的板片 2 或 3，板片组成鳞片状的连续输送带，以便装载物料。牵引链紧套在驱动链轮 4 和改向链轮 5 上，用电动机经减速器、驱动链轮带动。在另一端链条绕过改向链轮。改向链轮装有拉紧装置。因为链轮传动速度不均匀，坠重式的拉紧装置容易引起摆动，所以，拉紧装置都采用螺旋式的。对重型板式输送机，牵引链大多数采用板片关节链。在关节销轴上装有滚轮

6，输送的物料以及输送的运动构件等重量都由滚轮支承，沿着机架 7 上的导向轨道滚动运行。

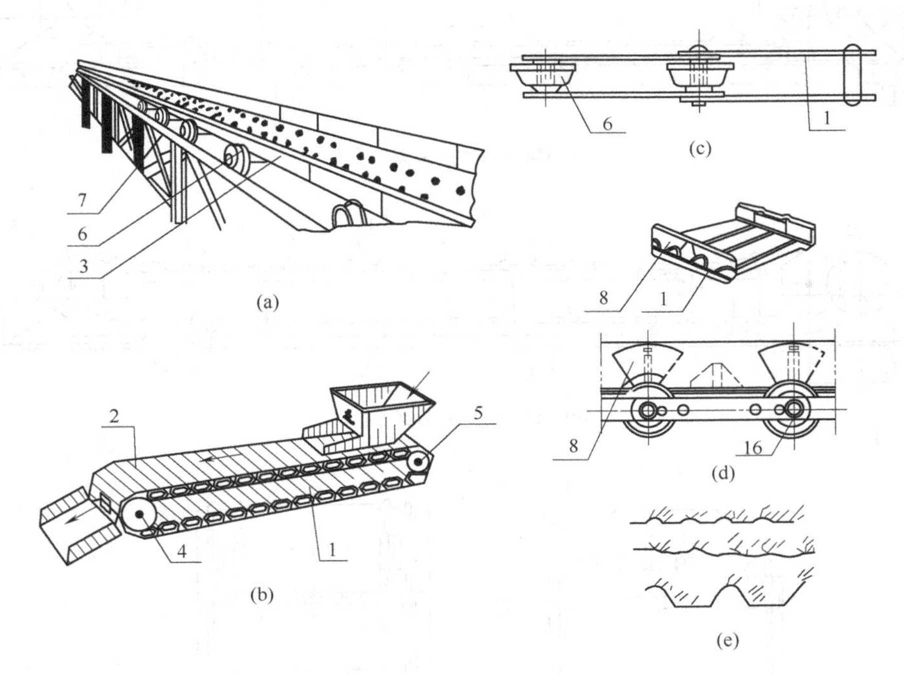

图 12-56　链板输送机

1—牵引链；2—平板；3—槽形板；4—驱动链轮；5—改向链轮；6—滚轮；7—机架；8—栏板

板式输送机有以下几种类型：板片上装有随同板片一起运行的活动栏板 8 的输送机 [图 12-56(d)]；在机架上装有固定栏板的输送机 [图 12-56(a)]；无栏板的输送机 [图 12-56(b)]；前两种多用来输送散状物料。板片的形状有平板片 [图 12-56(b)]、槽形板片 [图 12-56 (d)] 和波浪形板片 [图 12-56(e)]。为了提高输送机的生产能力，特别是在较大倾角时，波浪形板片具有明显的优越性。

输送散粒状物料时，板式输送机的输送能力为

$$Q=3600Fv\varphi\rho_s \tag{12-58}$$

式中 F——承载板上物料的横截面积，m^2；

v——板链的速度，m/s；

φ——填充系数；

ρ_s——物料的堆积密度，t/m^3。

对于有栏板的输送机，承载板上物料的横截面积取等于承载板料槽的截面积。考虑到物料有填充不够之处，在计算中引入填充系数修正。在计算承载板的宽度时，不仅考虑到输送能力，同时还要考虑到料块的大小。料块的尺寸不应大于板宽的三分之一。栏板的高度一般取0～180mm。

板式输送机的特点是：输送能力大；能水平输送物料，也能倾斜输送物料，一般允许最大输送倾角为 25°～30°，如果采用波浪形板片，倾角可达 35°或更大；由于它的牵引件和承载件强度高，输送距离可以较长，最大输送距离为 70m；特别适合输送沉重的、大块的、易磨性和炽热的物料，一般物料温度应小于 200℃。但其结构笨重，制造复杂，成本高，维护工作繁重，所以一般只在输送灼热、沉重的物料时才选用它。

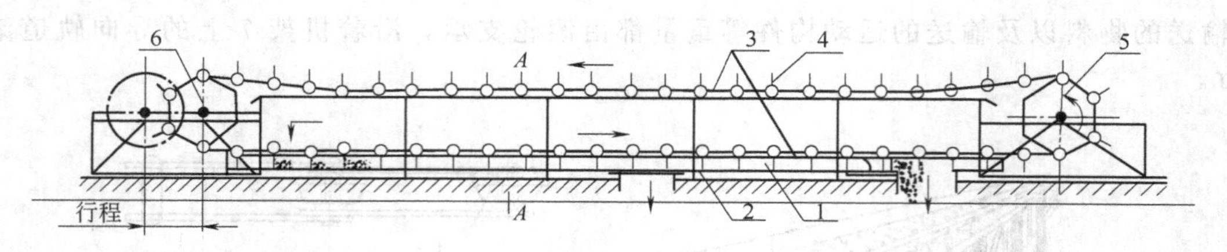

(a) 具有两个工作分支

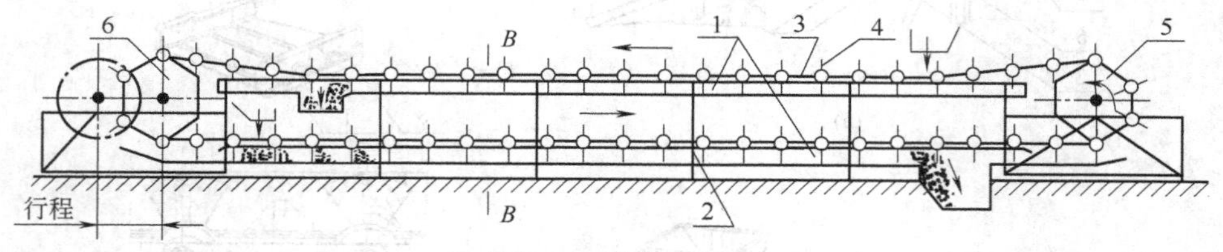

(b) 具有一个工作分支

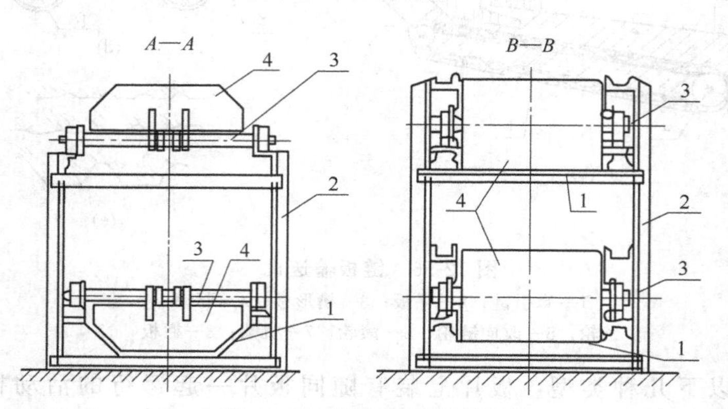

图 12-57 间歇式刮板输送机

1—料槽；2—机座；3—牵引链条；
4—刮板；5—驱动链轮；6—改向链轮

12.4.2 刮板输送机

刮板输送机是借助链条牵引刮板在料槽内的运动，来达到输送物料的目的。如图 12-57 所示，料槽 1 固定在机座 2 中，牵引链 3 上安装刮板 4，绕过两端的驱动链轮 5 和改向链轮 6，形成一条闭合的链条。链条的运动由驱动链轮带动，料槽中的物料就在链条的运动中，由链条上的刮板推动向前运动，从而达到输送物料的目的。改向链轮上也装有张紧装置，以使链条处于张紧状态，便于驱动轮的动力得以有效的传递。

链条带上的刮板高出物料，物料不连续地堆积在刮板的前面，物料的截面呈梯形，如图 12-58 所示。由于物料在料槽内是不连续的，故又称为间歇式刮板输送机。这种输送机利用相隔一定间距固装在牵引链条上的刮板，沿着料槽刮运物料。闭合的链条刮板分上、下两分支，可在上分支或下分支输送物料（图 12-57），也可在上、下两分支同时输送物料（图 12-57）。牵引链条最常用的是圆环链，可以采用一根链条与刮板中部连接，也可用两根链条与刮板两端相连。刮板的形状有梯形和矩形等，料槽断面与刮板相适应。物料有上面或侧面装载，由末端自由卸载。也可以通过槽底部的孔口进行中途卸载，卸载工作能同时在几处进行。

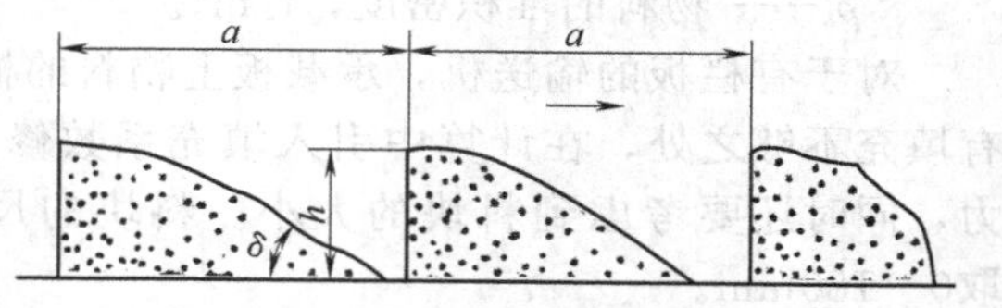

图 12-58 刮板前的物料堆积形状

这种输送机适合在水平或小倾角方向输送散、粒状物料，如碎石、煤和水泥熟料等，不适宜输送易碎的、有黏性的或会挤压成块的物料。该输送机的优点是结构简单，可在任意位置装载和卸载；缺点是：料槽和刮板磨损快，功率消耗大。因此。输送长度不宜超过 60m，输送能力不大于 200t/h，输送速度一般为 0.25～0.75m/s。

12.4.3 埋刮板输送机

埋刮板输送机是一种连续粉体输送设备。由于它在水平和垂直方向都能很好地输送粉体和散粒状物料，因此近年来在工业各部门得到较多的应用。

12.4.3.1 埋刮板输送机的工作原理

埋刮板输送机有两个部分的封闭料槽，一部分用于工作分支，另一部分用于回程分支，固定有刮板的无端链条分别绕在头部的驱动链轮和尾部的张紧链轮上，如图 12-59 所示。物料在输送时以充满料槽整个工作断面或大部分断面的连续流的形式运动。这种连续牵引物料的过程可分析如下。

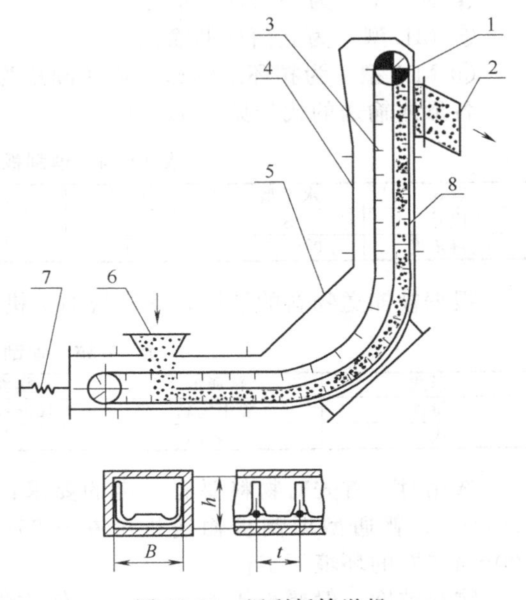

图 12-59　埋刮板输送机

1—头部；2—卸料口；3—刮板链条；4—中间机壳；5—弯道；6—加料段；7—尾部拉紧装置

水平输送时，埋刮板输送机槽道中的物料受到刮板在运动方向的压力及物料本身质量的作用，在散体内部产生了摩擦力，这种内摩擦力保证了散体层之间的稳定状态，并大于物料在槽道中滑动而产生的外摩擦阻力，使物料形成了连续整体的料流而被输送。

在垂直输送时，埋刮板输送机槽道中的物料受到板在运动方向的压力时，在散体中产生横向的侧压力，形成了物料的内摩擦力。同时由于板在水平段不断给料，下部物料相继对上部物料产生推移力。这种内摩擦力和推移力的作用大于物料在槽道中的滑动而产生的外摩擦力和物料本身的质量，使物料形成了连续整体的料流而被提升。

由于在输送物料过程中刮板始终被埋于物料之中，所以就称为埋刮板输送机。

12.4.3.2 埋刮板输送机的性能

埋刮板输送机主要用于输送粒状、小块状或粉状物料。对于块状物料一般要求最大粒度不大于 3.0mm；对于硬质物料要求最大粒度不大于 1.5mm；不适用于输送磨蚀性大、硬度大的块状物料；也不适用于输送黏性大的物料。对于流动性特强的物料，由于物料的内摩擦系数小，难于形成足够的内摩擦力来克服外部阻力和自重，因而输送困难。

埋刮板输送机的主要特点是：物料在机壳内封闭运输，扬尘少，布置灵活，可多点装料和卸料；设备结构简单，运行平稳，电耗低。水平运输长度可达 80～100m；垂直提升高度为20～30m。

通用型埋刮板输送机主要有以下六种，如图 12-60 所示。

① MS 型　为水平输送，最大倾角可达 25℃。

② MC 型　为垂直输送，最大倾角可达 90°，但进料端仍为水平段。

③ MZ 型　为“水平-垂直-水平”的混合型，形似 Z 字，所以有 Z 型埋刮板输送机之称，输送倾角为 60°～90°。

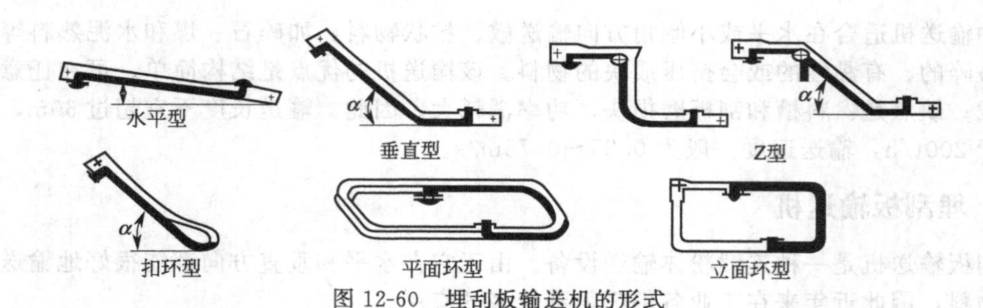

图 12-60 埋刮板输送机的形式

④ MP 型　为平面环形输送。

⑤ ML 型　为立面环形输送。

⑥ MK 型　为扣环形输送，输送倾角为 60°～90°。

各形式输送的代号见表 12-34。

表 12-34　埋刮板输送机的结构形式和代号

形式	水平型	垂直型	Z 型	平面环型	垂直环型	扣环型
代号	S	C	Z	P	L	K
倾斜角度	0°～25°	0°～90°	60°～90°	—	—	60°～90°

根据被输送物料的性质，埋刮板输送机有四种形式可供选择，其形式和代号见表 12-35。

表 12-35　埋刮板输送机物料特性代号

形式	普通型	热料型	耐磨型	气密型
特性	常用物料	100～450℃	磨蚀性物料	有毒性渗透性物料
代号	不表示	R	M	F

选用时，首先对物料要有一定的要求：物料密度 $\gamma=0.2\sim1.8\mathrm{t/m^3}$，其中 Z 型要求 $\gamma\leqslant1.0\mathrm{t/m^3}$；普通型埋刮板输送机可在 −25～80℃的环境下工作，热料型埋刮板输送机可在 100～450℃的环境下工作。

物料粒度一般要小于 3.0mm；其他物性如蚀含水率要低，在输送过程中物料不会黏结、不会压实变形；硬度和磨蚀性不宜过大。

12.4.3.3　埋刮板输送机的结构特征

(1) 链条　刮板链条有三种，其结构类型分别为模锻链（图 12-61）、套筒滚子链（图 12-62）和板链（图 12-63）。在选用时，应根据物料的性能如粒度、流动性等合理选用。

(2) 刮板　刮板的形式有七种，其结构分别为 T 型刮板（图 12-64）、V 型刮板（图 12-65）、U 型刮板（图 12-66）、B 型刮板（图 12-67）、O 型刮板（图 12-68）、L 型刮板（图 12-69）、H 型刮板（图 12-70）。各种结构的埋刮板输送机所使用的刮板形式见表 12-36。

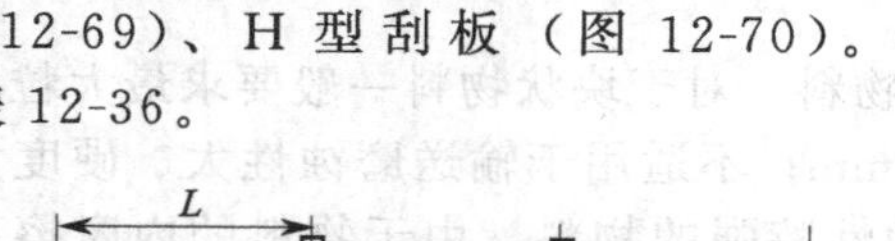

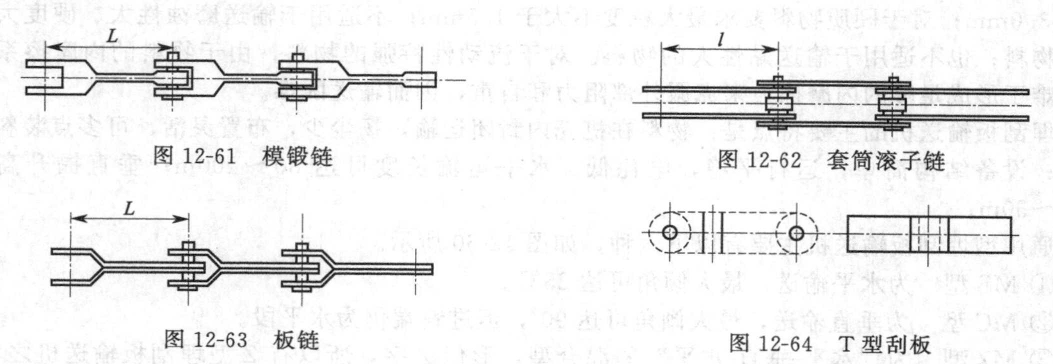

图 12-61　模锻链

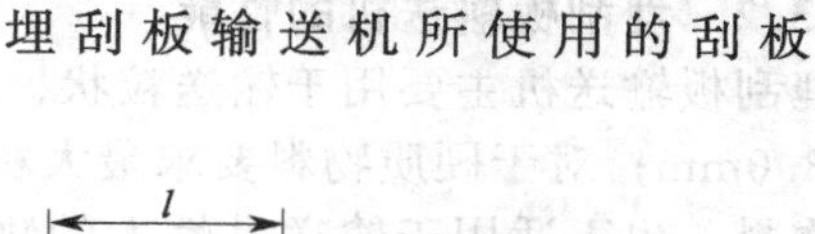

图 12-62　套筒滚子链

图 12-63　板链

图 12-64　T 型刮板

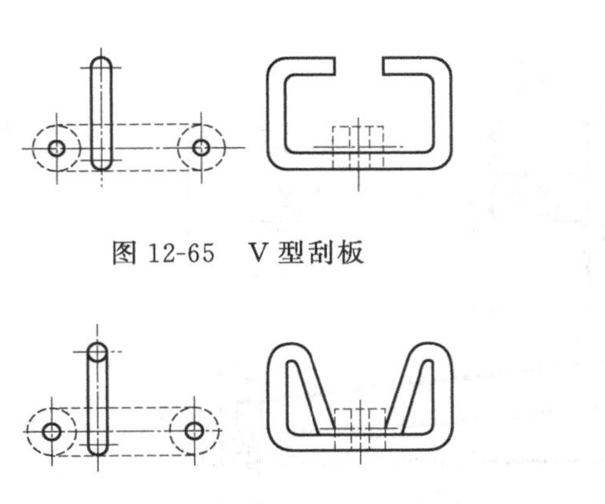

图 12-65　V 型刮板

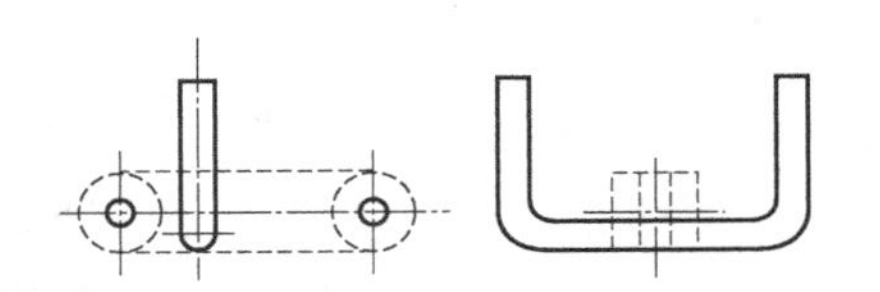

图 12-66　U 型刮板

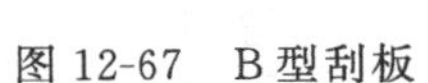

图 12-67　B 型刮板

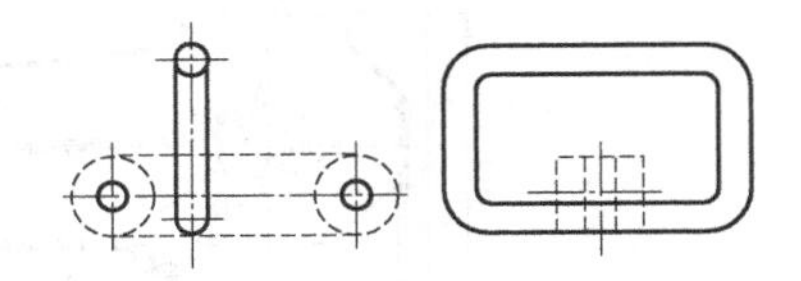

图 12-68　O 型刮板

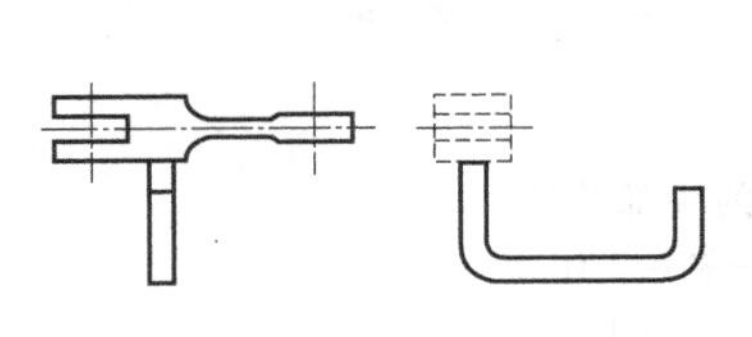

图 12-69　L 型刮板

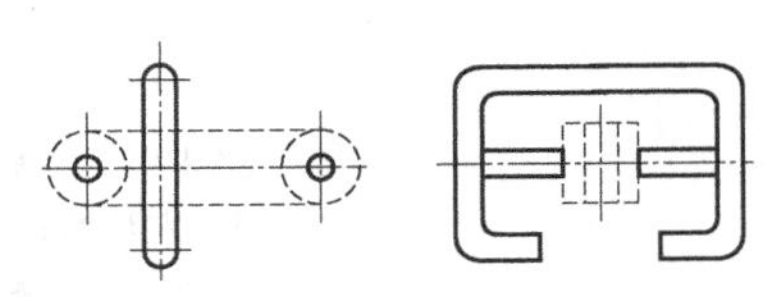

图 12-70　H 型刮板

表 12-36　埋刮板输送机所使用的刮板形式

结构形式代号		S	C	Z	P	L	K
刮板形式代号	T	O					
	V	O	O	O		O	O
	U	O	O	O		O	O
	B	O	O	O		O	O
	O		O			O	
	L				O		
	H		O				O

注：表中“O”表示可用。

（3）机壳　链条和刮板在由低碳钢制成的机壳中运行。机壳由水平段、垂直段、过渡段、弯曲段、头部和尾部机壳组成。机壳上配有进料口、卸料口、检视孔等。机壳的截面形状如图 12-71 所示，其中图 12-71(a) 为水平型中间段的截面，图 12-71(b) 为平面环型和立面环型中间段的截面，图 12-71(c) 为垂直型、扣环型和 Z 型中间段的截面。

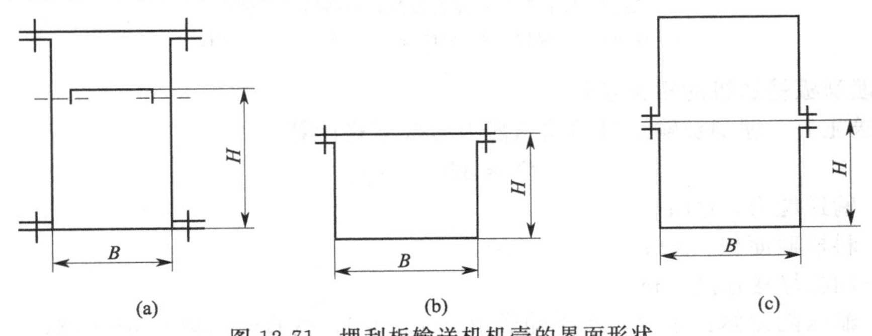

图 12-71　埋刮板输送机机壳的界面形状

（4）头部装置　埋刮板输送机的头部装置由驱动装置和驱动链轮组成。不同的结构形式，其头部装置也稍有不同。图 12-72 是水平型埋刮板输送机的头部装置。

（5）尾部装置　尾部装置主要由从动链轮及螺栓弹簧张紧装置等组成。不同的结构形式，其尾部装置也稍有不同。图 12-73 为水平型埋刮板输送机的尾部装置。

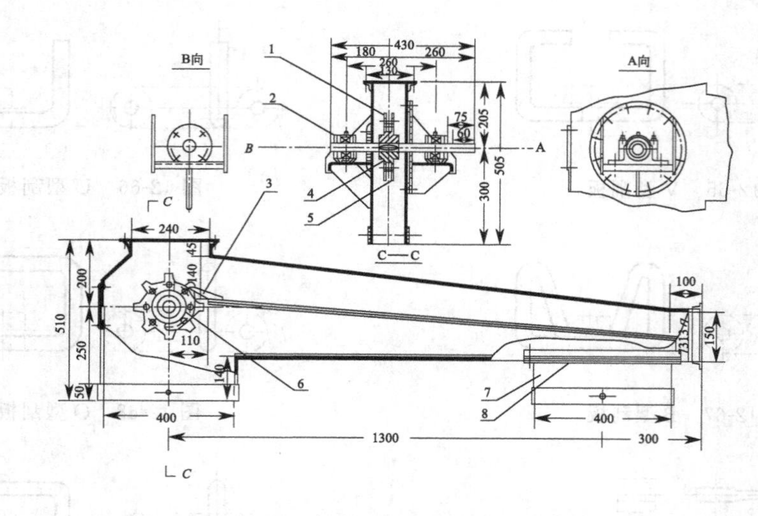

图 12-72 水平型埋刮板输送机的头部装置

1—左齿圈；2—轴承；3—刮刀；4—链轮主体；5—右齿圈；6—轴；7—卸料口；8—闸板

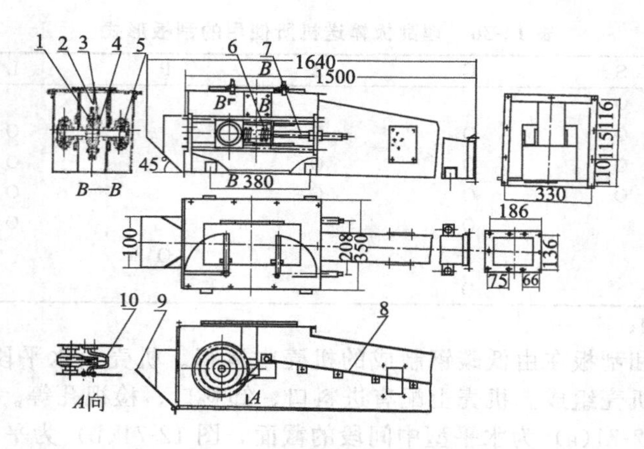

图 12-73 水平型埋刮板输送机的尾部装置

1—链轮主体；2，3—左右齿圈；4—轴；5—轴承；6—弹簧；7—螺栓；8—分隔板；9—滑板；10—刮板

12.4.3.4 埋刮板输送机的相关参数

（1）输送能力 埋刮板输送机的输送能力可按下式计算

$$Q = 3600 A v \varphi \rho_s \tag{12-59}$$

式中 Q——输送能力，t/h；

A——料槽截面积，m^2；

v——刮板输送速度，m/s；

φ——输送能力修正系数，水平输送取 0.7～0.9，垂直输送取 0.6～0.8；

ρ_s——物料堆积密度，t/m^3。

（2）刮板链条的速度 刮板链条的速度有：0.04m/s、0.063m/s、0.08m/s、0.10m/s、0.125m/s、0.16 m/s、0.20m/s、0.25m/s、0.315m/s、0.40m/s、0.50m/s、0.63m/s、0.80m/s 和 1.00m/s 可供选择。

（3）驱动功率 埋刮板输送机的驱动功率是根据被输送物料的性质、输送机的形式及布置方式来确定的。计算驱动功率时主要应考虑：物料在机壳内壁上滑动的摩擦阻力，返程刮板链条的滑动摩擦阻力，提升物料所需克服的重力；刮板链条在弯曲段上的摩擦阻力；在弯曲段上物料的内摩擦阻力等。一般情况下常按经验来确定。

12.4.3.5　埋刮板输送机的应用

埋刮板输送机的规格用槽体宽度表示，常见规格有 160mm、200mm、250mm、320mm、400mm、500mm、630mm、800mm、1000mm、1250mm 共十种规格可供选择。其型号表示以例说明，例如，MSR32，M 是埋刮板，S 是水平，R 是热料型，32 表示槽体宽度是 320mm。

埋刮板输送机可以输送粉状、小块状、片状和粒状的物料，如苏打粉、烟灰、大豆、谷物、水泥、煤、锯屑、砂子、盐、糖、硫酸铝等。埋刮板输送机由于全封闭输送，所以适应性比较广泛。其输送距离可以从几米至上百米，输送能力可达 1000t/h 左右。

12.4.4　FU 型链式输送机

FU 型链式输送机（简称“链运机”）是吸收日本和德国先进技术设计制造而成的一种用于水平（或倾角≤15°）输送粉状、粒状物料的粉体输送设备。FU 型链式输送机的外形如图 12-74 所示，内部结构如图 12-75 所示。在密封的机壳内装有一条配有附件装置的链条，该链条在传动装置的带动下在机壳内运动，加入机壳内的物料在链条的带动下，靠物料的内摩擦力与链条一起运动，从而实现输送物料的目的。该产品设计合理，结构新颖，使用寿命长，运转可靠性高，节能高效，密封、安全且维修方便。其使用性能明显优于螺旋输送机、埋刮板输送机及其他粉体输送设备，是一种较为理想的新型输送设备。广泛应用于建材、建筑、化工、火电、粮食加工、矿山、机械、冶炼、交通、港口和运输等行业。

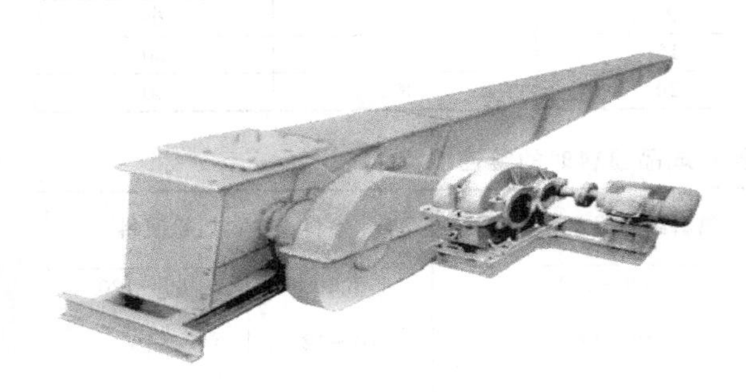

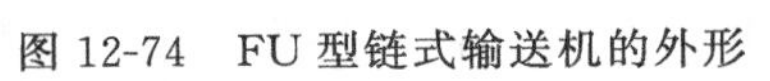

图 12-74　FU 型链式输送机的外形

图 12-75　FU 型链式输送机的内部结构

FU 型链式输送机的主要特点如下。

① 输送能力范围宽。目前已有产品输送能力在 6～500m^3/h 之间。

② 输送能耗低。与螺旋输送机相比节电 40%～60%。

③ 密封、安全。全密封的机壳，输送过程无扬尘，操作安全，运行可靠。

④ 使用寿命长。用合金钢材经先进的热处理工艺加工而成的输送链，正常寿命大于 5 年。

⑤ 工艺布置灵活。可多点进料或出料，可单向或双向输送，可水平或爬坡小于 15°倾斜布置。

⑥ 维修费用低。维修率极低，能确保主机的正常运行。

⑦ 可适用于水泥、生料、煤粉等粉状、小块状、易碎物料。

表 12-37 是目前已有产品的 FU 型链式输送机规格性能。由于该输送机是靠物料内摩擦力输送物料的，而物料的内摩擦力与物料的种类和物理性质有密切关系，因此在选型时应特别注意被输送物料的物理性质，如物料的流动性、温度、湿度、粒度组成等。表 12-37 中所列的输送能力是以输送水泥等为输送物料而标定的，在输送其他物料时，其实际输送量可参照

表 12-37中比推荐值小 0～20%范围内送取。如果要求精确知道其输送量，可向生产厂家提供被输送物料的种类及相关物理性质，由生产厂做出标定。由于不同的被输送物料具有不同的物理性质，其链条的输送线速度也不同。表 12-38 是根据物料的磨蚀性而推荐的链条线速度。表 12-39 是水泥行业应用该输送机时，根据被输送物料的温度而推荐的链条线速度。该输送设备对物料的水分含量也有一定要求。在选用时，可采用下列办法测定物料湿度是否适合于该输送机，一般可用手将物料抓捏成团，撒手后物料仍能松散，即表明可以采用该输送机。当被输送物料的湿度超过一定值时，是否可以采用该输送机应与生产厂家技术部门取得联系咨询。当用于其他行业输送磨蚀性小、温度小于 60℃的物料时，链速还可以加快，最快可达 40m/min。

表 12-37 FU 型链式输送机规格性能

规格	槽宽/mm	理想粒度/mm	10%最大粒度/mm	最大输送斜度	理想输送量/(m³/h) 链条线速/(m/min)				
					12	14	17	22	27
FU150	150	<4	<8	≤15°	10		16	20	
FU200	200	<5	<10	≤15°	18		28	38	
FU270	270	<7	<15	≤15°	33	41	50	68	82
FU350	350	<9	<18	≤15°		64	80	100	5
FU410	410	<12	<21	≤15°		90	120	138	175
FU500	500	<13	<25	≤15°			170	210	270
FU600	600	<15	<30	≤15°		184	224	276	340
FU700	700	<18	<32	≤15°		250	305	376	460

表 12-38 输送不同磨蚀性物料时的链速推荐

物料磨蚀性		特大	大	中	小
链速/(m/min)	推荐	10	15	20	30
	最大	15	20	30	40

表 12-39 输送水泥生熟原料和成品粉料时的链速推荐

物料	生料细粉、水泥成品	熟料细粉或水泥成品	生料或熟料粗粉回料	
料温/℃	<60	60～120	<60	60～120
最适链速/(m/min)	15～20	10～13.5	10～12	10
最大链速/(m/min)	25	15	13.5	12

12.5 气力输送设备

12.5.1 概述

所谓气力输送是借助空气或气体的流动来带动干燥的散状固体粒子或颗粒物料的流动，从而实现将物料从一个位置移送到另一位置的设备或装置。作为粉体输送的一种重要设备，其应用也非常广泛（表 12-40）。与机械输送相比，它具有以下优点：

① 直接输送散装物料，不需要包装，作业效率高；
② 设备简单，占地面积小，维修费用低；
③ 可实现自动化遥控，管理费用少；
④ 输送管路布置灵活，使工厂设备配置合理化；

⑤ 输送过程中物料不易受潮、污损或混入杂物，同时可减少扬尘，改善环境卫生；

⑥ 输送过程中能同时进行对物料的混合、分级、干燥、加热、冷却和分离过程；

⑦ 可方便地实现集中，分散、大高度（可达 80m）、长距离（可达 2000m），适应各种地形的输送。

气力输送的缺点如下

① 动力消耗大，短距离输送时尤其显著；

② 需配备压缩空气系统；

③ 不适宜输送黏着性强的和粒径大于 30mm 的物料。

气力输送设备与机械输送设备的比较见表 12-41。

表 12-40　气力输送装置在各行业的应用

序号	行业	被输送物料名称
1	矿山冶金行业	矿粉、矿井充填物、煤末矾土
2	机械行业	型砂、煤粉、黏土等
3	石油化工行业	化肥、合成树脂、聚氯乙烯、催化剂、炭黑、颜料、洗涤刑、二氧化钛等
4	建材行业	生料、水泥、煤粉、矿粉、粉煤灰等
5	食品行业	面粉、可可、咖啡、谷物、大豆、糖、调味品、茶等
6	电力行业	煤粉、煤灰等
7	农业	大米、小麦、大豆等谷物
8	木材造纸行业	木屑、木片、干纸浆、纸屑、粉状涂料等
9	制药行业	农药、药丸、药片等

表 12-41　气力输送设备与机械输送设备的比较

项目	气力输送	螺旋输送机	皮带输送机	链式输送机	斗式提升机
输送物飞散	无	有可能	有可能	有可能	有可能
混入异物、污损	无	无	有可能	无	无
输送物残留	无	有	无	有	有
输送路线	自由	直线	直线	直线	直线
分叉	自由	困难	困难	困难	不能
倾斜、垂直输送	自由	可能	斜度受限制	构造复杂	可能
输送断面	小	大	大	大	大
维修情况	容易	整机	比较少	整机	链条
输送物最大粒径/mm	30	50	无特殊限制	50	50
最大输送距离/m	2000	50	8000	150	120

12.5.2 气力输送系统的分类

气力输送装置按不同依据，其分类不同：按照其结构特点可分为槽式和管道式两类；按输送管道内流体的状态可分为负压系送式（图 12-76）、压送式（图 12-77）和混合式三类（图 12-78）；按照输送压力的大小分为低压输送和高压输送；按单位输送气体所携带的固体物料量分为浓相（或密相）气力输送和稀相气力输送。

吸送式的特点是：系统较简单，无粉尘飞扬，可同时多点取料，工作压力为负压，但输送距离较短，气固分离器密封要求严格。

压送式的特点是：工作压力大（0.1～0.7MPa），输送距离长，对分离器的密封要求稍低，但易混入油水等杂物，系统较复杂。

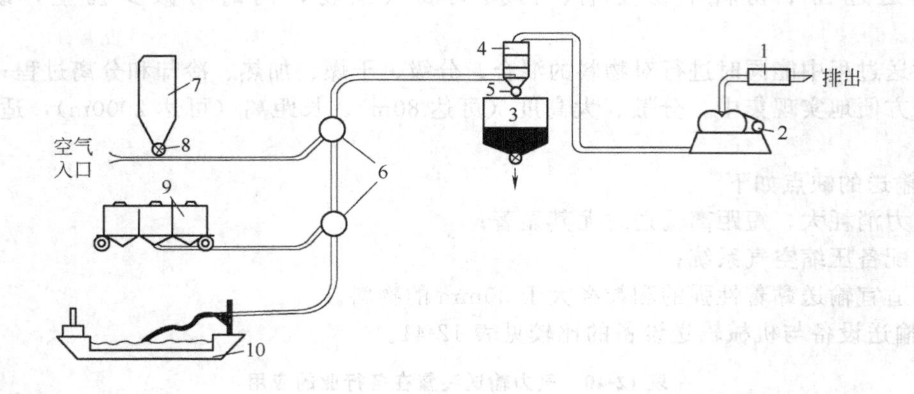

图 12-76 吸送式气力输送系统

1—消声器；2—引风机；3—料仓；4—除尘器；5—卸料闸阀；6—转向阀；7—加料仓；8—加料阀；9—铁路漏斗车；10—船舱

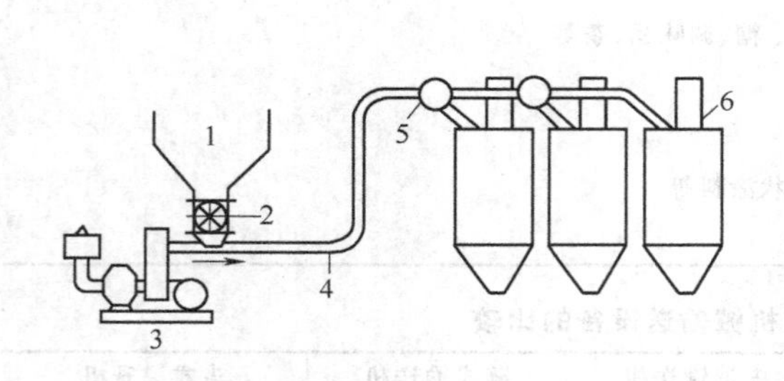

图 12-77 压送式气力输送系统

1—料仓；2—供料器；3—鼓风机；4—输送管；5—转向阀；6—除尘器

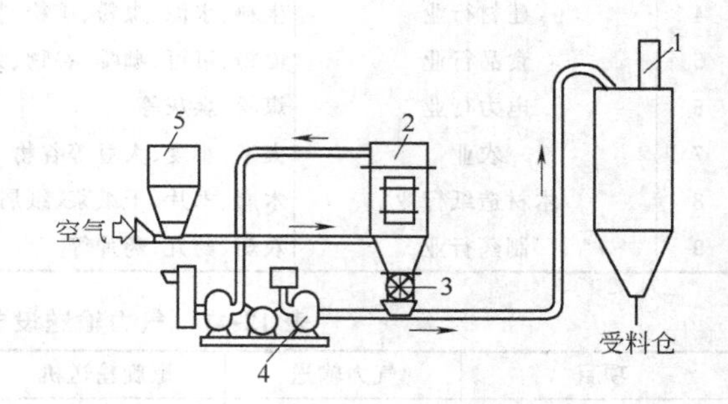

图 12-78 吸送、压送相结合的气力输送系统

1—除尘器；2—气固分离器；3—加料机；4—鼓风机；5-加料斗

压送式又分为低压输送和高压输送两种，前者工作压力一般小于 0.1MPa，供料设备有空气输送斜槽、气力提升泵及低压喷射泵等；后者工作压力为 0.1～0.7MPa，供料设备如仓式泵、螺旋泵及喷射泵等。管道式气力输送装置的工作参数及特点见表 12-42。

12.5.3 空气输送斜槽

(1) 构造及工作原理

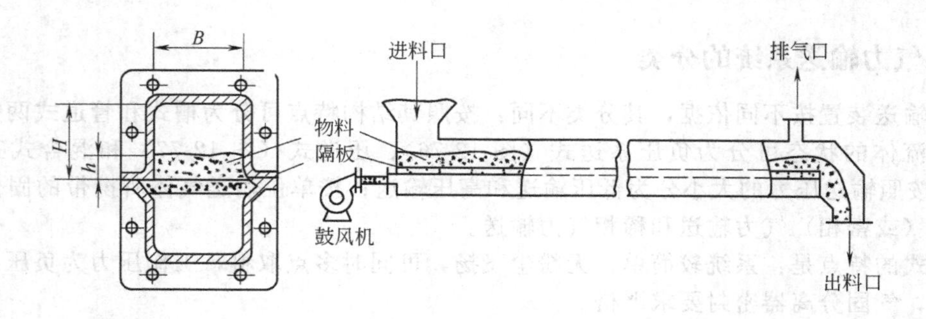

图 12-79 空气输送斜槽示意图

空气输送斜槽属于流化态输送设备。它由薄钢板制成的上下两个槽形壳体组成（见图 12-79），两壳体间夹有透气层，整个斜槽按一定的倾斜角布置。物料由加料设备加入上壳体，空气由鼓风机鼓入下壳体透过透气层使物料流态化。充气后的物料沿斜度向前流动达到输送的目的。

斜槽结构的关键部分是透气层，要求透气层材料孔隙均匀，透气率高，阻力小，强度高，并具有抗湿性，微孔堵塞后易于清洗、过滤。常用的透气层材料有陶瓷多孔板、水泥多孔板和纤维织物。陶瓷、水泥多孔板是较早使用的透气层，其优点是表面平整，耐热性好。缺点是较脆，耐冲击性差，机械强度低，易破损。另外，难以保证整体透气性一致。目前用的较多的是帆布（一般为 21 支纱白色帆布三层缝制）等软性透气层，其优点是：维护安装方便，耐用不碎，价格低廉，使用效果好。主要缺点是：耐热性较差。为保证帆布安装平整，可在其下面用钢丝网承托。

表 12-42　管道式气力输送装置的工作参数及特点

<table>
<tr><th colspan="2" rowspan="2">种类</th><th rowspan="2">进料装置</th><th colspan="3">输送性能</th><th rowspan="2">主要用途</th><th rowspan="2">工作特点</th></tr>
<tr><th>输送量/(t/h)</th><th>输送距离/m</th><th>压力/kPa</th></tr>
<tr><td rowspan="2">吸送式</td><td>低真空</td><td>管端吸引</td><td>—</td><td>50</td><td>−10</td><td>集尘、清扫、小容量、近距离</td><td rowspan="2">可从几处向一处集中输送;供料器构造简单、无灰尘飞扬;能从低深狭窄处输送;输送量或输送距离受限制</td></tr>
<tr><td>高真空</td><td>挡板阀吸嘴</td><td>50～200</td><td>50～100</td><td>−50</td><td>厂内、车间灰处理、吸引卸料</td></tr>
<tr><td rowspan="6">压送式</td><td rowspan="2">低压</td><td>回转供料器</td><td>20</td><td>100</td><td>50</td><td rowspan="2">工厂内,中小容量</td><td>在一般生产部门用途广泛;能从一处向几处分散输送</td></tr>
<tr><td>流态罐</td><td>40</td><td>60</td><td>50</td><td>适宜于粉末的高效、近距离输送</td></tr>
<tr><td rowspan="4">高压</td><td>螺旋泵</td><td>100</td><td>150</td><td>200</td><td>粉末、近距离</td><td>安装高度低;可以连续输送;螺旋磨损大,磨损后须更换</td></tr>
<tr><td>螺旋供料器</td><td>100</td><td>1000</td><td>400～700</td><td>粉末、中长距离</td><td>适宜于输送难以输送的物料;能定量输送</td></tr>
<tr><td>充气罐</td><td>200</td><td>1000</td><td>400～700</td><td>小于 1～2 的物料,中、大容量,长距离</td><td>能发挥长距离输送的优点;使用寿命长,能承受过载</td></tr>
<tr><td>流态化充气罐</td><td>100</td><td>100</td><td>400</td><td>粉末、近距离</td><td>能对粉末作高效输送;输送距离较短的地方能发挥其优点</td></tr>
<tr><td colspan="2">栓流</td><td>充气罐成栓装置</td><td>50</td><td>500</td><td>10～50</td><td>粒状、易碎性物料</td><td>动力省;管径细;卸料处不需要复杂的分离收尘装置;管道磨损小</td></tr>
</table>

壳体由标准槽（一般按 250 mm 的倍数选取，如支槽、弯槽等）组合而成，安装斜度为 4%～10%。

壳体通常为矩形断面，其各部分尺寸比例见图 12-79。$H/B\approx0.6\sim0.8$，大槽取小值，小槽取大值；$H/h\approx4$；底槽高度为 75～100mm。

为适应操作需要，在适当处设截气阀以便于分段使用，节省风量。在距入料口 2～3m 处及支槽、弯槽、出料口等处可设置观察窗。

槽体上方隔一定距离应设置气体过滤层以便排出余气，或用专用除尘器净化余气。

空气输送斜槽的规格用槽宽 B(mm) 表示。建材行业标准 JC/T 820 中规定的空气输送斜槽规格性能见表 12-43，如 XZ200，X 代表斜槽，Z 代表透气层为纤维织物，200 是槽体宽度为 200mm。

表 12-43 空气输送斜槽规格参数

规格				XZ200	XZ250	XZ315	XZ400	XZ500	XZ630	XZ800
槽体宽度			mm	200	250	315	400	500	630	800
输送能力	$\alpha=4°$	水泥	t/h	22	40	70	130	220	320	400
	$\alpha=4°$	生料	t/h	16	30	55	100	165	245	310
	$\alpha=6°$	水泥	t/h	40	65	120	250	400	610	765
	$\alpha=6°$	生料	t/h	30	55	90	185	300	455	565
	$\alpha=8°$	水泥	t/h	50	80	140	300	470	720	900
	$\alpha=8°$	生料	t/h	35	65	110	225	355	540	670
	$\alpha=10°$	水泥	t/h	60	100	170	380	570	900	1080
	$\alpha=10°$	生料	t/h	45	80	140	285	425	670	800
	$\alpha=12°$	水泥	t/h	70	120	205	455	685	1080	1295
	$\alpha=12°$	生料	t/h	50	95	165	340	510	805	960
槽体节长	标准节		mm	2000						
	非标准节		mm	250n						
需要风压			kPa	4～5.5						
需要风量			$m^3/(m^2\cdot min)$	1.5～2						
透气层	材质			合成纤维						
	厚度		mm	4～6						
	耐温		℃	150						
	径向断裂强度		N/cm	4700						
	阻力		Pa	800～1200[在 $2m^3/(m^2\cdot min)$条件下]						

注：其中 n 为整数，α 为斜槽的倾斜度。

(2) 应用与特性　空气输送斜槽可输送 3～6mm 以下的粉粒状物料，输送量可达 $2000m^3/h$。由于高差关系，输送距离一般不超过 100m。

斜槽的优点是：设备本身无运动部件，故磨损少，耐用，设备简单，易维护检修；投资较少，运转中无噪声，动力消耗低，操作安全可靠；易于改变输送方向，适用于多点给料和多点卸料。缺点是：对输送的物料有一定要求，适用于小颗粒或粉状非黏结性物料，若物料中粗颗粒较多时，输送过程中会逐渐累积在槽中，累积量达一定程度时，需进行人工排渣后才能继续运行；须保证具有准确的向下倾斜度布置，因而距离较长时落差较大，导致土建困难。

(3) 主要参数的选择与计算

① 斜度　斜度用斜槽纵向中心线与水平面的夹角或其正切表示，一般用百分数表示。斜度是槽内物料流动的必要条件之一，它决定于物料的性能、建筑设计及设备选型经济性：斜度小有利于工艺和建筑设计，斜度大有利于节省动力与设备投资。斜度的确定应考虑下述方面：物料的流态化特征、透气层的透气性、物料的流量等。实验表明，对于能自由流动的物料，斜度 4%即足够，输送一般的粉粒状物料时，斜度可稍大些。

② 槽体宽度　槽体宽度是决定斜槽输送能力的主要参数之一。对于给定流量的斜槽，其宽度可用下式计算。

$$B=\sqrt{\frac{R_c q}{R_a \rho_B V}}\ \ (m) \tag{12-60}$$

式中 q——物料的流量，kg/s；

ρ_B——物料的容积密度，kg/m^3；

R_c——未流态化的物料容积密度与流态化时物料的容积密度之比；

R_a——流动物料床的高度与斜槽宽度之比；

V——物料的平均输送速度，m/s。

③ 输送能力　输送能力可按下式计算

$$Q=3600KAw\rho_B\ \ (t/h) \tag{12-61}$$

式中 K——物料流动阻力系数，$K\approx0.9$；

A——槽内物料的横截面积，m^2；

w——槽内物料流动速度，当斜度为4%、5%、6%时，相应的输送速度大致为1.0m/s、1.25m/s、1.50m/s。

④ 空气阻力　斜槽的空气阻力可按下式计算

$$\Delta P=\Delta P_1+\Delta P_2+\Delta P_3\ (\text{Pa})$$

$$\Delta P_1=400\times\frac{(1-\varepsilon)^2}{\phi_c^2\varepsilon^3}\times\frac{L\mu u}{D_p^2}\ (\text{Pa}) \tag{12-62}$$

式中　ΔP_1——透气层阻力，一般取帆布层为1000 Pa；多孔板为2000 Pa。

ΔP_2——物料层阻力；

ΔP_3——送气管网及底槽的阻力。

斜槽的空气阻力一般为3500～6000 Pa。工作压力与输送距离的关系见表12-44。

表12-44　工作压力与输送距离的关系

输送距离/m	空气压力/MPa	输送距离/m	空气压力/MPa
100	0.25	300～700	0.40
100～200	0.30	700～800	0.45
200～300	0.35		

⑤ 空气消耗量　空气消耗量可按下式计算

$$Q=60qBL\ (\text{m}^3/\text{h}) \tag{12-63}$$

式中　q——单位面积耗气量，多孔板时$q=1.5\ \text{m}^3/(\text{m}^2\cdot\text{min})$；三层帆布时$q=2\text{m}^3/(\text{m}^2\cdot\text{min})$；

B——斜槽宽度，m；

L——斜槽长度，m。

12.5.4 螺旋式气力输送泵

（1）结构及工作原理　螺旋输送泵的构造如图12-80所示。五轴3水平安装，轴上焊有螺旋叶片8，叶片上的螺距向出料端逐渐缩小。在螺旋出料端圆形孔口有闸板12封闭，闸板通过铰链悬在轴11上的重锤杠杆14紧压在卸料口10上。

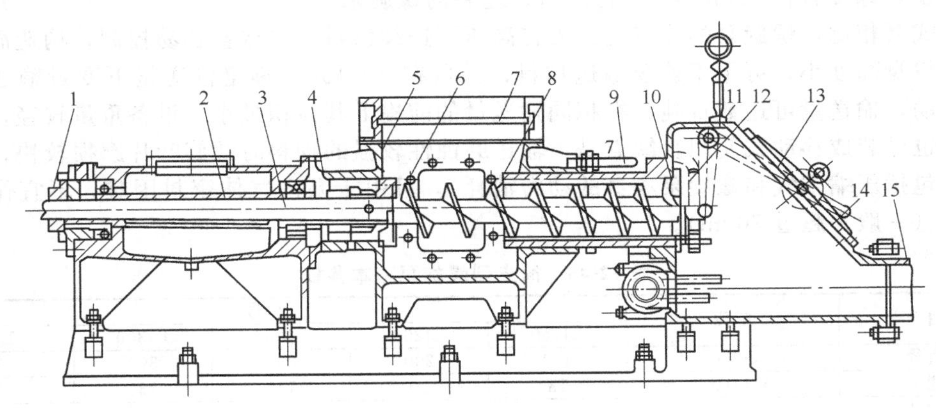

图12-80　螺旋式气力输送泵

1—轴承；2—衬套；3—主轴；4—防灰盘；5—加料管口；6—密封填料函；7—喂料平闸板；8—螺旋叶片；9—料塞调节杆；10—卸料口；11—重锤闸板轴；12—重锤闸板；13—检修孔盖；14—重锤杠杆；15—泵出口

前部扩大的壳体称为混合室，其下部沿全宽配置上下两行圆柱形喷嘴，由管道引入的压缩空气经喷嘴进入混合室与粉料充分混合气化。

加料接管5用于支承料斗，为了调节装料量，装有喂料平闸板7，螺旋用电动机直接启动，转速约为 1000r/min。

粉料由管口 5 加入后，随着螺旋的转动向前推进，至卸料口 10 时闸板在物料的顶压下开启。物料进入混合室被压缩空气流带动并与之混合气化，最后送至泵出口 15 由管道输送至卸料处。

螺旋制成变螺距的目的是使物料在推进过程中趋于密实，形成灰封以阻止混合室的压缩空气倒吹入螺旋泵内腔和料斗内。

重锤闸板 12 的自动封闭作用也是为了避免进料中断时，压缩空气从混合室进入螺旋泵的内腔。

螺旋式气力输送泵，工程上一般称为螺旋泵，有悬臂型和支臂型两种类型，每种类型又分为单管和双管螺旋泵两种。支臂型与悬臂型螺旋气力输送泵的主要区别是螺旋轴采用了两端支承，消除了螺旋在出料端的摆动现象，减少了套筒和螺旋的磨损，并取消了出料口阀门。为了防止物料进入轴承内，向轴承内通入压缩空气，形成气封。表 12-45 和表 12-46 是建材行业标准 JC/T 462—2006 中规定的螺旋泵型号规格及技术参数。其型号表示方法规定如图 12-81 所示。

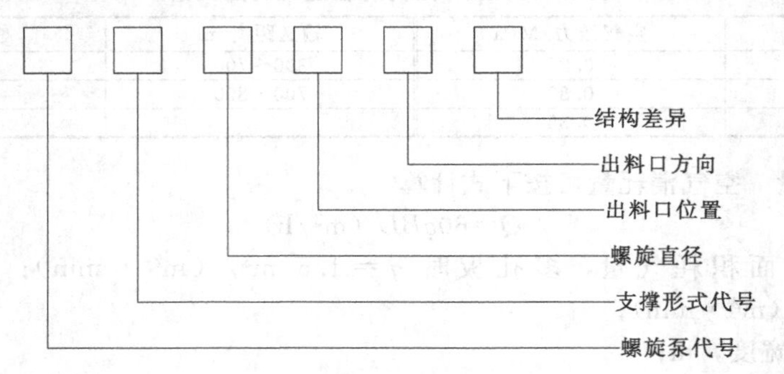

图 12-81 螺旋泵型号表示方法

其中螺旋泵代号用 L 表示，即汉语拼音的第一个字母；支撑形式为简支型用 J 表示，悬臂型不作标记；螺旋直径单位为 mm；出料口位置垂直用 C 表示，平行用 P 表示；出料口方向分左装和右装，即从驱动端看，出料口在右边为右装，否则为左装，右装的不表示，左装用 Z 表示；例如 LJ300-C，表示简支型，螺旋直径 300mm、垂直出料、右装的螺旋泵；L150-PZ，表示悬臂型，螺旋直径 150mm，平行出料、左装的螺旋泵。

与仓式泵相比，螺旋泵的优点是：可在高压下连续供料；输送量容易控制，构造简单，结构紧凑，机身高度小。可用于连续输送物料，并可在 0～100％额定输送量下变量输送，输送过程无脉动，输送量可达数百吨，在相同输送量的前提下其体积最小，设备重量较轻，占据空间较小，也可装成移动式使用。缺点是：输送磨蚀性较强的物料时螺旋叶片磨损较快，动力消耗较大（包括压缩空气和螺旋泵本身的动力消耗），且由于泵内气体密封困难，不宜作高压长距离输送（一般不超过 700m）。

表 12-45 简支型螺旋泵基本参数

项目	单位	型号				
		LJ150	LJ200	LJ250	LJ300	LJ350
螺旋直径	mm	150	200	250	300	350
输送能力	m^3/min	13	50	110	235	380
螺旋转速	r/min	100				
工作压力	MPa	≤0.21				

表 12-46 悬臂型螺旋泵基本参数

项目	单位	型号				
		L100	L125	L150	L180	L200
螺旋直径	mm	100	125	150	180	200
输送能力	m^3/min	4.5	6	12.5	28	35
螺旋转速	r/min	1000				
工作压力	MPa	≤0.21				

(2) 主要参数

① 螺旋泵的输送能力可按下式计算

$$Q=\frac{\pi}{4}\times 60K(D^2-d^2)(s-\delta)n\rho_B\ (t/h) \tag{12-64}$$

式中　K——系数，$K=0.35\sim0.40$；

D——螺旋叶片直径，m；

d——螺旋轴杆直径，m；

s——螺旋出口端螺距，m；

δ——螺旋叶片厚度，m；

n——螺旋转速，r/min；

ρ_B——物料容积密度，t/m^3。

② 压缩空气消耗量　空气用量应能保证空气在管道内的流速大于物料中最大颗粒的悬浮速度，使所有物料都能被气流带走。压缩空气消耗量与输送距离有关，其近似关系见图12-82。

③ 压缩空气压力　螺旋泵所需的空气压力用于克服输送管道中的流动摩擦阻力、局部阻力和推动物料的阻力。空气压力主要取决于输送距离，其关系见表 12-44。

④ 功率　螺旋泵所需功率主要取决于物料的输送距离和输送量，可按下式计算

$$N=KwQ \tag{12-65}$$

式中　w——根据输送距离，输送单位物料所需的动力，kW·h/t，可由图 12-83 查得；

Q——输送能力，t/h；

K——电机储备系数，$K=1.15\sim1.30$。

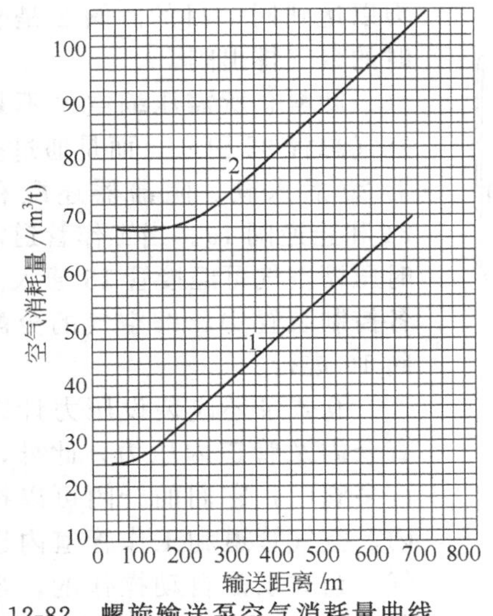

图 12-82　螺旋输送泵空气消耗量曲线

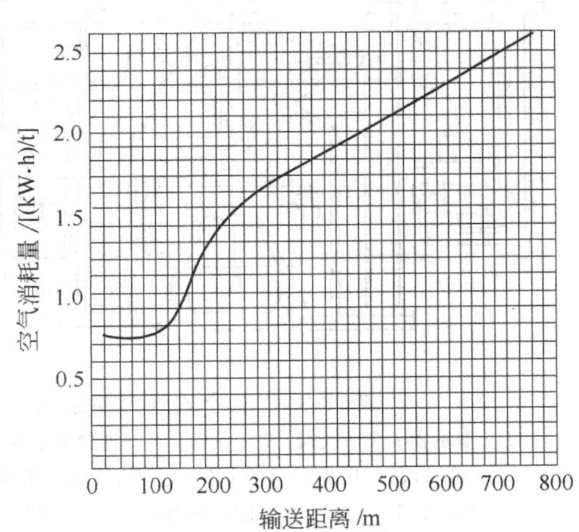

图 12-83　螺旋泵能量消耗曲线

12.5.5　仓式气力输送泵

(1) 构造及工作原理　仓式泵分为单仓泵和双仓泵两种。仓式泵单体的吹送及进料系间歇操作，即往仓内加料与将仓内物料吹送的过程交替进行。

单仓泵在泵体上设有存料小仓，在泵体进行送料的同时，输送机向小仓内进料。在泵体内物料卸完后，小仓内物料自动放入泵体内，然后开始第二个吹送过程。因此，单仓泵的吹送物料过程是间歇的。表 12-47 是建材行业标准 JC/T 461—2006 列出的单仓泵型号及技术参数。

双仓泵有两个泵体交替送料，因而吹送过程的间歇时间较短，几乎是连续的。

表 12-47　单仓泵型号及技术参数

项目	单位	型号							
		C1.0	C2.0	C3.0	C4.0	C5.0	C6.0	C8.0	C10
有效容积	m^3	1.0	2.0	3.0	4.0	5.0	6.0	8.0	10
泵体内径	mm	1000	1400	1600	1800	2000	2000	2200	2400
出口直径	mm	80/100	100	125	125	150	175	200	225
工作压力	MPa	0.2～0.5							
输送次数	次/小时	≤10							

图 12-84 为双仓泵，在仓的半球形顶部焊有圆筒进料管 4，物料由上方料斗经此管流入仓内，此时接料管用阀门 5 开启。阀门 5 的动作是通过阀门汽缸 3 及杠杆系统来实现的：在仓内装有料面指示器，当料面升高时，料面指示器下降；当料面降低时，指示器升起。如此接通或断开电磁阀 16 的电路。在半球形顶部还有接管 6，经此管引入吹送物料的主压缩空气。在空气管道上装有可调节入仓空气量和压力的节流阀 8。管道入仓处装有过滤器 7 以防止因工作管路突然堵塞或不正常时物料随空气倒流入管。卸料阀 14 交替开闭，其动作是靠与阀门 14 相连的活塞完成的。

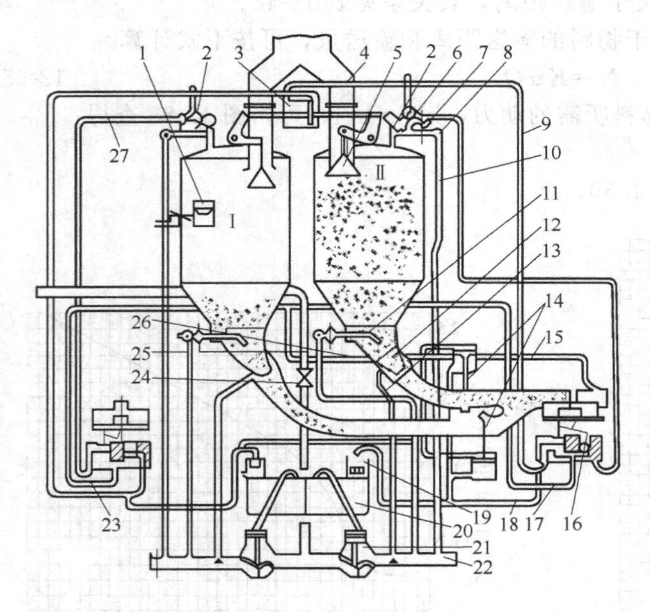

图 12-84　双仓式气力输送泵

1—指示器；2—气阀；3—汽缸；4—进料管；5—进料阀；6,9,15—压缩空气管；7—过滤器；8—节流阀；10,11,13—充气管；12—喷嘴；14,24～26—阀门；16—电磁阀；17,18,23,27—空气管道；19—止逆阀；20—阻滞器；21—减压阀；22—压缩空气总管道；Ⅰ、Ⅱ—料仓

仓满卸料时不仅经管 6 引入压缩空气，还要经管 11 和 13 引入补充空气。经管 13 环绕喷嘴 12 引入的压缩空气造成卸料管内负压，增加卸料管道内物料的流速并可缩短卸仓时间。沿管 11 引入的压缩空气可提高局部压力以达到同一目的。阀 2 是仓体进料时的余气排出阀。

卸料仓所需压缩空气不是直接由空气总管 22 引入，而是通过空气阻滞器 20 后入仓。阻滞器还配有气动阀 21 和止逆阀 19。当工作管道需要送气时压缩空气可经接管 15 通入。仓式泵各控制装置中压缩空气的分配用电磁阀 16 进行。

仓式泵还应装设压力计以控制检查仓内及管道内压力，此外，还装有许多阀门，它们的开闭可以控制向仓内、空气管道和工作管道内送气或断气。仓式泵是自动操作的，当自动控制装置失灵时可用手动操作控制设备。

图中所示控制设备的位置相当于仓Ⅱ进料结束而仓Ⅰ开始进料。此时阀门 26 关闭，而阀门 24 和 25 开启，在压缩空气由空压机储气罐进入空气管道 17 和 23，仓内物料面达到最高位置时，料面指示器将电路接通，将两个电磁阀杆移动至图示的位置。

当两个电磁阀杆在此位置时压缩空气即通入。此时经管 9 进入汽缸 3 并将活塞向右推移，开启Ⅰ仓进料阀关闭仓Ⅱ进料阀 5，经管道 18 进入阀门 14 的汽缸，同时移动卸料阀门，开启仓Ⅱ卸料管的物料通路并关闭仓Ⅰ的卸料管，沿管道 27 使通过仓Ⅰ的气阀让仓内腔与大气接通。管道18经止逆阀19进入空气阻滞器的右部，充满后再进到减压阀21的上部。阀21的活塞受到空气压力的作用向下移时，使空气总管22的中部与其右部相通，这时仓Ⅱ可经管道10、11与13充气而卸料。

空气阻滞器对仓式泵的操作具有重要作用，它使空气延时几秒钟进入仓内腔，使进料阀5完全关闭后方开始卸料，因而避免了仓内物料从进料口吹出。

仓内卸料时，料面逐渐降低，料面指示器的锥体重新上升，由于其指针的转动而形成闭合回路，因而电磁阀的作用并未停止，直至卸仓终了阶段仓内压力急剧下降，料面指示器的指针倾斜至原来的位置并断开电路。因此，电磁阀的操作即行反向转换，此时充满物料的仓Ⅰ进入卸料阶段而仓Ⅱ进入装料阶段。

由于间歇操作，空压机在操作过程中的供气压力及仓体内压力都随时间而变化，如图12-85所示，曲线 a 表示仓体内压力变化情况，曲线 b 表示空压机储气罐内压力变化情况，随供料输送条件、储气罐及仓体大小和物料性质有所变化，分为如下四个过程。

① T_1区间　压缩空气进入仓体内，将仓内物料充分流化使之达到输送的终端速度，压力几乎是直线上升。这一区间的时间长短及所达到的压力高低主要取决于仓体内物料变化状态和输料管的长度。

② T_2区间　压力基本保持稳定。这一阶段是稳定状态进行输送阶段，时间越长说明装置性能越好。

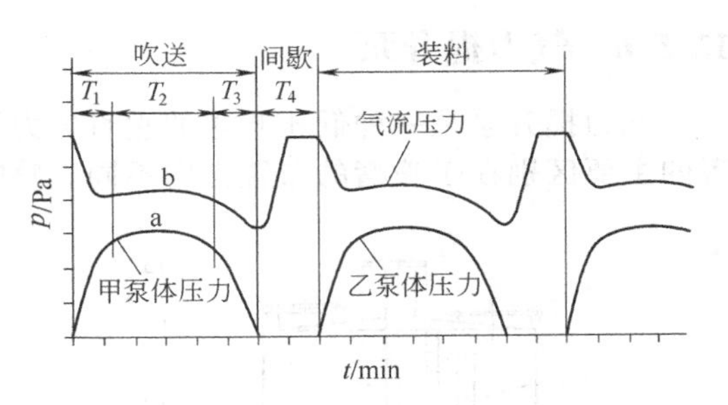

图12-85　双仓泵输送过程压力变化

③ T_3区间　表示仓内物料越来越少，混合比减小，压力逐渐降低。这段时间的长短与出口阻力大小和仓内吹入压缩空气的方法有关。该区间后期仓体内物料卸空时压力降至最低，相当于将管内物料吹空阶段。

④ T_4区间　间歇期，供气压力回升至最大。空压机储气罐内供气压力曲线按曲线 b 变化。启动的最初空气以最高供气压力进入仓体内，然后按 T_1区间急剧下降。随流化过程完成进入主吹阶段 T_2，供气压力缓慢回升。当仓体内物料卸出接近一半时供气压力达到并维持在一定数值。经过 T_3仓体内物料卸空后供气压力达到最低点。此时控制机构自动关闭卸料阀，进入 T_4区间，供气压力回升至最大（双仓泵需稍等另一台泵装满）。打开进料阀使泵体由吹过程转换到装料过程，持续至装料结束直至下一吹送过程开始。图中虚线部分为双仓泵的交替工作曲线。

当供气压力及气量不足时，在泵内进入充气阶段 T_1的启动瞬间供气压力可能降至 T_3区间末期最低点以下。这种情况下控制机构会误触发，启动后立即由“输送”转换到“装料”，从而使刚开始的输送过程在短时间内停下来，造成输送管道内物料堵塞。

所以，在选用空压机时应考虑到上述情况，要使最高排气压力能克服泵体、输送系统阻力、空气管道内阻力及启动时的额外阻力尚有剩余，并能在此压力下提供稳定的空气量以使万一发生堵塞时具有足够的吹通能力。一般要求空压机排气压力比操作最高压力大0.1～0.2MPa。

(2) 性能　仓式泵的优点是：无运动部件，运转率高，维护检修工作量较小，与螺旋泵相比电耗较低，输送距离长（可达2000m），输送中还兼有计量作用。缺点是：形体高大，占空间较大，不利于工艺布置及建筑设计。

仓式泵的输送能力计算如下。

$$单仓泵\quad Q=\frac{60V\rho_B\varphi}{T_1+T_2}\ (\mathrm{t/h}) \tag{12-66}$$

式中 V——仓的容积，m^3；

φ——仓内物料充满系数，按经验选取 $\varphi=0.7\sim0.8$；

ρ_B——仓内物料的容积密度，t/m^3；

T_1——卸空一仓所需时间，min；

T_2——装满一仓所需时间，min。

双仓泵

$$Q=\frac{60V\rho_B\varphi}{T_1+t_4}\ (t/h) \tag{12-67}$$

式中 t_4——压缩空气由关泵压力回升至输送压力以及等待另一台泵装满物料所需的时间，可按 1～3min 考虑。

T_1 和 T_2 的推荐值见表 12-48。

表 12-48　仓式泵 T_1 和 T_2 的推荐值

仓容积/m^3	装料或输送时间/min	输送距离/m		
		<400	400～800	800～1200
2.5～3.5	T_2	按喂料能力，单仓泵 $T_2<T_1$；双仓泵 $T_2>T_1$		
	T_1	4～5	5～6	6～7

12.5.6 气力提升泵

气力提升泵是一种低压吹送的垂直气力提升输送设备。按结构可分为立式和卧式两种，二者的主要区别在于喷嘴的布置方向不同。喷嘴垂直布置的为立式，水平布置的为卧式。

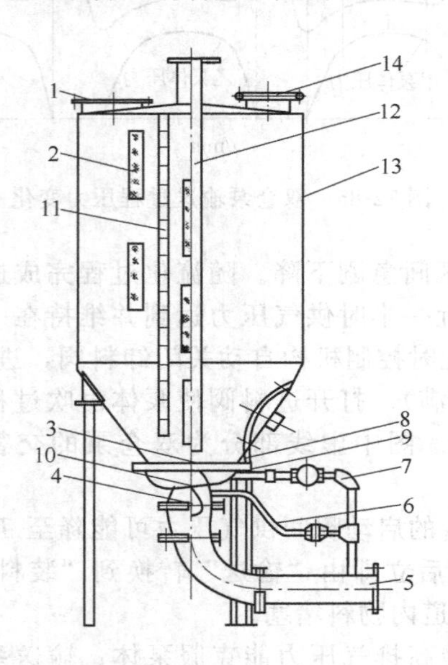

图 12-86　立式气力提升泵的构造

1—进料口；2—观察窗；3—喷嘴；4—止逆阀；5—进风管；6—清洗风管；7—充气管；8—充气板；9—充气室；10—气室；11—料面标尺；12—输料管；13—泵体；14—排气孔

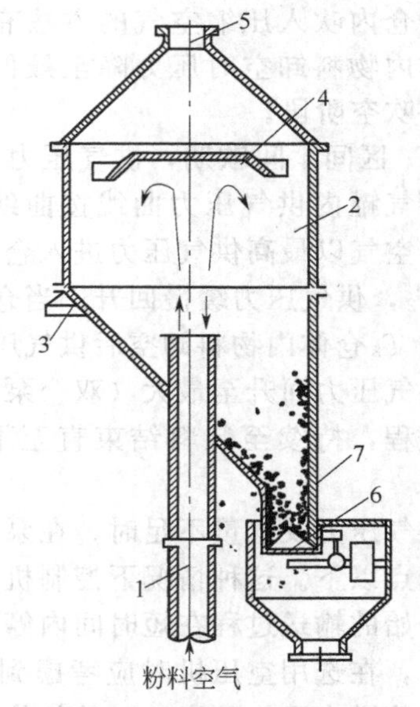

图 12-87　膨胀仓的构造

1—输料管；2—膨胀仓仓体；3—支座；4—反击板；5—排气管；6—闪动阀；7—粉料

构造及工作原理如下：图 12-86 为立式气力提升泵的构造，它由喷嘴、筒体、输送管、主风室、止逆阀、充气管、充气室、充气板及清洗风管等组成。粉状物料由进料管喂入泵体。输送物料的低压空气由泵体底部进入风管，通过球形止逆阀进入气室，并以每秒百余米的速度由喷嘴喷入输送管中，这时由于充气管进入充气室中的低压空气通过充气板使喷嘴周围物料气化，出喷嘴进入输料管的高压气流在喷嘴与输料管间形成局部负压，将被气化的物料吸入输料管，被高速气流提升至所需高度进入膨胀仓（如图 12-87 所示）中。由于气料从输料管进入膨胀仓时，体积突然胀大气流速度急剧下降，又由于受到反击板的阻挡，使物料从气流中分离出来，分离后的气体经排气管进入收尘器经净化后排入大气。

气室中止逆阀的作用是防止提升泵停止工作时或停止供气时物料进入风管内。在正常操作情况下，气体冲开止逆阀后进入气室从喷嘴喷出，进气一旦停止，止逆阀靠自重作用而紧压阀门，使气室和风管通道被封闭。为防止气室被物料堵塞而影响开车，设置了清洗风管。

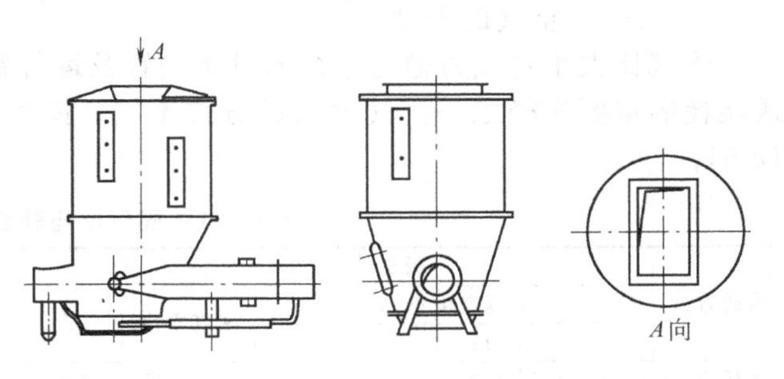

图 12-88　卧式气力提升泵

卧式气力提升泵如图 12-88 所示。其结构较立式简单，外形高度也较低，输料管出泵后，先经一段水平距离，然后经过弯管导向垂直提升管。

气力提升泵的优点是：结构简单，质量轻，无运动部件，磨损小，操作可靠，维修方便，提升高度大于 30m 时比斗式提升机经济。其缺点是：电耗较大，体形较高大，有时会给工艺布置和建筑设计带来一定困难。建材行业标准 JC/T 463—2006 列出的气力提升泵型号及技术参数见表 12-49。

表 12-49　气力提升泵型号及技术参数

项目	单位	型号					
		TL90	TL120	TL150	TL180	TL210	TL245
泵体直径	mm	900	1200	1500	1800	2100	2450
输送能力	m^3/h	25～75	80～140	140～120	220～290	290～350	350～410
出料管直径	mm	170～200	250～300	350～400	400～450	450～500	500～600
空气耗量	m^3/min	≤35	≤120	≤180	≤280	≤340	≤450
最大提升高度	m	50	80	80	100	100	100
泵体高度	mm	2000～8000			4000～9000		
工作压力	MPa	0.030～0.070					

注：“T”表示提升泵；“L”表示立式。

12.5.7　气力输送系统的主要参数

（1）输送管内的风速　气力提升泵属低压输送，故用风量较大，根据经验一般风速为 16～20m/s时较经济，而螺旋泵和仓式泵属高压输送，风速为 12～16m/s 即可。也可用式(12-68) 估算：

$$V=K_1V_{悬}\ (\mathrm{m/s}) \tag{12-68}$$

式中　K_1——经验系数，见表 12-50；

$V_{悬}$——颗粒的悬浮速度，m/s。

表 12-50　经验系数

输送物料情况	经验系数 K_1	输送物料情况	经验系数 K_1
松散物料在垂直管中	1.3～1.7	管路布置较复杂	2.6～5.0
松散物料在水平管中	1.8～2.0	大密度成团黏结的物料	5.0～10.0
有两个弯头的垂直或倾斜管	2.4～4.0		

（2）固气比　单位时间内通过输料管断面的固体粉料的质量与气体质量之比称为固气质量混合比，简称固气比，用 m 表示。

$$m=\frac{M_p}{M_a}=\frac{M_p}{\rho Q_a} \tag{12-69}$$

式中 M_p——物料的流量，kg/h；

Q_a——空气的流量，m^3/h；

ρ——空气的密度，kg/m^3。

固气比大小对气力输送系统的设备配置及运行费用等具有很大影响。提高固气比是降低输送能耗的重要途径之一。气力输送方式不同，固气比也不同，固气比与输送方式的关系见表12-51。

表 12-51 固气比与输送方式的关系

输送方式	吸送式				压送式		
	低真空度/kPa			高真空度	低压	高压	流态化压送
	≤12	12～25	25～50				
固气比 m	0.35～1.2	1.2～1.8	1.8～8.0	8.0～20	1～10	10～50	40～80

(3) 空气消耗量　当选定气力输送方式并确定输送量后，空气消耗量即可根据式(12-69)求出，也可由式(12-70) 求出

$$Q=\frac{1000G}{60m\rho}(m^3/min) \tag{12-70}$$

式中 Q——输送物料量，t/h；

ρ——空气的密度，kg/m^3；

m——固气比。

(4) 输送系统阻力　输送系统阻力即系统压力损失，包括供料装置压力损失、物料加速和提升压力损失、管路沿程压力损失（水平直管、垂直直管、弯管、斜管、管件、阀件等）、分离器压力损失等。这里介绍比压损法经验计算公式。比压损法是将输送气体和物料的压损综合在一起，以输送气体的压损为基础，用压损因子来考虑输送物料的压力损失。

① 管路沿程压力损失　先将垂直直管、斜管、弯管、管件、阀件都折算成当量水平直管，然后用总水平当量长度 L 计算管路沿程压力损失

$$L=\Sigma L_h+K_\theta\Sigma L_\theta+K_v\Sigma L_v+\Sigma L_e \tag{12-71}$$

式中 ΣL_h——水平直管总长度，m；

ΣL_θ——斜管总长度，m；

L_v——垂直直管总长度，m；

K_θ、K_v——折算系数，取 $K_\theta=1.6$，$K_v=1.3\sim2.0$；

ΣL_e——管件、阀件总当量长度，m，见表12-52。

表 12-52 管件、阀件的当量长度

管件及阀件种类			当量长度/m
90℃弯管	弯管曲率半径与管径之比 R_0/D	6	7～10
		8	9～13
		10	12～16
		12	14～17
双路换向阀	带盘形阀		8～10
	带旋塞阀		3～4
	带双路V形螺旋		2～3
换向接阀	双路		3～4
	三路		3～5

$$\Delta P_{沿}=\Delta P_{气沿}+\Delta P_{物沿}=\alpha\Delta P_{气沿}=(1+Km)\Delta P_{气沿}$$

根据流体力学计算 $\Delta P_{气沿}$ 的公式，应根据低压和高压两种情况分别按等容过程和等温过

程计算。这里只给出低压吸送和压送的公式

$$\Delta P_{气沿}=\lambda \frac{L}{D}\times\frac{(1+Km)\rho u^2}{2g}\ (\text{kPa}) \tag{12-72}$$

式中　λ——空气在管道中的摩擦阻力系数，$\lambda=C$（0.0125 + 0.0011/D）；

C——输送管道粗糙度系数，光滑内壁情形时 $C=1.0$；新焊接管情形时 $C=1.3$；旧焊接管情形 $C=1.6$；

D——管道直径；

K——阻力系数。

② 供气装置压力损失

$$\Delta P_{供}=(X+m)\frac{\rho u^2}{2g}\ (\text{kPa}) \tag{12-73}$$

式中　X——供料装置结构形式阻力系数，螺旋泵取 $X=1$；仓式泵取 $X=2\sim3$。

③ 物料加速压力损失

$$\Delta P_{加}=\zeta_{加} m\frac{\rho u^2}{2g}\ (\text{kPa}) \tag{12-74}$$

式中　$\zeta_{加}$——加速压力损失系数，$\zeta_{加}=2$（$u_{物稳}-u_{物初}$）/ u；

$u_{物稳}$——物料处理稳定运动状态时的速度；

$u_{物初}$——物料在加速区前的初速度，由垂直向水平过渡的弯管经弯管后出口处的颗粒速度即加速前的初速度，一般为原来稳定速度的 1/5～1/3；而由水平向垂直过渡的弯管则为 2/5～1/2。

④ 提升物料的压力损失

$$\Delta P_{升}=m\rho H\ (\text{kPa}) \tag{12-75}$$

式中　H——物料提升高度，m。

⑤ 分离器、除尘器卸料压力损失

$$\Delta P_{卸}=\frac{\varphi\rho u_{卸}^2}{2g}\ (\text{kPa}) \tag{12-76}$$

式中　$u_{卸}$——卸料器入口处风速，m/s，一般为 15～21m/s；

φ——卸料器阻力系数，容积式为 1.5～2.0，旋风式为 2.5～3.0。

⑥ 系统总压力损失

$$\Delta P=\Delta P_{沿}+\Delta P_{供}+\Delta P_{加}+\Delta P_{升}+\Delta P_{卸}\ (\text{kPa}) \tag{12-77}$$

参考文献

[1] 潘孝良等．硅酸盐工业机械过程及设备（上）[M]．武汉：武汉工业大学出版社，1993.
[2] 张庆今．硅酸盐机械设备 [M]．广州：华南理工大学出版社，1993.
[3] 白礼懋．水泥工艺设计实用手册 [M]．北京：中国建筑工业出版社，1997.
[4] 林云万 陶瓷工业机械设备 [M]．武汉：武汉工业大学出版社，1993.
[5] 水泥厂工艺设计编写组 水泥厂工艺设计手册（下）[M]．北京：中国建筑工业出版社，1978.
[6] 张荣善．散料输送与贮存 [M]．北京：化学工业出版社，1994.
[7] 韩仲琦等．粉体工程词典 [M] 武汉：武汉工业大学出版社，1999.
[8] 张少明等．粉体工程 [M]．北京：中国建材工业出版社，1994.
[9] 柴小平．水泥生产辅助机械设备 [M]．武汉：武汉工业大学出版社，1996.
[10] R. H. Prerry. 化学工程手册 [M]．粉粒体的输送及固体和液体的包装．北京：化学工业出版社，1992.
[11] GB/T 10595—2009 带式输送机 [S]．
[12] GB/T 14784—1993 带式输送机安全规范 [S]．
[13] JB/T 7679—2008 螺旋式输送机 [S]．
[14] JB/T 3926—2014 垂直斗式提升机 [S]．
[15] JC/T 459.1—2006 水泥工业用环链斗式提升机 [S]．

[16] JC/T460.1—2006 水泥工业用胶带斗式提升机 [S].
[17] GB/T 10596—2011 埋刮板输送机 [S].
[18] JC/T 463—2006 水泥工业用气力提升泵 [S].
[19] JC/T 462—2006 水泥工业用螺旋泵 [S].
[20] JC/T 461—2006 水泥工业用仓式泵 [S].
[21] GB/T10595—2009 带式输送机 [S].
[22] JB/T8114—2008 电磁振动给料机 [S].
[23] GB/T 7721—2007 连续累计自动衡器(电子皮带秤)[S].
[24] SH/T 31 52—2007,石油化工粉粒产品气力输送工程技术规范 [S].
[25] JB/T 8470—2010,正压浓相飞灰气力输送系统 [S].
[26] Liang-Shi Fan, Chao Zhu. Principles Of Gas-Solid Flows. Cambridge: Cambridge University Press, 2005.
[27] 王鹰,朱建明.封闭带式输送机发展概况 [J].起重运输机械,2001,(3) P:1—7.
[28] 王鹰,杜群贵等.环保型连续输送设备——圆管状带式输送机 [J].机械工程学报,2003,39 (1):149-158.
[29] 宋瑞宏,倪新跃等.我国气垫带输送机的现状与发展 [J].江苏工学院学报,2006,18 (2):61-64.
[30] 王鹰,曾晨.管型胶带输送机 [J].起重运输机械,1985,4 (1):28-34.

第13章 粉体喂料及计量设备

喂料设备是料仓系统中不可缺少的重要组成部分，也是短距离输送物料的机械设备。根据使用目的不同，又称为加料机、给料机或卸料机。它一般装设于料仓的卸料口，依靠物料的重力作用以及喂料设备的工作机构的强制作用，将料仓内的物料卸出并连续均匀地喂入到下一设备中去。喂料设备具有的重要性能，就是它能控制料流，起到定量喂料的作用。另外，当喂料机停止工作时，还可起到料仓闭锁作用。因此，它是连续生产工艺过程中不可缺少的设备之一。

在很多工艺过程中，不仅要做到定量喂料，同时还要求准确计量，尤其是需要不同成分、不同种类或不同品位的多种原料进行按比例配合时，更需要进行准确地计量。实际上有的喂料设备也兼有计量的作用。而大部分计量设备实际上也是一个喂料设备。

13.1 有挠性牵引构件的喂料设备

这些喂料设备实际上都是同名输送机械的变体，与同名输送机相比，在结构上长度尺寸较小而结构强度较高，同时，喂料机要承受更大的力：一个是物料离开料仓卸料口时的冲击力，再一个就是卸到喂料机上的压力所产生的附加作用力。这种喂料机主要有：带式喂料和板式喂料机。

13.1.1 带式喂料机

带式喂料机实际上是一种短小的带式输送机，它可以水平或倾斜安装（图13-1）。与普通带式输送机相比，其特点是：承载段的支承托辊布置得较密，其间距为0.25～0.3m，空载段通常不设托辊；带的两边具有静止的栏板；带速小，约为0.05～0.45m/s，这主要是由于物料从料仓卸料口排出直接到胶带上，而胶带上的物料层较厚。

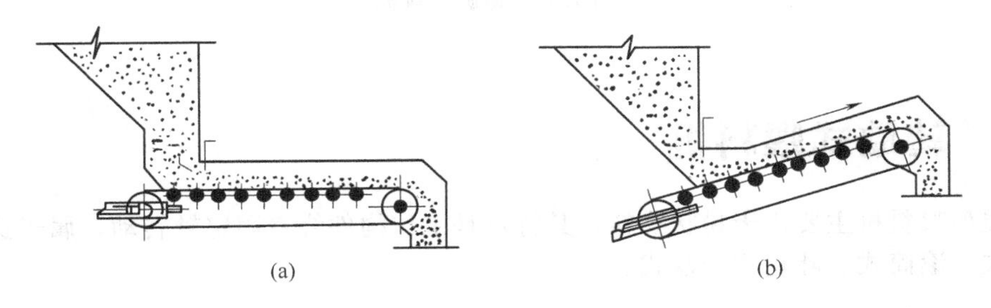

图13-1 带式喂料机

带式喂料机一般长0.9～5m，生产能力可达300m^3/h或更大，主要用于粒状和小块状的物料，很少用于中等块度的物料。其优点是：结构比较简单，投资少，运行可靠；在稳定运行时所需功率较低；喂料量调整性能良好，可实现自动控制和计量。它的缺点是：需要占据较大的空间；胶带易磨损，因此不适宜于磨蚀性、温度高的物料。

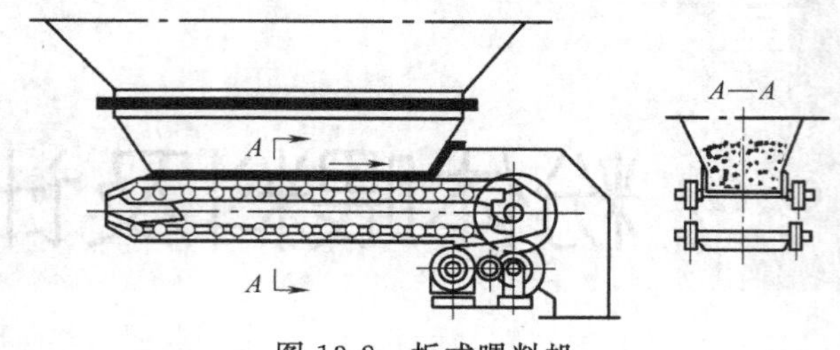

图 13-2 板式喂料机

13.1.2 板式喂料机

对于块状物料或温度超过 70℃时，需用板式喂料机（图 13-2）。它和带式喂料机一样，可以水平或倾斜安装，倾角可大于带式喂料机。与普通刮板输送机比较，其特点是：承载板不是垂直于链条运行方向，而是平行于链条安装。对于轻型和中型板式喂料机通常采用辊子链，沿固定的轨道运行；重型板式喂料机，则采用固定的支承托辊，链板沿托辊运行。

承载板用厚度为 5～15mm 的钢板制作，有平行和波浪形两种。波形板表面刚性较大，关节处的连接较好，而且能在较大的倾斜度运行。承载板两边往往带有固定或活动栏板，前者栏板安装在机架上，后者固定在钢板上。栏板的高度随生产能力和料块大小的需要而定。整个机械安装在机架上，尾部设有拉紧装置，类似于带式输送机的螺旋拉紧装置，用于调整钢板的松紧。

板式喂料机链板的运行速度一般为 0.2～0.4m/s，生产能力可达 1000m^3/h。由于其结构坚固，可以承受很大的压力和冲击力，能处理大块和热的物料，可靠性高并能保证较均匀地喂料。其缺点是：结构复杂、质量大、制造成本高，不适宜输送粉状物料。板式喂料机适用于大块、磨蚀性强、沉重、热的物料喂料输送。

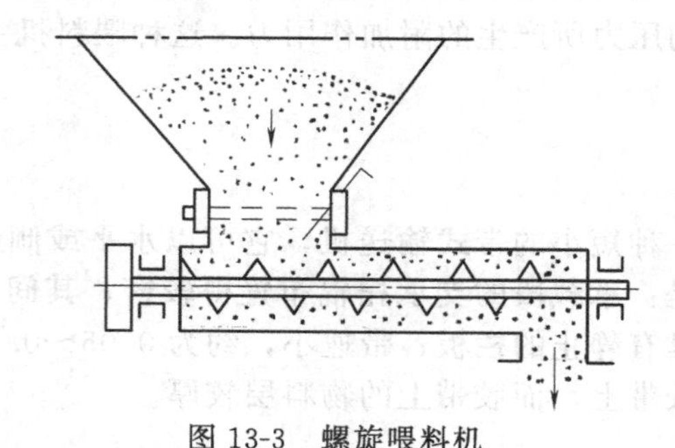

图 13-3 螺旋喂料机

13.2 转动式喂料机

转动类型喂料机主要用于粉状物料，其特点是工作构件绕着固定轴转动，属于这类喂料机的有螺旋式、滚筒式、叶轮式和盘式。

13.2.1 螺旋喂料机

螺旋喂料机如图 13-3 所示，与一般螺旋输送机比较，其特点是喂料机的螺距和长度都较小，可不设中间轴承，料槽也不像输送机那样的 U 形，而是管状，螺旋轴支承在管外的两端轴承内，物料填充系数较大，一般可达 0.8～0.9。

螺旋喂料机有单管和双管两种。按螺旋结构分有以下三种：

(1) 双头螺旋喂料机　安装在螺旋轴上的螺旋叶片外缘轮廓曲线有两条，且互相平行，这种安装形式比单头螺旋能提供更为均匀的喂料。

(2) 变螺距的喂料机　安装在螺旋轴上的螺旋叶片的螺距是逐渐变化的。这个螺距的变化可以是螺距逐渐增大，也可以是逐渐减小。螺距渐增的喂料机可有效地防止在喂料处产生过负荷，尤其当喂料机较长时，这个优点尤为明显。同时还可防止气化后的物料从料仓中向外涌料。逐渐缩小螺距的喂料机使物料在输送过程中压实和致密化，兼起锁风作用。

(3) 直径渐大的喂料机　该喂料机输送能力沿物料前进方向逐渐增大，使物料可以在螺旋全长上卸出，从而消除存仓内的死角。

上述三种喂料机的生产能力和功率等参数的确定，分别与同名输送机相同，但应考虑各喂料机的相应特点。螺旋喂料机具有密封性，但工作部件磨损大，所以，只适用于不怕碎、磨蚀性小、易流动的粉状物料。它多以水平或不大于 30°的倾斜角安装，一般长度为 1～2m，生产能力为 2.5～3.0m³/h，改变螺旋转速，可以调节喂料量。

13.2.2 滚筒喂料机

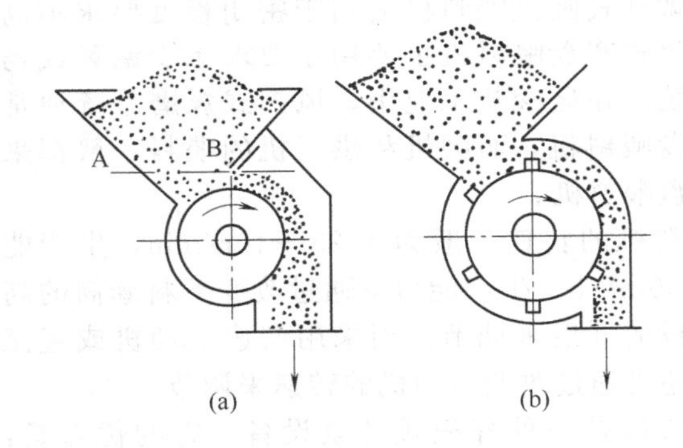

图 13-4　滚筒喂料机

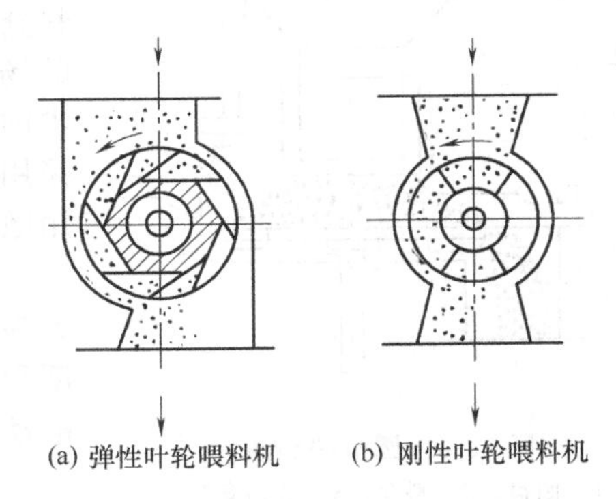

图 13-5　叶轮喂料机

滚筒喂料机如图 13-4 所示，当滚筒转动时，在料仓卸料口下面的部分受摩擦力带动随着滚筒下落，由料仓卸料口均匀地卸出。滚筒喂料机适用于各种类型的物料。对流动性好的粒状物料采用光面滚筒，而对大块状物料则采用带棱角表面的滚筒。一般滚筒的圆周速度为 0.025～1m/s，生产能力可达 150m³/h，生产能力可用改变转速或调节挡板的开度来调节。滚筒喂料机适用于玻璃窑池上配合料和碎玻璃的投料，它具有投料连续均匀的优点。

13.2.3 叶轮喂料机

叶轮喂料机如图 13-5 所示，它具有一个能与料仓受料设备衔接的外壳，中间为叶轮转子，转子由单独的电动机通过链轮传动。当转子不动时，物料不能流出，当转子转动时，物料便可随转子的转动卸出。

叶轮喂料机有弹性叶轮喂料机和刚性叶轮喂料机两种。弹性叶轮喂料机如图 13-5(a) 所示，它是用弹簧板固定在转子上，因而在回转腔内密封性能较好，对均匀喂料较有保证，在水泥厂一般用于回转窑的煤粉喂料。叶轮的转向只能朝一个方向，不得反转，速度不应高于 20r/min。当要求变速时，可选用直流电动机。当喂料机上部料仓的物料压力较大或物料易扬起、影响均匀喂料时，可选用带有搅拌翅的弹性叶轮喂料机。

刚性叶轮喂料机的叶片与转子成一整体［图 13-5(b)］，一般用于密闭及均匀喂料要求不高的地方。

叶轮喂料机生产能力为 4～100m³/h 或更大。生产能力可用改变转速的办法来调节。叶轮喂料机结构简单，造价便宜，容易维修，封闭性好并兼有锁风作用。它只适用于干燥粉状或小颗粒状的物料，适用于气力输送系统的喂料。在旋风收尘器和袋式收尘器等设备上，它是其中的组成部分。

13.2.4 圆盘喂料机

圆盘喂料机如图 13-6 所示。它具有旋转的圆盘 1，圆盘上方有着套在存仓 2 的卸料口上面的伸缩套筒 3。活动套筒距圆盘的高度可以通过螺杆 4 调节。物料从料仓到圆盘上堆积成一截锥形料堆。传动装置经立轴带动水平圆盘回转时，物料被固定的刮板 5 刮下。卸落到卸料管 6 中。圆盘下面装有盘壳 7，盘壳有一圈高出盘面的盘边围在圆盘外围，以防物料由盘上撒落下来。当有物料颗粒掉入盘壳内时，随盘一起回转的刮灰板 8 就能将这些物料刮入下料口，以防堆积产生阻塞。

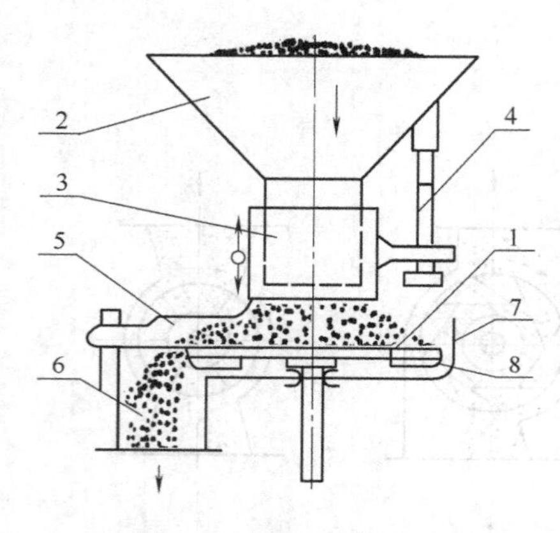

图 13-6 圆盘喂料机

1—圆盘；2—料仓；3—活动套筒；4—螺杆；5—刮板；6—卸料管；7—盘壳；8—刮灰板

圆盘喂料机的形式很多，按支承方式可分为吊式和座式两大类。按机壳的形式每类又可分为敞开式和封闭式两种。吊式圆盘喂料机的整个设备通过槽钢柱悬吊在料仓下面。敞开式圆盘喂料机适用于密闭程度要求不高的场合；密闭式圆盘喂料机主要用于要求减少漏风或扬尘的密闭系统。在硅酸盐工业中，风扫式煤磨系统通常采用闭式圆盘喂料机，而磨机和烘干机的喂料一般都采用敞开式圆盘喂料机。

圆盘喂料机的转速一般为 1.25～10r/min，生产能力为 0.2～130m³/h。生产能力可通过改变下料套筒的高度和变更刮板的开度来调节。当采用调速电动机或直流电动机时，还可通过改变电动机的转速来调节。

圆盘喂料机是一种容积式计量设备。它的优点是：结构简单，使用可靠，调节方便，生产能力的调节幅度大，喂入的物料分量可以比较准确地控制。它的缺点是：由于容积计量，一般有 5%左右的误差；另外，圆盘喂料机对物料几乎没有输送距离，因此有时会因实际布置困难而不宜采用。圆盘喂料机适用于喂送各种非黏性的物料，粒度一般不大于 80mm，对于流动性特别良好的粉状物料，因易窜料，也不宜采用。

13.3 振动式喂料机

振动式喂料机根据槽和物料的运动状态，可分为惯性式和振动式两类。在惯性式振动喂料机上，物料在惯性力的作用下，在任何时间都与槽底保持接触，且沿槽底作滑落运动；在振动式喂料机上，物料在惯性力的作用下，由槽底脱离，向上作抛掷运动，物料在料槽中作“跳跃”式运动。两者的区别如下。

① 惯性式　料槽加速度的垂直分量小于自由落体加速度，物料时刻与槽底保持接触。

② 振动式　料槽加速度的垂直分量大于自由落体加速度，物料在槽底保持“跳跃”式运动。

13.3.1 惯性振动喂料机

13.3.1.1 摆动式喂料机

摆动式喂料机是惯性式振动喂料机的一种，图 13-7 是敞开式往复运动喂料机。它由惯性激振器驱动，惯性激振器有单轴式和双轴式两种。驱动装置将交变的往复运动传给料槽，靠料槽与物料间的摩擦力带动物料前进。料槽有水平［图 13-7(a)］和稍向下倾斜［图 13-7(b)］的两种。料槽上装有固定的栏板，料槽通常支承在固定托辊上或悬置在拉杆上。电动机经减速器通过曲柄连杆或偏心机构带动料槽做往复的平移运动。当料槽向喂料口方向运动时，物料在摩擦力的作用下与料槽一起向前运动。与此同时料仓中的物料落入卸料口下方所形成的自由空间而将其充满。当料槽反向运动时，由于槽后壁的阻挡，物料不能随料槽一起返回，一部分物料便由料槽前缘落入喂料口去。这种喂料机只有当料槽作反向运动时，物料才被卸出。每当料槽往复一次，物料就沿着料槽向前运动一个区段，连续运动的结果，就形成了物料沿料槽的总的工作运动。

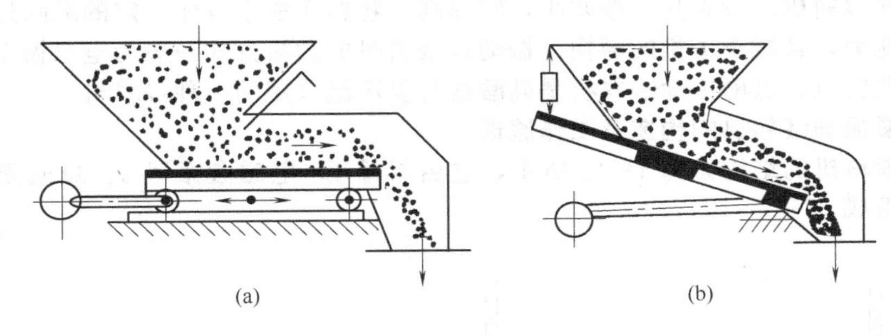

图 13-7　敞开式往复运动喂料机

摆动式喂料机的生产能力可按下式计算

$$Q=60BhSn\rho_s\phi \tag{13-1}$$

式中　B——栏板之间的距离，即料槽的工作宽度，m；

h——闸板开度，即闸板下缘至料槽面的法向距离，m；

S——料槽的行程，通常 $S=0.05\sim0.175$，m；

n——料槽的往复次数，通常 $n=20\sim60\text{r/min}$；

ρ_s——物料的堆积密度，t/m^3；

φ——物料填充系数，通常 $\phi=0.65\sim0.70$。

摆动式喂料机的生产能力一般可达 $200\text{m}^3/\text{h}$。生产能力的调节可通过以下方法进行：改变偏心机构的偏心距，以改变料槽的行程；调节存仓闸板的开度，来调节料层的厚薄。

摆动式喂料机的优点是：结构简单，成本低。其缺点是：料槽的磨损比较厉害。它用于中、小块物料的喂料，玻璃厂广泛用于池窑的薄层加料。

13.3.1.2 扇形摆动式喂料机

扇形摆动式喂料机是摆动式喂料机的另一种形式（图 13-8)。它由曲柄机构驱动的扇形闸门所组成。摆动式喂料机的工作机构都是周期性工作的，且工作准确性不大，所以适用于不经常且不紧张的工作条件。

13.3.1.3 柱塞式喂料机

柱塞式喂料机是封闭式往复运动的摆动式喂料机（图 13-9)。它由矩形槽和在其中作往复运动的柱塞组成。它可通过改变驱动机的曲柄半径或转速的办法来准确地调节卸出的物料量。一般用于粉粒状物料的喂料。其主要缺点是：功率消耗大，零件易磨损，不宜供送磨蚀性的物料。当生产能力要求不大且要求维持确定的数量时，可采用柱塞式喂料机。玻璃厂常用于小型池窑的喂料。

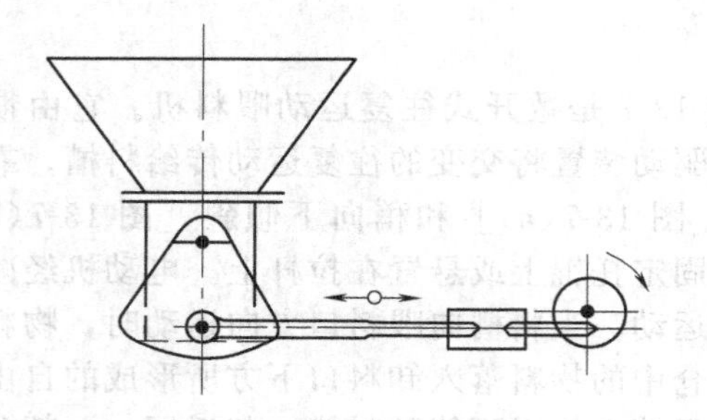

图 13-8　扇形摆动式喂料机

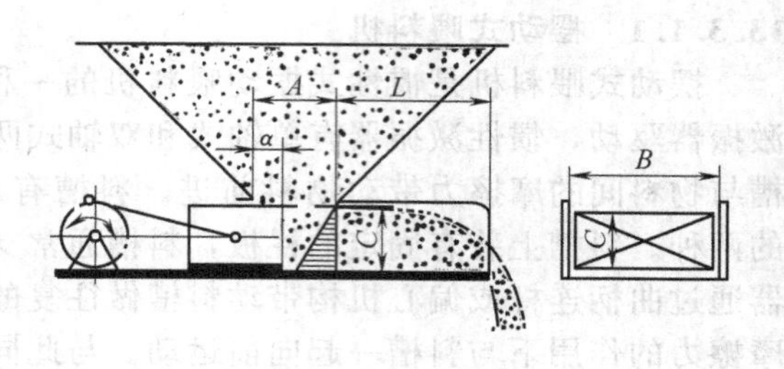

图 13-9　柱塞式喂料机

13.3.2　电磁振动喂料机

电磁振动式喂料机的特点是：振幅小，频率高，物料在槽中可作一定的跳跃运动，所以具有较高的生产能力，且减小了槽的磨损。振动式喂料机的激振方式一般为电磁振动，所以，又称为电磁振动喂料机。电磁振动喂料机是硅酸盐行业广泛采用的一种喂料机。

13.3.2.1　电磁振动喂料机的构造及工作原理

电磁振动喂料机的结构如图 13-10 所示，它由料槽 1、电磁激振器 3、减振器 2 及电器控制箱四个部分组成。

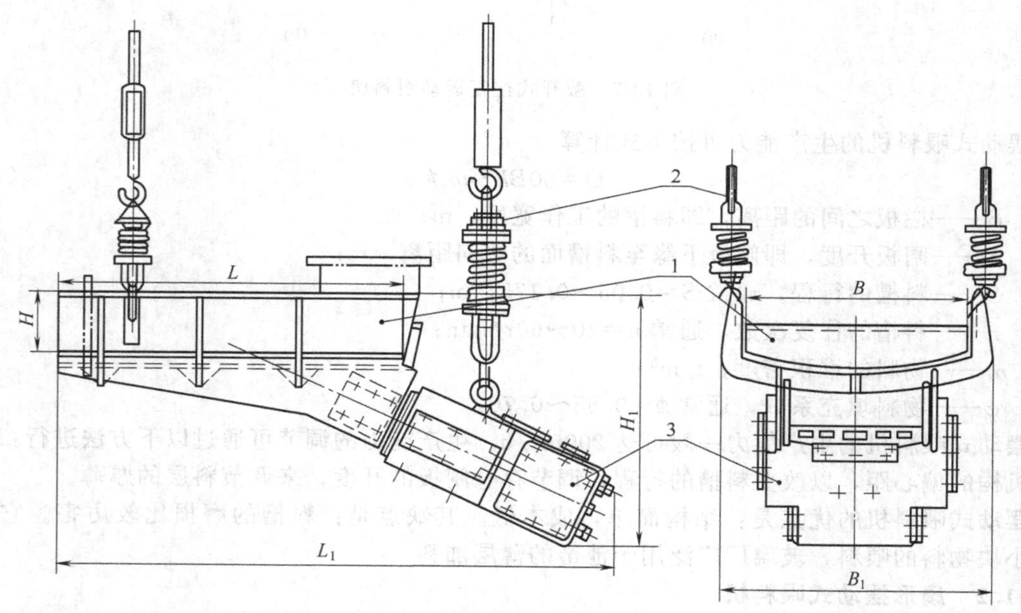

图 13-10　电磁振动喂料机的结构

1—料槽；2—减振器；3—电磁激振器

料槽是承载构件，用来承受料仓下来的物料，经电磁振动将物料输送给下一个受料设备。料槽根据实际需要可由 2～8mm 的碳素钢板、低合金结构钢、耐热钢板或铝合金板等压制而成。料槽形式根据使用要求可设计成槽式和管式两种，槽式的又可做成敞开或封闭。

激振器是使料槽 1 产生往复振动的能源部件，主要由连接叉 2、衔铁 3、弹簧组 4、铁芯 6 和激振器壳体 8 组成（图 13-11）。连接叉和料槽固定在一起，通过它将激振力传给料槽。衔铁用螺栓固定在连接叉上，和铁芯保持一定间隙而形成气隙 5（一般为 2mm）。弹簧组为储能机构，用于连接前质量和后质量，形成双质点振动系统。铁芯用螺栓固定在振动壳体上，铁芯上固定有线圈，当电流通过时就产生磁场。激振器壳体作为固定弹簧组和铁芯，也作为平衡质量用，所以其质量应满足设计要求。

减振器的作用是减少传递给基础或框架上的振动力。喂料机通过减振器悬挂在存仓或建筑构件上。减振器由四个螺旋弹簧（或橡胶弹簧）组成，其中两个挂在料槽上，另两个吊在激振器上。

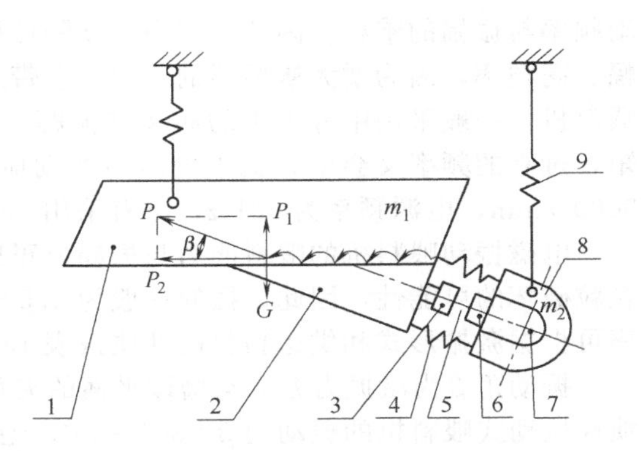

图 13-11 电磁振动喂料机工作原理示意图

1—料槽；2—连接叉；3—衔铁；4—弹簧组；5—气隙；6—铁芯；7—线圈；8—激振器壳体；9—减振器

电磁振动喂料机是属于双质点定向强迫振动机械。工作原理如图 13-11 所示，由槽体、连接叉、衔铁、工作弹簧的一部分以及约占料槽容积10%～20%的物料等组成工作质量 m_1；由激振器壳体、铁芯、线圈及工作弹簧的另一部分等组成对衡质量 m_2。质量 m_1 和 m_2 之间用激振器主弹簧连接起来，形成一个双质点定向强迫振动的弹性系统。激振器电磁线圈的电流一般是经过单相半波整流的。电磁振动喂料机的供电，目前广泛使用可控硅调节的半波整流励磁方式。当半波整流后，在后半周内有电压加在电磁线圈上，因而电磁线圈就有电流通过，在衔铁和铁芯之间便产生互相吸引的脉冲电磁力，遂使槽体向后运动，激振器的主弹簧发生变形而储存了一定的势能。在负半周内线圈中无电流通过，电磁力消失，借助弹簧储存的势能使衔铁和铁芯朝相反方向离开，料槽就向前运动。这样，电磁振动喂料机就以交流电源的频率以每分钟 3000 次作往复振动。由于激振力作用线与槽底成一定角度，一般为 20°，因此，激振力在任一瞬间均可分解为垂直分力 P_1 和水平分力 P_2。前者使物料颗粒以大于重力加速度的加速度向上抛起，而后者使物料颗粒在上抛期间作水平运动，综合效应就使物料间歇向前作抛物线式的跳跃运动。物料的每次抛起和落下是在料槽的一个振动周期内完成的，约 1/50s 内。由于振动频率高而振幅小，物料抛起的高度也很小，所以，在料槽内的物料看起来像流水一样，均匀连续地向前流动。

为了使喂料机能以较小的功率消耗而产生较高的机械效能，应使喂料机处在低临近状态下工作，也就是说要将电磁振动喂料机的固有频率 ω_0 调谐到与电磁激振力的频率 ω 相近，使频率比 $Z=\omega/\omega_0=0.8\sim0.95$。因此，电磁振动喂料机具有体积紧凑、工作平稳，消耗功率小的特点。

13.3.2.2 主要工作参数

（1）机械指数与抛掷指数　机械指数是指槽体的最大加速度与重力加速度的比值，用 K 表示，它表征着机械振动的强度。机械指数受到材料强度及槽体刚度等限制，对于电磁振动喂料机，一般取 $K=4\sim6$。

抛掷指数是指槽体最大加速度的垂直分量与重力加速度的比值，用 Γ 表示，它与机械指数的关系是 $\Gamma=K\sin\beta$，其中，β 角是槽底平面与电磁力之间的夹角。振动式喂料机的工作，一般考虑物料被抛起的时间不超过槽体振动的周期，故常取 $\Gamma=1.0\sim3.3$，对电磁振动喂料机 $\Gamma=2.5\sim2.8$，考虑到供送物料种类很多及振动式喂料机的特点，常用的 Γ 值推荐于表 13-1。

表 13-1 振动式喂料机的抛掷指数

喂料机构造	供送物料的 Γ 值	
	粉状物料	块状物料
轻、中型($Q<50$t/h)	3.0～3.3	2.8～3.0
重型($Q>50$t/h)	2.0～2.5	1.8～2.3

（2）振动频率、振幅及振动角　在振动方向一定时，电磁振动喂料机的喂料能力取决于振

动频率与振幅的乘积。因此，其中一项降低后，另一项应增高。电磁振动喂料机一般采用小振幅、高频率，因为增大激振器的气隙，会带来许多不良后果，如电流增大等。对于惯性振动式喂料机，一般采用中等大小的频率和振幅。因为过大的振幅会增大偏心块质量及增大启动转矩，过高的频率又会增大支承的压力的动应力变形。目前，电磁振动喂料机的频率一般选用3000r/min，电源频率为50Hz，也有采用25Hz的。

电磁振动喂料机的喂料能力与振幅成正比，提高振幅可提高喂料能力，但这样会增加物料颗粒破坏的可能性，因此，振幅一般为0.5～1.5（即双振幅为1～3）。振动喂料机的振幅和频率可根据激振形式和供运物料的性质按表13-2选取。

振动角β为激振力方向与槽体平面的夹角。电磁振动喂料机的振动角通常取$\beta=20°\sim25°$；惯性振动式喂料机的振动角$\beta=30°\sim35°$，通常取$\beta=30°$。输送磨蚀性强、湿度大或有黏性的物料时，β角宜取较大值；供送易碎、堆积密度大和细粉料时，则应选取较小值。有冷却散热要求或料层较厚时，β角应取大值；有减小噪声要求时，β角应取小值。

(3) 喂料速度　振动式喂料机工作时，物料在每个运动周期中的位移包括两部分，即抛料阶段的位移和与槽体一起运动阶段的位移。喂料速度主要取决于供运物料的性质和喂料机的倾角，可按下式来估算

$$v=(K_1\mp K_2\sin\alpha)\lambda\omega\cos\beta\sqrt{1-\frac{1}{\Gamma^2}} \tag{13-2}$$

式中　K_1，K_2——与物料性质有关的系数，见表13-3；

α——喂料机的倾角；

λ——喂料机的振幅；

ω——喂料机的振动频率。

其他符号意义同前。式中符号的选取：当喂料机向上倾斜输送时取负值；向下输送时取正值。对于细小的物料K_1取较小值，而K_2取大值，因为颗粒较小时，它的喂料速度也较小。对于水平安装的喂料机，$\alpha=0$，喂料速度按下式计算

$$v=K_1\lambda\omega\cos\beta\sqrt{1-\frac{1}{\Gamma^2}} \tag{13-3}$$

表13-2　振动喂料机的振动频率和振幅值

激振形式		振动频率/Hz	振幅/mm	
			粉状物料	块状物料
电磁振动式		3000	1.2～2.0	0.75～1
惯性振动式	单轴离心式	2800～1500	1.2～3.0	0.2～2.5
	双轴离心式	1500～1000	2～4	2～3
	偏心式	800～450	5～15	4～8

表13-3　经验系数K_1和K_2的平均值

供运物料	物料尺寸/mm	湿度/%	K_1	K_2
块状	5～200	—	0.9～1.1	1.5～2.0
粒状	0.5～5	0.5～10	0.8～1.0	1.6～2.5
粉状	0.1～0.5	0.5～5	0.4～0.5	1.8～3.0
细粉	<0.1	0.5～5	0.2～0.5	2.0～5.0

调节喂料速度的方法有两种：一是改变激振力，主要是改变与之成正比的振幅；另一种方法是改变激振频率。但是，变频线路复杂，很少采用。改变料槽振幅的方法是采用可控硅整流器移相调压，改变激振器的输入电压来调节振幅。

(4) 生产能力　电磁振动喂料机的生产能力主要取决于料槽宽度、料槽倾角、物料性质（密度、粒度、水分、黏性）及喂料速度等，可按下式计算

$$Q=3600Av\phi\rho_s C_1 C_2 C_3 \tag{13-4}$$

式中　v——喂料速度；

ϕ——物料的填充系数，对于敞开式 $\phi=0.6\sim0.9$，对于矩形管，$\phi=0.6\sim0.8$；对于圆形管 $\phi=0.5\sim0.6$，对较小颗粒取小值；

A——料槽的横截面积，对槽形或矩形管 $A=BH$，对于圆形管 $A=0.785D^2$；

B——槽形或矩形管的宽度；

H——槽的深度或矩形管的宽度；

D——圆形管的直径；

ρ_s——物料堆积密度；

C_1——料槽倾斜度系数，见图 13-12；

C_2——物料水分系数，见图 13-12；

C_3——物料粒度系数，见图 13-12。在确定槽或矩形管的宽度及圆形管的直径时，必须保证以下条件

$$D\geqslant kd_{\max} \qquad B\geqslant kd_{\max}$$

式中　$d_{\max}$——物料的最大粒度；

k——系数对于筛分后的物料 $k=3\sim5$，对于粒度不均匀的物料 $k=2\sim3$。

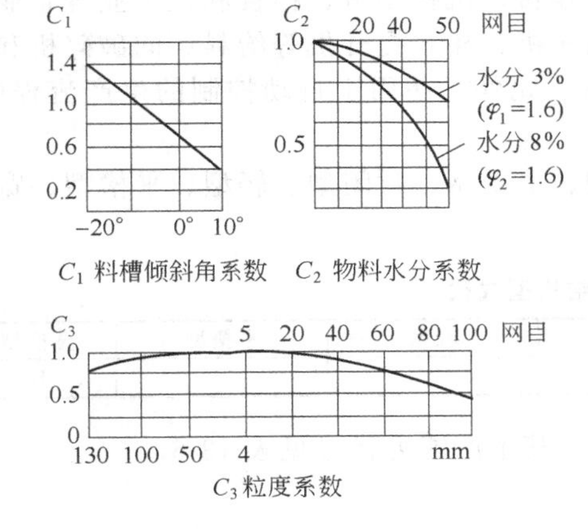

图 13-12　C_1、C_2 及 C_3 系数值

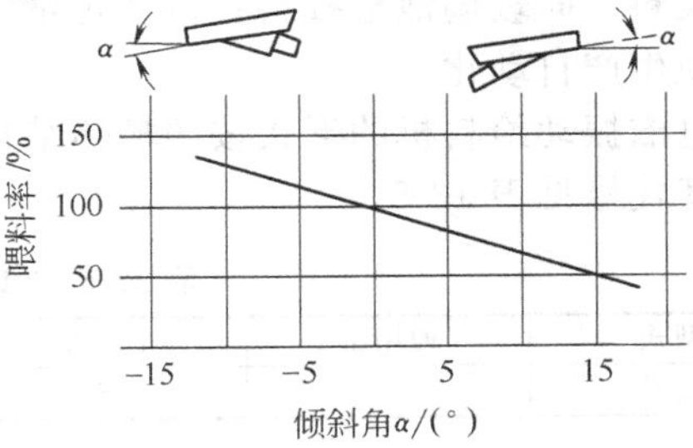

图 13-13　安装角与生产能力的关系

在选定槽的深度或矩形管的高度时，必须考虑到电磁振动喂料机对每一种物料都有一允许的极限料层厚度。当所选定的料层厚度超过极限时，则将达不到计算的生产能力甚至不能正常喂料。这一极限的料层厚度，对于粒状或块状物料较大；对于大块物料则更大；对于细粉物料则很小，在设计料层厚度时必须予以考虑。在没有资料的情况下，最好先做试验测定。

电磁振动喂料机的槽体可以水平安装，也可倾斜安装。对于流动性好的物料，推荐向下倾斜 10°，对于流动性不好的物料可向下倾斜 12°，以利供送。生产能力与下倾角度成正比。如图 13-13 所示。倾斜角在−12°和 12°之间，每变化 1°，将使生产能力变化 3%，但倾角过大时会增加槽体的磨损。

(5) 功率　喂料机的功率可按下式计算

$$N=\frac{CQ}{10^3\eta}\left(KL+\frac{H}{0.36}\right) \tag{13-5}$$

式中　C——物料便于输送的系数，对于输送性能好的物料 $C=1$，对于粉状物料 $C=1.5\sim2$；

Q——计算的生产能力；

K——单位能耗系数，见表 13-4；

L——喂料机水平投影长度；

H——喂料机倾斜供料时的提升高度；

η——驱动机构的效率。

表 13-4 能耗系数平均值

振动式喂料机形式	计算生产能力/(t/h)	K 值
离心驱动单质体悬挂	5～50	6～7
	>50	5～5.5
离心驱动单质体支承	5～50	7～10
	>50	5～6

13.3.2.3 性能及应用

电磁振动喂料机具有许多优点：它体积小且易于制造，便于安装，操作、维修方便；无相对运动的零部件，几乎没有机械摩擦，无润滑点，密封性好，功率消耗低，设备运转费用低；物料距电器部分较远，可在湿热环境下工作，适用于供送高温的、有磨蚀性的物料；喂料均匀且可无级调整，可以用电器进行连续、平稳地调节喂料速度，便于实现密闭供送和喂料量的遥控和自动控制。其缺点是安装调试要求较高，调整不好就不能正常工作，产生噪声甚至不振动；电压变化会影响喂料的准确性；不宜供送极细的粉状物料，也不宜供送黏性、潮湿的粉状物料。

电磁振动喂料机既可供送松散的粉状物料，也适用于供送 50～100mm 的块状物料，是一种较为新型的定量喂料设备，在采矿、冶金、煤炭、建材、机械制造、粮食和轻工业等企业中获得较为广泛的应用。它用于从料仓卸料，向带式输送机、斗式提升机等给料；向破碎机和粉磨机喂料；向玻璃池窑投料；以及定量配料和包装等。此外，还用于自动控制的生产流程中，以实现生产自动化。

电磁振动给料机的形式按照槽体结构分为通用型、上振型、封闭型、轻型、平槽型、宽槽型。其代号见表 13-5。

表 13-5 电磁振动给料机结构型式代号

型式	通用型	上振型	封闭型	轻型	平槽型	宽槽型
代号	—	S	F	Q	P	K

电磁振动给料机的型号表示方法如图 13-14 所示。其生产能力代号见表 13-6。

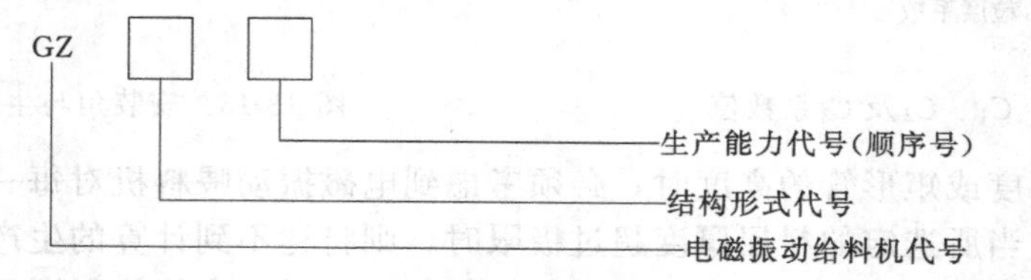

图 13-14 电磁振动给料机型号表示方法

表 13-6 电磁振动给料机生产能力代号

代号		01	02	03	04	05	06	1	2	3	4	5	6	7	8	9	10	11
生产能力/(t/h)	GZ	0.25	0.50	1.0	2.0	4.0	8.0	16	31.5	63	125	200	315	400	630	1000	1250	1600
	GZS	—	—	—	—	—	—	—	—	63	125	200	315	400	630	1000	—	—
	GZQ	—	—	—	—	—	—	—	—	—	—	200	315	400	630	1000	1250	1600
	GZF	—	—	—	—	—	—	8.0	16	31.5	63	125	200	—	—	—	—	—
	GZP	—	—	—	—	—	—	—	—	—	—	125	200	315	—	—	—	—
	GZK	—	—	—	—	—	—	—	—	—	—	200 315	—	—	—	—	—	—

注：1. GZQ 型的生产能力按物料的密度为 $1t/m^3$ 时的值计算，其他按 $1.61t/m^3$ 时的值。

2. 生产能力，对 GZ01～GZ06、GZF1～GZF6 为水平安装，对 GZ1～GZ8、GZS3～GZS8、GZQ5～GZQ8、GZP5～GZP7、GZK5 型为下倾 10°或 15°安装，GZ9～GZ11、GZS9、GZQ9～GZQ11 型为下倾 15°安装时的计算值。

13.4 计量设备

粉体计量是生产过程中不可缺少的重要环节，是实现过程控制自动化的重要的技术手段。目前应用最广泛的是各种悬臂式秤和螺旋计量秤，此外也有配料用斗式计量秤和熟料计量用板式计量秤等，冲击式和溜槽式计量计作为工艺过程中的计量设备也得到普遍应用。下面简单介绍常用的计量设备。

13.4.1 恒速式定量秤

恒速式定量秤是水泥厂常用的计量设备。其形式有多种。

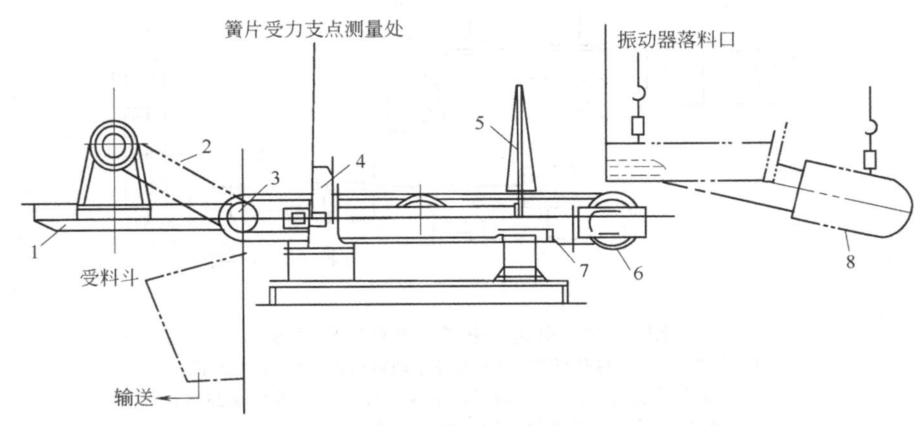

图 13-15　DCM-1 型恒速式皮带秤

1—秤架；2—链条；3—主动轮；4—支座；
5—砝码座；6—从动轮；7—传感器；
8—电磁振动喂料机

13.4.1.1 DCM-1 型恒速式皮带秤

该秤按皮带宽度不同分为 500 型和 650 型，它是由电磁振动给料机、悬臂式皮带电子秤及自动控制装置所组成。由调节器构成一个闭环调节的自动定量给料称量设备，如图 13-15 所示。它实际上是一很短的皮带输送机，主动轮 3 由与电动机相连的链条 2 带动，由于该皮带机的转速是恒定的，所以称为恒速皮带秤。整个秤体支承在支座 4 上，当空载时，秤体通过调节自重对十字簧片支点达到平衡，秤架下的传感器 7 不受压力作用，没有电信号输出。当电磁振动喂料机 8 供料时，秤架受力失去平衡，传感器受到秤体的压力，输出电信号，经传感信号放大后，一方面通过转换器换成数字信息，通过显示器显示瞬时流量和累积流量，另一方面与给定值比较后，由调节器输出调节信号，通过电振控制器反馈控制电磁振动喂料机的喂料量，达到定量喂料的目的。其工作原理如图 13-16 所示。它能显示物料输送的瞬时流量和输送的总质量，同时能够自动调节给料量，实现定值恒量给料。如果选用两台或多台这种设备分别控制两种或多种物料，可以实现恒定给料和自动配比。

该机有以下特点。

① 设备结构简单，维修方便，价格较低。

② 采用连续自动按质量给料，既保证了生产过程的连续性，克服了由于物料粒度、出料状态等因素变化给计量正确性带来的影响，又保证了较高的灵敏度和计量精度，最大计量误差不大于±1%。

③ 系统工作稳定可靠，适应性强，不受夹杂物的干扰，量程可以在较宽范围内调整。

④ 物料量以电信号数字显示，系统可随时采用手动调节和自动调节给料量，且连续显示瞬时产量和累计产量。

⑤ 采用电子式计量方法，不但可实现单机自动定量给料，还可几台设备联动，按给定配比自动配料，为机组、车间、全厂生产自动化提供技术条件，满足现代化生产要求。

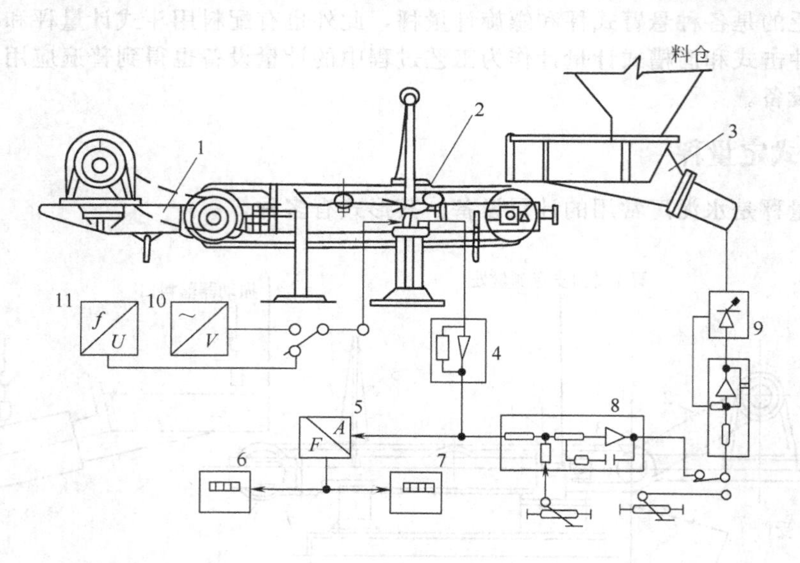

图 13-16 恒速式电子皮带秤工作原理

1—秤体；2—称量传感器；3—电磁振动喂料机；4—放大元件；
5—电流脉冲变换单元；6—瞬时流量显示器；7—累积流量显示；
8—调节单元；9—控制器；10—恒压电源；11—频率电压变换

⑥ 自动定量给料机的给料设备及电磁振动给料机所不适应的物料如黏湿物料。可以配用其他形式的给料设备。

13.4.1.2 JE-3G 型恒速式皮带秤

这种皮带秤与 DCM-1 型原理基本相同，但电路设计和元件选择等有所改进，因此设备功能不尽相同。它的特点除了能够自动计量、定量给料，显示瞬时流量和累计量以外，还有无料报警、停电保持累计数、BCD 码接口打印输出、开机清零等功能，并增加了标准电信号输出，能够与微机系统方便地联机使用。该机采用高精度密封型称量传感器和高精度低漂移的集成电子元件，静态精度可达±0.5%，动态精度可达±1%，适用于水泥厂块粒状物料的计量和配料使用。

13.4.1.3 WXC-1 微机控制皮带秤

它是由悬臂式皮带秤输送机、GZ 电磁振动给料机、Z_{80} 芯片组装的微机控制器等构成称量和定量设备，数字显示是通过物料流量的瞬时流量和累计量，当发生断流、流量超限、皮带跑偏大的故障时，能够立即报警。如果在一定时间内故障不能排除，则几台配料秤同时自动停机。该机适合多台计量配料联动作业。

WXC-1 型皮带秤的结构如图 13-17 所示。

13.4.2 调速式定量秤

13.4.2.1 组成和工作原理

TDG 系列调速式定量秤（给料机）系统由两部分组成。

(1) 质量检测部分　其作用是完成给料、检测，同时进行瞬时累计给料量的显示。主要包

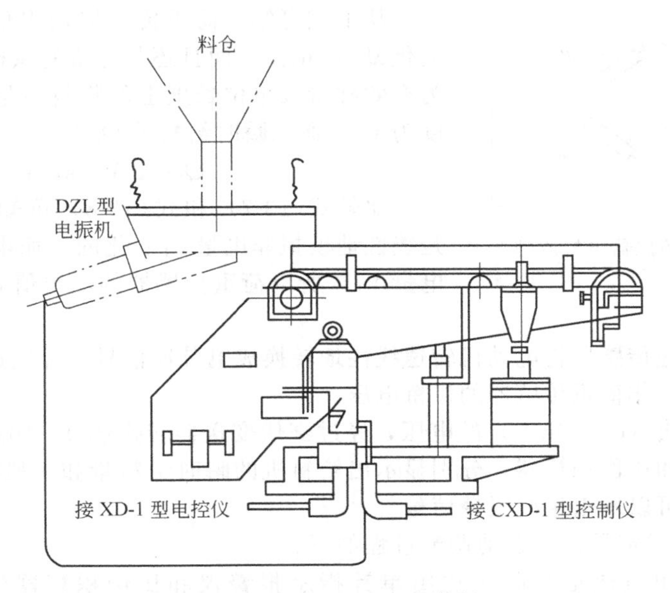

图 13-17　WXC-1 型皮带秤

括机架、荷重传感器、转速传感器、毫伏变送器、频率转换器、调整箱、比例积算器和单针指示报警仪。

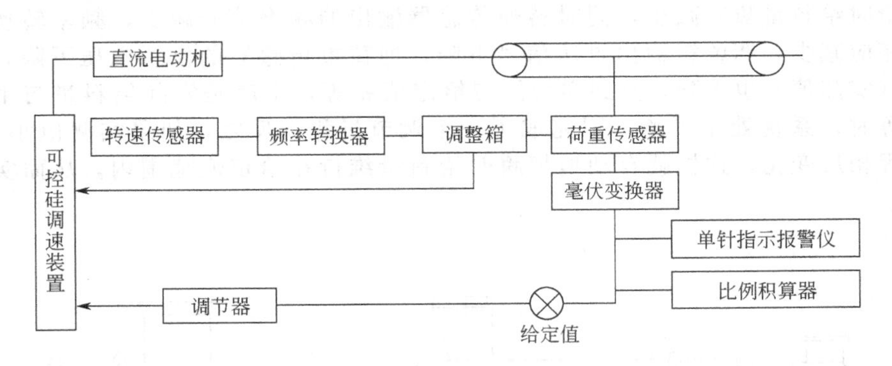

图 13-18　TDG 系列调速式定量秤工作原理

(2) 控制部分　其作用是根据给定信号及检测信号对直流传动设备进行控制和调节，以达到自动调节给料量的目的，它主要包括调节器可控硅直流调速装置和直流传动设备。TDG 系列调速式定量秤的工作原理见图 13-18。当空载时，机架中的称量架处于平衡状态，荷重传感器不受力，即使对荷重传感器施以桥压也不会输出。当有物料通过有效称量段 l 时，物料的质量经过称量架加在荷重传感器上，则荷重传感器的受力为 P_t：

$$P_t = c g_t g l \text{ (N)} \tag{13-6}$$

式中　g_t——有效称量段单位皮带长度上的物料质量，kg/m；

l——有效称量段长度，m；

c——比例系数，其值取决于称量架的杠杆比。

从上式可知，荷重传感器的受力 P_t大小与皮带上的物料质量 g_t成正比。荷重传感器在压力 P_t作用下，其应变梁产生一正比于压力 P_t的应变量 ε。在应变梁上贴有四片电阻应变片，且组成等臂电桥，如图 13-19 所示。应变量ε使四片电阻应变片阻值 R 线性地变化ΔR。当荷重传感器施以工作桥压 u 时，就会产生不平衡电压 e 的输出，其值为

$$e = \Delta R u \text{ (V)} \tag{13-7}$$

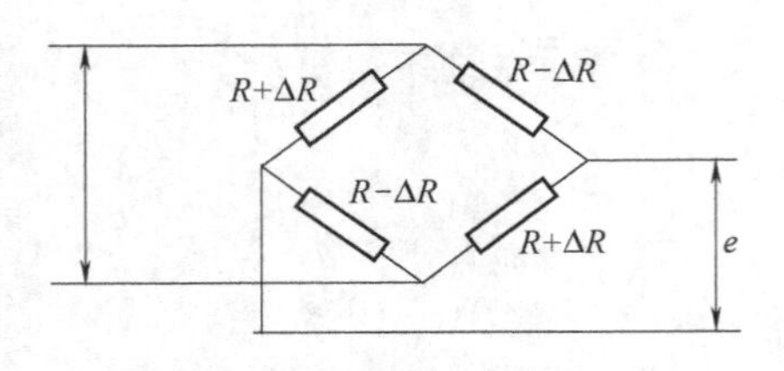

图 13-19 荷重传感器电桥原理

从上式可知，荷重传感器输出信号 e 不仅与电阻的变化ΔR 成正比，而且还与电桥的供桥电压 u 成正比。因为有效称量段单位长度上的物料质量为 g_t，如果皮带速度为 V_t，那么瞬时给料量 Q_t为

$$Q_t = g_t V_t (\text{kg/m}) \tag{13-8}$$

比较式(13-7) 和式(13-8) 可知，电量ΔRu 的变化是线性地模拟非电量 g_t变化的，而电量 u 线性地模拟非电量 V_t，所以荷重传感器的输出值 e 可以线性地模拟瞬时给料量 Q_t。

为此，采用转速传感器将电动机转速线性地转换成电脉冲信号，并经过频率转换器、调整箱转换成电压信号，作荷重传感器的供桥电压。

荷重传感器输出（0～10mV）的电压，经过毫伏变送器转换成 0～10mA 的电流信号，送至单针指示报警仪和比例积算器，分别显示出给料机的瞬时给料量和一段时间内累计给料量，单针指示报警仪还可以发出越线报警信号。

TDG 系列调速式定量秤的自动调节过程如下。

毫伏变送器输出电流信号除了送给单针指示报警仪和比例积算器外，还送给调节器。这一信号在调节器内与生产所要求的给定值进行比较，如果两个不等，说明给料机的实际瞬时给料量（即实测值）与生产要求的给定值有偏差。例如，实测值大于给定值，则调节器输出电流值就相应下降，使可控硅调整装置的输出电压下降，直流电动机转速下降，使给料机的瞬时给料量瞬时减少，同时转速传感器输出的频率信号减少，频率转换器输出电流信号也相应减少，调整箱输出电压信号下降，即荷重传感器的供桥电压下降，荷重传感器输出值（实测值）也下降，直到实测值与给定值相等，也就是实际给料量与生产要求的给料量相等时，系统处于平衡，即完成了一个调节过程。反之，如果实测值小于给定值，则上述过程相反变化，这样就自动地把瞬时给料量维持在给定值范围内，从而实现了自动定量给料。

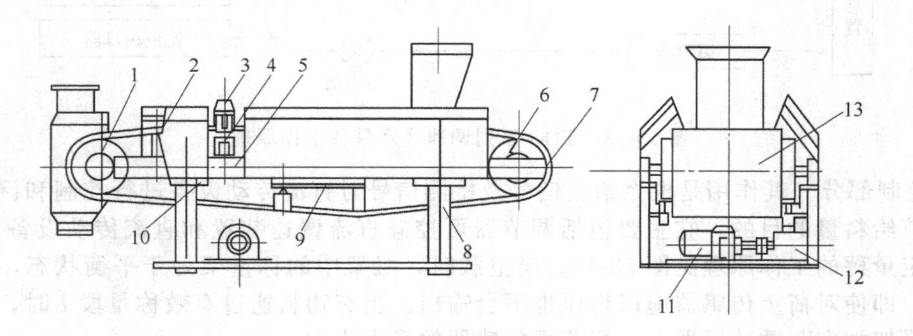

图 13-20 TDG 系列调速式定量秤的机械机构

1—主传动轮；2—托辊；3—称量装置；4—荷重传感器；
5—秤体；6—从动轮；7—调节螺栓；8—机架；9—皮带轮；
10—拆卸安装块；11—减速机；12—电动机；13—环形胶带

13.4.2.2 TDG 系列调速式定量秤的机械结构

该机机械结构如图 13-20 所示，主要包括机架、主动轮、从动轮，固定托辊、称量托辊、称量架、环形胶带和自动张紧装置。传动装置包括直流电动机和蜗轮减速机。电动机转速由 SZMB-3 型转速传感器检测，称量段上的物料质量由 BHR-3 型荷重传感器检测经过转换后由二次仪表指示瞬时给料量和显示一段时间内的累积给料量。

13.4.3　螺旋计量秤

螺旋计量秤由悬臂式螺旋输送机和流量显示控制检测仪等部件组成。螺旋输送机连续输送物料，荷重传感器监测，集成电路完成放大、自动调节和计数。以数字显示瞬时流量和累积量。该秤用于回转窑的煤粉计量、煤自动配合及入窑生料稳流等工艺环节，显示了它简单、可靠、满足生产要求的特点。

螺旋计量秤的原理见图 13-21。

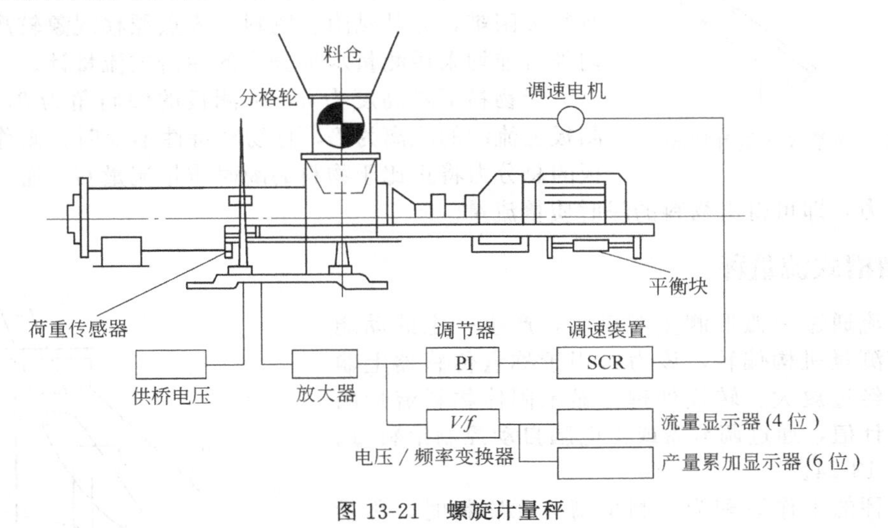

图 13-21　螺旋计量秤

13.4.4　简易型螺旋计量秤

将恒速式螺旋输送机水平支承于普通磅秤上，通过安装在磅秤计量秤上的压力传感器获得变量信号，由专用控制仪器显示流量和累积计量，见图 13-22。

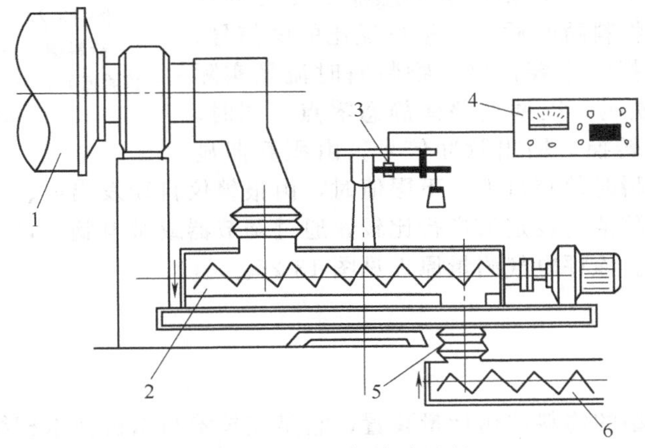

图 13-22　简易型螺旋计量秤

1—磨机；2—恒速式计量输送机；3—压力传感器；4—数字计算仪；5—软接头；6—螺旋输送机

13.4.5　冲击式流量计

冲击式流量计能够在密闭条件下对粉料或粒状物料的质量流量进行连续测量，与各种现有仪表配套指示、记录、计算和控制等。

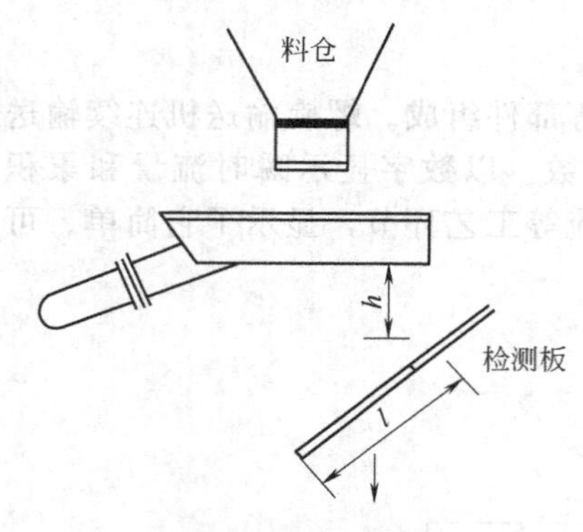

图 13-23　冲量式流量计原理

冲击式流量计是以动量原理工作的，如图 13-23 所示，物料从具有一定高度 h 的给料器自由下落，打在检测板上产生一个冲击力并且反弹起来后又落到检测板上流下去，此时物料又与检测板之间产生一个摩擦力，而冲击力和摩擦力的合力与被测物料的瞬时质量流量 G 成正比。上述合力，可分解成水平分力和垂直分力，因此冲击式流量计有两种测量方法，即测量水平分力和垂直分力。一般来说测量垂直分力有很多困难，尤其黏附性物料，零点漂移现象较严重，故国内外目前均采用测量水平分力的冲击式流量计。

当物料下降高度为 h，检测板的倾斜角为 θ，物料在检测板上流动的距离为 L，且物料特性不变时，则作用于检测板的总分力将正比于物料的瞬时质量流量 G。通过仪表检测出总水平分力，即可得出物料的瞬时质量流量。

13.4.6　溜槽式流量秤

当物料流通过一弧形测量溜槽时，产生一定的动能和作用力使测量机构偏转，该力作用于称量传感器上输出电信号，经过放大、转换处理，显示固体物料流量的瞬时值与累计值，通过调节器或微电脑自动控制给料量。其结构见图 13-24。

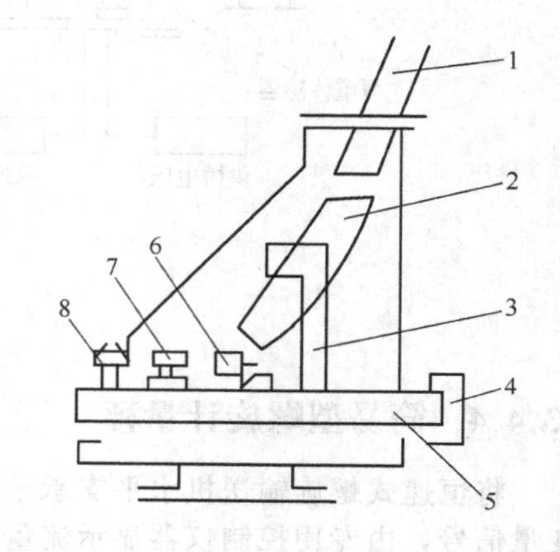

图 13-24　溜槽式流量秤结构

1—给料槽；2—测量槽；3—支撑杠杆；4—校验砝码；5—水平杠杆；6—十字弹簧片；7—称量传感器；8—螺钉

该计量秤的工作原理为：测量槽 2 无物料时，称量支撑杠杆 3 和水平杠杆 5 处于水平状态，称量传感器 7 不受力的作用，无信号输出，此时处于零点状态。

当物料通过给料机和给料槽 1，经过测量槽 2 时，在物料颗粒的重力和动能作用下，测量槽 2 的杠杆系统 3 和 5 将绕十字弹簧片 6 转动，则称量传感器 7 受力的作用，输出一个与被测物料瞬时质量流量成反比的电信号，该信号经过放大、由指示报警仪显示物料瞬时流量实际值（t/h）。4 是校验砝码，以调整秤体静态零点。同时，该信号经过电压频率转换，输出脉冲信号，由积算器显示累积流量。当给料瞬时值超过上、下限值时，由报警仪自动发出声、光信号。为了能自动定量控制给料量，将实际值与设定值进行比较，通过调节器或微电脑，自动控制给料量并且保持给料量的均匀和稳定。该秤电气测量原理见图 13-25。

13.4.7　核子秤

13.4.7.1　概述

核子秤是一种新型的物料传输计量装置，它是核技术与微机技术相结合的产物，广泛应用于矿山、冶金、水泥、化肥、电力、轻工、港口等多种行业，除用于皮带输送机外，还可以用于履带式、链斗式、刮板式、螺旋式等输送机，以及斗式提升机等多种运输机械。

核子秤是利用 γ 射线穿透输送机上的物料时一部分被吸收的原理而进行工作的，放射源及 γ 射线探测器均不接触输送机和物料。主要优点有以下几个方面。

① 不受物料的物理化学性质的影响，不受输送机的振动、厚度、惯性、磨损等因素的影响。

② 动态测量精度高，性能稳定，工作可靠。

③ 结构简单，安装维修方便，不影响输送机的正常工作，也不需要对原有输送装置作较大的改动。

④ 可在恶劣的环境下工作。

⑤ 适用范围广，除皮带输送机外，还可以用于其他结构的物料输送机。

⑥ 微机的功能强，可显示多种监测参数，进行打印与报警，并可给出多种模拟量或开关量信号供用户使用。

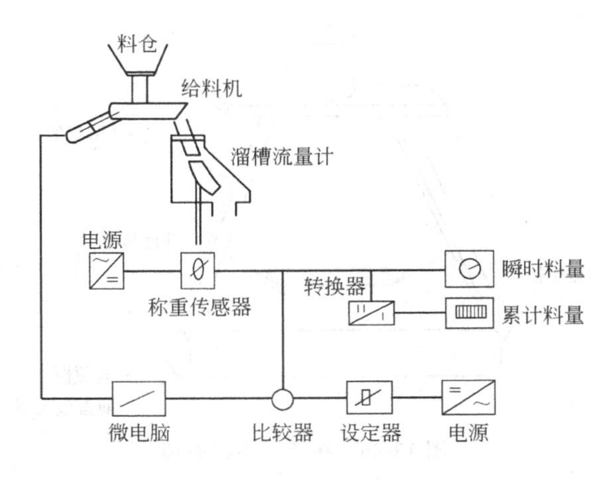

图 13-25　溜槽式流量秤电气原理

像任何一种计量仪器一样，核子秤也有一定的局限性与适用范围。核子秤是利用物料对射线的吸收进行计量的，如果物料厚度、粒度、成分、堆积形状变化过大，对 γ 射线的吸收就不完全相同，从而可能影响核子秤的精度。但根据大量的实验表明，如果实物定标时的流量与正常流量相似，那么，即使物料的物理形状有较大变化，流量在正常流量附近相当宽的范围内变化时，核子秤仍能保证秤的精度。

数字显示核子秤整机具有精度高、体积小、操作简便、抗干扰性能强、传输距离远等特点，尤其是适应性强，可在各种气候、温度、湿度及其他恶劣下可靠工作。

13.4.7.2　工作原理

核子秤是利用物质吸收 γ 射线的原理研制的，包括源部件（放射源和防护铅罐）、A 型支架、γ 射线探测器、前置放大器、速度传感器及微机和电源系统等部分组成（见图 13-26），被测物料由 A 型支架中间穿过。

放射源放出的 γ 射线照射到物料上，其中一部分被物料吸收，一部分穿过物料射到 γ 射线探测器上，物料越多，被吸收的 γ 射线越多，由于放射源发出的 γ 射线数量是个常数，所以射线探测器接收到的 γ 射线也就越少。因此，γ 射线探测器接收的射线量唯一反映物料多少。

由 γ 射线与物质相互作用原理可知，γ 射线穿透物料后其强度按指数律变化

$$N = N_0 \exp(-\mu \frac{F}{S}) \tag{13-9}$$

式中　F——每米装载量，kg/m；

N_0——空带时 γ 射线的强度；

N——带上有物料时 γ 射线的强度；

μ——吸收系数；

S——输送机宽度。

γ 射线的探测器输出的电流与接收到的 γ 射线强度 N 成正比，而前置放大器输出的电压 U_0 正比于 γ 射线探测器的输出信号 I，因此由式（13-9）可得到

$$F = -\frac{S}{\mu}\ln\frac{N}{N_0} = -\frac{S}{\mu}\ln\frac{U}{U_0} \tag{13-10}$$

具体到一个计量系统，S/μ 为常数，可令该常数为 $A=S/\mu$，则式（13-10）可写成

$$F = A\ln\frac{U}{U_0} \tag{13-11}$$

只要测出无物料时的 U_0 和有物料的 U 值并通过定标，确定出 A 值，就可计算出输送机物料负荷 F（kg/m）。

核子秤是在线动态计量仪器，测量的主要参数是物料的流量和累计量。物料是以速度 v 通

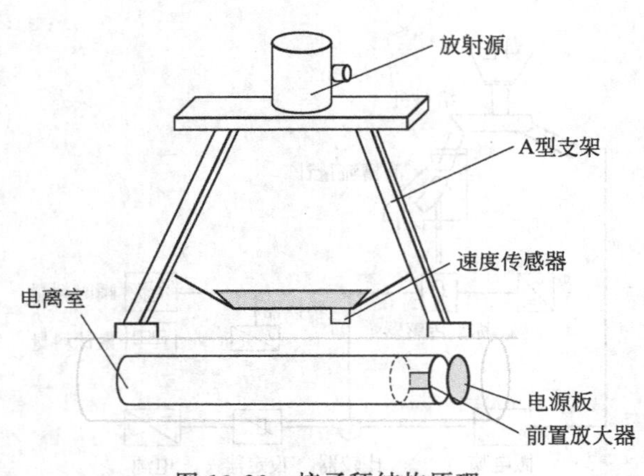

图 13-26　核子秤结构原理

过γ射线作用区的，V可以用测速装置测得。关系如下

$$V=k_1V_c+k_2 \tag{13-12}$$

式中　V_c——速度信号；

k_1，k_2——速度常数，当速度为恒速时 $k_1=1$，$k_2=0$。

则单位时间内流过的物料质量为

$$W=VF \tag{13-13}$$

式中　W——每秒运送量，kg/s；

V——皮带速度，m/s。

由计算机对输送量进行累加，就可以得到累计量，然后进行显示和按时打印。

核子秤用途十分广泛，特别适用于环境条件恶劣的各种工业现场，核子秤称量各物料的最大特点是“非接触性”，所以其测量不受输送带张紧度、挺度、跑偏的影响，不受振动、机械冲击、过载等因素的影响，测量精度为0.5%～1%，稳定性、可靠性高，主机、探测器均采用特殊温度补偿电路，确保零点稳定，一般一年标定一次即可。

13.4.7.3　核子秤的维护

由于核子秤所采用的放射源是一种对人体有危害的物质，所以其日常维护就显得比较重要。但也不必过度“谈秤色变”。只要维护得当，一般不会造成人身伤害事故。所以，日常维护须注意以下几点：

① 核子秤须由熟识原理、接线和操作的专人负责；

② 工作室注意防尘，通风，保持主机清洁；

③ 停电关机，电网电压稳定后方可开机；

④ 出现故障，由专业人员修理；

⑤ 放射源专人保管，专人操作，防止丢失；

⑥ 电离室套筒上表面不得积垢太厚；

⑦ 维修、校验和重新标定后，应及时填写技术档案。

13.4.7.4　放射源安全注意事项

核子秤所使用的放射源，装在铅罐中，在现有防护条件和实际采用的放射源的强度下，可以说，只要使用单位对放射源实行严格管理，放射源安全是有保证的。放射源使用、操作、保管必须注意以下事项。

① 安全使用核子秤前必须向当地防疫站及公安部门申请放射源使用许可证。装有放射源的铅罐必须在本单位安全保卫部门登记备案。并指定责任心强的人专人管理。铅罐上的锁应经常锁着，绝不允许把铅塞拨出。更不允许无故把放射源从铅罐内取出。如果发现放射源丢失应立即报告上级部门并迅速找回。

② 没有必要时，不要在铅罐附近长时间逗留。在安置放射源的地方要有明显的标志。若要检查有无γ射线从准直孔射出，应该用装好探头的仪器，根据它的指示判别。

③ 若放射源长时间不用，应把铅罐的准直孔转向上方。锁好、存在库房，专人负责，妥善保管。保卫部门要定期检查。

④ 经过一段时间使用，由于放射源衰减，强度已不符合工作需要时，绝对不允许随意丢失，也不允许就地深埋，应与当地卫生部门和安全部门联系，可以移作其他用途，或者作为放射源废物长期储存。

⑤ 应尽可能降低四周的射线剂量水平。在安装就位后可以在铅罐外四周加上附加屏蔽阻

挡物。

⑥ 由于工业现场灰尘较多，逐渐积在铅塞的缝隙中，时间久了使铅塞不易转动，所以安装时应采取防范措施。

参考文献

[1] 潘孝良等 硅酸盐工业机械过程及设备（上）[M]，武汉：武汉工业大学出版社，1993.
[2] 张庆今．硅酸盐机械设备 [M]．广州：华南理工大学出版社，1993.
[3] 白礼懋．水泥工艺设计实用手册 [M]．北京：中国建筑工业出版社，1997.
[4] 林云万．陶瓷工业机械设备 [M]．武汉：武汉工业大学出版社，1993.
[5] 水泥厂工艺设计编写组．水泥厂工艺设计手册（下）[M]．北京：中国建筑工业出版社，1978.
[6] 张荣善．散料输送与贮存 [M]．北京：北京工业出版社，1994.
[7] 韩仲琦等．粉体工程词典 [M]．武汉：武汉工业大学出版社，1999.
[8] 张少明等．粉体工程 [M]．北京：中国建材工业出版社，1994.
[9] 柴小平．水泥生产辅助机械设备 [M]．武汉：武汉工业大学出版社，1996．
[10] Prerry. RH 化学工程手册 [M]．粉粒体的输送及固体和液体的包装．北京：化学工业出版社，1992.
[11] GB/T 10595—2009 带式输送机 [S]．
[12] GB/T14784—1993 带式输送机安全规范 [S]．
[13] JB/T 7679—2008 螺旋式输送机 [S]．
[14] JB/T 3926—2014 垂直斗式提升机 [S]．
[15] JC/T 459.1—2006 水泥工业用环链斗式提升机 [S]．
[16] JC/T 460.1—2006 水泥工业用胶带斗式提升机 [S]．
[17] GB/T 10596—2011 埋刮板输送机 [S]．
[18] JC/T 463—2006 水泥工业用气力提升泵 [S]．
[19] JC/T 462—2006 水泥工业用螺旋泵 [S]．
[20] JC/T 461—2006 水泥工业用仓式泵 [S]．
[21] GB/T 10595—2009 带式输送机 [S]．
[22] JB/T 8114—2008 电磁振动给料机 [S]．
[23] GB/T 7721—2007 连续累计自动衡器（电子皮带秤）[S]．
[24] SH/T 3152—2007，石油化工粉粒产品气力输送工程技术规范 [S]．
[25] JB/T 8470—2010，正压浓相飞灰气力输送系统 [S]．
[26] Liang-Shi Fan，Chao Zhu，Principles Of Gas-Solid Flows. Cambridge：Cambridge University Press，2005.
[27] 王鹰，朱建明．封闭带式输送机发展概况 [J]．起重运输机械，2001，(3)：1-7.
[28] 王鹰，杜群贵等．环保型连续输送设备—圆管状带式输送机 [J]．机械工程学报，2003，39 (1)：149-158.
[29] 宋瑞宏，倪新跃等．我国气垫带输送机的现状与发展 [J]．江苏工学院学报，2006，18 (2)：61-64.

第14章 粉尘的危害与防护

14.1 概述

14.1.1 粉尘的来源

工业生产、交通运输和农业活动中会产生大量粉尘。据统计，农业粉尘约占粉尘总量的14%，大量的粉尘来源于工业生产和交通运输，尤其是建材、冶金、化学工业、工业与民用锅炉等产生的粉尘最为严重。下列活动和过程产生大量粉尘：①物料的破碎、粉磨；②粉状物料的混合、筛分、运输和包装；③燃料的燃烧；④汽车废气中的溴化铅和有机物组成的颗粒；⑤金属粒子的凝结、氧化。

此外，风和人类的地面活动会产生土壤尘，其粒径一般大于1μm，容易沉降但又不断随风飘起。

14.1.2 粉尘的分类

依照粉尘的不同特征，可按下列方法进行粉尘的分类。

(1) 按粉尘的形状分类

① 粉尘　固体物质的微小颗粒，其粒径一般小于140μm。

② 烟尘　由于燃烧和凝结生成的细小颗粒，粒径范围为0.01～1μm。

③ 烟雾　在高温下由金属氧化的蒸气凝结而成的微粒，它是烟的一种类型，粒径为0.1～1μm。

(2) 按粉尘的理化性质分类

① 无机粉尘　矿物性粉尘（如石英、石棉、滑石粉等)、金属粉尘（如铁、锡、铝、锰、铍及其氧化物等）和人工无机粉尘（如金刚砂、水泥、耐火材料等)。

② 有机粉尘　植物性粉尘（如棉、麻、谷物、烟草等)、动物性粉尘（如毛发、角质、骨质等）和人工有机粉尘（如有机染料、炸药等)。

③ 混合性粉尘　各种粉尘的混合物。大气中的粉尘一般是混合性粉尘。

(3) 按粉尘颗粒大小分类

① 可见粉尘　用眼睛可以分辨的粉尘，粒径大于14μm。

② 显微粉尘　在普通显微镜下可以分辨的粉尘，粒径为0.25～14μm。

③ 超显微粉尘　在超高倍显微镜或电子显微镜下才可分辨的粉尘，粒径<0.25μm。

此外，按粉尘在大气中滞留时间的长短，可分为飘尘和降尘。粒径小于14μm的粉尘称为飘尘，它们可游浮于空气中数小时、数天甚至数年；粒径大于14μm的粉尘称为降尘，它们有明显的重力沉降趋势。

14.1.3　粉尘的性质及其危害

(1) 粉尘的化学性质　粉尘的化学成分直接决定粉尘对人的机体的有害程度。有毒的金属粉尘和非金属粉尘（铬、锰、镉、铅、汞、砷等）进入人体后，会引起中毒以至死亡。吸入铬尘能引起鼻中隔溃疡和穿孔，使肺癌发病率增加；吸入锰尘会引起中毒性肺炎；吸入镉尘能引起肺气肿和骨质软化等。

无毒性粉尘对人体危害也很大。长期吸入一定量的粉尘，粉尘在肺内逐渐沉积，使肺部的进行性、弥漫性纤维组织增多，出现呼吸机能疾病，称为肺尘埃沉着病（旧称尘肺）。吸入一定量的二氧化硅的粉尘，会导致肺组织硬化，发生肺沉着病（旧称硅肺、矽肺）。

(2) 粉尘的分散度　粉尘的分散度是指粉尘中不同大小颗粒的组成。不同大小的粉尘颗粒在呼吸系统各部位的沉积情况各不相同，对人体的危害程度也不相同。一般而言，粒径大于 140μm 的尘粒很快在空气中沉降，对人体的健康基本无害；粒径大于 14μm 的尘粒一般会被阻留于呼吸道之外；粒径为 5～14μm 的尘粒大部分通过鼻腔、气管等上呼吸道时被这些器官的纤毛和分泌黏液所阻留，经咳嗽、喷嚏等保护性反射而排出；粒径＜5μm 的尘粒则会深入和滞留在肺泡中（部分＜0.4μm 的粉尘可在呼气时排出）。

粉尘颗粒越细，在空气中停留的时间越长，被吸入的机会就越多。微细粉尘的比表面积越大，在人体内的化学活性越强，对肺的纤维化作用越明显。另外，微细粉尘具有很强的吸附能力，很多有害气体、液体和金属元素都能吸附在微细粉尘上而被带入肺部，从而引发急性病或慢性病。1952 年 12 月 5 日至 9 日，英国伦敦连续五天大雾无风，工厂排出的烟尘和二氧化硫在上空积聚不散，二氧化硫以 5μm 以下微细粉尘为载体而被吸入肺泡，结果造成两星期内死亡 4000 人的“伦敦烟雾事件”。可见，粒径小于 5μm 的粉尘对人体健康危害最大，这部分粉尘也称为“吸入性粉尘”。粒径大于 5μm 的粉尘则影响机器的寿命。

(3) 粉尘的光学性质和能见度　粉尘的光学性质包括粉尘对光的散射、反射、吸收和透光程度。大气中的粉尘对光的散射会明显降低大气的能见度。这种大气污染现象在人口和工业密集度较高的城市中尤为严重。

(4) 粉尘的自燃性和爆炸性　物料被粉磨成粉状时，其表面积和系统的自由表面能均显著增大，从而提高了粉尘颗粒的化学活性，特别是提高氧化生热的能力，在一定情况下会转化成燃烧状态，此即粉尘的自燃性。自燃性粉尘造成火灾的危险非常大，必须引起高度重视。

可燃性悬浮粉尘在密闭空间内的燃烧会导致化学爆炸，此即粉尘的爆炸性。发生粉尘爆炸的最低粉尘浓度和最高粉尘浓度分别称为粉尘爆炸的下限浓度和上限浓度。处于上、下限浓度之间的粉尘属于有爆炸危险的粉尘。

爆炸危险最大的粉尘（如砂糖、胶木粉、硫及松香等），爆炸的下限浓度小于 $16g/m^3$；有爆炸危险的粉尘（如铝粉、亚麻、页岩、面粉、淀粉等），爆炸下限浓度为 $14\sim65g/m^3$。

对于有爆炸危险和火灾危险的粉尘，在通风除尘设计时必须给予充分注意，采取必要措施。

14.2　粉尘对呼吸系统的影响

14.2.1　颗粒在呼吸系统的穿透、沉积

粉尘由各种不同粒径的尘粒组成，不同粒径的尘粒在呼吸道内的滞留率不同，沉积在肺部的粉尘称为呼吸性粉尘。粉尘浓度则是判断作业环境的空气中有害物含量对人体危害程度的

量值。

生产性粉尘：在生产过程中产生的能较长时间浮游在空气中的固体微粒。

习惯上，将总悬浮颗粒物按照粒径的动力学尺度大小分类如下。

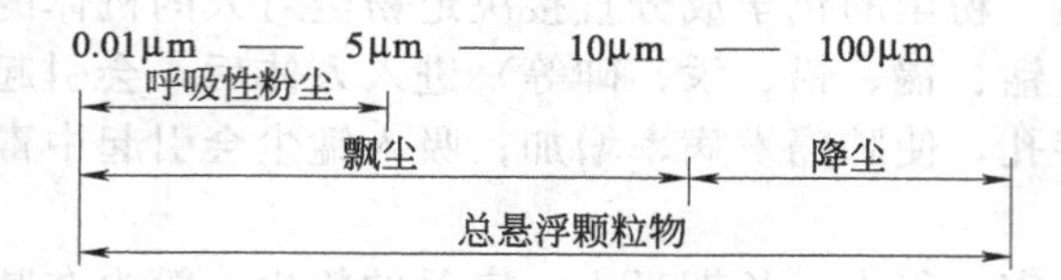

研究表明，动力学尺度为$d>14\mu m$的尘粒被人的鼻毛阻止于鼻腔；$d=2\sim14\mu m$的粒子中约90%可进入并沉积于呼吸道的各个部位，被纤毛阻挡并被黏膜吸收表面组分后，部分可以随痰液排出体外，约14%可到达肺的深处并沉积于其中；$d<2\mu m$的粒子可全部被吸入直达肺中，其中$0.2\sim2\mu m$的粒子几乎全部沉积于肺部而不能呼出，小于$0.2\mu m$的粒子部分可随气流呼出体外。根据人体内粉尘积存量及粉尘理化性质的不同，可以引起不同程度的危害。

（1）粉尘对人体的危害　粉尘对人体的危害主要表现在以下几个方面。

① 对呼吸道黏膜的局部刺激作用　沉积于呼吸道内的颗粒物，产生诸如黏膜分泌机能亢进等保护性反应，继而引起一系列呼吸道炎症，严重时引起鼻黏膜糜烂、溃疡。

② 中毒　颗粒物在环境中的迁移过程可能吸附空气中的其他化学物质或与其他颗粒物发生表面组分交换。表面的化学毒性物质主要是重金属和有机废物，在人体内直接被吸收产生中毒作用。

③ 变态反应　有机粉尘如棉、麻等及吸附着有机物的无机粉尘，能引起支气管哮喘和鼻炎等。

④ 感染　在空气中长时间停留的粉尘，会携带多种病原菌，经吸入引起人体感染。

⑤ 致纤维化　长期吸入矽尘、石棉尘可引起进行性、弥漫性的纤维细胞和胶原纤维增生为主的肺间质纤维化，从而发生尘肺病，这是粉尘生产现场人员最容易发生的职业病之一，也是人们比较了解和普遍关心的粉尘导致的疾病。如果适当加以防护（如戴防护口罩）可以使危害大大降低。

（2）粉尘的环境健康效应　为了进一步认识粉尘对生物的危害，人们运用表面化学、电化学和细胞培养等方法以及IR、XRF、UV等谱学和电子微束手段对多种由矿物形成的粉尘的特征、表面官能团活性位分析以及电化学、溶解、毒性等进行了综合研究，试图对粉尘的表面化学活性、生物活性、生物持久性、生物毒性、环境安全性等多方面进行联合评价。研究范围不再仅仅涉及生产现场的矿物粉尘，也涉及这些粉尘在环境中的远距离迁移行为及迁移过程中表面组成的物理化学及生物变化。

① 矿物粉尘的表面官能团　粉尘的表面特征是粉尘控制生物活性的关键因素。对矿物粉尘的处理、研究结果表明，矿物晶片剥离将使表面官能团进一步暴露，粉尘表面—OH—、—O—Si—O—残基含量增高，粉尘受环境中各种化学作用增加了表面缺陷和空隙，从而增强了表面官能团的可溶解性、电离性和对其他物质的吸附能力。被活化的粉尘表面可与体液、血清、血浆、血红细胞、细胞及组织残片发生选择性吸附及离子交换作用。在人体内无机盐对含有OH^-或可以离解出OH^-的粉尘有明显的侵蚀作用并生成可溶性复盐。

② 粉尘的生物持久性　粉尘在人体内滞留期间有持续长时间的作用过程。体外试验表明，粉尘在多种有机酸（如体内存在的乙酸、草酸、柠檬酸、酒石酸等）中的溶解过程包括使阳离子析出的酸碱中和反应和非晶SiO_2再溶解形成含硅有机配合物的两个反应历程。粉尘在体内的溶解速率取决于表面物质的溶解度，并与酸浓度呈近似线性关系。

③ 粉尘的毒性　粉尘对细胞膜的毒性主要表现在对膜的通透性、流动性和形态的影响。

吸入肺中的粉尘嵌入肺泡巨噬细胞膜是其生物活性的主要表现形式，粉尘类别不同时，巨噬细胞的电泳率也不同。纤维粉尘与细胞接触的表面增粗并被膜绒毛所包裹，粉尘对巨噬细胞的毒性与其表面官能团—OH—、—O—Si—O—有关；对细胞的损伤机制是细胞膜脂质的过氧化。研究还表明，吸烟者吸入尼古丁对粉尘的毒性有一定的协同作用。

④ 粉尘的吸附行为　粉尘在体内对血清物质具有选择性吸附作用，脂类物质的被吸附能力最强。几乎所有纤维状粉尘都会对血红细胞产生吸附。

⑤ 粉尘在体内的变化　某些粉尘（如青石棉）在体内有一定的迁移性、溶解性和变异性。一般情况下，粒径大于14μm的粉尘易被阻留在鼻咽部，对于粒径小于14μm的粉尘，其穿透能力随粒径的减小而增加。直径小于或接近1μm的尘粒，大多会渗入肺泡，而粒径为2μm的尘粒则全部沉积在肺部。尘粒沉积率随粒径减小而降低，粒径为0.5μm的粒子沉积率最低；粒径为3μm的粉尘约65%～70%沉积在鼻腔，25%～30%沉积在肺部，5%～14%沉积在有纤毛区。

不同粒径的粉尘在呼吸系统中的沉积率如图14-1所示。

粉笔尘浓度为1.82～21.7 mg/m³，此浓度高于作业场所14mg/m³的卫生标准。分散度测定结果表明，粉笔尘分散度较高，教师作业处粒径小于5μm的微粒占72.15%。粉笔尘中游离SiO_2含量低，平均为3.25%。

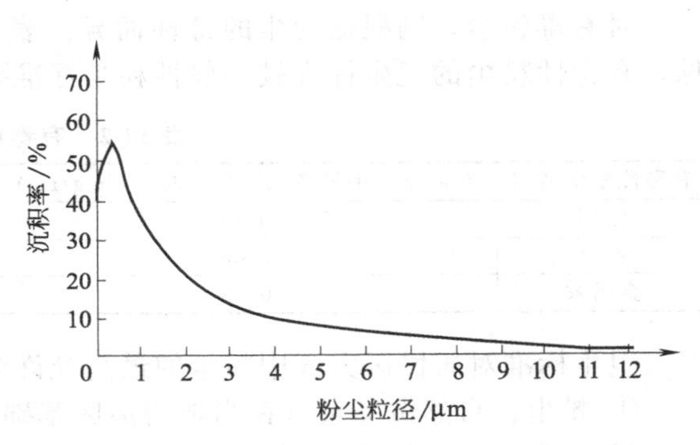

图14-1　不同粒径的粉尘在呼吸系统中的沉积率

陶瓷原料中除高岭土、瓷石和瓷釉等外，还有滑石、石膏以及某些有机溶剂配料等，长期接触这些混合性粉尘的工人，因鼻腔、咽喉持续受到刺激而出现毛细血管扩张，黏膜红肿、肥厚或干燥等病变，加上外界一些因素（如烟气、病原体等）的联合作用，会导致上呼吸道疾病（如鼻炎、咽炎等）。

石棉是具有纤维状结构的硅酸盐矿物的总称，含镁和少量铁、镍、铝、钙、钠等元素。石棉主要分为蛇纹石及角闪石两大类。蛇纹石类石棉中用途最广的是温石棉，由于其抗拉强度高、不易断裂、耐火性强、隔热及电绝缘性好、耐酸、碱腐蚀等特点，成为良好的防火、隔热、绝缘、制动、衬垫等材料。石棉矿的开采、选矿以及石棉制品的加工过程中，作业人员都不可避免地接触石棉粉尘。长期吸入大量的石棉粉尘就会引起石棉沉着病。

石棉沉着病的发病机理目前尚不十分清楚。过去一般认为，石棉粉尘系长而尖的纤维、吸入支气管壁和肺泡壁可引起机械性损伤。现在有人认为，吸入的石棉纤维主要沉积在小细支气管、肺泡腔和肺间质内溶解，硅酸与次级溶酶体膜形成氢键，改变了膜的通透性，而水解酶释放到细胞浆中，使巨噬细胞崩解死亡，从而导致肺组织纤维化。没有被吞噬的石棉纤维，还可以穿过肺组织到胸膜，引起胸膜增厚或炎症和间皮瘤，其基本病理改变特点是弥漫性肺间质纤维化、纤维性胸膜斑、纤维化灶样改变及形成“石棉小体”，这就是医学上说的石棉沉着病。

大量研究表明，进入人体内的稀土粉尘，其毒性大小与稀土化合物的种类及其化学特性特别是可溶性有关。一般重稀土毒性大于轻稀土，稀土盐类的毒性大小的顺序是氯盐＜硫酸盐＜硝酸盐，稀土氧化物的毒性低于其氯盐。稀土氧化物或氢氧化物的可溶性很小或不溶，但经呼吸道进入体内的稀土氧化物粉尘可在肺部滞留较长时间，从而引起肺的纤维性病变。稀土粉尘标准系指含游离SiO_2＜10%的稀土粉尘。CeO_2及铈类混合稀土粉尘、Y_2O_3及钇类混合稀土粉尘的车间空气中最高容许浓度均为3mg/m³。

14.2.2 摄入颗粒的临界值

在有尘粉存在的各种地区，粉尘浓度越大，吸入肺中的粉尘量越多，对人体危害越大。

粉尘浓度定义：单位体积空气中所含的粉尘质量称为粉尘浓度，通常以 mg/m^3 或 g/m^3 表示。

我国现行的工业企业设计卫生标准对生产性粉尘是按游离 SiO_2 的含量来确定作业区浓度的。

表 14-1 中列出了部分粉尘的卫生标准

表 14-1 生产性粉尘的卫生标准

粉 尘 名 称	车间空气中最高允许含尘埃度/(mg/m^3)
含 14%以上游离 SiO_2 的粉尘	2
含 80%以上游离 SiO_2 的粉尘	≤1
含 14%以下游离 SiO_2 的粉尘	4
含 14%以上游离 SiO_2 的水泥粉尘	6
无毒性生产性粉尘	14

对有毒粉尘，则根据粉尘的毒性而异。表 14-2 中列出了部分有毒性粉尘的卫生标准。可见，有毒性粉尘的卫生标准较一般性粉尘标准要高得多。

表 14-2 有毒粉尘的卫生标准

有毒性粉尘名称	车间空气中最高允许含尘埃度/(mg/m^3)	有毒性粉尘名称	车间空气中最高允许含尘埃度/(mg/m^3)
铅烟	0.03	V_2O_5 烟	0.1
铅尘	0.05	V_2O_5 粉尘	0.5
金属汞	0.01	铍及其化合物	0.01

卫生标准对居民区大气中粉尘的最高允许浓度的规定如下。

① 粉尘：自然沉降量（在当地清洁区基础上允许增加的数值）≤3t/km²·月。

② 烟尘：一次性浓度≤0.15mg/m³，日平均浓度≤0.05mg/m³。

③ 飘尘：一次性浓度≤0.5mg/m³，日平均浓度≤0.15mg/m³。

④ 汞：日平均浓度≤0.0003mg/m³。

⑤ 铍：日平均浓度≤0.00001mg/m³。

除了最高允许含尘浓度外，还根据粉尘浓度超标倍数来表示粉尘的危害程度。所谓粉尘浓度超标倍数，即在工作地点测定空气中粉尘浓度超过该种生产性粉尘的最高容许浓度的倍数。

我国于 1986 年颁布的《生产性粉尘作业危害程度分级》（GB 5817—1986）中对生产性粉尘作业危害程度的分级见表 14-3。其中，石棉尘属于人体致癌性粉尘，列入本标准中游离二氧化硅大于 70%一类。

表 14-3 生产性粉尘作业危害程度分级表

生产性粉尘中游离二氧化硅含量/%	工人接尘世间肺总通气量/[L/(d·人)]	生产性粉尘超标倍数							
		0	−1	−2	−4	−8	−16	−32	−64
≤14%	−4000								
	−6000								
	>6000	0	Ⅰ		Ⅱ		Ⅲ		Ⅳ
14%～40%	−4000								
	−6000								
	>6000								
40%～70%	−4000								
	−6000								
	>6000								
>70%	−4000								
	−6000								
	>6000								

也可用超标比的概念。超标比的定义为

$$B=G/G_0 \tag{14-1}$$

式中 B——呼吸性粉尘浓度超标比；

G——呼吸性粉尘浓度实测值，mg/m^3；

G_0——呼吸性粉尘浓度卫生标准，mg/m^3。

14.2.3 粉尘致病的机理

矿物纤维粉尘的生物活性及由此致病和致突变机制的复杂性，不同学者根据流行病学调查、动物试验、体外试验的研究成果提出了不同的致病假说。

建立在生物解剖学和粉尘空气动力学基础上的“纤维形态假说”强调矿物粉尘的纤维形态特征和机械刺入作用是其致病的重要因素，但该假说难以解释不同物质在同一长度和直径下致癌性或生物活性相差甚远的事实。

强调矿物纤维粉尘在生物体内的“持久性假说”则认为，矿物纤维粉尘持久性（耐蚀性）是解释可被吸入矿物纤维粉尘潜在致病作用的最重要指标，但未探讨矿物粉尘的生物持久性与矿物表面基团特性（电性、表面活性等）间的关系。由于生物体内细胞本身就是带电体，其与带不同电性的矿物粉尘表面活性基团产生相互作用而受损伤，其生物效应及机理是矿物粉尘致病机理研究中的薄弱环节。

许多研究探讨了矿物纤维粉尘表面 ξ 电位引起的生物学危害机理。表 14-4 列出了某些非金属矿物粉尘的 ξ 电位。

表 14-4 几种非金属矿物粉尘的 ξ 电位

序号	试样名称	产 地	处理情况及基本特征	ξ 电位/mV
1	斜发沸石	河南信阳	超声波分散至 10～30μm,原粉	−9.98
2	斜发沸石	河南信阳	0.1mol/L HCl,固：液＝1：50,100℃,处理 1h 后的残余物	−71.6
3	硅灰石	吉林盘石	超细加工至 10～30μm,原粉	−19.7
4	硅灰石	吉林盘石	0.6mol/L HCl,固：液＝1：50,100℃,处理 1h 后的残余物	−31.5
5	纤维状坡缕石	四川奉节	超声波加工至 10～30μm,原粉单体呈长纤维状	−14.1
6	纤维状坡缕石	四川奉节	4mol/L HCl,固：液＝1：50,100℃,处理 1h 后的残余物	−23.9
7	土状海泡石	湖南浏阳	超声波分散至 10～30μm,原粉单体呈短纤维状	−18.8
8	土状海泡石	湖南浏阳	超声波分散至 10～30μm,溶血试验残余物	−17.9
9	纤维状海泡石	湖北广济	超声波分散至 10～30μm,原粉单体呈较长纤维状	−25.9
10	纤维状海泡石	湖北广济	0.5mol/L HCl,固：液＝1：50,100℃,处理 1h 后的残余物	−15.4
11	蛇纹石	陕西大安	超细加工至 10～30μm,原粉	0.64
12	温石棉	四川石棉矿	超声波分散至 10～30μm,原粉	4.61
13	温石棉	四川石棉矿	0.5mol/L HCl,固：液＝1：50,100℃,处理 1h 后的残余物	−31.0
14	阳起石石棉	湖北大冶	超细分散至 10～30μm,原粉	−17.4

由表 14-4 可看出，除蛇纹石及温石棉外，其他矿物原粉尘表面的 ξ 电位均为负值，这是因为这些矿物粉尘在中性水中释放的是表面的及可交换性的 Ca^{2+}、Mg^{+2}、K^+、Na^+ 等阳离子，尤其是具有一定阳离子交换能力的沸石、坡缕石、海泡石等的 ξ 电位负值较高，而经一定浓度 HCl 处理后的残余物其 ξ 电位负值更高，说明在酸性介质中，进入溶液的阳离子越多，其表面带有越多的负电荷。

硅灰石原粉尘的 ξ 电位为－20mV 左右，用 0.6mol/L HCl 处理后，其 ξ 电位变为－31.8mV，这是因为处于 HCl 水溶液中的硅灰石（$CaSiO_3$），其 Ca^{2+} 大量进入溶液，使其残余物（SiO_2 水化物）表面带更多的负电荷。

纤维坡缕石的 ξ 电位原粉尘为－14.1mV，被 4mol/ L HCl 溶蚀后，其表面 ξ 电位降至－23.9mV，原理同上。

由此可以看出，矿物原粉尘在中性水中的 ξ 电位大多为负值，少数为正值，而用不同浓度的 HCl 处理后，ξ电位大多有所降低，甚至原来ξ电位为正值的温石棉也变为负值。

粉尘表面ξ电位引起的生物学危害机理可从以下几方面解释。

① 人的消化、呼吸系统均为酸性环境，胃液的 pH 值为 0.1～1.9，肺泡拥有巨大的比表面积，是CO_2交换的主要场所，其 P_{CO_2}=4.80～5.87kPa，能够形成足够的HCO_3^-、CO_3^{2-}和H^+，也是较强的酸性环境，进入呼吸系统和消化系统的矿物纤维粉尘其ξ电位是负值，而蛋白质、细胞膜等生物大分子在酸性环境中带有较多正电荷，细胞膜外表面电性也为正（内为负），因此，带负电荷的矿物纤维粉尘会与带正电荷的蛋白质、细胞膜等大分子物质发生静电吸引作用，进而发生细胞膜上脂质的过氧化反应。如海泡石经溶血试验残余物的ξ电位值比原粉尘的ξ电位值低，说明海泡石表面的阴离子基团可结合红细胞膜表面的季胺阳离子基团，改变膜脂构型导致溶血，从而破坏红细胞膜而致病。

② 蛋白质在一定的 pH 值溶液中带有同性电荷，而同性电荷相互排斥，因此，蛋白质在溶液中借水膜和电性两种因素维护其稳定性。当带负电荷的矿物纤维粉尘与蛋白质作用时，维护蛋白质稳定性的电性则被中和，即易相互凝聚形成沉淀，使蛋白质发生变性，失去其生物活性，导致生物膜等的损伤而致病。

③ 耐久（酸）性较强的矿物纤维在人体酸性环境中其形态（纤维性）、物性（弹性、脆性）较稳定，不易丧失，被细胞膜静电吸附后易刺伤细胞膜，进一步与细胞中的亲电子物质缓慢作用产生OH^-、OH·、O^{2-}等自由基及H_2O_2，引发脂质过氧化，脂质过氧化的细胞，其膜的完整性，S被破坏，溶酶体膜也被破坏，通透性增大，细胞崩解。如耐久性特强而表面ξ电位为负值的蓝石棉，其生物毒性（致癌性）比耐久性差、在中性或弱酸介质中表面毛电位为正值的温石棉强烈得多。

14.2.4 粉尘防护

粉尘对人体健康、工农业生产和气候造成的不良影响是勿庸置疑的。为了根除粉尘疾病，创造清洁的空气环境，必须加强粉尘控制和防治工作。粉尘防护和治理的措施如下。

① 改革生产工艺和工艺操作方法，从根本上防止和减少粉尘。生产工艺的改革是防治粉尘的根本措施。用湿法生产代替干法生产可大大减少粉尘的产生。用气力输送粉料能有效避免运输过程中粉尘的飞扬。用无毒原料代替有毒原料，可从根本上避免有毒粉尘的产生。

② 改进通风技术，强化通风条件，改善车间环境。根据具体生产过程，采用局部通风或全面通风技术，改善车间空气环境，使车间空气含尘浓度低于卫生标准的规定。

③ 强化除尘措施，提高除尘技术水平。通过各种高效除尘设备，将悬浮于空气中的粉尘捕集分离，使排出气体中的含尘量达到国家规定的排放标准，防止粉尘扩散。

④ 防护罩具技术。从事各种粉尘作业的人员应佩带防尘罩，防止粉尘进入人体呼吸器官，防止粉尘对人体的侵害。

⑤ 防尘规划与管理。园林绿化带有滞尘和吸尘作用。对产生粉尘的厂矿企业，尽量用园林绿化带将其包围起来，以便减少粉尘向外扩散。对产生粉尘的过程（如破碎、研磨、粉末化、筛选等)，尽量采用密封技术和自动化技术，防止和减少操作人员与粉尘接触。

(1) 爆破粉尘的控制　爆破时产生的粉尘浓度可达 600mg/m³，且浮游粉尘中呼吸性粉尘的含量很高，它们会随爆破气浪的膨胀运动迅速向周围扩散弥漫，污染半径可达几十米甚至上百米，直接危害人体健康。

① 水封爆破　借助于炸药爆破时产生的高温高压水进入岩体裂隙或使之汽化形成细微雾滴，从而抑制粉尘产生或减少粉尘飞扬。在水炮泥内的水中加入1%～3%的化学抑尘剂，降低呼吸性粉尘的效果更佳。

② 喷雾降尘　利用喷雾器将微细水滴喷向爆破空间，雾化水滴与随风飘散的粉尘碰撞，使粉尘颗粒黏着在水滴表面或被水滴包围，润湿、凝聚成较大颗粒，在重力作用下沉降下来。

③ 富水胶冻炮泥降爆破尘毒　富水胶冻炮泥的主要成分是水、水玻璃及作为胶凝剂的硝酸铵等低分子化合物，它是一种胶体，具有一定黏性，爆炸时产生的粉尘和有毒气体在高温高压下与富水胶冻炮泥相接触，通过吸附、增重、沉降起到迅速降低烟尘量的作用。其次，部分凝胶在高温高压下还能转化成硅胶，形成具有网状结构的多孔性毛细管，比表面积大，具有很强的吸附能力。另外，富水胶冻炮泥在粉碎成微粒时，凝胶结构被破坏，会析出大量水，在高温高压下呈气态，可使空气中的粉尘湿润、增重、沉降。试验结果表明，富水胶冻炮泥用于爆破时的降尘效率大于93%。

(2) 井下降尘

① 井下气幕阻尘法　采用一种透明的无形屏障——气幕，将未降落的粉尘尤其是呼吸性粉尘隔离在工作区以外，从而降低粉尘对采掘工人的危害。

② 干式凿岩捕尘　目前国内外广泛采用的干式捕尘方法是中心抽尘单机捕尘技术，即采用中心抽尘的捕集系统，将凿岩时产生的粉尘集中送至大型除尘装置中进行处理。

③ 湿式凿岩捕尘　目前湿式凿岩防尘仍侧重于控制炮眼内粉尘的逸出。

(3) 超声雾化捕尘技术

① 超声雾化抑尘器　在局部密闭的扬尘点上安装利用压缩空气驱动的超声雾化器，激发高度密集的亚微米级雾滴迅速捕集凝聚微细粉尘，使粉尘特别是呼吸性粉尘迅速沉降至产尘点上，实现就地抑尘。该方法无须将含尘气流抽出，避免了使用干式除尘器清灰工作带来的二次污染。

② 超声雾化器　采用超声雾化器产生微细水雾来捕截粉尘，用直流旋风器脱去捕尘后的雾。该方法除尘效率高，同时阻力也大幅度下降。

14.3 粉尘爆炸及防护

14.3.1 粉尘爆炸的基本概念

(1) 物质的可燃性　工业生产过程中产生的粉尘，按其是否易于燃烧，大致可分为可燃性粉尘和非可燃性粉尘二类。可燃性粉尘的燃烧可能性一般用相对可燃性表示。在可燃性粉体中加入惰性的非可燃性粉体均匀分散成粉尘云后，用标准点火源点火，使火焰停止传播所需要的惰性粉体的最小加入量（%）即为粉体的相对可燃性。表14-5列出了一些粉体的相对可燃性。

表 14-5　粉体的相对可燃性

粉　体	相对可燃性/%	粉　体	相对可燃性/%
镁	90	合成橡胶成型物	>90
锆	90	木质素树脂	<90
铜	90	碳酸树脂	>90
铁(氢还原)	90	紫胶树脂	>90
铁(羰基化铁)	85	醋酸盐成型物	>90
铝	80	脲醛树脂	80
锑	65	玉米粉	70
锰	40	烟煤粉	65
锌	35	马铃薯粉	57
镉	18	小麦粉	55
醋酸盐树脂	90	烟草粉	20
聚苯乙烯树脂	>90	无烟煤粉	0

由表中数据可以看出，金属粉末的相对可燃性依镁、铁、铝、锑、锰及锌的顺序减弱；天

然有机物的相对可燃性比有机合成物的小，其原因之一是天然有机物与大气的湿度相平衡，因为吸湿而含有水分从而使其可燃性减弱。

值得指出的是，相对可燃性相同时，有机粉体与金属粉末的燃烧机理有所区别。有机粉体受热蒸发分解产生蒸气，一般发生气相反应。在金属粉体中，锡、锌、镁、铝等受热时也产生蒸气，而熔点高的铁、钛、锆等金属粉末的着火燃烧必须直接在表面层发生。

粉尘的可燃性，还可用燃烧热来评价。固体燃烧时会释放出热量，粉尘能否燃烧并发生爆炸，既取决于所释放的能量的大小，又决定于能量释放速率。表 14-6 列出了某些物质的燃烧热。

表 14-6 某些物质的燃烧热

物质种类	燃烧后的产品	燃烧热/(kJ/mol)	物质种类	燃烧后的产品	燃烧热/(kJ/mol)
钙	CaO	1270	铜	CuO	300
镁	MgO	1240	蔗糖	CO_2+H_2O	470
铝	Al_2O_3	1140	淀粉	CO_2+H_2O	470
硅	SiO_2	830	聚乙烯	CO_2+H_2O	390
铬	Cr_2O_3	750	碳	CO_2	400
锌	ZnO	700	煤	CO_2+H_2O	400
铁	Fe_2O_3	530	硫黄	SO_2	300

(2) 粉尘云及其特性　具有一定密度和粒度的粉尘颗粒在空气中所受的重力与空气的阻力和浮力相平衡时，就会悬浮或浮游在空气中而不沉降。这种粉尘与空气的混合物称为粉尘云。

粉尘云首先是粉尘颗粒通过扩散作用均匀分布于空气中形成的悬浊体；其次，粉尘云中的粉尘颗粒一般都是微细颗粒，这些微细颗粒的表面能较大，表面不饱和电荷较多，易于发生强烈的静电作用；另外，由于粉尘云中的固体粉尘颗粒与空气充分接触，如果燃烧条件满足，一旦发生燃烧，其燃烧速率非常快。

对于可燃性粉尘形成的粉尘云，当其中的粉尘浓度达到一定值后，就有可能发生燃烧并爆炸。可以被氧化的粉尘如煤粉、化纤粉、金属粉、面粉、木粉、棉、麻、毛等，在一定条件下均能发生着火或爆炸。因此，粉尘爆炸的危险性广泛存在于冶金、石油化工、煤炭、轻工、能源、粮食、医药、纺织等行业。

(3) 粉尘爆炸　如前所述，可燃性粉尘在燃烧时会释放出能量，而能量的释放速率即燃烧的快慢除与其本身的相对可燃性有关外，还决定于其在空气中的暴露面积，即粉尘颗粒的粒度。对于一定成分的尘粒来说，粒度越小，表面积越大，燃烧速率越快。如果微细尘粒的粒度小至一定值且以一定浓度悬浮于空气中，其燃烧过程可在极短时间内完成，致使瞬间释放出大量能量，这些能量在有限的燃烧空间内难以及时逸散至周围环境中，结果导致该空间的气体因受热而发生急剧的近似绝热膨胀。同时，粉体燃烧时还会产生部分气体，它们与空气的共同作用使燃烧空间形成局部高压。气体瞬间产生的高压远超过容器或墙壁的强度，因而对其造成严重的破坏或摧毁。此即粉尘爆炸。

14.3.2 粉尘爆炸的特点

(1) 发生频率高，破坏性强　粉尘爆炸过程和机理较气体爆炸复杂得多，表现为粉尘的点火温度、点火能普遍比气体的点火温度和点火能高，这决定了粉尘不如气体容易点燃。在现有工业生产状况下，粉尘爆炸的频率低于气体爆炸的频率；另一方面，随着机械化生产程度的提高，粉体产品增多，加工深度增大，特别是粉体生产、干燥、运输、储存等工艺的连续化和生产过程中收尘系统的出现，使得粉尘爆炸事故在世界各国的发生频率日趋增大。

粉尘的燃烧速度虽比气体燃烧速度慢，但因固体的分子量一般比气体的分子量大得多，单位体积中可燃物含量较高，一旦发生爆炸，产生的能量很高，爆炸威力也极大。爆炸时温度普遍高达 2000～3000℃，最大爆炸压力可达近 700kPa。

(2) 粉尘爆炸的感应期长　粉尘着火的机理分析表明，粉尘爆炸首先要使粉尘颗粒受热，然后分解、蒸发出可燃气体，粉尘从点火到被点着的时间间隔称为感应期，其长短由粉尘的可燃性及点火源的能量大小所决定。一般粉尘的感应期约为14s。

(3) 易造成“二次爆炸”　粉尘爆炸发生时很容易扬起沉积的或堆积的粉尘，其浓度往往比第一次爆炸时的粉尘浓度更高；另外，在粉尘爆炸中心，有可能形成瞬时的负压区，新鲜空气向爆炸中心逆流与新扬起的粉尘重新组成爆炸性粉尘而发生第二次、第三次爆炸。由于粉尘浓度大，所以其爆炸压力比第一次高，破坏性更严重。

(4) 爆炸产物容易是不完全燃烧产物　与一般的气体爆炸相比，粉尘中可燃物量相对较多，粉尘爆炸时燃烧的是分解出来的气体产物，灰分来不及燃烧。

(5) 爆炸会产生两种有毒气体　粉尘爆炸时一般会产生两种有毒气体：一种是一氧化碳；另一种是爆炸产物（如塑料）自身分解的有毒气体。

14.3.3 粉尘爆炸机理及发生爆炸的条件

(1) 粉尘爆炸机理　为了更好地了解粉尘爆炸机理，首先应了解粉尘爆炸的历程。同气体爆炸一样，粉尘爆炸是助燃性气体（空气）和可燃物均匀混合后进行的反应的结果。可燃性粉尘爆炸一般经历如下过程：

① 悬浮粉尘在热能源作用下被迅速干馏，放出大量可燃气体；

② 可燃气体在空气中迅速燃烧，并引起粉尘表面燃烧；

③ 可燃气体和粉尘的燃烧放出的热量，以热传导和火焰辐射的形式向邻近粉尘传播。

以上过程循环进行使反应速率逐渐加快，当达到剧烈燃烧时，则发生爆炸。

根据粉尘爆炸过程，粉尘爆炸机理可通过图14-2来描述。

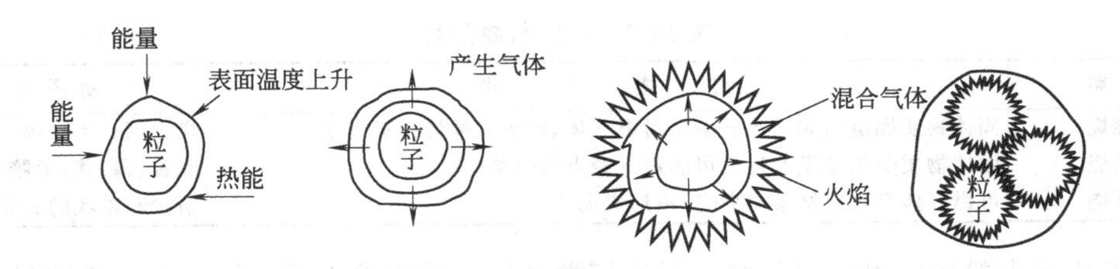

图14-2　粉尘爆炸机理

① 热能作用于粉尘颗粒表面，使其温度上升。

② 尘粒表面分子由于热分解或干馏作用变为气体分布于颗粒周围。

③ 气体与空气混合生成爆炸性混合气体，进而发火产生火焰。

④ 火焰产生热能，加速粉尘分解，循环往复放出气相可燃性物质与空气混合，进一步发火传播。

因此，粉尘爆炸时的氧化反应主要是在气相内进行的，实质上是气体爆炸且氧化放热速率受到质量传递的制约。颗粒表面氧化物气体向外界扩散，外界氧也要向颗粒表面扩散，该扩散速率比颗粒表面氧化速率小得多，形成控制环节因而实际氧化反应放热消耗颗粒的最大速率等于传质速率。

根据偶电层理论，当两个粉体颗粒碰撞时，间距$\leqslant 25\times 14^{-10}$m，同时两种粉体颗粒的逸出功不同时，逸出功小的粉体颗粒会失去电子向逸出功大的粉体颗粒移动，逸出功大的粉体颗粒获得电子，于是在两个粉体颗粒接触面上形成正、负电荷量相等的偶电层。当两个粉体颗粒迅速分离时，因一部分电子不能全部回到原粉体颗粒上去，故粉体颗粒带上了电荷，当颗粒的电荷量足够大时，就会发生放电，引发粉尘爆炸。粉体的饱和电荷体密度ρ_∞为

$$\rho_{\infty}=19.5\beta^{0.74}v^{1.13} \tag{14-2}$$

式中 v——粉体流动速度；

β——粉体载荷量。

粉尘爆炸机理还可从静电作用方面解释。物体之间相互接触、摩擦和撞击，或者固体断裂、液体破碎都会产生静电。粉尘爆炸主要由粉尘产生静电放电所致。在粉体的粉碎、粉磨、运输、剥离、捕集和储存等过程中，尘粒之间以及粉尘与容器之间因发生频繁接触、摩擦、冲击、分离等，使原来电中性粉体和容器带上静电。金属粉粒可因接触而发生电荷的扩散迁移而带电，介质粉粒则在摩擦和冲撞中因热电效应而带电，于是，含有巨大数量粉粒的粉尘体就会积聚起相当大的静电荷，若粉尘的电阻率较大（$>10\Omega\cdot m$），积聚的静电不易泄漏，从而形成很强的静电场，这种带电粉尘就像雷雨天的带电云团一样，又会在周围的物体上感应出相应的异性电荷及静电场。当场强超过粉尘周围的空气或其他媒质的绝缘强度时，就会发生放电现象，并伴有发光、发声和放热现象。伴随着强烈的发光和破坏性声响放出高热能的静电放电是粉尘爆炸的点火源。强烈的电火花可直接点燃可燃性粉粒，而强大的热能可使环境温度骤然上升，导致粉粒表面气化。气化的粒子流迅速扩散，并与空气混合发生强烈氧化，其热能又进一步促使其他粉粒的气化、燃烧，这个过程进行并传播得极快，可在极短时间内引起处于封闭或近似封闭环境中的粉尘爆炸。

（2）粉尘爆炸的条件　凡能被氧化的粉尘在一定条件下都会发生爆炸。粉尘受热时，表面粉尘颗粒分子会分解或干馏出可燃气体分布于周围，然后这些可燃气体与空气混合形成可燃性混合气体，进而产生燃烧现象。由于粉尘颗粒的比表面积很大，最初的燃烧热大部分被颗粒本身吸收，这就加速了上述干馏、分解、混合、点燃的进程，继而发生粉尘的爆炸现象。粉尘的燃烧分类列于表 14-7。

表 14-7　粉尘燃烧分类

分　类	燃　烧　形　式	物质举例
分解燃烧	固体物质燃烧前先受热分解出可燃气体，可燃气体经点火燃烧	煤、纸张、木材等
蒸发燃烧	固体物质受热蒸发产生的可燃蒸气经点火燃烧	硫黄、磷、萘、樟脑、松香等
表面燃烧	可燃固体受热直接参与燃烧，不形成火焰	箔状和粉状的高熔点金属

粉体爆炸是由粉体的着火引起的，无论何类燃烧，粉体着火后都能产生大量能量，在有限体积和极短时间内释放出大量能量从而导致粉尘爆炸。如果环境内粉尘满足下述条件，粉尘爆炸将不可避免：

① 扩散粉尘的浓度高于最低可燃极限浓度（最低爆炸浓度）；

② 容器内的可燃粉料扩散至足够量的空气（助燃剂氧）中；

③ 引燃源具有足够的使燃烧波引燃的释能密度和总能量，而该燃烧波的传播能引起爆炸。

综上所述，粉尘爆炸的发生需要具备四个必要条件：一定能量的点火源、一定浓度的悬浮粉尘云、足够的空气（氧气量）、相对密闭的空间。

14.3.4　粉尘爆炸的影响因素

在必须使用粉体的环境中及粉体生成的工艺中，影响粉尘爆炸的主要因素为：悬浮粉尘的性质及浓度、助燃剂的浓度、点火源、环境温度、可燃气体、惰性物质等。

（1）空气中可燃悬浮粉尘的性质　粉尘能否爆炸的本质内因是粉尘本身的可燃性，在 14.3.1 中已进行了介绍，此处不再赘述。爆炸前可燃悬浮粉尘的浓度、粒度、含湿量、分散度等会在影响粉尘的可爆性及爆炸的强度。粉尘浓度越高，分散度越高，粒度越小，含湿量越低，粉尘越容易爆炸；反之亦然。

① 粉尘的爆炸浓度下限　判断粉尘爆炸危险性的重要标准是其点火敏感性，点火敏感性

通常由最小点火能来描述。最小点火能是在最敏感粉尘浓度下，刚好能点燃粉尘引起爆炸的最小能量。最小点火能的大小受许多因素的影响，其中湍流度、粉尘浓度和粉尘分散状态（粉尘分散质量）对最小点火能影响很大，而影响最大的则是爆炸浓度。表 14-8 中列出了几种粉尘的爆炸浓度下限。

表 14-8　几种粉尘的爆炸浓度下限

粉尘名称	爆炸下限/(g/m³)	粉尘名称	爆炸下限/(g/m³)
硫黄	2.3	沥青	15.0
硫磨碎碎末	10.1	页岩粉	58.0
泥炭粉	10.1	铝粉末	58.0
硫矿粉	13.9	煤粉	114.0

一般而言，粉尘爆炸的下限浓度为 20～60g/m³，上限浓度为 2～60kg/m³。我国煤尘爆炸下限浓度为：褐煤 45～55g/m³、烟煤 114～335g/m³；上限浓度一般为 1500～2000g/m³。

实际上，粉尘爆炸浓度的上、下限值反映了尘粒间距对其燃烧的影响。如果尘粒间距大，使燃烧火焰难以扩展至相邻颗粒，则燃烧难以延续，爆炸也就不能发生，此时的粉尘浓度低于下限浓度；如果尘粒间距虽然很小，但周围的氧气量不足以支持其充分燃烧，也不会发生爆炸。此时的粉尘浓度高于上限值。

如果已知粉尘的化学式及其燃烧热，做某些简化性假定（如粉尘完全燃烧），则可大致估算粉尘爆炸的下限浓度 C_L。

恒压爆炸时

$$C_L=\frac{1000M}{107n+2.966(Q_n-\sum\Delta I)} \tag{14-3}$$

式中　M——粉尘的摩尔质量；

n——1mol 粉尘完全燃烧时所需要的氧气质量；

Q_n——粉尘的摩尔燃烧热；

$\sum\Delta I$——总燃烧产物的内能的增量。

恒容爆炸时

$$C_L=\frac{1000M}{107n+4.024(Q_n-\sum\Delta v)} \tag{14-4}$$

式中　$\sum\Delta v$——总燃烧产物的热焓的增量；

由上述计算式算出的 C_L 值与实测值的比较见表 14-9。

表 14-9　C_L 计算值与实测值的比较

粉尘名称	理论估算的 C_L 值/(g/m)³		实测的 C_L 值/(g/m³)
	恒容	恒压	
铝	37	50	恒压:50
石墨	36	45	正常条件下未观察到石墨/空气体系中火焰传播
镁	44	59	
硫	120	160	
锌	212	284	恒压,恒容:500～600
锆	92	123	
聚乙烯	26	35	恒容:83
聚丙烯	25	35	
聚乙烯醇	42	55	
聚氯乙烯	63	86	
酚醛树脂	36	49	恒压:36～45
玉米淀粉	90	120	恒压:70
糊精	71	99	
软木	44	59	恒压:50
褐煤	49	68	
烟煤	35	48	恒容:70～130

表中数据表明，对于有机粉尘，计算值与实测值较吻合；对于无机粉尘，二者差别较大。

② 粉尘的粒度分布　并非所有粉尘在空气中燃烧时都会发生粉尘爆炸，能否发生粉尘爆炸还与尘粒粒度有直接关系。一般而言，能够发生粉尘爆炸的尘粒粒径为 0.5～15μm。试验证明，粒径大于 75μm 的粉尘形成的粉尘云不会发生剧烈燃烧，而粒度大于 400μm 的颗粒形成的粉尘云的可爆性非常小。然而，只要粉尘云中有少部分尘粒的粒度在可爆范围内，即有发生爆炸的可能性。图 14-3 表示了粉尘云燃烧时的升压速率和最大爆炸压力随可爆粉尘比例的变化。由图中曲线可见，可爆粉尘为 14%左右时，已存在爆炸的可能性。图 14-4、图 14-5 表示了粉尘的中位径和比表面积对爆炸压力和升压速率的影响。

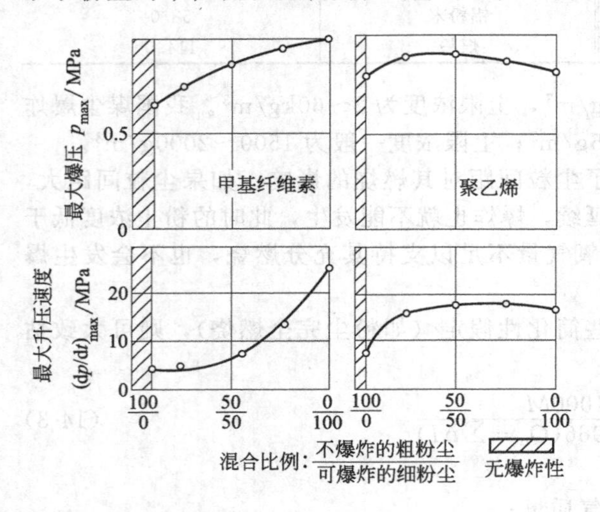

图 14-3　爆炸压力、升压速度与混合比例的关系

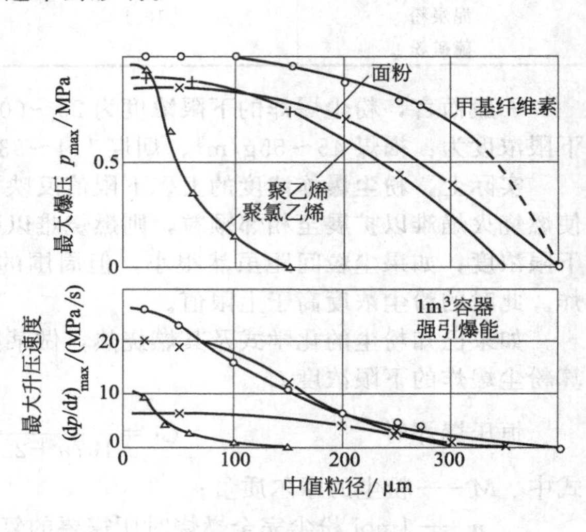

图 14-4　粉尘中位径对爆炸参数的影响

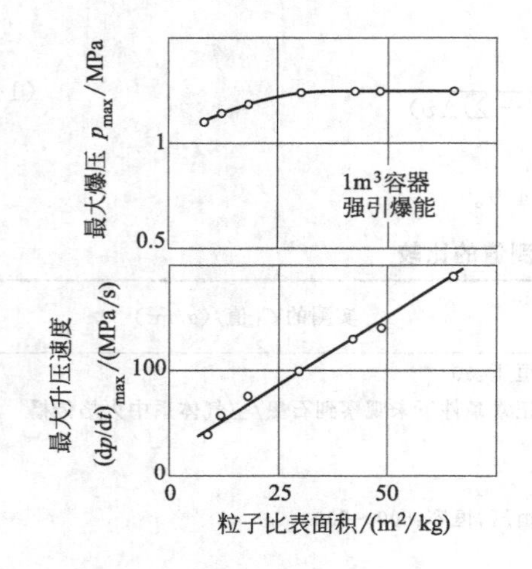

图 14-5　铝粉比表面积对爆炸参数的影响的比较

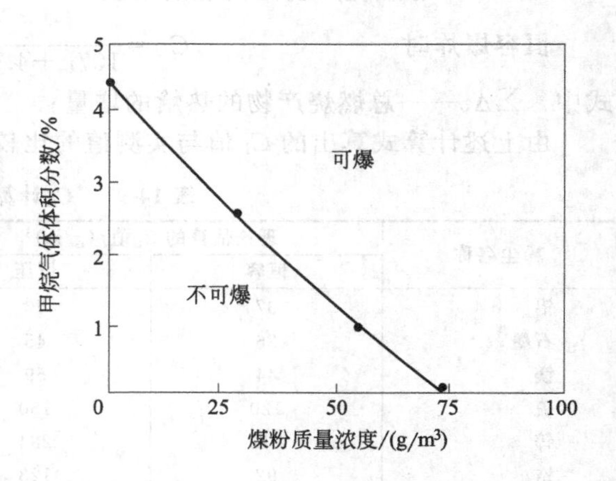

图 14-6　甲烷对高挥发性沥青煤粉点火行为的协同效应

(2) 容器或者设备内的助燃剂浓度　可燃粉尘周围的助燃剂浓度是粉尘燃烧的外因条件，试验证明，常温下，密闭空间内氧的质量浓度为 3%～5%时，即使有点火源存在，粉尘也不会发生着火。

(3) 可燃性粉尘中的点火源　点火源分可预见点火源和不可预见点火源两类。焊接火焰、烟头、明火及气割等为可预见点火源；机械火花、机械热表面、焖烧块、静电等为不可预见点火源。它们都能在可燃容积内激发起自由传播的燃烧波，若其自身能量大于粉尘在特定状态下的最小点火能量即可点燃粉尘，反之则不能。

(4) 环境温度 粉尘所处的环境温度高，则最低着火温度就低；反之亦然。环境温度升高时，原来不燃不爆的物质可能会具有可燃、可爆性。环境温度对粉尘的安全特征参数如燃烧等级、爆炸下限、最小点火能、氧气的最大允许含量、最大爆炸压力及最大爆炸指数等都有重要影响。

(5) 可燃气体的协同效应 协同效应是指可燃气体对粉尘可爆性的影响。加入可燃气体可使低挥发性可燃粉尘容易着火，高挥发性可燃粉尘更容易着火。图 14-6 表示了甲烷气体含量对高挥发性沥青煤粉燃爆性的影响。可以看出，甲烷的加入使质量浓度小于 $75g/m^3$ 的高挥发性沥青煤粉具有可爆性。其他类的可燃气体和可燃粉尘之间也存在同样的效应，例如氢气对玉米粉可爆性的非线性影响。

(6) 惰性物质 惰性气体对粉尘的燃爆性与对可燃气体的燃爆性影响是一致的。加入惰性粉尘或惰性气体可以降低粉尘的可爆性，这是因为它们的加入可以吸收热量，同时也降低了可燃粉尘或助燃剂的浓度。

14.3.5 粉尘爆炸的防护

14.3.5.1 粉尘爆炸的预防

① 在设备中造成不燃性介质气氛是防止设备中粉尘爆炸的最有效、最可靠的办法。在此情况下，粉尘-空气（气体）混合物中的氧含量会减少到火焰不可能扩散的数值（氧的安全浓度一般由试验确定）。

② 用气流输送能与空气形成易爆粉尘的颗粒状物料时，必须采用不燃性气体或用不燃性气体稀释至安全范围内的空气。

③ 为保证物料安全地进行干燥处理，喷雾干燥必须尽可能利用含氧量低的烟气。必要时，可用不燃性气体或其他气体将烟气稀释至安全的氧浓度。

④ 消除设备中粉尘-空气混合物的燃烧源是保证可燃分散物料安全加工、操作的非常重要的措施。装置、管道和设备的受热表面经常会成为燃烧源。因此，任何情况下，设备等的受热表面温度均应比粉尘的燃烧温度低 50℃。

⑤ 储仓、工艺设备、气流输送管道、集尘器、筛分机和其他的受料、加工及掺合颗粒物料（属可燃介质时）有关的设备应采取防静电保护措施，并确保可靠接地。

⑥ 粉尘沉降过程是在密闭设备（或房间）内形成易爆粉尘-空气混合物的过程，因此，使用干式粉尘沉降室（容积大，有出现粉尘大能量爆炸的潜在危险）和干式离心分离机（粉尘在高速运动时会产生较大的静电放电）时，必须切实解决防火（含防火花）及导出静电的问题。

⑦ 必须在磨粉机和扇形给料机间的流出槽上安装固定磁铁板，以供捕集金属颗粒、机械零件等之用。如果它们落入磨粉机后与转动轮棒锤的撞击会发热，使温度升至高温而成为爆炸源，从而引起粉尘爆炸事故。

⑧ 正常操作条件下的设备和气动输送装置中的空气量不超过 30%（同时极限含氧量为 6%～8%）。粉尘浓度接近燃烧下限或使用可能经常形成爆炸混合物的设备（如旋风分离器、储斗等）时，须采取防火措施。

⑨ 必须安装与灭火系统或供气系统联锁的信号装置。

⑩ 装设可自动切断产生粉尘工艺系统的装置或装设用通风系统送入冲淡物质来灭火的装置，从而防止粉尘-空气混合物的燃烧或爆炸。

⑪ 设备中生成易燃浓度的混合物及其可能的燃烧源并非都能完全排除，在此情况下，为保护设备，应计算最大爆炸压力，并安装减压部件（爆破膜、安全阀等），使之在破裂或开启时能降低爆炸对设备产生的压力。爆破膜或安全阀在超过最高工作压力 14%～20%时应该产生动作。根据爆破时压力的高低，可采用铝合金片、金属箔片、牛皮纸、漆布、浸橡胶的石棉

板、聚氯乙烯薄膜、赛璐珞等作为爆破膜（片）材料。

爆破膜（片）可按下式设计

$$\frac{F}{V}\geqslant 0.16 \tag{14-5}$$

式中 F—— 爆破膜（片）的面积，m^2；

V—— 设备容积，m^3。

爆破膜（片）材料及厚度根据具体工况选取，但在任何情况下，装爆破膜（片）的部件的工作性能均应通过试验证明。

⑫ 在转动的磨粉机和搅拌设备上以及类似的结构上安装爆破膜（片）或其他减压部件往往比较困难，有时甚至是不可能的。在这种情况处理易燃、易爆和有毒的细分散物质（如有毒金属粉末、成孔剂等）时，设备应能承受内部爆炸时的压力。

⑬ 利用抑制剂以预防粉尘-空气混合物爆炸，可在发现设备中的混合物达到爆炸危险浓度时将抑制剂加入设备；或在爆炸发生时，往设备中加入抑制剂，以有效抑制爆炸。

常用的抑制剂有水、各种卤族化合物（如溴氯甲烷）。据报道，用溴化乙烯对扑灭聚苯乙烯树脂粉尘火焰具有较好的抑爆作用。抑制剂可由装在设备上的抑爆装置进行自动控制。

⑭ 制定新的粉状物料的制取和加工工艺时，粉状物料应进行爆炸性试验和抑爆试验，在此基础上制定出防爆、抑爆措施。

⑮ 使车间内空气的相对湿度能自动保持在70%以上，并选用防爆型电气开关。

⑯ 截止阀、调节阀和通风系统的闸阀等均应用不产生火花的材料制造。

⑰ 尽可能将易产生粉尘的设备安装在单独的厂房内，同时设局部排风罩。

⑱ 塑料、合成树脂、化学纤维、醋酸纤维和聚乙烯粉尘等在设备和工作场所内易引起燃烧、爆炸事故。在这些物料生产的厂房内不得用敞开的方法人工进行干式除尘。否则，会使沉落的粉尘再次扬起，在局部范围的空气中充满粉尘并扩散，遇到火源时就很可能会引起爆炸。

⑲ 如果粉尘不能湿润，应采用机械除尘，并消除一切可能的燃烧源。

⑳ 厂房的墙壁和天花板最好涂刷涂料，锐角处填成圆弧形，窗台及其他凸出部分呈45°角往外倾斜。以使粉尘不易沉积，便于清扫（洗）。

㉑ 设备、电缆和管道等须定期用抽气法清除粉尘。

㉒ 在有爆炸危险的生产厂房内应安装防爆门、防爆窗，同时采用轻型屋顶结构，当粉尘-空气混合物爆炸时能自动泄压。

㉓ 经常检查设备，如发现密封处泄漏，设备、管道因腐蚀穿孔等，应立即修补。

㉔ 每个工作岗位均应制订详细的安全操作规程，严格执行，且有专人定期检查。操作人员要经培训考试合格，凭证上岗。

14.3.5.2 粉尘爆炸的防护

（1）预防爆炸防护措施

① 避免形成粉尘云　避免操作区域粉尘沉积及沉积粉尘的上扬，使其弥散度低于爆炸下限。

② 降低助燃剂的浓度　车间应安装氧气表，对产生粉体的系统进行氧气含量监控；在磨粉机和空气再循环用的风管、筛子、混合器等设备内采用不燃性气体部分或全部代替空气，以保证系统内粉尘处于安全状态。

③ 避免形成点火源　粉尘场所杜绝明火与粉尘的接触，如严禁烟火，焊接前清扫周围的粉尘；有可燃物的场所应避免由钢、铁、钛、铝锈及铁锈的摩擦、研磨、冲击等产生的火花；控制大面积的高温热表面、高温焖烧块以防止无焰燃烧聚热；控制氧含量使机械火花和热表面不具有点燃粉尘的能力（热表面温度至少低于粉尘层引燃温度50℃）；采取消除静电、设备有效接地等措施避免传播性电刷放电；在粉尘场所控制工作环境内的温度，尽量消除气体对粉尘

的协同效应等。

（2）结构爆炸防护措施　在很多环境下爆炸是不能完全避免的，为保证工作人员不致受伤，设备爆炸后能迅速恢复操作，控制爆炸的影响至最低限度，应采取结构防护措施。所有部件都要按照防爆结构设计，以抵抗爆炸可能产生的高压。

① 抗爆结构　容器和设备的结构设计强度大于最大爆炸压力。

② 抑爆　采取适当技术措施抑制爆炸压力的扩大，使爆炸造成的危害和损失降至最小。抑爆系统通常由敏感的爆炸监视器和抑制剂喷洒系统组成，抑制剂（灭火剂）可迅速扑灭火焰，并降低容器内的爆炸压力，一氧化碳、磷酸铵、碳酸氢钠等粉状灭火剂抑制效果最好，也可用水作为抑爆剂。

③ 泄爆　在爆炸发生后极短的时间内将封闭容器和设备短暂或永久性地向无危险方向开启的措施，但应弄清楚逸出的物质有否腐蚀性或毒性。

④ 隔爆　隔爆技术主要用于巷道或容器、车间的连接管道，防止爆炸火焰和炽热的爆炸产物向其他容器、车间或单元传播。根据其工作原理可分为自动隔爆系统和被动式隔爆系统。自动隔爆系统由爆炸探测器、监控单元和各种物理或化学隔爆装置组成，其原理是利用爆炸探测器探测爆炸，通过监控单元计算火焰速度并启动隔爆装置，隔绝沿管道或巷道传播的爆炸火焰及炽热爆炸产物。隔爆可以在一个密闭的空间内配合抑爆将火焰熄灭，也可以将火焰通过足够长的管道传到其他无防护设备中。

参考文献

[1] 卢寿慈．粉体加工技术［M］．北京：中国轻工业出版社，1999.

[2] 张书林．粉尘的危害及环境健康效应［J］．佛山陶瓷，2003，(4)：37-38.

[3] 冯启明，董发勤．万朴等．非金属矿物粉尘表面电性及其生物学危害作用探讨［J］．中国环境科学，2000，20（2）：190-192.

[4] 王希鼎．粉尘及其危害［J］．玻璃，2002，24（2）：38-40.

[5] 李勇军．环境性尘肺病的监督检查防治［J］．华北科技学院学报，2004，1（3）：14-16.

[6] 董树屏．石棉粉尘的危害防治与环境保护［J］．中国建材，2004，(6)：55-56.

[7] 余剑明，李丽．火电厂粉尘危害及其防治对策［J］．广东电力，1999，12（5）：32-34.

[8] 李延鸿．粉尘爆炸的基本特征［J］．科技情报开发与经济，2005，15（14）：136-137．

[9] 张自强，邵傅．产生粉尘爆炸的条件及其预防措施［J］．四川有色金属，1995，(4)：38-41.

[10] 张超光，蒋军成．对粉尘爆炸影响因素及防护措施的初步探讨［J］．煤化工，2005，(2)：8-11.

[11] 伍作鹏，吴丽琼．粉尘爆炸的特性与预防措施［J］．消防科技，1994，(4)：5-14.

[12] 李运芝，袁俊明，王保民．粉尘爆炸研究进展［J］．太原师范学院学报，2004，3（2）：79-82.

1. 单位换算表

（1）长度［L］

m(SI)	ft	in
1	3.28084	39.370
0.30480	1	12
0.02540	0.083333	1

注：1μm=10^{-3}mm=10^{-4}cm=10^{-6}m；1Å=10^{-4}μm=10^{-8}cm=10^{-10}m；1yd=0.9144m，1mile = 1.6093km。

（2）面积［L^2］

m^2(SI)	ft^2	in^2
1	10.7639	1.5501×10^3
0.092903	1	144
6.4516×10^{-4}	6.9444×10^{-3}	1

注：1in^2=645.16mm^2=6.4516cm^2；1are（公亩）=100m^2，1acre［英亩］=4046.9m^2；1 坪=3.305785m^2。

（3）体积［L^3］

m^3(SI)	ft^3	gal(美)
1	35.3147	264.18
0.028317	1	7.4805
3.7854×10^{-3}	0.13368	1

注：1cm^3=$10^{-6}m^3$，1in^3=16.386cm^3；1ft^3=1728in^3，1gal（美）=0.83254gal（英）；1 合（日）=180.39cm^3，1 石（日）=0.18039m^3。

（4）质量［M］

kg(SI)	metrict	lb
1	1×10^3	2.20462
1×10^3	1	2.20462×10^3
0.45359	4.5359×10^4	1

注：1short ton（美）= 0.90718metric ton；1long ton［t］（英）= 1.0160metric ton；1pound［1b］= 16ounce = 0.45359kg；1oz［盎斯］=28.35g；1 贯（日）=3.750kg；1 斤（日）=600g。

（5）密度［ML^{-3}］

kg/m^3(SI)	$g/cm^3=t/m^3$	lb/in^3	lb/ft^3
1	1×10^{-3}	3.6127×10^{-5}	6.2428×10^{-2}
1×10^3	1	3.6127×10^{-2}	62.428
2.768×10^4	27.680	1	1.728×10^3
16.0185	1.60185×10^{-2}	5.787×10^{-4}	1

(6) 黏性系数 $[ML^{-1}T^{-1}]$，$[FTL^{-2}]$

Pa·s(SI)	P=poise=g/(cm·s)	kgf·s/m²	lb/(ft·s)
1	10	0.101972	0.6720
0.1	1	1.0197×10^{-2}	6.720×10^{-2}
9.80665	98.0665	1	6.58976
1.48816	14.8816	0.151751	1

注：1P=100cP，1cP=1mPa·s。

(7) 压力 $[ML^{-1}T^{2}]$，$[FL^{2}]$

Pa(SI)	kgf/cm²	lbf/in²=psi	atm	mmH_2O
1	1.01972×10^{5}	1.45038×10^{-4}	9.86923×10^{-6}	0.101972
9.80665×10^{4}	1	14.2234	0.96784	1×10^{4}
6.89476×10^{3}	7.031×10^{-2}	1	6.805×10^{-2}	703.07
1.01325×10^{5}	1.0332	14.696	1	1.03323×10^{4}
9.80665	1×10^{-4}	1.4223×10^{3}	9.6784×10^{-5}	1

注：1Pa (SI)=1N/m²；1kgf/m²=10^4kgf/cm²=0.1gf/cm²≈1mmH_2O；1psi=144lbf/ft²=703.1kgf/m²；1bar=10^6dyn/cm²=10^5Pa；1lbf/ft²=4.88kgf/m²；1Torr=1mmHg=10^{-3}mHg。

(8) 表面张力 $[ML^{2}]$，$[FL^{-1}]$

N/m(SI)	gf/cm	kgf/m
1	1.01972	0.10972
0.980665	1	0.1
9.80665	10	1

注：1N/m (SI)=100dyn/cm，1dyn/cm=1.01972×10^{-4}=kgf/m=6.85218×10^{-5}lbf/ft。

2. 重要数值和换算式

(1) 重力加速度 g=9.80665m/s²(SI)=980.665cm/s²=32.2ft/s²（标准）

重力换算系数 g_c=9.807kg·m/(kgf·s²)=32.2lb·ft/(lbf·s²)

(2) 热力学温度 T/K=t/℃+273 （K=°Kelvin）

T°/R=t/℉+460 （°R=°Rankin）

摄氏 t/℃=(t/℉−32)×5/9，华氏 t/℉=t/℃×9/5+32

(3) 单位和主要词头

因数	中文	符号	因数	中文	符号
10^{6}	兆	M	10^{-3}	毫	m
10^{3}	千	k	10^{-6}	微	μ
10^{-1}	分	d	10^{-9}	纳[诺]	n
10^{-2}	厘	c	10^{-12}	皮[可]	p

3. 水和空气的黏度系数

温度/℃	水/mPa·s	空气/μPa·s	温度/℃	水/mPa·s	空气/μPa·s
0	1.792	17.1	60	0.469	20.0
10	1.308	17.6	70	0.406	20.4
20	1.005	18.1	80	0.357	20.9
30	0.801	19.0	90	0.317	21.3
40	0.656	19.5	100	0.284	21.8
50	0.549	20.0			

注：干燥空气密度 $\rho=\frac{1.293}{1+(t/273)}\times\frac{p}{760}$ (kg/m³)， 20℃，101.3kPa 时，ρ=1.205 (kg/m³)=0.0752 (lb/ft³)，式中，t 为温度，℃；p 为压力，mmHg。

4. 标准筛比较表

细粒用$\sqrt{2}$系列

日本 JIS Z8001—1996 筛孔尺寸/μm	美国 ASTM E11—70		泰勒筛 No.	英国 BS 410—1976	
	筛孔尺寸/μm	No.		筛孔尺寸/μm	No.
5660	5600	3.5	3.5	5600	3
4760	4750	4	4	4750	3.5
4000	4000	5	5	4000	4
3360	3350	6	6	3350	5
2830	2800	7	7	2800	6
2380	2360	8	8	2360	7
2000	2000	10	9	2000	8
1680	1700	12	10	1700	10
1410	1400	14	12	1400	12
1190	1180	16	14	1180	14
1000	1000	18	16	1000	16
840	850	20	20	850	18
710	710	25	24	710	22
590	600	30	28	600	25
500	500	35	32	500	30
420	425	40	35	425	36
350	355	45	42	355	44
297	300	50	48	300	52
250	250	60	60	250	60
210	212	70	65	212	72
177	180	80	80	180	85
149	150	100	100	150	100
125	125	120	115	125	120
105	106	140	150	106	150
88	90	170	170	90	170
74	75	200	200	75	220
63	63	230	250	63	240
53	53	270	270	53	300
44	45	325	325	45	350
37	38	400	400	38	400